建筑工程定额预算与工程量清单计价对照应用实例详解

（第三版）

工程造价员考试培训网（www. gczjy. com）
张国栋　肖桃李　惠　涛　主编

中国建筑工业出版社

图书在版编目（CIP）数据

建筑工程定额预算与工程量清单计价对照应用实例详解/张国栋，肖桃李，惠涛主编. —3版. —北京：中国建筑工业出版社，2011.12

ISBN 978-7-112-13656-8

Ⅰ.①建… Ⅱ.①张… ②肖… ③惠… Ⅲ.①建筑预算定额-基本知识②建筑工程-工程造价-基本知识 Ⅳ.①TU723.3

中国版本图书馆CIP数据核字（2011）第204828号

本书是根据住房和城乡建设部新颁布的《建设工程工程量清单计价规范》GB 50500—2008结合部分省、市的预算定额编写的案例集。本书以案例的形式将建设工程定额预算与工程量清单计价进行对照，旨在为工程造价人员解决实际工作中所经常遇到的问题，使读者对建设工程定额预算与工程量清单计价有更清晰的了解进而掌握。本书对实际案例进行了全面系统的阐述和详细的注释解说，是工程造价人员的一本理想实用的参考书。

责任编辑：周世明
责任设计：董建平
责任校对：王誉欣　赵　颖

建筑工程定额预算与工程量清单计价对照应用实例详解
（第三版）
工程造价员考试培训网（www.gczjy.com）
张国栋　肖桃李　惠　涛　主编
*
中国建筑工业出版社出版、发行（北京西郊百万庄）
各地新华书店、建筑书店经销
北京红光制版公司制版
北京富生印刷厂印刷
*
开本：787×1092毫米　1/16　印张：39½　字数：959千字
2012年8月第三版　2012年8月第八次印刷
定价：**85.00**元
ISBN 978-7-112-13656-8
（21425）

编委会成员

主编 张国栋 肖桃李 惠 涛

参编 文学红 赵小云 郭芳芳 荆玲敏
陈会敏 李 锦 洪 岩 惠 丽
何婷婷 杨进军 李 雪 王 琳
马 波 余 莉 魏晓杰 范胜男
郑倩倩 安新杰 王会梅 孔 秋
周 凡 王丽格 梁 宁 王甜甜
张金萍 李振阳 刘晓锐 周亚萍
苏 莉 雷迎春 魏琛琛 冯雪光
蔡利红 张 涛 刘海永 张甜甜
唐 晓 李晶晶 郭小段 王春花
高朋朋 孔银红 高印喜 后亚男
武 文 刘 雪 史美玲 王文芳
费英豪 任东营 胡亚楠 张春艳
张敬印 邓 磊 王刘霞 李丹娅
张燕风 王 英 韩圆圆 冯 倩
高晓纳 李 存 董明明 李 瑶
张少华 寇卫越 李 轩 王萌玉
张慧利 铁盈盈

前言

随着工程建设的迅速发展，继《建设工程工程量清单计价规范》GB 50500—2003颁布、实施之后，住房和城乡建设部经多次论证与修改，在2008年以第63号公告发布了《建设工程工程量清单计价规范》GB 50500—2008。它弥补了03规范的不足，又具有自身的独特方面。为了适应时代的发展，同时也为了帮助从事工程造价工作的人员更好地理解和掌握新的工程量清单计价和定额计价组织两种计价模式，熟悉它们之间的区别和联系，正确运用工程量清单计价方式，我们特组织修订了此书。

本书共设八个大案例，从编制工程概（预）算需要的各种基础资料到工程量均分别计算，从预算定额（单位估价表）的套用到间接费的计算计取等均作了系统的、深入的阐述，特别是对工程量计算公式及计算结果作了简要说明，使读者明白工程量计算方法及其由来。在编写工程量清单计价时通过传统的预（结）算表与工程量清单之间的对照关系，用预算定额对工程量清单计价进行综合单价分析，即投标人按招标人提供的清单项目及工程数量，结合项目特征和工程内容，按定额计算出每条清单项目下应产生的定额条目和定额工程量，再将每条清单下的定额条目用定额单价进行分析，将该条清单项目下的若干条定额单价合计后除以本条清单工程量所得的金额即为清单综合单价。本书均采用最新规范，通过本书，读者可以比较快速地了解定额预算表、工程量清单综合单价分析表的编制及应用，同时还可以系统地学到如何进行清单组价。

本书例题较全面、系统地汇集了建筑工程概（预）算工作各有关常用数据及计算公式、主要材料损耗率、调整系数的计算方法，详细列出了工程量清单编制及投标报价的一系列表格及填写过程，让读者学习起来得心应手。书中的工程量清单部分项目编码、项目名称、项目特征描述及计量单位均参照《建设工程工程量清单计价规范》GB 50500—2008。

本书在运用最新规范结合预算定额进行工程量清单综合单价分析的时候阐述得尤为清楚，新的综合单价分析表增加了材料费明细，通过材料费明细一栏可以让读者快速了解组成该清单项目所需的材料及用量。在安装工程中，材料费明细一栏只列出了未计价材料。这在一定程度上为造价工作者有条不紊地完成一个工程的预算提供了便利。

本书在编写过程中得到了许多同行的支持与帮助，在此表示感谢。由于编者水平有限和时间的限制，书中难免有错误和不妥之处，望广大读者批评指正。如有疑问，请登录 www.gclqd.com（工程量清单计价网）或 www.jdjsys.com（基本建设预算网）或 www.jbjszj.com（基本建设造价网）或 www.gczjy.com（工程造价员考试培训网），也可发邮件至 zz6219@163.com 或 dlwhgs@tom.com 与编者联系。

编　者

目　录

上篇　土建与装饰工程

下篇　安装工程

上篇　土建与装饰工程

例1　某小百货楼工程定额预算及工程量清单计价对照

一、工程概况

1. 编制说明

（1）本小百货楼为混合结构、外廊式的两层楼房，采用室外单跑式悬挑钢筋混凝土楼梯（图1-1-1～图1-1-4）。楼房南北长7.24m，东西宽5.24m，一、二层层高均为3m，平

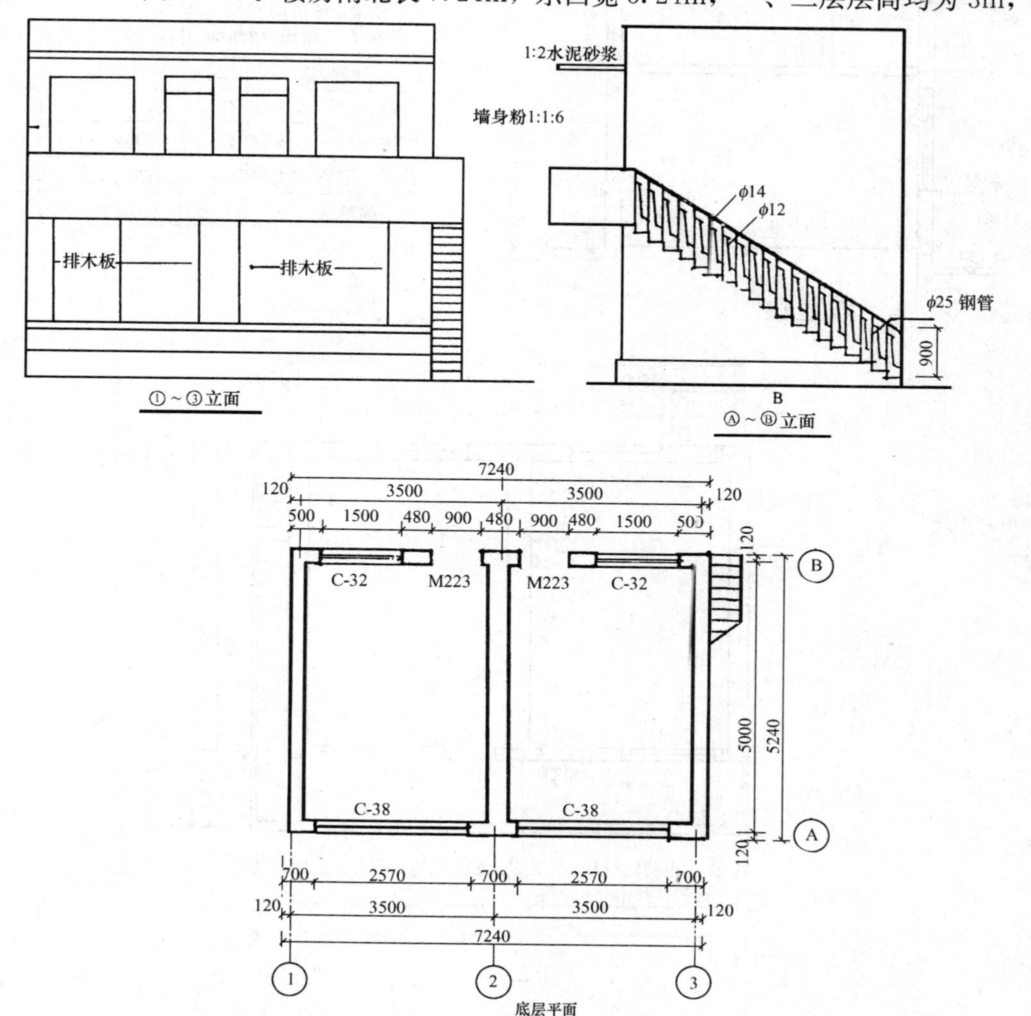

图1-1-1　某小百货楼工程底层平面及立面图

面呈一字形状，建筑面积为 90.52m²。

（2）标高：底层室内设计标高±0.00 相当于绝对标高 15.10m，室内外高差为 0.45m。

（3）基础：C10 混凝土垫层，250mm 高钢筋混凝土带形基础，M5 水泥砂浆砌一砖厚基础墙。

（4）墙身：内外墙均用 MU10 砖、M5 混合砂浆砌筑一砖厚墙。

（5）地面：素土夯实，70mm 厚 3：7灰土垫层，50mm 厚 C15 豆石混凝土找平层，15mm 厚 1：2水泥砂浆面层，120mm 高水泥踢脚线。

（6）楼面：115mm 厚 C30 预制预应力混凝土空心板，30mm 厚 C20 豆石混凝土找平

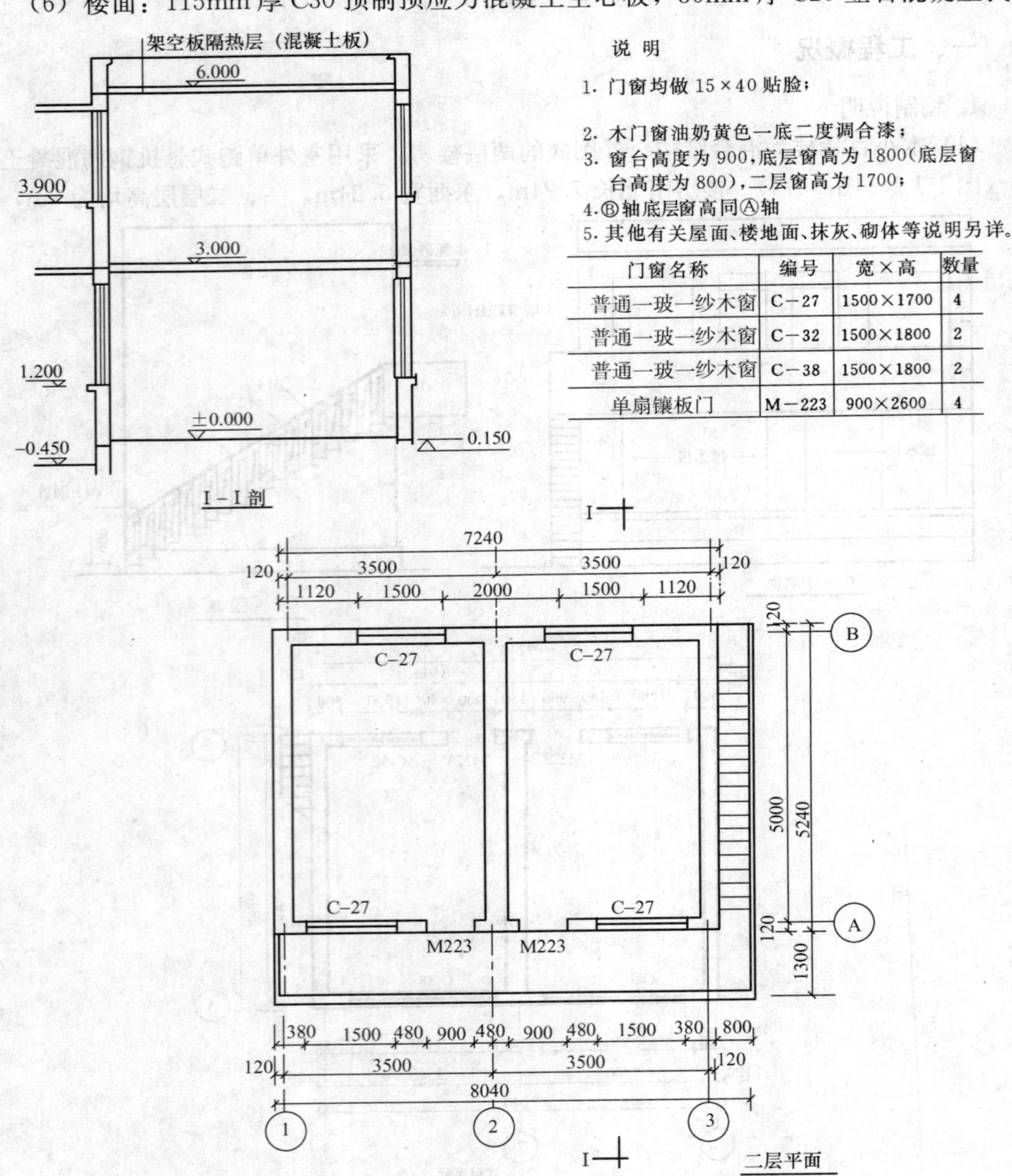

门窗名称	编号	宽×高	数量
普通一玻一纱木窗	C－27	1500×1700	4
普通一玻一纱木窗	C－32	1500×1800	2
普通一玻一纱木窗	C－38	1500×1800	2
单扇镶板门	M－223	900×2600	4

图 1-1-2　某小百货楼工程二层平面及剖面图

层，15mm 厚 1∶2水泥砂浆面层。踢脚线做法同地面。

（7）屋面：115mm 厚 C30 预制预应力混凝土空心板，KB35-52 的体积 0.130m³/块，含普通钢筋 1.33kg/块，含预应力钢筋 3.8kg/块，KB35-62 的体积为 0.155m³/块，含普通钢筋 1.56kg/块，含预应力钢筋 4.6kg/块，运输距离为 10km，20mm 厚 1∶3水泥砂浆找平层，氯丁橡胶防水卷材 1.5mm 厚，180mm 高半砖垫块架空（用 M2.5 砂浆砌 120mm×120mm 砖垫及板底坐浆），30mm 厚预制 C30 细石钢筋混凝土架空板（用 1∶3 水泥砂浆嵌缝）。

（8）外墙抹灰：20mm 厚 1∶3水泥砂浆打底和面层。

（9）内墙抹灰：15mm 厚 1∶3石灰砂浆底，3mm 厚纸筋石灰浆面，刷仿瓷涂料二度。

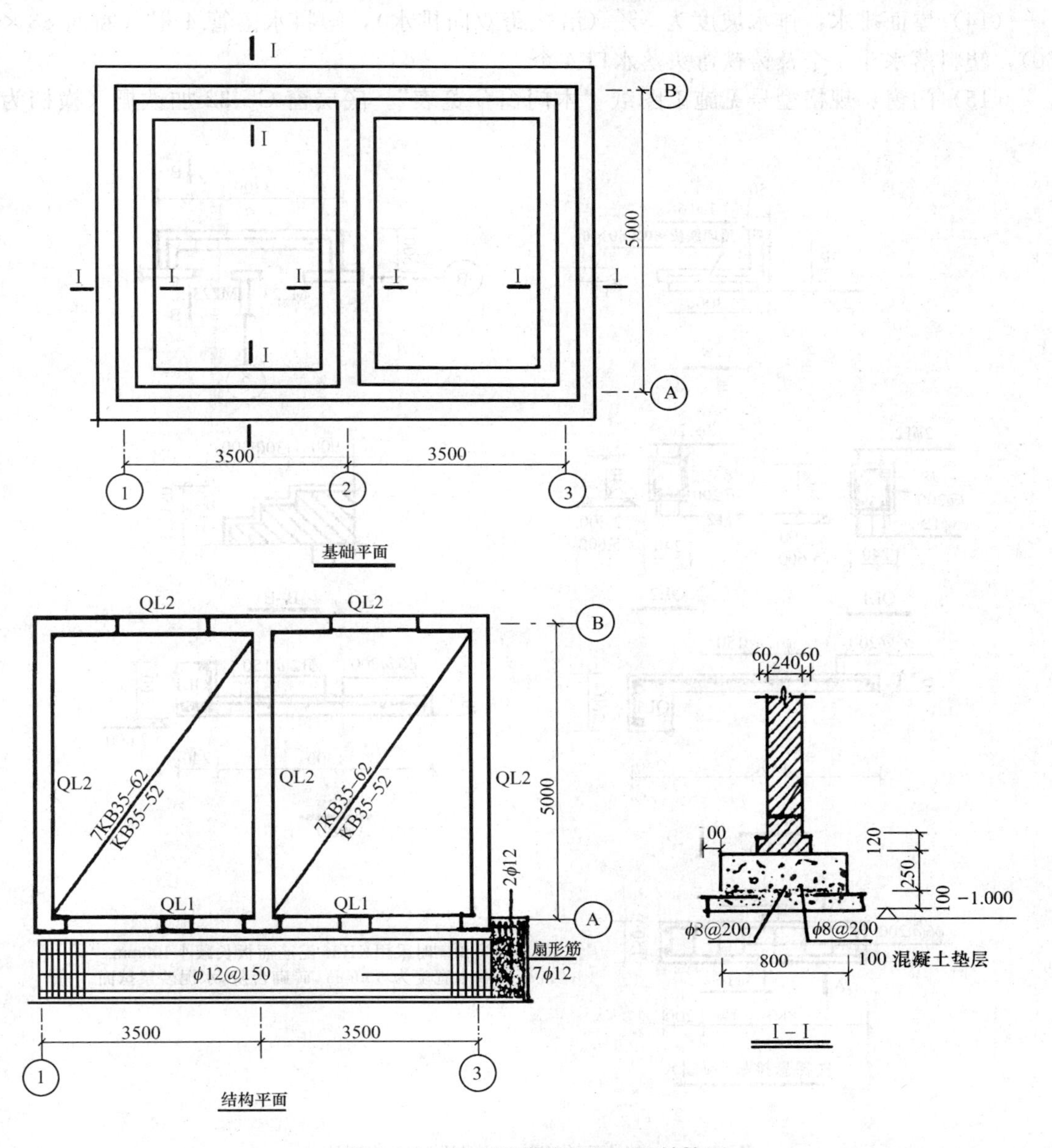

图 1-1-3　某小百货楼工程基础结构图

（10）平顶抹灰：1∶1∶6水泥石灰纸筋砂浆底，3mm厚纸筋石灰浆面，刷仿瓷涂料二度。

（11）楼梯：C20钢筋混凝土预制L形悬挑踏步板，表面用20mm厚1∶2.5水泥砂浆抹面层。底面用1∶1∶6水泥纸筋石灰砂浆打底，3mm厚纸筋石灰浆抹面，刷石灰水二度。不锈钢栏杆带硬木扶手（高900mm，不锈钢理论质量0.97kg/m²）。踢脚线做法同楼地面。

（12）雨篷、挑廊：70mm厚C20钢筋混凝土现浇板，20mm厚1∶2.5水泥砂浆抹板顶及侧面。

（13）女儿墙：M5混合砂浆砌一砖（全高500mm），C20细石钢筋混凝土现浇压顶（断面300mm×60mm，配主筋3ϕ8，分布筋ϕ6@150），1∶2.5水泥砂浆抹内侧及压顶，外侧抹灰做法同外墙面。

（14）屋面排水：排水坡度为3%（沿短跨双向排水），塑料水落管4根（断面83×60），塑料落水斗4个及铸铁弯头落水口4个。

（15）门窗：规格型号见施工图纸“木门窗一览表”。底层窗C—32加铁栅（横档为

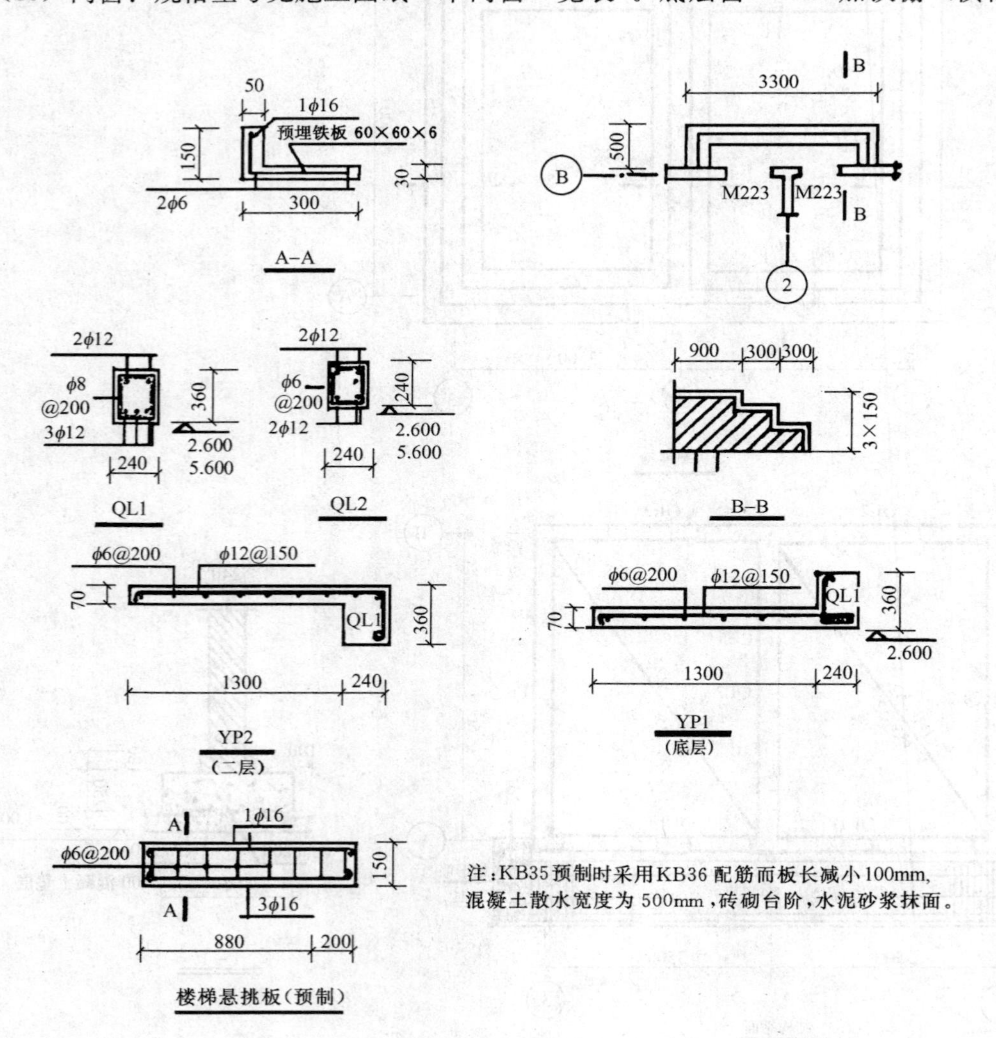

图 1-1-4　某小百货楼工程圈梁及雨篷详图

—30×45×450 扁铁，竖楞 ϕ10@125 钢筋）。门均装普通弹子锁。门窗均做窗帘盒（松木单轨明窗帘盒，窗帘盒宽度为窗宽加 20cm 计）。

（16）油漆：木门窗及窗帘盒，做一底二度奶黄色调合漆；金属面做防锈漆一度，铅油二度；其他木构件均做栗壳色一底二度调合漆。

（17）散水：60mm 厚 C10 混凝土垫层，20mm 厚 1∶2.5 水泥砂浆抹面。宽度 500 贯通。

（18）台阶：M2.5 水泥砂浆砌砖，20mm 厚 1∶2.5 水泥砂浆抹面。尺寸见图示大样。

（19）挑廊栏板：80mm 厚 C20 细石混凝土现浇板（顶部配主筋 2ϕ9 通长，分布筋 ϕ4 @150，板高度 900mm，内侧 1∶2.5 水泥砂浆抹面，外侧干粘石抹面）。

（20）其他：窗台用 MU10 砖侧砌，挑出外墙面 60mm，1∶2.5 水泥砂浆抹面。

2. 施工现场情况及施工条件

（1）本工程建设地点在北京市区内，交通运输便利，有城市道路可供使用。施工中所用的主要建筑材料、混凝土构配件和木门窗等，均可直接运进工地。施工中所需用的电力、给水，亦可直接从已有的电路和水网中引用。

（2）施工场地地形平坦，地基土质较好，经地质钻探查明，土层结构为：表层为厚 0.7～1.30m 的素填土层（夹少量三合土及碎砖不等），其下为厚度 1.10～7.80m 的粉质黏土层和强风化残积层。设计可直接以素土层为持力层。常年地下水位在离地面 1.50m 以下，施工时可考虑为三类干土开挖。

（3）工程中使用的木门窗、钢筋混凝土空心板及架空板、楼梯不锈钢栏杆等构配件，均在场外加工生产，由汽车运入工地安装，运距为 10km。楼梯踏步板、成型钢筋及其他零星预制构配件，均在施工现场制作。

（4）本工程为某建设单位住宅区拆迁复建房的配套房。因用房急、工期短，要求在 3 个月内建成交付使用。为加快复建房的建设速度，缩短工期，确保质量，降低造价，故本配套房工程采用招标投标办法，中标后承包工程建设。

（5）中标施工单位为北京市某建筑公司。根据该建筑公司的施工技术设备条件和工地的情况，施工中土方工程采用人工开挖、机夯回填、人力车运土，其他工程为人力车水平运输，卷扬机井架垂直运输，场外建材及构配件汽车运输。

3. 编制依据

（1）某小百货楼工程建筑和结构施工图一套。

（2）《北京市建设工程预算定额》（2001 年）。

4. 编制说明

（1）本工程预算只适用于专业分包工程或包工不包料工程，作为编制施工图预算、办理竣工结算之用。

（2）本工程预算只计算单位土建工程造价，未包括室外工程和其他工程预算费用。

（3）本工程预算费用未计材料价差，如发生时应进行调整。

（4）木门窗的断面未按定额用量进行单价换算。

（5）工程的各分部分项工程项目名称，详见表 1-1-1。

二、工程量计算

1. 定额工程量计算（表 1-1-1）

定额工程量预算表 表 1-1-1

序号	分部分项工程名称	定额编号	计量单位	计 算 式	计算结果
1	建筑面积		m^2	5.24×7.24×2+5.12×0.8+(7.24+0.8)×1.3+0.12×0.8	90.52
	土石方工程				
2	平整场地	1-1	m^2	按首层建筑面积乘以系数 1.4 以平方米计算 5.24×7.24×1.4	53.11
3	人工挖地槽(深 1.5m 以内，三类，干土)	1-4	m^3	沟槽宽 0.8+0.3×2=1.4m 沟槽长，外墙按中心线计算，内墙按净长线计算 内墙沟槽长 5.0−0.7×2=3.6m 外墙沟槽长(7.0+5.0)×2=24m 沟槽深 1−0.45=0.55m 总的沟槽挖土工程量为 1.4×(3.6+24)×0.55	21.25
4	地槽回填土	1-7	m^3	回填土按挖土体积扣除设计室外地坪以下的建筑物、构筑物、墙基、桩基、垫层等体积 挖土体积 $V_1=21.25m^3$ 设计室外地坪以下的建筑物、构筑物的体积 V_2 =混凝土垫层体积+钢筋混凝土基础体积+设计室外地坪以下的墙基 =2.80+5.64+(墙基总体积−设计室内地坪以下埋设室外地坪之间的体积) =2.80+5.64+[4.69−0.45×0.74×(7.0+5.0)×2+(5.0−0.12×2)] =2.80+5.64+1.58 回填土体积=21.25−(2.8+5.64+1.58)	11.23
5	室内回填土	1-14	m^3	按主墙之间的面积乘以回填土厚度以立方米计算 回填土厚度=室内外高差−地面构造厚度 =0.45−(0.07+0.05+0.015) =0.315m 主墙间的净面积=(3.5−0.74)×(5−0.24)×2 室内回填土=0.315×[(3.5−0.24)×(5−0.24)×2]	9.78
6	人力车运余土(运输 600m)	1-15	m^3	余土运输体积=挖土总体积−回填土总体积−0.9×灰土体积 余土运输体积=21.25−(11.23+9.28)	0.77
7	室内原土打夯	1-16		按打夯面积以平方米计算 (3.5−0.24)×(5.0−0.24)×2	31.04
8	原土打夯	1-16	m^2	按打夯面积以平方米计算 [(5.0−1.4)+(7+5)×2]×(0.8+0.3×2)	38.64
	砌筑工程				

续表

序号	分部分项工程名称	定额编号	计量单位	计 算 式	计算结果
9	M5 水泥砂浆砌砖基础	4-1	m^3	砖基础按图示尺寸以立方米计算 砖基长度外墙按中心线，内墙按净长线 外墙基砖长(7.0+5.0)×2 内墙基砖长(5.0−0.12×2) 砖基断面积＝(1.0−0.1−0.25−0.12)×0.24＋(0.24＋0.06×2)×0.12	4.90
10	M5 混合砂浆砌一砖外墙(包括女儿墙)	4-2	m^3	外墙按外墙中心线长乘以墙高乘以墙厚以立方米计算 外墙中心线长： (7.0+5.0)×2＝24m 墙高：6.5−0.06−0.115＝6.325m 墙厚：0.24m 应扣除体积： 外墙圈梁体积： ＝(7.0+5.0×2)×0.24×0.24+7×0.24×0.36＝1.58m^3 外墙门窗面积： 1.5×1.7×4＋1.5×1.8×2＋1.5×1.8×2＋0.9×2.6×4＝25.68m^2 外墙体积： 24×0.24×6.325−1.58−25.68×0.24＝28.69m^3	28.69
11	M5 混合砂浆砌一砖内墙	4-3	m^3	内墙按净长线长度乘以墙高乘以墙厚以立方米计算 内墙净长：5−0.24＝4.76m 墙高：6.0−0.115×2−0.02＝5.75m 墙厚：0.24m 应扣除体积： QL2 在内墙上的体积： 0.24×0.24×4.76＝0.27m^3 2 层 QL2 体积为： 0.27×2＝0.54m^3 内墙体积为＝ 4.76×5.75×0.24−0.54＝6.03m^3	6.03
	现场搅拌混凝土工程				
12	C10 混凝土基础垫层	5-1	m^3	外墙按垫层中心线，内墙按垫层净长线乘以垫层宽度及厚度以立方米计算 外墙垫层长(7.0+5.0)×2 内墙垫层长(5.0−1.0) 垫层宽 1.0m，厚 0.1m 混凝土基础垫层工程量＝ [(7.0+5.0)×2+(5.0−1.0)]×1.0×0.1	2.80

续表

序号	分部分项工程名称	定额编号	计量单位	计 算 式	计算结果
13	现浇 C20 钢筋混凝土带形基础	5-5	m^3	外墙按基础中心线，内墙按基础净长线乘以基础断面面积以立方米计算 外墙基础长(7.0+5.0)×2 内墙基础长(5.0−0.4×2) 基础断面面积=0.8×0.25 现浇 C20 钢筋混凝土带形基础工程量=[(7.0+5.0)×2+(5.0−0.4×2)]×0.8×0.25	5.64
14	现浇 C20 钢筋混凝土圈过梁	5-26	m^3	圈过梁按图示尺寸以立方米计算 QL1+QL2 一层 QL1 工程量=QL1 断面积×梁长 =0.24×0.36×7.0 一层 QL2 工程量=QL2 断面积×梁长 =0.24×0.24×(7.0+5.0×2+5−0.24) 圈梁共 2 道 圈梁总工程量=[0.24×0.36×7.0+0.24×0.24×(7.0+5.0×2+5−0.24)]×2	3.72
15	现浇 C20 钢筋混凝土挑廊(阳台)	5-44 换(C25 混凝土)	m^3	阳台按设计图示尺寸以立方米计算 阳台工程量=[(7.24+0.8)×1.3+0.8×0.12]×0.07	0.74
16	现浇 C20 钢筋混凝土雨篷(顶层)	5-46 换(C25 混凝土)	m^3	雨篷按设计图示尺寸以立方米计算 雨篷工程量=[(7.24+0.8)×1.3+0.8×0.12]×0.07	0.74
17	现浇 C20 混凝土挑廊栏板	5-50	m^3	栏板按图示长度乘以高度及厚度以立方米计算 (7.24+0.8+1.3+0.12)×0.08×(3.9−3.0)	0.68
18	现浇 C20 钢筋混凝土女儿墙压顶	5-54	m^3	女儿墙的高度从屋面板上表面算至女儿墙上表面，女儿墙的压顶、腰线、装饰线的体积并入墙的工程量中 压顶体积=压顶断面积×长度 $=0.3\times0.06\times[(7+5)\times2-8\times\frac{1}{2}\times(0.30-0.24)]$	0.43
19	混凝土散水	5-54 换	m^3	按设计图示尺寸以立方米计算 [(5.24+0.5)+(7.24+0.5)]×2×0.5×0.06	2.67
20	预制 C20 钢筋混凝土屋面架空板	5-88 换	m^3	按预制构件的体积以立方米计算 屋面长=7.0−0.12×2=6.76m 屋面宽=5.0−0.12×2=4.76m 屋面架空板的尺寸为 0.49×0.49×0.03=0.0072m^3 屋面架空板的总数量： [6.76/(0.49+0.01)]×[4.76/(0.46+0.01)] =13.52×9.52=128.71 块 ≈129 块 架空板总体积=0.0072×129	0.93

续表

序号	分部分项工程名称	定额编号	计量单位	计　算　式	计算结果
21	预制 C30 预应力钢筋混凝土空心板	5-89	m^3	按预制构件的体积以立方米计算 KB35-52 的单块体积 0.130m^3 KB35-62 的单块体积 0.156m^3 在该工程中，有 KB35-52 共 4 块 有 KB35-62 共 7×2×2=23 块 则钢筋混凝土的总体积为 0.130×4+0.156×28	4.86
22	预制 C20 钢筋混凝土 L 形楼梯踏步板	5-92	m^3	按设计图示尺寸以立方米计算 楼梯踏步板的断面积 =0.15×0.05+0.25×0.03 =0.015m^2 求一块楼梯踏步板的体积 =0.015×1.04=0.016m^3 0.016×(3/0.15)m^3	0.32
23	钢筋 (ϕ10 以内)	8-1	t	钢筋分不同规格、形式，按设计长度乘以单位理论重量以吨表示 (1)带形基础钢筋： ①主筋 ϕ8@200 数量：带形基础长度/间距+1 =[(7.0+5.0)×2+(5.0−0.4×2)]/0.2+1=142 根 每根主筋的长度=带形基础的宽度-保护层厚度 =0.8−0.025×2=0.75m 主筋 ϕ8@200 的重量=142×0.75×0.395=42.07kg ②分布筋 ϕ8@200 数量：带形基础宽度/间距+1 =0.8/0.2+1=5 根 分布筋总长度 (7.0+5.0)×2+5.0=29m 重量=5×29×0.395=57.28kg 带形基础钢筋总重=42.07+57.28=99.35kg (2)QL1 中的箍筋 ϕ8@200 单个箍筋的长度=(0.24+0.36)×2−8×0.025−8×0.008 =0.936m QL1 箍筋的数量=(7.0−0.025×2)/0.2+1=36 根 QL1 中箍筋的重量(二层 QL1) 2×0.936×36×0.395=26.62kg (3)QL2 中箍筋 ϕ6@200 数量={[(5.0−0.24−0.025×2)/0.2+1]×3+[(7.0−0.025×2)/0.2+1]}×2 =(75+36)×2 =222 根	

续表

序号	分部分项工程名称	定额编号	计量单位	计 算 式	计算结果
23	钢筋 (ϕ10 以内)	8-1	t	QL2 中单个箍筋长=(024+0.24)×2−8×0.025−8×0.006 =0.712m QL2 中箍筋总重量=222×0.712×0.222=35.09kg (4)雨篷梁(底层)的箍筋 ϕ6@200 数量=1.3/0.2+1=8 根 每根长=8.04−0.025×2 =7.99m 重量=8×7.99×0.222=14.19kg (5)挑廊中的钢筋 ϕ6@200 数量=1.3/0.2+1=8 根 每根长=8.04−0.025×2 =7.99m 重量=8×7.99×0.222=14.19kg (6)女儿墙压顶 主筋 3ϕ8 女儿墙压顶中心线长度=(7+5)×2−8×$\frac{1}{2}$×(0.30−0.24) =23.76m 每根主筋长=23.76m 数量:3 根 重量=23.76×3×0.395 =28.16kg 分布筋:ϕ6@150 每根长=0.30−0.025×2=0.25m 数量:压顶长/间距+1 =23.76/0.15+1 =160 根 重量 0.25×160×0.222=8.88kg 总重量=28.16+8.88=37.04kg (7)楼梯踢步板 架立筋 ϕ6@200 长度=(0.15−0.02)+(0.30−0.02) =0.41m 数量=1.04/0.2+1=7 根 重量:0.41×7×0.222=0.64kg (8)混凝土架空板 规格:0.49×0.49×0.03 数量:129 块 双向 4ϕ4 每根筋长度 0.49−0.02=0.47m 数量:4×2=8 根 重量:8×0.47×0.099+29=48.02kg (8)预应力空心板 KB35−52(1.33kg/块) 1.33×4=5.32kg	

续表

序号	分部分项工程名称	定额编号	计量单位	计 算 式	计算结果
23	钢筋 (ϕ10 以内)	8-1	t	1.56×28=43.68kg 共计：5.32+43.68=49kg ϕ10 以内钢筋合计： 99.35+26.62+35.09+14.19+14.19+37.04 +0.64+48.02+49=324.14kg=0.32t	0.32
24	钢筋 (ϕ10 以外)	8-2	t	(1)QL1 主筋 2ϕ12+3ϕ12 数量：5 根 每根长度：(7+0.12×2)−0.025×2 =7.19m 重量：5×7.19×0.888=31.92kg (2)QL2 主筋：2ϕ12+2ϕ12 数量：4 根 长度：(5+0.24−0.025×2)×3+(7+0.24− 0.025×2) =12.38m 重量：4×12.38×0.888=43.97kg (3)二层雨篷(YP2) 主筋 ϕ12@150 雨篷长：7+0.24=7.24 数量：(7.24−0.025×2)/0.15+1 =49 根 每根长：0.07−0.025×2+1.3+0.24−0.025× 2+0.36−0.025×2+6.25×0.012×2=1.97m 重量：1.97×49×0.888=85.72kg 2ϕ12 数量：2 根 每根长度：7.24−0.025×2=7.19m 重量：2×7.19×0.888=12.77kg (4)挑廊(YP1) ϕ12@150 单根长度=0.07−0.025×2+1.3+0.24−0.025× 2+0.36−0.25×2+6.25×0.012×2=1.97m 数量：(7.24−0.025×2)/0.15+1 =49 根 重量：49×1.97×0.888=85.72kg 2ϕ12 数量：2 根 每根长度：7.24−0.025×2=7.19m 重量：2×7.19×0.888=12.77kg 总重：85.72+12.77=98.49kg (5)楼梯踏步板 1ϕ16+3ϕ16 数量：4 根 单根长：1.04−0.01×2+12.5×0.016 =1.22m	

续表

序号	分部分项工程名称	定额编号	计量单位	计　算　式	计算结果
24	钢筋（ϕ10以外）	8-2	t	重量：4×1.22×1.58=7.71kg (6)预应力空心板 KB35-52：3.8×4=17.2kg KB35-62：4.6×28=128.8kg 总重：17.2+128.8=146kg ϕ10以外钢筋合计： 31.92+43.97+85.72+85.72+7.71+146=315.32kg=0.32t	
25	预埋铁件	8-5	t	预埋铁件以吨计算，楼梯踏步板预埋铁件 规格－60×60×6 每块面积：0.06×0.06=0.0036m^2 数量20块 重量：0.0036×20×47.10 =3.39kg=0.003t	0.003
26	空心板运输	9-1换	m^3	预制混凝土构件运输按构件设计图示尺寸以立方米计算 0.130×4+0.155×28=4.86m^3	4.86
27	架空板运输	9-1换	m^3	预制混凝土构件运输按构件设计图示尺寸以立方米计算 0.049×0.049×0.03×129=0.93m^3	0.893
	构件制作安装工程				
28	空心板制安	11-41	m^3	预制混凝土构件按设计图示尺寸以立方米计算 0.130×4+0.155×28=4.86m^3	4.86
29	楼梯踏步板制安	11-46	m^3	同楼梯踏步板的制作体积0.32m^3	0.32
	屋面工程				
30	屋面20mm厚1：3水泥砂浆找平层	12-21	m^2	找平层按图示投影面积以平方米计算 (7.0−0.24)×(5.0−0.24) =32.18m^2	32.18
31	屋面架空隔热板	12-27	m^2	屋面面层按图示尺寸以平方米计算 (5−0.24)×(7−0.24)=32.18m^2	32.18
32	水泥砂浆抹平顶(包括楼梯底面)	12-36	m^2	屋面面层按图示尺寸以平方米计算 楼梯底面按楼梯投影面积以平方米计算 (3.5−0.24)×(5.0−0.24)×2×2+4.1 =66.11m^2	66.11

续表

序号	分部分项工程名称	定额编号	计量单位	计 算 式	计算结果
33	屋面塑料水落管	12-55	m	塑料水落管按图示尺寸以米计算，水落管长度由檐沟底面(无檐沟的由水斗下口)算至室外设计地坪高度 6+0.45=6.45m 6.45×4=25.80m	25.80
34	女儿墙铸铁弯头出水口	12-60	套	4套	4
35	屋面塑料水落斗	12-64	套	4套	4
36	屋面氯丁橡胶防水卷材(1.5mm厚)	13-55	m^2	屋面防水按图示尺寸以平方米计算 (5－0.24)×(7－0.24)＋[(5－0.24)＋(7－0.24)]×2×0.25=37.94m^2	37.94
37	地面3：7灰土垫层	装饰工程1-1	m^3	垫层按室内房间净面积乘以厚度以立方米计算 (3.5－0.12×2)×(5.0－0.12×2)×2 =31.04m^2 31.04×0.7=21.73m^3	21.73
38	楼面30mm厚豆石混凝土找平层	装饰工程1-2换	m^2	找平层按房间净面积以平方米计算 (3.5－0.24)×(5.0－0.24)×2 =31.04m^2	31.04
39	地面C10细石混凝土找平层	装饰工程1-21换	m^2	找平层按房间净面积以平方米计算 (3.5－0.12×2)×(5.0－0.12×2)×2 =31.04m^2	31.04
40	楼梯1：2.5水泥砂浆抹面20mm厚	装饰工程1-26	m^2	楼梯各种面层(包括层踏步平台)按楼梯间净水平投影面积以平方米计算 (5.0－0.12)×0.8=3.90m^2	3.90
41	楼地面1：2水泥砂浆面层15mm厚	装饰工程1-26换	m^2	整体面积按房间净面积以平方米计算 (3.5－0.24)×(5.0－0.24)×2×2 =31.04×2=62.08m^2	62.08
42	1：2.5水泥砂浆台阶面层厚20mm	装饰工程1-26	m^2	按图示水平投影面积以平方米计算 3.3×1.5－(3.3－0.9×2)×(1.5－0.9) =4.05m^2	4.05
43	楼地面水泥踢脚线(高120mm)	装饰工程1-164	m	水泥踢脚线，按房间周长以米计算 [(3.5－0.24)×4＋(5.0－0.24)×4]×2层 =64.16m	64.16
44	水泥砂浆外墙面	装饰工程3-4	m^2	外墙长：[(5＋0.24)＋(7＋0.24)]×2 =24.96m 外墙面积=24.96×(6＋0.5＋0.45) =173.47m^2 外墙门窗洞口面积 1.5×1.7×4＋1.5×1.8×2＋1.5×1.8×2＋0.9×2.6×4=27.96m^2 外墙抹灰面积=173.47－27.96 =145.51m^2	145.51

续表

序号	分部分项工程名称	定额编号	计量单位	计算式	计算结果
45	水泥砂浆女儿墙内侧面	装饰工程 3-4	m^2	按抹灰面积以平方米计算 内墙面周长＝[(5－0.24)＋(7.0－0.24)]×2 ＝23.04m 23.04×(0.5－0.06)＝10.14m^2	10.14
46	水泥砂浆女儿墙压顶	装饰工程 3-4	m^2	按展开面积以平方米计算 女儿墙压顶中心线长＝ (7.0＋5.0)×2－(0.30－0.24)×4 ＝23.76m 压顶展开宽度＝0.30＋0.30－0.24 ＝0.36m 23.76×0.36＝8.55m^2	8.55
47	挑廊栏板外侧干粘石	装饰工程 3-20	m^2	按设计图示尺寸以平方米计算 (7.24＋0.8＋1.3＋0.12＋1.3)×0.9 ＝9.68m^2	9.68
48	水泥砂浆窗台	装饰工程 3-86	m^2	按窗台水平投影面积以平方米计算 1.5×(0.24＋0.12)×4＋1.5×(0.24＋0.12)× 2＋1.5×(0.24＋0.12)×2 ＝4.32m^2	4.32
49	石灰砂浆内墙面	装饰工程 3-98	m^2	[(3.5－0.24)×4＋(5.0－0.24)×4]×(6－ 0.12－0.12－0.03－0.015－0.03) ＝32.08×5.685＝182.37m^2 1.5×1.8×2＋0.9×2.6×4＝30.36m^2 182.37－30.36＝152.01m^2	152.01
50	平顶及内墙面刷仿瓷涂料	装饰工程 3-109	m^2	按实刷面积以平方米计算 (5－0.24)×(7－0.24)＋152.01 ＝184.19m^2	184.19
51	零星项目抹灰(栏板内侧)	装饰工程 3-204	m^2	按展开面积以平方米计算 (1.3＋8.04＋1.3＋0.12－0.08×2－0.08×2－ 0.08)×0.9＝9.32m^2	9.32
52	零星项目抹灰(雨篷板顶及侧面)	装饰工程 3-204	m^2	按展开面积以平方米计算 1.3×8.04＋0.12×0.8＋(8.04＋1.3×2＋ 0.12)×0.07＝11.30m^2	11.30
53	零星项目抹灰(挑廊板顶及侧面)	装饰工程 3-204	m^2	按展开面积以平方米计算 1.3×8.04＋0.12×0.8＋(8.04＋1.3×2＋ 0.112)×0.07＝11.30m^2	11.30
54	零星项目抹灰(女儿墙压顶)	装饰工程 3-204	m^2	按展开面积以平方米计算 [(7.0＋0.24＋5.0＋0.24)×2－0.06×4]×0.3 ＝7.42m^2	7.42

续表

序号	分部分项工程名称	定额编号	计量单位	计算式	计算结果
55	镶板门	装饰工程 6-3	m^2	M-223： 0.9×2.6×4=9.36m^2	9.36
56	普通木窗(一玻一纱)	装饰工程 6-22	m^2	门窗均按门窗框的外围尺寸以平方米计算 C-27：1.5×1.7×4=10.2m^2 C-32：1.5×1.8×2=5.4m^2 C-38：1.5×1.8×2=5.4m^2 合计：10.5+5.4+5.4=21m^2	21
57	窗帘盒	装饰工程 6-131	m	窗帘盒按图示尺寸以米计算 (1.5+0.3)×4+(1.5+0.3)×2+(1.5+0.3)×2=14.4m	14.4
	栏杆、栏板、扶手				
58	楼梯不锈钢栏杆	装饰工程 7-7	m^2	楼梯不锈钢栏杆以平方米计算 5.12×0.9=4.61m^2	4.61
59	楼梯栏杆木扶手	装饰工程 7-53	m	扶手(包括弯头)按扶手中心线水平投影长度以米计算 5.12m	5.12
60	木门窗油漆	装饰工程 11-3	m^2	按框外围面积以平方米计算 1.5×1.7×4+1.5×1.8×2+1.5×1.8×2+0.9×2.6×4 =30.36m^2	30.36
61	木扶手油漆	装饰工程 11-11	m	木扶手油漆按图示尺寸以米计算 5.12×1.15=5.89m	5.89
62	窗帘盒油漆	装饰工程 11-13	m	窗帘盒油漆按设计图示尺寸以米计算 (1.5+0.3)×4+(1.5+0.3)×2+(1.5+0.3)×2=14.4m	14.4

2. 清单工程量计算(表 1-1-2)

清单工程量计算表 **表 1-1-2**

序号	项目编码	项目名称	项目特征描述	计量单位	工程量	计算公式
			A.1 土石方工程			
1	010101001001	平整场地	三类，干土	m^2	37.94	按设计图示尺寸以建筑物首层面积计算 (5+0.24)×(7+0.24)=37.94m^2
2	010101003001	挖基础土方	人工挖地槽，三类，干土，深 0.55m，垫层底宽1.0m	m^3	15.40	按设计图示尺寸以基础垫层底面积乘以挖土深度计算 1.0×(5.0×2+7.0×2+5.0－1.0)×0.55=15.40m^3

续表

序号	项目编码	项目名称	项目特征描述	计量单位	工程量	计算公式
3	010103001001	土方回填	地槽回填土，原土回填，夯填	m^3	5.20	按设计图示尺寸以体积计算 设计室外地坪以下的基础体积＝1.0×(5.0×2＋7.0×2＋5.0－10)×0.1＋0.8×(5.0×2＋7.0×2＋5.0－0.8)×0.25＋0.30×0.12×(5.0×3＋7.0×2＋5.0－0.3)＋(0.55－0.1－0.25－0.12)×0.24×(5.0×2＋7.0×2＋5.0－0.24) ＝10.02m^3 回填土体积＝挖土体积－基础体积 ＝15.4－10.02 ＝5.20m^3
4	010102001002	土方回填	室内回填土，原土回填，夯填	m^3	9.78	按主墙间净面积乘以回填厚度 2×(3.5－0.24)×(5.0－0.24)×(0.45－0.07－0.05－0.05) ＝9.78m^3
			A.3 砌筑工程			
5	010301001001	砖基础	M5水泥砂浆砌筑条形基础 基础深0.55－0.1－0.25－0.12＝0.08m	m^3	4.90	按设计图示尺寸以体积计算 [(5.0＋7.0)×2＋(5.0－0.24)]×[(1.0－0.1－0.25－0.12)×0.24＋(0.24＋0.06×2)×0.12]＝4.90
6	010302001001	实心砖墙	MU10砖，M5混合砂浆砌筑一砖厚墙(外墙)，墙高(3－0.12)m	m^3	32.95	按设计图示尺寸以体积计算 (5.0＋7.0)×2×0.24×(3.0－0.12－0.02)×2＝32.95m^3
7	010302001002	实心砖墙	MU10砖，M5混合砂浆砌筑一砖墙(内墙)，墙高3.0m	m^3	6.85	按设计图示尺寸以体积计算 (5.0－0.24)×0.24×3×2 ＝6.85m^3
			A.4 混凝土及钢筋混凝土工程			
8	010401006001	垫层	C10混凝土垫层	m^3	2.80	按设计图示尺寸以体积计算 [(7.0＋5.0)×2＋(5.0－1.0)]×1.0×0.1 ＝2.80m^3
9	010401001001	带形基础	C20钢筋混凝土带形基础	m^3	5.64	按设计图示尺寸以体积计算 0.8×0.25×[(7.0＋5.0)×2＋(5.0－0.8)] ＝5.64m^3

续表

序号	项目编码	项目名称	项目特征描述	计量单位	工程量	计算公式
10	010403005001	现浇钢筋混凝土圈梁	梁底标高 2.6m，梁截面为 240mm×360mm	m^3	0.61	按设计图示尺寸以体积计算 7×0.24×0.36=0.61m^3
11	010403005002	现浇钢筋混凝土圈梁	梁底标高 5.6m，梁截面为 240mm×360mm	m^3	0.61	按设计图示尺寸以体积计算 7×0.24×0.36=0.61m^2
12	010403005003	现浇钢筋混凝土圈梁	梁底标高 2.6m，梁截面为 240mm×240mm	m^2	1.25	按设计图示尺寸以体积计算 (7+5×2+5−0.24)×0.24×0.24=1.25m^3
13	010403005004	现浇钢筋混凝土圈梁	梁底标高 5.6m，梁截面 240mm×240mm	m^3	1.25	按设计图示尺寸以体积计算 (7+5×2+5−0.24)×0.24×0.24=1.25m^3
14	010405006001	现浇钢筋混凝土挑廊栏板	80mm 厚 C20 细石混凝土现浇板，板高 900mm	m^3	0.68	按设计图示尺寸以体积计算 0.08×0.9×(7.0+0.24+0.8+1.3+0.12) =0.68m^3
15	010405008001	现浇钢筋混凝土雨篷	70mm 厚 C20 钢筋混凝土现浇板	m^3	0.74	按设计图示尺寸以墙外部分体积计算 0.07×(7+0.8+0.24)×1.3+0.8×0.12×0.07 =0.74m^2
16	010405008002	现浇钢筋混凝土阳台板	70mm 厚 C20 钢筋混凝土现浇板	m^3	0.74	按设计图示尺寸以墙外部分体积计算 0.07×(7+0.8+0.24)×1.3+0.8×0.12×0.07 =0.74m^3
17	010407001001	其他构件	现浇 C20 细石钢筋混凝土压顶，断面为 300mm×60mm	m^3	0.43	按设计图示尺寸以体积计算 [7.0+5.0+4×$\frac{1}{2}$×(0.3−0.24)]×2×0.3×0.06 =0.43m^3
18	010407002001	现浇混凝土散水	C10 混凝土垫层 60mm 厚，1∶2.5 水泥砂浆抹面 20mm 厚	m^2	14.00	按设计图示尺寸以面积计算 (7.0+5.0+4×0.5)×2×0.5 =14.00m^2
19	010412001001	预制钢筋混凝土架空板	构件尺寸 490mm×490mm×30mm，安装高度 6m，C30 细石钢筋混凝土架空板，(1∶3水泥砂浆嵌缝)	m^3	0.93	按设计图示尺寸以体积计算 [(7.0−0.12×2)/(0.49+0.01)]×[(5.0−0.12×2)/(0.49+0.01)]=129 块 0.49×0.49×0.01×129=0.93m^3

续表

序号	项目编码	项目名称	项目特征描述	计量单位	工程量	计算公式
20	010412002001	预制混凝土空心板 KB35-52	单件体积为 0.130m³，C30 预应力混凝土空心板	m³	0.52	按设计图示尺寸以体积计算 0.130×4=0.52m³
21	010412002002	预制混凝土空心板 KB35-62	单件体积 0.155m³，C30 预应力混凝土空心板	m³	4.34	按设计图示尺寸以体积计算 0.155×28=4.34m³
22	010413001001	预制混凝土楼梯踏步板	L 形楼梯踏步板，C20 钢筋混凝土楼梯，20mm 厚1∶2.5水泥砂浆，单块体积 0.016m³	m³	0.32	按设计图示尺寸以体积计算 (0.15×0.05+0.25×0.03)×1.04×(3/0.15)=0.32m³
23	010416001001	现浇混凝土钢筋	ϕ4	t	0.048	按设计图示钢筋长度乘以单位理论质量计算 (0.49−0.02)×4×2×0.099×129=48.02kg=0.048t
24	010416001002	现浇混凝土钢筋	ϕ6	t	0.073	按设计图示钢筋长度乘以单位理论质量计算 {[(5−0.24−0.025×2)/0.2+1]×3+(7.0−0.025×2)/0.2+1}×2×[(0.24+0.24)×2−8×0.025−8×0.006]×0.222+(1.3/0.2+1)×(8.04−0.025×2)×0.222+(1.3/0.2+1)×(8.04−0.025×2)×0.222+(0.30−0.025×2)×(23.76/0.15+1)×0.222+[(0.15−0.02)+(0.30−0.02)]×(1.04/0.2+1)×0.222 =35.09+14.19+14.19+8.88+0.64 =72.99kg =0.073t
25	010416001003	现浇混凝土钢筋	ϕ8	t	0.154	{[(7.0+5.0)×2+(5.0−0.4×2)]/0.2+1}×(0.8−0.025×2)×0.395+(0.8/0.2+1)×[(7.0+5.0)×5.0]×0.395+[(0.24+0.36)×2−8×0.025−8×0.008]×[(7.0−0.025×2)/0.2+1]×0.395+23.76×3×0.395 =42.07+57.28+26.62+28.16 =154.13kg=0.154t

续表

序号	项目编码	项目名称	项目特征描述	计量单位	工程量	计算公式
26	010416001004	现浇混凝土钢筋	ϕ12	t	0.273	(7+0.12×2−0.025×2)×5×0.888+[(5+0.24−0.025×2)×3+(7+0.24−0.025×2)]×4×0.888+[(7+0.24−0.25×2)/0.15+1]×(0.07−0.025×2+1.3+0.24−0.025×2+0.36−0.025×2+6.25×0.12×2)×0.888+(7.24−0.025×2)×2×0.888+(0.07−0.025×2+1.3+0.24−0.025×2+0.36−0.025×2+6.25×0.012×2)×[(7.24−0.025×2)/0.15+1]×0.888+(7.24−0.025×2)×2×0.888 =31.92+43.97+85.72+12.77+85.72+12.77=272.87kg=0.273t
27	010416001005	现浇混凝土钢筋	ϕ16	t	0.008	(1.04−0.01×2+12.5×0.016)×4×1.58=7.71kg=0.008t
28	010416002001	预制构件钢筋	预应力空心板钢筋	t	0.049	1.33×4+1.56×28+3.8×4+4.6×28=49kg=0.049t
29	010416005001	先张法预应力钢筋	预应力钢筋 ϕ10 以外	t	0.146	按设计图示钢筋长度乘以单位理论质量计算 3.8×4+4.6×28=146kg=0.146t
30	010417002001	预埋铁件	铁件规格−60×60×6	t	0.003	按设计图示尺寸以吨计算 0.06×0.06×20×47.10=3.39kg=0.003t
		A.7 屋面防水				
31	010702001001	屋面卷材防水	氯丁橡胶防水卷材15mm厚	m²	37.94	按设计图示尺寸以面积计算 (7.0−0.24)×(5.0−0.24)+(7.0−0.74+5.0−0.24)×2×0.25=37.94m²
32	010702001001	屋面排水管	塑料水落管，断面83mm×60mm，塑料落水斗4个，铸铁弯头出水口4个	m	25.48	按设计图示尺寸以长度计算。 如设计未注明尺寸，以檐口至设计室外散水上表面垂直距离计算 (6+0.45−0.06−0.02)×4=25.48m
		A.8 防腐、隔热、保温工程				
33	010803001001	保温隔热屋面	屋面架空隔热层C30细石钢筋混凝土架空板用1：3水泥砂浆嵌缝	m²	32.18	按设计图示尺寸以面积计算 (5−0.26)×(7−0.24)=32.18m²

续表

序号	项目编码	项目名称	项目特征描述	计量单位	工程量	计算公式
			B.1　楼地面工程			
34	020101001001	水泥砂浆楼地面	70mm厚3∶7灰土垫层，50mm厚C15豆石混凝土找平层，15mm厚1∶2水泥砂浆面层	m^2	31.94	按设计图示尺寸以面积计算 (3.5－0.24)×(5.0－0.24)×2＋(3.3－0.9×2)×(1.5－0.9) ＝31.04＋0.9 ＝31.94m^2
35	020101001002	水泥砂浆楼地面	30mm厚C20豆石混凝土找平层，15mm厚1∶2水泥砂浆面层	m^2	31.04	按设计图示尺寸以面积计算 (3.5－0.24)×(5.0－0.24)×2 ＝31.04m^2
36	020105001001	水泥砂浆踢脚线	高120mm，砂浆配合比1∶2.5	m^2	7.38	按设计图示长度乘以高度以面积计算 [(3.5－0.24＋5.0－0.24)×2－0.9＋0.12×2]×2×2 ＝61.52m 61.52×0.12＝7.38m^2
37	020106003001	水泥砂浆楼梯面	20mm厚1∶2.5水泥砂浆抹面层，底面用1∶1∶6水泥纸筋石灰砂浆打底，3mm厚纸筋石灰浆抹面，刷石灰水二度	m^2	3.90	按设计图示尺寸以楼梯(包括踏步、休息平台及500mm以内的楼梯井)水平投影面积计算 (5.0－0.12)×0.8 ＝3.90m^2
38	020107002001	硬木扶手带栏杆	硬木扶手不锈钢栏杆	m	5.89	按设计图示尺寸以扶手中心线长度(包括弯头长度)计算 5.12×1.15＝5.89m
39	020108003001	水泥砂浆台阶面	M2.5水泥砂浆砌砖，20mm厚1∶2.5水泥砂浆抹面	m^2	4.05	按设计图示尺寸以台阶(包括最上层踏步边沿加300mm)水平投影面积计算 3.3×1.5－(3.3－0.9×2)×(1.5－0.9) ＝4.05m^2
			B.2　墙、柱面工程			
40	020201001001	墙面一般抹灰	20mm厚1∶3水泥砂浆打底和面层，外墙面	m^2	124.40	按设计图示尺寸以面积计算 (7.0＋5.0)×2×(6＋0.5－0.06)－1.5×1.7×4－1.5×1.8×2－1.5×1.8×2－0.9×2.6×4＝124.40m^2

续表

序号	项目编码	项目名称	项目特征描述	计量单位	工程量	计算公式
41	020201001002	墙面一般抹灰	15mm 厚 1∶3 石灰砂浆底，3mm 厚纸筋石灰浆面，刷仿瓷涂料二度，内墙面	m²	151.70	按设计图示尺寸以面积计算 [(3.5−0.24)+(5.0−0.24)]×2×2×(3.0−0.115−0.03−0.02)+[(3.5−0.24)+(5.0−0.24)]×2×2×(3.0−0.115−0.03−0.015)−1.5×1.7×4−1.5×1.8×2−1.5×1.8×2−0.9×2.6×4=151.70m²
42	020201001003	墙面一般抹灰	1∶2.5 水泥砂浆抹女儿墙内侧	m²	10.14	按设计图示尺寸以面积计算 [(7.0−0.24)+(5.0−0.24)]×2×(0.5−0.06)=10.14m²
43	020201001004	墙面一般抹灰	挑廊栏板，1∶2.5 水泥砂浆抹内侧	m²	9.32	按设计图示尺寸以面积计算 (13+8.04+1.3+0.12−0.08×2−0.08×2−0.08)×0.9=9.32m²
44	020201002001	墙面装饰抹灰	挑廊栏板外侧干粘石抹面	m²	9.68	按设计图示尺寸以面积计算 (1.3+8.04+1.3+0.12)×0.9=9.68m²
45	020203001001	零星项目一般抹灰	窗台挑出外墙面 60mm，1∶2.5水泥砂浆抹面	m²	4.32	按设计图示尺寸以面积计算 (1.5×4+1.5×2+1.5×2)×(0.24+0.12)=4.32m²
46	020203001002	零星项目一般抹灰	女儿墙压顶，抹 1∶2.5 水泥砂浆	m²	7.42	按设计图示尺寸以面积计算 [(7.0+0.24+5.0+0.24×2)−(0.06×4)]×0.3=7.42m²
47	020203001003	零星项目一般抹灰	20mm 厚 1∶2.5 水泥砂浆抹雨篷板顶及侧面	m²	11.30	按设计图示尺寸以面积计算 1.3×8.04+0.12×0.8+(8.04+1.3×2+0.12)×0.07=11.30m²
48	020203001004	零星项目一般抹灰	20mm 厚 1∶2.5 水泥砂浆抹板顶及侧面(挑廊)	m²	11.30	按设计图示尺寸以面积计算 1.3×8.04+0.12×0.8+(8.04+1.3×2+0.12)×0.07=11.30m²

续表

序号	项目编码	项目名称	项目特征描述	计量单位	工程量	计算公式
			B.3 天棚工程			
49	020301001001	天棚抹灰	1∶1∶6水泥石灰纸筋砂浆底，3mm厚纸筋石灰浆面刷仿瓷涂料二度	m^2	62.07	按设计图示尺寸以水平投影面积计算 (3.5－0.24)×(5－0.24)×2×2＝62.07m^2
			B.4 门窗工程			
50	020401001001	镶板木门	杉木无纱镶板木门，带亮单扇，截面尺寸900mm×2600mm，刷底油一遍，调合漆二遍	樘	4	按设计图示数量计算 4
51	020405001001	木质平开窗	一玻一纱木窗，截面尺寸为1500mm×1700mm，刷底油一遍，刷调合漆二遍	樘	4	按设计图示数量计算 4
52	020405001002	木质平开窗	一玻一纱木窗，截面尺寸为1500mm×1800mm，刷底油一遍，刷调合漆二遍	樘	4	按设计图示数量计算 4
53	020408001001	木窗帘盒	单轨硬木窗帘盒，刷底油一遍，调合漆二遍	m	14.40	按设计图示尺寸以长度计算 (1.5＋0.3)×(4＋2＋2)＝14.40m
			B.5 油漆、涂料、裱糊工程			
54	020501001001	门油漆	木门做一底二度，奶黄色调合漆	樘	4	按设计图示数量计算 4
55	020502001001	窗油漆	木窗做一底二度，奶黄色调合漆	樘	4	按设计图示数量计算 4
56	020502001002	窗油漆	木窗做一底二度，奶黄色调合漆	樘	4	按设计图示数量计算 4
57	020503002001	窗帘盒油漆	窗帘盒做一底二度，奶黄色调合漆	m	14.40	按设计图示尺寸以长度计算 (1.5＋0.3)×(4＋2＋2)＝14.40m

三、工程量清单编制示例

工程量清单编制见表 1-1-3～表 1-1-12。

某小百货楼 工程

工 程 量 清 单

招 标 人：××× 单位公章（单位盖章）

工程造价咨询人：×××工程造价咨询企业资质专业章（单位资质专用章）

法定代表人或其授权人：××× 代表人（签字或盖章）

法定代表人或其授权人：×××工程造价咨询企业法定代表人（签字或盖章）

编 制 人：×××签字 盖造价工程师或造价员专用章（造价人员签字盖专用章）

复 核 人：×××签字 盖造价工程师专用章（造价工程师签字盖专用章）

编制时间：××××年××月××日

复核时间：××××年××月××日

总 说 明

工程名称：某小百货楼工程　　　　　　　　　　　　　　　　　　第　页　共　页

1. 工程概况：本工程为砖混结构，建筑层数为 2 层，建筑面积为 90.52m²。本工程为某建设单位住宅区拆迁复建房的配套房，因用房急，工期短，要求在 3 个月内建成交付使用。为加快复建房的建设速度，缩短工期，确保质量，降低造价，故本配套房工程采用招标投标方法，中标后承包工程建设。

2. 工程招标范围：本次招标范围为施工图范围内的土建工程，未包括室外工程和其他工程预算费用。

3. 工程量清单编制依据：

(1)某小百货楼施工图。

(2)《建设工程工程量清单计价规范》GB 50500—2008。

4. 其他需要说明的问题：

(1)工程中使用的木门窗、钢筋混凝土空心板及架空板、楼梯栏杆等构配件，均在场外加工生产，由汽车运至工地安装，运距为 10km。楼梯踏步板、成型钢筋及其他零星预制构配件，均在施工现场制作。

(2)施工所需用的电力、给水，可直接从已有的电路和水网中引用。

分部分项工程量清单与计价表　　　　**表 1-1-3**

工程名称：某小百货楼工程　　　　标段：　　　　第　页　共　页

序号	项目编码	项目名称	项目特征描述	计量单位	工程量	金额(元)		
						综合单价	合价	其中：暂估价
			A.1　土(石)方工程					
1	010101001001	平整场地	三类，干土	m²	37.94			
2	010101003001	挖基础土方	人工挖地槽，三类，干土，深 0.55m，垫层底宽 1.0m	m³	15.40			
3	010103001001	土方回填	地槽回填土，原土回填，夯填	m³	5.20			
4	010103001002	土方回填	室内回填土，原土回填，夯填	m³	9.78			
			分部小计					
			A.3　砌筑工程					
5	010301001001	砖基础	M5 水泥砂浆砌筑条形基础，基础深 0.08m	m³	4.90			
6	010302001001	实心砖墙	MU10 砖，M5 混合砂浆砌筑一砖墙，外墙高 2.88m	m³	32.95			
7	010302001002	实心砖墙	MU10 砖，M5 混合砂浆砌筑一砖墙，内墙高 3.0m	m³	6.85			
			分部小计					
			A.4　混凝土及钢筋混凝土工程					
8	010401006001	垫层	C10 混凝土垫层	m³	2.80			

续表

工程名称：某小百货楼工程　　　　标段：　　　　第　页　共　页

序号	项目编码	项目名称	项目特征描述	计量单位	工程量	金额(元)		
						综合单价	合价	其中：暂估价
9	010401001001	带形基础	C20钢筋混凝土带形基础	m^3	5.64			
10	010403005001	现浇钢筋混凝土圈梁	梁底标高2.6m，梁截面为240mm×360mm	m^3	0.61			
11	010403005002	现浇钢筋混凝土圈梁	梁底标高5.6m，梁截面为240mm×360mm	m^3	0.61			
12	010403005003	现浇钢筋混凝土圈梁	梁底标高2.6m，梁截面为240mm×240mm	m^3	1.25			
13	010403005004	现浇钢筋混凝土圈梁	梁底标高2.6m，梁截面为240mm×240mm	m^3	1.25			
14	010405006001	现浇钢筋混凝土挑廊栏板	80mm厚C20细石混凝土现浇板，板高900mm	m^3	0.68			
15	010405008001	现浇钢筋混凝土雨篷	70mm厚钢筋混凝土现浇板	m^3	0.74			
16	010405008002	现浇钢筋混凝土阳台板	70mm厚C20钢筋混凝土现浇板	m^3	0.74			
17	010407001001	其他构件	现浇C20细石钢筋混凝土压顶，断面为300mm×60mm	m^3	0.43			
18	010407002001	现浇混凝土散水	C10混凝土垫层60mm厚，1∶2.5水泥砂浆抹面20mm厚	m^2	14.00			
19	010412001001	预制钢筋混凝土架空板	构件尺寸490mm×490mm×30mm，安装高度6m，C30细石钢筋混凝土架空板	m^3	0.93			
20	010412002001	预制混凝土空心板KB35-52	单件体积为0.130m^3，C30预应力混凝土空心板	m^3	0.52			
21	010412002002	预制混凝土空心板KB35-62	单件体积0.155m^3，C30预应力混凝土空心板	m^3	4.34			
22	010413001001	预制混凝土楼梯踏步板	L形楼梯踏步板，C20钢筋混凝土楼梯，20mm厚1∶2.5水泥砂浆	m^3	0.32			
23	010416001001	现浇混凝土钢筋	ϕ4	t	0.048			
24	010416001002	现浇混凝土钢筋	ϕ6	t	0.073			
25	010416001003	现浇混凝土钢筋	ϕ8	t	0.154			

续表

工程名称：某小百货楼工程　　　　　　　　标段：　　　　　　　　　　第　页　共　页

序号	项目编码	项目名称	项目特征描述	计量单位	工程量	金额(元)		
						综合单价	合价	其中：暂估价
26	010416001004	现浇混凝土钢筋	ϕ12	t	0.273			
27	010416001005	现浇混凝土钢筋	ϕ16	t	0.008			
28	010416002001	预制构件钢筋	预应力空心板钢筋	t	0.049			
29	010416005001	先张法预应力钢筋	预应力钢筋 ϕ10 以外	t	0.146			
30	010417002001	预埋铁件	铁件规格－60×60×6	t	0.003			
			分部小计					
			A.7　屋面及防水工程					
31	010702001001	屋面卷材防水	氯丁橡胶防水卷材 15mm 厚	m²	37.94			
32	010702004001	屋面排水管	塑料落水管，断面 83mm×60mm，塑料水落斗 4 个，铸铁弯头出水口 4 个	m	25.48			
			分部小计					
			A.8　防腐、隔热、保温工程					
33	010803001001	保温隔热屋面	屋面架空隔热层 C30 细石钢筋混凝土架空板 1∶3水泥砂浆嵌缝	m²	32.18			
			分部小计					
			B.1　楼地面工程					
34	020101001001	水泥砂浆楼地面	70mm 厚 3∶7灰土垫层，50mm 厚 C15 豆石混凝土找平层，15mm 厚 1∶2水泥砂浆面层	m²	31.94			
35	020101001002	水泥砂浆楼地面	30mm 厚 C20 豆石混凝土找平层，15mm 厚1∶2水泥砂浆面层	m²	31.04			
36	020105001001	水泥砂浆踢脚线	高 120mm，砂浆配合比 1∶2.5	m²	7.38			
37	020106003001	水泥砂浆楼梯面	20mm 厚 1∶2.5 水泥砂浆抹面层，底面用1∶1∶6水泥纸筋石灰砂浆打底，3mm 厚纸筋石灰浆面	m²	3.90			
38	020107002001	硬木扶手带栏杆	硬木扶手，不锈钢栏杆	m	5.89			
39	020108003001	水泥砂浆台阶面	M2.5 水泥砂浆砌砖，20mm 厚 1∶2.5水泥砂浆抹面	m²	4.05			
			分部小计					
			B.2　墙、柱面工程					

续表

工程名称：某小百货楼工程　　　　　　　　　　标段：　　　　　　　　　　第　页　共　页

序号	项目编码	项目名称	项目特征描述	计量单位	工程量	金额(元)		
						综合单价	合价	其中：暂估价
40	020201001001	墙面一般抹灰	20mm厚1∶3水泥砂浆打底和面层，外墙面	m^2	124.40			
41	020201001002	墙面一般抹灰	15mm厚1∶3石灰砂浆底，3mm厚纸筋石灰浆面，刷仿瓷涂料二度，内墙面	m^2	151.70			
42	020201001003	墙面一般抹灰	1∶2.5水泥砂浆抹女儿墙内侧	m^2	10.14			
43	020201001004	墙面一般抹灰	挑廊栏板，1∶2.5水泥砂浆抹内侧	m^2	9.32			
44	020201002001	墙面装饰抹灰	挑廊栏板外侧干粘石抹面	m^2	9.68			
45	020203001001	零星项目一般抹灰	窗台挑出外墙面60mm，1∶2.5水泥砂浆抹面	m^2	4.32			
46	020203001002	零星项目一般抹灰	女儿墙压顶，抹1∶2.5水泥砂浆	m^2	7.42			
47	020203001003	零星项目一般抹灰	20mm厚1∶2.5水泥砂浆抹雨篷板顶及侧面	m^2	11.30			
48	020203001004	零星项目一般抹灰	20mm厚1∶2.5水泥砂浆抹板顶及侧面(挑廊)	m^2	11.30			
		分部小计						
		B.3　天棚工程						
49	020301001001	天棚抹灰	1∶1∶6水泥石灰纸筋砂浆底，3mm厚纸筋石灰浆面刷仿瓷涂料二度	m^2	62.07			
		分部小计						
		B.4　门窗工程						
50	020401001001	镶板木门	杉木无纱镶板木门，带亮单扇，截面尺寸900mm×2600mm，刷底油一遍，调合漆二遍	樘	4			
51	020405001001	木质平开窗	一玻一纱木窗，截面尺寸为1500mm×1700mm，刷底油一遍，调合漆二遍	樘	4			
52	020405001002	木质平开窗	一玻一纱木窗，截面尺寸为1500mm×1800mm，刷底油一遍，调合漆二遍	樘	4			
53	020408001001	木窗帘盒	单轨硬木窗帘盒，刷底油一遍，调合漆二遍	m	14.40			
		分部小计						
		B.5　油漆、涂料、裱糊工程						

续表

工程名称：某小百货楼工程　　　　　　　　标段：　　　　　　　　　第　页　共　页

序号	项目编码	项目名称	项目特征描述	计量单位	工程量	金额（元）		
						综合单价	合价	其中：暂估价
54	020501001001	门油漆	木门做一底二度，奶黄色调合漆	樘	4			
55	020502001001	窗油漆	木窗做一底二度，奶黄色调合漆	樘	4			
56	020502001002	窗油漆	木窗做一底二度，奶黄色调合漆	樘	4			
57	020503002001	窗帘盒油漆	窗帘盒做一底二度，奶黄色调合漆	m	14.40			
			分部小计					
			合计					

措施项目清单与计价表（一）　　　　　　　　**表 1-1-4**

工程名称：某小百货楼工程　　　　　　　　标段：　　　　　　　　　第　页　共　页

序号	项目名称	计算基础	费率（%）	金额（元）
1	安全文明施工费	人工费	30	
2	夜间施工费	人工费	1.5	
3	二次搬运费	人工费	1	
4	冬雨季施工			
5	大型机械设备进出场及安拆费			
6	施工排水			
7	施工降水			
8	地上、地下设施、建筑物的临时保护设施	人工费	0.26	
9	已完工程及设备保护			
10	各专业工程的措施项目			
11				
12				
	合计			

注：1. 本表适用于以“项”计价的措施项目。

2. 根据建设部、财政部发布的《建筑安装工程费用组成》（建标［2003］206号）的规定，“计算基础”可为“直接费”、“人工费”或“人工费＋机械费”。

措施项目清单与计价表（二）　　　　　　　　**表 1-1-5**

工程名称：某小百货楼工程　　　　　　　　标段：　　　　　　　　　第　页　共　页

序号	项目编码	项目名称	项目特征描述	计量单位	工程量	金额（元）	
						综合单价	合价
			本页小计				
			合计				

注：本表适用于以综合单价形式计价的措施项目。

其他项目清单与计价汇总表

表 1-1-6

工程名称：某小百货楼工程　　　　标段：　　　　第　页　共　页

序号	项目名称	计量单位	金额（元）	备注
1	暂列金额	项	30000	
2	暂估价			
2.1	材料暂估价			
2.2	专业工程暂估价			
3	计日工			
4	总承包服务费			
5				
合计				30000

注：材料暂估单价进入清单项目综合单价，此处不汇总。

暂列金额明细表

表 1-1-7

工程名称：某小百货楼工程　　　　标段：　　　　第　页　共　页

序号	项目名称	计量单位	暂定金额（元）	备注
1	工程量清单中工程量偏差和设计变更	项	10000	
2	政策性调整和材料价格风险	项	10000	
3	其他	项	10000	
4				
5				
6				
7				
8				
9				
10				
11				
合计			30000	—

注：此表由招标人填写，如不能详列，也可只列暂定金额总额，投标人应将上述暂列金额计入投标总价中。

材料暂估单价表

表 1-1-8

工程名称：某小百货楼工程　　　　标段：　　　　第　页　共　页

序号	材料名称、规格、型号	计量单位	单价（元）	备注

注：1. 此表由招标人填写，并在备注栏说明暂估价的材料拟用在哪些清单项目上，投标人应将上述材料暂估单价计入工程量清单综合单价报价中。

2. 材料包括原材料、燃料、构配件以及按规定应计入建筑安装工程造价的设备。

专业工程暂估价表

表 1-1-9

工程名称：某小百货楼工程　　　　标段：　　　　第　页　共　页

序号	工程名称	工程内容	金额（元）	备注
合计				

注：此表由招标人填写，投标人应将上述专业工程暂估价计入投标总价中。

计日工表

表 1-1-10

工程名称：某小百货楼工程　　　　标段：　　　　第　页　共　页

编号	项目名称	单位	暂定数量	综合单价（元）	合价（元）
一	人工				
1					
2					
3					
4					
人工小计					
二	材料				
1					
2					
3					
4					
5					
6					
材料小计					
三	施工机械				
1					
2					
3					
4					
施工机械小计					
总计					

注：此表项目名称、数量由招标人填写，编制招标控制价时，单价由招标人按有关计价规定确定；投标时，单价由投标人自主报价，计入投标总价中。

总承包服务费计价表 **表 1-1-11**

工程名称：某小百货楼工程　　　　标段：　　　　第　页　共　页

序号	项目名称	项目价值（元）	服务内容	费率（%）	金额（元）
1	发包人发包专业工程				
2	发包人供应材料				

规费、税金项目清单与计价表 **表 1-1-12**

工程名称：某小百货楼工程　　　　标段：　　　　第　页　共　页

序号	项目名称	计量基础	费率（%）	金额（元）
1	规费			
1.1	工程排污费	人工费	15	
1.2	社会保障费	（1）＋（2）＋（3）		
（1）	养老保险费	人工费	14	
（2）	失业保险费	人工费	2	
（3）	医疗保险费	人工费	6	
1.3	住房公积金	人工费	6	
1.4	危险作业意外伤害保险	人工费	0.5	
1.5	工程定额测定费			
2	税金	分部分项工程费＋措施项目费＋其他项目费＋规费	3.41	
合计				

四、投标报价编制示例

投标报价编制见表 1-1-13～表 1-1-23。

投 标 总 价

招　　标　　人：×××建设单位

工 程 名 称：某小百货楼工程

投标总价(小写)：108419 元

(大写)：壹拾万捌仟肆佰壹拾玖元

北京市某建筑公司

投　　标　　人：单位公章

(单位盖章)

法 定 代 表 人　　北京市某建筑公司

或 其 授 权 人：法定代表人

(签字或盖章)

×××签字

盖造价工程师

编　　制　　人：或造价员专用章

(造价人员签字盖专用章)

编 制 时 间：××××年××月××日

总 说 明

工程名称：某小百货楼工程　　　　　　　　　　　　　　　　　　　　　　第　页　共　页

1. 工程概况：本工程为砖混结构，建筑层数为 2 层，建筑面积为 90.52m²。本工程的招标计划工期为 90 日历天，投标工期为 80 日历天。
2. 投标报价包括范围：本次招标范围的某小百货楼施工图范围内的土建工程，未包括室外工程和其他工程预算费用。
3. 投标报价编制依据：
   （1）招标文件及其提供的工程量清单和有关报价的要求，招标文件的补充通知和答疑纪要。
   （2）某小百货楼施工图和投标施工组织设计。
   （3）有关的技术标准、规范和安全管理规定等。
   （4）省建设主管部门颁发的计价定额和计价管理办法及相关计价文件。
   （5）材料价格根据本公司掌握的价格情况并参照工程所在地工程造 价管理机构××××年×月的工程造价信息发布的价格。

分部分项工程量清单与计价表　　　　　　**表 1-1-13**

工程名称：某小百货楼工程　　　　标段：　　　　第　页　共　页

序号	项目编码	项目名称	项目特征描述	计量单立	工程量	金额（元）		
						综合单价	合价	其中：暂估价
		A.1　土石方工程						
1	010101001001	平整场地	三类，干土	m²	37.94	1.07	40.60	
2	010101003001	挖基础土方	人工挖地槽，三类，干土，深 0.55m，垫层底宽 1.0m	m³	15.40	29.16	449.06	
3	010103001001	土方回填	地槽回填土，原土回填，夯填	m³	5.20	24.93	129.64	
4	010103001002	土方回填	室内回填土，原土回填，夯填	m³	9.78	15.64	152.93	
		分部小计					772.23	
		A.3　砌筑工程						
5	010301001001	砖基础	M5 水泥砂浆砌筑条形基础，基础深 0.08m	m³	4.90	234.48	1148.95	
6	010302001001	实心砖墙	MU10 砖，M5 混合砂浆砌筑一砖墙，外墙高 2.88m	m³	32.95	291.43	9602.62	
7	010302001002	实心砖墙	MU10 砖，M5 混合砂浆砌筑一砖墙，内墙高 3.0m	m³	6.85	282.64	1936.08	
		分部小计					12687.65	
		A.4　混凝土及钢筋混凝土工程						
8	010401006001	垫层	C10 混凝土垫层	m³	2.80	277.54	777.11	

续表

工程名称：某小百货楼工程　　标段：　　第　页 共　页

序号	项目编码	项目名称	项目特征描述	计量单位	工程量	金额（元）		
						综合单价	合价	其中：暂估价
9	010401001001	带形基础	C20钢筋混凝土带形基础	m^3	5.64	327.61	1847.72	
10	010403005001	现浇钢筋混凝土圈梁	梁底标高2.6m，梁截面为240mm×360mm	m^3	0.61	377.66	230.37	
11	010403005002	现浇钢筋混凝土圈梁	梁底标高5.6m，梁截面为240mm×360mm	m^3	0.61	377.66	230.37	
12	010403005003	现浇钢筋混凝土圈梁	梁底标高2.6m，梁截面为240mm×240mm	m^3	1.25	377.66	472.08	
13	010403005004	现浇钢筋混凝土圈梁	梁底标高2.6m，梁截面为240mm×240mm	m^3	1.25	377.66	472.08	
14	010405006001	现浇钢筋混凝土挑廊栏板	80mm厚C20细石混凝土现浇板，板高900mm	m^3	0.68	366.52	249.23	
15	010405008001	现浇钢筋混凝土雨篷	70mm厚钢筋混凝土现浇板	m^3	0.74	384.88	284.81	
16	010405008002	现浇钢筋混凝土阳台板	70mm厚C20钢筋混凝土现浇板	m^3	0.74	392.90	290.75	
17	010407001001	其他构件	现浇C20细石钢筋混凝土压顶，断面为300mm×60mm	m^3	0.43	373.05	160.41	
18	010407002001	现浇混凝土散水	C10混凝土垫层，60mm厚，1：2.5水泥砂浆抹面20mm厚	m^2	14.00	73.42	1027.88	
19	010412001001	预制钢筋混凝土架空板	构件尺寸490mm×490mm×30mm，安装高度6m，C30细石钢筋混凝土架空板	m^3	0.93	509.75	474.07	
20	010412002001	预制混凝土空心板KB35-52	单件体积为0.130m^3，C30预应力混凝土空心板	m^3	0.52	1884.73	980.06	
21	010412002002	预制混凝土空心板KB35-62	单件体积0.155m^3，C30预应力混凝土空心板	m^3	4.34	1884.73	8179.73	
22	010413001001	预制混凝土楼梯踏步板	L形楼梯踏步板，C20钢筋混凝土楼梯，20mm厚1：2.5水泥砂浆	m^3	0.32	2136.04	683.53	
23	010416001001	现浇混凝土钢筋	ϕ4	t	0.048	4021.85	193.05	
24	010416001002	现浇混凝土钢筋	ϕ6	t	0.073	4021.85	300.90	
25	010416001003	现浇混凝土钢筋	ϕ8	t	0.154	4021.85	619.36	

续表

工程名称：某小百货楼工程　　　　　　　　标段：　　　　　　　　第　页　共　页

序号	项目编码	项目名称	项目特征描述	计量单位	工程量	金额（元）		
						综合单价	合价	其中：暂估价
26	010416001004	现浇混凝土钢筋	ϕ12	t	0.273	4046.11	1104.59	
27	010416001005	现浇混凝土钢筋	ϕ16	t	0.008	4046.11	32.37	
28	010416002001	预制构件钢筋	预应力空心板钢筋	t	0.049	4021.85	197.07	
29	010416005001	先张法预应力钢筋	预应力钢筋 ϕ10 以外	t	0.146	4046.11	590.73	
30	010417002001	预埋铁件	铁件规格－60×60×6	t	0.003	5183.98	15.55	
		分部小计					19413.82	
		A.7　屋面及防水工程						
31	010702001001	屋面卷材防水	氯丁橡胶防水卷材 15mm 厚	m^2	37.94	107.82	4090.69	
32	010702004001	屋面排水管	塑料落水管，断面 83mm×60mm，塑料水落斗 4 个，铸铁弯头出水口 4 个	m	25.48	56.94	1450.83	
		分部小计					5541.52	
		A.8　防腐、隔热、保温工程						
33	010803001001	保温隔热屋面	屋面架空隔热层 C30 细石钢筋混凝土架空板 1∶3水泥砂浆缝	m^2	32.18	57.38	1846.49	
		分部小计					1846.49	
		B.1　楼地面工程						
34	020101001001	水泥砂浆楼地面	70mm 厚 3∶7灰土垫层，50mm 厚 C15 豆石混凝土找平层，15mm 厚 1∶2水泥砂浆面层	m^2	31.94	77.04	2460.66	
35	020101001002	水泥砂浆楼地面	30mm 厚 C20 豆石混凝土找平层，15mm 厚 1∶2水泥砂浆面层	m^2	31.04	25.74	798.97	
36	020105001001	水泥砂浆踢脚线	高 120mm 砂浆配合比 1∶2.5	m^2	7.38	78.64	580.36	
37	020106003001	水泥砂浆楼梯面	20mm 厚 1∶2.5 水泥砂浆抹面层底面用 1∶1∶6水泥纸筋石灰砂浆打底，3mm 厚纸筋石灰浆面	m^2	3.90	11.79	45.98	
38	020107002001	硬木扶手带栏杆	硬木扶手，不锈钢栏杆	m	5.89	474.53	2794.98	
39	020108003001	水泥砂浆台阶面	M2.5 水泥砂浆砌砖，20mm 厚 1∶2.5 水泥砂浆抹面	m^2	4.05	11.79	47.75	
		分部小计					6728.70	
		B.2　墙、柱面工程						

续表

工程名称：某小百货楼工程　　　　标段：　　　　第　页　共　页

序号	项目编码	项目名称	项目特征描述	计量单位	工程量	金额（元）		
						综合单价	合价	其中：暂估价
40	020201001001	墙面一般抹灰	20mm厚1：3水泥砂浆打底和面层，外墙面	m^2	124.40	17.95	2232.98	
41	020201001002	墙面一般抹灰	15mm厚1：3石灰砂浆底，3mm厚纸筋石灰浆面，刷仿瓷涂料二度，内墙面	m^2	151.70	26.84	4071.63	
42	020201001003	墙面一般抹灰	1：2.5水泥砂浆抹女儿墙内侧	m^2	10.14	15.34	155.55	
43	020201001004	墙面一般抹灰	挑廊栏板，1：2.5水泥砂浆抹内侧	m^2	9.32	18.66	173.91	
44	020201002001	墙面装饰抹灰	挑廊栏板外侧干粘石抹面	m^2	9.68	22.02	213.15	
45	020203001001	零星项目一般抹灰	窗台挑出外墙面60mm，1：2.5水泥砂浆抹面	m^2	4.32	26.87	116.08	
46	020203001002	零星项目一般抹灰	女儿墙压顶，抹1：2.5水泥砂浆	m^2	7.42	18.66	138.46	
47	020203001003	零星项目一般抹灰	20mm厚1：2.5水泥砂浆抹雨篷板顶及侧面	m^2	11.30	18.66	210.86	
48	020203001004	零星项目一般抹灰	20mm厚1：2.5水泥砂浆抹板顶及侧面（挑廊）	m^2	11.30	18.66	210.86	
			分部小计				7523.48	
			B.3　天棚工程					
49	020301001001	天棚抹灰	1：1：6水泥石灰纸筋砂浆底，3mm厚纸筋石灰浆面刷仿瓷涂料二度	m^2	62.07	16.93	1050.85	
			分部小计				1050.85	
			B.4　门窗工程					
50	020401001001	镶板木门	杉木无纱镶板木门，带亮单扇，截面尺寸900mm×2600mm，刷底油一遍，调合漆二遍	樘	4	2139.97	8559.88	
51	020405001001	木质平开窗	一玻一纱木窗，截面尺寸为1500mm×1700mm，刷底油一遍，调合漆二遍	樘	4	842.30	3369.20	
52	020405001002	木质平开窗	一玻一纱木窗，截面尺寸为1500mm×1800mm，刷底油一遍，调合漆二遍	樘	4	891.84	3567.36	
53	020408001001	木窗帘盒	单轨硬木窗帘盒，刷底油遍，调合漆二遍	m	14.40	50.71	620.69	
			分部小计				16117.13	
			B.5　油漆、涂料、裱糊工程					

续表

工程名称：某小百货楼工程　　　　　　　　标段：　　　　　　　　第　页　共　页

序号	项目编码	项目名称	项目特征描述	计量单位	工程量	金额（元）		
						综合单价	合价	其中：暂估价
54	020501001001	门油漆	木门做一底二度，奶黄色调合漆	樘	4	48.97	195.88	
55	020502001001	窗油漆	木窗做一底二度，奶黄色调合漆	樘	4	53.37	213.48	
56	020502001002	窗油漆	木窗做一底二度，奶黄色调合漆	樘	4	56.51	226.04	
57	020503002001	窗帘盒油漆	窗帘盒做一底二度，奶黄色调合漆	m	14.40	5.96	85.82	
		分部小计					721.22	
本页小计							16838.35	
合计							72403.12	

措施项目清单与计价表（一）

表 1-1-14

工程名称：某小百货楼工程　　　　　　　　标段：　　　　　　　　第　页　共　页

序号	项目名称	计算基础	费率（%）	金额（元）
1	安全文明施工费	人工费	30	998.04
2	夜间施工费	人工费	1.5	49.90
3	二次搬运费	人工费	1	33.27
4	冬雨季施工	人工费		
5	大型机械设备进出场及安拆费			
6	施工排水			
7	施工降水			
8	地上、地下设施、建筑物的临时保护设施	人工费	0.26	8.65
9	已完工程及设备保护			
10	各专业工程的措施项目			
11				
12				
合计				1089.86

注：1. 本表适用于以“项”计价的措施项目。

2. 根据建设部、财政部发布的《建筑安装工程费用组成》（建标［2003］206号）的规定，“计算基础”可为“直接费”、“人工费”或“人工费＋机械费”。

措施项目清单与计价表（二）

表 1-1-15

工程名称：某小百货楼工程　　　　　　　　标段：　　　　　　　　第　页　共　页

序号	项目编码	项目名称	项目特征描述	计量单位	工程量	金额（元）	
						综合单价	合价

续表

序号	项目编码	项目名称	项目特征描述	计量单位	工程量	金额（元）	
						综合单价	合价
			本页小计				
			合计				

注：本表适用于以综合单价形式计价的措施项目。

其他项目清单与计价汇总表

表 1-1-16

工程名称：某小百货楼工程　　　　标段：　　　　第　页　共　页

序号	项目名称	计量单位	金额（元）	备注
1	暂列金额	项	30000	
2	暂估价			
2.1	材料暂估价			
2.2	专业工程暂估价			
3	计日工			
4	总承包服务费			
5				
	合计		30000	—

注：材料暂估单价进入清单项目综合单价，此处不汇总。

暂列金额明细表

表 1-1-17

工程名称：某小百货楼工程　　　　标段：　　　　第　页　共　页

序号	项目名称	计量单位	暂定金额（元）	备注
1	工程量清单中工程量偏差和设计变更	项	10000	
2	政策性调整和材料价格风险	项	10000	
3	其他	项	10000	
4				
5				
6				
7				
8				
9				
10				
11				
	合计		30000	—

注：此表由招标人填写，如不能详列，也可只列暂定金额总额，投标人应将上述暂列金额计入投标总价中。

材料暂估单价表 表 1-1-18

工程名称：某小百货楼工程　　　　　　标段：　　　　　　　　　　第　页　共　页

序号	材料名称、规格、型号	计量单位	单价（元）	备注

注：1. 此表由招标人填写，并在备注栏说明暂估价的材料拟用在哪些清单项目上，投标人应将上述材料暂估单价计入工程量清单综合单价报价中。

2. 材料包括原材料、燃料、构配件以及按规定应计入建筑安装工程造价的设备。

专业工程暂估价表 表 1-1-19

工程名称：某小百货楼工程　　　　　　标段：　　　　　　　　　　第　页　共　页

序号	工程名称	工程内容	金额（元）	备注
合计				—

注：此表由招标人填写，投标人应将上述专业工程暂估价计入投标总价中。

计日工表 表 1-1-20

工程名称：某小百货楼工程　　　　　　标段：　　　　　　　　　　第　页　共　页

编号	项目名称	单位	暂定数量	综合单价（元）	合价（元）
一	人工				
1					
2					
3					
4					
人工小计					
二	材料				
1					
2					
3					
4					
5					

续表

编号	项目名称	单位	暂定数量	综合单价（元）	合价（元）
6					
	材料小计				
三	施工机械				
1					
2					
3					
4					
	施工机械小计				
	总计				

注：此表项目名称、数量由招标人填写，编制招标控制价时，单价由招标人按有关计价规定确定；投标时，单价由投标人自主报价，计入投标总价中。

总承包服务费计价表 **表 1-1-21**

工程名称：某小百货楼工程　　　　标段：　　　　第　页　共　页

序号	项目名称	项目价值（元）	服务内容	费率（%）	金额（元）
1	发包人发包专业工程				
2	发包人供应材料				
	合计				

规费、税金项目清单与计价表 **表 1-1-22**

工程名称：某小百货楼工程　　　　标段：　　　　第　页　共　页

序号	项目名称	计算基础	费率元（工日）	金额（元）
1	规费			1447.16
1.1	工程排污费	人工费	15	499.02
1.2	社会保障费	(1)＋(2)＋(3)		731.90
(1)	养老保险费	人工费	14	465.75
(2)	失业保险费	人工费	2	66.54
(3)	医疗保险费	人工费	6	199.61
1.3	住房公积金	人工费	6	199.61
1.4	危险作业意外伤害保险	人工费	0.5	16.63
1.5	工程定额测定费			
2	税金	分部分项工程费＋措施项目费＋其他项目费＋规费	3.41	3578.46
	合计			5025.62

注：根据建设部、财政部发布的《建筑安装工程费用组成》（建标［2003］206 号）的规定，“计算基础”可为“直接费”、“人工费”或“人工费＋机械费”。

工程量清单综合单价分析表

表 1-1-23

工程名称：某小百货楼工程　　　　标段：　　　　　　　　第　页 共　页

项目编码	010101001001	项目名称	平整场地	计量单位	m^2

清单综合单价组成明细											
定额编号	定额名称	定额单位	数量	单价（元）				合价（元）			
				人工费	材料费	机械费	管理费和利润	人工费	材料费	机械费	管理费和利润
1-1	平整场地	m^2	1	0.75	—	—	0.32	0.75	—	—	0.32
人工单价		小计						0.75	—	—	0.32
23.46 元/工日		未计价材料费									
清单项目综合单价								1.07			
材料费明细	主要材料名称、规格、型号					单位	数量	单价（元）	合价（元）	暂估单价（元）	暂估合价（元）
	其他材料费							—		—	
	材料费小计							—		—	

注：1. “数量”栏为“投标方（定额）工程量÷招标方（清单）工程量÷定额单位数量”。

2. 管理费费率为 34%，利润率为 8%，均以直接费为基数。

工程量清单综合单价分析表

续表

工程名称：某小百货楼工程　　　　标段：　　　　　　　　第　页　共　页

项目编码	010101003001	项目名称	挖基础土方	计量单位	m^3

清单综合单价组成明细											
定额编号	定额名称	定额单位	数量	单价（元）				合价（元）			
				人工费	材料费	机械费	管理费和利润	人工费	材料费	机械费	管理费和利润
1-4	人工挖沟槽	m^3	1.38	12.67	—	—	5.32	17.48	—	—	7.34
1-15	人力车运余土	m^3	0.15	3.00	—	17.37	8.56	0.45	—	2.61	1.28
人工单价		小计						17.93	—	2.61	8.62
23.46 元/工日		未计价材料费									
清单项目综合单价								29.16			
材料费明细	主要材料名称、规格、型号					单位	数量	单价（元）	合价（元）	暂估单价（元）	暂估合价（元）
	其他材料费							—		—	
	材料费小计							—		—	

注：1. “数量”栏为“投标方（定额）工程量÷招标方（清单）工程量÷定额单位数量”。

2. 管理费费率为 34%，利润率为 8%，均以直接费为基数。

工程量清单综合单价分析表 续表

工程名称：某小百货楼工程　　标段：　　第　页　共　页

项目编码		010103001001		项目名称		土方回填		计量单位			m^3
清单综合单价组成明细											
定额编号	定额名称	定额单位	数量	单价（元）				合价（元）			
				人工费	材料费	机械费	管理费和利润	人工费	材料费	机械费	管理费和利润
1-7	回填土（夯填）	m^3	2.16	6.10	—	0.72	2.86	13.18	—	1.56	6.18
1-16	地坪原土打夯	m^2	7.43	0.33	—	0.05	0.16	2.45	—	0.37	1.19
人工单价		小计						15.63	—	1.93	7.37
23.46元/工日		未计价材料费									
清单项目综合单价								24.93			
材料费明细	主要材料名称、规格、型号				单位	数量		单价（元）	合价（元）	暂估单价（元）	暂估合价（元）
	其他材料费							—		—	
	材料费小计							—		—	

注：1. “数量”栏为“投标方（定额）工程量÷招标方（清单）工程量÷定额单位数量”。

2. 管理费费率为34%，利润率为8%，均以直接费为基数。

工程量清单综合单价分析表 续表

工程名称：某小百货楼工程　　标段：　　第　页　共　页

项目编码		010103001002		项目名称		土方回填		计量单位			m^3
清单综合单价组成明细											
定额编号	定额名称	定额单位	数量	单价（元）				合价（元）			
				人工费	材料费	机械费	管理费和利润	人工费	材料费	机械费	管理费和利润
1-14	房心回填土	m^3	1	9.08	—	0.72	4.12	9.08	—	0.12	4.12
1-16	室内原土打夯	m^2	3.17	0.33	—	0.05	0.16	1.05	—	0.16	0.51
人工单价		小计						10.13	—	0.88	4.63
23.46元/工日		未计价材料费									
清单项目综合单价								15.64			
材料费明细	主要材料名称、规格、型号				单位	数量		单价（元）	合价（元）	暂估单价（元）	暂估合价（元）
	其他材料费							—		—	
	材料费小计							—		—	

注：1. “数量”栏为“投标方（定额）工程量÷招标方（清单）工程量÷定额单位数量”。

2. 管理费费率为34%，利润率为8%，均以直接费为基数。

工程量清单综合单价分析表 续表

工程名称：某小百货楼工程 标段： 第 页 共 页

项目编码	010301001001			项目名称		砖基础		计量单位			m³
清单综合单价组成明细											
定额编号	定额名称	定额单位	数量	单价（元）				合价（元）			
				人工费	材料费	机械费	管理费和利润	人工费	材料费	机械费	管理费和利润
4-1	砖基础	m³	1	34.51	126.57	4.05	69.35	34.51	126.57	4.05	69.35
人工单价		小计						34.51	126.57	4.05	69.35
28.24元/工日		未计价材料费									
清单项目综合单价								234.48			
材料费明细	主要材料名称、规格、型号				单位	数量		单价（元）	合价（元）	暂估单价（元）	暂估合价（元）
	红机砖				块	523.600		0.177	91.68		
	M5水泥砂浆				m³	0.236		135.210	31.91		
	其他材料费							—	1.980	—	
	材料费小计							—	126.57	—	

注：1. “数量”栏为“投标方（定额）工程量÷招标方（清单）工程量÷定额单位数量”。

2. 管理费费率为34%，利润率为8%，均以直接费为基数。

工程量清单综合单价分析表 续表

工程名称：某小百货楼工程 标段： 第 页 共 页

项目编码	010302001001			项目名称		实心砖墙		计量单位			m³
清单综合单价组成明细											
定额编号	定额名称	定额单位	数量	单价（元）				合价（元）			
				人工费	材料费	机械费	管理费和利润	人工费	材料费	机械费	管理费和利润
4-2	砌外墙	m³	1.15	45.75	128.24	4.47	74.95	52.61	147.48	5.14	86.20
人工单价		小计						52.61	147.48	5.14	86.20
28.24元/工日		未计价材料费									
清单项目综合单价								291.43			
材料费明细	主要材料名称、规格、型号				单位	数量		单价（元）	合价（元）	暂估单价（元）	暂估合价（元）
	机制砖				块	586.5		0.177	103.81		
	M5水泥砂浆				m³	0.305		135.210	41.24		
	其他材料费							—	2.461	—	
	材料费小计							—	147.51	—	

注：1. “数量”栏为“投标方（定额）工程量÷招标方（清单）工程量÷定额单位数量”。

2. 管理费费率为34%，利润率为8%，均以直接费为基数。

工程量清单综合单价分析表

续表

工程名称：某小百货楼工程　　标段：　　第　页　共　页

项目编码	010302001002	项目名称	实心砖墙	计量单位	m^3

清单综合单价组成明细											
定额编号	定额名称	定额单位	数量	单价（元）				合价（元）			
				人工费	材料费	机械费	管理费和利润	人工费	材料费	机械费	管理费和利润
4-3	砌内墙	m^3	1.14	41.97	128.20	4.42	73.33	47.85	146.15	5.04	83.60
人工单价	小计							47.85	146.15	5.04	83.60
28.24元/工日	未计价材料费										
清单项目综合单价								282.64			

材料费明细	主要材料名称、规格、型号	单位	数量	单价（元）	合价（元）	暂估单价（元）	暂估合价（元）
	机制砖	块	581.400	0.177	102.91		
	M5水泥砂浆	m^3	0.302	135.210	40.83		
	其他材料费			—	2.394	—	
	材料费小计			—	146.13	—	

注：1. “数量”栏为“投标方（定额）工程量÷招标方（清单）工程量÷定额单位数量”。

2. 管理费费率为34%，利润率为8%，均以直接费为基数。

工程量清单综合单价分析表

续表

工程名称：某小百货楼工程　　标段：　　第　页　共　页

项目编码	010401006001	项目名称	垫层	计量单位	m^3

清单综合单价组成明细											
定额编号	定额名称	定额单位	数量	单价（元）				合价（元）			
				人工费	材料费	机械费	管理费和利润	人工费	材料费	机械费	管理费和利润
5-1	基础垫层	m^3	1	24.02	157.96	13.47	82.09	24.02	157.96	13.47	82.09
人工单价	小计							24.02	157.96	13.47	82.09
27.45元/工日	未计价材料费										
清单项目综合单价								277.54			

材料费明细	主要材料名称、规格、型号	单位	数量	单价（元）	合价（元）	暂估单价（元）	暂估合价（元）
	C10普通混凝土	m^3	1.015	148.810	151.04		
	其他材料费			—	6.920	—	
	材料费小计			—	157.96	—	

注：1. “数量”栏为“投标方（定额）工程量÷招标方（清单）工程量÷定额单位数量”。

2. 管理费费率为34%，利润率为8%，均以直接费为基数。

工程量清单综合单价分析表

续表

工程名称：某小百货楼工程　　　　标段：　　　　第　页　共　页

项目编码	010401001001	项目名称	带形基础	计量单位	m^3

清单综合单价组成明细

定额编号	定额名称	定额单位	数量	单价（元）				合价（元）			
				人工费	材料费	机械费	管理费和利润	人工费	材料费	机械费	管理费和利润
5-5	C20 带形基础	m^3	1	27.56	189.68	13.47	96.90	27.56	189.68	13.47	96.90
人工单价		小计						27.56	189.68	13.47	96.90
27.45 元/工日		未计价材料费									
清单项目综合单价								327.61			

材料费明细	主要材料名称、规格、型号	单位	数量	单价（元）	合价（元）	暂估单价（元）	暂估合价（元）
	C20 普通混凝土	m^3	1.018	183.000	185.75		
	其他材料费			—	3.930	—	
	材料费小计			—	189.68	—	

注：1. “数量”栏为“投标方（定额）工程量÷招标方（清单）工程量÷定额单位数量”。

2. 管理费费率为 34%，利润率为 8%，均以直接费为基数。

工程量清单综合单价分析表

续表

工程名称：某小百货楼工程　　　　标段：　　　　第　页　共　页

项目编码	010403005001	项目名称	现浇钢筋混凝土圈梁	计量单位	m^3

清单综合单价组成明细

定额编号	定额名称	定额单位	数量	单价（元）				合价（元）			
				人工费	材料费	机械费	管理费和利润	人工费	材料费	机械费	管理费和利润
5-26	C20 圈过梁	m^3	1	52.74	191.32	21.90	111.70	52.74	191.32	21.90	111.70
人工单价		小计						52.74	191.32	21.90	111.70
27.45 元/工日		未计价材料费									
清单项目综合单价								377.66			

材料费明细	主要材料名称、规格、型号	单位	数量	单价（元）	合价（元）	暂估单价（元）	暂估合价（元）
	C20 普通混凝土	m^3	1.015	183.00	185.75		
	其他材料费			—	5.570	—	
	材料费小计			—	191.32	—	

注：1. “数量”栏为“投标方（定额）工程量÷招标方（清单）工程量÷定额单位数量”。

2. 管理费费率为 34%，利润率为 8%，均以直接费为基数。

工程量清单综合单价分析表 续表

工程名称：某小百货楼工程 标段： 第 页 共 页

项目编码	010403005002	项目名称	现浇钢筋混凝土圈梁	计量单位	m^3

清单综合单价组成明细

定额编号	定额名称	定额单位	数量	单价（元）				合价（元）			
				人工费	材料费	机械费	管理费和利润	人工费	材料费	机械费	管理费和利润
5-26	C20圈过梁	m^3	1	52.74	191.32	21.90	111.70	52.74	191.32	21.90	111.70
人工单价		小计						52.74	191.32	21.90	111.70
27.45元/工日		未计价材料费									
清单项目综合单价								377.66			

	主要材料名称、规格、型号	单位	数量	单价（元）	合价（元）	暂估单价（元）	暂估合价（元）
材料费明细	C20普通混凝土	m^3	1.015	183.00	185.75		
	其他材料费			—	5.570	—	
	材料费小计			—	191.32	—	

注：1. “数量”栏为“投标方（定额）工程量÷招标方（清单）工程量÷定额单位数量”。

2. 管理费费率为34%，利润率为8%，均以直接费为基数。

工程量清单综合单价分析表 续表

工程名称：某小百货楼工程 标段： 第 页 共 页

项目编码	010403005003	项目名称	现浇钢筋混凝土圈梁	计量单位	m^3

清单综合单价组成明细

定额编号	定额名称	定额单位	数量	单价（元）				合价（元）			
				人工费	材料费	机械费	管理费和利润	人工费	材料费	机械费	管理费和利润
5-26	C20圈过梁	m^3	1	52.74	191.32	21.90	111.70	52.74	191.32	21.90	111.70
人工单价		小计						52.74	191.32	21.90	111.70
27.45元/工日		未计价材料费									
清单项目综合单价								377.66			

	主要材料名称、规格、型号	单位	数量	单价（元）	合价（元）	暂估单价（元）	暂估合价（元）
材料费明细	C20普通混凝土	m^3	1.015	183.00	185.75		
	其他材料费			—	5.570	—	
	材料费小计			—	191.32	—	

注：1. “数量”栏为“投标方（定额）工程量÷招标方（清单）工程量÷定额单位数量”。

2. 管理费费率为34%，利润率为8%，均以直接费为基数。

工程量清单综合单价分析表

续表

工程名称：某小百货楼工程　　　　标段：　　　　第　页　共　页

项目编码	010403005004			项目名称		现浇钢筋混凝土圈梁		计量单位		m^3	
清单综合单价组成明细											
定额编号	定额名称	定额单位	数量	单价（元）				合价（元）			
				人工费	材料费	机械费	管理费和利润	人工费	材料费	机械费	管理费和利润
5-26	C20 圈过梁	m^3	1	52.74	191.32	21.90	111.70	52.74	191.32	21.90	111.70
人工单价		小计						52.74	191.32	21.90	111.70
27.45 元/工日		未计价材料费									
清单项目综合单价								377.66			
材料费明细	主要材料名称、规格、型号					单位	数量	单价（元）	合价（元）	暂估单价（元）	暂估合价（元）
	C20 普通混凝土					m^3	1.015	183.00	185.75		
	其他材料费							—	5.570	—	
	材料费小计							—	191.32	—	

注：1. “数量”栏为“投标方（定额）工程量÷招标方（清单）工程量÷定额单位数量”。

2. 管理费费率为 34%，利润率为 8%，均以直接费为基数。

工程量清单综合单价分析表

续表

工程名称：某小百货楼工程　　　　标段：　　　　第　页　共　页

项目编码	010405006001			项目名称		现浇混凝土栏板		计量单位		m^3	
清单综合单价组成明细											
定额编号	定额名称	定额单位	数量	单价（元）				合价（元）			
				人工费	材料费	机械费	管理费和利润	人工费	材料费	机械费	管理费和利润
5-50	C20 栏板	m^3	1	55.60	189.33	13.18	108.41	55.60	189.33	13.18	108.41
人工单价		小计						55.60	189.33	13.18	108.41
27.45 元/工日		未计价材料费									
清单项目综合单价								366.52			
材料费明细	主要材料名称、规格、型号					单位	数量	单价（元）	合价（元）	暂估单价（元）	暂估合价（元）
	C20 普通混凝土					m^3	1.015	183.00	185.75		
	其他材料费							—	3.580	—	
	材料费小计							—	189.33	—	

注：1. “数量”栏为“投标方（定额）工程量÷招标方（清单）工程量÷定额单位数量”。

2. 管理费费率为 34%，利润率为 8%，均以直接费为基数。

工程量清单综合单价分析表

续表

工程名称：某小百货楼工程　　　　标段：　　　　第　页　共　页

项目编码	010405008001			项目名称		现浇钢筋混凝土雨篷		计量单位			m³
清单综合单价组成明细											
定额编号	定额名称	定额单位	数量	单价（元）				合价（元）			
				人工费	材料费	机械费	管理费和利润	人工费	材料费	机械费	管理费和利润
5-46换	C20雨篷	m³	1	47.96	190.89	32.19	113.84	47.96	190.89	32.19	113.84
人工单价		小计						47.96	190.89	32.19	113.84
27.45元/工日		未计价材料费									
清单项目综合单价								384.88			
材料费明细	主要材料名称、规格、型号				单位	数量		单价（元）	合价（元）	暂估单价（元）	暂估合价（元）
	水泥（综合）				kg	332.92		0.366	121.85		
	石子（综合）				kg	1219.015		0.032	39.01		
	砂子				kg	691.215		0.036	24.88		
	其他材料费							—	5.140	—	
	材料费小计							—	190.88	—	

注：1. "数量"栏为"投标方（定额）工程量÷招标方（清单）工程量÷定额单位数量"。

2. 管理费费率为34%，利润率为8%，均以直接费为基数。

工程量清单综合单价分析表

续表

工程名称：某小百货楼工程　　　　标段：　　　　第　页　共　页

项目编码	010405008002			项目名称		现浇钢筋混凝土阳台板		计量单位			m³
清单综合单价组成明细											
定额编号	定额名称	定额单位	数量	单价（元）				合价（元）			
				人工费	材料费	机械费	管理费和利润	人工费	材料费	机械费	管理费和利润
5-44换	C20阳台	m³	1	51.52	190.87	34.29	116.21	51.52	190.87	34.29	116.21
人工单价		小计						51.52	190.87	34.29	116.21
27.45元/工日		未计价材料费									
清单项目综合单价								392.90			
材料费明细	主要材料名称、规格、型号				单位	数量		单价（元）	合价（元）	暂估单价（元）	暂估合价（元）
	水泥（综合）				kg	332.92		0.366	121.85		
	石子（综合）				kg	1219.015		0.032	39.01		
	砂子				kg	691.215		0.036	24.88		
	其他材料费							—	5.120	—	
	材料费小计							—	190.86	—	

注：1. "数量"栏为"投标方（定额）工程量÷招标方（清单）工程量÷定额单位数量"。

2. 管理费费率为34%，利润率为8%，均以直接费为基数。

工程量清单综合单价分析表

续表

工程名称：某小百货楼工程　　　　标段：　　　　　　　　第　页　共　页

项目编码	010407001001			项目名称		其他构件		计量单位		m³	
清单综合单价组成明细											
定额编号	定额名称	定额单位	数量	单价（元）				合价（元）			
				人工费	材料费	机械费	管理费和利润	人工费	材料费	机械费	管理费和利润
5-54	C20女儿墙压顶	m³	1	50.49	189.28	22.94	110.34	50.49	189.28	22.94	110.34
人工单价		小计						50.49	189.28	22.94	110.34
27.45元/工日		未计价材料费									
清单项目综合单价								373.05			
材料费明细	主要材料名称、规格、型号					单位	数量	单价（元）	合价（元）	暂估单价（元）	暂估合价（元）
	C20普通混凝土					m³	1.015	183.00	185.75		
	其他材料费							—	3.530	—	
	材料费小计							—	189.28	—	

注：1. “数量”栏为“投标方（定额）工程量÷招标方（清单）工程量÷定额单位数量”。

2. 管理费费率为34%，利润率为8%，均以直接费为基数。

工程量清单综合单价分析表

续表

工程名称：某小百货楼工程　　　　标段：　　　　　　　　第　页　共　页

项目编码	010407002001			项目名称		现浇混凝土散水		计量单位		m²	
清单综合单价组成明细											
定额编号	定额名称	定额单位	数量	单价（元）				合价（元）			
				人工费	材料费	机械费	管理费和利润	人工费	材料费	机械费	管理费和利润
5-54换	其他构件	m³	0.19	56.46	154.57	22.94	98.27	10.73	29.37	4.36	18.67
装饰工程1-17	20mm 1∶2.5水泥砂浆	m²	1	2.48	5.16	0.41	3.38	2.48	5.16	0.41	3.38
人工单价		小计						12.07	34.53	4.77	22.05
30.81元/工日		未计价材料费									
清单项目综合单价								73.42			
材料费明细	主要材料名称、规格、型号					单位	数量	单价（元）	合价（元）	暂估单价（元）	暂估合价（元）
	水泥（综合）					kg	53.544	0.366	19.60		
	石子（综合）					kg	245.305	0.032	7.85		
	砂子					kg	174.509	0.036	6.28		
	建筑胶					kg	0.052	1.700	0.088		
	其他材料费							—	0.711	—	
	材料费小计							—	34.53	—	

注：1. “数量”栏为“投标方（定额）工程量÷招标方（清单）工程量÷定额单位数量”。

2. 管理费费率为34%，利润率为8%，均以直接费为基数。

工程量清单综合单价分析表 续表

工程名称：某小百货楼工程 标段： 第 页 共 页

项目编码	010412001001	项目名称	预制钢筋混凝土架空板	计量单位	m^3

清单综合单价组成明细											
定额编号	定额名称	定额单位	数量	单价（元）				合价（元）			
				人工费	材料费	机械费	管理费和利润	人工费	材料费	机械费	管理费和利润
5-88换	预制混凝土构件	m^3	1	85.22	202.05	22.01	129.90	85.22	202.05	22.01	129.90
9-1换	一类预制构件运输10km	m^3	1	3.62	1.26	46.83	21.72	3.62	1.26	46.83	21.72
人工单价		小计						85.98	203.31	68.84	151.62
28.43元/工日		未计价材料费									
清单项目综合单价								509.75			
材料费明细	主要材料名称、规格、型号					单位	数量	单价（元）	合价（元）	暂估单价（元）	暂估合价（元）
	水泥（综合）					kg	332.920	0.366	121.85		
	石子（综合）					kg	1219.015	0.032	41.31		
	砂子					kg	691.215	0.036	24.88		
	1：3水泥砂浆					m^3	0.014	204.110	2.86		
	其他材料费							—	12.41	—	
	材料费小计							—	203.31	—	

注：1. “数量”栏为“投标方（定额）工程量÷招标方（清单）工程量÷定额单位数量”。

2. 管理费费率为34%，利润率为8%，均以直接费为基数。

工程量清单综合单价分析表 续表

工程名称：某小百货楼工程 标段： 第 页 共 页

项目编码	010412002001	项目名称	预制混凝土空心板	计量单位	m^3

清单综合单价组成明细											
定额编号	定额名称	定额单位	数量	单价（元）				合价（元）			
				人工费	材料费	机械费	管理费和利润	人工费	材料费	机械费	管理费和利润
5-89换	预制混凝土空心板	m^3	1	85.34	231.57	22.01	142.35	85.34	231.57	22.01	142.35
9-1	空心板运输10km	m^3	1	3.62	1.26	46.83	21.72	3.62	1.26	46.83	21.72
11-41	预制平板制安	m^3	1	21.04	915.60	—	393.39	21.04	915.60	—	393.39
人工单价		小计						110.00	1148.43	68.84	557.46
28.43元/工日		未计价材料费									
清单项目综合单价								1884.73			

续表

	主要材料名称、规格、型号	单位	数量	单价（元）	合价（元）	暂估单价（元）	暂估合价（元）
材料费明细	C30普通混凝土	m³	1.015	214.140	217.35		
	1∶3水泥砂浆	m³	0.014	204.110	2.86		
	预制平板	m³	1.000	903.000	903.00		
	其他材料费			—	25.22	—	
	材料费小计			—	1148.43	—	

注：1. “数量”栏为“投标方（定额）工程量÷招标方（清单）工程量÷定额单位数量”。

2. 管理费费率为34%，利润率为8%，均以直接费为基数。

工程量清单综合单价分析表

续表

工程名称：某小百货楼工程　　标段：　　第　页　共　页

项目编码	010412002002	项目名称	预制混凝土空心板	计量单位	m³

清单综合单价组成明细

定额编号	定额名称	定额单位	数量	单价（元）				合价（元）			
				人工费	材料费	机械费	管理费和利润	人工费	材料费	机械费	管理费和利润
5-89换	预制混凝土空心板	m³	1	85.34	231.57	22.01	142.35	85.34	231.57	22.01	142.35
9-1	空心板运输10km	m³	1	3.62	1.26	46.83	21.72	3.62	1.26	46.83	21.72
11-41	预制平板制安	m³	1	21.04	915.60	—	393.39	21.04	915.60	—	393.39
人工单价		小计						110.00	1148.43	68.84	557.46
28.43元/工日		未计价材料费									
清单项目综合单价								1884.73			

	主要材料名称、规格、型号	单位	数量	单价（元）	合价（元）	暂估单价（元）	暂估合价（元）
材料费明细	C30普通混凝土	m³	1.015	214.140	217.35		
	1∶3水泥砂浆	m³	0.014	204.110	2.86		
	预制平板	m³	1.000	903.00	903.00		
	其他材料费			—	25.22	—	
	材料费小计			—	1148.43	—	

注：1. “数量”栏为“投标方（定额）工程量÷招标方（清单）工程量÷定额单位数量”。

2. 管理费费率为34%，利润率为8%，均以直接费为基数。

工程量清单综合单价分析表

续表

工程名称：某小百货楼工程　　　　标段：　　　　　　　第　页　共　页

项目编码	010413001001	项目名称	预制混凝土楼梯踏步板	计量单位	m^3

清单综合单价组成明细

定额编号	定额名称	定额单位	数量	单价（元）				合价（元）			
				人工费	材料费	机械费	管理费和利润	人工费	材料费	机械费	管理费和利润
5-92	C20小型构件	m^3	1	142.47	267.42	43.58	190.46	142.47	267.42	43.58	190.46
9-1换	预制构件运输10km	m^3	1	3.62	1.26	46.83	21.72	3.62	1.26	46.83	21.72
11-46	楼梯制安	m^3	1	62.85	920.40	15.82	419.61	62.85	920.40	15.82	419.61
人工单价		小计						208.94	1189.08	106.23	631.79
28.43元/工日		未计价材料费						—			
清单项目综合单价								2136.04			

材料费明细	主要材料名称、规格、型号	单位	数量	单价（元）	合价（元）	暂估单价（元）	暂估合价（元）
	C20普通混凝土	m^3	1.015	183.000	185.75		
	1∶3水泥砂浆	m^3	0.007	204.110	1.43		
	电焊条（综合）	kg	1.308	4.900	6.41		
	垫铁	kg	1.759	1.650	2.90		
	楼梯、休息板	m^3	1.000	903.000	903.00		
	其他材料费			—	89.59	—	
	材料费小计			—	1189.08	—	

注：1.“数量”栏为“投标方（定额）工程量÷招标方（清单）工程量÷定额单位数量”。

2. 管理费费率为34%，利润率为8%，均以直接费为基数。

工程量清单综合单价分析表

续表

工程名称：某小百货楼工程　　　　标段：　　　　　　　第　页　共　页

项目编码	010416001001	项目名称	现浇混凝土钢筋	计量单位	t

清单综合单价组成明细

定额编号	定额名称	定额单位	数量	单价（元）				合价（元）			
				人工费	材料费	机械费	管理费和利润	人工费	材料费	机械费	管理费和利润
8-1	ϕ4钢筋	t	1	183.97	2644.59	3.73	1189.56	183.97	2644.59	3.73	1189.56
人工单价		小计						183.97	2644.59	3.73	1189.56
31.12元/工日		未计价材料费						—			
清单项目综合单价								4021.85			

材料费明细	主要材料名称、规格、型号	单位	数量	单价（元）	合价（元）	暂估单价（元）	暂估合价（元）
	钢筋ϕ10以内	kg	1025.000	2.430	2490.75		
	钢筋成型加工及运费ϕ10以内	kg	1025.000	0.135	138.38		
	其他材料费			—	15.460	—	
	材料费小计			—	2644.59	—	

注：1.“数量”栏为“投标方（定额）工程量÷招标方（清单）工程量÷定额单位数量”。

2. 管理费费率为34%，利润率为8%，均以直接费为基数。

工程量清单综合单价分析表

续表

工程名称：某小百货楼工程　　　　标段：　　　　　　　　第　页　共　页

项目编码		010416001002			项目名称		现浇混凝土钢筋		计量单位		t
清单综合单价组成明细											
定额编号	定额名称	定额单位	数量	单价（元）				合价（元）			
				人工费	材料费	机械费	管理费和利润	人工费	材料费	机械费	管理费和利润
8-1	ϕ6 钢筋	t	1	183.97	2644.59	3.73	1189.56	183.97	2644.59	3.73	1189.56
人工单价		小计						183.97	2644.59	3.73	1189.56
31.12 元/工日		未计价材料费						—			
清单项目综合单价								4021.85			
材料费明细	主要材料名称、规格、型号				单位	数量	单价（元）	合价（元）	暂估单价（元）	暂估合价（元）	
	钢筋 ϕ10 以内				kg	1025.000	2.430	2490.75			
	钢筋成型加工及运费 ϕ10 以内				kg	1025.000	0.135	138.38			
	其他材料费						—	15.460	—		
	材料费小计						—	2644.59	—		

注：1. “数量”栏为“投标方（定额）工程量÷招标方（清单）工程量÷定额单位数量”。

2. 管理费费率为 34%，利润率为 8%，均以直接费为基数。

工程量清单综合单价分析表

续表

工程名称：某小百货楼工程　　　　标段：　　　　　　　　第　页　共　页

项目编码		010416001003			项目名称		现浇混凝土钢筋		计量单位		t
清单综合单价组成明细											
定额编号	定额名称	定额单位	数量	单价（元）				合价（元）			
				人工费	材料费	机械费	管理费和利润	人工费	材料费	机械费	管理费和利润
8-1	ϕ8 钢筋	t	1	183.97	2644.59	3.73	1189.56	183.97	2644.59	3.73	1189.56
人工单价		小计						183.97	2644.59	3.73	1189.56
31.12 元/工日		未计价材料费									
清单项目综合单价								4021.85			
材料费明细	主要材料名称、规格、型号				单位	数量	单价（元）	合价（元）	暂估单价（元）	暂估合价（元）	
	钢筋 ϕ10 以内				kg	1025.000	2.430	2490.75			
	钢筋成型加工及运费 ϕ10 以内				kg	1025.000	0.135	138.38			
	其他材料费						—	15.460	—		
	材料费小计						—	2644.59	—		

注：1. “数量”栏为“投标方（定额）工程量÷招标方（清单）工程量÷定额单位数量”。

2. 管理费费率为 34%，利润率为 8%，均以直接费为基数。

工程量清单综合单价分析表

续表

工程名称：某小百货楼工程　　　　标段：　　　　　　　　　第　页　共　页

项目编码	010416001004	项目名称	现浇混凝土钢筋	计量单位	t

清单综合单价组成明细

定额编号	定额名称	定额单位	数量	单价（元）				合价（元）			
				人工费	材料费	机械费	管理费和利润	人工费	材料费	机械费	管理费和利润
8-2	ϕ12 钢筋	t	1	171.52	2680.43	3.76	1199.40	171.52	2680.43	3.76	1190.40
人工单价		小计						171.52	2680.43	3.76	1190.40
30.12 元/工日		未计价材料费									
清单项目综合单价								4046.11			

材料费明细	主要材料名称、规格、型号	单位	数量	单价（元）	合价（元）	暂估单价（元）	暂估合价（元）
	钢筋 ϕ10 以外	kg	1025.000	2.500	2562.50		
	钢筋成型加工及运费 ϕ10 以外	kg	1025.000	0.101	103.53		
	其他材料费			—	14.400	—	
	材料费小计			—	2680.43	—	

注：1. “数量”栏为“投标方（定额）工程量÷招标方（清单）工程量÷定额单位数量”。

2. 管理费费率为 34%，利润率为 8%，均以直接费为基数。

工程量清单综合单价分析表

续表

工程名称：某小百货楼工程　　　　标段：　　　　　　　　　第　页　共　页

项目编码	010416001005	项目名称	现浇混凝土钢筋	计量单位	t

清单综合单价组成明细

定额编号	定额名称	定额单位	数量	单价（元）				合价（元）			
				人工费	材料费	机械费	管理费和利润	人工费	材料费	机械费	管理费和利润
8-2	ϕ16 钢筋	t	1	171.52	2680.43	3.76	1199.40	171.52	2680.43	3.76	1190.40
人工单价		小计						171.52	2680.43	3.76	1190.40
30.12 元/工日		未计价材料费						—			
清单项目综合单价								4046.11			

材料费明细	主要材料名称、规格、型号	单位	数量	单价（元）	合价（元）	暂估单价（元）	暂估合价（元）
	钢筋 ϕ10 以外	kg	1025.000	2.500	2562.50		
	钢筋成型加工及运费 ϕ10 以外	kg	1025.000	0.101	103.53		
	其他材料费			—	14.40	—	
	材料费小计			—	2680.43	—	

注：1. “数量”栏为“投标方（定额）工程量÷招标方（清单）工程量÷定额单位数量”。

2. 管理费费率为 34%，利润率为 8%，均以直接费为基数。

工程量清单综合单价分析表

续表

工程名称：某小百货楼工程　　标段：　　第　页　共　页

项目编码	010416002001			项目名称		预制构件钢筋		计量单位		t	
清单综合单价组成明细											
定额编号	定额名称	定额单位	数量	单价（元）				合价（元）			
				人工费	材料费	机械费	管理费和利润	人工费	材料费	机械费	管理费和利润
8-1	钢筋 ϕ10 以内	t	1	183.97	2644.59	3.73	1189.56	183.97	2644.59	3.73	1189.56
人工单价		小计						183.97	2644.59	3.73	1189.56
31.120 元/工日		未计价材料费						—			
清单项目综合单价								4021.85			
材料费明细	主要材料名称、规格、型号					单位	数量	单价（元）	合价（元）	暂估单价（元）	暂估合价（元）
	钢筋 ϕ10 以内					kg	1025.00	2.430	2490.75		
	钢筋成型加工及运费 ϕ10 以内					kg	1025.00	0.135	138.38		
	其他材料费							—	15.460	—	
	材料费小计							—	2644.59	—	

注：1. “数量”栏为“投标方（定额）工程量÷招标方（清单）工程量÷定额单位数量”。

2. 管理费费率为 34%，利润率为 8%，均以直接费为基数。

工程量清单综合单价分析表

续表

工程名称：某小百货楼工程　　标段：　　第　页　共　页

项目编码	010416005001			项目名称		先张法预应力钢筋		计量单位		t	
清单综合单价组成明细											
定额编号	定额名称	定额单位	数量	单价（元）				合价（元）			
				人工费	材料费	机械费	管理费和利润	人工费	材料费	机械费	管理费和利润
8-2	钢筋 ϕ10 以外	t	1	171.52	2680.43	3.76	1199.40	171.52	2680.43	3.76	1190.40
人工单价		小计						171.52	2680.43	3.76	1190.40
31.120 元/工日		未计价材料费						—			
清单项目综合单价								4046.11			
材料费明细	主要材料名称、规格、型号					单位	数量	单价（元）	合价（元）	暂估单价（元）	暂估合价（元）
	钢筋 ϕ10 以外					kg	1025.00	2.500	2562.50		
	钢筋成型加工及运费 ϕ10 以外					kg	1025.00	0.101	103.53		
	其他材料费							—	14.40	—	
	材料费小计							—	2680.43	—	

注：1. “数量”栏为“投标方（定额）工程量÷招标方（清单）工程量÷定额单位数量”。

2. 管理费费率为 34%，利润率为 8%，均以直接费为基数。

工程量清单综合单价分析表

续表

工程名称：某小百货楼工程　　　标段：　　　　第　页　共　页

项目编码	010417002001			项目名称		预埋铁件		计量单位			t
清单综合单价组成明细											
定额编号	定额名称	定额单位	数量	单价（元）				合价（元）			
				人工费	材料费	机械费	管理费和利润	人工费	材料费	机械费	管理费和利润
8-5	预埋铁件制安	t	1	531.17	3091.30	28.22	1533.29	531.17	3091.30	28.22	1533.29
人工单价		小计						531.17	3091.30	28.22	1533.29
30.120元/工日		未计价材料费									
清单项目综合单价								5183.98			
材料费明细	主要材料名称、规格、型号				单位	数量		单价（元）	合价（元）	暂估单价（元）	暂估合价（元）
	预埋铁件				kg	1010.000		2.980	3009.80		
	其他材料费							—	81.500	—	
	材料费小计							—	3091.30	—	

注：1. “数量”栏为“投标方（定额）工程量÷招标方（清单）工程量÷定额单位数量”。

2. 管理费费率为34%，利润率为8%，均以直接费为基数。

工程量清单综合单价分析表

续表

工程名称：某小百货楼工程　　　标段：　　　　第　页　共　页

项目编码	010702001001			项目名称		屋面卷材防水		计量单位			m^2
清单综合单价组成明细											
定额编号	定额名称	定额单位	数量	单价（元）				合价（元）			
				人工费	材料费	机械费	管理费和利润	人工费	材料费	机械费	管理费和利润
13-55	氯丁橡胶防水卷材	m^2	1	3.64	61.00	0.84	27.50	3.64	61.00	0.84	27.50
12-21	屋面找平层20mm	m^2	1	2.17	7.98	0.30	4.39	2.17	7.98	0.30	4.39
人工单价		小计						5.81	68.98	1.14	31.89
30.81元/工日		未计价材料费						—			
清单项目综合单价								107.82			
材料费明细	主要材料名称、规格、型号				单位	数量		单价（元）	合价（元）	暂估单价（元）	暂估合价（元）
	水泥（综合）				kg	8.300		0.366	3.038		
	砂子				kg	33.100		0.036	1.192		
	钢板网				m^2	1.010		3.500	3.535		
	氯丁橡胶卷材15mm				m^2	1.257		25.000	31.425		
	氯丁胶沥青胶液				kg	0.606		4.330	2.624		
	CY-409胶粘剂				kg	0.096		13.200	1.267		
	嵌缝膏CSPE				支	0.310		17.000	5.270		
	乙酸乙酯				kg	0.051		20.000	1.02		
	聚氨酯防水涂料				kg	0.136		9.500	1.292		
	其他材料费							—	18.320	—	
	材料费小计							—	68.98	—	

注：1. “数量”栏为“投标方（定额）工程量÷招标方（清单）工程量÷定额单位数量”。

2. 管理费费率为34%，利润率为8%，均以直接费为基数。

工程量清单综合单价分析表 续表

工程名称：某小百货楼工程 标段： 第 页 共 页

项目编码	010702004001		项目名称		屋面排水管		计量单位		m
清单综合单价组成明细									
定额编号	定额名称	定额单位	数量	单价（元）				合价（元）			
				人工费	材料费	机械费	管理费和利润	人工费	材料费	机械费	管理费和利润
12-55	屋面塑料水落管	m	1.01	5.8	22.25	0.37	11.97	5.94	22.47	0.37	12.09
12-60	铸铁管弯头出水口	套	0.16	10.90	23.83	0.45	14.78	1.74	3.81	0.07	2.36
12-64	屋面塑料水落斗	套	0.16	9.61	25.59	0.46	14.98	1.54	4.09	0.07	2.39
人工单价	小计							9.22	30.37	0.51	16.84
30.81元/工日	未计价材料费							—			
清单项目综合单价								56.94			
材料费明细	主要材料名称、规格、型号			单位	数量	单价（元）	合价（元）	暂估单价（元）	暂估合价（元）		
	塑料水落管 ϕ100			m	1.057	19.660	20.78				
	铁件			kg	0.239	3.100	0.74				
	膨胀螺栓 ϕ6			套	1.061	0.420	0.45				
	密封胶 KS 型			kg	0.033	15.610	0.52				
	铸铁排水弯头			套	0.162	0.036	0.017				
	水泥（综合）			kg	0.123	0.366	0.05				
	砂子			kg	0.464	0.036	0.017				
	塑料雨水斗			个	0.162	23 880	3.87				
	C20 豆石混凝土			m^3	0.00048	185.380	0.09				
	其他材料费					—	0.48	—			
	材料费小计					—	30.40	—			

注：1. “数量”栏为“投标方（定额）工程量÷招标方（清单）工程量÷定额单位数量”。

2. 管理费费率为34%，利润率为8%，均以直接费为基数。

工程量清单综合单价分析表 续表

工程名称：某小百货楼工程 标段： 第 页 共 页

项目编码	010803001001		项目名称		保温隔热屋面		计量单位		m^2
清单综合单价组成明细									
定额编号	定额名称	定额单位	数量	单价（元）				合价（元）			
				人工费	材料费	机械费	管理费和利润	人工费	材料费	机械费	管理费和利润
12-27	屋面架空隔热层	m^2	1	5.35	34.47	0.59	16.97	5.35	34.47	0.59	16.97
人工单价	小计							5.35	34.47	0.59	16.97
30.81元/工日	未计价材料费							—			
清单项目综合单价								57.38			

续表

	主要材料名称、规格、型号	单位	数量	单价（元）	合价（元）	暂估单价（元）	暂估合价（元）
材料费明细	混凝土预制大方砖 490×490×50	块	4.060	7.800	31.67		
	机制砖	块	10.204	0.177	1.81		
	1∶3水泥砂浆	m^3	0.001	204.110	0.20		
	1∶0.5∶5混合砂浆	m^3	0.002	153.010	0.31		
	其他材料费			—	0.490	—	
	材料费小计			—	34.48	—	

注：1.“数量”栏为“投标方（定额）工程量÷招标方（清单）工程量÷定额单位数量”。

2. 管理费费率为34%，利润率为8%，均以直接费为基数。

工程量清单综合单价分析表

续表

工程名称：某小百货楼工程　　标段：　　第　页共　页

项目编码	020101001001	项目名称	水泥砂浆楼地面	计量单位	m^2

清单综合单价组成明细											
定额编号	定额名称	定额单位	数量	单价（元）				合价（元）			
				人工费	材料费	机械费	管理费和利润	人工费	材料费	机械费	管理费和利润
装饰工程 1-1	3∶7灰土垫层	m^3	0.68	22.73	22.37	1.78	19.69	15.46	15.21	1.21	13.39
装饰 1-21 换	C15 混凝土找平层	m^2	1.03	4.59	9.35	0.92	6.24	4.73	9.63	0.95	6.43
装饰 1-26 换	1∶2水泥砂浆面层	m^2	1.03	2.27	4.26	0.32	2.88	2.34	4.39	0.33	2.97
人工单价		小计						22.53	29.23	2.49	22.79
27.45 元/工日		未计价材料费						—			
清单项目综合单价								77.04			

	主要材料名称、规格、型号	单位	数量	单价（元）	合价（元）	暂估单价（元）	暂估合价（元）
材料费明细	白灰	kg	155.217	0.097	15.06		
	水泥（综合）	kg	9.984	0.366	3.65		
	C15 豆石混凝土	m^3	0.052	174.560	8.99		
	砂子	kg	22.427	0.036	0.81		
	其他材料费			—	0.73	—	
	材料费小计			—	29.24	—	

注：1.“数量”栏为“投标方（定额）工程量÷招标方（清单）工程量÷定额单位数量”。

2. 管理费费率为34%，利润率为8%，均以直接费为基数。

工程量清单综合单价分析表 续表

工程名称：某小百货楼工程　　标段：　　第　页　共　页

项目编码	020101001002	项目名称	水泥砂浆楼地面	计量单位	m²

清单综合单价组成明细

定额编号	定额名称	定额单位	数量	单价（元）				合价（元）			
				人工费	材料费	机械费	管理费和利润	人工费	材料费	机械费	管理费和利润
装饰1-21换	30mm厚混凝土找平层	m^2	1	2.59	6.15	0.56	6.71	2.59	6.15	0.56	6.71
装饰1-26换	1∶2水泥砂浆面层	m^2	1	2.27	4.26	0.32	2.88	2.27	4.26	0.32	2.88
人工单价		小计						4.86	10.41	0.88	9.59
30.81元/工日		未计价材料费						—			
清单项目综合单价								25.74			

材料费明细	主要材料名称、规格、型号	单位	数量	单价（元）	合价（元）	暂估单价（元）	暂估合价（元）
	水泥（综合）	kg	9.693	0.366	3.55		
	C20豆石混凝土	m^3	0.030	185.38	5.56		
	砂子	kg	21.774	0.036	0.78		
	其他材料费			—	0.52	—	
	材料费小计			—	10.41	—	

注：1. “数量”栏为“投标方（定额）工程量÷招标方（清单）工程量÷定额单位数量”。
2. 管理费费率为34%，利润率为8%，均以直接费为基数。

工程量清单综合单价分析表 续表

工程名称：某小百货楼工程　　标段：　　第　页　共　页

项目编码	020105001001	项目名称	水泥砂浆踢脚线	计量单位	m²

清单综合单价组成明细

定额编号	定额名称	定额单位	数量	单价（元）				合价（元）			
				人工费	材料费	机械费	管理费和利润	人工费	材料费	机械费	管理费和利润
装饰1-164	水泥踢脚线	m	8.69	1.60	4.52	0.21	2.66	13.90	39.28	1.82	23.12
人工单价		小计						13.90	39.28	1.82	23.12
30.81元/工日		未计价材料费						—			
清单项目综合单价								78.64			

材料费明细	主要材料名称、规格、型号	单位	数量	单价（元）	合价（元）	暂估单价（元）	暂估合价（元）
	水泥（综合）	kg	80.286	0.366	29.38		
	砂子	kg	246.596	0.036	8.88		
	建筑胶	kg	0.452	1.700	0.77		
	其他材料费			—	0.26	—	
	材料费小计			—	39.29	—	

注：1. “数量”栏为“投标方（定额）工程量÷招标方（清单）工程量÷定额单位数量”。
2. 管理费费率为34%，利润率为8%，均以直接费为基数。

工程量清单综合单价分析表

续表

工程名称：某小百货楼工程　　　　标段：　　　　第　页　共　页

项目编码	020106003001	项目名称	水泥砂浆楼梯面	计量单位	m^2

清单综合单价组成明细

定额编号	定额名称	定额单位	数量	单价（元）				合价（元）			
				人工费	材料费	机械费	管理费和利润	人工费	材料费	机械费	管理费和利润
装饰1-26	1∶2.5水泥砂浆抹面	m^2	1	2.91	4.97	0.42	3.49	2.91	4.97	0.42	3.49
人工单价		小计						2.91	4.97	0.42	3.49
30.81元/工日		未计价材料费						—			
清单项目综合单价								11.79			

材料费明细	主要材料名称、规格、型号	单位	数量	单价（元）	合价（元）	暂估单价（元）	暂估合价（元）
	水泥（综合）	kg	9.252	0.366	3.39		
	砂子	kg	30.643	0.036	1.10		
	其他材料费			—	0.480	—	
	材料费小计			—	4.97	—	

注：1. “数量”栏为“投标方（定额）工程量÷招标方（清单）工程量÷定额单位数量”。

2. 管理费费率为34%，利润率为8%，均以直接费为基数。

工程量清单综合单价分析表

续表

工程名称：某小百货楼工程　　　　标段：　　　　第　页　共　页

项目编码	020107002001	项目名称	硬木扶手带栏杆	计量单位	m

清单综合单价组成明细

定额编号	定额名称	定额单位	数量	单价（元）				合价（元）			
				人工费	材料费	机械费	管理费和利润	人工费	材料费	机械费	管理费和利润
装饰7-7	楼梯不锈钢栏杆	m^2	0.78	18.29	235.75	10.26	111.01	14.27	183.89	8.00	86.59
装饰7-53	楼梯栏杆扶手	m	0.87	7.04	129.83	4.18	59.24	6.12	112.95	3.64	51.54
装饰11-11	木扶手油漆	m	1	3.53	1.61	0.16	2.23	3.53	1.61	0.16	2.23
人工单价		小计						23.92	298.45	11.80	140.36
31.12元/工日		未计价材料费						—			
清单项目综合单价								474.53			

续表

	主要材料名称、规格、型号	单位	数量	单价（元）	合价（元）	暂估单价（元）	暂估合价（元）
材料费明细	不锈钢栏杆 ϕ20	m	5.368	23.000	123.372		
	不锈钢法兰 ϕ20	个	6.494	7.000	45.458		
	预埋铁件	kg	2.667	2.980	7.948		
	环氧树脂	kg	0.055	22.300	1.227		
	硬木扶手（直形）150×60	m	1.053	88.000	92.664		
	硬木弯头	个	0.661	24.600	16.261		
	熟桐油（光油）	kg	0.011	9.000	0.100		
	油漆溶剂油	kg	0.028	2.400	0.07		
	石膏粉	kg	0.013	0.350	0.005		
	无光调合漆	kg	0.062	10.100	0.630		
	调合漆	kg	0.055	9.500	0.523		
	清油	kg	0.004	13.300	0.053		
	漆片	kg	0.003	36.950	0.111		
	催干剂	kg	0.003	17.600	0.053		
	其他材料费			—	9.924	—	
	材料费小计			—	298.40	—	

注：1. “数量”栏为“投标方（定额）工程量÷招标方（清单）工程量÷定额单位数量”。

2. 管理费费率为34%，利润率为8%，均以直接费为基数。

工程量清单综合单价分析表

续表

工程名称：某小百货楼工程　　　　标段：　　　　　　　　第　页　共　页

项目编码	020108003001	项目名称	水泥砂浆台阶面	计量单位	m^2

清单综合单价组成明细											
定额编号	定额名称	定额单位	数量	单价（元）				合价（元）			
				人工费	材料费	机械费	管理费和利润	人工费	材料费	机械费	管理费和利润
装饰1-26	1∶2.5水泥砂浆台阶面	m^2	1	2.91	4.97	0.42	3.49	2.91	4.97	0.42	3.49
人工单价		小计						2.91	4.97	0.42	3.49
30.81元/工日		未计价材料费						—			
清单项目综合单价								11.79			

	主要材料名称、规格、型号	单位	数量	单价（元）	合价（元）	暂估单价（元）	暂估合价（元）
材料费明细	水泥（综合）	kg	9.252	0.366	3.39		
	砂子	kg	30.643	0.036	1.10		
	其他材料费			—	0.480	—	
	材料费小计			—	4.97	—	

注：1. “数量”栏为“投标方（定额）工程量÷招标方（清单）工程量÷定额单位数量”。

2. 管理费费率为34%，利润率为8%，均以直接费为基数。

工程量清单综合单价分析表 续表

工程名称：某小百货楼工程　　标段：　　第　页　共　页

项目编码		020201001001			项目名称		墙面一般抹灰		计量单位		m²
清单综合单价组成明细											
定额编号	定额名称	定额单位	数量	单价（元）				合价（元）			
				人工费	材料费	机械费	管理费和利润	人工费	材料费	机械费	管理费和利润
装饰3-4	水泥砂浆外墙	m²	1.17	5.32	4.98	0.50	4.54	6.22	5.83	0.59	5.31
人工单价		小计						6.22	5.83	0.59	5.31
30.81元/工日		未计价材料费						—			
清单项目综合单价								17.95			
材料费明细	主要材料名称、规格、型号					单位	数量	单价（元）	合价（元）	暂估单价（元）	暂估合价（元）
	水泥（综合）					kg	11.840	0.366	4.33		
	砂子					kg	37.035	0.036	1.33		
	乳液型建筑胶粘剂					kg	0.067	1.600	0.11		
	其他材料费							—	0.06	—	
	材料费小计							—	5.83	—	

注：1. “数量”栏为“投标方（定额）工程量÷招标方（清单）工程量÷定额单位数量”。

2. 管理费费率为34%，利润率为8%，均以直接费为基数。

工程量清单综合单价分析表 续表

工程名称：某小百货楼工程　　标段：　　第　页　共　页

项目编码		020201001002			项目名称		墙面一般抹灰		计量单位		m²
清单综合单价组成明细											
定额编号	定额名称	定额单位	数量	单价（元）				合价（元）			
				人工费	材料费	机械费	管理费和利润	人工费	材料费	机械费	管理费和利润
装饰3-98	内墙底层抹灰	m²	1.00	5.24	3.46	0.42	3.83	5.24	3.46	0.42	3.83
装饰3-109	内墙刷仿瓷涂料	m²	1.00	1.06	8.43	0.29	4.11	1.06	8.43	0.29	4.11
人工单价		小计						6.30	11.89	0.71	7.94
30.81元/工日		未计价材料费						—			
清单项目综合单价								26.84			
材料费明细	主要材料名称、规格、型号					单位	数量	单价（元）	合价（元）	暂估单价（元）	暂估合价（元）
	水泥（综合）					kg	6.362	0.366	2.33		
	砂子					kg	24.908	0.036	0.90		
	白灰					kg	1.658	0.097	0.16		
	界面剂					kg	0.016	1.800	0.03		

续表

	主要材料名称、规格、型号	单位	数量	单价（元）	合价（元）	暂估单价（元）	暂估合价（元）
材料费明细	水性封底漆（普通）	kg	0.125	4.800	0.60		
	水性中间（层）涂料	kg	0.250	4.700	1.175		
	仿瓷涂料	kg	0.250	26.400	6.6		
	其他材料费			—	0.10	—	
	材料费小计			—	11.89	—	

注：1. “数量”栏为“投标方（定额）工程量÷招标方（清单）工程量÷定额单位数量”。

2. 管理费费率为34%，利润率为8%，均以直接费为基数。

工程量清单综合单价分析表

续表

工程名称：某小百货楼工程　　标段：　　第　页　共　页

项目编码	020201001003	项目名称	墙面一般抹灰	计量单位	m^2

清单综合单价组成明细

定额编号	定额名称	定额单位	数量	单价（元）				合价（元）			
				人工费	材料费	机械费	管理费和利润	人工费	材料费	机械费	管理费和利润
装饰3-4	水泥砂浆抹女儿墙内侧	m^2	1	5.32	4.98	0.50	4.54	5.32	4.98	0.50	4.54
人工单价	小计							5.32	4.98	0.50	4.54
30.81元/工日	未计价材料费							—			
清单项目综合单价								15.34			

	主要材料名称、规格、型号	单位	数量	单价（元）	合价（元）	暂估单价（元）	暂估合价（元）
材料费明细	水泥（综合）	kg	10.120	0.366	3.70		
	砂子	kg	31.654	0.036	1.14		
	乳液型建筑胶粘剂	kg	0.057	1.600	0.09		
	其他材料费			—	0.050	—	
	材料费小计			—	4.98	—	

注：1. “数量”栏为“投标方（定额）工程量÷招标方（清单）工程量÷定额单位数量”。

2. 管理费费率为34%，利润率为8%，均以直接费为基数。

工程量清单综合单价分析表

续表

工程名称：某小百货楼工程　　　　标段：　　　　第　页　共　页

项目编码	020201001004	项目名称	墙面一般抹灰	计量单位	m^2

清单综合单价组成明细											
定额编号	定额名称	定额单位	数量	单价（元）				合价（元）			
				人工费	材料费	机械费	管理费和利润	人工费	材料费	机械费	管理费和利润
装饰3-204	零星项目抹灰	m^2	1	6.29	6.24	0.61	5.52	6.29	6.24	0.61	5.52
人工单价		小计						6.29	6.24	0.61	5.52
30.81元/工日		未计价材料费									
清单项目综合单价								18.66			

材料费明细	主要材料名称、规格、型号	单位	数量	单价（元）	合价（元）	暂估单价（元）	暂估合价（元）
	水泥（综合）	kg	12.678	0.366	4.64		
	砂子	kg	3.9483	0.036	1.42		
	乳液型建筑胶粘剂	kg	0.069	1.600	0.11		
	其他材料费			—	0.070	—	
	材料费小计			—	6.24	—	

注：1. “数量”栏为“投标方（定额）工程量÷招标方（清单）工程量÷定额单位数量”。
2. 管理费费率为34%，利润率为8%，均以直接费为基数。

工程量清单综合单价分析表

续表

工程名称：某小百货楼工程　　　　标段：　　　　第　页　共　页

项目编码	020201002001	项目名称	墙面装饰抹灰	计量单位	m^2

清单综合单价组成明细											
定额编号	定额名称	定额单位	数量	单价（元）				合价（元）			
				人工费	材料费	机械费	管理费和利润	人工费	材料费	机械费	管理费和利润
装饰工程3-20	外墙干粘石	m^2	1	9.70	5.22	0.59	6.51	9.70	5.22	0.59	6.51
人工单价		小计						9.70	5.22	0.59	6.51
30.81元/工日		未计价材料费						—			
清单项目综合单价								22.02			

材料费明细	主要材料名称、规格、型号	单位	数量	单价（元）	合价（元）	暂估单价（元）	暂估合价（元）
	水泥（综合）	kg	11.210	0.366	4.10		
	砂子	kg	17.153	0.036	0.62		
	普通石碴	kg	6.000	0.030	0.18		
	白灰	kg	0.711	0.097	0.07		
	建筑胶	kg	0.048	1.700	0.08		
	乳液型建筑胶粘剂	kg	0.057	1.600	0.09		
	其他材料费			—	0.080	—	
	材料费小计			—	5.22	—	

注：1. “数量”栏为“投标方（定额）工程量÷招标方（清单）工程量÷定额单位数量”。
2. 管理费费率为34%，利润率为8%，均以直接费为基数。

工程量清单综合单价分析表 续表

工程名称：某小百货楼工程 标段： 第 页 共 页

项目编码	020203001001			项目名称		零星项目一般抹灰		计量单位		m²	
清单综合单价组成明细											
定额编号	定额名称	定额单位	数量	单价（元）				合价（元）			
				人工费	材料费	机械费	管理费和利润	人工费	材料费	机械费	管理费和利润
装饰3-86	水泥砂浆窗台	m²	1	11.77	6.39	0.76	7.95	11.77	6.39	0.76	7.95
人工单价		小计						11.77	6.39	0.76	7.95
30.81元/工日		未计价材料费						—			
清单项目综合单价								26.87			
材料费明细	主要材料名称、规格、型号					单位	数量	单价（元）	合价（元）	暂估单价（元）	暂估合价（元）
	水泥（综合）					kg	12.600	0.366	4.61		
	砂子					kg	47.030	0.036	1.69		
	其他材料费							—	0.090	—	
	材料费小计							—	6.39	—	

注：1. “数量”栏为“投标方（定额）工程量÷招标方（清单）工程量÷定额单位数量”。

2. 管理费费率为34%，利润率为8%，均以直接费为基数。

工程量清单综合单价分析表 续表

工程名称：某小百货楼工程 标段： 第 页 共 页

项目编码	020203001002			项目名称		零星项目一般抹灰		计量单位		m²	
清单综合单价组成明细											
定额编号	定额名称	定额单位	数量	单价（元）				合价（元）			
				人工费	材料费	机械费	管理费和利润	人工费	材料费	机械费	管理费和利润
装饰3-204	零星项目抹灰	m²	1	6.29	6.24	0.61	5.52	6.29	6.24	0.61	5.52
人工单价		小计						6.29	6.24	0.61	5.52
30.81元/工日		未计价材料费						—			
清单项目综合单价								18.66			
材料费明细	主要材料名称、规格、型号					单位	数量	单价（元）	合价（元）	暂估单价（元）	暂估合价（元）
	水泥（综合）					kg	12.678	0.366	4.64		
	砂子					kg	39.483	0.036	1.42		
	乳液型建筑胶粘剂					kg	0.069	1.600	0.11		
	其他材料费							—	0.070	—	
	材料费小计							—	6.24	—	

注：1. “数量”栏为“投标方（定额）工程量÷招标方（清单）工程量÷定额单位数量”。

2. 管理费费率为34%，利润率为8%，均以直接费为基数。

工程量清单综合单价分析表

续表

工程名称：某小百货楼工程　　　　标段：　　　　　　第　页　共　页

项目编码	020203001003			项目名称		零星项目一般抹灰		计量单位		m²	
清单综合单价组成明细											
定额编号	定额名称	定额单位	数量	单价（元）				合价（元）			
				人工费	材料费	机械费	管理费和利润	人工费	材料费	机械费	管理费和利润
装饰3-204	零星项目抹灰	m²	1	6.29	6.24	0.61	5.52	6.29	6.24	0.61	5.52
人工单价		小计						6.29	6.24	0.61	5.52
30.81元/工日		未计价材料费						—			
清单项目综合单价								18.66			
材料费明细	主要材料名称、规格、型号					单位	数量	单价（元）	合价（元）	暂估单价（元）	暂估合价（元）
	水泥（综合）					kg	12.678	0.366	4.64		
	砂子					kg	39.483	0.036	1.42		
	乳液型建筑胶粘剂					kg	0.069	1.600	0.11		
	其他材料费							—	0.070	—	
	材料费小计							—	6.24	—	

注：1. “数量”栏为“投标方（定额）工程量÷招标方（清单）工程量÷定额单位数量”。

2. 管理费费率为34%，利润率为8%，均以直接费为基数。

工程量清单综合单价分析表

续表

工程名称：某小百货楼工程　　　　标段：　　　　　　第　页　共　页

项目编码	020203001004			项目名称		零星项目一般抹灰		计量单位		m²	
清单综合单价组成明细											
定额编号	定额名称	定额单位	数量	单价（元）				合价（元）			
				人工费	材料费	机械费	管理费和利润	人工费	材料费	机械费	管理费和利润
装饰13-204	零星项目抹灰	m²	1	6.29	6.24	0.61	5.52	6.29	6.24	0.61	5.52
人工单价		小计						6.29	6.24	0.61	5.52
30.81元/工日		未计价材料费						—			
清单项目综合单价								18.66			
材料费明细	主要材料名称、规格、型号					单位	数量	单价（元）	合价（元）	暂估单价（元）	暂估合价（元）
	水泥（综合）					kg	12.678	0.366	4.64		
	砂子					kg	39.483	0.036	1.42		
	乳液型建筑胶粘剂					kg	0.069	1.600	0.11		
	其他材料费							—	0.070	—	
	材料费小计							—	6.24	—	

注：1. “数量”栏为“投标方（定额）工程量÷招标方（清单）工程量÷定额单位数量”。

2. 管理费费率为34%，利润率为8%，均以直接费为基数。

工程量清单综合单价分析表 续表

工程名称：某小百货楼工程 标段： 第 页 共 页

项目编码	020301001001			项目名称		天棚抹灰		计量单位		m^2	
清单综合单价组成明细											
定额编号	定额名称	定额单位	数量	单价（元）				合价（元）			
				人工费	材料费	机械费	管理费和利润	人工费	材料费	机械费	管理费和利润
12-36	屋面抹水泥砂浆	m^2	1	3.25	8.35	0.32	5.01	3.25	8.35	0.32	5.01
人工单价		小计						3.25	8.35	0.32	5.01
30.81 元/工日		未计价材料费						—			
清单项目综合单价								16.93			
材料费明细	主要材料名称、规格、型号					单位	数量	单价（元）	合价（元）	暂估单价（元）	暂估合价（元）
	1：3水泥砂浆					m^3	0.020	204.110	4.08		
	钢丝网					m^2	1.010	3.200	3.23		
	其他材料费							—	1.040	—	
	材料费小计							—	8.35	—	

注：1. “数量”栏为“投标方（定额）工程量÷招标方（清单）工程量÷定额单位数量”。

2. 管理费费率为34%，利润率为8%，均以直接费为基数。

工程量清单综合单价分析表 续表

工程名称：某小百货楼工程 标段： 第 页 共 页

项目编码	020401001001			项目名称		镶板木门		计量单位		樘	
清单综合单价组成明细											
定额编号	定额名称	定额单位	数量	单价（元）				合价（元）			
				人工费	材料费	机械费	管理费和利润	人工费	材料费	机械费	管理费和利润
装饰6-3	镶板门	m^2	2.34	13.54	611.39	19.10	270.49	31.68	1430.65	44.69	632.95
人工单价		小计						31.68	1430.65	44.69	632.95
32.45 元/工日		未计价材料费						—			
清单项目综合单价								2139.97			
材料费明细	主要材料名称、规格、型号					单位	数量	单价（元）	合价（元）	暂估单价（元）	暂估合价（元）
	镶板木门					m^2	2.340	600.000	1404.00		
	防腐油					kg	0.709	0.950	0.67		
	合页					个	3.463	1.700	5.89		
	插销					个	1.544	3.100	4.79		
	拉手					个	1.544	0.420	0.65		
	其他材料费							—	14.65	—	
	材料费小计							—	1430.65	—	

注：1. “数量”栏为“投标方（定额）工程量÷招标方（清单）工程量÷定额单位数量”。

2. 管理费费率为34%，利润率为8%，均以直接费为基数。

工程量清单综合单价分析表

续表

工程名称：某小百货楼工程　　标段：　　第　页　共　页

项目编码	020405001001	项目名称	木质平开窗	计量单位	樘

清单综合单价组成明细

定额编号	定额名称	定额单位	数量	单价（元）				合价（元）			
				人工费	材料费	机械费	管理费和利润	人工费	材料费	机械费	管理费和利润
装饰6-22	普通一玻一纱木窗	m^2	2.55	21.08	204.63	6.90	97.70	53.75	521.81	17.60	249.14
人工单价		小计						53.75	521.81	17.60	249.14
32.45元/工日		未计价材料费						—			
清单项目综合单价								842.30			

	主要材料名称、规格、型号	单位	数量	单价（元）	合价（元）	暂估单价（元）	暂估合价（元）
材料费明细	一玻一纱木窗	m^2	2.550	180.000	459.00		
	窗纱	m^2	1.976	2.300	4.54		
	防腐油	kg	0.872	0.950	0.83		
	合页	个	18.513	1.700	31.47		
	插销	个	4.64	3.100	14.39		
	其他材料费			—	11.58	—	
	材料费小计			—	521.81	—	

注：1. “数量”栏为“投标方（定额）工程量÷招标方（清单）工程量÷定额单位数量”。
2. 管理费费率为34%，利润率为8%，均以直接费为基数。

工程量清单综合单价分析表

续表

工程名称：某小百货楼工程　　标段：　　第　页　共　页

项目编码	020405001002	项目名称	木质平开窗	计量单位	樘

清单综合单价组成明细

定额编号	定额名称	定额单位	数量	单价（元）				合价（元）			
				人工费	材料费	机械费	管理费和利润	人工费	材料费	机械费	管理费和利润
装饰6-22	普通一玻一纱木窗	m^2	2.70	21.08	204.63	6.90	97.70	56.92	552.50	18.63	263.79
人工单价		小计						56.92	552.50	18.63	263.79
32.45元/工日		未计价材料费						—			
清单项目综合单价								891.84			

	主要材料名称、规格、型号	单位	数量	单价（元）	合价（元）	暂估单价（元）	暂估合价（元）
材料费明细	一玻一纱木窗	m^2	2.700	180.00	486.00		
	窗纱	m^2	2.093	2.300	4.81		
	防腐油	kg	0.923	0.950	0.88		
	合页	个	19.602	1.700	33.32		
	插销	个	4.914	3.100	15.23		
	其他材料费			—	12.26	—	
	材料费小计			—	552.50	—	

注：1. “数量”栏为“投标方（定额）工程量÷招标方（清单）工程量÷定额单位数量”。
2. 管理费费率为34%，利润率为8%，均以直接费为基数。

工程量清单综合单价分析表 续表

工程名称：某小百货楼工程 标段： 第 页 共 页

项目编码	020408001001		项目名称		木窗帘盒			计量单位			m
清单综合单价组成明细											
定额编号	定额名称	定额单位	数量	单价（元）				合价（元）			
				人工费	材料费	机械费	管理费和利润	人工费	材料费	机械费	管理费和利润
装饰6-131	窗帘盒	m	1	8.87	23.58	3.26	15.00	8.87	23.58	3.26	15.00
人工单价		小计						8.87	23.58	3.26	15.00
44.07元/工日		未计价材料费						—			
清单项目综合单价								50.71			
材料费明细	主要材料名称、规格、型号				单位	数量		单价（元）	合价（元）	暂估单价（元）	暂估合价（元）
	明装式窗帘盒单轨				m	1.050		5.900	6.20		
	板方材				m^3	0.008		1198.000	9.58		
	铁件				kg	1.107		3.100	3.43		
	乳液				kg	0.016		13.000	0.21		
	其他材料费							—	4.160	—	
	材料费小计							—	23.58	—	

注：1．“数量”栏为“投标方（定额）工程量÷招标方（清单）工程量÷定额单位数量”。

2．管理费费率为34%，利润率为8%，均以直接费为基数。

工程量清单综合单价分析表 续表

工程名称：某小百货楼工程 标段： 第 页 共 页

项目编码	020501001001		项目名称		门油漆			计量单位			樘
清单综合单价组成明细											
定额编号	定额名称	定额单位	数量	单价（元）				合价（元）			
				人工费	材料费	机械费	管理费和利润	人工费	材料费	机械费	管理费和利润
装饰11-3	一玻一纱木门	m^2	2.34	7.58	6.72	0.44	6.19	17.74	15.72	1.03	14.48
人工单价		小计						17.74	15.72	1.03	14.48
30.81元/工日		未计价材料费						—			
清单项目综合单价								48.97			
材料费明细	主要材料名称、规格、型号				单位	数量		单价（元）	合价（元）	暂估单价（元）	暂估合价（元）
	熟桐油（光油）				kg	0.112		9.000	1.01		
	油漆溶剂油				kg	0.295		2.400	0.71		
	石膏粉				kg	0.133		0.350	0.05		
	无光调合漆				kg	0.662		10.100	6.69		

续表

	主要材料名称、规格、型号	单位	数量	单价（元）	合价（元）	暂估单价（元）	暂估合价（元）
材料费明细	调合漆	kg	0.583	9.500	5.54		
	清油	kg	0.047	13.300	0.63		
	漆片	kg	0.002	36.950	0.07		
	催干剂	kg	0.028	17.600	0.49		
	其他材料费			—	0.54	—	
	材料费小计			—	15.73	—	

注：1. “数量”栏为“投标方（定额）工程量÷招标方（清单）工程量÷定额单位数量”。

2. 管理费费率为34%，利润率为8%，均以直接费为基数。

工程量清单综合单价分析表 续表

工程名称：某小百货楼工程　　标段：　　第　页　共　页

项目编码	020502001001	项目名称	窗油漆	计量单位	樘

清单综合单价组成明细

定额编号	定额名称	定额单位	数量	单价（元）				合价（元）			
				人工费	材料费	机械费	管理费和利润	人工费	材料费	机械费	管理费和利润
装饰11-3	一玻一纱窗	m²	2.55	7.58	6.72	0.44	6.19	19.33	17.14	1.12	15.78
人工单价		小计						19.33	17.14	1.12	15.78
30.81元/工日		未计价材料费						—			
清单项目综合单价								53.37			

	主要材料名称、规格、型号	单位	数量	单价（元）	合价（元）	暂估单价（元）	暂估合价（元）
材料费明细	熟桐油（光油）	kg	0.122	9.000	1.10		
	油漆溶剂油	kg	0.321	2.400	0.77		
	石膏粉	kg	0.145	0.350	0.05		
	无光调合漆	kg	0.722	10.100	7.29		
	调合漆	kg	0.635	9.500	6.03		
	清油	kg	0.051	13.300	0.68		
	漆片	kg	0.003	36.950	0.11		
	催干剂	kg	0.031	17.600	0.55		
	其他材料费			—	0.59	—	
	材料费小计			—	17.17	—	

注：1. “数量”栏为“投标方（定额）工程量÷招标方（清单）工程量÷定额单位数量”。

2. 管理费费率为34%，利润率为8%，均以直接费为基数。

工程量清单综合单价分析表 续表

工程名称：某小百货楼工程 标段： 第 页 共 页

项目编码	020502001002			项目名称		窗油漆		计量单位		樘
清单综合单价组成明细										
定额编号	定额名称	定额单位	数量	单价（元）				合价（元）		
				人工费	材料费	机械费	管理费和利润	人工费	材料费	机械费	管理费和利润
装饰11-3	一玻一纱窗	m^2	2.70	7.58	6.72	0.44	6.19	20.47	18.14	1.19	16.71
人工单价		小计						20.47	18.14	1.19	16.71
30.81元/工日		未计价材料费						—			
清单项目综合单价								56.51			

	主要材料名称、规格、型号	单位	数量	单价（元）	合价（元）	暂估单价（元）	暂估合价（元）
材料费明细	熟桐油（光油）	kg	0.130	9.000	1.17		
	油漆溶剂油	kg	0.340	2.400	0.82		
	石膏粉	kg	0.154	0.350	0.05		
	无光调合漆	kg	0.764	10.100	7.72		
	调合漆	kg	0.672	9.500	6.38		
	清油	kg	0.054	13.300	0.72		
	漆片	kg	0.003	36.950	0.11		
	催干剂	kg	0.032	17.600	0.56		
	其他材料费			—	0.62	—	
	材料费小计			—	18.15	—	

注：1.“数量”栏为“投标方（定额）工程量÷招标方（清单）工程量÷定额单位数量”。

2.管理费费率为34%，利润率为8%，均以直接费为基数。

工程量清单综合单价分析表 续表

工程名称：某小百货楼工程 标段： 第 页 共 页

项目编码	020503002001			项目名称		窗帘盒油漆		计量单位		m
清单综合单价组成明细										
定额编号	定额名称	定额单位	数量	单价（元）				合价（元）		
				人工费	材料费	机械费	管理费和利润	人工费	材料费	机械费	管理费和利润
装饰11-13	窗帘盒油漆	m	1	2.78	1.30	0.12	1.76	2.78	1.30	0.12	1.76
人工单价		小计						2.78	1.30	0.12	1.76
30.81元/工日		未计价材料费						—			
清单项目综合单价								5.96			

续表

	主要材料名称、规格、型号	单位	数量	单价（元）	合价（元）	暂估单价（元）	暂估合价（元）
材料费明细	熟桐油（光油）	kg	0.008	9.000	0.07		
	油漆溶剂油	kg	0.022	2.400	0.05		
	石膏粉	kg	0.010	0.350	0.004		
	无光调合漆	kg	0.049	10.100	0.49		
	调合漆	kg	0.043	9.500	0.41		
	清油	kg	0.004	13.300	0.05		
	漆片	kg	0.002	36.950	0.07		
	催干剂	kg	0.002	17.600	0.04		
	其他材料费			—	0.110	—	
	材料费小计			—	1.29	—	

注：1. “数量”栏为“投标方（定额）工程量÷招标方（清单）工程量÷定额单位数量”。

2. 管理费费率为34%，利润率为8%，均以直接费为基数。

例 2 某工厂住宅工程定额预算及工程量清单计价对照(土建)

一、工程概况

1. 图纸目录

图纸目录，见表 2-1-1。

图纸目录 表 2-1-1

图号	图名	图号	图名
建施—1	一层平面图	结施—1	基础平面图、1—1、2—2 详图
建施—2	二、三层平面图	结施—2	基础详图、地沟梁板构件表
建施—3	四至七层平面图、门窗表	结施—3	一至三层梁板布置图、构件表
建施—4	1—1 剖面图	结施—4	四至六层梁板布置图、构件表
建施—5	①～⑥立面图	结施—5	屋盖结构布置图、空心板表
建施—6	Ⓒ～Ⓐ立面图	结施—6	一层过梁布置图、过梁表
建施—7	Ⓐ～Ⓒ立面图	结施—7	二、三层过梁布置图、过梁表
建施—8	⑥～①立面图	结施—8	四至七层过梁布置图、过梁表
建施—9	屋面图	结施—9	QL—1、QL—2
建施—10	楼梯间平面图	结施—10	QL—3、1—1 详图
建施—11	2—2 剖面图	结施—11	2—2、3—3、5—5 详图 门窗、预制过梁统计表

2. 设计说明

本设计是××工厂七层混合结构住宅楼，建筑面积为 858.51m²。设计施工图如图 2-1-1～图 2-1-23。

(1)基础工程

原土打夯，采用条形毛石基础，M5 水泥砂浆。

(2)主体工程

±0.00 以下砌砖，采用 MU10 红砖和 M5 水泥砂浆。

一至三层内外墙，均采用 MU10 红砖和 M5 混合砂浆砌筑；四至七层内外墙，均采用 MU7.5 红砖和 M2.5 混合砂浆。

本工程除预制空心板、过梁外，其他一律用 C20 混凝土和 HPB235 钢筋的现浇钢筋混凝土。

(3)地面工程

各层均用 20mm 厚水泥砂浆地面。

(4)装饰工程

内墙和顶棚均为混合砂浆抹面，刷乳胶漆。

(5)门窗及装修工程

外门窗外表面为浅绿色调合漆两遍，内表面及所有内门窗表面均为乳白色调合漆两遍。

(6)其他

外露金属构件均刷防锈漆一道，调合漆二道。

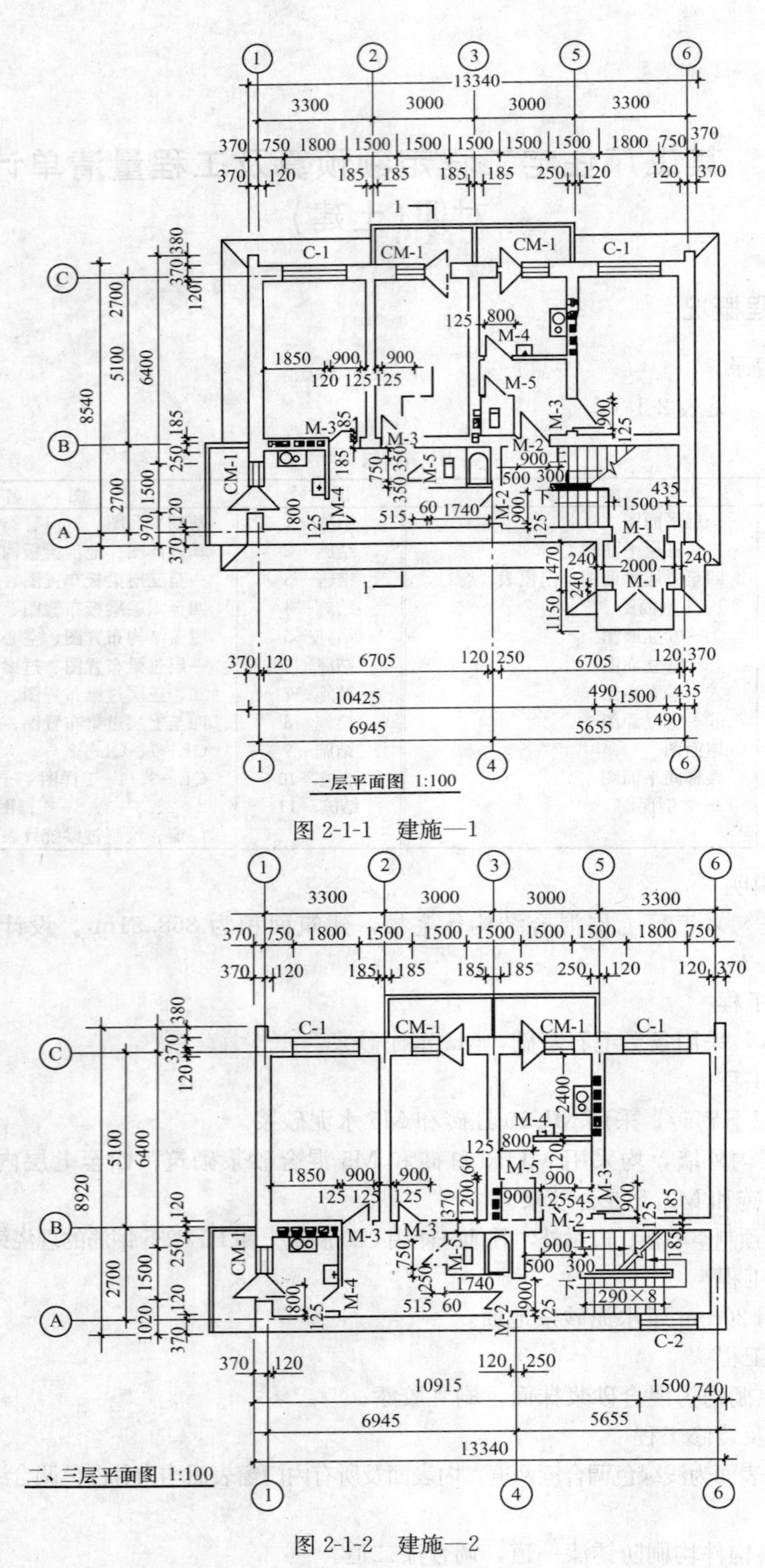

图 2-1-1 建施—1

图 2-1-2 建施—2

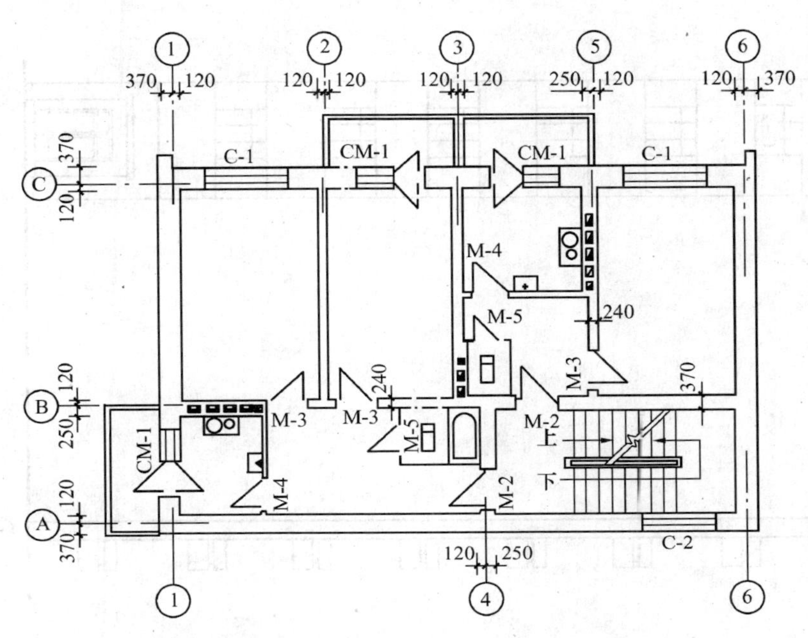

门 窗 表

序号	门窗代号	规格(宽×高)(mm)	数量	框	扇
1	C—1	1800×1400	14	四块料、单裁口	普通扇(双层)
2	C—2	1500×1400	6	四块料、单裁口	普道扇(双层)
3	CM—1	750×2300	21	六块料、单裁口	带亮子半截玻璃门(双层)
		750×1400			普通扇(双层)
4	M—1	1500×1900	2	四块料、单裁口	不帯亮子木板门(单层)
5	M—2	900×2000	14	四块料、单裁口	不带亮子木板门(单层)
6	M—3	900×2400	21	四块料、单裁口	带亮子半截玻璃门(单层)
7	M—4	800×2000	14	三块料、单裁口	不带亮子半截玻璃门(单层)
8	M—5	750×2400	14	四块料、单裁口	不带亮子木板门(单层)
9	M—6	900×1887	1	四块料、单裁口	不带亮子木板门(单层)

图 2-1-3　建施—3

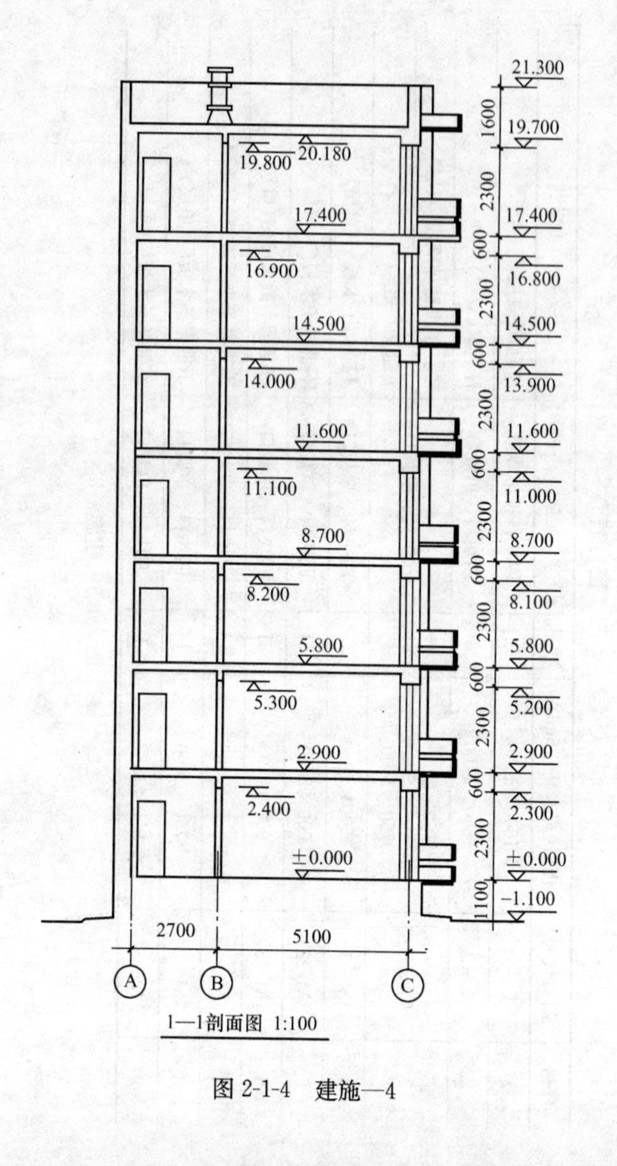

图 2-1-4　建施—4

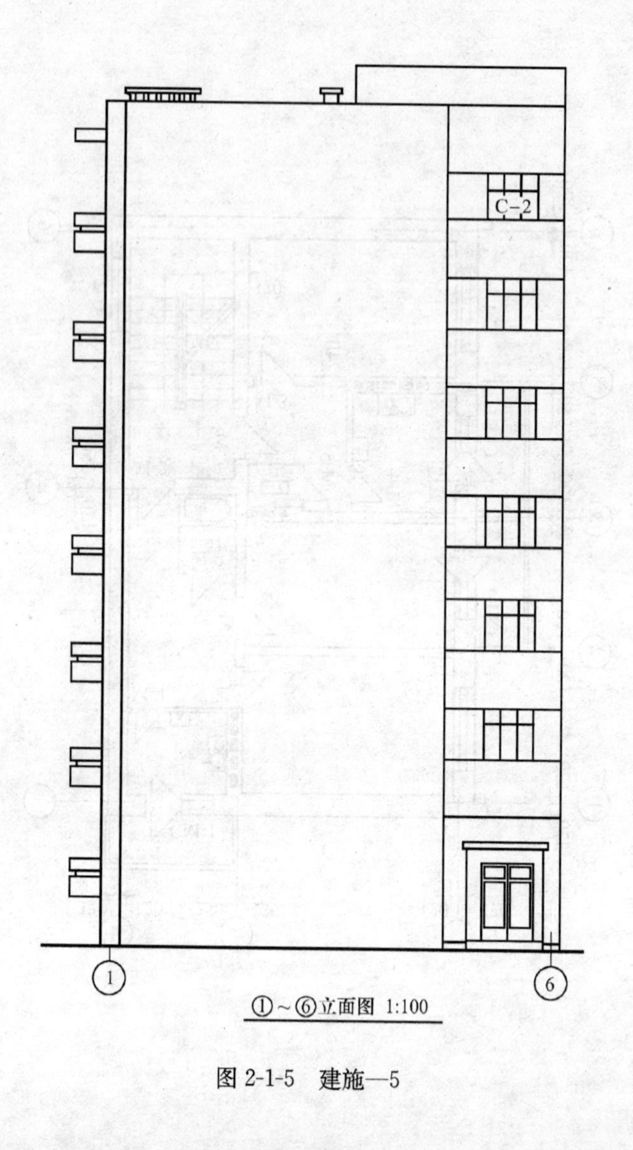

图 2-1-5　建施—5

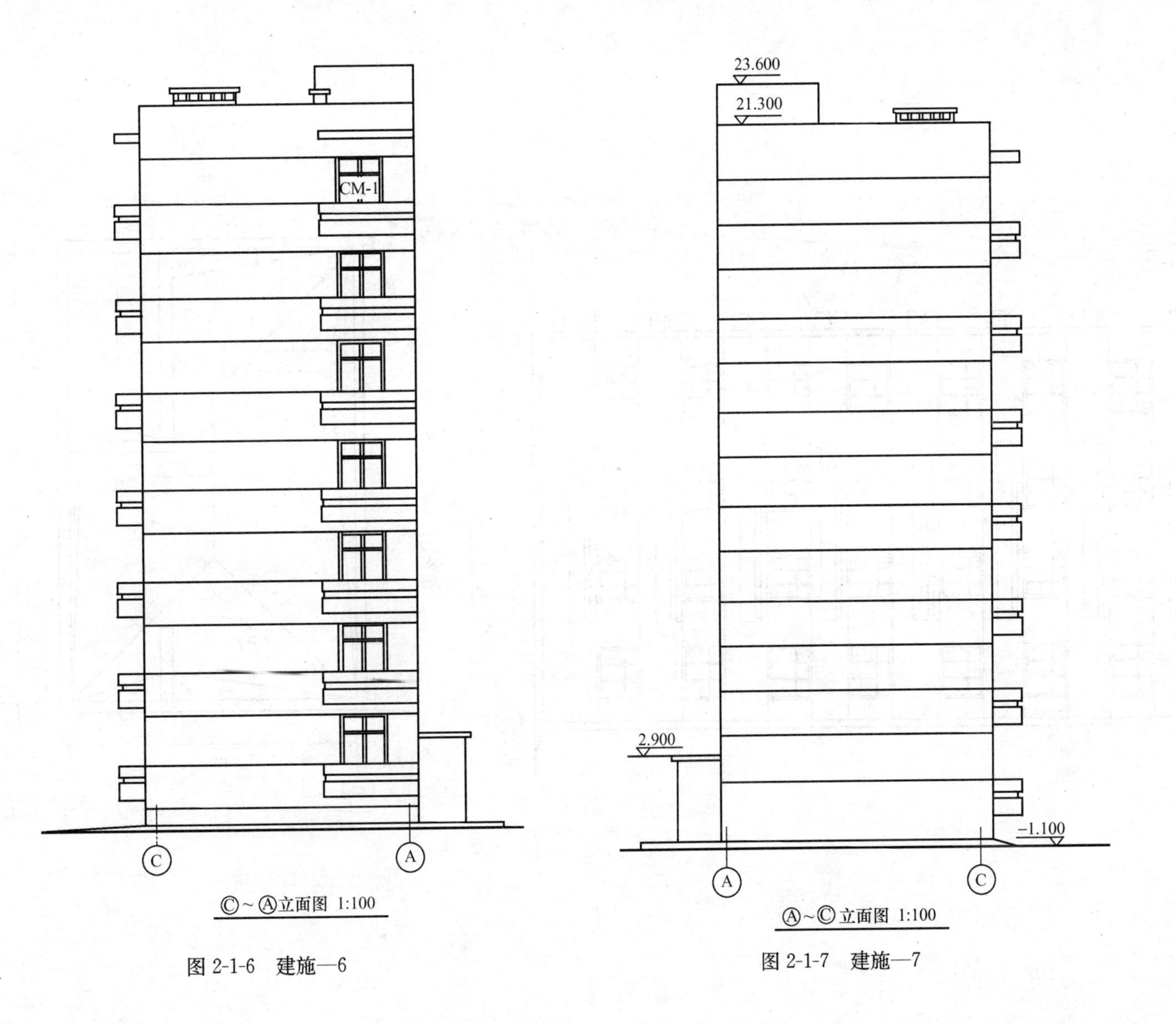

图 2-1-6 建施—6

图 2-1-7 建施—7

图 2-1-8　建施—8

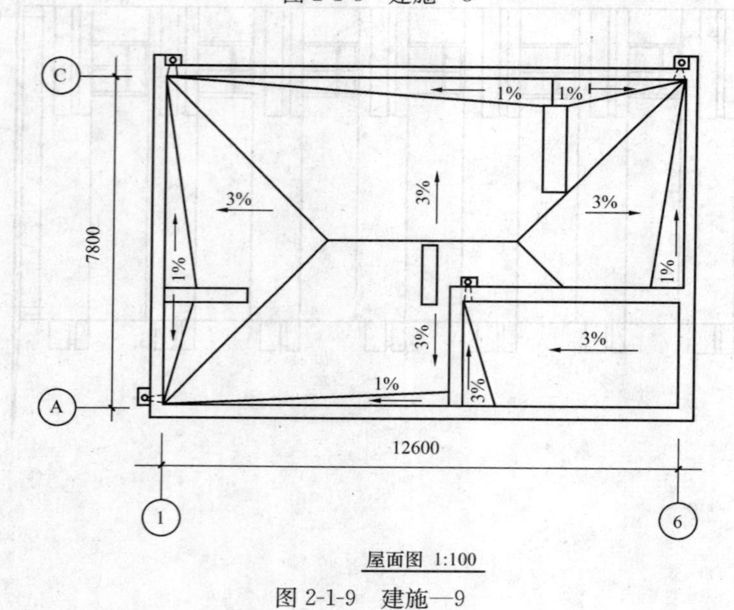

图 2-1-9　建施—9

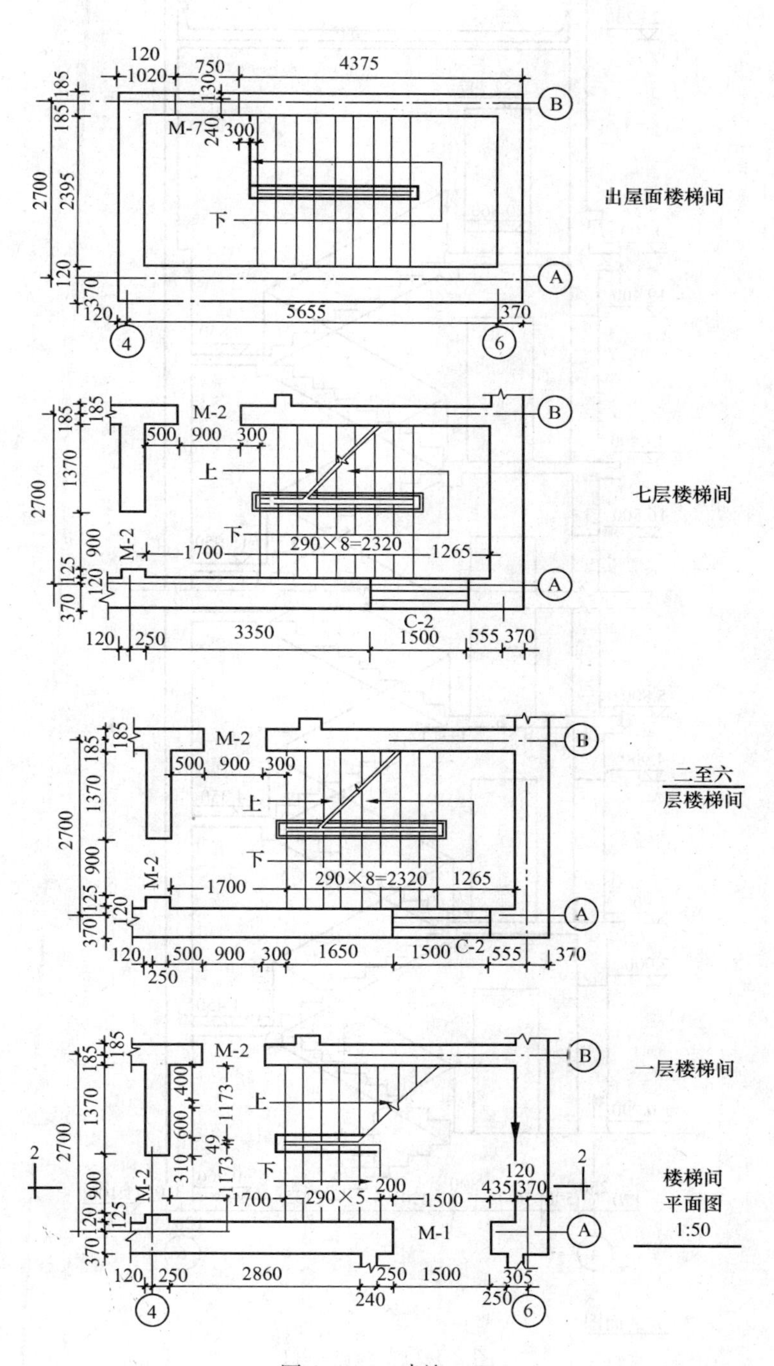

图 2-1-10　建施—10

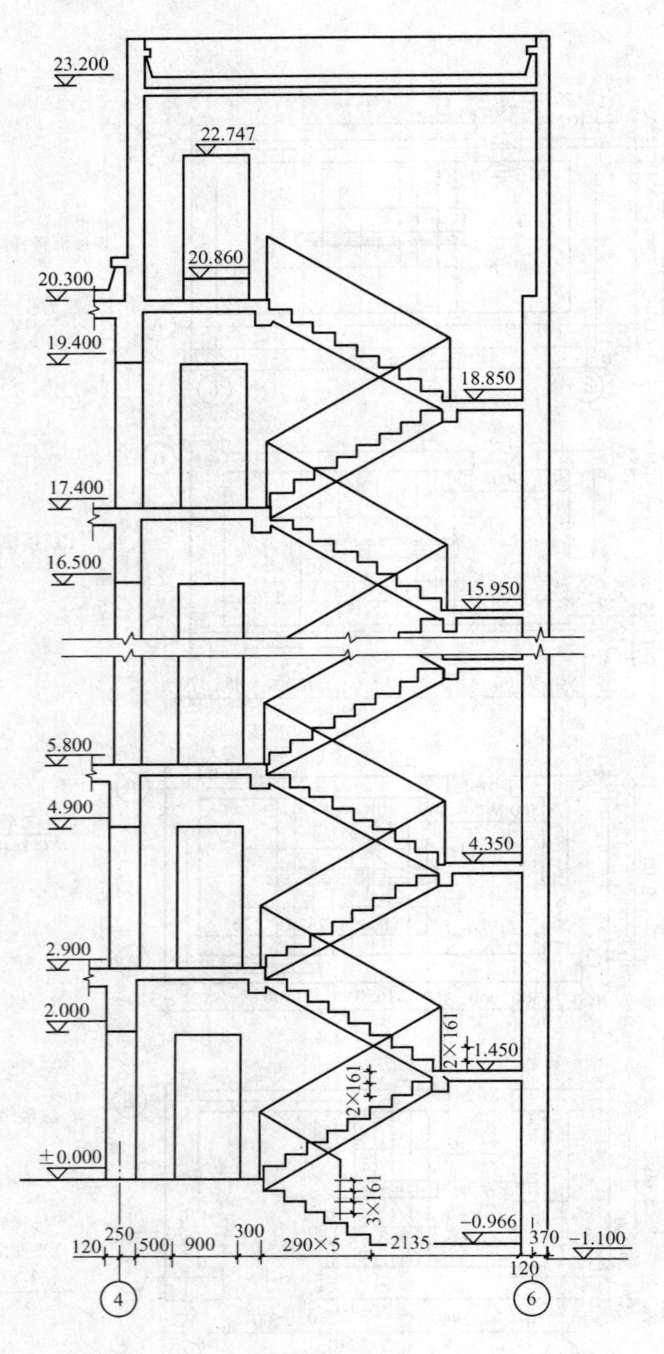

2—2 剖面图

图 2-1-11　建施—11

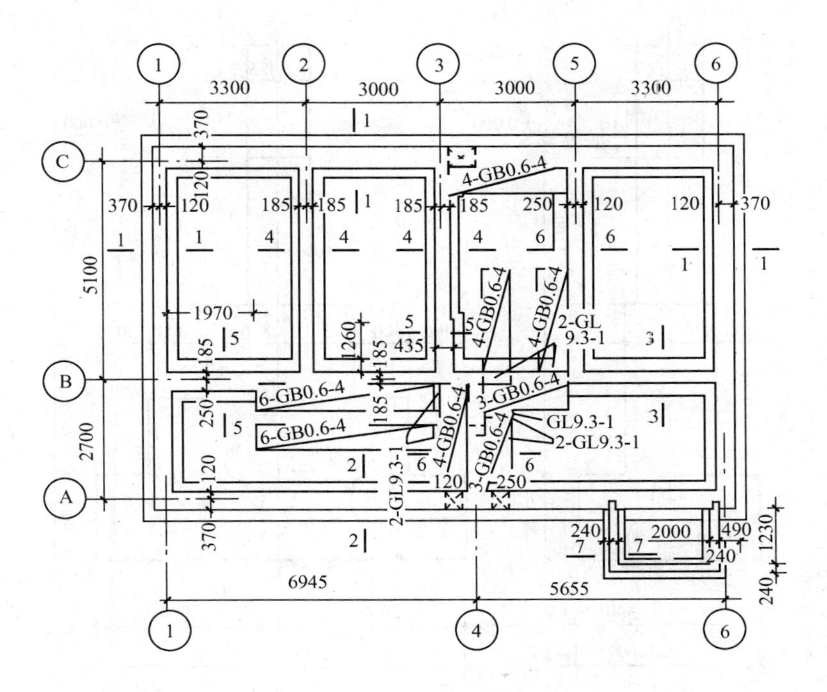

图 2-1-12　基础平面图

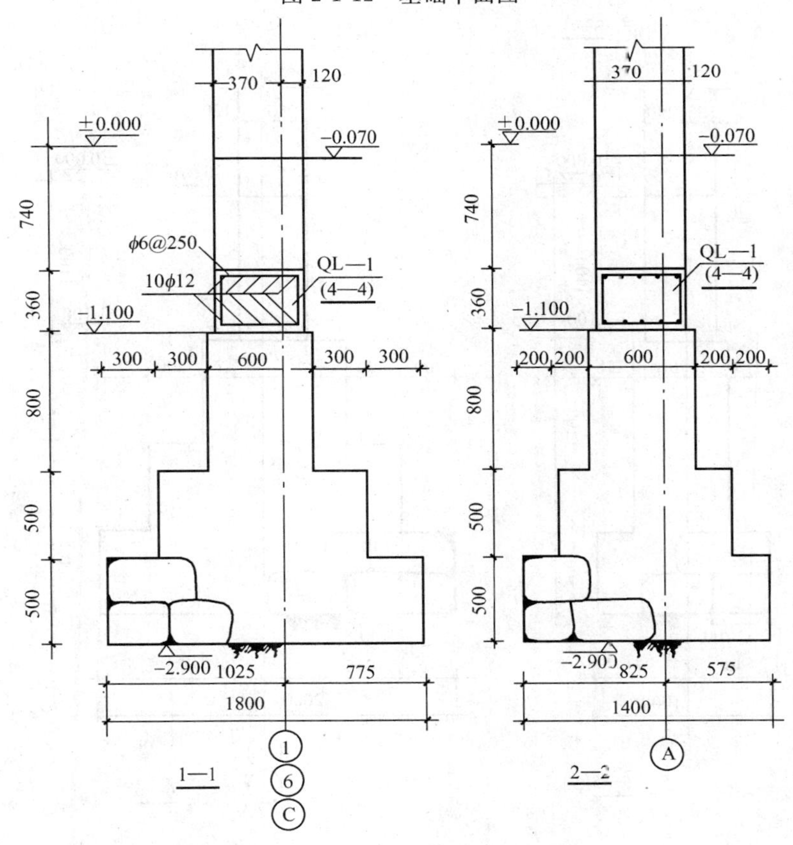

图 2-1-13　结施—1

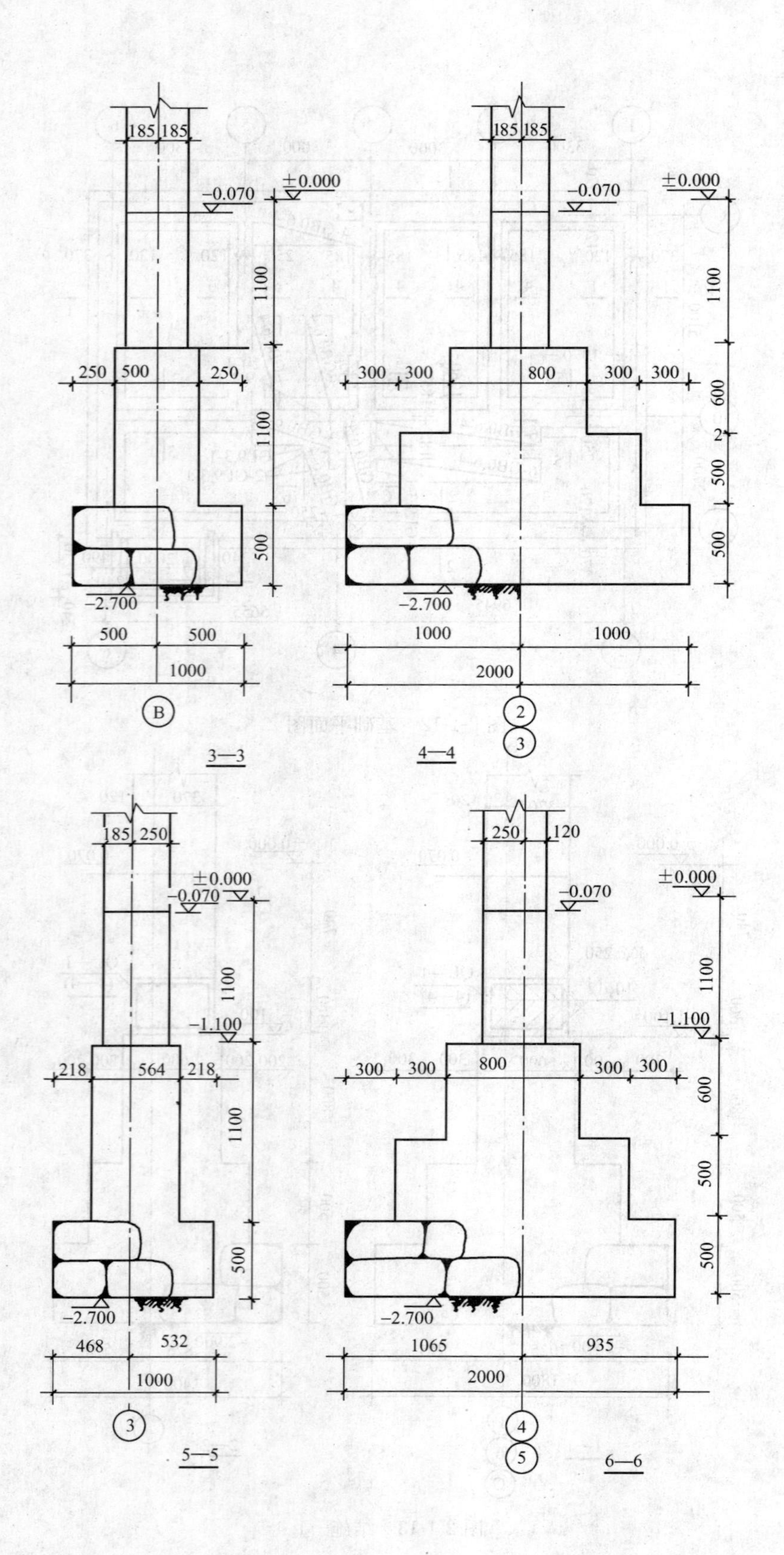
185 185
±0.000
−0.070
1100
250 500 250
1100
500
−2.700
500 500
1000
B
3—3
185 185
±0.000
−0.070
1100
300 300 800 300 300
600
2
500
500
−2.700
1000 1000
2000
2
3
4—4
185 250
±0.000
−0.070
1100
−1.100
218 564 218
1100
500
−2.700
468 532
1000
3
5—5
250 120
±0.000
−0.070
1100
−1.100
300 300 800 300 300
600
500
500
−2.700
1065 935
2000
4
5
6—6

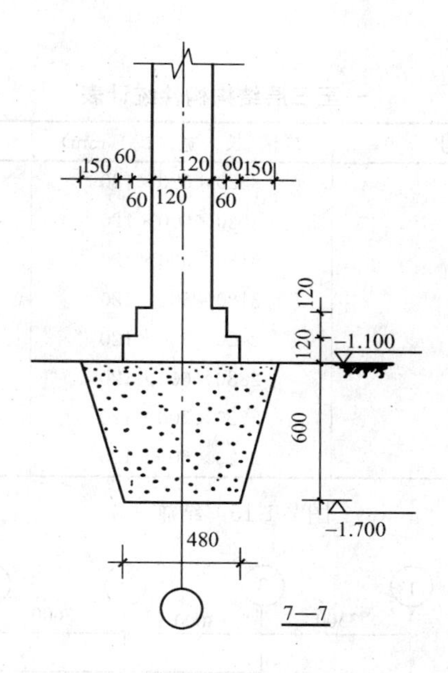

地沟梁、板构件统计表

序　号	构件编号	数量(块)	合计(m^3)
1	GL9.1-1	3	0.06
2	GL9.3-1	4	0.366
3	GB0.6-4	34	0.816

图 2-1-14　结施—2

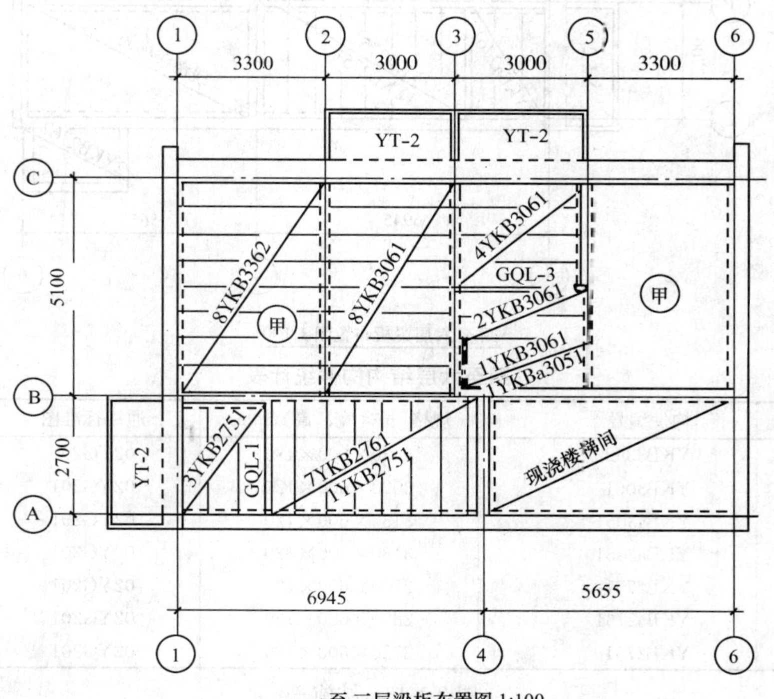

一至三层梁板布置图 1:100

一至三层结构构件统计表

序 号	构件编号	规格(长×宽×高)(mm)	通用标准图	数 量
1	YKB3362	3320×600×180	02YG201	48
2	YKB3061	3020×600×120	02YG201	30
3	YKBa3061	3180×600×120	02YG201	15
4	YKBa3051	3180×500×120	02YG201	3
5	YKB2761	2720×600×120	02YG201	21
6	YKBa2761	2880×600×120	02YG201	9
7	YKB2751	2720×500×120	02YG201	3
8	YKB2462	2420×600×120	02YG201	2

图 2-1-15　结施—3

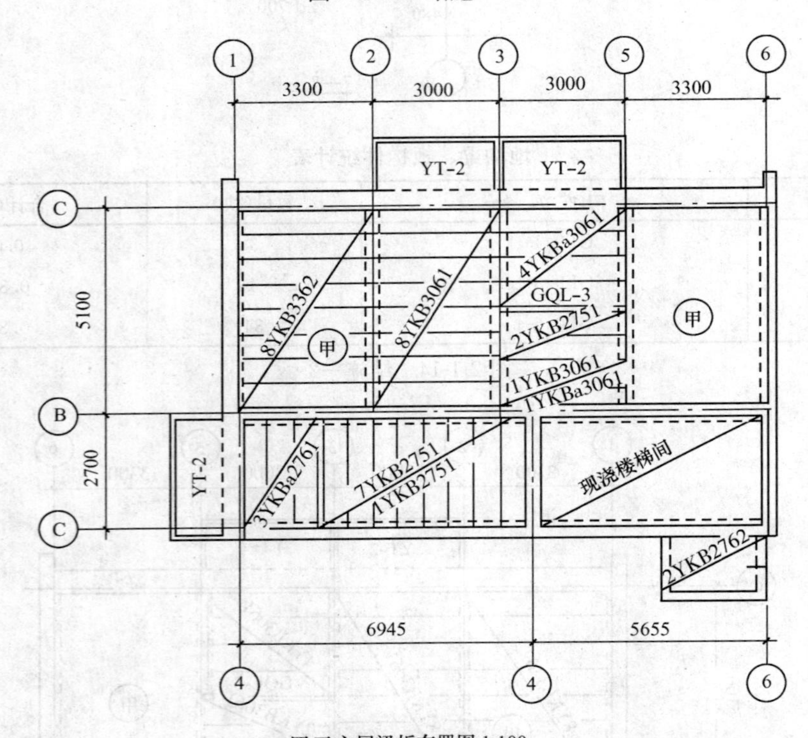

四至六层梁板布置图 1:100

四至六层结构构件统计表

序 号	构件编号	规格(长×宽×高)(mm)	通用标准图	数 量
1	YKB3362	3320×600×180	02YG201	48
2	YKB3061	3020×600×120	02YG201	30
3	YKBa3061	3180×600×120	02YG201	15
4	YKBa3051	3180×500×120	02YG201	3
5	YKB2761	2720×600×120	02YG201	21
6	YKBa2761	2880×600×120	02YG201	9
7	YKB2751	2720×600×120	02YG201	3

图 2-1-16　结施—4

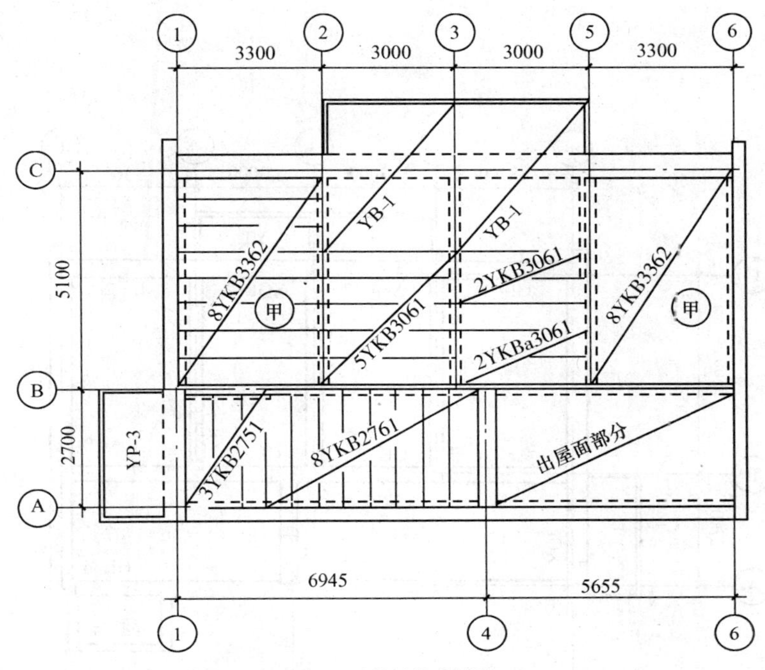

屋盖结构布置图 1:100

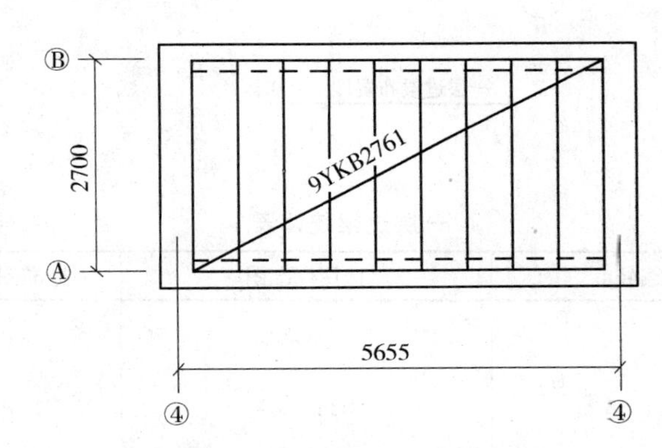

出屋面部分结构布置图1：100

屋盖空心板统计表

序 号	构件编号	规格(长×宽×高)(mm)	通用标准图	数 量
1	YKB3362	3320×600×120	02YG201	16
2	YKB3061	3020×600×120	02YG201	7
3	YKBa3061	3180×600×120	02YG201	2
4	YKBa3051	3180×600×120	02YG201	17
5	YKB2761	2880×600×120	02YG201	3

图 2-1-17　结施—5

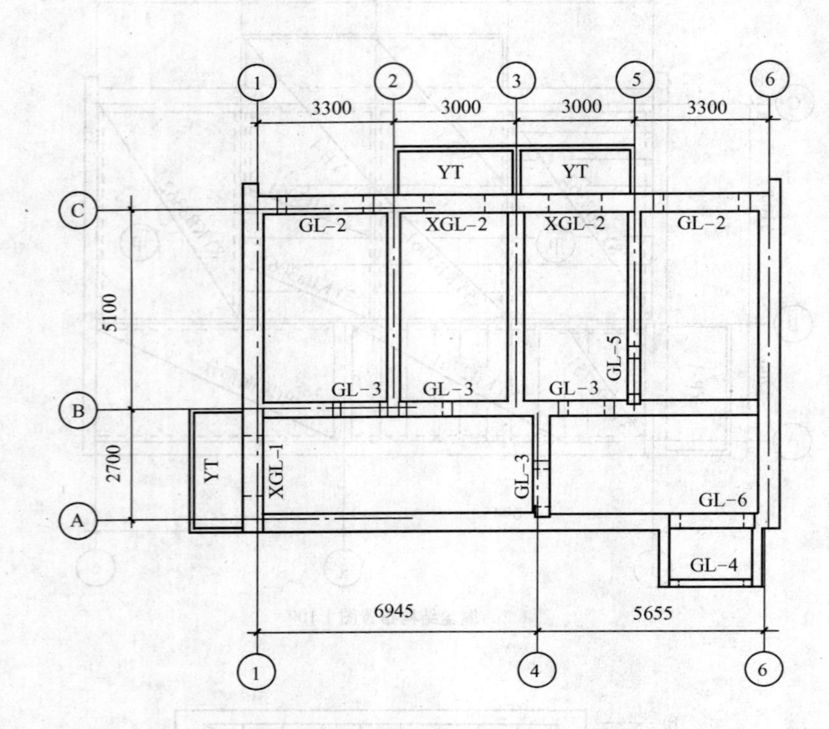

一层过梁布置图 1:100

一层过梁统计表

序　号	构件编号	选用标准图	标准图中编号	数　量
1	GL-2	02YG301	SGLA-2	2
2	GL-3	02YG301	SGLA-3	4
3	GL-4	02YG301	SGLA-4	1
4	GL-5	02YG301	SGLA-5	1
5	GL-6	02YG301	SGLA-6	1

图 2-1-18　结施—6

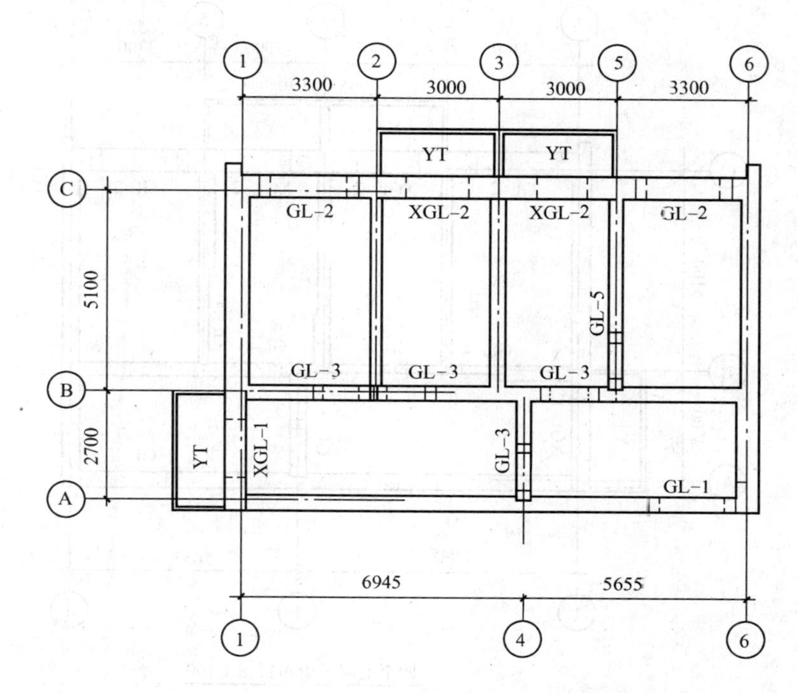

二、三层过梁布置图 1:100

二、三层过梁统计表

序　号	构件编号	选用标准图	标准图中编号	数　量
1	GL-1	02YG301	SGLA-1	1
2	GL-2	02YG301	SGLA-2	2
3	GL-3	02YG301	SGLA-3	8
4	GL-5	02YG301	SGLA-5	2

图 2-1-19　结施—7

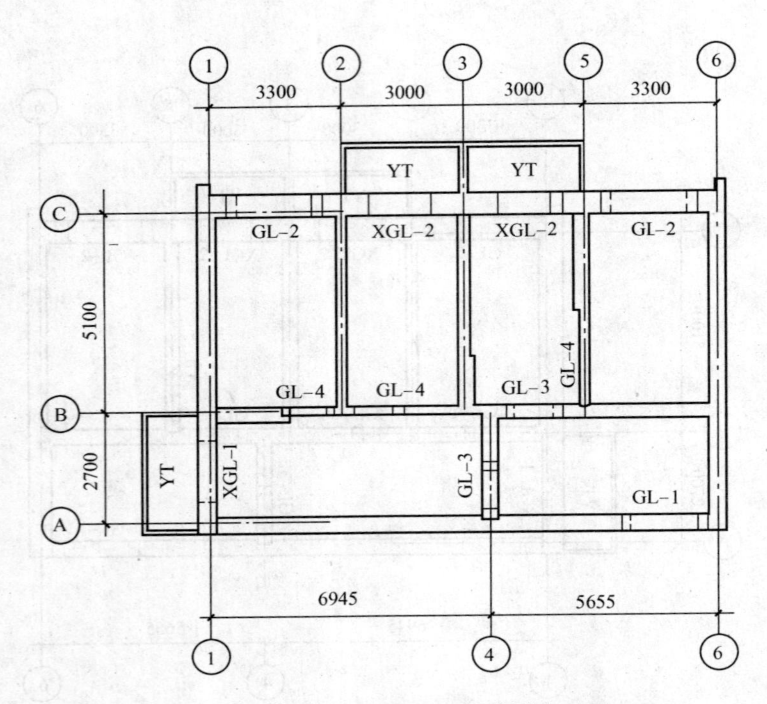

四至七层过梁布置图 1:100

四至七层过梁统计表

序　号	构件编号	选用标准图	标准图中编号	数　量
1	GL-1	02YG301	SGLA-1	3
2	GL-2	02YG301	SGLA-2	6
3	GL-3	02YG301	SGLA-3	8
4	GL-4	02YG301	SGLA-4	12
5	GL-7			1

图 2-1-20　结施—8

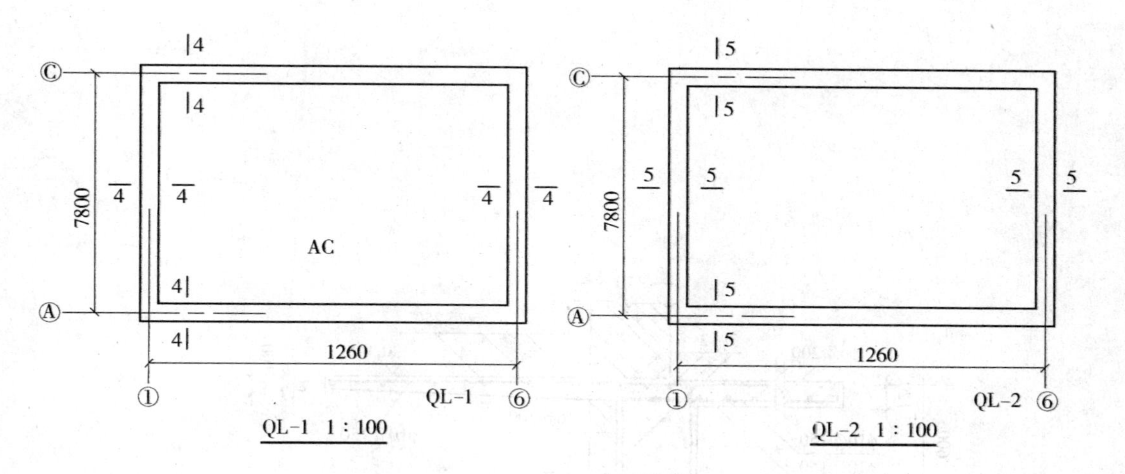

图 2-1-21 结施—9

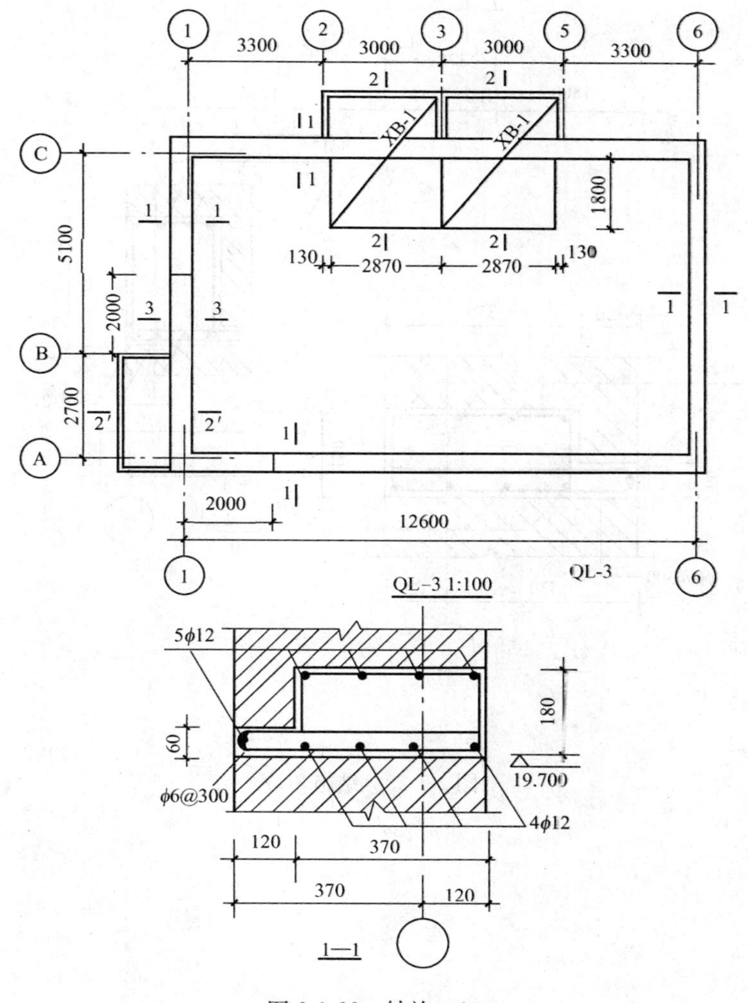

图 2-1-22 结施—10

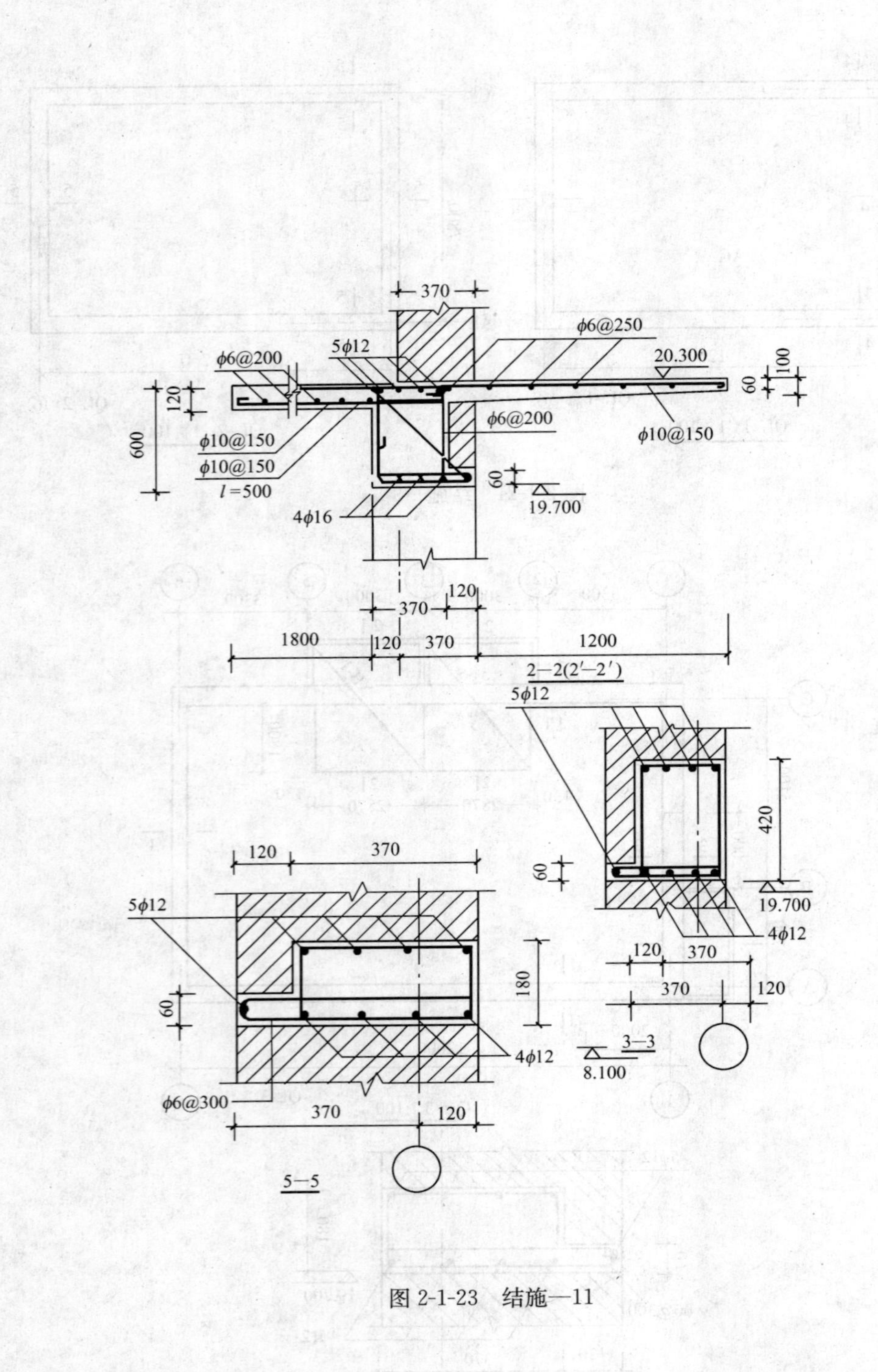

370
5φ12
φ6@250
φ6@200
20.300
100
120
60
600
φ6@200
φ10@150
φ10@150
φ10@150
l=500
60
19.700
4φ16
370
120
1800
120
370
1200
2—2(2′—2′)
5φ12
420
60
19.700
4φ12
120
370
120
370
5φ12
180
60
4φ12
φ6@300
370
120
370
120
3—3
8.100
5—5

图 2-1-23　结施—11

门窗工程量计算表

序号	门窗编号	规格（宽×高）(mm)	每樘面积 (m²)	樘数	总面积 (m²)	一层 外墙 2B	一层 外墙 1B	一层 内墙 $1\frac{1}{2}B$	一层 内墙 $\frac{1}{2}B$	一层 内墙 $\frac{1}{4}B$	二、三层 外墙 2B	二、三层 内墙 $1\frac{1}{2}B$	二、三层 内墙 $\frac{1}{2}B$	二、三层 内墙 $\frac{1}{4}B$	四至七层 外墙 2B	四至七层 内墙 $1\frac{1}{2}B$	四至七层 内墙 1B	四至七层 内墙 $\frac{1}{2}B$	四至七层 内墙 $\frac{1}{4}B$	屋面出口墙 $1\frac{1}{2}B$
1	C-1	1800×1400	2.52	14	35.25	5.04					10.08				20.16					
2	C-2	1500×1400	2.1	6	12.60						4.20				8.40					
3	CM-1	750×2300	1.725	21	36.225	8.325					16.65				33.30					
		750×1400	1.05		22.05															
4	M-1	1500×1900	2.85	2	5.70	2.85	2.85													
5	M-2	900×2000	1.8	14	25.2			3.60				7.20				14.40				
6	M-3	900×2400	2.16	21	45.36			6.48				12.96					25.92			
7	M-4	800×2000	1.6	14	22.40				3.20				6.40					12.80		
8	M-5	750×2400	1.8	14	25.20					3.60				7.20					14.40	
9	M-6	900×1887	1.70	1	1.70															1.70
合计						16.215	2.85	10.08	3.20	3.60	30.93	20.16	6.40	7.20	61.86	14.40	25.92	12.80	14.40	1.70

预制过梁构件统计表

序号	编号	断面面积 (m²)	长度 (m)	混凝土 (m³)	数量	小计 (m³)	一层 外墙 2B (m³)	一层 外墙 1B (m³)	一层 内墙 $1\frac{1}{2}B$ (m³)	二、三层 外墙 2B (m³)	二、三层 内墙 $1\frac{1}{2}B$ (m³)	四至七层 外墙 2B (m³)	四至七层 内墙 $1\frac{1}{2}B$ (m³)	四至七层 内墙 1B (m³)	屋面上外墙
1	GL-1	0.0504	2.0	0.1	4	0.40				0.10		0.30			
2	GL-2	0.0948	2.5	0.237	10	2.37	0.474			0.474		1.422			
3	GL-3	0.0444	1.4	0.062	20	1.24			0.24		0.50		0.50		
4	GL-4	0.0444	1.4	0.062	13	0.81		0.06						0.75	
5	GL-5	0.0288	1.4	0.04	3	0.12			0.04		0.08				
6	GL-6	0.0288	1.4	0.04	1	0.04	0.04								
7	GL-7			0.05	1	0.05									0.05
合计						5.03	0.514	0.06	0.28	0.574	0.58	1.722	0.50	0.75	0.05

二、工程量计算

1. 定额工程量计算(表 2-1-2)

定额工程量计算表 **表 2-1-2**

序号	定额编号	分部分项工程名称	计量单位	计算式	数量
1		建筑面积	m^2	一层建筑面积： $13.34\times8.54+3\times1.2\times3\times\frac{1}{2}$(阳台)$+1.47\times(1.5+0.49\times2)$(门厅)$=122.97m^2$ 二至七层建筑面积： $(13.34\times8.54+3\times1.2\times3\times\frac{1}{2})\times6=715.94m^2$ 屋顶楼梯间： $(5.655+0.12+0.37)\times(2.7+0.12+0.37)=19.60m^2$ 合计：$858.51m^2$	858.51
土(石)方工程					
2	A1-1	平整场地	m^2	平整场地面积=建筑物首层面积 $13.34\times8.54+3\times1.2\times3\times\frac{1}{2}$(阳台)$+1.47\times(1.5+0.49\times2)$(门厅)$=122.97m^2$	122.97
3	A1-19	人工挖沟槽 一般土 深度 2m 以内	m^3	1—1 剖面：(底宽 1.8m，深 1.8m，放坡系数 0.43) $(1.8+0.15\times2+0.43\times1.8)\times1.8\times[12.6+2\times0.125+(7.8+2\times0.125)\times2]=149.76m^3$	149.76
4	A1-19	人工挖沟槽 一般土 深度 2m 以内	m^3	2—2 剖面：(底宽 1.4m，深 1.8m，放坡系数 0.43) $(1.4+0.15\times2+0.43\times1.8)\times1.8\times(12.6+2\times0.125)=57.22m^3$	57.22
5	A1-19	人工挖沟槽 一般土 深度 2m 以内	m^3	3—3 剖面：(底宽 1.0m，深 1.6m，放坡系数 0.43) $(1.0+0.15\times2+0.43\times1.6)\times1.6\times(12.6-0.775-1.97-0.12)=30.97m^3$	30.97
6	A1-19	人工挖沟槽 一般土 深度 2m 以内	m^3	4—4 剖面：(底宽 2.0m，深 1.60m，放坡系数 0.43) $(2.0+0.15\times2+0.43\times1.6)\times1.6\times[5.1-0.775-0.5+(5.1-0.775-0.5-1.26)]=30.55m^3$	30.55

续表

序号	定额编号	分部分项工程名称	计量单位	计算式	数量
7	A1-19	人工挖沟槽 一般土 深度 2m 以内	m^3	5—5 剖面：（底宽 1.0m，深 1.60m，放坡系数 0.43） (1＋0.15×2＋0.43×1.6)×1.6×(1.97－0.775＋0.12＋1.26)＝8.19m^3	8.19
8	A1-19	人工挖沟槽 一般土 深度 2m 以内	m^3	6—6 剖面：（底宽 2.0m，深 1.60m，放坡系数 0.43） (2＋0.15×2＋0.43×1.6)×1.6×(5.1－0.775－0.5＋2.7－0.575－0.5)＝26.06m^3	26.06
9	A1-18	人工挖沟槽 一般土 深度 1.5m 以内	m^3	7—7 剖面：（底宽 0.48m，深 0.6m） $\frac{1}{2}$×[(0.24＋0.15)×2＋0.48]×0.6×[2＋0.12×2＋(1.23－0.825＋0.12×2)×2]＝1.33m^3	1.33
10	A1-28	原土打夯	m^2	(1.8＋0.15×2)×28.95＋(1.4＋0.15×2)×12.85＋(1＋0.15×2)×(9.74＋2.58)＋(2＋0.15×2)×(6.39＋5.45)＋0.48×3.53＝127.58m^2	127.58
11	A1-127	回填土 （夯填，基础回填）	m^3	(149.76＋57.22＋30.97＋30.55＋8.19＋26.06＋1.33)－(57.32＋21.59＋10.23＋13.93＋2.89＋11.88)＝186.33m^3	186.33
12	A1-127	回填土 （夯填，室内回填）	m^3	[(5.1－0.185－0.12)×(3.3－0.12＋0.185＋3－0.185×2＋3－0.185－0.25＋3.3－0.12×2)＋(2.7－0.25－0.12)×(6.945－0.12×2＋5.655－0.25－0.12)]×1.1＝90.07m^3	90.07m^3
13	A1-45	余土外运 （人工装土，自卸汽车运土 1km 以内）	m^3	余土外运工程量＝总挖方量－总回填量 (149.76＋57.22＋30.97＋30.55＋8.19＋26.06＋1.33)－(186.33＋90.07)×1.75＝－14.57m^3	－14.57
砌筑工程					

续表

序号	定额编号	分部分项工程名称	计量单位	计算式	数量
14	A3-1	砖基础	m³	l_{1-1}＝12.60＋2×0.125＋(7.8＋2×0.125)×2＝28.95m l_{2-2}＝12.60＋2×0.125＝12.85m l_{3-3}＝12.60－0.775－1.97－0.12＝9.74m l_{4-4}＝(53.1－0.775－0.5)×2－1.26＝6.39m l_{5-5}＝1.97－0.775＋0.12＋1.26＝2.58m l_{6-6}＝5.1－0.775－0.5＋2.7－0.575－0.5＝5.45m l_{7-7}＝2＋0.12×2＋(1.23－0.825＋0.12×2)×2＝3.53m $V_{总}$＝[0.49×(28.95＋12.85)＋0.365×(9.74＋6.39＋5.45)＋0.435×2.58]×1.1＋0.24×3.53×(1.1＋0.197)＝33.53m³ 应扣除圈梁体积： $V_{圈}$＝0.49×0.36×(28.95＋12.85)＝7.37m³ $V＝V_{总}－V_{圈}$＝33.53－7.37＝25.16m³	25.16
15	A3-4	墙基防潮层	m²	0.49×(28.95＋12.85)＋0.365×(9.74＋6.39＋5.45)＋0.435×2.58＝29.48m²	29.48
16	A3-5	砖墙 2砖厚，一至三层外墙 （M5混合砂浆）	m³	490mm厚外墙： (28.95＋12.85)×8.58×0.49＝175.74m³ 应扣除部分体积： C-1：(5.04＋10.08)×0.49＝7.41m³ C-2：4.2×0.49＝2.06m³ CM-1：(8.325＋16.65)×0.49＝12.24m³ M-1：2.85×0.49＝1.40m³ GL-1：0.1m³ GL-2：0.474×2＝0.95m³ GL-6：0.04m³ 其他混凝土构件所占体积： 0.86＋0.697＋1.58×3＝6.30m³ 应增加部分体积： 0.38×0.37×8.58×2＝2.41m³（墙垛） 合计：147.65m³	147.65

续表

序号	定额编号	分部分项工程名称	计量单位	计算式	数量
17	A3-5	砖墙 $1\frac{1}{2}$砖厚，一至三层内墙 （M5 混合砂浆）	m^3	370mm 厚内墙： $l_{②、③轴}$＝(5.1－0.12－0.185)×2－1.26－0.185 ＝8.15m $l_{Ⓑ轴}$＝12.6－0.12×2－1.97＝10.39m $l_{③、④轴}$＝5.1－0.12－0.185＋2.7－0.12－0.185 ＝7.19m V＝(8.15＋10.39＋7.19)×0.365×8.7 ＝81.71m^3 应扣除部分体积： M-2：(3.6＋7.2)×0.365＝3.94m^3 M-3：(6.49＋12.96)×0.365 ＝7.10m^3 GL-3：0.24＋0.5＝0.74m^3 Gl-5：0.04＋0.08＝0.12m^3 合计：69.81m^3	69.81
18	A3-5	砖墙 $1\frac{3}{4}$砖厚，一至三层内墙 （M5 混合砂浆）	m^3	430mm 厚内墙： l＝1.26＋1.97＋0.185＝3.42m V＝0.43×3.42×8.7＝12.79m^3	12.97
19	A3-6	砖墙 一层门斗 1 砖厚外墙 （M5 混合砂浆）	m^3	l＝(1.47－0.12)×2＋1.5＋0.49×2－0.12 ＝5.06m 240mm 厚外墙： V＝5.06×0.24×(2.9－0.12) ＝3.38m^3 应扣除部分体积： M-1：2.85×0.24＝0.68m^3 合计：2.70m^3	2.70
20	A3-8	砖墙 $\frac{1}{2}$砖厚，一至三层内墙 （M5 混合砂浆）	m^3	l＝2.7－0.12－0.25＋3－0.185－0.25 ＝4.895m 120mm 厚内墙： V＝0.115×4.895×8.7＝4.90m^3 应扣除部分体积： M-4：(3.2＋6.4)×0.115＝1.10m^3 合计：3.80m^3	3.80

续表

序号	定额编号	分部分项工程名称	计量单位	计算式	数量
21	A3-8	砖墙 $\frac{1}{4}$砖厚，一至三层内墙 （M5 混合砂浆）	m^3	60mm 厚内墙： l=1.74+0.75+0.35×2+1.2=4.39m V=4.39×0.053×8.7=2.02m^3 应扣除部分体积： M-5：（3.6+7.2）×0.053=0.57m^3 合计：1.45m^3	1.45
22	A3-5	砖墙 2 砖厚，四至七层外墙 （M2.5 混合砂浆）	m^3	490mm 厚外墙： (28.956+12.85)×11.6×0.49=237.59m^3 应扣除部分体积： C-1：20.16×0.49=9.878m^3 C-2：8.4×0.49=4.116m^3 CM-1：33.3×0.49=16.317m^3 GL-1：0.3m^3 GL-2：1.422m^3 其他混凝土构件所占体积： 33.81+0.19+0.36=34.36m^3 应增加部分体积： 墙垛：0.38×0.37×11.6×2=3.26m^3 合计：174.46m^3	174.46
23	A3-5	砖墙 $1\frac{1}{2}$砖厚，四至七层 内墙 （M2.5 混合砂浆）	m^3	370mm 厚内墙： $l_{\text{Ⓑ轴}}$=12.6−0.12×2−4.025=8.34m $l_{\text{④轴}}$=2.7−0.25−0.12=2.33m $l_{\text{⑤轴}}$=2.4m $l_{\text{③轴}}$=1.2m V=(8.34+2.33+2.4+1.2)×0.365×11.6=60.42m^3 应扣除部分体积： M-2：14.4×0.365=5.26m^3 GL-3：0.5m^3 合计：54.66m^3	54.66
24	A3-6	砖墙 1 砖厚，四至七层内墙 （M2.5 混合砂浆）	m^3	240mm 厚内墙： $l_{\text{②轴}}$=5.1−0.12×2=4.86m $l_{\text{③轴}}$=5.1−1.2−0.12×2=3.66m $l_{\text{⑤轴}}$=5.1−2.4−0.12×2=2.46m $l_{\text{Ⓑ轴}}$=3.3+3−1.85−0.125−0.12×2=4.09m V=(4.86+3.66+2.46+4.09)×0.24×11.6=41.95m^3 应扣除部分体积： M-3：25.92×0.24=6.22m^3 GL-4：0.75m^3 合计：34.98m^3	34.98

续表

序号	定额编号	分部分项工程名称	计量单位	计算式	数量
25	A3-8	砖墙 $\frac{1}{2}$砖厚，四至七层内墙 （M5 混合砂浆）	m^3	120mm 厚内墙： $l_{③\sim⑤轴}$＝3－0.12－0.25＝2.63m $l_{Ⓐ\simⒷ轴}$＝2.7－0.12－0.25＝2.33m V＝(2.63＋2.33)×0.115×11.6 ＝6.62m^3 应扣除部分体积： M-4：12.8×0.115＝1.47m^3 合计：5.15m^3	5.15
26	A3-8	砖墙 $\frac{1}{4}$砖厚，四至七层内墙 （M5 混合砂浆）	m^3	60mm 厚内墙： $l_{②\sim④轴}$＝1.74＋1.45＝3.19m $l_{③轴}$＝1.2＋0.96＝2.16m V＝(3.19＋2.16)×0.053×11.60 ＝3.29m^3 应扣除部分体积： M-5：14.4×0.053＝0.76m^3 合计：2.53m^3	2.53
27	A3-5	砖墙 1$\frac{1}{2}$砖厚，出屋面墙体 （M2.5 混合砂浆）	m^3	370mm 厚墙体： l=(5.665＋2.7)×2=16.71m V=0.365×16.71×3.18=19.40m^3 应扣除部分体积： M－6：1.70×0.365=0.62m^3 GL－7：0.05m^3 合计：19.40－0.62－0.05=18.73m^3	18.73
28	A3-6	砖墙 1 砖厚，女儿墙 （M2.5 混合砂浆）	m^3	240mm 厚女儿墙： l＝28.95＋12.85－(5.655＋2.7) ＝33.45m V=33.45×0.24×1=8.03m^3	8.03
29	A3-16	零星砌砖 （砖炉灶）	m^3	0.8×0.5×0.7×14=3.92m^3 其中：0.8×0.5×0.7 为单个炉灶的体积，14 为炉灶的个数	3.92
30	A3-16	零星砌砖 （厕所台阶砌砖及室外台阶砌砖）	m^3	0.2×0.37×6.14×14=6.36m^3 0.14×0.12×6.14×14=1.44m^3 1.00×0.06×6.14×14=5.16m^3 0.37×0.4×1.25×14=2.59m^3 2.48×1.15×0.35=1.00m^3 合计：16.55m^3	16.55

续表

序号	定额编号	分部分项工程名称	计量单位	计算式	数量
31	A3-51	砖地沟	m^3	22.6×1.0×0.24=5.42m^3 其中：22.6 为地沟中心线长度，1.0 为地沟深度，0.24 为砖砌地沟厚度	5.42
32	A3-30	砖烟囱（20m 以内）	m^3	(1.975+1.26+1.8)×0.365×1.20×7 =15.47m^3 其中：1.975 为Ⓑ轴上的烟囱长度，1.26 为③轴上的烟囱长度，1.8 为⑤轴上的烟囱长度，0.365 为计算厚度，1.2 为烟囱内衬的砌筑高度，7 为建筑层数	15.47
33	A3-65	毛石墙基（1—1 剖面）	m^3	1—1 剖面：（底宽 1.8m，埋深 1.8m） V=28.95×(0.5×1.8+0.5×1.2+0.8×0.6)=57.32m^3	57.32
34	A3-65	毛石墙基（2—2 剖面）	m^3	2—2 剖面：（底宽 1.4m，埋深 1.8m） V=12.85×(0.5×1.4+0.5×1.0+0.8×0.6)=21.59m^3	21.59
35	A3-65	毛石墙基（3—3 剖面）	m^3	3—3 剖面：（底宽 1.0m，埋深 1.6m） V=9.74×(0.5×1+1.1×0.5) =10.23m^3	10.23
36	A3-65	毛石墙基（4—4 剖面）	m^3	4—4 剖面：（底宽 2.0m，埋深 1.6m） V=6.39×(0.5×2+0.5×1.4+0.6×0.8)=13.93m^3	13.93
37	A3-65	毛石墙基（5—5 剖面）	m^3	5—5 剖面：（底宽 1.0m，埋深 1.6m） V=2.58×(0.5×1+1.1×0.564) =2.89m^3	2.89
38	A3-65	毛石墙基（6—6 剖面）	m^3	6—6 剖面：（底宽 2.0m，埋深 1.6m） V=5.45×(0.5×2+0.5×1.4+0.6×0.8)=11.88m^3	11.88
		混凝土及钢筋混凝土工程			
39	A4-26	圈梁	m^3	QL-1： V=(28.95+12.85)×0.36×0.49 =7.37m^3	7.37

续表

序号	定额编号	分部分项工程名称	计量单位	计算式	数量
40	A4-26	圈梁	m^3	QL-2： $V=(0.49\times0.18-0.12\times0.12)\times(28.95+12.85)=3.08m^3$	3.08
41	A4-26	圈梁	m^3	QL-3： $l_{1-1}=(28.95+12.85)-8.825-4=28.98m$ $V_{1-1}=(0.49\times0.18-0.12\times0.12)\times28.98=2.14m^3$ $l_{2'-2'}^{2-2}=3+3+2.7+0.125=8.83m$ $V_{2-2}=(0.49\times0.6-0.12\times0.44)\times8.83=2.13m^3$ $l_{3-3}=2\times2=4m$ $V_{3-3}=(0.49\times0.42-0.12\times0.36)\times4=0.65m^3$ 合计：$4.92m^3$	4.92
42	A4-37	平板 （板厚 120mm）	m^3	XB-1： $3\times1.8\times0.12\times2=1.30m^3$	1.30
43	A4-40	栏板	m^3	$[3\times3-2\times0.12+(1.2-0.06)\times5]\times0.12\times1.2\times7=14.58m^3$ 其中：0.12 为栏板厚，1.2 为栏板高	14.58
44	A4-43	顶层阳台 雨篷	m^3	YP-3： $(0.06+0.1)\times1.2\div2\times3\times3=0.86m^3$ 其中：$(0.06+0.1)\times1.2\div2$ 为雨篷截面积，3 为每个雨篷长，第二个 3 为雨篷个数	0.86
45	A4-44	阳台	m^3	YT-2： $3\times1.2\times0.12\times21=9.07m^3$ 其中：3 为阳台的长，1.2 为阳台的宽，0.12 为阳台的厚度，21 为阳台的个数	9.07
46	A4-47	直形整体楼体	m^2	$(2.32+1.265+1.7)\times(2.7-0.185-0.12)\times7=88.60m^2$	88.60

续表

序号	定额编号	分部分项工程名称	计量单位	计算式	数量
47	A4-102	零星构件（窗台板）	m^3	1.92×0.18×0.04×14=0.19m^3	0.19
48	A4-93	沟盖板	m^3	0.816m^3	0.816
49	A4-86	空心板	m^3	YKB3362： 0.143×(48×2+16)=16.02m^3 YKB3061： 0.13×(30×2+7)=8.71m^3 YKBa3061： 0.127×(15×2+2)=4.06m^3 YKBa3051： 0.107×(3×2+17)=2.46m^3 YKB2761： 0.117×21×2=4.91m^3 YKBa2761： 0.114×(9×2+3)=2.39m^3 YKB2751： 0.098×3×2=0.59m^3 YKB2462： 0.104×2=0.21m^3 合计：39.35m^3	39.35
50	A4-75	预制过梁	m^3	5.03m^3	5.03
51	A4-22	地沟梁	m^3	0.06+0.366=0.43m^3	0.43
		屋面及防水工程			
52	A7-206	水泥砂浆找平层（硬基层面）	m^2	(12.6−0.12×2)×(7.8−0.12×2)−(2.7+5.855)×0.365=90.39m^2	90.39
53	A7-32	一毡二油隔气层	m^2	90.39+(12.6−0.12×2+7.8−0.12×2+2.7−0.37+5.655−0.37)×2×0.25=104.16m^2	104.16
54	A7-205	水泥砂浆找平层(填充料上)	m^2	90.39m^2	90.39
55	A7-33	三毡四油防水层	m^2	104.16m^2	104.16
56	A7−91	水落管	m	21.4×3+2.8=67.0m	37.0
57	A7-93	水斗	个	4个	4
58	A7-94	成品水落管安装	m	67.00m	67.00
59	A7-95	成品水斗安装	个	4个	个
		防腐、隔热、保温工程			

续表

序号	定额编号	分部分项工程名称	计量单位	计算式	数量
60	A8-179	沥青珍珠岩块保温层	m^3	$90.39\times0.22=19.89m^3$	19.89
			建筑工程措施项目		
61	A12-84	圈梁模板	m^3	$7.37+3.08+3.03=13.48m^3$	13.48
62	A12-98	平板模板（板厚120mm以上）	m^3	$1.30m^3$	1.30
63	A12-101	栏板模板	m^3	$14.58m^3$	14.58
64	A12-103	雨篷模板	m^3	$0.86m^3$	0.86
65	A12-104	直形阳台模板	m^3	$9.07m^3$	9.07
66	A12-109	直形楼梯模板	m^2	$88.60m^2$	88.60
67	A12-120	零星构件模板	m^3	$0.816+0.06+0.366+0.19=1.43m^3$	1.43
68	A12-137	预制过梁模板	m^3	$5.03m^3$	5.03
69	A12-20	综合脚手架（檐高25m以内）	m^2	$858.51m^2$	858.51
70	A12-231	满堂脚手架（天棚高5.2m以内）	m^2	$(5.655-0.37)\times(2.7-0.37)=12.31m^3$	12.31
			楼地面工程		
71	B1-152	一层混凝土地面垫层（C10混凝土，厚60mm）	m^3	$(122.97+3\times1.2\times3\times\frac{1}{2}-29.48)\times0.06=5.93m^3$ 其中：122.97为一层的建筑面积，29.48为墙基防潮层的面积，即墙体所占的面积，0.06为混凝土垫层的厚度，$3\times1.2\times3\times\frac{1}{2}$为增加的阳台面积	5.93
72	A7-206	水泥砂浆找平层(20mm厚)	m^2	$122.97+3\times1.2\times3\times\frac{1}{2}-29.48=98.89m^2$	98.89
73	B1-1	水泥砂浆面层（20mm厚）	m^2	$98.89m^2$	98.89
74	A7-206	二、三层水泥砂浆找平层（20mm厚）	m^2	$[(13.34\times8.54+3\times1.2\times3)-29.48-12.31$(楼梯)$]\times2=165.87m^2$	165.87
75	B1-1	二、三层水泥砂浆面层（20mm厚）	m^2	$165.87m^2$	165.87

续表

序号	定额编号	分部分项工程名称	计量单位	计算式	数量
76	A7-206	四至七层水泥砂浆找平层（20mm 厚）	m^2	[(13.34×8.54+3×1.2×3)−29.48+(5.1−0.12×2)×2×0.12−12.31]×4=336.40m^2	336.40
77	B1-1	四至七层水泥砂浆面层（20mm 厚）	m^2	336.40m^2	336.40
78	B1-91	水泥砂浆楼梯面层	m^2	(5.655−0.47)×(2.7−0.37)×7=86.17m^2	86.17
79	B1-154	散水混凝土垫层	m^3	[(13.34+0.8+8.54+0.8)×2−3×3−(2+2×0.24)+(1.47+0.8−0.4)×2]×0.8×0.07=2.21m^3	2.21
80	B1-156	散水水泥砂浆抹面	m^2	[(13.34+0.8+8.54+0.8)×2−3×3−(2+2×0.24)+(1.47+0.8−0.4)×2]×0.8=31.38m^2	31.38
81	B1-128	台阶面抹灰（砖面）	m^2	2.48×1.15=2.85m^2	2.85
82	B1-138	门斗墙下中粗砂垫层	m^3	(0.48+0.43×0.6)×0.6×5.06=2.24m^3	2.24
		墙、柱面工程			
83	B2-6	混合砂浆抹外墙（20mm 厚）	m^2	(13.34+8.54)×2×(21.3+1.1)=980.22m^2 门厅：(1.47×2+2.48)×(2.9+1.1−0.12−0.35)=19.13m^2 凸出屋面的楼梯间： (5.655+2.7)×(23.6−20.3)+(5.655+0.12+0.37+2.7+0.12+0.37)×(23.6−21.3)=49.04m^2 应扣除部分面积： C-1：5.04+10.08+20.16=35.28m^2 C-2：4.2+8.4=12.6m^2 CM-1：8.325+16.65+33.3=58.28m^2 M-1：2.85×2=5.70m^2 M-6：1.70m^2 合计：934.73m^2	934.73

续表

序号	定额编号	分部分项工程名称	计量单位	计算式	数量
84	B2-6	混合砂浆抹内墙（20mm厚）	m^2	一至三层： [(3.3－0.12－0.185＋5.1－0.12－0.185)×2＋(3－0.185×2＋5.1－0.12－0.185)×2＋(3－0.25－0.185)×4＋(5.1－0.12－0.185)×2＋(3.3－0.12×2＋5.1－0.12－0.185)×2＋(2.7－0.25－0.12)×4＋(6.945－0.12×2)×2]×2.78×3＝742.93m^2 门厅：(1.47＋2.48)×2×(2.78＋1.1)＝22.83m^2 四至七层： [(3.3－0.12×2＋5.1－0.12×2)×2×2＋(3－0.12×2＋5.1－0.12×2)×2＋(3－0.12－0.25)×4＋(5.1－0.12×2)×2＋(2.7－0.25－0.12)×4＋6.705×2]×2.78×4＝999.58m^2 楼梯间： (1.7＋2.32＋1.265＋2.7－0.185－0.12)×2×(23.6＋1.1－0.12)＝377.55m^2 应扣除部分面积： C-1：5.04＋10.08＋20.16＝35.28m^2 C-2：4.2＋8.4＝12.6m^2 CM-1：8.325＋16.65＋33.3＝58.28m^2 M-1：2.85×2＝5.70m^2 M-2：(3.6＋7.2＋14.4)×2＝50.4m^2 M-3：(6.48＋12.96＋25.92)×2＝90.72m^2 M-4：(3.2＋6.4＋12.8)×2＝22.4m^2 M-5：(3.6＋7.2＋14.4)×2＝50.4m^2 M-6：1.70m^2 合计：1815.31m^2	1815.31
85	B2-55	零星抹灰（压顶）	m^2	(28.95＋12.85＋2.7－0.12＋5.655－0.12)×0.37＝18.47m^2	18.47
86	B2-55	零星抹灰（阳台栏板抹灰）	m^2	[(1.2－0.06)×6＋1.2×4＋3×3]×7×1.02＝106.67m^2	106.67
87	B2-55	零星抹灰（炉台）	m^2	(0.8＋0.5×2)×0.7×14＝17.64m^2 其中：0.8为炉台长，0.5为炉台宽，0.7为炉台高，14为炉台的个数	17.64

续表

序号	定额编号	分部分项工程名称	计量单位	计算式	数量
天棚工程					
88	B3-5	天棚抹混合砂浆	m^2	一层：122.97－29.48＋(2.48－0.24×2)×(1.47－0.24×2)(门厅)－12.31(楼梯间)＝83.16m^2 二、三层： (13.34×8.54－29.48－12.31)×2＝144.24m^2 四至七层： [13.34×8.54－29.48－12.31＋(5.1－0.12×2)×2×0.12]×4＝293.2m^2 顶层楼梯天棚：12.31m^2 阳台：3×1.2×3×6＝64.8m^2 合计：597.74m^2	597.74
89	B3-16	雨篷抹灰	m^2	3.00×1.20×3＝10.80m^2	10.80
门窗工程					
90	B4-4	普通木门（双扇，有亮）	m^2	M-1：1.5×1.9×2＝5.70m^2	5.70
91	B4-3	普通木门（单扇，有亮）	m^2	M-4：0.8×2×14＝22.40m^2	22.40
92	B4-1	普通木门（单扇，无亮）	m^2	M-2：0.9×2.0×14＝25.20m^2 M-5：0.75×2.4×14＝25.20m^2 M-6：0.9×1.887＝1.70m^2 合计：52.10m^2	52.10
93	B4-3	普通木门（单扇，有亮）	m^2	M-3：0.9×2.4×21＝45.36m^2	45.36
94	B4-44	木平开窗（双扇，有亮）	m^2	C-1：1.8×1.4×14＝35.25m^2 C-2：1.5×1.4×6＝12.60m^2 合计：47.85m^2	47.85
95	B4-3	普通木门（单扇，有亮）	m^2	CM-1： 0.75×2.30×21＝36.23m^2(门)	36.23
96	B4-44	木平开窗（双扇）	m^2	CM-1：0.75×1.4×21＝22.05m^2(窗)	22.05
油漆、涂料、裱糊工程					
97	B5-1	单层木门油调合漆	m^2	(5.7＋74.5＋45.36)×2＝251.12m^2	251.12
98	B5-23	单层木窗油调合漆	m^2	(47.85＋58.28)×2＝212.26m^2	212.26
99	B5-161	抹灰面刷乳胶漆	m^2	1815.31＋597.74＋10.8＝2423.85m^2	2423.85

2. 清单工程量计算(表 2-1-3)

清单工程量计算 **表 2-1-3**

序号	项目编码	项目名称	项目特征描述	计量单位	计算式	工程量
A.1 土(石)方工程						
1	010101001001	平整场地	一般土，土方就地挖填找平	m^2	$13.34\times8.54+3\times1.2\times3\times\frac{1}{2}+1.47\times(1.5+0.29\times2)=122.97m^2$	122.97
2	010101003001	挖基础土方	一般土，条形基础，挖土深度 2m 以内，基础底宽 0.48～2.0m	m^3	1—1 剖面：(底宽 1.8m，深 1.8m) $1.8\times1.8\times[12.6+2\times0.125+(7.8+2\times0.125)\times2]=93.80m^3$ 2—2 剖面：(底宽 1.4m，深 1.8m) $1.4\times1.8\times(12.6+2\times0.125)=32.38m^3$ 3—3 剖面：(底宽 1.0m，深 1.6m) $1\times1.6\times(12.6-0.715-1.97-0.12)=15.58m^3$ 4—4 剖面：(底宽 2.0m，深 1.6m) $2\times1.6\times[(5.1-0.775-0.5)\times2-1.26]=20.45m^3$ 5—5 剖面：(底宽 1.0m，深 1.6m) $1\times1.6\times(1.97-0.775+0.12+1.26)=4.12m^3$ 6—6 剖面：(底宽 2.0m，深 1.6m) $2\times1.6\times(5.1-0.775-0.5+2.7-0.575-0.5)=17.44m^3$ 7—7 剖面：(底宽 0.48m，深 0.6m) $\frac{1}{2}\times[(0.24+0.15)\times2+0.48]\times0.6\times[2+0.12\times2+(1.23-0.825+0.12\times2)\times2]=1.33m^3$ 合计：$93.80+32.38+15.58+20.45+4.12+17.44+1.33=185.10m^3$	185.10

续表

序号	项目编码	项目名称	项目特征描述	计量单位	计算式	工程量
3	010103001001	土(石)方回填	基础回填，一般土，人工夯填	m^3	基础回填工程量＝挖方量－基础体积 185.10－(57.32＋21.59＋10.23＋13.93＋2.89＋11.88)＝67.26m^3	67.26
4	010103001002	土(石)方回填	室内回填，一般土，人工夯填	m^3	[(5.1－0.185－0.2)×(3.3－0.12－0.185＋3－0.185×2＋3－0.185－0.25＋3.3－0.12×2)＋(2.7－0.25－0.12)×(6.705－0.12×2＋5.655－0.25－0.12)]×1.1＝90.07m^3	90.07
			A.3 砌 筑 工 程			
5	010301001001	砖基础	M5 水泥砂浆砌条形基础，MU10 红砖 240mm×115mm×53mm，基础埋深 2m 以内	m^3	l_{1-1}＝12.60＋2×0.125＋(7.8＋2×0.125)×2＝28.95m l_{2-2}＝12.60＋2×0.125＝12.85m l_{3-3}＝12.60－0.775－1.97－0.12＝9.74m l_{4-4}＝(5.1－0.775－0.5)×2－1.26＝6.39m l_{5-5}＝1.97－0.775＋0.12＋1.26＝2.58m l_{6-6}＝5.1－0.775－0.5＋2.1－0.525－0.5＝5.45m l_{7-7}＝2＋0.12×2＋(1.23－0.825＋0.12×2)×2＝3.53m $V_{总}$＝[0.49×(28.95＋12.85)＋0.365×(9.74＋6.39＋5.45)＋0.435×2.58]×1.1＋0.24×3.53×(1.1＋0.197)＝33.53m^3 应扣除圈梁体积： V圈＝0.49×0.36×(28.95＋12.85)＝7.37m^3 $V＝V_{总}－V_{圈}$ ＝33.53－7.37 ＝25.16m^3	25.16

续表

序号	项目编码	项目名称	项目特征描述	计量单位	计算式	工程量
6	010302001001	实心砖墙	M5混合砂浆砌实心墙，MU10红砖240mm×115mm×53mm，墙体厚度490mm，墙高为8.58m	m^3	(28.95＋12.85)×8.58×0.49＝175.74m^3 应扣除部分体积： C-1：(5.04＋10.08)×0.49＝7.41m^3 C-2：4.2×0.49＝2.06m^3 CM-1：(8.325＋16.65)×0.49＝12.24m^3 M-1：2.85×0.49＝1.40m^3 GL-1：0.1m^3 GL-2：0.474×2＝0.95m^3 GL-6：0.04m^3 其他混凝土构件所占体积： 0.86＋0.697＋1.58×3＝6.30m^3 应增加部分体积： 0.38×0.37×8.58×2＝2.41m^3 合计：147.65m^3	147.65
7	010302001002	实心砖墙	M5混合砂浆砌实心墙，MU10红砖240mm×115mm×53mm，墙体厚度370mm，墙高8.70m	m^3	$l_{②、③轴}$＝(5.1－0.12－0.85)×2－1.26－0.185＝8.15m $l_{⑧轴}$＝12.60－0.12×2－1.997＝10.39m $l_{④、⑤轴}$＝5.1－0.12－0.185＋2.7－0.12－0.185＝7.19m V＝(8.15＋10.39＋7.19)×0.365×8.7＝81.71m^3 应扣除部分体积： M-2：(3.6＋7.2)×0.365＝3.94m^3 M-3：(6.48＋12.96)×0.365＝7.10m^3 GL-3：0.24＋0.5＝0.74m^3 GL-5：0.04＋0.08＝0.12m^3 合计：69.81m^3	69.81
8	010302001003	实心砖墙	M5混合砂浆砌实心墙，MU10红砖240mm×115mm×53mm，墙体厚430mm，墙高8.70m	m^3	l＝1.26＋1.97＋0.185＝3.42m V＝0.43×3.42×8.7＝12.79m^3	12.79

续表

序号	项目编码	项目名称	项目特征描述	计量单位	计算式	工程量
9	010302001004	实心砖墙	M5混合砂浆砌实心墙，MU10 红砖 240mm × 115mm × 53mm，墙体厚240mm，墙高2.78m	m^3	l=(1.41－0.12)×2＋1.5＋0.49×2－0.12=5.06m V=5.06×0.24×(2.9－0.12)=3.38m^3 应扣除部分体积： M-1：2.85×0.24=0.68m^3 合计：2.70m^3	2.70
10	010302001005	实心砖墙	M5混合砂浆砌实心墙，MU10 红砖 240mm × 115mm × 53mm，墙体厚120mm，墙高8.70m	m^3	l=2.7－0.12－0.25＋3－0.185－0.25=4.895m V=0.115×4.895×8.7=4.90m^3 应扣除部分体积： M-4：(3.2＋6.4)×0.115=1.10m^3 合计：3.80m^3	3.80
11	010302001006	实心砖墙	M5混合砂浆砌实心墙，MU10 红砖 240mm × 115mm × 53mm，墙体厚53mm，墙高8.70m	m^3	l=1.74＋0.75＋0.35×2＋1.2=4.39m V = 4.39 × 0.053 × 8.7 = 2.02m^3 应扣除部分体积： M-5：(3.6 ＋ 7.2) × 0.053 = 0.57m^3 合计：1.45m^3	1.45
12	010302001007	实心砖墙	M2.5混合砂浆砌实心墙，MU7.5 红砖 240mm × 115mm × 53mm，墙体厚490mm，墙高11.60m	m^3	(28.95＋12.85)×11.6×0.49=237.59m^3 应扣除部分体积： C-1：20.16×0.49=9.88m^3 C-2：8.40×0.49=4.12m^3 CM-1：33.3×0.49=16.32m^3 GL-1：0.3m^3 GL-2：1.42m^3 其他混凝土构件所占体积： 33.81＋0.19＋0.36=34.36m^3 应增加部分体积： 墙垛：0.38×0.37×11.6×2=3.26m^3 合计：174.46m^3	174.46

续表

序号	项目编码	项目名称	项目特征描述	计量单位	计算式	工程量
13	010302001008	实心砖墙	M2.5混合砂浆砌实心墙，MU7.5 红砖 240mm × 115mm × 53mm，墙体厚 370mm，墙高11.60m	m^3	$l_{Ⓑ轴}$=12.60－0.12×2－4.025 =8.34m $l_{③轴}$=1.2m $l_{④轴}$=2.7－0.25－0.12 =2.33m $l_{⑤轴}$=2.4m V=(8.34+2.33+2.4+1.2)× 0.365×11.6=60.42m^3 应扣部分体积： M-2：14.4×0.365=5.26m^3 GL-3：0.5m^3 合计：54.66m^3	54.66
14	010302001009	实心砖墙	M2.5混合砂浆砌实心墙，MU7.5 红砖 240mm × 115mm × 53mm，墙体厚 240mm，墙高11.60m	m^3	$l_{②轴}$：5.1－0.12×2=4.86m $l_{③轴}$：5.1－1.2－0.12×2 =3.66m $l_{⑤轴}$：5.1－2.4－0.12=2.46m $l_{Ⓑ轴}$：3.3+3－1.85－0.125－ 0.12×2=4.09m V =（4.86 + 3.66 + 2.46 + 4.09）× 0.24 × 11.6 = 41.95m^3 应扣除部分体积： M-3：25.92×0.24=6.22m^3 GL-4：0.75m^3 合计：34.98m^3	34.98
15	010302001010	实心砖墙	M2.5混合砂浆砌实心墙，MU7.5 红砖 240mm × 115mm × 53mm，墙体厚 120mm，墙高11.60m	m^3	$l_{③\sim⑤轴}$=3－0.12－0.25=2.63m $l_{Ⓐ\simⒷ轴}$ = 2.7 － 0.12 － 0.25 = 2.33m V =（2.63＋2.33）×0.115× 11.6=6.62m^3 应扣除部分体积： M-4：12.80×0.115=1.47m^3 合计：5.15m^3	5.15

续表

序号	项目编码	项目名称	项目特征描述	计量单位	计算式	工程量
16	010302001011	实心砖墙	M2.5 混合砂浆砌实心墙，MU7.5 红砖 240mm×115mm×53mm，墙体厚 120mm，墙高 11.60m	m^3	$l_{②\sim③轴}$=1.74+1.45=3.19m $l_{③轴}$=1.2+0.96=2.16m V=(3.19+2.16)×0.115×11.60=3.29m^3 应扣除部分体积： M-5：14.4×0.115=0.76m^3 合计：2.53m^3	2.53
17	010302001012	实心砖墙	M2.5 混合砂浆砌实心墙，MU7.5 红砖 240mm×115mm×53mm，墙体厚 370mm，墙高 3.18m	m^3	l=(5.655+2.7)×2=16.71m V=0.365×16.71×3.18=19.40m^3 应扣除部分体积： M-6：1.7×0.365=0.62m^3 GL-7：0.05m^3 合计：18.73m^3	18.73
18	010302001013	实心砖墙	M2.5 混合砂浆砌实心墙，MU7.5 红砖 240mm×115mm×53mm，墙厚 240mm，墙高 1.0m	m^3	l=28.95+12.85−(5.655+2.7)=33.45m V=33.45×0.24×1=8.03m^3	8.03
19	010302006001	零星砌砖	砖炉灶	m^3	0.8×0.5×0.7×14=3.92m^3	3.92
20	010302006002	零星砌砖	厕所台阶砌砖及室外台阶砌砖	m^3	0.2×0.37×6.14×14=6.36m^3 0.14×0.12×6.14×14=1.44m^3 1.00×0.06×6.14×14=5.16m^3 0.37×0.4×1.25×14=2.59m^3 2.48×1.15×0.35=1.00m^3 合计：16.55m^3	16.55
21	010305001001	石基础	M5 水泥砂浆砌毛石条形基础，深 1.80m	m^3	1—1 剖面：(底宽 1.8m) V=28.95×(0.5×1.8+0.5×1.2+0.8×0.6)=57.32m^3 2—2 剖面：(底宽 1.4m) V=12.85×(0.5×1.4+0.5×1.0+0.8×0.6)=21.59m^3 合计：78.91m^3	

续表

序号	项目编码	项目名称	项目特征描述	计量单位	计算式	工程量
22	010305001002	石基础	M5 水泥砂浆砌毛石条形基础，深 1.60m	m^3	3—3 剖面：(底宽 1.0m) $V=9.74\times(0.5\times1+1.1\times0.5)=10.23m^3$ 4—4 剖面：(底宽 2.0m) $V=6.39\times(0.5\times2+0.5\times1.4+0.6\times0.8)=13.93m^3$ 5—5 剖面：(底宽 1.0m) $V=2.58\times(0.5\times1+1.1\times0.564)=2.89m^3$ 6—6 剖面：(底宽 2.0m) $V=5.45\times(0.5\times2+0.5\times1.4+0.6\times0.8)=11.88m^3$ 合计：$38.93m^3$	38.93
23	010303001001	砖烟囱	M5 混合砂浆砌砖烟囱，MU10 红砖 240mm×115mm×53mm，高 1.20m	m^3	$V=(1.975+1.26+1.8)\times0.365\times1.2\times7=15.47m^3$	15.47
24	010306002001	砖地沟	砖砌地沟	m	22.60m	22.60
			A.4 混凝土及钢筋混凝土工程			
25	010403004001	圈梁	C20 混凝土圈梁	m^3	QL-1： $V=(28.95-12.85)\times0.36\times0.49=7.37m^3$ QL-2： $V=(0.49\times0.18-0.12\times0.12)\times(28.95+12.85)=3.08m^3$ QL-3： $l_{1-1}=(28.95+12.85)-8.825-4=28.98m$ $V_{1-1}=(0.49\times0.18-0.12\times0.12)\times28.98=2.14m^3$ $l_{2-2\,(2'-2')}=3+3+2.7+0.125=8.83m$ $V_{2-2\,(2'-2')}=(0.49\times0.6-0.12\times0.44)\times8.83=2.13m^3$ $l_{3-3}=2\times2=4m$ $V_{3-3}=(0.49\times0.42-0.12\times0.36)\times4=0.65m^3$ 合计：$15.34m^3$	15.43

续表

序号	项目编码	项目名称	项目特征描述	计量单位	计算式	工程量
26	010405003001	平板	C20混凝土平板，板厚120mm	m^3	XB-1： 3×1.8×0.12×2=1.30m^3	1.30
27	010405006001	栏板	C20混凝土栏板，板厚120mm	m^3	[3×3−0.12×2+(1.2−0.06)×5]×0.12×1.2×7=14.58m^3	14.58
28	010405008001	雨篷	C20混凝土雨篷	m^3	YP-3： (0.06+0.1)×1.2÷2×3×3=0.86m^3	0.86
29	010405008002	阳台板	C20混凝土阳台板	m^3	YT-2： 3×1.2×0.12×21=9.07m^3	9.07
30	010405009001	其他板	C20混凝土窗台板	m^3	1.92×0.18×0.04×14=0.19m^3	0.19
31	010406001001	直形楼梯	C20混凝土现浇直形楼梯	m^2	(2.32+1.265+1.7)×(2.7−0.185−0.12)×7=88.60m^2	88.60
32	010407001001	其他构件	C20混凝土地沟梁	m^3	0.06+0.366=0.43m^3	0.43
33	010410003001	预制过梁	C25混凝土预制过梁	m^3	5.03m^3	5.03
34	010412008001	沟盖板	C20混凝土沟盖板	m^3	0.82m^3	0.82
35	010412002001	空心板	C25混凝土预制空心板，板长2.4～3.3m	m^3	YKB3362： 0.143×(48×2+16)=16.02m^3 YKB3061： 0.13×(30×2+7)=8.71m^3 YKBa3061： 0.127×(15×2+2)=4.06m^3 YKBa3051： 0.107×(3×2+17)=2.46m^3 YKB2761： 0.117×21×2=4.91m^3 YKBa2761： 0.114×(9×2+3)=2.39m^3 YKB2462： 0.104×2=0.21m^3 合计：39.35m^3	39.35

A.7　屋面及防水工程

序号	项目编码	项目名称	项目特征描述	计量单位	计算式	工程量
36	010702001001	屋面卷材防水	水泥砂浆找平层，一毡二油隔气层，三毡四油防水层	m^2	(12.6−0.12×2)×(7.8−0.12×2)−(2.7+5.655)×0.365+(12.6−0.12×2+7.8−0.12×2+2.7−0.37+5.655−0.37)×2×0.25=104.16m^2	104.16
37	010702004001	屋面排水管	镀锌薄钢板水落管	m	21.4×3+2.8=67.0m	67.0

A.8　防腐、保温、隔热工程

续表

序号	项目编码	项目名称	项目特征描述	计量单位	计算式	工程量
38	010803001001	保温隔热屋面	沥青珍珠岩块保温层，厚22mm	m^2	(12.6－0.12×2)×(7.8－0.12×2)－(2.7＋5.655)×0.365＝90.39m^2	90.39
B.1 楼地面工程						
39	020101001001	水泥砂浆楼地面（一层）	C10混凝土垫层，厚60mm，水泥砂浆找平层，厚20mm，水泥砂浆面层，厚20mm	m^2	$122.97+3\times1.2\times3\times\frac{1}{2}-29.48=$ 98.79m^2	98.79
40	020101001002	水泥砂浆楼地面（二至三层）	水泥砂浆找平层，厚20mm，水泥砂浆面层，厚20mm	m^2	[(13.34×8.54＋3×1.2×3)－29.48－12.31]×2＝165.87m^2	165.87
41	020101001003	水泥砂浆楼地面（四至七层）	水泥砂浆找平层，厚20mm，水泥砂浆面层，厚20mm	m^2	[(13.34×8.54＋3×1.2×3)－29.48－12.31＋(5.1－0.12×2)×2×0.12]×4＝336.40m^2	336.40
42	020106003001	水泥砂浆楼梯面	水泥砂浆找平层，厚20mm，水泥砂浆面层，厚20mm	m^2	(5.655－0.47)×(2.7－0.37)×7＝86.17m^2	86.17
43	020108003001	水泥砂浆台阶面	水泥砂浆找平层，厚20mm，水泥砂浆面层，厚20mm	m^2	2.48×1.15＝2.85m^2	2.85
44	020109004001	水泥砂浆零星项目	散水，水泥砂浆抹面，厚20mm	m^2	[(13.34＋0.8＋8.54＋0.8)×2－3×3－(2＋2×0.24)＋(1.47＋0.8－0.4)×2]×0.8＝31.38m^2	31.38
B.2 墙、柱面工程						
45	020201001001	墙面一般抹灰（外墙）	红砖墙面，混合砂浆底层，厚15mm，混合砂浆面层，厚5mm	m^2	(13.34＋8.54)×2×(21.3＋1.1)＝980.22m^2 门厅：(1.47×2＋2.48)×(2.9＋1.1－0.12－0.35)＝19.13m^2 凸出屋面的楼梯间： (5.655＋2.7)×(23.6－20.3)＋(5.655＋0.12＋0.37＋2.7＋0.12＋0.37)×(22.6－21.3)＝49.04m^2 应扣除部分面积： C－1：5.04＋10.08＋20.16＝35.28m^2 C－2：4.2＋8.4＝12.60m^2 CM－1：8.325＋16.55＋33.3＝58.28m^2 M－1：2.85×2＝5.70m^2 M－2：1.70m^2 合计：934.73m^2	934.73

续表

序号	项目编码	项目名称	项目特征描述	计量单位	计算式	工程量
46	020201001002	墙面一般抹灰（内墙）	红砖墙面，混合砂浆底层，厚15mm，混合砂浆面层，厚5mm	m^2	一至三层： [(3.3－0.2－0.185＋5.1－0.12－0.185)×2＋(3－0.185×2+5.1－0.12－0.185)×2＋(3－0.25－0.185)×4＋(5.1－0.12－0.185)×2＋(3.3－0.12×2+5.1－0.12－0.185)×2＋(2.7－0.25－0.12)×4＋6.705×2]×2.78×3＝742.93m^2 门厅： (1.47＋2.48)×2×(2.78＋1.1)＝22.83m^2 四至七层： [(3.3－0.12×2＋5.1－0.12×2)×2×2＋(3－0.12×2＋5.1－0.12×2)×2＋(3－0.12－0.25)×4＋(5.1－0.12×2)×2＋(2.7－0.25－0.12)×4＋6.705×2]×2.78×4 ＝999.58m^2 楼梯间： (1.7＋2.32＋1.265＋2.7－0.185－0.12)×2×(23.6＋1.1－0.12)＝377.55m^2 应扣除部分面积： C-1：4.05＋10.08＋20.16＝35.28m^2 C-2：4.2+8.4＝12.6m^2 CM-1：8.325＋16.65＋33.3＝58.28m^2 M-1：2.85×2＝5.70m^2 M-2：(3.6+7.2+14.4)×2＝50.40m^2 M-3：(6.48＋12.96＋25.92)×2＝90.72m^2 M-4：(3.2+6.4+12.8)×2＝22.40m^2 M-5：(3.6+7.2+14.4)×2＝50.40m^2 M-6：1.70m^2 合计：1815.31m^2	1815.13

续表

序号	项目编码	项目名称	项目特征描述	计量单位	计算式	工程量
47	020203001001	零星项目 一般抹灰	红砖墙面，混合砂浆底层，厚15mm，混合砂浆面层，厚5mm	m^2	压顶：(28.95＋12.85＋2.7－0.12＋5.655－0.12)×0.37＝18.47m^2 炉台： (0.8＋0.5×2)×0.7×14＝17.64m^2 合计：36.11m^2	36.11
48	020203001002	零星项目 一般抹灰	混凝土墙面，混合砂浆底层，厚15mm，混合砂浆面层，厚5mm	m^2	阳台栏板： [(1.2－0.06)×6＋1.2×4＋3×3]×7×1.02＝106.67m^2	106.67
B.3 天 棚 工 程						
49	020301001001	天棚抹灰	混凝土天棚，混合砂浆底层，厚10mm，混合砂浆面层，厚2mm	m^2	一层： 122.97－29.48＋(2.48－0.24×2)×(1.47－0.24×2)(门厅)－12.31(楼梯间)＝83.16m^2 二至三层： (13.34×8.54－29.48－12.31)×2＝144.27m^2 四至七层： [13.34×8.54－29.48－12.31＋(5.1－0.12×2)×2×0.12]×4＝293.20m^2 顶层楼梯天棚：12.31m^2 阳台：3×1.2×3×6＝64.80m^2 雨篷：3×1.2×3＝10.80m^2 合计：608.54m^2	608.54
B.4 门 窗 工 程						
50	020401002001	企口木板门	单裁口普通木门，单扇面积2.85m^2，外表面刷浅绿色调合漆两遍，内表面刷乳白色调合漆两遍	m^2	M-1： 1.5×1.9×2＝5.70m^2	5.70
51	020401002002	企口木板门	单裁口普通木门，单扇面积1.80m^2，内外各刷乳白色调合漆两遍	m^2	M-2： 0.9×2.0×14＝25.20m^2	25.20

续表

序号	项目编码	项目名称	项目特征描述	计量单位	计算式	工程量
52	020401002003	企口木板门	单裁口普通木门，单扇面积 1.80m^2，内外各刷乳白色调合漆两遍	m^2	M-5： 0.75×2.4×14=25.20m^2	25.20
53	020401002004	企口木板门	单裁口普通木门，单扇面积 1.70m，内外各刷乳白色调合漆两遍	m^2	M-6： 0.9×1.887=1.70m^2	1.70
54	020404007001	半玻门	带亮子，半截玻璃门，单扇面积 2.16m^2，内外各刷乳白色调合漆两遍	m^2	M-3： 0.9×2.4×21=45.36m^2	45.36
55	020404007002	半玻门	不带亮子，半截玻璃门，单扇面积 1.60m^2，内外各刷乳白色调合漆两遍	m^2	M-4： 0.8×2.0×14=22.40m^2	22.40
56	020405002001	木质推拉窗	单裁口木质推拉窗，单扇面积 2.52m^2，外表面刷浅绿色调合漆两遍，内表面刷乳白色调合漆两遍	m^2	C-1： 1.8×1.4×14=32.25m^2	35.25
57	020405002002	木质推拉窗	单裁口木质推拉窗，单扇面积 2.10m^2，外表面刷浅绿色调合漆两遍，内表面刷乳白色调合漆两遍	m^2	C-2： 1.5×1.4×6=12.60m^2	12.60
58	020401008001	门连窗	单裁口木质门连窗，单扇面积 2.775m^2，外表面刷浅绿色调合漆两遍，内表面刷乳白色调合漆两遍	m^2	CM-1： 0.75×2.30×21=36.23m^2 0.75×1.40×21=22.05m^2 合计：58.28m^2	58.28
			B.5 油漆、涂料、裱糊工程			
59	020501001001	门油漆	普通木门，内外表面各刷乳胶漆两遍	m^2	5.70+74.50+45.36 =125.56m^2	125.56
60	020502001001	窗油漆	普通木窗，内外表面各刷乳胶漆两遍	m^2	47.85+58.28=106.13m^2	106.13
61	020506001001	抹灰面油漆	基层抹灰面刷乳胶漆	m^2	1815.31+608.54=2433.85m^2	2423.85

三、工程量清单编制示例

工程量清单编制见表 2-1-4～表 2-1-13。

××工厂住宅工程

工 程 量 清 单

招 标 人：××工厂单位公章
（单位盖章）

工程造价咨询人：×××工程造价咨询企业资质专用章
（单位资质专用章）

法定代表人或其授权人：××工厂法定代表人
（签字或盖章）

法定代表人或其授权人：×××工程造价咨询企业法定代表人
（签字或盖章）

编 制 人：×××签字盖造价工程师或造价员专用章
（造价人员签字盖专用章）

复 核 人：×××签字盖造价工程师专用章
（造价工程师签字盖专用章）

编制时间：××××年××月××日

复核时间：××××年××月××日

总　说　明

工程名称：××工厂住宅工程　　　　　　　　　　　　　　第1页 共1页

1. 工程概况：本工程为砖混结构，采用毛石基础，建筑层数为七层，建筑面积 858.51m²，计划工期为 300 日历天。

2. 工程招标范围：本次招标范围为施工范围内的建筑工程和安装工程。

3. 工程量清单编制依据：

(1)住宅楼施工图。

(2)《建设工程工程量清单计价规范》。

4. 其他需要说明的问题：

(1)招标人供应现浇构件的全部钢筋，单价暂定为 5000 元/t。

承包人应在施工现场对招标人供应的钢筋进行验收及保管和使用发放。

招标人供应钢筋的价款支付，由招标人按每次发生的全额支付给承包人，现由承包人支付给供应商。

(2)总承包人应配合专业工程承包人完成以下工作：

1)按专业工程承包人的要求提供施工工作面并对施工现场进行统一管理，对竣工资料进行统一整理汇总。

2)为专业工程承包人提供垂直运输机械和焊接电源接入点，并承担垂直运输费和电费。

分部分项工程量清单与计价表　　　　　　**表 2-1-4**

工程名称：××工厂住宅工程　　　　标段：　　　　　　第　页　共　页

序号	项目编码	项目名称	项目特征描述	计量单位	工程量	金额(元)		
						综合单价	合价	其中：暂估价
			A.1　土(石)方工程					
1	010101001001	平整场地	一般土，土方就地挖填找平	m²	122.97			
2	010101003001	挖基础土方	一般土，条形基础，挖土深度 2m 以内，基础底宽 0.48～2.0m	m³	185.10			
3	010103001001	土(石)方回填	基础回填，一般土，人工夯填	m³	67.26			
4	010103001002	土(石)方回填	室内回填，一般土，人工夯填	m³	90.07			
			分部小计					

续表

序号	项目编码	项目名称	项目特征描述	计量单位	工程量	金额(元)		
						综合单价	合价	其中：暂估价
			A.3 砌筑工程					
5	010301001001	砖基础	M5 水泥砂浆砌条形基础，MU10 红砖 240mm×115mm×53mm，基础埋深 2m 以内	m^3	25.16			
6	010302001001	实心砖墙	M5 混合砂浆砌实心墙，MU10 红砖 240mm×115mm×53mm，墙体厚 490mm，墙高 8.58m	m^3	147.65			
7	010302001002	实心砖墙	M5 混合砂浆砌实心墙，MU10 红砖 240mm×115mm×53mm，墙体厚 370mm，墙高 8.70m	m^3	69.81			
8	010302001003	实心砖墙	M5 混合砂浆砌实心墙，MU10 红砖 240mm×115mm×53mm，墙体厚 430mm，墙高 8.70m	m^3	12.79			
9	010302001004	实心砖墙	M5 混合砂浆砌实心墙，MU10 红砖 240mm×115mm×53mm，墙体厚 240mm，墙高 2.78m	m^3	2.70			
10	010302001005	实心砖墙	M5 混合砂浆砌实心墙，MU10 红砖 240mm×115mm×53mm，墙体厚 120mm，墙高 8.70m	m^3	3.80			
11	010302001006	实心砖墙	M5 混合砂浆砌实心墙，MU10 红砖 240mm×115mm×53mm，墙体厚 53mm，墙高 8.70m	m^3	1.45			
12	010302001007	实心砖墙	M2.5 混合砂浆砌实心墙，MU7.5 红砖 240mm×115mm×53mm，墙体厚 490mm，墙高 11.60m	m^3	174.46			
13	010302001008	实心砖墙	M2.5 混合砂浆砌实心墙，MU7.5 红砖 240mm×115mm×53mm，墙体厚 370mm，墙高 11.60m	m^3	54.66			
14	010302001009	实心砖墙	M2.5 混合砂浆砌实心墙，MU7.5 红砖 240mm×115mm×53mm，墙体厚 240mm，墙高 11.60m	m^3	34.98			
15	010302001010	实心砖墙	M2.5 混合砂浆砌实心墙，MU7.5 红砖 240mm×115mm×53mm，墙体厚 120mm，墙高 11.60m	m^3	5.15			

续表

序号	项目编码	项目名称	项目特征描述	计量单位	工程量	金额(元)		
						综合单价	合价	其中：暂估价
16	010302001011	实心砖墙	M2.5 混合砂浆砌实心墙，MU7.5 红砖 240mm×115mm×53mm，墙体厚 120mm，墙高 11.60m	m^3	2.53			
17	010302001012	实心砖墙	M2.5 混合砂浆砌实心墙，MU7.5 红砖 240mm×115mm×53mm，墙体厚 370mm，墙高 3.18m	m^3	18.73			
18	010302001013	实心砖墙	M2.5 混合砂浆砌实心墙，MU7.5 红砖 240mm×115mm×53mm，墙体厚 240mm，墙高 1.0m	m^3	8.03			
19	010302006001	零星砌砖	砖炉灶	m^3	3.92			
20	010302006002	零星砌砖	厕所台阶砌砖及室外台阶砌砖	m^3	16.55			
21	010305001001	石基础	M5 水泥砂浆砌毛石条形基础，深 1.80m	m^3	78.91			
22	010305001002	石基础	M5 水泥砂浆砌毛石条形基础，深 1.60m	m^3	38.93			
23	010303001001	砖烟囱	MN5 混合砂浆砌砖烟囱，MU10 红砖 240mm×115mm×53mm，烟囱高 1.20m	m^3	15.47			
24	010306002001	砖地沟	砖砌地沟	m	22.60			
			分部小计					
			A.4 混凝土及钢筋混凝土工程					
25	010403004001	圈梁	C20 混凝土圈梁	m^3	15.34			
26	010405003001	平板	C20 混凝土平板，板厚 120mm	m^3	1.30			
27	010405006001	栏板	C20 混凝土栏板，板厚 120mm	m^3	14.58			
28	010405008001	雨篷	C20 混凝土雨篷	m^3	0.86			
29	010405008002	阳台板	C20 混凝土阳台板	m^3	9.07			
30	010405009001	其他板	C20 混凝土窗台板	m^3	0.19			
31	010406001001	直形楼梯	C20 混凝土现浇直形楼梯	m^2	88.60			
32	010407001001	其他构件	C20 混凝土地沟梁	m^3	0.43			
33	010410003001	预制过梁	C25 混凝土预制过梁	m^3	5.03			
34	010412008001	沟盖板	C20 混凝土沟盖板	m^3	0.82			
35	010412002001	空心板	C25 混凝土预制空心板，板长 2.4～3.3m	m^3	39.35			
			分部小计					

续表

序号	项目编码	项目名称	项目特征描述	计量单位	工程量	金额(元)		
						综合单价	合价	其中：暂估价
		A.7 屋面及防水工程						
36	010702001001	屋面卷材防水	水泥砂浆找平层,一毡二油隔气层,三毡四油防水层	m^2	104.16			
37	010702004001	屋面排水管	镀锌薄钢板水落管	m	67.0			
		分部小计						
		A.8 防腐、保温、隔热工程						
38	010803001001	保温隔热屋面	沥青珍珠岩块保温层,厚 22mm	m^2	90.39			
		分部小计						
		B.1 楼地面工程						
39	020101001001	水泥砂浆楼地面(一层)	C10 混凝土垫层,厚 60mm,水泥砂浆找平层,厚 20mm,水泥砂浆面层,厚 20mm	m^2	98.79			
40	020101001002	水泥砂浆楼地面(二至三层)	水泥砂浆找平层,厚 20mm,水泥砂浆面层,厚 20mm	m^2	165.87			
41	020101001003	水泥砂浆楼地面(四至七层)	水泥砂浆找平层,厚 20mm,水泥砂浆面层,厚 20mm	m^2	336.40			
42	020106003001	水泥砂浆楼梯面	水泥砂浆找平层,厚 20mm,水泥砂浆面层,厚 20mm	m^2	36.17			
43	020108003001	水泥砂浆台阶面	水泥砂浆找平层,厚 20mm,水泥砂浆面层,厚 20mm	m^2	2.85			
44	020109004001	水泥砂浆零星项目	散水,水泥砂浆抹面,厚 20mm	m^2	31.38			
		分部小计						
		B.2 墙、柱工程						
45	020201001001	墙面一般抹灰(外墙)	红砖墙面,混合砂浆底层,厚 15mm,混合砂浆面层,厚 5mm	m^2	934.73			
46	020201001002	墙面一般抹灰(内墙)	红砖墙面,混合砂浆底层,厚 15mm,混合砂浆面层,厚 5mm	m^2	1815.31			
47	020203001001	零星项目一般抹灰(压顶、炉台)	红砖墙面,混合砂浆底层,厚 15mm,混合砂浆面层,厚 5mm	m^2	36.11			
48	020203001002	零星项目一般抹灰(阳台栏板)	混凝土墙面,混合砂浆底层,厚 15mm,混合砂浆面层,厚 5mm	m^2	106.67			
		分部小计						

续表

序号	项目编码	项目名称	项目特征描述	计量单位	工程量	金额(元)		
						综合单价	合价	其中：暂估价
			B.3 天 棚 工 程					
49	020301001001	天棚抹灰	混凝土天棚，混合砂浆底层，厚10mm，混合砂浆面层，厚2mm	m^2	608.54			
			分部小计					
			B.4 门 窗 工 程					
50	020401002001	企口木板门	单裁口普通木门，单扇面积2.85m^2，外表面刷浅绿色调合漆两遍，内表面刷乳白色调合漆两遍	m^2	5.70			
51	020401002002	企口木板门	单裁口普通木门，单扇面积1.80m^2，内外各刷乳白色调合漆两遍	m^2	25.20			
52	020401002003	企口木板门	单裁口普通木门，单扇面积1.80m^2，内外各刷乳白色调合漆两遍	m^2	25.20			
53	020401002004	企口木板门	单裁口普通木门，单扇面积1.70m^2，内外各刷乳白色调合漆两遍	m^2	1.70			
54	020404007001	半玻门	带亮子半截玻璃门，单扇面积2.16m^2，内外各刷乳白色调合漆两遍	m^2	45.36			
55	020404007002	半玻门	不带亮子半截玻璃门，单扇面积1.60m^2，内外各刷乳白色调合漆两遍	m^2	22.40			
56	020405002001	木质推拉窗	单裁口木质推拉窗，单扇面积2.52m^2，外表面刷浅绿色调合漆两遍，内表面刷乳白色调合漆两遍	m^2	35.25			
57	020405002002	木质推拉窗	单裁口木质推拉窗，单扇面积2.10m^2，外表面刷浅绿色调合漆两遍，内表面刷乳白色调合漆两遍	m^2	12.60			
58	020401008001	门连窗	单裁口木质门连窗，单扇面积2.775m^2，外表面刷浅绿色调合漆两遍，内表面刷乳白色调合漆两遍	m^2	58.28			
			分部小计					
			B.5 油漆、涂料、裱糊工程					

续表

序号	项目编码	项目名称	项目特征描述	计量单位	工程量	金额(元)		
						综合单价	合价	其中:暂估价
59	020501001001	门油漆	普通木门,内外表面各刷乳胶漆两遍	m^2	251.12			
60	020502001001	窗油漆	普通木窗,内外表面各刷乳胶漆两遍	m^2	212.26			
61	020506001001	抹灰面油漆	基层抹灰面刷乳胶漆	m^2	2423.85			
		分部小计						
本页小计								
合计								

措施项目清单与计价表(一)

表 2-1-5

工程名称:××工厂住宅工程　　标段:　　第　页　共　页

序号	项目名称	计算基础	费率(%)	金额(元)
1	安全文明施工费			
2	夜间施工费			
3	二次搬运费			
4	冬雨季施工			
5	大型机械设备进出场及安拆费			
6	施工排水			
7	施工降水			
8	地上、地下设施、建筑物的临时保护设施			
9	已完工程及设备保护			
10	各专业工程的措施项目			
11				
12				
合计				

措施项目清单与计价表(二)

表 2-1-6

工程名称:××工厂住宅工程　　标段:　　第　页　共　页

序号	项目编码	项目名称	项目特征描述	计量单位	工程量	金额(元)	
						综合单价	合价
1	AB001	圈梁模板	圈梁	m^3	13.48		
2	AB002	平板模板	现浇阳台平板	m^3	1.30		
3	AB003	栏板模板	阳台栏板	m^3	14.58		
4	AB004	雨篷模板	雨篷,支模高度 20.30m	m^3	0.86		
5	AB005	直形阳台模板	现浇直形阳台	m^3	9.07		

续表

序号	项目编码	项目名称	项目特征描述	计量单位	工程量	金额(元)	
						综合单价	合价
6	AB006	直形楼梯模板	现浇直形楼梯	m^2	88.60		
7	AB007	零星构件模板	现浇零星构件	m^3	1.43		
8	AB008	预制过梁模板	预制过梁	m^3	5.03		
9	AB009	综合脚手架	综合脚手架,檐高21.30m	m^2	858.51		
10	AB010	满堂脚手架	满堂脚手架,天棚高5m以内	m^2	12.31		
本页小计							
合计							

其他项目清单与计价汇总表 **表 2-1-7**

工程名称:××工厂住宅工程　　标段:　　第　页　共　页

序号	项目名称	计量单位	金额(元)	备注
1	暂列金额			
2	暂估价			
2.1	材料暂估价			
2.2	专业工程暂估价			
3	计日工			
4	总承包服务费			
5				
合计				—

暂列金额明细表 **表 2-1-8**

工程名称:××工厂住宅工程　　标段:　　第　页　共　页

序号	项目名称	计量单位	暂定金额(元)	备注
1	工程量清单中工程量偏差和设计变更			
2	政策性调整和材料价格风险			
3	其他			
合计				—

材料暂估单价表 **表 2-1-9**

工程名称:××工厂住宅工程　　标段:　　第　页　共　页

序号	材料名称、规格、型号	计量单位	单价(元)	备注
1	钢筋(规格、型号综合)	t	5000	现浇混凝土项目
合计				—

专业工程暂估价表

表 2-1-10

工程名称：××工厂住宅工程　　　标段：　　　第　页　共　页

序号	工程名称	工程内容	金额(元)	备注
	合计			—

计　日　工　表

表 2-1-11

工程名称：××工厂住宅工程　　　标段：　　　第　页　共　页

编号	项目名称	单位	暂定数量	综合单价(元)	合价(元)
一	人工				
1					
2					
3					
	人工小计				
二	材料				
1					
2					
3					
	材料小计				
三	施工机械				
1					
2					
3					
	施工机械小计				
	总计				

总承包服务费计价表

表 2-1-12

工程名称：××工厂住宅工程　　　标段：　　　第　页　共　页

序号	项目名称	项目价值(元)	服务内容	费率(%)	金额(元)
	合计				

规费、税金项目清单与计价表

表 2-1-13

工程名称：××工厂住宅工程　　　标段：　　　第　页　共　页

序号	项目名称	计算基础	费率(%)	金额(元)
1	规费			
1.1	工程排污费	按工程所在地环保部门规定计算		
1.2	社会保障费	(1)+(2)+(3)		

续表

序号	项目名称	计算基础	费率(%)	金额(元)
(1)	养老保险费	直接费		
(2)	失业保险费	直接费		
(3)	医疗保险费	直接费		
1.3	住房公积金	直接费		
1.4	危险作业意外伤害保险	直接费		
1.5	工程定额测定费	直接费		
2	税金	税前造价合计		
合计				—

四、投标报价编制示例

投标报价编制见表 2-1-14～表 2-1-27。

投　标　总　价

招　　标　　人：××工厂

工　程　名　称：××工厂住宅工程

投标总价(小写)：565662.99 元

(大写)：伍拾陆万伍仟陆佰陆拾贰元玖角玖分

投　　标　　人：×××建筑公司单位公章

(单位盖章)

法定代表人
或其授权人：×××建筑公司法定代表人

(签字或盖章)

编　　制　　人：×××签字盖造价工程师或造价员专用章

(造价人员签字盖专用章)

编　制　时　间：××××年××月××日

总 说 明

工程名称：××工厂住宅工程　　　　　　　　　　　　　　　　　　　第 页 共 页

1. 工程概况：本工程为砖混结构，采用毛石基础，建筑层数为七层，建筑面积 858.51m^2，计划工期为 300 日历天。

2. 投标报价包括范围：为本次招标的住宅工程施工图范围内的建筑工程。

3. 投标报价编制依据：

(1)招标文件及其所提供的工程量清单和有关报价的要求，招标文件的补充通知和答疑纪要。

(2)住宅楼施工图及投标施工组织设计。

(3)有关的技术标准、规范和安全管理规定等。

(4)省建设主管部门颁发的计价定额和计价管理办法及相关计价文件。

(5)材料价格参照工程所在地工程造价管理机构××××年××月工程造价信息发布的价格。

工程项目投标报价汇总表　　　　表 2-1-14

工程名称：××工厂住宅工程　　　标段：　　　　　　　　第 页 共 页

序号	单项工程名称	金额(元)	其中		
			暂估价(元)	安全文明施工费(元)	规费(元)
1	××工厂住宅楼工程	565662.99			43444.20
合计		565662.99			43444.20

单项工程投标报价汇总表　　　　表 2-1-15

工程名称：××工厂住宅工程　　　标段：　　　　　　　　第 页 共 页

序号	单项工程名称	金额(元)	其中		
			暂估价(元)	安全文明施工费(元)	规费(元)
1	××工厂住宅楼工程	565662.99			43444.20
合计		565662.99			43444.20

单位工程投标报价汇总表 **表 2-1-16**

工程名称：××工厂住宅工程　　标段：　　第　页　共　页

序号	汇总内容	金额(元)	其中：暂估价(元)
1	分部分项工程	456826.53	
1.1	A.1　土(石)方工程	15210.05	
1.2	A.3　砌筑工程	185910.90	
1.3	A.4　混凝土及钢筋混凝土工程	55455.92	
1.4	A.7　屋面及防水工程	13041.51	
1.5	A.8　防腐、隔热保温工程	12870.63	
1.6	B.1　楼地面工程	22236.48	
1.7	B.2　墙、柱面工程	46973.67	
1.8	B.3　天棚工程	8483.05	
1.9	B.4　门窗工程	47227.23	
2.0	B.5　油漆、涂料、裱糊工程	49417.19	
2	措施项目	50682.45	—
2.1	安全文明施工费		—
3	其他项目		—
3.1	暂列金额		—
3.2	专业工程暂估价		—
3.3	计日工		—
3.4	总承包服务费		—
4	规费	43444.20	—
5	税金	14709.81	—
投标报价总计＝1＋2＋3＋4＋5		565662.99	

分部分项工程量清单与计价表 **表 2-1-17**

工程名称：××工厂住宅工程　　标段：　　第　页　共　页

序号	项目编码	项目名称	项目特征描述	计量单位	工程量	金额(元)		
						综合单价	合价	其中：暂估价
			A.1　土(石)方工程					
1	010101001001	平整场地	一般土，土方就地挖填找平	m^2	122.97	4.97	611.16	
2	010101003001	挖基础土方	一般土，条形基础，挖土深度 2m 以内，基础底宽 0.48～2.0m	m^3	185.10	29.73	5503.02	
3	010103001001	土(石)方回填	基础回填，一般土，人工夯填	m^3	67.26	88.78	5971.34	
4	010103001002	土(石)方回填	室内回填，一般土，人工夯填	m^3	90.07	34.69	3124.53	
			分部小计				15210.05	

续表

序号	项目编码	项目名称	项目特征描述	计量单位	工程量	金额(元)		
						综合单价	合价	其中：暂估价
		A.3 砌筑工程						
5	010301001001	砖基础	M5水泥砂浆砌条形基础，MU10红砖240mm×115mm×53mm，基础埋深2m以内	m^3	25.16	269.40	6778.10	
6	010302001001	实心砖墙	M5混合砂浆砌实心墙，MU10红砖240mm×115mm×53mm，墙体厚490mm，墙高8.58m	m^3	147.65	264.75	39090.34	
7	010302001002	实心砖墙	M5混合砂浆砌实心墙，MU10红砖240mm×115mm×53mm，墙体厚370mm，墙高8.70m	m^3	69.81	264.75	18482.20	
8	010302001003	实心砖墙	M5混合砂浆砌实心墙，MU10红砖240mm×115mm×53mm，墙体厚430mm，墙高8.70m	m^3	12.79	264.75	3356.15	
9	010302001004	实心砖墙	M5混合砂浆砌实心墙，MU10红砖240mm×115mm×53mm，墙体厚240mm，墙高2.78m	m^3	2.70	266.53	719.63	
10	010302001005	实心砖墙	M5混合砂浆砌实心墙，MU10红砖240mm×115mm×53mm，墙体厚120mm，墙高8.70m	m^3	3.80	289.88	1101.54	
11	010302001006	实心砖墙	M5混合砂浆砌实心墙，MU10红砖240mm×115mm×53mm，墙体厚53mm，墙高8.70m	m^3	1.45	289.88	420.33	
12	010302001007	实心砖墙	M2.5混合砂浆砌实心墙，MU7.5红砖240mm×115mm×53mm，墙体厚490mm，墙高11.60m	m^3	174.46	263.38	45949.27	
13	010302001008	实心砖墙	M2.5混合砂浆砌实心墙，MU7.5红砖240mm×115mm×53mm，墙体厚370mm，墙高11.60m	m^3	54.66	563.38	14396.35	
14	010302001009	实心砖墙	M2.5混合砂浆砌实心墙，MU7.5红砖240mm×115mm×53mm，墙体厚240mm，墙高11.60m	m^3	34.98	265.23	9277.75	
15	010302001010	实心砖墙	M2.5混合砂浆砌实心墙，MU7.5红砖240mm×115mm×53mm，墙体厚120mm，墙高11.60m	m^3	5.15	289.88	1492.88	

续表

序号	项目编码	项目名称	项目特征描述	计量单位	工程量	金额(元)		
						综合单价	合价	其中：暂估价
16	010302001011	实心砖墙	M2.5 混合砂浆砌实心墙，MU7.5 红砖 240mm×115mm×53mm，墙体厚 120mm，墙高 11.60m	m^3	2.53	289.88	733.40	
17	010302001012	实心砖墙	M2.5 混合砂浆砌实心墙，MU7.5 红砖 240mm×115mm×53mm，墙体厚 370mm，墙高 3.18m	m^3	18.73	263.38	4933.11	
18	010302001013	实心砖墙	M2.5 混合砂浆砌实心墙，MU7.5 红砖 240mm×115mm×53mm，墙体厚 240mm，墙高 1.0m	m^3	8.03	265.23	2129.80	
19	010302006001	零星砌砖	砖炉灶	m^3	3.92	308.44	1209.08	
20	010302006002	零星砌砖	厕所台阶砌砖及室外台阶砌砖	m^3	16.55	308.44	5104.68	
21	010305001001	石基础	M5 水泥砂浆砌毛石条形基础，深 1.80m	m^3	78.91	196.35	15493.98	
22	010305001002	石基础	M5 水泥砂浆砌毛石条形基础，深 1.60m	m^3	38.93	196.35	7643.91	
23	010303001001	砖烟囱	MN5 混合砂浆砌砖烟囱，MU10 红砖 240mm×115mm×53mm，烟囱高 1.20m	m^3	15.47	383.29	5929.50	
24	010306002001	砖地沟	砖砌地沟	m	22.60	60.76	1373.18	
			分部小计				185910.90	
			A.4 混凝土及钢筋混凝土工程					
25	0104030040001	圈梁	C20 混凝土圈梁	m^3	15.34	310.61	4764.76	
26	010405003001	平板	C20 混凝土平板，板厚 120mm	m^3	1.30	171.84	223.39	
27	010405006001	栏板	C20 混凝土栏板，板厚 120mm	m^3	14.58	405.39	5910.59	
28	010405008001	雨篷	C20 混凝土雨篷	m^3	0.86	3662.81	312.02	
29	010405008002	阳台板	C20 混凝土阳台板	m^3	9.07	370.22	3357.90	
30	010405009001	其他板	C20 混凝土窗台板	m^3	0.19	673.52	127.97	
31	010406001001	直形楼梯	C20 混凝土现浇直形楼梯	m^2	88.60	80.42	7125.21	
32	010407001001	其他构件	C20 混凝土地沟梁	m^3	0.43	262.31	112.79	
33	010410003001	预制过梁	C25 混凝土预制过梁	m^3	5.03	532.67	26779.33	
34	010412008001	沟盖板	C20 混凝土沟盖板	m^3	0.82	608.49	498.96	

续表

序号	项目编码	项目名称	项目特征描述	计量单位	工程量	金额(元)		
						综合单价	合价	其中：暂估价
35	010412002001	空心板	C25混凝土预制空心板，板长2.4～3.3m	m^3	39.35	755.85	29742.70	
		分部小计					55455.62	
		A.7　屋面及防水工程						
36	010702001001	屋面卷材防水	水泥砂浆找平层，一毡二油隔气层，三毡四油防水层	m^2	104.16	96.37	10037.90	
37	010702004001	屋面排水管	镀锌薄钢板水落管	m	67.0	44.83	3003.61	
		分部小计					13041.51	
		A.8　防腐、保温、隔热工程						
38	010803001001	保温隔热屋面	沥青珍珠岩块保温层，厚22mm	m^2	90.39	142.39	12870.63	
		分部小计					12870.63	
		B.1　楼地面工程						
39	020101001001	水泥砂浆楼地面(一层)	C10混凝土垫层，厚60mm，水泥砂浆找平层，厚20mm，水泥砂浆面层，厚20mm	m^2	98.89	35.88	3548.17	
40	020101001002	水泥砂浆楼地面(二至三层)	水泥砂浆找平层，厚20mm，水泥砂浆面层，厚20mm	m^2	165.87	21.97	3644.16	
41	020101001003	水泥砂浆楼地面(四至七层)	水泥砂浆找平层，厚20mm，水泥砂浆面层，厚20mm	m^2	336.40	21.97	7390.71	
42	020106003001	水泥砂浆楼梯面	水泥砂浆找平层，厚20mm，水泥砂浆面层，厚20mm	m^2	86.17	73.64	6345.55	
43	020108003001	水泥砂浆台阶面	水泥砂浆找平层，厚20mm，水泥砂浆面层，厚20mm	m^2	2.85	125.84	358.64	
44	020109004001	水泥砂浆零星项目	散水，水泥砂浆抹面，厚20mm	m^2	31.38	30.25	949.25	
		分部小计					22236.48	
		B.2　墙、柱工程						
45	020201001001	墙面一般抹灰(外墙)	红砖墙面，混合砂浆底层，厚15mm，混合砂浆面层，厚5mm	m^2	934.73	14.59	13637.71	
46	020201001002	墙面一般抹灰(内墙)	红砖墙面，混合砂浆底层，厚15mm，混合砂浆面层，厚5mm	m^2	1815.31	14.59	26485.37	
47	020203001001	零星项目一般抹灰(压顶、炉台)	红砖墙面，混合砂浆底层，厚15mm，混合砂浆面层，厚5mm	m^2	36.11	47.98	1732.56	

续表

序号	项目编码	项目名称	项目特征描述	计量单位	工程量	金额(元)		
						综合单价	合价	其中：暂估价
48	020203001002	零星项目一般抹灰（阳台栏板）	混凝土墙面，混合砂浆底层，厚15mm，混合砂浆面层，厚5mm	m^2	106.61	47.98	5118.03	
			分部小计				46973.67	
			B.3 天棚工程					
49	020301001001	天棚抹灰	混凝土天棚，混合砂浆底层，厚10mm，混合砂浆面层，厚2mm	m^2	608.54	13.94	8483.05	
			分部小计				8483.05	
			B.4 门窗工程					
50	020401002001	企口木板门	单裁口普通木门，单扇面积2.85m^2，外表面刷浅绿色调合漆两遍，内表面刷乳白色调合漆两遍	m^2	5.70	154.88	882.82	
51	020401002002	企口木板门	单裁口普通木门，单扇面积1.80m^2，内外各刷乳白色调合漆两遍	m^2	25.20	365.06	9199.51	
52	020401002003	企口木板门	单裁口普通木门，单扇面积1.80m^2，内外各刷乳白色调合漆两遍	m^2	25.20	365.06	9199.51	
53	020401002004	企口木板门	单裁口普通木门，单扇面积1.70m^2，内外各刷乳白色调合漆两遍	m^2	1.70	5.82	9.89	
54	020404007001	半玻门	带亮子半截玻璃门，单扇面积2.16m^2，内外各刷乳白色调合漆两遍	m^2	45.36	169.10	7670.37	
55	020404007002	半玻门	不带亮子半截玻璃门，单扇面积1.60m^2，内外各刷乳白色调合漆两遍	m^2	22.40	169.10	3781.84	
56	020405002001	木质推拉窗	单裁口木质推拉窗，单扇面积2.52m^2，外表面刷浅绿色调合漆两遍，内表面刷乳白色调合漆两遍	m^2	35.25	194.12	229.37	

续表

序号	项目编码	项目名称	项目特征描述	计量单位	工程量	金额(元)		
						综合单价	合价	其中：暂估价
57	020405002002	木质推拉窗	单裁口木质推拉窗，单扇面积2.10m^2，外表面刷浅绿色调和漆两遍，内表面刷乳白色调和漆两遍	m^2	12.60	548.08	6905.81	
58	020401008001	门连窗	单裁口木质门连窗，单扇面积2.775m^2，外表面刷浅绿色调和漆两遍，内表面刷乳白色调和漆两遍	m^2	58.28	160.40	9348.11	
		分部小计					47227.23	
		B.5 油漆、涂料、裱糊工程						
59	020501001001	门油漆	普通木门内外表面各刷乳胶漆两遍	m^2	251.12	48.54	12189.36	
60	020502001001	窗油漆	普通木窗内外表面各刷乳胶漆两遍	m^2	212.26	45.82	10298.86	
61	020506001001	抹灰面油漆	基层抹灰面刷乳胶漆	m^2	2423.85	45.82	10298.86	
		分部小计					49417.19	
本页小计							86562.09	
合计							456826.53	

措施项目清单与计价表(一)

表 2-1-18

工程名称：××工厂住宅工程　　标段：　　第　页　共　页

序号	项目名称	计算基础	费率(%)	金额(元)
1	安全文明施工费			
2	夜间施工费			
3	二次搬运费			
4	冬雨季施工			
5	大型机械设备进出场及安拆费			
6	施工排水			
7	施工降水			
8	地上、地下设施、建筑物的临时保护设施			
9	已完工程及设备保护			
10	各专业工程的措施项目			
11				
12				
合计				

措施项目清单与计价表(二)　　表 2-1-19

工程名称:××工厂住宅工程　　标段:　　第 页 共 页

序号	项目编码	项目名称	项目特征描述	计量单位	工程量	金额(元)	
						综合单价	合价
1	AB001	圈梁模板	圈梁	m^3	13.48	216.81	2922.60
2	AB002	平板模板	现浇阳台平板	m^3	1.30	215.64	280.33
3	AB003	栏板模板	阳台栏板	m^3	14.58	989.16	14421.96
4	AB004	雨篷模板	雨篷,支模高度 20.30m	m^3	0.86	851.98	732.70
5	AB005	直形阳台模板	现浇直形阳台	m^3	9.07	824.19	7450.68
6	AB006	直形楼梯模板	现浇直形楼梯	m^2	88.60	83.32	7382.15
7	AB007	零星构件模板	现浇零星构件	m^3	1.43	1220.41	1745.19
8	AB008	预制过梁模板	预制过梁	m^3	5.03	169.29	851.53
9	AB009	综合脚手架	综合脚手架,檐高 21.30m	m^2	858.51	17.22	14783.54
10	AB010	满堂脚手架	满堂脚手架,天棚高 5m 以内	m^2	12.31	9.08	111.77
本页小计							50682.45
合计							50682.45

其他项目清单与计价汇总表　　表 2-1-20

工程名称:××工厂住宅工程　　标段:　　第 页 共 页

序号	项目名称	计量单位	金额(元)	备注
1	暂列金额			
2	暂估价			
2.1	材料暂估价			
2.2	专业工程暂估价			
3	计日工			
4	总承包服务费			
5				
合计				—

暂列金额明细表 **表 2-1-21**

工程名称:××工厂住宅工程　　标段:　　第　页 共　页

序号	项目名称	计量单位	暂定金额(元)	备注
1	工程量清单中工程量偏差和设计变更			
2	政策性调整和材料价格风险			
3	其他			
4				
5				
6				
7				
8				
9				
10				
11				
12				
13				
14				
15				
16				
17				
合计				—

材料暂估单价表 **表 2-1-22**

工程名称:××工厂住宅工程　　标段:　　第　页 共　页

序号	材料名称、规格、型号	计量单位	单价(元)	备注
合计				—

专业工程暂估价表 **表 2-1-23**

工程名称:××工厂住宅工程　　标段:　　第　页 共　页

序号	工程名称	工程内容	金额(元)	备注
合计				—

计日工表 表 2-1-24

工程名称：××工厂住宅工程　　　标段：　　　第　页　共　页

编号	项目名称	单位	暂定数量	综合单价(元)	合价(元)
一	人工				
1					
2					
3					
4					
5					
人工小计					
二	材料				
1					
2					
3					
4					
5					
材料小计					
三	施工机械				
1					
2					
3					
4					
5					
施工机械小计					
总计					

总承包服务费计价表 表 2-1-25

工程名称：××工厂住宅工程　　　标段：　　　第　页　共　页

序号	项目名称	项目价值(元)	服务内容	费率(%)	金额(元)
1	发包人发包专业工程				
2	发包人供应材料				
合计					

规费、税金项目清单与计价表 表 2-1-26

工程名称：××工厂住宅工程　　　标段：　　　第　页　共　页

序号	项目名称	计算基础	费率(%)	金额(元)
1	规费			
1.1	工程排污费	按工程所在地环保部门规定计算		
1.2	社会保障费	直接费	7.48	34170.62
(1)	养老保险费			
(2)	失业保险费			

续表

序号	项目名称	计算基础	费率(%)	金额(元)
(3)	医疗保险费			
1.3	住房公积金	直接费	1.70	7766.05
1.4	危险作业意外伤害保险	直接费	0.60	274.10
1.5	工程定额测定费	直接费	0.27	1233.43
2	税金	税前造价合计	3.22	14709.81
合计				—

工程量清单综合单价分析表 表 2-1-27

工程名称:××工厂住宅工程 标段: 第 页 共 页

项目编码	010101001001			项目名称		平整场地		计量单位		m^2	
清单综合单价组成明细											
定额编号	定额名称	定额单位	数量	单价(元)				合价(元)			
				人工费	材料费	机械费	管理费和利润	人工费	材料费	机械费	管理费和利润
A1—1	平整场地	100m^2	0.01	380.70	—	—	115.83	3.81	—	—	1.16
人工单价		小计						3.81	—	—	1.16
47元/工日		未计价材料费									
清单项目综合单价								4.97			
材料费明细	主要材料名称、规格、型号				单位	数量		单价(元)	合价(元)	暂估单价(元)	暂估合价(元)
	其他材料费							—		—	
	材料费小计							—		—	

工程量清单综合单价分析表 续表

工程名称:××工厂住宅工程 标段: 第 页 共 页

项目编码	010101003001			项目名称		挖基础土方		计量单位		m^3	
清单综合单价组成明细											
定额编号	定额名称	定额单位	数量	单价(元)				合价(元)			
				人工费	材料费	机械费	管理费和利润	人工费	材料费	机械费	管理费和利润
A1—19	人工挖沟槽	100m^3	0.0081	1437.17	—	—	342.47	11.64	—	—	2.77
A1—19	人工挖沟槽	100m^3	0.0031	1437.17	—	—	342.47	4.46	—	—	1.06
A1—19	人工挖沟槽	100m^3	0.0017	1437.17	—	—	342.47	2.44	—	—	0.58

续表

定额编号	定额名称	定额单位	数量	单价				合价			
				人工费	材料费	机械费	管理费和利润	人工费	材料费	机械费	管理费和利润
A1—19	人工挖沟槽	$100m^3$	0.0017	1437.17	—	—	342.47	2.44	—	—	0.58
A1—19	人工挖沟槽	$100m^3$	0.0004	1437.17	—	—	342.47	0.57	—	—	0.14
A1—19	人工挖沟槽	$100m^3$	0.0014	1437.17	—	—	342.47	2.01	—	—	0.48
A1—18	人工挖沟槽	$100m^3$	0.00007	1343.69	—	—	320.20	0.09	—	—	0.02
A1—128	原土打夯	$100m^2$	0.0069	45.12	—	7.11	13.73	0.31	—	0.05	0.09
人工单价		小计						23.96	—	0.05	5.72
47元/工日		未计价材料费									
清单项目综合单价								29.73			
材料费明细	主要材料名称、规格、型号					单位	数量	单价（元）	合价（元）	暂估单价（元）	暂估合价（元）
	其他材料费										
	材料费小计										

工程量清单综合单价分析表

续表

工程名称：××工厂住宅工程　　　　标段：　　　　第　页　共　页

项目编码	010103001001	项目名称	土（石）方回填	计量单位	m^3

清单综合单价组成明细											
定额编号	定额名称	定额单位	数量	单价（元）				合价（元）			
				人工费	材料费	机械费	管理费和利润	人工费	材料费	机械费	管理费和利润
A1-127	回填土	$100m^3$	0.0277	2406.27	17.48	49.34	732.12	66.65	0.48	1.37	20.28
人工单价		小计						66.65	0.48	1.37	20.28
47元/工日		未计价材料费									
清单项目综合单价								88.78			
材料费明细	主要材料名称、规格、型号					单位	数量	单价（元）	合价（元）	暂估单价（元）	暂估合价（元）
	其他材料费							—	0.48	—	
	材料费小计							—	0.48	—	

工程量清单综合单价分析表

续表

工程名称：××工厂住宅工程　　　　标段：　　　　第 页 共 页

项目编码	010103001002	项目名称	土(石)方回填	计量单位	m^3

清单综合单价组成明细

定额编号	定额名称	定额单位	数量	单价(元)				合价(元)			
				人工费	材料费	机械费	管理费和利润	人工费	材料费	机械费	管理费和利润
A1-127	回填土	$100m^3$	0.01	2406.27	17.48	49.34	732.12	24.06	0.17	0.49	7.32
A1-45	余土外运	$1000m^3$	0.0002	6526.58	34.83	6366.71	293.43	1.31	0.01	1.27	0.06
人工单价		小计						25.37	0.18	1.76	7.38
47元/工日		未计价材料费									
清单项目综合单价								34.69			

材料费明细	主要材料名称、规格、型号	单位	数量	单价(元)	合价(元)	暂估单价(元)	暂估合价(元)
	水	m^3	0.00172	4.05	0.01		
	其他材料费			—	0.17	—	
	材料费小计			—	0.18	—	

工程量清单综合单价分析表

续表

工程名称：××工厂住宅工程　　　　标段：　　　　第 页 共 页

项目编码	010301001001	项目名称	砖基础	计量单位	m^3

清单综合单价组成明细

定额编号	定额名称	定额单位	数量	单价(元)				合价(元)			
				人工费	材料费	机械费	管理费和利润	人工费	材料费	机械费	管理费和利润
A3-1	砖基础	$10m^3$	0.1	550.71	1811.79	19.78	182.55	55.07	181.18	1.98	18.26
A3-4	墙基防潮层	$100m^2$	0.01172	386.99	566.99	17.31	129.05	4.54	6.65	0.21	1.51
人工单价		小计						59.61	187.83	2.19	19.77
47元/工日		未计价材料费									
清单项目综合单价								269.40			

材料费明细	主要材料名称、规格、型号	单位	数量	单价(元)	合价(元)	暂估单价(元)	暂估合价(元)
	水泥砂浆M5砌筑砂浆	m^3	0.244	144.09	35.16		
	机砖240×115×53	千块	0.52	280.00	145.60		
	水	m^3	0.142	4.05	0.58		
	水泥砂浆1:2	m^3	0.022	229.62	5.05		
	防水粉	kg	0.611	0.76	0.46		
	其他材料费			—		—	
	材料费小计			—	186.84	—	

工程量清单综合单价分析表

续表

工程名称：××工厂住宅工程　　标段：　　第　页　共　页

项目编码	010302001001	项目名称	实心砖墙	计量单位	m³

清单综合单价组成明细

定额编号	定额名称	定额单位	数量	单价(元)				合价(元)			
				人工费	材料费	机械费	管理费和利润	人工费	材料费	机械费	管理费和利润
A3-5H	砖墙(1砖以上)	10m³	0.1	626.81	1849.46	19.16	157.99	62.68	184.35	1.92	15.80
人工单价		小计						62.68	184.35	1.92	15.80
47元/工日		未计价材料费									
清单项目综合单价								264.75			

	主要材料名称、规格、型号	单位	数量	单价(元)	合价(元)	暂估单价(元)	暂估合价(元)
材料费明细	混合砂浆 M5 砌筑砂浆	m³	0.248	153.39	38.04		
	机砖 240×115×53	千块	0.521	280.00	145.88		
	水	m³	0.105	4.05	0.43		
	其他材料费			—		—	
	材料费小计			—	184.35	—	

工程量清单综合单价分析表

续表

工程名称：××工厂住宅工程　　标段：　　第　页　共　页

项目编码	010302001002	项目名称	实心砖墙	计量单位	m³

清单综合单价组成明细

定额编号	定额名称	定额单位	数量	单价(元)				合价(元)			
				人工费	材料费	机械费	管理费和利润	人工费	材料费	机械费	管理费和利润
A3-3H	砖墙(1砖以上)	10m³	0.1	626.81	1843.46	19.16	157.99	62.68	184.35	1.92	15.80
人工单价		小计						62.68	184.35	1.92	15.80
47元/工日		未计价材料费									
清单项目综合单价								264.75			

	主要材料名称、规格、型号	单位	数量	单价(元)	合价(元)	暂估单价(元)	暂估合价(元)
材料费明细	混合砂浆 M5 砌筑砂浆	m³	0.248	153.39	38.04		
	机砖 240×115×53	千块	0.521	280.00	145.88		
	水	m³	0.105	4.05	0.43		
	其他材料费			—		—	
	材料费小计			—	184.35	—	

工程量清单综合单价分析表

续表

工程名称：××工厂住宅工程　　标段：　　第　页　共　页

项目编码	010302001003		项目名称	实心砖墙			计量单位	m³			
清单综合单价组成明细											
定额编号	定额名称	定额单位	数量	单价(元)				合价(元)			
				人工费	材料费	机械费	管理费和利润	人工费	材料费	机械费	管理费和利润
A3-5H	砖（1 砖 以上）	10m³	0.1	626.81	1843.46	19.16	157.99	626.81	1843.46	19.16	157.99
人工单价		小计						626.81	1843.46	19.16	157.99
47元/工日		未计价材料费									
清单项目综合单价								264.75			
材料费明细	主要材料名称、规格、型号					单位	数量	单价(元)	合价(元)	暂估单价(元)	暂估合价(元)
	混合砂浆 M5 砌筑砂浆					m³	0.248	153.39	38.04		
	机砖 240×115×53					千块	0.521	280.00	145.88		
	水					m³	0.105	4.05	0.43		
	其他材料费							—		—	
	材料费小计							—	184.35	—	

工程量清单综合单价分析表

续表

工程名称：××工厂住宅工程　　标段：　　第　页　共　页

项目编码	010302001004		项目名称	实心砖墙			计量单位	m³			
清单综合单价组成明细											
定额编号	定额名称	定额单位	数量	单价(元)				合价(元)			
				人工费	材料费	机械费	管理费和利润	人工费	材料费	机械费	管理费和利润
A3-6H	砖墙(1砖)	10m³	0.1	639.46	1846.23	18.55	161.01	63.95	184.62	1.86	16.10
人工单价		小计						63.95	184.62	1.86	16.10
47元/工日		未计价材料费									
清单项目综合单价								266.53			
材料费明细	主要材料名称、规格、型号					单位	数量	单价(元)	合价(元)	暂估单价(元)	暂估合价(元)
	混合砂浆 M5 砌筑砂浆					m³	0.237	153.39	36.35		
	机砖 240×115×53					千块	0.528	280.00	147.84		
	水					m³	0.106	4.05	0.43		
	其他材料费							—		—	
	材料费小计							—	184.62	—	

工程量清单综合单价分析表

续表

工程名称：××工厂住宅工程　　　标段：　　　第　页　共　页

项目编码	010302001005	项目名称	实 心砖墙	计量单位	m³

清单综合单价组成明细

定额编号	定额名称	定额单位	数量	单价(元)				合价(元)			
				人工费	材料费	机械费	管理费和利润	人工费	材料费	机械费	管理费和利润
A3-8	砖 墙 （1/2砖）	10m³	0.1	817.39	1861.52	15.46	204.39	81.74	186.15	1.55	20.44
人工单价		小计						81.74	186.15	1.55	20.44
47元/工日		未计价材料费									
清单项目综合单价								289.88			

材料费明细	主要材料名称、规格、型号	单位	数量	单价(元)	合价(元)	暂估单价(元)	暂估合价(元)
	混合砂浆 M5 砌筑砂浆	m³	0.203	153.39	31.14		
	机砖 240×115×53	千块	0.552	280.00	154.56		
	水	m³	0.112	4.05	0.45		
	其他材料费			—		—	
	材料费小计			—	186.15	—	

工程量清单综合单价分析表

续表

工程名称：××工厂住宅工程　　　标段：　　　第　页　共　页

项目编码	010302001006	项目名称	实心砖墙	计量单位	m³

清单综合单价组成明细

定额编号	定额名称	定额单位	数量	单价(元)				合价(元)			
				人工费	材料费	机械费	管理费和利润	人工费	材料费	机械费	管理费和利润
A3-8	砖墙($\frac{1}{4}$砖)	10m³	0.1	817.39	1861.52	15.46	204.39	81.74	186.15	1.55	20.44
人工单价		小计						81.74	186.15	1.55	20.44
47元/工日		未计价材料费									
清单项目综合单价								289.88			

材料费明细	主要材料名称、规格、型号	单位	数量	单价(元)	合价(元)	暂估单价(元)	暂估合价(元)
	混合砂浆 M5 砌筑砂浆	m³	0.203	153.39	31.14		
	机砖 240×115×53	千块	0.552	280.00	154.56		
	水	m³	0.112	4.05	0.45		
	其他材料费			—		—	
	材料费小计			—	186.15	—	

工程量清单综合单价分析表 续表

工程名称:××工厂住宅工程 标段: 第 页 共 页

项目编码	010302001007	项目名称	实心砖墙	计量单位	m³

清单综合单价组成明细											
定额编号	定额名称	定额单位	数量	单价(元)				合价(元)			
				人工费	材料费	机械费	管理费和利润	人工费	材料费	机械费	管理费和利润
A3-5	砖墙(1砖以上)	10m³	0.1	626.81	1829.82	19.16	157.99	62.68	182.98	1.98	15.80
人工单价		小计						157.99	182.98	1.98	15.80
47元/工日		未计价材料费									
清单项目综合单价								263.38			

	主要材料名称、规格、型号	单位	数量	单价(元)	合价(元)	暂估单价(元)	暂估合价(元)
材料费明细	混合砂浆M2.5砌筑砂浆	m³	0.248	147.89	36.68		
	机砖240×115×53	千块	0.521	280.00	145.88		
	水	m³	0.105	4.05	0.43		
	其他材料费			—		—	
	材料费小计			—	182.99	—	

工程量清单综合单价分析表 续表

工程名称:××工厂住宅工程 标段: 第 页 共 页

项目编码	010302001008	项目名称	· 实心砖墙	计量单位	m³

清单综合单价组成明细											
定额编号	定额名称	定额单位	数量	单价(元)				合价(元)			
				人工费	材料费	机械费	管理费和利润	人工费	材料费	机械费	管理费和利润
A3-5	砖墙(1砖以上)	10m³	0.1	626.81	1829.82	19.16	157.99	62.68	182.98	1.92	15.80
人工单价		小计						62.68	182.98	1.92	15.80
47元/工日		未计价材料费									
清单项目综合单价								263.38			

	主要材料名称、规格、型号	单位	数量	单价(元)	合价(元)	暂估单价(元)	暂估合价(元)
材料费明细	混合砂浆M2.5砌筑砂浆	m³	0.248	147.89	36.68		
	机砖240×115×53	千块	0.521	280.00	145.88		
	水	m³	0.105	4.05	0.43		
	其他材料费			—		—	
	材料费小计			—	182.89	—	

工程量清单综合单价分析表 续表

工程名称：××工厂住宅工程　　　　标段：　　　　第　页　共　页

项目编码		010302001009		项目名称		实心砖墙		计量单位		m³	
清单综合单价组成明细											
定额编号	定额名称	定额单位	数量	单价（元）				合价（元）			
				人工费	材料费	机械费	管理费和利润	人工费	材料费	机械费	管理费和利润
A3-6	砖墙（1砖）	10m³	0.1	639.46	1833.19	18.55	166.01	63.95	183.32	1.86	16.10
人工单价		小计						63.95	183.32	1.86	16.10
47元/工日		未计价材料费									
清单项目综合单价								265.23			
材料费明细	主要材料名称、规格、型号					单位	数量	单价（元）	合价（元）	暂估单价（元）	暂估合价（元）
	混合砂浆M2.5砌筑砂浆					m³	0.237	147.89	35.05		
	机砖240×115×53					千块	0.528	280.00	147.84		
	水					m³	0.106	4.05	0.43		
	其他材料费							—		—	
	材料费小计							—	183.32	—	

工程量清单综合单价分析表 续表

工程名称：××工厂住宅工程　　　　标段：　　　　第　页　共　页

项目编码		010302001010		项目名称		实心砖墙		计量单位		m³	
清单综合单价组成明细											
定额编号	定额名称	定额单位	数量	单价（元）				合价（元）			
				人工费	材料费	机械费	管理费和利润	人工费	材料费	机械费	管理费和利润
A3-8	砖墙（1/2砖）	10m³	0.1	817.39	1861.52	15.46	204.39	81.74	186.15	1.55	20.44
人工单价		小计						81.74	186.15	1.55	20.44
47元/工日		未计价材料费									
清单项目综合单价								289.88			
材料费明细	主要材料名称、规格、型号					单位	数量	单价（元）	合价（元）	暂估单价（元）	暂估合价（元）
	混合砂浆M5砌筑砂浆					m³	0.203	153.39	31.14		
	机砖240×115×53					千块	0.552	280.00	154.56		
	水					m³	0.112	4.05	0.45		
	其他材料费							—		—	
	材料费小计							—	186.15	—	

工程量清单综合单价分析表

续表

工程名称：××工厂住宅工程　　　　标段：　　　　第　页　共　页

项目编码	010302001011	项目名称	实心砖墙	计量单位	m^3

清单综合单价组成明细

定额编号	定额名称	定额单位	数量	单价（元）				合价（元）			
				人工费	材料费	机械费	管理费和利润	人工费	材料费	机械费	管理费和利润
A3-8	砖墙（1/4砖）	$10m^3$	0.1	817.39	1861.52	15.46	204.39	81.74	186.15	1.55	20.44
人工单价		小计						81.74	186.15	1.55	20.44
47元/工日		未计价材料费									
清单项目综合单价								298.88			

材料费明细	主要材料名称、规格、型号	单位	数量	单价（元）	合价（元）	暂估单价（元）	暂估合价（元）
	混合砂浆M5砌筑砂浆	m^3	0.203	153.39	31.14		
	机砖240×115×53	千块	0.552	280.00	154.56		
	水	m^3	0.112	4.05	0.45		
	其他材料费			—		—	
	材料费小计			—	186.15	—	

工程量清单综合单价分析表

续表

工程名称：××工厂住宅工程　　　　标段：　　　　第　页　共　页

项目编码	010302001012	项目名称	实心砖墙	计量单位	m^3

清单综合单价组成明细

定额编号	定额名称	定额单位	数量	单价（元）				合价（元）			
				人工费	材料费	机械费	管理费和利润	人工费	材料费	机械费	管理费和利润
A3-5	砖墙（1砖以上）	$10m^3$	0.1	626.81	1829.82	19.16	157.99	62.68	182.98	1.92	15.80
人工单价		小计						62.68	182.98	1.92	15.80
47元/工日		未计价材料费									
清单项目综合单价								263.38			

材料费明细	主要材料名称、规格、型号	单位	数量	单价（元）	合价（元）	暂估单价（元）	暂估合价（元）
	混合砂浆M2.5砌筑砂浆	m^3	0.248	147.89	36.68		
	机砖240×115×53	千块	0.521	280.00	145.88		
	水	m^3	0.105	4.05	0.43		
	其他材料费			—		—	
	材料费小计			—	182.99	—	

工程量清单综合单价分析表 续表

工程名称：××工厂住宅工程 标段： 第 页 共 页

项目编码	010302001013	项目名称	实心砖墙	计量单位	m^3

清单综合单价组成明细

定额编号	定额名称	定额单位	数量	单价（元）				合价（元）			
				人工费	材料费	机械费	管理费和利润	人工费	材料费	机械费	管理费和利润
A3-6	砖墙（1砖）	$10m^3$	0.1	639.46	1833.19	18.55	161.01	63.95	183.32	1.86	16.10
人工单价		小计						63.95	183.32	1.86	16.10
47元/工日		未计价材料费									
清单项目综合单价								265.23			

	主要材料名称、规格、型号	单位	数量	单价（元）	合价（元）	暂估单价（元）	暂估合价（元）
材料费明细	混合砂浆M2.5砌筑砂浆	m^3	0.237	147.89	35.05		
	机砖240×115×53	千块	0.528	280.00	147.84		
	水	m^3	0.106	4.05	0.43		
	其他材料费			—		—	
	材料费小计			—	183.32	—	

工程量清单综合单价分析表 续表

工程名称：××工厂住宅工程 标段： 第 页 共 页

项目编码	010302006001	项目名称	零星砌砖	计量单位	m^3

清单综合单价组成明细

定额编号	定额名称	定额单位	数量	单价（元）				合价（元）			
				人工费	材料费	机械费	管理费和利润	人工费	材料费	机械费	管理费和利润
A3-16	零星砌砖	$10m^3$	0.1	970.65	1855.33	16.07	242.32	97.07	185.53	1.61	24.23
人工单价		小计						97.07	185.53	1.61	24.23
47元/工日		未计价材料费									
清单项目综合单价								308.44			

	主要材料名称、规格、型号	单位	数量	单价（元）	合价（元）	暂估单价（元）	暂估合价（元）
材料费明细	混合砂浆M5砌筑砂浆	m^3	0.21	153.39	32.21		
	机砖240×115×53	千块	0.546	280.00	152.88		
	水	m^3	0.109	4.05	0.44		
	其他材料费			—		—	
	材料费小计			—	185.53	—	

工程量清单综合单价分析表 续表

工程名称：××工厂住宅工程 标段： 第 页 共 页

项目编码	010302006002	项目名称	零星砌砖	计量单位	m^3

清单综合单价组成明细

定额编号	定额名称	定额单位	数量	单价（元）				合价（元）			
				人工费	材料费	机械费	管理费和利润	人工费	材料费	机械费	管理费和利润
A3-16	零星砌砖	$10m^3$	0.1	970.65	1855.33	16.07	242.32	97.07	185.53	1.61	24.23
人工单价			小计					97.07	185.53	1.61	24.23
47元/工日			未计价材料费								
清单项目综合单价								308.44			

材料费明细	主要材料名称、规格、型号	单位	数量	单价（元）	合价（元）	暂估单价（元）	暂估合价（元）
	混合砂浆 M5 砌筑砂浆	m^3	0.21	153.39	32.21		
	机砖 240×115×53	千块	0.546	280.00	152.88		
	水	m^3	0.109	4.05	0.44		
	其他材料费			—		—	
	材料费小计			—	185.53	—	

工程量清单综合单价分析表 续表

工程名称：××工厂住宅工程 标段： 第 页 共 页

项目编码	010305001001	项目名称	石基础	计量单位	m^3

清单综合单价组成明细

定额编号	定额名称	定额单位	数量	单价（元）				合价（元）			
				人工费	材料费	机械费	管理费和利润	人工费	材料费	机械费	管理费和利润
A3-65	毛石墙基	$10m^3$	0.0726	524.36	1236.91	26.58	175.56	38.07	89.80	1.93	12.75
A3-65	毛石墙基	$10m^3$	0.0274	524.36	1236.91	26.58	175.56	14.37	33.89	0.73	4.81
人工单价			小计					52.44	123.69	2.66	17.56
47元/工日			未计价材料费								
清单项目综合单价								196.35			

材料费明细	主要材料名称、规格、型号	单位	数量	单价（元）	合价（元）	暂估单价（元）	暂估合价（元）
	水泥砂浆 M5 砌筑砂浆	m^3	0.344	144.09	49.57		
	毛石	m^3	1.23	60.00	73.80		
	水	m^3	0.08	4.05	0.32		
	其他材料费			—		—	
	材料费小计			—	123.69	—	

工程量清单综合单价分析表 续表

工程名称：××工厂住宅工程 标段： 第 页 共 页

项目编码	010305001002	项目名称	石基础	计量单位	m^3

清单综合单价组成明细

定额编号	定额名称	定额单位	数量	单价（元）				合价（元）			
				人工费	材料费	机械费	管理费和利润	人工费	材料费	机械费	管理费和利润
A3-65	毛石墙基	$10m^3$	0.0263	524.36	1236.91	26.58	175.56	13.79	32.53	0.70	4.62
A6-65	毛石墙基	$10m^3$	0.0358	524.36	1236.91	26.58	175.56	18.78	44.28	0.95	6.29
A3-65	毛石墙基	$10m^3$	0.0074	524.39	1236.91	26.58	1757.56	3.88	9.15	0.20	1.30
A3-65	毛石墙基	$10m^3$	0.0305	524.36	1236.91	26.58	175.56	15.99	37.73	0.81	5.35
人工单价		小计						52.44	123.69	2.66	17.56
47元/工日		未计价材料费									
清单项目综合单价								196.35			

材料费明细	主要材料名称、规格、型号	单位	数量	单价（元）	合价（元）	暂估单价（元）	暂估合价（元）
	水泥砂浆 M5 砌筑砂浆	m^3	0.344	144.09	49.57		
	毛石	m^3	1.23	60.00	73.80		
	水	m^3	0.08	4.05	0.32		
	其他材料费			—		—	
	材料费小计			—	123.69	—	

工程量清单综合单价分析表 续表

工程名称：××工厂住宅工程 标段： 第 页 共 页

项目编码	010303001001	项目名称	砖烟囱	计量单位	m^3

清单综合单价组成明细

定额编号	定额名称	定额单位	数量	单价（元）				合价（元）			
				人工费	材料费	机械费	管理费和利润	人工费	材料费	机械费	管理费和利润
A3-30	砖烟囱	$10m^3$	0.1	1184.64	2153.79	90.88	403.56	118.46	215.38	9.09	40.36
人工单价		小计						118.46	215.38	9.09	40.36
47元/工日		未计价材料费									
清单项目综合单价								383.29			

材料费明细	主要材料名称、规格、型号	单位	数量	单价（元）	合价（元）	暂估单价（元）	暂估合价（元）
	混合砂浆 M5 砌筑砂浆	m^3	0.258	153.39	39.57		
	机砖 240×115×53	千块	0.625	280.00	175.00		
	水	m^3	0.12	4.05	0.49		
	其他材料费			—	0.32	—	
	材料费小计			—	215.38	—	

工程量清单综合单价分析表

续表

工程名称：××工厂住宅工程　　　　标段：　　　　第　页　共　页

项目编码	010306002001	项目名称	砖地沟	计量单位	m

清单综合单价组成明细											
定额编号	定额名称	定额单位	数量	单价（元）				合价（元）			
				人工费	材料费	机械费	管理费和利润	人工费	材料费	机械费	管理费和利润
A3-51	砖地沟	10m³	0.024	507.35	1838.36	17.93	168.11	12.18	44.12	0.43	4.03
人工单价		小计						12.18	44.12	0.43	4.03
47元/工日		未计价材料费									
清单项目综合单价								60.76			

材料费明细	主要材料名称、规格、型号	单位	数量	单价（元）	合价（元）	暂估单价（元）	暂估合价（元）
	混合砂浆 M2.5 砌筑砂浆	m³	0.05544	147.89	8.20		
	机砖 240×115×53	千块	0.12792	280.00	35.82		
	水	m³	0.02568	4.05	0.10		
	其他材料费			—		—	
	材料费小计			—	44.12	—	

工程量清单综合单价分析表

续表

工程名称：××工厂住宅工程　　　　标段：　　　　第　页　共　页

项目编码	010403004001	项目名称	圈梁	计量单位	m³

清单综合单价组成明细											
定额编号	定额名称	定额单位	数量	单价（元）				合价（元）			
				人工费	材料费	机械费	管理费和利润	人工费	材料费	机械费	管理费和利润
A4-26	圈梁	10m³	0.048	920.73	1831.13	13.43	340.86	44.20	87.89	0.64	16.36
A4-26	圈梁	10m³	0.02	920.73	1831.13	13.43	340.86	18.41	36.62	0.27	6.82
A4-26	圈梁	10m³	0.032	920.73	1831.13	13.43	340.86	29.46	58.60	0.43	10.91
人工单价		小计						92.07	183.11	1.34	34.09
47元/工日		未计价材料费									
清单项目综合单价								310.61			

材料费明细	主要材料名称、规格、型号	单位	数量	单价（元）	合价（元）	暂估单价（元）	暂估合价（元）
	现浇碎石混凝土　粒径≤40（32.5水泥）C20	m³	1.015	17.97	173.53		
	水	m³	1.284	4.05	5.20		
	草袋	m²	1.251	3.50	4.38		
	其他材料费			—		—	
	材料费小计			—	183.11	—	

工程量清单综合单价分析表

续表

工程名称：××工厂住宅工程　　　　标段：　　　　第　页　共　页

项目编码	010405003001	项目名称	平板	计量单位	m^3

清单综合单价组成明细

定额编号	定额名称	定额单位	数量	单价（元）				合价（元）			
				人工费	材料费	机械费	管理费和利润	人工费	材料费	机械费	管理费和利润
A4-37	平板	$10m^3$	0.1	356.26	1903.57	16.11	252.41	35.63	190.36	1.61	25.24
人工单价		小计						35.63	190.36	1.61	25.24
47元/工日		未计价材料费									
清单项目综合单价								171.84			

材料费明细	主要材料名称、规格、型号	单位	数量	单价（元）	合价（元）	暂估单价（元）	暂估合价（元）
	现浇碎石混凝土　粒径≤40（32.5水泥）C20	m^3	1.015	170.97	176.53		
	水	m^3	2.083	4.05	8.44		
	草袋	m^2	2.396	3.50	8.39		
	其他材料费			—		—	
	材料费小计			—	190.36	—	

工程量清单综合单价分析表

续表

工程名称：××工厂住宅工程　　　　标段：　　　　第　页　共　页

项目编码	010405006001	项目名称	栏板	计量单位	m^3

清单综合单价组成明细

定额编号	定额名称	定额单位	数量	单价（元）				合价（元）			
				人工费	材料费	机械费	管理费和利润	人工费	材料费	机械费	管理费和利润
A4-40	栏板	$10m^3$	0.1	1078.65	1946.53	25.78	1002.92	107.87	194.65	2.58	100.29
人工单价		小计						107.87	194.65	2.58	100.29
47元/工日		未计价材料费									
清单项目综合单价								405.39			

材料费明细	主要材料名称、规格、型号	单位	数量	单价（元）	合价（元）	暂估单价（元）	暂估合价（元）
	现浇碎石混凝土　粒径≤16（32.5水泥）C20	m^3	1.015	186.09	188.88		
	水	m^3	1.1875	4.05	4.81		
	草袋	m^2	0.275	3.50	0.96		
	其他材料费			—		—	
	材料费小计			—	194.65	—	

工程量清单综合单价分析表

续表

工程名称：××工厂住宅工程　　　　标段：　　　　第　页　共　页

项目编码	010405008001	项目名称	雨篷	计量单位	m^3

清单综合单价组成明细

定额编号	定额名称	定额单位	数量	单价（元）				合价（元）			
				人工费	材料费	机械费	管理费和利润	人工费	材料费	机械费	管理费和利润
A4-43	顶层阳台雨篷	$10m^3$	0.1	1000.63	1960.12	28.74	638.70	100.06	196.01	2.87	63.87
人工单价		小计						100.06	196.01	2.87	63.87
47元/工日		未计价材料费									
清单项目综合单价								362.81			

材料费明细	主要材料名称、规格、型号	单位	数量	单价（元）	合价（元）	暂估单价（元）	暂估合价（元）
	现浇碎石混凝土　粒径≤20（32.5水泥）C20	m^3	1.0154	178.25	181.00		
	水	m^3	1.9416	4.05	7.86		
	草袋	m^2	2.0438	3.50	7.15		
	其他材料费			—		—	
	材料费小计			—	196.01	—	

工程量清单综合单价分析表

续表

工程名称：××工厂住宅工程　　　　标段：　　　　第　页　共　页

项目编码	010405008002	项目名称	阳台板	计量单位	m^3

清单综合单价组成明细

定额编号	定额名称	定额单位	数量	单价（元）				合价（元）			
				人工费	材料费	机械费	管理费和利润	人工费	材料费	机械费	管理费和利润
A4-44	阳台	$10m^3$	0.1	1031.18	1988.81	24.01	658.20	103.12	198.88	2.40	65.82
人工单价		小计						103.12	198.88	2.40	65.82
47元/工日		未计价材料费									
清单项目综合单价								370.22			

材料费明细	主要材料名称、规格、型号	单位	数量	单价（元）	合价（元）	暂估单价（元）	暂估合价（元）
	现浇碎石混凝土　粒径≤20（32.5水泥）C20	m^3	1.015	178.25	180.92		
	水	m^3	2.755	4.05	11.16		
	草袋	m^2	1.9426	3.50	6.80		
	其他材料费			—		—	
	材料费小计			—	198.88	—	

工程量清单综合单价分析表

续表

工程名称：××工厂住宅工程　　标段：　　第 页 共 页

项目编码	010405009001	项目名称	其他板	计量单位	m³

清单综合单价组成明细											
定额编号	定额名称	定额单位	数量	单价（元）				合价（元）			
				人工费	材料费	机械费	管理费和利润	人工费	材料费	机械费	管理费和利润
A4-102	零星构件	10m³	0.1	2154.98	2551.56	578.42	1450.17	215.50	255.16	57.84	145.02
人工单价		小计						215.50	255.16	57.84	145.02
47元/工日		未计价材料费									
清单项目综合单价								673.52			

	主要材料名称、规格、型号	单位	数量	单价（元）	合价（元）	暂估单价（元）	暂估合价（元）
材料费明细	预制碎石混凝土　粒径≤16（32.5水泥）C20	m³	1.03	181.77	187.22		
	板方木材　综合规格	m³	0.0117	1550.00	18.14		
	水	m³	4.7237	4.05	19.13		
	草袋	m²	2.3411	3.50	8.19		
	水泥砂浆　1∶2	m³	0.031	229.62	7.12		
	模材料	m³	0.0048	1215.00	5.83		
	镀锌钢丝14号	kg	0.171	5.00	0.86		
	圆钉70mm	kg	0.155	5.30	0.82		
	其他材料费			—	0.31	—	
	材料费小计			—	255.16	—	

工程量清单综合单价分析表

续表

工程名称：××工厂住宅工程　　标段：　　第 页 共 页

项目编码	010406001001	项目名称	直形楼梯	计量单位	m²

清单综合单价组成明细											
定额编号	定额名称	定额单位	数量	单价（元）				合价（元）			
				人工费	材料费	机械费	管理费和利润	人工费	材料费	机械费	管理费和利润
A4-47	直形整体楼梯	10m²	219.96	438.14	5.67	140.40	22.00	43.81	0.57	14.04	
人工单价		小计						22.00	43.81	0.57	14.04
元/工日		未计价材料费									
清单项目综合单价								80.42			

	主要材料名称、规格、型号	单位	数量	单价（元）	合价（元）	暂估单价（元）	暂估合价（元）
材料费明细	现浇碎石混凝土　粒径≤40（32.5水泥）C20	m³	0.243	170.97	41.55		
	水	m³	0.351	4.05	1.42		
	草袋	m²	0.242	3.50	0.85		
	其他材料费			—		—	
	材料费小计			—	43.82	—	

工程量清单综合单价分析表　　　　续表

工程名称：××工厂住宅工程　　　　标段：　　　　第　页共　页

项目编码	010407001001			项目名称		其他构件		计量单位		m^3	
清单综合单价组成明细											
定额编号	定额名称	定额单位	数量	单价（元）				合价（元）			
				人工费	材料费	机械费	管理费和利润	人工费	材料费	机械费	管理费和利润
A4-22	地沟梁	$10m^3$	0.1	427.23	1786.22	13.43	396.72	42.72	178.62	1.34	39.63
人工单价		小计						42.72	178.62	1.34	39.63
47元/工日		未计价材料费									
清单项目综合单价								262.31			
材料费明细	主要材料名称、规格、型号					单位	数量	单价（元）	合价（元）	暂估单价（元）	暂估合价（元）
	现浇碎石混凝土　粒径≤40（32.5水泥）C20					m^3	1.015	170.97	173.53		
	水					m^3	0.882	4.05	3.57		
	草袋					m^2	0.433	3.50	1.52		
	其他材料费							—		—	
	材料费小计							—	178.62	—	

工程量清单综合单价分析表　　　　续表

工程名称：××工厂住宅工程　　　　标段：　　　　第　页　共　页

项目编码	010410003001			项目名称		预制过梁		计量单位		m^3	
清单综合单价组成明细											
定额编号	定额名称	定额单位	数量	单价（元）				合价（元）			
				人工费	材料费	机械费	管理费和利润	人工费	材料费	机械费	管理费和利润
A4-75	预制过梁	$10m^3$	0.1	1450.66	2162.00	700.04	1014.03	145.07	216.20	70.00	101.40
人工单价		小计						145.07	216.20	70.00	101.40
47元/工日		未计价材料费									
清单项目综合单价								532.67			
材料费明细	主要材料名称、规格、型号					单位	数量	单价（元）	合价（元）	暂估单价（元）	暂估合价（元）
	预制碎石混凝土　粒径≤20（32.5水泥）C20					m^3	1.03	174.21	179.44		
	板方木材　综合规格					m^3	0.0061	1550.00	9.46		
	水					m^3	2.0887	4.05	8.46		
	草袋					m^2	1.128	3.50	3.95		
	水泥砂浆 1：2					m^3	0.065	229.62	14.92		
	其他材料费							—	0.03	—	
	材料费小计							—	216.26	—	

工程量清单综合单价分析表

续表

工程名称：××工厂住宅工程　　　　标段：　　　　第　页　共　页

项目编码	010412008001	项目名称	沟盖板	计量单位	m^3

清单综合单价组成明细

定额编号	定额名称	定额单位	数量	单价（元）				合价（元）			
				人工费	材料费	机械费	管理费和利润	人工费	材料费	机械费	管理费和利润
A4-93	沟盖板	$10m^3$	0.1	2251.85	2379.76	15.28	1437.9	225.19	237.98	1.53	143.79
人工单价		小计						225.19	237.98	1.53	143.79
47元/工日		未计价材料费									
清单项目综合单价								608.49			

材料费明细	主要材料名称、规格、型号	单位	数量	单价（元）	合价（元）	暂估单价（元）	暂估合价（元）
	预制碎石混凝土　粒径≤16（32.5水泥）C20	m^3	1.0252	181.77	186.35		
	板方木材　综合规格	m^3	0.0052	1550.00	8.06		
	水	m^3	3.517	4.05	14.24		
	草袋	m^2	2.192	3.50	7.67		
	模板料	m^3	0.0048	1215.00	5.83		
	现浇碎石混凝土　粒径≤16（32.5水泥）C20	m^3	0.042	186.09	7.82		
	镀锌钢丝14号	kg	0.171	5.00	0.86		
	水泥砂浆1：2	m^3	0.031	229.62	7.12		
	其他材料费			—	0.03	—	
	材料费小计			—	237.98	—	

工程量清单综合单价分析表

续表

工程名称：××工厂住宅工程　　　　标段：　　　　第　页　共　页

项目编码	010412002001	项目名称	空心板	计量单位	m^3

清单综合单价组成明细

定额编号	定额名称	定额单位	数量	单价（元）				合价（元）			
				人工费	材料费	机械费	管理费和利润	人工费	材料费	机械费	管理费和利润
A4-86	空心板	$10m^3$	0.1	937.67	5891.27	241.61	487.87	93.77	589.13	24.16	48.79
人工单价		小计						93.77	589.13	24.16	48.79
47元/工日		未计价材料费									
清单项目综合单价								755.85			

材料费明细	主要材料名称、规格、型号	单位	数量	单价（元）	合价（元）	暂估单价（元）	暂估合价（元）
	预制空心板	m^3	1.01	540.00	545.40		
	现浇碎石混凝土　粒径≤16（32.5水泥）C20	m^3	0.12	186.09	22.33		
	水泥砂浆1：2	m^3	0.031	229.62	7.12		
	板方木材　综合规格	m^3	0.0016	1550.00	2.48		

续表

材料费明细	主要材料名称、规格、型号	单位	数量	单价（元）	合价（元）	暂估单价（元）	暂估合价（元）
	模板料	m³	0.0042	1215.00	5.10		
	镀锌钢丝 14 号	kg	0.059	5.00	0.30		
	水	m³	0.314	4.05	1.27		
	草袋	m²	0.376	3.50	1.32		
	其他材料费			—	3.81	—	
	材料费小计			—	589.13	—	

工程量清单综合单价分析表

续表

工程名称：××工厂住宅工程　　　　标段：　　　　第　页　共　页

项目编码	010702001001	项目名称	屋面卷材防水	计量单位	m²						
清单综合单价组成明细											
定额编号	定额名称	定额单位	数量	单价（元）				合价（元）			
				人工费	材料费	机械费	管理费和利润	人工费	材料费	机械费	管理费和利润
A7-206	水泥砂浆找平层	100m²	0.00868	304.15	398.23	15.46	184.92	2.64	3.46	0.13	1.61
A7-32	一毡二油隔气层	100m²	0.01	176.25	2130.00	—	103.50	1.76	21.30	—	1.04
A7-205	水泥砂浆找平层	100m²	0.00868	350.49	495.73	19.78	213.90	3.04	4.30	0.17	1.86
A7-33	二毡三油	100m²	0.01	332.76	3562.90	0.22	164.22	3.33	35.63	0.002	1.64
A7-35	增减一毡一油	100m²	0.01	111.86	1267.98	—	65.69	1.12	12.68	—	0.66
人工单价		小计						11.89	77.37	0.30	6.81
47 元/工日		未计价材料费									
清单项目综合单价								96.37			

材料费明细	主要材料名称、规格、型号	单位	数量	单价（元）	合价（元）	暂估单价（元）	暂估合价（元）
	水泥砂浆 1∶3	m³	0.0395	195.94	7.74		
	水	m³	0.00521	4.05	0.02		
	冷底子油 50∶50	kg	0.97	5.21	5.05		
	石油沥青玛𤧛脂	m³	0.0101	4288.80	43.31		
	板方木材　综合规格	m³	0.00028	1550.00	0.43		
	石油沥青油毡	m²	4.64	4.00	18.56		
	木柴	kg	4.34	0.50	2.17		
	其他材料费			—	0.07	—	
	材料费小计			—	77.35	—	

工程量清单综合单价分析表

续表

工程名称：××工厂住宅工程　　标段：　　第　页　共　页

项目编码	010702004001	项目名称	屋面排水管	计量单位	m

定额编号	定额名称	定额单位	数量	单价（元）				合价（元）			
				人工费	材料费	机械费	管理费和利润	人工费	材料费	机械费	管理费和利润
A7-91	水落管	10m	0.1	39.48	111.17	—	23.18	3.995	11.12	—	2.32
A7-93	水斗	10个	0.00597	124.55	161.19	—	73.14	0.74	0.96	—	0.44
A7-94	成品水落管安装	10m	0.1	25.38	190.17	—	14.90	2.54	19.02	—	1.49
A7-95	成品水斗安装	10个	0.00597	75.20	254.09	—	44.16	0.45	1.52	—	0.26
人工单价		小计						7.68	32.62	—	4.51
47元/工日		未计价材料费									
清单项目综合单价								44.83			

材料费明细	主要材料名称、规格、型号	单位	数量	单价（元）	合价（元）	暂估单价（元）	暂估合价（元）
	镀锌薄钢板 0.7mm　24号	m^2	0.3559	30.00	10.68		
	铁件	kg	0.308	5.20	1.60		
	圆钉 70mm	kg	0.01394	5.30	0.07		
	镀锌薄钢板水斗管　成品	m	1.07	17.00	18.19		
	镀锌薄钢板水斗　成品	个	0.0603	25.00	1.51		
	焊锡	kg	0.0103	55.00	0.57		
	其他材料费			—	0.05	—	
	材料费小计			—	32.67	—	

工程量清单综合单价分析表

续表

工程名称：××工厂住宅工程　　标段：　　第　页　共　页

项目编码	010803001001	项目名称	保温隔热屋面	计量单位	m^2

定额编号	定额名称	定额单位	数量	单价（元）				合价（元）			
				人工费	材料费	机械费	管理费和利润	人工费	材料费	机械费	管理费和利润
A8-179	沥青珍珠岩块保温层	$10m^3$	0.022	230.30	6120.00	—	122.01	5.07	134.64	—	2.68
人工单价		小计						5.07	134.64	—	2.68
47元/工日		未计价材料费									
清单项目综合单价								142.39			

材料费明细	主要材料名称、规格、型号	单位	数量	单价（元）	合价（元）	暂估单价（元）	暂估合价（元）
	沥青珍珠岩块	m^3	0.2244	600.00	134.64		
	其他材料费			—		—	
	材料费小计			—	134.64	—	

工程量清单综合单价分析表

续表

工程名称：××工厂住宅工程　　标段：　　第　页　共　页

项目编码	020101001001	项目名称	水泥砂浆楼地面	计量单位	m^2					
清单综合单价组成明细										
定额编号	定额名称	定额单位	数量	单价（元）				合价（元）			
				人工费	材料费	机械费	管理费和利润	人工费	材料费	机械费	管理费和利润
B1-152	混凝土地面垫层	$10m^3$	0.006	446.5	1603.12	8.38	260.30	2.68	9.62	0.05	1.56
A7-206	水泥砂浆找平层	$100m^2$	0.01	304.15	398.23	15.46	184.92	3.04	3.98	0.15	1.85
B1-1	水泥砂浆楼地面(厚20mm)	$100m^2$	0.01	491.84	559.91	17.93	225.33	4.92	5.60	0.18	2.25
人工单价		小计						10.64	19.20	0.38	5.66
47元/工日		未计价材料费									
清单项目综合单价								35.88			

材料费明细	主要材料名称、规格、型号	单位	数量	单价（元）	合价（元）	暂估单价（元）	暂估合价（元）
	现浇碎石混凝土　粒径≤40（32.5水泥）C10	m^3	0.0606	156.72	9.50		
	水	m^3	0.074	4.05	0.30		
	水泥砂浆1：2	m^3	0.0216	229.62	4.96		
	素水泥浆	m^3	0.001	421.78	0.42		
	水泥砂浆1：3	m^3	0.0202	195.94	3.96		
	其他材料费			—	0.06	—	
	材料费小计			—	19.20	—	

工程量清单综合单价分析表

续表

工程名称：××工厂住宅工程　　标段：　　第　页　共　页

项目编码	020101001002	项目名称	水泥砂浆楼地面	计量单位	m^2						
清单综合单价组成明细											
定额编号	定额名称	定额单位	数量	单价（元）				合价（元）			
				人工费	材料费	机械费	管理费和利润	人工费	材料费	机械费	管理费和利润
A7-206	水泥砂浆找平层	$100m^2$	0.01	304.15	398.23	15.46	184.92	3.04	3.98	0.15	1.85
B1-1	水泥砂浆楼地面	$100m^2$	0.01	491.84	559.91	17.93	225.33	4.92	5.60	0.18	2.25
人工单价		小计						7.96	9.58	0.33	4.10
47元/工日		未计价材料费									
清单项目综合单价								21.97			

续表

	主要材料名称、规格、型号	单位	数量	单价（元）	合价（元）	暂估单价（元）	暂估合价（元）
材料费明细	水泥砂浆 1∶3	m^3	0.0202	195.94	3.96		
	水	m^3	0.044	4.05	0.28		
	水泥砂浆 1∶2	m^3	0.0216	229.62	4.96		
	素水泥浆	m^3	0.001	421.78	0.42		
	其他材料费			—	0.06	—	
	材料费小计			—	9.58	—	

工程量清单综合单价分析表

续表

工程名称：××工厂住宅工程　　标段：　　第　页　共　页

项目编码	020101001003			项目名称	水泥砂浆楼地面		计量单位		m²	
清单综合单价组成明细										
定额编号	定额名称	定额单位	数量	单价（元）				合价（元）		
				人工费	材料费	机械费	管理费和利润	人工费	材料费	机械费	管理费和利润
A7-206	水泥砂浆找平层	100m²	0.01	304.15	398.23	15.46	184.92	3.04	3.98	0.15	1.85
B1-1	水泥砂浆楼地面	100m²	0.01	491.84	559.91	17.93	225.33	4.92	5.60	0.18	2.25
人工单价		小计						7.96	9.58	0.33	4.10
47元/工日		未计价材料费									
清单项目综合单价								21.97			

	主要材料名称、规格、型号	单位	数量	单价（元）	合价（元）	暂估单价（元）	暂估合价（元）
材料费明细	水泥砂浆 1∶3	m^3	0.0202	195.95	3.96		
	水	m^3	0.044	4.05	0.28		
	水泥砂浆 1∶2	m^3	0.0216	229.62	4.96		
	素水泥浆	m^3	0.001	421.78	0.42		
	其他材料费			—	0.06	—	
	材料费小计			—	9.58	—	

工程量清单综合单价分析表

续表

工程名称：××工厂住宅工程　　　　标段：　　　　第　页　共　页

项目编码	020106003001	项目名称	水泥砂浆楼梯面	计量单位	m^2

清单综合单价组成明细

定额编号	定额名称	定额单位	数量	单价（元）				合价（元）			
				人工费	材料费	机械费	管理费和利润	人工费	材料费	机械费	管理费和利润
B1-91	水泥砂浆楼梯面层	$100m^2$	0.01	3758.89	1345.52	48.22	2210.91	37.59	13.46	0.48	22.11
人工单价		小计						37.59	13.46	0.48	22.11
47元/工日		未计价材料费									
清单项目综合单价								73.64			

材料费明细	主要材料名称、规格、型号	单位	数量	单价（元）	合价（元）	暂估单价（元）	暂估合价（元）
	水泥砂浆 1∶2	m^3	0.032	229.62	7.35		
	水泥砂浆 1∶3	m^3	0.0037	195.94	0.72		
	素水泥浆	m^3	0.0015	421.78	0.63		
	混合砂浆 1∶1∶6	m^3	0.026	157.02	4.08		
	麻刀石灰浆	m^3	0.0028	119.42	0.33		
	水	m^3	0.056	4.05	0.23		
	其他材料费			—	0.11	—	
	材料费小计			—	13.45	—	

工程量清单综合单价分析表

续表

工程名称：××工厂住宅工程　　　　标段：　　　　第　页　共　页

项目编码	020108003001	项目名称	水泥砂浆台阶面	计量单位	m^2

清单综合单价组成明细

定额编号	定额名称	定额单位	数量	单价（元）				合价（元）			
				人工费	材料费	机械费	管理费和利润	人工费	材料费	机械费	管理费和利润
B1-128	水泥砂浆台阶面层	$100m^2$	0.01	1518.48	718.28	20.40	893.51	15.18	7.18	0.20	8.94
B1-138	中粗砂垫层	$10m^3$	0.0786	167.79	934.55	—	97.82	13.19	73.46	—	7.69
人工单价		小计						28.37	80.64	0.20	16.63
47元/工日		未计价材料费									
清单项目综合单价								125.84			

续表

	主要材料名称、规格、型号	单位	数量	单价（元）	合价（元）	暂估单价（元）	暂估合价（元）
材料费明细	水泥砂浆 1∶2	m^3	0.0299	299.62	6.87		
	水	m^3	0.2958	4.05	1.20		
	中粗砂	m^3	0.906	80.00	72.50		
	其他材料费			—	0.07	—	
	材料费小计			—	80.64	—	

工程量清单综合单价分析表

续表

工程名称：××工厂住宅工程　　标段：　　第　页　共　页

项目编码	020109004001	项目名称	水泥砂浆零星项目	计量单位	m^2

清单综合单价组成明细											
定额编号	定额名称	定额单位	数量	单价（元）				合价（元）			
				人工费	材料费	机械费	管理费和利润	人工费	材料费	机械费	管理费和利润
B1-154	散水混凝土垫层	$10m^3$	0.007	446.50	1603.12	8.38	260.30	3.13	11.22	0.06	1.82
B1-156	散水泥砂浆抹面	$100m^2$	0.01	516.28	559.91	17.93	308.25	5.16	5.60	0.18	3.08
人工单价		小计						8.29	16.82	0.24	4.90
47元/工日		未计价材料费									
清单项目综合单价								30.25			

	主要材料名称、规格、型号	单位	数量	单价（元）	合价（元）	暂估单价（元）	暂估合价（元）
材料费明细	现浇碎石混凝土　粒径≤40（32.5水泥）C10	m^3	0.0707	156.72	11.018		
	水	m^3	0.073	4.05	0.30		
	水泥砂浆 1∶2	m^3	0.0216	229.62	4.96		
	素水泥浆	m^3	0.001	421.78	0.42		
	其他材料费			—	0.06	—	
	材料费小计			—	16.82	—	

工程量清单综合单价分析表

续表

工程名称：××工厂住宅工程　　　　标段：　　　　第　页　共　页

项目编码	020201001001	项目名称	墙面一般抹灰	计量单位	m^2

清单综合单价组成明细

定额编号	定额名称	定额单位	数量	单价（元）				合价（元）			
				人工费	材料费	机械费	管理费和利润	人工费	材料费	机械费	管理费和利润
B2-6	混合砂浆抹外墙	$100m^2$	0.01	733.38	375.52	17.31	333.06	7.33	3.76	0.17	3.33
人工单价		小计						7.33	3.76	0.17	3.33
47元/工日		未计价材料费									
清单项目综合单价								14.59			

材料费明细	主要材料名称、规格、型号	单位	数量	单价（元）	合价（元）	暂估单价（元）	暂估合价（元）
	混合砂浆 1∶0.5∶3	m^3	0.00536	193.17	1.04		
	混合砂浆 1∶1∶6	m^3	0.017	157.02	2.67		
	水	m^3	0.002	4.05	0.01		
	其他材料费			—	0.04	—	
	材料费小计			—	3.76	—	

工程量清单综合单价分析表

续表

工程名称：××工厂住宅工程　　　　标段：　　　　第　页　共　页

项目编码	020201001002	项目名称	墙面一般抹灰	计量单位	m^2

清单综合单价组成明细

定额编号	定额名称	定额单位	数量	单价（元）				合价（元）			
				人工费	材料费	机械费	管理费和利润	人工费	材料费	机械费	管理费和利润
B2-6	混合砂浆抹外墙	$100m^2$	0.01	733.38	375.52	17.31	333.06	7.33	3.76	0.17	3.33
人工单价		小计						7.33	3.76	0.17	3.33
47元/工日		未计价材料费									
清单项目综合单价								14.59			

材料费明细	主要材料名称、规格、型号	单位	数量	单价（元）	合价（元）	暂估单价（元）	暂估合价（元）
	混合砂浆 1∶0.5∶3	m^3	0.00536	193.17	1.04		
	混合砂浆 1∶1∶6	m^3	0.017	157.02	2.67		
	水	m^3	0.002	4.05	0.01		
	其他材料费			—	0.04	—	
	材料费小计			—	3.76	—	

工程量清单综合单价分析表

续表

工程名称：××工厂住宅工程　　标段：　　第　页　共　页

项目编码	020203001001	项目名称	零星项目一般抹灰	计量单位	m^2

清单综合单价组成明细											
定额编号	定额名称	定额单位	数量	单价（元）				合价（元）			
				人工费	材料费	机械费	管理费和利润	人工费	材料费	机械费	管理费和利润
B2-55	混合砂浆零星项目	$100m^2$	0.0051	277.30	370.00	22.87	1628.38	14.16	1.89	0.12	8.30
B2-55	混合砂浆零星项目	$100m^2$	0.0049	277.30	370.00	22.87	1628.38	13.61	1.81	0.11	7.98
人工单价		小计						27.77	3.70	0.23	16.28
47元/工日		未计价材料费									
清单项目综合单价								47.98			

材料费明细	主要材料名称、规格、型号	单位	数量	单价（元）	合价（元）	暂估单价（元）	暂估合价（元）
	混合砂浆 1∶0.5∶3	m^3	0.0057	193.17	1.10		
	混合砂浆 1∶1∶6	m^3	0.0165	157.02	2.59		
	水	m^3	0.002	4.05	0.01		
	其他材料费			—		—	
	材料费小计			—	3.70	—	

工程量清单综合单价分析表

续表

工程名称：××工厂住宅工程　　标段：　　第　页　共　页

项目编码	020203001002	项目名称	零星项目	计量单位	m^2

清单综合单价组成明细											
定额编号	定额名称	定额单位	数量	单价（元）				合价（元）			
				人工费	材料费	机械费	管理费和利润	人工费	材料费	机械费	管理费和利润
B2-55	混合砂浆零星项目	$100m^2$	0.01	2777.30	370.00	22.87	1628.38	27.77	3.70	0.23	16.28
人工单价		小计						27.77	3.70	0.23	16.28
47元/工日		未计价材料费									
清单项目综合单价								47.98			

材料费明细	主要材料名称、规格、型号	单位	数量	单价（元）	合价（元）	暂估单价（元）	暂估合价（元）
	混合砂浆 1∶0.5∶3	m^3	0.0057	193.17	1.10		
	混合砂浆 1∶1∶6	m^3	0.0165	157.02	2.59		
	水	m^3	0.002	4.05	0.01		
	其他材料费			—		—	
	材料费小计			—	3.70	—	

工程量清单综合单价分析表

续表

工程名称：××工厂住宅工程　　　　标段：　　　　第　页　共　页

项目编码	020301001001	项目名称	天棚抹灰	计量单位	m²

清单综合单价组成明细

定额编号	定额名称	定额单位	数量	单价（元）				合价（元）			
				人工费	材料费	机械费	管理费和利润	人工费	材料费	机械费	管理费和利润
B3-5	天棚抹灰混合砂浆	100m²	0.0098	684.49	247.99	9.89	353.04	6.71	2.43	0.10	3.46
B3-16	雨篷抹灰	100m²	0.0002	3085.62	399.68	22.87	2626.40	0.62	0.08	0.01	0.53
人工单价		小计						7.33	2.51	0.11	3.99
47元/工日		未计价材料费									
清单项目综合单价								13.94			

材料费明细	主要材料名称、规格、型号	单位	数量	单价（元）	合价（元）	暂估单价（元）	暂估合价（元）
	混合砂浆 1∶1∶4	m³	0.1233	175.01	2.16		
	麻刀石灰浆	m³	0.002	119.42	0.24		
	水	m³	0.00204	4.05	0.01		
	混合砂浆 1∶0.5∶3	m³	0.000114	193.17	0.02		
	其他材料费			—	0.09	—	
	材料费小计			—	2.52	—	

工程量清单综合单价分析表

续表

工程名称：××工厂住宅工程　　　　标段：　　　　第　页　共　页

项目编码	020401002001	项目名称	企口木板门	计量单位	m²

清单综合单价组成明细

定额编号	定额名称	定额单位	数量	单价（元）				合价（元）			
				人工费	材料费	机械费	管理费和利润	人工费	材料费	机械费	管理费和利润
B4-4	普通木门（双扇）	100m²	0.01	1577.79	12958.14	106.43	845.97	15.78	129.58	1.06	8.46
人工单价		小计						15.78	129.58	1.06	8.46
47元/工日		未计价材料费									
清单项目综合单价								154.88			

续表

	主要材料名称、规格、型号	单位	数量	单价（元）	合价（元）	暂估单价（元）	暂估合价（元）
材料费明细	板方木材　综合规格	m^3	0.02111	1550.00	32.72		
	木材干燥费	m^3	0.01937	59.38	1.15		
	木门扇　成品	m^2	0.708	125.00	88.50		
	麻刀石灰浆	m^3	0.00133	119.42	0.16		
	平板玻璃　3mm	m^2	0.17443	12.00	2.09		
	小五金费	元	3.6549	1.00	3.65		
	其他材料费			—	1.30	—	
	材料费小计			—	154.57	—	

工程量清单综合单价分析表

续表

工程名称：××工厂住宅工程　　　　标段：　　　　第　页　共　页

项目编码	020401002002	项目名称	企口木板门	计量单位	m^2

清单综合单价组成明细

定额编号	定额名称	定额单位	数量	单价（元）				合价（元）			
				人工费	材料费	机械费	管理费和利润	人工费	材料费	机械费	管理费和利润
B4-1	普通木门（单扇）	$100m^2$	0.0207	1541.13	15171.76	96.77	826.31	31.90	314.06	2.00	17.10
人工单价		小计						31.90	314.06	2.00	17.10
47元/工日		未计价材料费									
清单项目综合单价								365.06			

	主要材料名称、规格、型号	单位	数量	单价（元）	合价（元）	暂估单价（元）	暂估合价（元）
材料费明细	板方木材　综合规格	m^3	0.0492	1550.00	76.27		
	木材干燥费	m^3	0.0431	59.38	2.56		
	木门扇　成品	m^2	1.79262	125.00	224.08		
	麻刀石灰浆	m^3	0.005	119.42	0.58		
	小五金费	元	6.248	1.00	6.25		
	其他材料费			—	4.32	—	
	材料费小计			—	314.06	—	

工程量清单综合单价分析表

续表

工程名称：××工厂住宅工程　　标段：　　第　页　共　页

项目编码	020401002003	项目名称	企口木板门	计量单位	m^2						
清单综合单价组成明细											
定额编号	定额名称	定额单位	数量	单价（元）				合价（元）			
				人工费	材料费	机械费	管理费和利润	人工费	材料费	机械费	管理费和利润
B4-14	普通木门（单扇）	$100m^2$	0.0207	1541.13	15171.76	96.77	826.31	31.90	314.06	2.00	17.10
人工单价		小计						31.90	314.06	2.00	17.10
47元/工日		未计价材料费									
清单项目综合单价								365.06			

材料费明细	主要材料名称、规格、型号	单位	数量	单价（元）	合价（元）	暂估单价（元）	暂估合价（元）
	板方木材　综合规格	m^3	0.0492	1550.00	76.27		
	木材干燥费	m^3	0.0431	59.38	2.56		
	木门扇　成品	m^2	1.79262	125.00	224.08		
	麻刀石灰浆	m^3	0.005	119.42	0.58		
	小五金费	元	6.248	1.00	6.25		
	其他材料费			—	4.32	—	
	材料费小计			—	314.06	—	

工程量清单综合单价分析表

续表

工程名称：××工厂住宅工程　　标段：　　第　页　共　页

项目编码	020401002004	项目名称	企口木板门	计量单位	m^2						
清单综合单价组成明细											
定额编号	定额名称	定额单位	数量	单价（元）				合价（元）			
				人工费	材料费	机械费	管理费和利润	人工费	材料费	机械费	管理费和利润
B4-1	普通木门（单扇）	$100m^2$	0.00033	1541.13	15171.76	96.77	826.31	0.51	5.01	0.03	0.27
人工单价		小计						0.51	5.01	0.03	0.27
47元/工日		未计价材料费									
清单项目综合单价								5.82			

续表

	主要材料名称、规格、型号	单位	数量	单价（元）	合价（元）	暂估单价（元）	暂估合价（元）
材料费明细	板方木材　综合规格	m^3	0.00078	1550.00	1.22		
	木材干燥费	m^3	0.00069	59.38	0.04		
	木门扇　成品	m^2	0.0286	125.00	3.57		
	麻刀石灰浆	m^3	0.00008	119.42	0.01		
	小五金费	元	0.0996	1.00	0.10		
	其他材料费			—	0.07	—	
	材料费小计			—	5.01	—	

工程量清单综合单价分析表

续表

工程名称：××工厂住宅工程　　标段：　　第　页　共　页

项目编码	020404007001		项目名称		半玻门			计量单位		m²	
清单综合单价组成明细											
定额编号	定额名称	定额单位	数量	单价（元）				合价（元）			
				人工费	材料费	机械费	管理费和利润	人工费	材料费	机械费	管理费和利润
B4-3	普通木门（有亮）	100m²	0.01	1974.47	13728.77	147.66	1058.65	19.74	137.29	1.48	10.59
人工单价		小计						19.74	137.29	1.48	10.59
47元/工日		未计价材料费									
清单项目综合单价								169.10			

	主要材料名称、规格、型号	单位	数量	单价（元）	合价（元）	暂估单价（元）	暂估合价（元）
材料费明细	板方木材　综合规格	m^3	0.02866	1550.00	44.42		
	木材干燥费	m^3	0.02571	59.38	1.53		
	木门扇　成品	m^2	0.679	125.00	84.88		
	麻刀石灰浆	m^3	0.00214	119.42	0.26		
	平板玻璃　3mm	m^2	0.13255	12.00	1.59		
	小五金费	元	2.7831	1.00	2.78		
	其他材料费			—	1.83	—	
	材料费小计			—	137.29	—	

工程量清单综合单价分析表

续表

工程名称：××工厂住宅工程　　标段：　　第　页　共　页

项目编码	020404007002	项目名称	半玻门	计量单位	m^2

清单综合单价组成明细											
定额编号	定额名称	定额单位	数量	单价（元）				合价（元）			
				人工费	材料费	机械费	管理费和利润	人工费	材料费	机械费	管理费和利润
B4-3	普通木门（有亮）	$100m^2$	0.01	1974.47	13728.77	147.66	1058.65	19.74	137.29	1.48	10.59
人工单价		小计						19.74	137.29	1.48	10.59
47元/工日		未计价材料费									
清单项目综合单价								169.10			

	主要材料名称、规格、型号	单位	数量	单价（元）	合价（元）	暂估单价（元）	暂估合价（元）
材料费明细	板方木材　综合规格	m^3	0.02866	1550.00	44.42		
	木材干燥费	m^3	0.02571	59.38	1.53		
	木门扇　成品	m^2	0.679	125.00	84.88		
	麻刀石灰浆	m^3	0.00214	119.42	0.26		
	平板玻璃　3mm	m^2	0.13255	12.00	1.59		
	小五金费	元	2.7831	1.00	2.78		
	其他材料费			—	1.83	—	
	材料费小计			—	137.29	—	

工程量清单综合单价分析表

续表

工程名称：××工厂住宅工程　　标段：　　第　页　共　页

项目编码	020405001001	项目名称	木质平开窗	计量单位	m^2

清单综合单价组成明细											
定额编号	定额名称	定额单位	数量	单价（元）				合价（元）			
				人工费	材料费	机械费	管理费和利润	人工费	材料费	机械费	管理费和利润
B4-49	木平开窗（双扇，有亮）	$100m^2$	0.0136	3178.56	8912.77	364.20	1862.79	43.23	121.21	4.95	25.33
人工单价		小计						43.23	121.21	4.95	25.33
47元/工日		未计价材料费									
清单项目综合单价								194.12			

续表

	主要材料名称、规格、型号	单位	数量	单价（元）	合价（元）	暂估单价（元）	暂估合价（元）
材料费明细	板方木材 综合规格	m^3	0.0554	1550.00	85.84		
	木材干燥费	m^3	0.0519	59.38	3.08		
	麻刀石灰浆	m^3	0.0025	119.42	0.30		
	平板玻璃 3mm	m^2	0.9507	21.00	19.96		
	小五金费	元	7.7318	1.00	7.73		
	其他材料费			—	3.30	—	
	材料费小计			—	121.21	—	

工程量清单综合单价分析表

续表

工程名称：××工厂住宅工程　　　标段：　　　第　页　共　页

项目编码	02040501002	项目名称	木质平开窗	计量单位	m^2

清单综合单价组成明细

定额编号	定额名称	定额单位	数量	单价（元）				合价（元）			
				人工费	材料费	机械费	管理费和利润	人工费	材料费	机械费	管理费和利润
B4-44	木平开窗（双扇，有亮）	$100m^2$	0.03798	3178.56	8912.77	362.20	1862.79	120.71	338.51	13.76	74.10
人工单价		小计						120.71	338.51	13.76	74.10
47元/工日		未计价材料费									
清单项目综合单价								548.08			

	主要材料名称、规格、型号	单位	数量	单价（元）	合价（元）	暂估单价（元）	暂估合价（元）
材料费明细	板方木材 综合规格	m^3	0.1547	1550.00	239.83		
	木材干燥费	m^3	0.145	59.38	8.60		
	麻刀石灰浆	m^3	0.0071	119.42	0.85		
	平板玻璃 3mm	m^2	2.655	21.00	55.75		
	小五金费	元	21.5923	1.00	21.59		
	其他材料费			—	11.88	—	
	材料费小计			—	338.50	—	

工程量清单综合单价分析表

续表

工程名称：××工厂住宅工程　　　　标段：　　　　第　页　共　页

项目编码	020401008001	项目名称	门连窗	计量单位	m²

清单综合单价组成明细

定额编号	定额名称	定额单位	数量	单价（元）				合价（元）			
				人工费	材料费	机械费	管理费和利润	人工费	材料费	机械费	管理费和利润
B4-3	普通木门	100m²	0.00622	1974.47	13728.77	147.66	1058.65	12.28	85.39	0.92	6.58
B4-44	木平开窗	100m²	0.00378	3474.24	8912.77	362.20	1865.79	13.13	33.69	1.37	7.04
人工单价		小计						25.41	119.08	2.29	13.62
47元/工日		未计价材料费									
清单项目综合单价								160.40			

材料费明细	主要材料名称、规格、型号	单位	数量	单价（元）	合价（元）	暂估单价（元）	暂估合价（元）
	板方木材　综合规格	m³	0.3323	1550.00	51.50		
	木材干燥费	m³	0.03041	59.38	1.81		
	木门扇　成品	m²	0.4223	125.00	52.79		
	麻刀石灰浆	m³	0.00204	119.42	0.24		
	平板玻璃　3mm	m²	0.3467	12.00	4.16		
	小五金费	元	3.8801	1.00	3.88		
	其他材料费			—	2.32	—	
	材料费小计			—	116.70	—	

工程量清单综合单价分析表

续表

工程名称：××工厂住宅工程　　　　标段：　　　　第　页　共　页

项目编码	020501001001	项目名称	门油漆	计量单位	m²

清单综合单价组成明细

定额编号	定额名称	定额单位	数量	单价（元）				合价（元）			
				人工费	材料费	机械费	管理费和利润	人工费	材料费	机械费	管理费和利润
B5-1	单层木门刷调合漆	100m²	0.02	956.45	819.61	—	651.20	19.13	16.39	—	13.02
人工单价		小计						19.13	16.39	—	13.02
47元/工日		未计价材料费									
清单项目综合单价								48.54			

续表

	主要材料名称、规格、型号	单位	数量	单价（元）	合价（元）	暂估单价（元）	暂估合价（元）
材料费明细	无光调合漆	kg	0.4992	15.00	7.49		
	调合漆	kg	0.4402	13.00	5.72		
	油漆溶剂油	kg	0.1642	3.50	0.57		
	熟桐油（光油）	kg	0.085	15.00	1.28		
	清油	kg	0.035	20.00	0.70		
	石膏粉	kg	0.1008	0.80	0.08		
	其他材料费			—	0.55		
	材料费小计			—	16.39	—	

工程量清单综合单价分析表

续表

工程名称：××工厂住宅工程　　标段：　　第　页　共　页

项目编码	020502001001	项目名称	窗油漆	计量单位	m^2

清单综合单价组成明细

定额编号	定额名称	定额单位	数量	单价（元）				合价（元）			
				人工费	材料费	机械费	管理费和利润	人工费	材料费	机械费	管理费和利润
B5-23	单层木窗油调合漆	$100m^2$	0.02	956.45	683.34	—	651.20	19.13	13.67	—	13.02
人工单价		小计						19.13	13.67	—	13.02
47元/工日		未计价材料费									
清单项目综合单价								45.82			

	主要材料名称、规格、型号	单位	数量	单价（元）	合价（元）	暂估单价（元）	暂估合价（元）
材料费明细	无光调合漆	kg	0.416	15.00	6.24		
	调合漆	kg	0.3668	13.00	4.77		
	油漆溶剂油	kg	0.1368	3.50	0.48		
	熟桐油（光油）	kg	0.0708	15.00	1.06		
	清油	kg	0.00292	20.00	0.58		
	石膏粉	kg	0.084	0.80	0.07		
	其他材料费			—	0.47	—	
	材料费小计			—	13.67	—	

工程量清单综合单价分析表

续表

工程名称：××工厂住宅工程　　　　标段：　　　　第　页　共　页

项目编码	020506001001	项目名称	抹灰面油漆	计量单位	m^2

清单综合单价组成明细											
定额编号	定额名称	定额单位	数量	单价（元）				合价（元）			
				人工费	材料费	机械费	管理费和利润	人工费	材料费	机械费	管理费和利润
B5-161	抹灰面刷乳胶漆	$100m^2$	0.01	230.30	723.90	—	156.80	2.30	7.24	—	1.57
人工单价		小计						2.30	7.24	—	1.57
47元/工日		未计价材料费									
清单项目综合单价								11.11			

	主要材料名称、规格、型号	单位	数量	单价（元）	合价（元）	暂估单价（元）	暂估合价（元）
材料费明细	乳胶漆　室内	kg	0.2781	25.00	6.95		
	聚醋酸乙烯乳胶（白乳胶）	kg	0.017	6.20	0.11		
	羧甲基纤维素（化学浆糊）	kg	0.0034	7.50	0.03		
	大白粉	kg	0.0143	0.50	0.01		
	滑石粉　325目	kg	0.1385	0.80	0.11		
	石膏粉	kg	0.0205	0.80	0.02		
	其他材料费			—	0.21	—	
	材料费小计			—	7.24	—	

例3　某机修厂工程定额预算及工程量清单计价对照

一、工程概况

1. 设计说明

本工程为重庆市九龙坡区某机修厂，单层砖混结构，建筑用料如下：

(1) 砖基础：MU10普通砖，M5水泥砂浆砌筑，独立柱基础垫层C15混凝土，基槽垫层C15混凝土。

(2) 砖墙：MU7.5普通砖，M5混合砂浆砌筑。

(3) 混凝土构件：现浇和现场预制构件均采用C20混凝土。

(4) 散水：C15混凝土，宽度为1m，厚度为80mm。

(5) 地面：60mm厚C10混凝土垫层，20mm厚1：2水泥砂浆面层。

(6) 室外台阶：同地面做法。

(7) 内墙面：中等石灰砂浆，纸筋灰罩面两遍，106涂料两遍。

(8) 外墙面：普通水泥白石子水刷石。

(9) 外墙裙：普通水泥豆石水刷石。

(10) 门窗：均为木门窗，C-1为一玻一纱窗，C-2为单层玻璃窗，M-1为平开单层镶板门，M-2为半玻镶板门。

(11) 屋面：

1) 结构层；

2) 1：3水泥砂浆找平层；

3) 现浇珍珠岩找坡保温层；

4) 填充料上1：3水泥砂浆找平层；

5) 三毡四油一砂防水层；

6) 四角设水斗、水口、ϕ100塑料水落管。

(12) 顶棚：混合砂浆底，纸筋灰浆面层。

2. 施工方案规定

(1) 预制预应力空心板由某国营构件厂加工，离现场15km。

(2) 不考虑地下水，土质为三类，余土外运按1km考虑。

3. 施工图

图纸目录：

(1) 建施-1：平面图，如图3-1-1；

(2) 建施-2：A—A剖面图及南立面图，如图3-1-2；

(3) 结施-1：结构平面图，如图3-1-3；

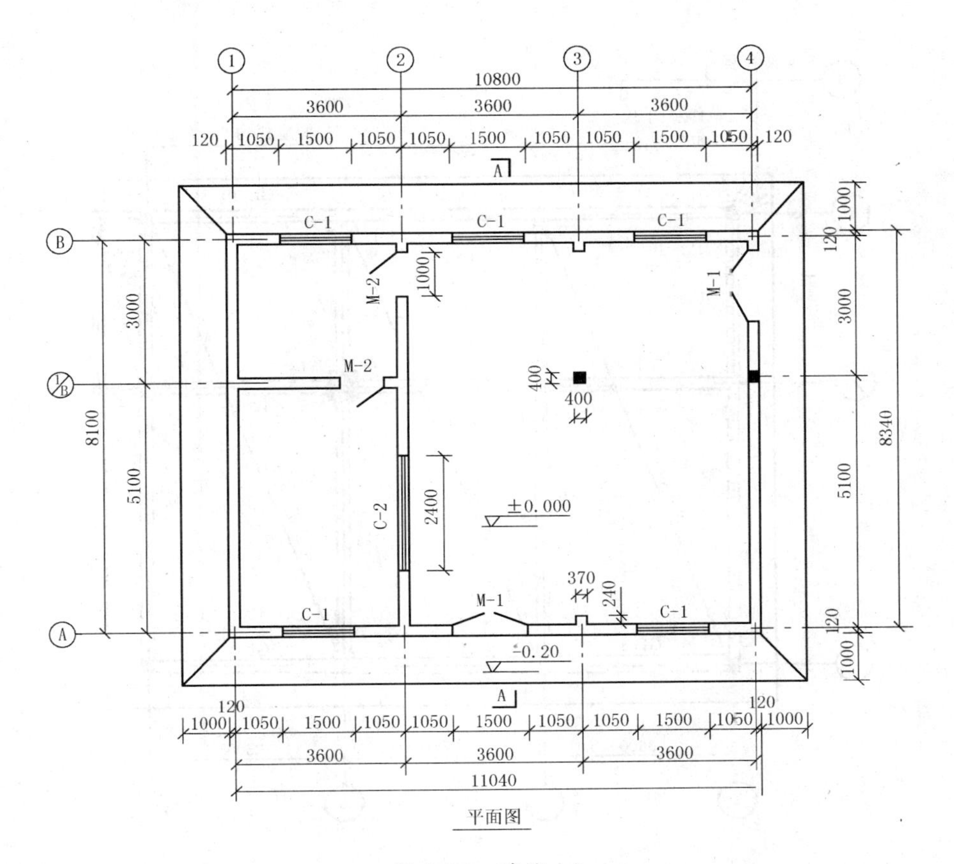

图 3-1-1　建施—1

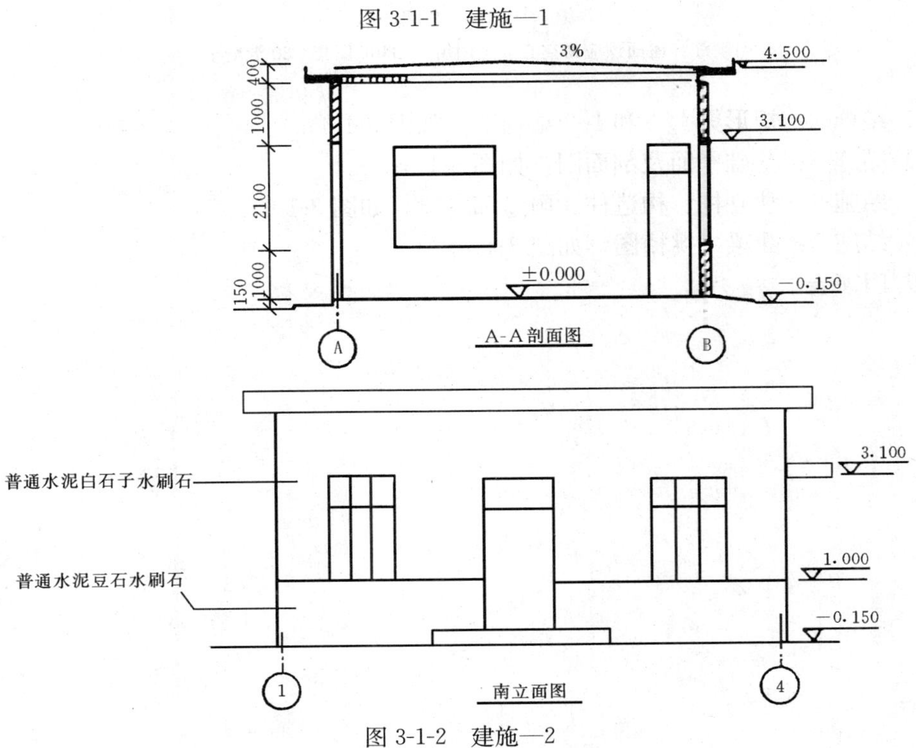

图 3-1-2　建施—2

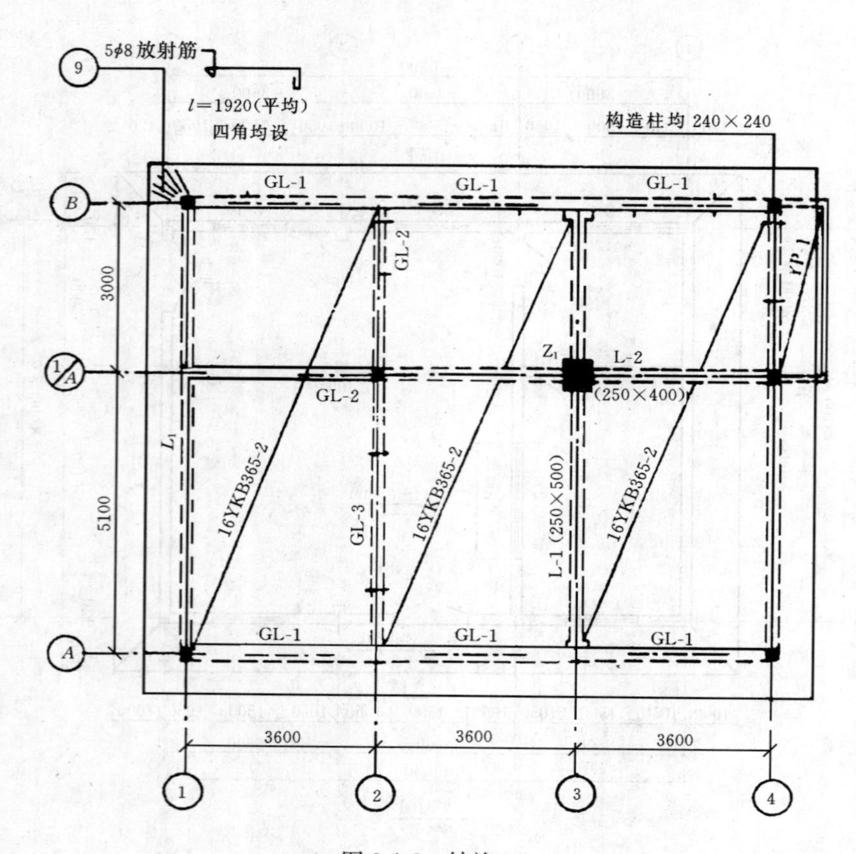

图 3-1-3　结施—1

注：屋面预应力空心板选用川 92G402 图集 C30 混凝土。

(4) 结施-2：矩形梁 L-1 和 L-2 结构图，如图 3-1-4；

(5) 结施-3：基础平面及剖面图，如图 3-1-5；

(6) 结施-4：独立柱、构造柱、雨篷和过梁，如图 3-1-6；

(7) 结施-5：圈梁，挑檐图，如图 3-1-7。

(8) 门窗表。

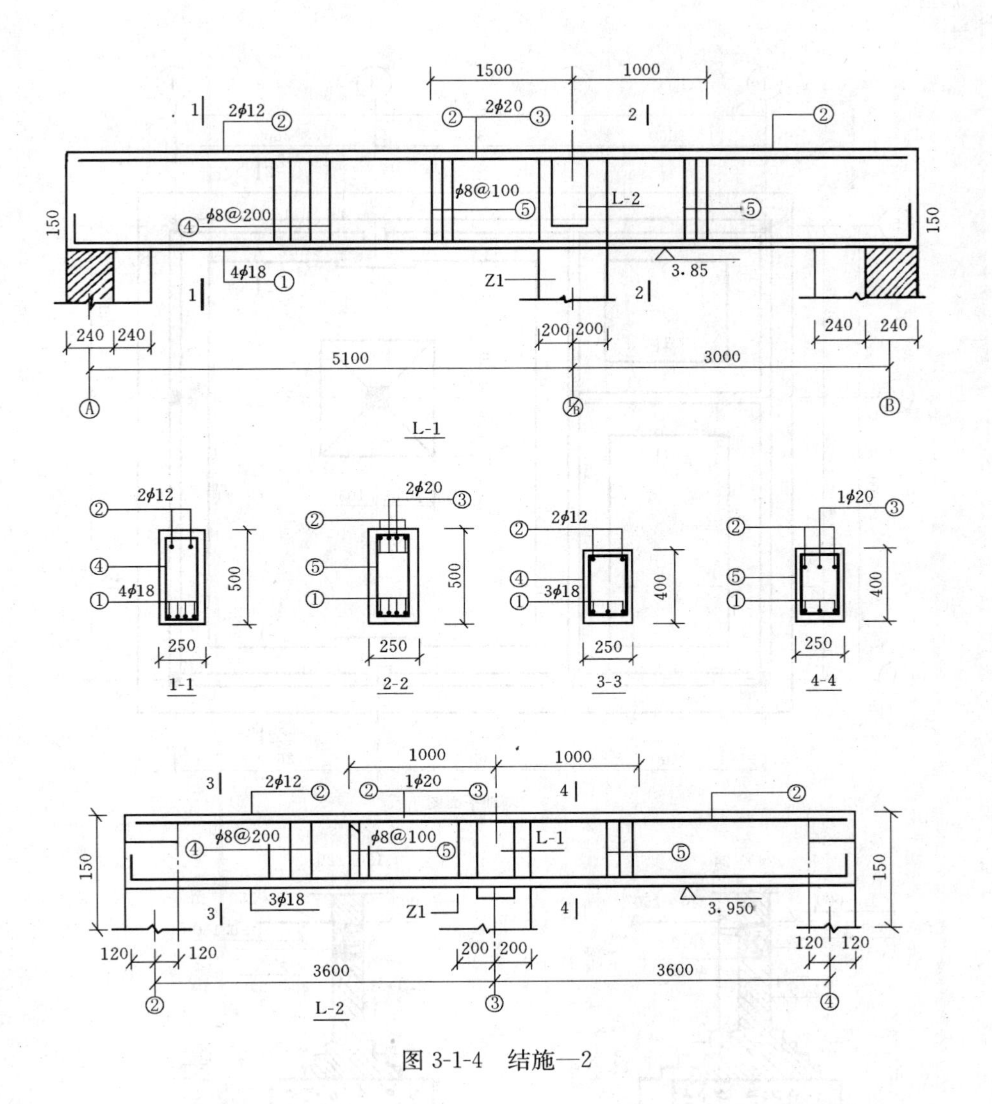
1500
1000
2ϕ12
②
2ϕ20
③
ϕ8@100
⑤
L-2
ϕ8@200
④
150
4ϕ18
①
3.85
Z1
240
200
5100
3000
Ⓐ
Ⓑ
L-1
500
250
1-1
2-2
3-3
4-4
3ϕ18
1ϕ20
400
1000
3.950
120
3600
L-1
L-2
图 3-1-4　结施—2

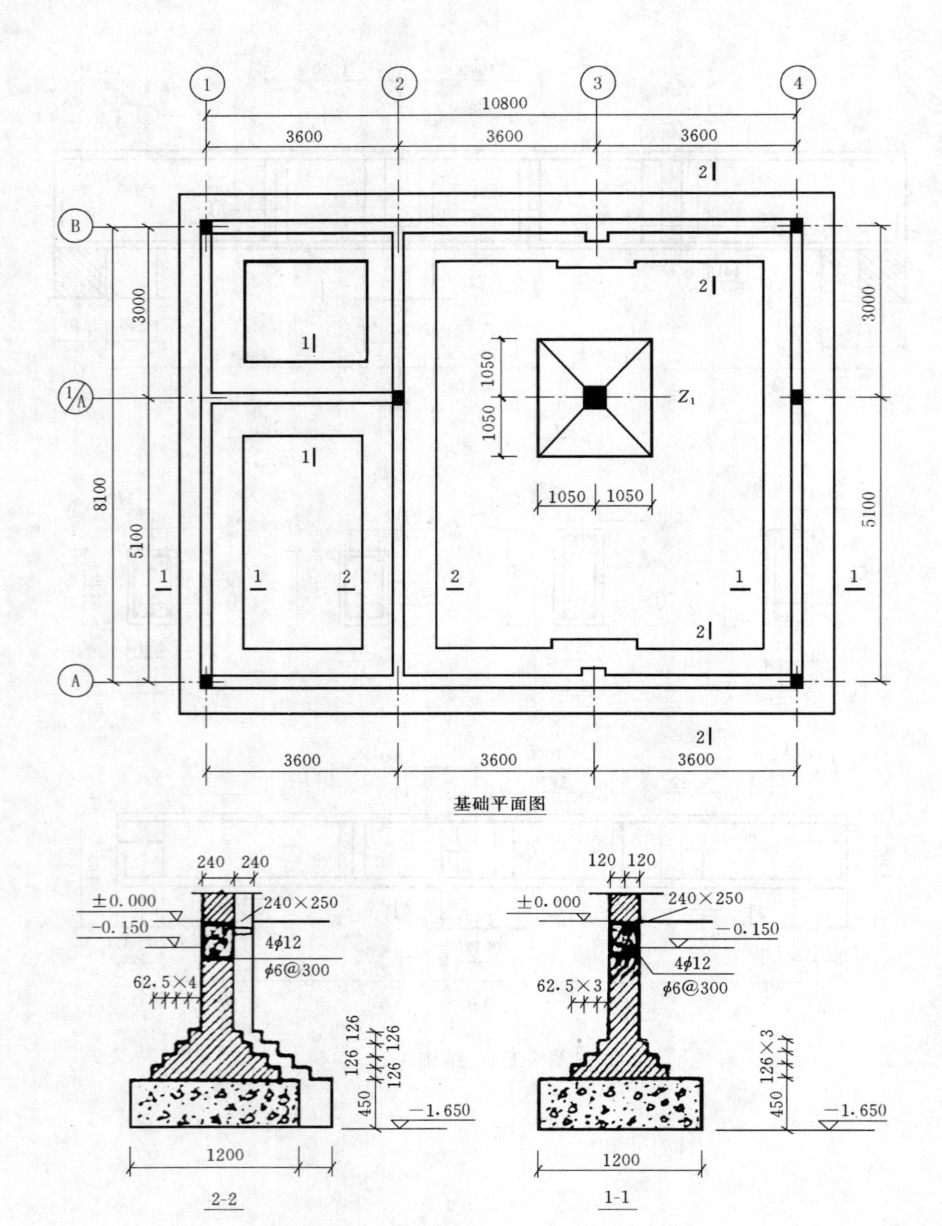

1
2
3
4
10800
3600
3600
3600
B
1/A
A
3000
5100
8100
1050
1050
Z1
1050
1050
3000
5100
3600
3600
3600
基础平面图
240 240
±0.000
-0.150
240×250
4ϕ12
ϕ6@300
62.5×4
126 126
126 126
450
-1.650
1200
2-2
120 120
±0.000
240×250
-0.150
4ϕ12
ϕ6@300
62.5×3
126×3
450
-1.650
1200
1-1

图 3-1-5　结施—3

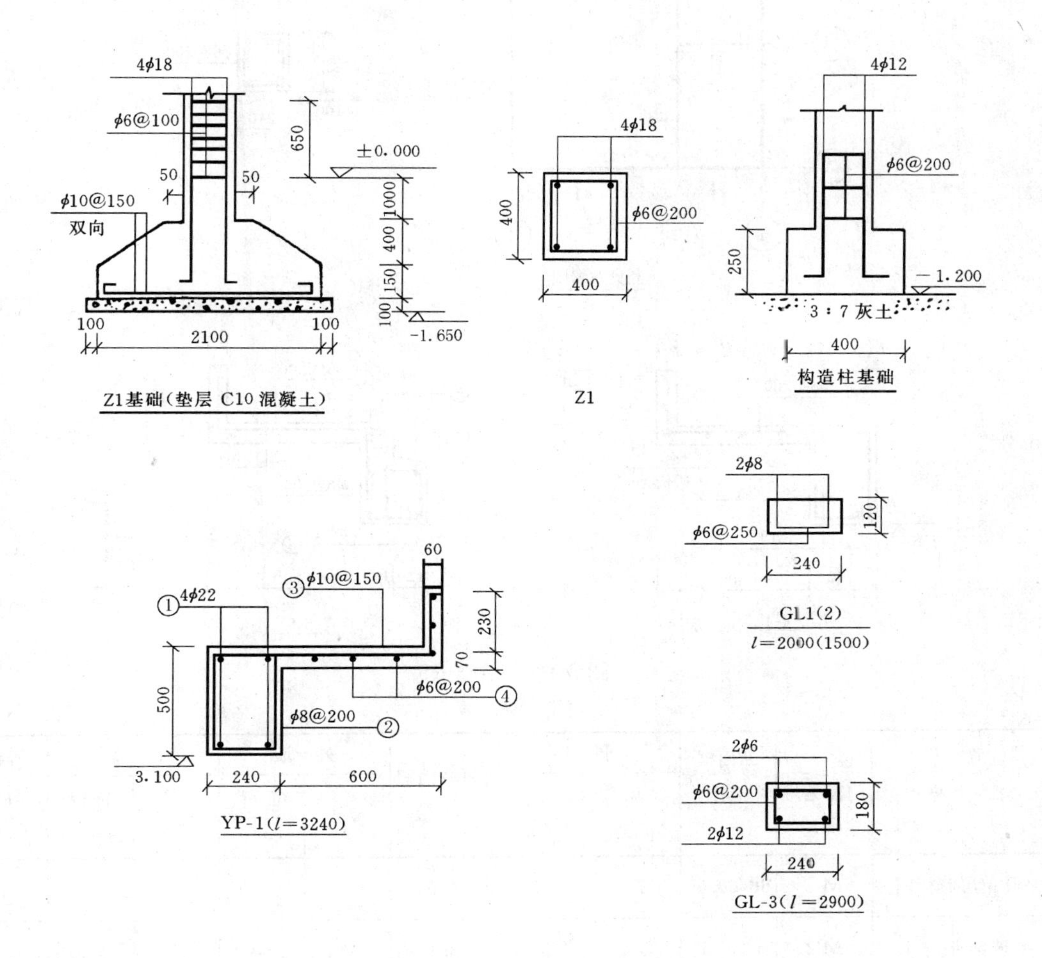
4ϕ18
ϕ6@100
650
±0.000
50
50
ϕ10@150
双向
1000
400
150
100
-1.650
100
2100
100
Z1基础(垫层 C10 混凝土)
4ϕ18
400
ϕ6@200
400
Z1
4ϕ12
ϕ6@200
250
-1.200
3:7 灰土
400
构造柱基础
2ϕ8
120
ϕ6@250
240
GL1(2)
l=2000(1500)
60
③ϕ10@150
①4ϕ22
230
70
500
ϕ6@200 ④
ϕ8@200 ②
3.100
240
600
YP-1(l=3240)
2ϕ6
ϕ6@200
180
2ϕ12
240
GL-3(l=2900)

图 3-1-6　结施—4

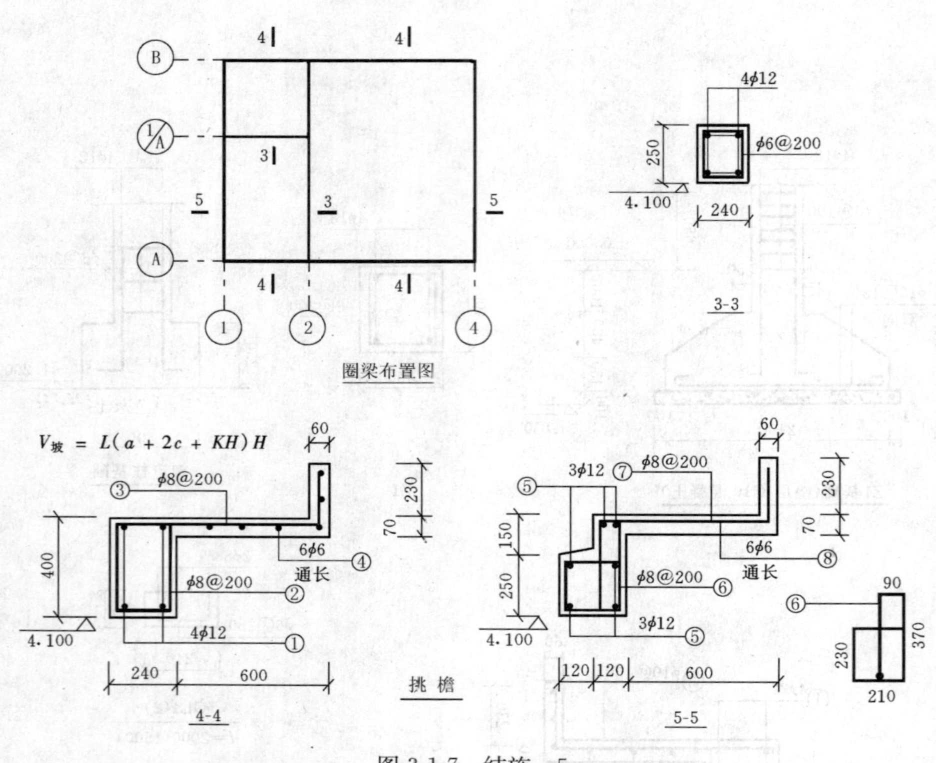

图 3-1-7　结施—5

门　窗　表

名　称	门窗编号	断面框/扇（cm^2）	洞口 宽（m）	洞口 高（m）	每樘面积（m^2）	外墙 樘数	外墙 面积（m^2）	内墙 樘数	内墙 面积（m^2）	合计 面积（m^2）
平开单层镶板门	M-1	66/60.50	1.5	3.1	4.65	2	9.30			9.30
半玻璃镶板门	M-2	48/45	1.0	3.1	3.10			2	6.20	6.20
一玻一纱窗	C-1	60/27	1.5	2.1	3.15	5	15.75			15.75
单层玻璃窗	C-2	48/27	2.4	2.1	5.04			1	5.04	5.04
应扣洞口面积（m^2）							25.05		11.24	36.29
门窗贴脸					m					67.6m

注：表中门窗贴脸工程量＝[(1.59＋3.19×2)×2＋(1.09＋3.19×2)×2＋(1.59＋2.19×2)×5＋(2.49＋2.19×2)×1]＝67.6m，在计算门窗贴脸时，应按洞口尺寸另加 0.09m 计算。

二、工程量计算

1. 定额工程量计算

定额工程量计算、钢筋用量表、工程量汇总表，见表 3-1-1～表 3-1-3。

工程量计算表 **表 3-1-1**

名　称	单位	工程量	计　算　式
(一) 基础工程			
1. 平整场地	m^2	128.90	$S=1.4S_{底}=1.4\times92.07=128.90m^2$ 其中：$S_{底}=11.04\times8.34=92.07m^2$
2. 挖基槽（三类土）	m^3	128.45	$V=(37.8+8.1-1.2+3.6-1.2+0.74)\times(1.65-0.15)\times(1.2+0.59)$ $=128.45m^3$
3. 挖独立柱地坑（三类土）	m^3	23.06	$V=2.9\times2.9\times1.65+2.9\times4\times1.65\times0.48=23.06m^3$
4. 构造柱基础	m^3	0.24	$V=0.4\times0.4\times0.25\times6=0.24m^3$ 模板：$0.4\times4\times0.25\times6=2.4m^2$
5. C20 混凝土地圈梁	m^3	2.94	$V=[(8.1\times2+8.1-0.24)+10.8\times2+(3.6-0.24)]\times0.24\times0.25$ $=2.94m^3$ 模板：$(0.24+0.25)\times2\times49.02=48.04m^2$ ［说明］　查看图纸结施—5。 地圈梁体积＝地圈梁截面积×地圈梁长 式中，(8.1－0.24)——内纵墙的净长 (3.6－0.24)——内横墙的净长
6. 砖基础	m^3	17.755	$V=(1.65-0.45+0.394)\times0.24\times(16.2+3.36)+(1.65-0.45+0.656)\times0.24\times(21.6+7.86+0.74)-0.24-2.94$ $=17.755m^3$ ［说明］　①砖石基础以图示尺寸按立方米计算。 砖基础长度：外墙墙基按外墙中心线长度计算； 内墙墙基按内墙净长线计算。 嵌入砖基础的钢筋、铁件、管子、基础防潮层、单个面积在 0.3m^2 以内的孔洞以及砖石基础大放脚的 T 形接头重复部分均不扣除。但靠墙暖气沟的挑砖、基础洞口上的砖平碹亦不计算。 外墙条形基础体积＝$L_{中}$×基础断面积—面积在 0.3m^2 以上的孔洞等体积 内墙条形基础体积＝$L_{内}$×基础断面积—面积在 0.3m^2 以上的孔洞等体积 基础的大放脚通常采用等高式和不等高式两种砌筑法。 采用大放脚砌筑法时，砖基础断面积通常按下述两种方法计算： a. 采用折加高度计算 基础断面积＝基础宽度×（折加高度＋基础高度） b. 采用增加断面积计算 基础断面积＝基础宽×基础高度＋大放脚增加断面积 为了计算方便，将砖基础大放脚的折加高度及大放脚增加断面积编制成表格，计算基础工程量时，可直接查表格 ②查看结施—3

续表

名　称	单位	工程量	计　算　式
6. 砖基础	m^3	17.755	0.394、0.656 分别为 1-1 剖面、2-2 剖面的砖基础的折加高度（通过查编制的等高、不等高砖墙基础大放脚折加高度和大放脚增加断面积表得到） (16.2+3.36) = (8.1+8.1) + (3.6−0.24) (21.6+7.86+0.74) = (10.8+10.8) + (8.1−0.24) + (0.37+0.37) (0.37+0.37)——两墙垛的长 0.24——构造柱基础体积，抄自序号（一）4。 2.94——C20 混凝土地圈梁的体积，抄自序号（一）5。 砖基础与砖墙身的划分是以设计室内地坪为界。设计室内地坪以下为基础，以上为墙身。毛石基础与墙身的划分，内墙以设计室内地坪为界，外墙以设计室外地坪为界，分界线以下为基础，分界线以上为墙身。砖石围墙以设计室外地坪为分界线。 砖墙基础不分厚度和深度，均以图示尺寸按立方米计算。外墙长度按中心线（$L_{中}$），内墙长度按净长线（$L_{内}$）计算。计算公式为： 基础工程量=$L_{中}$×基础断面积+$L_{内}$×基础断面积 砖基础断面积=基础墙宽度×基础高度+大放脚增加断面面积（m^2） 或砖基础断面积=基础墙宽度×（基础高度+折加高度） $折加高度=\frac{大放脚增加断面面积}{基础墙宽度}$ (m) 等高式、不等高式砖墙基础大放脚折加高度和增加断面面积见下表。

等高式砖基础大放脚折加高度计算表

墙厚	大放脚层数						
	一	二	三	四	五	六	七
	折加高度（m）						
$\frac{1}{2}$砖	0.137	0.411	0.822	1.369	2.054	2.876	3.835
1 砖	0.066	0.197	0.394	0.656	0.984	1.378	1.838
1 $\frac{1}{2}$砖	0.043	0.129	0.259	0.432	0.647	0.906	1.208
2 砖	0.032	0.096	0.193	0.321	0.482	0.675	0.900
2 $\frac{1}{2}$砖	0.026	0.077	0.154	0.256	0.384	0.538	0.717
3 砖	0.021	0.064	0.128	0.213	0.319	0.447	0.596
大放脚增加断面积（m^2）	0.01575	0.04725	0.0945	0.1575	0.2363	0.3308	0.441

注：本表是按双面放脚每层等高 12.6cm，砌出 6.25cm，灰缝均按 1.0cm计算的。

续表

<table>
<tr><th>名　　称</th><th>单位</th><th>工程量</th><th>计　算　式</th></tr>
<tr><td>6. 砖基础</td><td>m^3</td><td>17.755</td><td>

不等高式砖基础大放脚折加高度计算表

<table>
<tr><td rowspan="3">墙厚</td><td colspan="9">大放脚错台层数</td></tr>
<tr><td>一</td><td>二</td><td>三</td><td>四</td><td>五</td><td>六</td><td>七</td><td>八</td><td>九</td></tr>
<tr><td colspan="9">折加高度（m）</td></tr>
<tr><td>$\frac{1}{2}$砖</td><td>0.137</td><td>0.342</td><td>0.685</td><td>1.096</td><td>1.643</td><td>2.260</td><td>3.013</td><td>3.835</td><td>4.794</td></tr>
<tr><td>1砖</td><td>0.066</td><td>0.164</td><td>0.328</td><td>0.525</td><td>0.788</td><td>1.083</td><td>1.444</td><td>1.838</td><td>2.297</td></tr>
<tr><td>$1\frac{1}{2}$砖</td><td>0.043</td><td>0.108</td><td>0.216</td><td>0.345</td><td>0.518</td><td>0.712</td><td>0.949</td><td>1.208</td><td>1.510</td></tr>
<tr><td>$2\frac{1}{2}$砖</td><td>0.026</td><td>0.064</td><td>0.128</td><td>0.205</td><td>0.307</td><td>0.419</td><td>0.563</td><td>0.717</td><td>0.896</td></tr>
<tr><td>3砖</td><td>0.021</td><td>0.053</td><td>0.106</td><td>0.170</td><td>0.255</td><td>0.351</td><td>0.468</td><td>0.596</td><td>0.745</td></tr>
<tr><td>大放脚增加断面积（m^2）</td><td>0.0158</td><td>0.0394</td><td>0.0788</td><td>0.1260</td><td>0.1890</td><td>0.2599</td><td>0.3464</td><td>0.4410</td><td>0.5513</td></tr>
</table>

注：本表高的一层按12.6cm，低的一层按6.3cm，间隔砌出6.25cm，而且以最下一层高度为12.6cm计算的。

计算基础工程量时，基础大放脚的T形接头处的重叠部分，嵌入基础的钢筋、铁件、管子、基础防潮层等所占的体积不予扣除，靠墙暖气沟的挑砖亦不增加，通过墙基的孔洞，其洞口面积每个在$0.3m^2$以内者不予扣除，超过$0.3m^2$以上的洞口应予扣除，其洞口上的混凝土过梁应列项目计算
</td></tr>
<tr><td>7. 基槽下C15混凝土垫层（450mm厚）</td><td>m^3</td><td>25.83</td><td>

$V=1.2\times0.45\times[37.8+(8.1-1.2)+(3.6-1.2)+0.74]$

$=25.83m^3$

［说明］　查看结施—3

1.2——C15混凝土垫层宽

0.45——C15混凝土垫层高

37.80——外墙中心线长

（8.1－1.2）——内纵墙下C15混凝土垫层的净长

（3.6－1.2）——内横墙下C15混凝土垫层的净长

0.74＝（0.37＋0.37）m
</td></tr>
<tr><td>8. 独立柱基础</td><td>m^3</td><td>1.422</td><td>

$V_{四棱台}=[AB+ab+(A+a)(B+b)]\times\frac{h}{6}$

$=[2.1\times2.1+0.5\times0.5+2.6\times2.6]\times\frac{0.4}{6}$

$=0.76m^3$

$V=(2.1\times2.1\times0.15+0.76)=1.422m^3$

模板：$2.1\times4\times0.15+\sqrt{(2.1/2-0.2-0.05)^2+0.4^2}\times(0.5+2.1)\div2\times4=5.89m^2$

［说明］　查看结施—4中Z_1基础（垫层C10混凝土）

独立柱基础体积为上边四棱台的体积加上下边长方体体积。A为2.1m，为独立柱基础长
</td></tr>
</table>

续表

名　称	单位	工程量	计　算　式
9. 独立柱基础垫层	m^3	0.53	2.3×2.3×0.1＝0.53m^3 ［说明］　查看结施—4 中 Z_1 基础（垫层 C10 混凝土） 2.3＝2.1＋0.1＋0.1　为垫层的长、宽 0.1 为混凝土的保护层厚度，故两边各加 0.1
10. 基础回填土	m^3	105.55	V＝128.45＋23.06－(0.24＋17.755＋25.83＋1.422＋0.4^2×0.85＋0.24^2×0.8＋0.53) ＝105.55m^3 ［说明］　0.85＝1.65－0.15－0.1－0.4－0.15 1.65 为基础深，0.15 为室内外高差，0.15 为垫层厚，0.1 为混凝土保护层厚度
11. 室内回填土	m^3	12.05	［(2.76＋4.86)×3.36＋6.96×7.86］×0.15＝12.05m^3
12. 余土运输	m^3	33.91	V＝128.45＋23.06－(105.55＋12.05)＝33.91m^3
（二）混凝土工程			
1. 外加工构件制作			
预应力空心板混凝土	m^3	6.048	0.126×48＝6.048m^3
预应力空心板钢筋	t	0.401	(50.90＋15.40)×6.048＝400.98kg＝0.401t
2. 现场预制构件制作过梁 GL-1 GL-2 GL-3	m^3	0.561	V_1＝0.24×0.12×2×6＝0.35m^3 V_2＝0.24×0.12×1.5×2＝0.086m^3 V_3＝0.24×0.18×2.9×1＝0.125m^3 V＝V_1＋V_2＋V_3＝0.561m^3 模板：［(0.12×2＋0.24)×2＋0.12×0.24×2］×6＝6.11m^2 ［(0.12×2＋0.24)×1.5＋0.12×0.24×2］×2＝1.56m^2 ［(0.18×2＋0.24)×2.9＋0.18×0.24×2］×1＝1.83m^2 6.11＋1.56＋11.83＝9.50m^2
3. 现浇构件 (1) 构造柱	m^3	1.42	$V_内$＝0.24×0.24×5.05＝0.236m^3——内墙上 $V_外$＝0.24×0.24×5.05×5＝1.18m^3——外墙上 V＝$V_内$＋$V_外$＝(0.236＋1.18)＝1.42m^3 ［说明］　查看结施—4，建施—2 5.05＝4.1＋1.2－0.25 4.1＝1.0＋2.10＋1.0，为室内地坪以上构造柱的高 5 为构造柱外墙上的数量 看建施—2A－A 剖面图，柱高为 4.1。内墙上②轴上有 1 个构造柱。外墙上 4 个角落各 1 个构造柱，⑭轴与④轴交叉点上 1 个构造柱，所以外墙上共有 5 个构造柱，柱的工程量按柱断面面积乘以柱高（从柱基或楼板上表面算至柱顶面），以立方米计算。构造柱的工程量自柱基础（或地梁）上表面算到柱顶面，以立方米计算。 在砖混结构工程中，如设计有构造柱，应另列项计算。构造柱计算时，不分断面尺寸，不分构造柱位于基础、墙体或女儿墙部分，均套一个定额子目。由于在计算墙体工程量时，未扣除构造柱所占体积，因此，

续表

名　称	单位	工程量	计　算　式
3. 现浇构件 （1）构造柱	m^3	1.42	定额构造柱子目中将构造柱所占砖砌体的相应价值扣除。柱高具体算法按下列规定确定： ①有梁板的柱高，应自柱基上表面（或楼板上表面）至上一层楼板上表面之间的高度计算。 ②无梁板的柱高，应自柱基上表面（或楼板上表面）至柱帽下表面之间的高度计算。 ③框架柱的柱高应自柱基上表面至柱顶高度计算。 ④构造柱按全高计算，与砖墙嵌接部分的体积并入柱身体积内计算。 ⑤依附柱上的牛腿，并入柱身体积内计算
（2）圈梁	m^3	4.01	$V_{外}=0.24\times0.4\times21.6+(0.24\times0.4-0.12\times0.15)\times16.2$ $=3.34m^3$——外墙上 $V_{内}=0.24\times0.25\times11.22$ $=0.67m^3$——内墙上 $V=V_{内}+V_{外}$ $=0.67+3.34$ $=4.01m^3$ 圈梁和挑檐模板： $(0.25\times2+0.24)\times11.22=8.30m^2$ $(0.4\times2+0.24+0.6+0.3+0.23)\times21.6+(0.4\times2+0.24+0.12+0.6+0.3+0.23)\times16.2=83.97m^2$ ［说明］　查看结施—5 建施—1 $11.22=(8.10-0.24)+(3.60-0.24)$为内墙上圈梁的长 0.24×0.25、0.24×0.40为圈梁的断面积 $21.6=10.8+10.8$ $16.2=8.1+8.1$ 钢筋混凝土圈梁的工程量以体积计算，单位为立方米（m^3），圈梁体积=梁断面积×梁长度
（3）雨篷 雨篷过梁 C20 混凝土雨篷	 m^3 m^3	 0.39 0.181	 $V=3.24\times0.5\times0.24=0.39m^3$——外墙二 $(0.6\times0.07+0.23\times0.06)\times3.24=0.181m^3$ 模板：$(0.5\times2+0.24+0.6+0.3+0.23)\times3.24+(0.6\times0.3+0.6\times0.23)\times2=8.31m^2$
（4）挑檐	m^3	2.55	$V=(L_{外}\times挑廊宽+4\times挑檐宽\times挑檐宽)\times平均厚度$ $=[38.7\times(0.6+0.3)+4\times(0.6+0.3)^2]\times\left(\frac{0.6\times0.07+0.23\times0.06}{0.6+0.23}\right)$ $=2.55m^3$ ［说明］　查看结施—5 $0.6+0.3=0.9m$为挑檐宽，$\frac{0.6\times0.07+0.23\times0.06}{0.6+0.23}$为平均厚度 $L_{外}=38.7=10.8\times2+8.1\times2+0.24\times4$
（5）独立柱	m^3	0.816	$V=0.4\times0.4\times5.10=0.816m^3$ 模板：$0.4\times4\times5.1=8.16m^2$ ［说明］　查看结施—4 $5.10=1.0+2.10+1.0+1.0$

续表

名　称	单位	工程量	计　算　式
(5) 独立柱	m^3	0.816	柱的工程量是按柱断面面积乘以柱高（从柱基或楼板上表面算至柱顶面），以立方米计算。 构造柱的工程量自基础（或地梁）上表面算到柱顶面，以延长米计算。 在砖混结构工程中，如设计有构造柱，应另列项计算。构造柱计算时，不分断面尺寸，不分构造柱位于基础、墙体或女儿墙部分，均套一个定额子目。 0.4×0.4 为独立柱断面面积 5.1＝1.0＋2.10＋1.0＋1.0，为柱高
(6) 矩形梁	m^3	1.7	$V_{L\text{-}1}$＝0.25×0.5×（8.34－0.4）＝0.993m^3 $V_{L\text{-}2}$＝0.25×0.4×（7.44－0.4）＝0.704m^3 $V_{合计}$＝0.993＋0.704＝1.7m^3 模板：8.34×0.5×2＋（5.1－0.56＋3－0.56）×0.25＋（7.44×0.4＋3.28×0.25）×2＝17.68m^2 ［说明］　①主、次梁与柱连接时，梁长算至柱侧面；次梁与柱或主梁连接时，次梁长度算至柱侧面或主梁侧面；伸入墙内的梁头，应计算在梁长度内。梁头有捣制梁垫者，其体积并入梁内计算。 梁的高度为梁底至梁顶全高。 ②查看结施—2 8.34＝8.1＋0.24 为梁长。7.44＝3.6＋3.6＋0.24 为 L－2 的长。0.25×0.5 为 L－1 的断面积，0.25×0.4 为 L－2 的断面积。单梁、板底梁、框架梁等的工程量以体积表示，单位为 m^3。工程量＝梁的轴线长度×梁的断面面积。梁长按下列规定确定： 梁与柱连接时，梁长算至柱侧面。 主梁与次梁连接时，次梁长算至主梁侧面。伸入墙内梁头、梁垫体积并入梁体积内计算。还有另一种说法为： 参照以上，故式中 8.34－0.4，7.44－0.4 即为梁高
(三) 构件运输与安装			
1. 预应力空心板运输	m^3	6.048	6.048m^3
2. 预应力空心板安装	m^3	6.048	6.048m^3
3. 过梁安装	m^3	0.561	0.561m^3
(四) 砖石工程			
1.1 砖外墙	m^3	25.929	（$L_{中}$×墙高－外墙门窗洞面积）×墙厚－嵌入外墙身构件体积 （37.8×4.1－25.05）×0.24－1.18－0.24×6×0.12×2－3.24×0.5×0.24＝29.269－（圈梁）3.34＝25.929m^3 ［说明］　查看建施—1 37.8——外墙中心线长 25.05——查看门窗表 1.18——嵌入外墙内构造柱的体积，抄自序号（二）3.（1） 0.24×0.12×2×6——嵌入外墙内门窗过梁的体积 3.24×0.5×0.24——嵌入外墙内雨篷过梁的体积 砖砌工程量一般规则

续表

<table>
<tr><th>名　称</th><th>单位</th><th>工程量</th><th>计　算　式</th></tr>
<tr><td>1.1砖外墙</td><td>m^3</td><td>25.929</td><td>
①计算墙体时，应扣除门窗洞口、过人洞、空圈、嵌入墙身的钢筋混凝土柱、梁(包括过梁、圈梁、挑梁)、砖平碳，平砌砖过梁和暖气包壁龛及内墙板头的体积，不扣除梁头、外墙板头、檩头、垫木、木楞头、沿椽木、木砖、门窗走头、砖墙内的加固钢筋、木筋、铁件、钢管及每个面积在0.3m^2以下的孔洞等所占的体积，凸出墙面的窗台虎头砖、压顶线、山墙泛水、烟囱根、门窗套及三皮砖以内的腰线和挑檐等体积亦不增加。
②砖垛、三皮砖以上的腰线和挑檐等体积，并入墙身体积内计算。
③附墙烟囱(包括附墙通风道、垃圾道)按其外形体积计算，并入所依附的墙体积内，不扣除每一个孔洞横截面在0.1m^2以下的体积，但孔洞内的抹灰工程量亦不增加。
④女儿墙高度，自外墙顶面至图示女儿墙顶面高度，分别不同墙厚并入外墙计算。
⑤砖平碳平砌砖过梁按图示尺寸以立方米计算。如设计无规定时，砖平碳按门窗洞口宽度两端共加100mm，乘以高度(门窗洞口宽小于1500mm时，高度为240mm，大于1500mm时，高度为365mm)计算；平砌砖过梁按门窗洞口宽度两端共加500mm，高度按440mm计算。
砌体厚度，按如下规定计算：
①标准砖以240mm×115mm×53mm为准，其砌体计算厚度，按下表计算。
标准砖砌体计算厚度表
<table>
<tr><td>砖数(厚度)</td><td>1/4</td><td>1/2</td><td>3/4</td><td>1</td><td>1½</td><td>2</td><td>2½</td><td>3</td></tr>
<tr><td>计算厚度(mm)</td><td>53</td><td>115</td><td>180</td><td>240</td><td>365</td><td>490</td><td>615</td><td>740</td></tr>
</table>
②使用非标准砖时，其砌体厚度应按砖实际规格和设计厚度计算。
基础长度：外墙墙基按外墙中心线长度计算；内墙基按内墙基净长计算。基础大放脚T形接头处的重叠部分以及嵌入基础的钢筋、铁件、管道、基础防潮层及单个面积在0.3m^2以内孔洞所占体积不予扣除，但靠墙暖气沟的挑檐亦不增加。附墙垛基础宽出部分体积应并入基础工程量内。
砖砌挖孔桩护壁工程量按实砌体积计算。
墙的长度：外墙长度按外墙中心线长度计算，内墙长度按内墙净长线计算。
墙身高度按下列规定计算：
①外墙墙身高度：斜(坡)屋面无檐口天棚者算至屋面板底；有屋架，且室内外均有天棚者，算至屋架下弦底面另加200mm；无天棚者算至屋架下弦底加300mm，出檐宽度超过600mm时，应按实际高度计算；平屋面算至钢筋混凝土板底。
②内墙墙身高度：位于屋架下弦者，其高度算至屋架底，无屋架者算至天棚底另加100mm；有钢筋混凝土楼板隔层者算至板底；有框架梁时算至梁底面。
③内、外山墙，墙身高度：按其平均高度计算。
框架间砌体，分别内外墙以框架间的净空面积乘以墙厚计算，框架外表镶贴部分亦并入框架间砌体工程量内计算。
空花墙按空花部分外形体积以立方米计算，空花部分不予扣除，其中实体部分以立方米另行计算。
空斗墙按外形尺寸以立方米计算，墙角、内外墙交接处，门窗洞口立边，窗台砖及屋檐处的实砌部分已包括在定额内，不另行计算。但窗间墙、窗台下、楼板下、梁头下等实砌部分，应另行计算，套零星砌体定额项目
</td></tr>
</table>

续表

名　　称	单位	工程量	计　算　式
1. 1砖外墙	m^3	25.929	多孔砖、空心砖按图示厚度以立方米计算不扣除其孔、空心部分体积。 填充墙按外形尺寸以立方米计算，其中实砌部分已包括在定额内，不另计算。 加气混凝土墙、硅酸盐砌块墙、小型空心砌块墙，按图示尺寸以立方米计算，按设计规定需要镶嵌砖砌体部分已包括在定额内，不另计算其他砖砌体： ①砖砌锅台、炉灶，不分大小，均按图示外形尺寸以立方米计算，不扣除各种空洞的体积。 ②砖砌台阶(不包括梯带)按水平投影面积以平方米计算。 ③厕所蹲台、水槽腿、灯箱、垃圾箱、台阶挡墙或梯带、花台、花池、地垄墙及支撑地楞的砖墩，房上烟囱、屋面架空隔热层砖墩及毛石墙的门窗立边、窗台虎头砖等实砌体积，以立方米计算，套用零星砌体定额项目。 ④检查井及化粪池不分壁厚均以立方米计算，洞口上的砖平拱碳等并入砌体体积内计算。 ⑤砖砌地沟不分墙基、墙身合并以立方米计算。石砌地沟其中心线长度以延长米计算
2. 附墙垛	m^3	0.684	0.37×0.24×3.85×2=0.684m^3 [说明]　查看建施—1、结施—2 增加墙垛用墙垛体积计算工程量，单位为立方米(m^3)，从建施—1上可以找到增加的墙垛在Ⓐ轴、Ⓑ轴上，墙垛的截面尺寸为0.37×0.24。查看结施—2，墙垛高为3.85
3. 1砖内墙	m^3	7.22	($L_内$×内墙高－内门窗洞面积)×墙厚－嵌入内墙身构件体积 (11.22×4.1－11.24)×0.24－(0.211＋0.23＋0.67)＝7.22m^3 [说明]　11.22＝(3.6－0.24)＋(8.1－0.24)为内墙净长线，4.1为内墙高，应该扣减门窗洞口面积，扣减两个M－2，一个C－2，查看门窗表，扣减面积为6.20＋5.04＝11.24m^2、0.211、0.236为嵌入内墙身构件体积。内墙的工程量用内墙的体积计算，单位为m^3 内墙的体积＝内边线长×楼层高×墙厚－内墙上所有圈梁的体积
(五)抹灰工程			
1. 内墙面抹灰(石灰砂浆、纸筋灰)	m^2	205.22	(11.22×4.1－11.24)×2＋[(7.86＋10.56)×2×4.1－25.05]＝201.52m^2 附墙垛：0.24×3.85×2×2＝3.70m^2 201.52＋3.70＝205.22m^2 [说明]　查看建施—1 S＝内墙面净长×墙净高－墙裙－门窗面积＋附墙柱侧面积 内墙抹灰工程量按以下规定计算： ① 内墙抹灰面积，应扣除门窗洞口和空圈所占的面积，不扣除踢脚板、挂镜线、0.3m^2以内的孔洞和墙与构件交接处的面积，洞口侧壁和顶面亦不增加。墙垛和附墙烟囱侧壁面积与内墙抹灰工程量合并计算。 ② 内墙面抹灰的长度，以主墙间的图示净长尺寸计算，其高度确定如下： 无墙裙的，其高度按室内地面或楼面至天棚底面之间距离计算。 有墙裙的，其高度按墙裙顶至天棚底面之间距离计算。 钉板条天棚的内墙面抹灰，其高度按室内地面或楼面至天棚底面另加100mm计算

续表

名　　称	单位	工程量	计　算　式
2. 独立柱抹灰	m^2	6.16	$A=4\times0.4\times3.85=6.16m^2$ 查看结施—2 [说明]　3.85＝4.1－0.25，减去圈梁高。 独立柱：①一般抹灰、装饰抹灰、镶贴块料按结构断面周长乘以柱的高度以平方米计算。 ②柱面装饰按柱外围饰面尺寸乘以柱的高度以平方米计算，所以 4×0.4 为结构断面周长
3. 顶棚抹灰			
(1)预制板底	m^2	96.43	石灰砂浆，纸筋灰，106 涂料两遍 $A=(10.8-0.24)\times(8.1-0.24)+(8.1-0.24)\times0.5\times2+(7.2-0.24)\times0.4\times2$ $=96.43m^2$
(2)现浇板底	m^2	26.64	挑檐底＝$(11.04+8.34)\times0.6\times2+0.6^2\times4=24.70m^2$ 雨篷底＝$1.944m^2$ [说明]　$(11.04+8.34)\times2=[(10.80-0.24)+(8.10+0.24)]\times2$ 为外墙外边线长 0.6 为挑檐的宽 雨篷面积 $1.944m^2$ 抄自序号(二)3.(3) 天棚抹灰工程量按以下规定计算： ①天棚抹灰面积，按主墙间的净面积计算，不扣除间壁墙、垛、柱、附墙烟囱、检查口和管道所占的面积。带梁天棚、梁两侧抹灰面积，并入天棚抹灰工程量内计算。 ②密肋梁和井字梁天棚抹灰面积，按展开面积计算。 ③天棚抹灰如带有装饰线时，区别按三道线以内或五道线以内按延长米计算，线角的道数以一个凸出的棱角为一道线。 ④檐口天棚的抹灰面积，并入相同的天棚抹灰工程量内计算。 ⑤天棚中的折线、灯槽线、圆弧形线、拱形线等艺术形式的抹灰，按展开面积计算。 各种吊顶天棚龙骨按主墙间净空面积计算，不扣除间壁墙、检查口、附墙烟囱、柱、垛和管道所占面积。但天棚中的折线、迭落等圆弧形、高低吊灯槽等面积也不展开计算。 天棚面装饰工程量按以下规定计算： ①天棚装饰面积，按主墙间实铺面积以平方米计算，不扣除间壁墙、检查口、附墙烟囱、附墙垛和管道所占面积。应扣除独立柱及与天棚相连的窗帘盒所占的面积。 ②天棚中的折线：迭落等圆弧形、拱形、高低灯槽及其他艺术形式天棚面层均按展开面积计算
4. 外墙面抹灰			
(1)豆石水刷石墙裙	m^2	41.57	$L_{外}$×(墙裙高＋室内外高差)－外墙门窗洞面积 $38.76\times(1+0.15)-1.5\times1\times2=41.57m^2$ [说明]　查看建施—2 1.5×1×2 为两扇门在相对标高 1.00 以下的面积
(2)外墙水刷石	m^2	98.11	$L_{外}$×外墙高－门窗洞－外墙裙面积 $38.76\times(4.1+0.15)-25.05-41.57=98.11m^2$ [说明]　38.76——外墙外边线 25.05——外门窗洞的总面积，抄自门窗表

续表

名　称	单位	工程量	计　算　式
(3) 零星水刷石	m^2	18.398	挑檐立面＝(10.8＋1.44＋8.1＋1.44)×2×0.3＝13.068m^2 雨篷立面＝(3.24＋0.6×2)×0.3＝1.33m^2 窗台线＝(1.7×5＋2.6)×0.36＝4.0m^2 零星水刷石合计＝13.068＋1.33＋4.0＝18.398m^2 [说明]　查看结施—4、结施—5 $1.44=(0.600+\frac{0.24}{2})\times 2$ 外墙抹灰工程量按以下规定计算： ①外墙抹灰面积，按外墙面的垂直投影面积以平方米计算。应扣除门窗洞口、外墙裙和大于0.3m^2孔洞所占面积，洞口侧壁面积不另增加。附墙垛、梁、柱侧面抹灰面积并入外墙面抹灰工程量内计算。栏板、栏杆、窗台线、门窗套、扶手、压顶、挑檐、遮阳板、凸出墙外的腰线等，另按相应规定计算。 ②外墙裙抹灰面积按其长度乘高度计算，扣除门窗洞口和大于0.3m^2孔洞所占的面积，门窗洞口及孔洞的侧壁抹灰面积不增加。 ③窗台线、门窗套、挑檐、腰线、遮阳板等展开宽度在300mm以内者，按装饰线以延长米计算，如展开宽度超过300mm以上时，按图示尺寸以展开面积计算，套零星抹灰定额项目。 ④栏板、栏杆(包括立柱、扶手或压顶等)抹灰按立面垂直投影面积乘以系数2.2以平方米计算。 ⑤阳台底面抹灰按水平投影面积以平方米计算，并入相应天棚抹灰面积内。阳台如带悬臂梁者，其工程量乘系数1.30。 ⑥雨篷底面或顶面抹灰分别按水平投影面积以平方米计算，并入相应天棚抹灰面积内。雨篷顶面带反沿或反梁者，其工程量乘系数1.20，底面带悬臂梁者，其工程量乘以系数1.20。雨篷外边线按相应装饰或零星项目执行。 ⑦墙面勾缝按垂直投影面积计算，应扣除墙裙和墙面抹灰的面积，不扣除门窗洞口、门窗套、腰线等零星抹灰所占的面积，附墙柱和门窗洞口侧面的勾缝面积亦不增加。独立柱、房上烟囱勾缝，按图示尺寸以平方米计算。 外墙装饰抹灰工程量按以下规定计算： ①外墙各种装饰抹灰均按图示尺寸以实抹面积计算。应扣除门窗洞口空圈的面积，其侧壁面积不另增加。 ②挑檐、天沟、腰线、栏杆、栏板、门窗套、窗台线、压顶等均按图示尺寸展开面积以平方米计算，并入相应的外墙面积内。 块料面层工程量按以下规定计算： ①墙面贴块料面层均按图示尺寸以实贴面积计算。 ②墙裙以高度在1500mm以内为准，超过1500mm时按墙面计算，高度低于300mm以内时，按踢脚板计算。
(六) 楼地面 1. 地面 地面垫层	 m^2 m^3	 82.83 4.97	混凝土垫层，1∶2水泥砂浆面层 $S_{净}$＋台阶平台部分＝80.31＋0.7×3.6＝82.83m^2 60mm厚C10混凝土垫层 82.83×0.06＝4.97m^3 [说明]　①混凝土台阶的平台和面层的区别 台阶面层包括踏步及最上一层踏步沿加300mm，剩下的部分为平台。 ②查看建施—1、建施—2，台阶尺寸为3.60×1.0 0.7＝1.0－0.3

续表

名　称	单位	工程量	计　算　式
(六) 楼地面			
1. 地面	m^2	82.83	$S_{净}=8.34\times11.04-[(8.10+10.80)\times2+(8.10-0.24)+(3.6-0.24)]\times0.24=80.31m^2$ 地面垫层按室内主墙间净空面积乘以设计厚度，以立方米计算。应扣除凸出地面的构筑物、设备基础、室内铁道、地沟等所占体积，不扣除柱、垛、间壁墙，附墙烟囱及面积在 $0.3m^2$ 以内孔洞所占体积。 整体面层、找平层均按主墙间净空面积以平方米计算。应扣除凸出地面构筑物、设备基础、室内管道、地沟等所占面积，不扣除柱、垛、间壁墙、附墙烟囱及面积在 $0.3m^2$ 以内的孔洞所占面积，但门洞、空圈、暖气包槽、壁龛的开口部分亦不增加
混凝土台阶	m^3	0.16	$3.6\times0.3\times0.15=0.16m^3$
2. 台阶	m^2	1.08	$3.60\times0.3=1.08m^2$
台阶垫层	m^3	0.06	$3.60\times0.3=1.08m^2$ $1.08\times0.06=0.06m^3$
3. 散水	m^2	39.16	($L_{外}$－台阶长)×散水宽＋4×散水宽×散水宽 $(38.76-3.6)\times1+4\times1\times1=39.16m^2$ [说明] 散水按外墙轴线以延长米计算。 楼地面工程量计算还有其他一些规定： ①踢脚板按延长米计算，洞口、空圈长度不予扣除，洞口、空圈、垛、附墙烟囱等侧壁长度亦不增加。 ②散水、防滑坡道按图示尺寸以平方米计算。 ③栏杆、扶手包括弯头长度按延长米计算。 ④防滑条按楼梯踏步两端距离减 300mm 以延长米计算。 ⑤明沟按图示尺寸以延长米计算
(七)屋面工程			
1. 保温找坡屋面	m^3	11.677	平均厚度$=\frac{1}{4}\times(8.34+1.2)\times3\%+\frac{1}{2}\times0.03$(最薄处厚度) $=0.087m\approx10cm$ 保温找坡层面积$=(8.34+1.2)\times(11.04+1.2)=116.77m^2$ $116.77\times0.1=11.677m^3$ [说明] 查看建施—2。屋面找平层以屋面的面积计算工程量，单位为 m^2，式中(8.34＋1.2)为屋面宽，(11.04＋1.2)为屋面长
2. 找平层	m^2	114.17	$(10.8+0.24+1.2-0.12)\times(8.1+0.24+1.2-0.12)=114.17m^2$
3. 三毡四油一砂	m^2	124.94	防水层面积$=114.17+(9.42\times2+12.12\times2)\times0.25=124.94m^2$ [说明] 防水层的工程量用面积表示，单位为 m^2。卷材屋面按图示尺寸的水平投影面积乘屋面坡度系数，以平方米计算。但不扣除房上的烟囱、风帽底座、风道、斜沟等所占面积，其弯起部分和天窗出檐部分重叠的面积，应按图示尺寸另算。如平屋面的女儿墙和天窗等弯起部分，图纸无规定时，伸缩缝、女儿墙可按 25cm，天窗部分可按 50cm，均应并入相应屋面工程量内计算。而各部位的附加物已包括在定额内，不得另计。式中 $116.77m^2$

续表

名　　称	单位	工程量	计　　算　　式
3. 三毡四油一砂	m^2	124.94	为屋面投影面积，0.25m 为女儿墙弯起部分高，(9.42＋12.12)×2 为女儿墙周长。 卷材屋面工程量按以下规定计算： ①卷材屋面按图示尺寸的水平投影面积乘以规定的坡度系数以平方米计算。但不扣除房上的烟囱、风帽底座、风道、屋面小气窗和斜沟等所占的面积，屋面的女儿墙、伸缩缝和天窗等处的弯起部分，按图示尺寸并入屋面工程量计算。如图纸无规定时，伸缩缝、女儿墙的弯起部分可按 250mm 计算，天窗弯起部分可按 500mm 计算。 ②卷材屋面的附加层、接缝、收头、找平层的嵌缝、冷底子油已计入定额内，不另计算
4. *DN*100 塑料水落管	m	16.88	水落管长度＝(4.17＋0.15－0.1)×4＝16.88m ［说明］ 查看建施—2
(八)脚手架工程			
1. 建筑脚手架	m^2	92.07	按建筑面积 $92.07m^2$。
2. 外墙脚手架			新建工程的外墙脚手架已包括在建筑工程综合脚手架内，不重复计算。
3. 内墙脚手架	m	11.22	按内墙净长以米计算。 ［说明］ $S=8.34\times11.04=92.07m^2$ 脚手架工程量计算一般规则： ①建筑物外墙脚手架，凡设计室外地坪至檐口(或女儿墙上表面)的砌筑高度在 15m 以下的按单排脚手架计算；砌筑高度在 15m 以上的或砌筑高度虽不足 15m，但外墙门窗及装饰面积超过外墙表面积 60％以上时，均按双排脚手架计算。采用竹制脚手架时，按双排计算。 ②建筑物内墙脚手架，凡设计室内地坪至顶板下表面(或山墙高度的 1/2 处)的砌筑高度在 3.6m以下的，按里脚手架计算；砌筑高度超过 3.6m 以上时，按单排脚手架计算。 ③石砌墙体，凡砌筑高度超过 1.0m 以上时，按外脚手架计算。 ④计算内、外墙脚手架时，均不扣除门窗洞口、空圈洞口等所占的面积。 ⑤同一建筑物高度不同时，应按不同高度分别计算。 ⑥现浇钢筋混凝土框架柱、梁按双排脚手架计算。 ⑦围墙脚手架，凡室外自然地坪至围墙顶面的砌筑高度在 3.6m 以下的，按里脚手架计算；砌筑高度超过 3.6m 以上时，按单排脚手架计算。 ⑧室内天棚装饰面距设计室内地坪在 3.6m 以上时，应计算满堂脚手架，计算满堂脚手架后，墙面装饰工程则不再计算脚手架。 ⑨滑升模板施工的钢筋混凝土烟囱、筒仓，不另计算脚手架。 ⑩砌筑贮仓，按双排外脚手架计算。 ⑪贮水(油)池、大型设备基础，凡距地坪高度超过 1.2m 以上的，均按双排脚手架计算。 ⑫整体满堂钢筋混凝土基础，凡其宽度超过 3m 以上时，按其底板面积计算满堂脚手架。 砌筑脚手架工程量计算： ①外脚手架按外墙外边线长度，乘以外墙砌筑高度以平方米计算，凸出墙外宽度在 24cm 以内的墙垛、附墙烟囱等不计算脚手架，宽度超过 24cm 以外时按图示尺寸展开计算，并入外脚手架工程量之内

续表

名称	单位	工程量	计算式
	m^2	124.94	②里脚手架按墙面垂直投影面积计算。 ③独立柱按图示柱结构外围周长另加3.6m，乘以砌筑高度以平方米计算，套用相应外脚手架定额。 现浇钢筋混凝土框架脚手架工程量计算： ①现浇钢筋混凝土柱，按柱图示周长尺寸另加3.6m，乘以柱高以平方米计算，套用相应外脚手架定额。 ②现浇钢筋混凝土梁、墙，按设计室外地坪或楼板上表面至楼板底之间的高度，乘以梁、墙净长以平方米计算，套用相应双排外脚手架定额。 装饰工程脚手架工程量计算： ①满堂脚手架，按室内净面积计算，其高度在3.6～5.2m之间时，计算基本层，超过5.2m时，每增加1.2m按增加一层计算，不足0.6m的不计。以算式表示如下： $$满堂脚手架增加层=\frac{室内净高度-5.2(m)}{1.2(m)}$$ ②挑脚手架，按搭设长度和层数，以延长米计算。 ③悬空脚手架，按搭设水平投影面积以平方米计算。 ④高度超过3.6m墙面装饰不能利用原砌筑脚手架时，可以计算装饰脚手架。装饰脚手架按双排脚手架乘以0.3计算。 其他脚手架工程量计算： ①水平防护架，按实际铺板的水平投影面积，以平方米计算。 ②垂直防护架，按自然地坪至最上一层横杆之间的搭设高度，乘以实际搭设长度，以平方米计算。 ③架空运输脚手架，按搭设长度以延长米计算。 ④烟囱、水塔脚手架，区别不同搭设高度，以座计算。 ⑤电梯井脚手架，按单孔以座计算。 ⑥斜道，区别不同高度以座计算。 ⑦砌筑贮仓脚手架，不分单筒或贮仓组均按单筒外边线周长，乘以设计室外地坪至贮仓上口之间高度，以平方米计算。 ⑧贮水(油)池脚手架，按外壁周长乘以室外地坪至池壁顶面之间高度，以平方米计算。 ⑨大型设备基础脚手架，按其外形周长乘以地坪至外形顶面边线之间高度，以平方米计算。 ⑩建筑物垂直封闭工程量按封闭面的垂直投影面积计算
(九)工程水电费	m^2	92.07	按建筑面积 $S=8.34\times11.04=92.07m^2$

混凝土构件钢筋用量表　　表3-1-2

构件名称		构造柱	内圈梁	外圈梁及挑檐	合计(m)
钢筋长度(m)	ϕ12	$l_d=0.42$ $(4.1+1.2-0.06+3\times0.012)\times4\times6=126.62m$ [说明] ①l_d——搭接长度 6——构造柱的根数	$(11.22+0.42+0.42\times4)\times4=53.28m$ [说明] $11.22=(8.1-0.24)+(3.6-0.24)$——内圈梁净长 $0.42\times4\times4$——内圈梁的总锚固长度	①$[2\times(10.8+0.42)+0.42\times4]\times4=96.48m$ [说明] 10.8×2——4-4剖面外圈梁的净长 2×0.42——4-4剖面外圈梁的搭接长度	388.7

续表

构件名称		构造柱	内圈梁	外圈梁及挑檐	合计(m)
钢筋长度(m)	ϕ12	4.1＋1.2－0.06＋3×0.012 ＝构造柱总长－保护层厚度＋3d (3d为弯钩增加长度) ②一般螺纹钢筋，焊接网片及焊接骨架可不必弯钩。对于光圆钢筋为了提高钢筋与混凝土的粘结力，两端要弯钩。其弯钩形式有半圆弯钩、直弯钩、斜弯钩三种，其弯钩增长值分别为6.25d、3d、4.9d 注：考虑到操作要求长度，ϕ6箍筋的弯钩长度单头按40mm计算，双头按80mm计算；ϕ8箍筋的弯钩长度单头按50mm计算、双头按100mm计算		②[(8.1＋0.42)×2＋0.42×4]×6＝112.32m [说明] 8.1×2——5-5剖面外圈梁的净长 0.42×2——5-5剖面外圈梁的搭接长度	388.7
钢筋长度(m)	ϕ8			③[2×(0.21＋0.37)＋10d]×$\left(\frac{10.8}{0.2}+1\right)$×2＝136.4m [说明]：　查看结施—5 $\left(\frac{10.8}{0.2}+1\right)$×2——$\phi$8@200的箍筋个数 2×(0.21＋0.37)＋0.08——1个箍筋的长度 ④[(0.84－0.045＋0.3－0.03)＋(0.1＋3.0×0.008)]×$\left(\frac{10.8}{0.2}+1\right)$×2＝130.79m [说明]　$\left(\frac{10.8}{0.2}+1\right)$×2——$\phi$8@200的总根数 0.84＝0.60＋0.24 0.045、0.03——两端保护层的厚度 3×0.008＝3d——末端弯钩增长值 ⑤[(0.37＋0.21)×2＋0.23＋0.09＋0.1]×$\left(\frac{8.1}{0.2}+1\right)$×2＝131.14m [说明]　考虑到操作要求长度，ϕ8箍筋的弯钩长度单头按0.05m计算，双头按0.1m计算，这就是式中0.1的来历。 (0.37＋0.21)×2＋0.23＋0.09＋0.1——1个ϕ8@200箍筋的长	525.46

续表

构件名称		构造柱	内圈梁	外圈梁及挑檐	合计(m)
钢筋长度(m)	ϕ8			$\left(\frac{8.1}{0.2}+1\right)\times2$——$\phi$8@200箍筋的总个数 ⑥$(0.72+0.3-0.045-0.03+0.1+3\times0.008)\times\left(\frac{8.1}{0.2}+1\right)\times2=88.73$m [说明] $\left(\frac{8.1}{0.2}+1\right)\times2$——总个数 $0.72=0.60+0.12$ $3\times0.008=3d$——末端弯钩增长值 0.045、0.03——保护层厚度 ⑦$1.95\times5\times4=38.4$m ——放射筋	525.46
钢筋长度(m)	ϕ6	$[(0.24-0.03)\times4+0.08]\times\left(\frac{5.3-0.25}{0.2}+1\right)\times6=144.9$m [说明] 考虑到操作要求长度，$\phi$6箍筋的弯钩长度单头按40mm计算，双头按80mm计算；这就是式中0.08的来历 0.03——保护层厚度 $[(0.24-0.03)\times4+0.08]$——1个箍筋的长度 $\left(\frac{5.3-0.25}{0.2}+1\right)\times6$——箍筋的总个数	$[2\times(0.25+0.24)+0.08-0.12]\times\left(\frac{11.22}{0.2}+1\right)=53.67$m [说明] $11.22=(8.1-0.24)+(3.6-0.24)$ $\frac{11.22}{0.2}+1$——箍筋的个数 钢筋长=箍筋个数×1个箍筋的长=箍筋个数×(梁截面周长−保护层厚度+弯钩增加值) 0.08为弯钩增加值	⑧$(14.24-0.03+0.075+0.210)\times6\times2=149.94$m [说明] $14.24=10.8+0.24+0.6+0.6$ ⑨$(9.54-0.03+0.075+0.210)\times6\times2=117.54$m [说明] $9.54=8.1+0.24+0.6+0.6$	466.05

构件名称		矩形梁 L-1	矩形梁 L-2	独立柱 2	合计(m)
钢筋长度(m)	ϕ20	②$2.5\times2=5$m	③$2\times1=2$m		7
钢筋长度(m)	ϕ18	$l_d=0.63$ ①$(8.34-0.05+0.3\times2+0.63)\times4=38.08$m [说明] $8.34=8.10+0.24$ 0.05——保护层厚度 0.3×2——1根ϕ18的钢筋两端直弯钩增加长度	①$(7.44-0.05+0.3\times2)\times3=23.07$m [说明] $7.44=3.6+3.6+0.24$ 0.05——保护层厚度 0.3×2——1根ϕ8的钢筋两端直弯钩增加长度	$(5.1+0.55-0.06+3.0\times0.018)\times4=22.58$m [说明] $3\times0.018=3d$——末端弯90°的弯钩增加长度	83.73
钢筋长度(m)	ϕ12	$l_d=0.42$ ②$(8.34-0.05+0.42)\times2=17.42$m [说明] 查看结施—2	②$(7.44-0.05)\times2=14.78$		32.2

续表

构件名称		矩形梁 L-1	矩形梁 L-2	独立柱 2	合计(m)
钢筋长度(m)	ϕ8	④$[2\times(0.47+0.22)+0.08]\times\left(\frac{8.34-2.5}{0.2}+1+\frac{2.5}{0.1}\right)=80.59$m [说明] 8.34＝8.1＋0.24 0.47＝0.50－0.03 （0.03为上下两层保护层的厚度） 0.22＝0.250－0.03 （0.03为上下两层保护层的厚度） 0.08——箍筋末端弯钩增加长度 $\frac{8.34-2.5}{0.2}+\frac{2.5}{0.1}+1$——箍筋的总个数	④$[2\times(0.37+0.22)+0.08]\times\left(\frac{5.44}{0.2}+\frac{2}{0.1}+1\right)$ ＝61.74m [说明] 查看结施—2 2×(0.37＋0.22)＋0.08——1个箍筋的长度 $\frac{5.44}{0.2}+\frac{2}{0.1}+1$——箍筋的总个数		142.33
	ϕ6			$(0.37\times4+0.08)\times\left(\frac{0.65}{0.1}+\frac{5.1-0.65}{0.2}+1\right)=48.36$m [说明] 0.37＝0.40－0.03 （0.03为保护层的厚度） 0.37×4＋0.08——1个箍筋的长 $\frac{0.65}{0.1}+\frac{5.1-0.65}{0.2}+1$——箍筋的总个数	48.36
	ϕ10			$\left[(2.1-0.05+6.25\times0.01)\times\left(\frac{2.1}{0.15}+1\right)\right]\times2=$ 63.78m	63.78

构件名称		雨　　篷	C20 地圈梁	合计(m)
钢筋长度(m)	ϕ22	①(3.24－0.05)×4＝12.76m [说明] 0.05——保护层厚度 3.24－0.05——1根 ϕ22 钢筋的净长		12.76
	ϕ10	③$(0.45+0.84-0.045+0.3+0.125-0.03+3.0\times0.01)\times\left(\frac{3.24}{0.15}+1\right)=37.97$m [说明] 0.84＝0.24＋0.60 0.3＝0.07＋0.23 3×0.01＝3d $\frac{3.24}{0.15}+1$——ϕ10 钢筋的根数		37.97

续表

构件名称		雨　　篷	C20 地圈梁	合计(m)
钢筋长度(m)	ϕ6	②$(3.24-0.03+0.27\times2+12.5\times0.006)\times\left(\frac{0.6}{0.2}+1\right)+(3.24-0.03+0.58\times2+12.5\times0.006)\times\left(\frac{0.3}{0.2}+1\right)=26.41$m	$\left(\frac{49.02}{0.3}+1\right)\times[(0.22+0.21)\times2+0.08]=154.54$m [说明]　查看结施—3 (0.22＋0.21)×2＋0.08——1 个箍筋的净长 0.22=0.25−0.03 0.21=0.24−0.03	180.95
		②$[(0.47+0.21)\times2+0.08]\times\left(\frac{3.24}{0.2}+1\right)=24.77$m [说明] $\frac{3.24}{0.2}+1$——箍筋的个数 (0.47＋0.21)×2＋0.08=(0.50−0.03)＋(0.24−0.03)×2＋0.08 0.08——箍筋末端弯钩增加长度		24.77
	ϕ12		地圈梁总长度 49.02m， ①4ϕ12：[49.02＋(0.42×6)]×4=206.16 [说明] 0.42——搭接长度	206.16

预制过梁钢筋

构件及编号	钢筋长度		
	ϕ12	ϕ8	ϕ6
GL-1　6 根		(2−0.03＋12.5×0.008)×2×6=24.84m [说明] 6——过梁的数量 12.5×0.008=12.5d——末端弯 180°时弯钩增长值 2——GL-1 的长度 0.03——保护层厚度	$(0.24-0.03)\times\left(\frac{2}{0.25}+1\right)\times6=11.34$m [说明] 0.24−0.03——1 根 ϕ6@250 筋的净长
GL-2　2 根		(1.5−0.03＋12.5×0.008)×2×2=6.28m	$(0.24-0.03)\times\left(\frac{1.5}{0.25}+1\right)\times2=2.94$m
GL-3　1 根	(2.9−0.03＋12.5×0.012)×2×1=6.04m		(2.9−0.03＋12.5×0.006)×2=5.89m $[2\times(0.24+0.18)-0.04]\times\left(\frac{2.9}{0.2}+1\right)=12.4$m

续表

构件及编号	钢筋长度		
	ϕ12	ϕ8	ϕ6
过梁合计 [说明] 1.007——预制构件制件工程量系数	6.04×1.007=6.08m	31.12×1.007=31.34m	32.57×1.007=32.8m
过梁钢筋重量	6.04×0.888+31.12×0.395+32.59×0.222=24.89kg		

工程量汇总表 **表 3-1-3**

序号	分项工程名称	单位	工程量
一、	钢筋重量汇总(现浇部分)		
	ϕ6:(180.95+48.36+466.05)×0.222=695.36×0.222	kg	154.37
	ϕ8:(525.46+142.33+24.77)×0.395=692.56×0.395	kg	273.56
	ϕ10:37.97×0.617+63.78×0.617=101.75×0.617	kg	62.78
	ϕ12:(206.16+388.7+32.2)×0.888=627.06×0.888	kg	556.83
	ϕ18:83.73×1.999	kg	167.38
	ϕ20:7×2.466	kg	17.26
	ϕ22:12.76×2.984	kg	38.08
	合计	kg	1270.26
二、	土石方工程		
1	人工挖沟槽(三、四类土)	m^3	128.45
2	人工挖地坑(三、四类土)	m^3	23.06
3	基础回填土	m^3	105.55
4	室内回填土	m^3	12.05
5	平整场地	m^2	185.59
6	C20 地圈梁	m^3	2.94
7	余土外运 1km	m^3	33.91
三、	砖石工程		
1	砖基础	m^3	17.755
2	砖砌内墙	m^3	7.22
3	砖砌外墙	m^3	25.929
4	附墙垛	m^3	0.684
四、	混凝土及钢筋混凝土工程		
1	独立柱基础	m^3	1.422
2	独立柱(断面周长<1800)	m^3	0.816
3	构造柱基础	m^3	0.24

续表

序 号	分项工程名称	单 位	工程量
4	构造柱	m^3	1.42
5	圈梁	m^3	4.01
6	矩形梁	m^3	1.70
7	现浇挑檐	m^3	2.55
8	现浇雨篷	m^3	0.181
9	C20 现浇雨篷过梁	m^3	0.39
10	预制过梁	m^3	0.561
11	预制构件钢筋	t	0.025
12	预应力空心板制作	m^3	6.048
13	(预应力空心板)钢筋	t	0.401
五、	构件运输与安装		
1	Ⅱ类构件 15km 运输(预应力空心板)	m^3	6.048
2	预应力空心板安装	m^3	6.048
3	过梁安装	m^3	0.561
六、	门窗工程		
1	单层玻璃窗	m^2	5.04
2	玻璃安装	m^2	5.04
3	一玻一纱窗	m^2	15.75
4	玻璃安装	m^2	15.75
5	半玻镶板门	m^2	6.2
6	玻璃安装	m^2	3.1
7	平开单层镶板门	m^2	9.3
8	门窗贴脸制安	m	67.6
七、	楼地面工程		
1	450mm 厚 C15 垫层	m^3	25.83
2	独立柱 C10 混凝土垫层	m^3	0.53
3	混凝土垫层水泥砂浆地面(1∶2)	m^2	82.83
4	地面垫层	m^3	4.97
5	混凝土台阶	m^3	0.16
6	台阶面层	m^2	1.08
7	台阶垫层	m^3	0.06
8	200mm 厚 C15 散水	m^2	39.16
八、	屋面工程		
1	结构层上找平层	m^2	114.17
2	珍珠岩保温找坡层(10cm)	m^3	11.677
3	填充料上找平层	m^2	114.17

续表

序　号	分项工程名称	单　位	工程量
4	二毡三油一砂卷材防水层	m^2	124.94
5	增加一毡一油卷材防水层	m^2	124.94
6	*DN*100 铸铁水落管	m	16.88
九、	抹灰工程		
1	内墙面石灰砂浆、纸筋灰两遍	m^2	205.22
2	混凝土柱石灰、纸筋灰砂浆两遍	m^2	6.16
3	石灰、纸筋灰砂浆抹预制板顶棚	m^2	96.43
4	石灰、纸筋灰砂浆抹现浇板顶棚	m^2	26.64
5	豆石水刷石外墙裙	m^2	41.57
6	普通水泥白石子水刷石外墙	m^2	98.11
7	普通水泥白石子水刷石零星项目	m^2	18.398
十、	脚手架工程	m^2	92.07
十一、	模板工程	m^2	192.25
十二、	工程水电费	m^2	92.07

2. 清单工程量计算（表 3-1-4）

清单工程量计算表 **表 3-1-4**

序号	项目编码	项目名称	项目特征描述	计量单位	工程量	计算公式
1	010101001001	平整场地	三类土	m^2	92.07	$S=(10.8+0.24)\times(8.1+0.24)=92.07m^2$
2	010101003001	挖基槽	带形基础，挖土深度 1.65m，垫层底宽 1.2 m，三类土，弃土外运 1km	m^3	86.11	$V=1.2\times(37.8+8.1-1.2+3.6-1.2+0.74)\times(1.65-0.15)=86.11m^3$
3	010101003002	挖独立柱地坑	挖土深度 1.65m，垫层底宽 2.3m，三类土，弃土外运 1km	m^3	7.94	$V=2.3\times2.3\times(1.65-0.15)=7.94m^3$
4	010101003003	挖基础土方	余土外运，运距 1km	m^3	33.91	挖土：$86.11+7.94=94.05m^3$ 回填：$48.09+12.05=60.14m^3$ 余土外运：$94.05-60.14=33.91m^3$
5	010103001001	基础回填土	夯填	m^3	48.09	$86.11+7.94-(17.755+26.36+1.66+0.4^2)\times0.85+0.24^2\times0.8=48.09m^3$
6	010103001002	室内回填土	夯填	m^3	12.05	$[(2.76+4.86)\times3.36+6.96\times7.86]\times0.15=12.05m^3$
7	010301001001	砖基础	MU10 普通砖，M5 水泥砂浆砌筑，带形基础，$H=1.2m$	m^3	17.76	$V=(1.65-0.45+0.394)\times0.24\times(16.2+3.36)+(1.65-0.45-0.656)\times0.24\times(21.6+7.86+0.74)-0.24$（构造柱基础）$-2.94$（地圈梁）$=17.755m^3$

续表

序号	项目编码	项目名称	项目特征描述	计量单位	工程量	计算公式
8	010302001001	砖外墙	MU7.5 普通砖，M5混合砂浆砌筑，H=4.1m	m³	26.61	($L_{中}$×墙高－外墙门窗洞面积)×墙厚－嵌入外墙构件体积 (37.8×4.1－25.05)×0.24－1.18(构造柱体积)－0.24×0.12×2×6(门窗过梁体积)－3.24×0.5×0.24(雨篷过梁体积)－3.34(圈梁体积)＋0.37×0.24×3.85×2(墙垛)＝26.61m³
9	010302001002	砖内墙	MU7.5 普通砖，M5混合砂浆砌筑，H=4.1m	m³	7.22	($L_{内}$×墙高－内墙门窗洞面积)×墙厚－嵌入内墙构件体积 (11.22×4.1－11.24)×0.24－0.211(门窗过梁体积)－0.236(构造柱体积)－0.67(圈梁体积)＝7.22m³
10	010401006001	混凝土垫层	砖基础C15混凝土垫层，厚450mm 独立柱基础C15混凝土垫层，厚100mm	m³	26.36	1.2×0.45×(37.8＋8.1－1.2＋3.6－1.2＋0.74)＋2.3×2.3×0.1＝26.36m³
11	010401002001	独立基础	C20钢筋混凝土独立柱基础及构造柱基础(6根)	m³	1.66	0.4×0.4×0.25×6＋(2.1×2.1＋0.5×0.5＋2.6×2.6)×$\frac{0.4}{6}$＋2.1×2.1×0.15＝1.66m³
12	010402001001	矩形独立柱	现浇C20混凝土矩形独立柱，截面尺寸为0.4m×0.4m，H=5.1m	m³	0.82	0.4×0.4×5.10＝0.82m³
13	010403004001	地圈梁	现浇C20混凝土地圈梁，截面尺寸0.24m×0.25m	m³	2.94	[(8.1×2＋8.1－0.24)＋10.8×2＋(3.6－0.24)]×0.24×0.25＝2.94m³
14	010403004002	圈梁	现浇C20混凝土圈梁，截面尺寸0.24m×0.4m，外墙	m³	3.34	0.24×0.4×21.6＋(0.24×0.4－0.12×0.15)×16.2＝3.34m³
15	010403004003	圈梁	现浇C20混凝土圈梁，截面尺寸0.24m×0.25m，内墙	m³	0.67	0.24×0.25×11.22＝0.67m³
16	010403002001	矩形梁	现浇C20混凝土矩形梁，L－1截面尺寸0.25m×0.5m	m³	0.99	0.25×0.5×(8.34－0.4)＝0.99m³
17	010403002002	矩形梁	现浇C20混凝土矩形梁，L－2截面尺寸0.25m×0.4m	m³	0.70	0.25×0.4×(7.44－0.4)＝0.70m³
18	010402001002	矩形构造柱	现浇C20混凝土构造柱，6根，截面尺寸0.24m×0.24m	m³	1.42	0.24×0.24×(4.1＋1.2－0.25)×6＝1.42m³

续表

序号	项目编码	项目名称	项目特征描述	计量单位	工程量	计算公式
19	010405007001	挑檐板	现浇 C20 混凝土桃檐板	m^3	2.55	($L_{外}$+4×挑檐宽)×挑檐宽×平均厚度=[38.7+4×(0.6+0.3)]×(0.6+0.3)×$\frac{0.6\times0.07+0.23\times0.06}{0.6+0.23}$=2.55$m^3$
20	010403005001	雨篷过梁	现浇 C20 混凝土雨篷过梁，截面尺寸 0.5m×0.24m	m^3	0.39	3.24×0.5×0.24=0.39m^3
21	010405008001	雨篷	现浇 C20 混凝土雨篷	m^3	0.18	(0.6×0.07+0.23×0.06)×3.24=0.18m^3
22	010412002001	预应力空心板	先张法预应力空心板，0.126m^3/块，C20 混凝土，运距 15km	m^3	6.05	0.126×48=6.05m^3
23	010410003001	预制过梁	预制过梁 GL-1 制作安装，单件体积 0.0576m^3，C20 混凝土，6 根	m^3	0.35	0.24×0.12×2×6=0.35m^3
24	010410003002	预制过梁	预制过梁 GL-2 制作安装，单件体积 0.0432m^3，C20 混凝土，2 根	m^3	0.09	0.24×0.12×1.5×2=0.09m^3
25	010410003003	预制过梁	预制过梁 GL-3 制作安装，单件体积 0.125m^3，C20 混凝土，1 根	m^3	0.125	0.24×0.18×2.9×1=0.125m^3
26	010407002001	散水	C15 混凝土散水，宽 1m，厚度为 80mm	m^2	39.16	($L_{外}$-台阶长)×散水宽+4×散水宽×散水宽 (38.76-3.6)×1+4×1×1=39.16m^2
27	010416001001	现浇混凝土钢筋	现浇混凝土构件钢筋制作安装，ϕ6、ϕ8、ϕ10 三种规格	t	0.491	ϕ6：(180.95+48.36+466.05)×0.222=154.37kg ϕ8：(525.46+142.33+24.77)×0.395=273.56kg ϕ10：(37.97+63.78)×0.617=62.78kg 合计：154.37+273.56+62.78=490.71kg=0.491t
28	010416001002	现浇混凝土钢筋	现浇混凝土构件钢筋制作安装，ϕ12、ϕ18、ϕ20、ϕ22 四种规格	t	0.780	ϕ12：(206.16+388.7+32.2)×0.888=556.83kg ϕ18：83.73+1.999=167.38kg ϕ20：7×2.466=17.26kg ϕ22：12.76×2.984=38.08kg 合计：556.83+167.38+17.26+38.08=779.55=0.780t

续表

序号	项目编码	项目名称	项目特征描述	计量单位	工程量	计算公式
29	010416002001	预制构件钢筋	预制过梁钢筋制作安装，ϕ8、ϕ6	t	0.020	ϕ6：32.57×0.222=7.23kg ϕ8：31.12×0.395=12.29kg 合计：7.23+12.29=19.52=0.020t
30	010416002002	预制构件钢筋	预制过梁钢筋制作安装，ϕ12	t	0.005	ϕ12：6.04×0.888=5.36=0.005t
31	010416005001	先张法预应力钢筋	预应力空心板先张法预应力钢筋制作安装，ϕ10 以内	t	0.308	50.90×6.048=307.84=0.308t
32	010416005002	先张法预应力钢筋	预应力空心板先张法预应力钢筋制作安装，ϕ10 以外	t	0.093	15.40×6.048=93.14=0.093t
33	010702001001	屋面卷材防水	屋面三毡四油一砂防水层，填充料上1∶3水泥砂浆找平层	m^2	124.94	(10.8+0.24+1.2−0.12)×(8.1+0.24+1.2−0.12)+(9.42×2+12.12×2)×0.25=124.94m^2
34	010702004001	屋面排水管	四角设水斗、水口、ϕ100 塑料水落管	m	16.88	(4.1+0.07+0.15−0.1)×4=16.88m 式中 0.07——板厚 0.1——水管距地面的距离
35	010803001001	保温隔热屋面	现浇水泥珍珠岩找坡保温层，1∶3水泥砂浆找平层，找坡层最薄处厚度为30mm	m^2	116.77	(8.34+1.2)×(11.04+1.2)=116.77m^2
36	020101001001	水泥砂浆楼地面	60mm 厚 C10 混凝土垫层，20mm 厚1∶2水泥砂浆面层	m^2	82.83	$S_{净}$+台阶平台部分=80.31+0.7×3.6=82.83m^2 其中 $S_{净}$=8.34×11.04−[(8.10+10.80)×2+(8.10−0.24)+(3.60−0.24)]×0.24=80.31m^2
37	010407001002	其他构件	现浇 C20 混凝土台阶制作	m^2	1.08	台阶按水平投影面积计算 3.6×0.3=1.08m^2
38	020108003001	水泥砂浆台阶面	20mm 厚，1∶2水泥砂浆台阶面，60mm 厚 C10 混凝土垫层	m^2	1.08	按设计图示尺寸以台阶(包括最上层踏步边沿加 300mm)水平投影面积计算 3.6×0.3=1.08m^2
39	020201001001	内墙面抹灰	砖墙面抹中等石灰砂浆，纸筋灰罩面两遍，106 涂料两遍	m^2	205.22	内墙面：(11.22×4.1−11.24)×2+[(7.86+10.56)×2×4.1−25.05]=201.52m^2 附墙垛：0.24×3.85×2×2=3.70m^2 201.52+3.70=205.22m^2

续表

序号	项目编码	项目名称	项目特征描述	计量单位	工程量	计算公式
40	020201002001	外墙面装饰抹灰	外砖墙面刷普通水泥白石子水刷石	m^2	98.11	$L_外$×外墙高－门窗洞－外墙裙面积 38.76×(4.1＋0.15)－25.05－41.57＝98.11m^2 式中 38.76——外墙外边线 41.57——外墙裙面积 25.05——外墙门窗洞总面积
41	020201002002	墙裙装饰抹灰	外砖墙墙裙刷普通水泥豆石水刷石	m^2	41.57	$L_外$×(墙裙高＋室内外高差)－外墙门窗洞面积 38.76×(1＋0.15)－1.5×1×2＝41.57m^2 式中 1.5×1×2——两扇门在相对标高1.00以下的面积
42	020202001001	柱面一般抹灰	混凝土独立柱抹石灰砂浆	m^2	6.16	4×0.4×3.85＝6.16m^2 式中 3.85＝4.1－0.25(圈梁高)
43	020203002001	零星项目装饰抹灰	挑檐立面、雨篷立面、窗台线刷水刷石	m^2	18.40	按设计图示尺寸以面积计算 挑檐立面＝(10.8＋0.24＋1.2＋8.1＋0.24＋1.2)×2×0.3＝13.07m^2 雨篷立面＝(3.24＋0.6×2)×0.3＝1.33m^2 窗台线＝(1.7×5＋2.6)×0.36＝4.0m^2 零星水刷石合计： 13.07＋1.33＋4.0＝18.40m^2
44	020301001001	天棚抹灰	抹混合砂浆底层，纸筋灰浆面层	m^2	96.43	(10.8－0.24)×(8.1－0.24)＋(8.1－0.24)×0.5×2＋(7.2－0.24)×0.4×2＝96.43m^2
45	020203001001	零星项目一般抹灰	挑檐底、雨篷底抹混合砂浆底层，纸筋灰浆面层	m^2	26.64	挑檐底＝(11.04＋8.34)×0.6×2＋0.6^2×4＝27.70m^2 雨篷底＝3.24×0.6＝1.944m^2 零星水刷石合计： 24.70＋1.944＝26.64m^2
46	020401001001	镶板木门	平开单层镶板门M－1，框截面尺寸为1.5m×3.1m	m^2	9.30	1.5×3.1×2＝9.30m^2
				樘	2	
47	020401001001	镶板木门	半玻璃镶板门M－2，框截面尺寸为1.0m×3.1m	m^2	6.2	1.0×3.1×2＝6.20m^2
				樘	2	
48	020405001001	木质平开窗	木质一玻一纱平开窗C－1制作安装，框截面尺寸为1.5m×2.1m	m^2	15.75	1.5×2.1×5＝15.75m^2
				樘	5	

续表

序号	项目编码	项目名称	项目特征描述	计量单位	工程量	计算公式
49	020405001002	木质平开窗	木质单层玻璃窗C—2制作安装，框截面尺寸为2.4m×2.1m	m^2	5.04	2.4×2.1×1=5.04m^2
				樘	1	
50	020407004001	门窗木贴脸	采用板条木贴脸，宽度30mm	m^2	1.95	贴脸长=(1.5+3.1×2)×2+(1.0+3.1×2)×2+(1.5+2.1×2)×5+(2.4+2.1×2)×1=64.9m 贴脸=64.9×0.03=1.95m^2
51	AB001	建筑脚手架	单层建筑，檐高4.5m	m^2	92.07	单层建筑脚手架按建筑面积以平方米计算 8.34×11.04=92.07m^2
52	BB001	内墙脚手架	内墙装饰，墙高4.1m	m	11.22	内墙脚手架按内墙净长以米计算，如内墙装修墙面局部超高，按超高部分的内墙净长度计算 内墙净长=11.22m
53	BB002	工程水电费	单层砖混结构，檐高4.5m	m^2	92.07	按建筑面积计，8.34×11.04=92.07m^2
54	AB003	基础模板	现浇混凝土构造柱、独立柱基础，断面尺寸分别为0.4m×0.4m,2.1m×2.1m	m^2	8.29	计算方法同定额
55	AB004	现浇梁模板	地圈梁截面： 0.24m×0.25m 圈梁截面： 内墙上0.25m×0.24m 外墙上0.4m×0.24m 矩形梁截面：L-1为0.5m×0.25m L-2为0.4m×0.25m	m^2	115.27	计算方法同定额
56	AB005	现浇雨篷过梁模板	雨篷过梁截面为0.5m×0.24m	m^2	4.02	计算方法同定额
57	AB006	预制过梁模板	现场预制过梁截面： GL—1： 0.24m×0.12m GL—2： 0.24m×0.12m GL—3： 0.24m×0.18m	m^2	9.50	计算方法同定额
58	AB007	现浇雨篷模板	雨篷立板高0.23m	m^2	4.29	计算方法同定额
59	AB008	现浇挑檐模板	挑檐立板高0.23m	m^2	42.72	
60	AB009	独立柱模板	独立柱截面尺寸为0.4m×0.4m	m^2	8.16	计算方法同定额

三、工程量清单编制示例

工程量清单编制见表 3-1-5～表 3-1-14。

某机修厂 工程

工 程 量 清 单

招 标 人：________________
(单位盖章)

工程造价
咨 询 人：________________
(单位资质专用章)

法定代表人
或其授权人：________________
(签字或盖章)

法定代表人
或其授权人：________________
(签字或盖章)

编 制 人：________________
(造价人员签字盖专用章)

复 核 人：________________
(造价工程师签字盖专用章)

编制时间：××××年××月××日

复核时间：××××年××月××日

总　说　明

工程名称：某机修厂工程　　　　　　　　　　　　　　第　页　共　页

1. 工程概况：本工程为重庆市九龙坡区某机修厂，单层砖混结构。
2. 工程招标和分包范围：
3. 工程量清单编制依据：
施工图号：建施—1～2，结施—1～5。
4. 其他说明：施工企业为一级取费标准，本工程为五类建筑工程。
本工程不含远地施工增加费和施工队伍迁移费。

分部分项工程量清单与计价表

表 3-1-5

工程名称：某机修厂工程　　　　标段：　　　　　　　　第　页共　页

序号	项目编码	项目名称	项目特征描述	计量单位	工程量	金额(元)		
						综合单价	合价	其中：暂估价
1	010101001001	平整场地	三类土	m^2	92.07			
2	010101003001	挖基槽	带形基础，挖土深度 1.65m，垫层底宽 1.2m，三类土，弃土外运 1km	m^3	86.11			
3	010101003002	挖独立柱地坑	挖土深度 1.65m，垫层底宽 2.3m，三类土，弃土外运 1km	m^3	7.94			
4	010101003003	挖基础土方	余土外运，运距 1km	m^3	33.91			
5	010103001001	基础回填土	夯填	m^3	48.09			
6	010103001002	室内回填土	夯填	m^3	12.05			
			A.3　砌筑工程					
7	010301001001	砖基础	MU10 普通砖，M5 水泥砂浆砌筑，带形基础，$H=1.2$m	m^3	17.76			
8	010302001001	砖外墙	MU7.5 普通砖，M5 混合砂浆砌筑，$H=4.1$m	m^3	26.61			
9	010302001002	砖内墙	MU7.5 普通砖，M5 混合砂浆砌筑，$H=4.1$m	m^3	7.22			
			A.4　混凝土及钢筋混凝土工程					
10	010401006001	混凝土垫层	砖基础 C15 混凝土垫层，厚 450mm 独立柱基础 C15 混凝土垫层，厚 100mm	m^3	26.36			

续表

序号	项目编码	项目名称	项目特征描述	计量单位	工程量	金额(元)		
						综合单价	合价	其中：暂估价
11	010401002001	独立基础	C20钢筋混凝土独立柱基础及6根构造柱基础	m^3	1.66			
12	010402001001	矩形独立柱	现浇C20混凝土矩形独立柱，截面尺寸为0.4m×0.4m，H=5.1m	m^3	0.82			
13	010403004001	地圈梁	现浇C20混凝土地圈梁，截面尺寸为0.24m×0.25m	m^3	2.94			
14	010403004002	圈梁	现浇C20混凝土圈梁，截面尺寸为0.24m×0.4m，设在外墙	m^3	3.34			
15	010403004003	圈梁	现浇C20混凝土圈梁，截面尺寸为0.24m×0.25m，设在内墙	m^3	0.67			
16	010403002001	矩形梁	现浇C20混凝土矩形梁，L-1截面尺寸为0.25m×0.5m	m^3	0.99			
17	010403002002	矩形梁	现浇C20混凝土矩形梁，L-2截面尺寸0.25m×0.4m	m^3	0.70			
18	010402001002	矩形构造柱	现浇C20混凝土构造柱，6根，截面尺寸0.24m×0.24m	m^3	1.42			
19	010405007001	挑檐板	现浇C20混凝土挑檐板	m^3	2.55			
20	010403005001	雨篷过梁	现浇C20混凝土雨篷过梁，截面尺寸0.5m×0.24m	m^3	0.39			
21	010405008001	雨篷	现浇C20混凝土雨篷	m^3	0.18			
22	010412002001	预应力空心板	先张法预应力空心板，0.126m^3/块，C20混凝土，运距15km	m^3	6.05			
23	010410003001	预制过梁	预制过梁GL－1制作安装，单件体积0.0576m^3，C20混凝土，6根	m^3	0.35			
24	010410003002	预制过梁	预制过梁GL－2制作安装，单件体积0.0432m^3，C20混凝土，2根	m^3	0.09			
25	010410003003	预制过梁	预制过梁GL－3制作安装，单件体积0.125m^3，C20混凝土，1根	m^3	0.125			

续表

序号	项目编码	项目名称	项目特征描述	计量单位	工程量	金额(元)		
						综合单价	合价	其中：暂估价
26	010407002001	散水	C15 混凝土散水，宽 1m，厚度为 80mm	m^2	39.16			
27	010416001001	现浇混凝土钢筋	现浇混凝土构件钢筋制作安装，$\phi6$、$\phi8$、$\phi10$ 三种规格	t	0.491			
28	010416001002	现浇混凝土钢筋	现浇混凝土构件钢筋制作安装，$\phi12$、$\phi18$、$\phi20$、$\phi22$ 四种规格	t	0.780			
29	010416002001	预制构件钢筋	预制过梁钢筋制作安装，$\phi8$、$\phi6$	t	0.020			
30	010416002002	预制构件钢筋	预制过梁钢筋制作安装，$\phi12$	t	0.005			
31	010416005001	先张法预应力钢筋	预应力空心板先张法预应力钢筋制作安装，$\phi10$ 以内	t	0.308			
32	010416005002	先张法预应力钢筋	预应力空心板先张法预应力钢筋制作安装，$\phi10$ 以外	t	0.093			
			A.7 屋面及防水工程					
33	010702001001	屋面卷材防水	屋面三毡四油一砂防水层，填充料上 1∶3 水泥砂浆找平层	m^2	124.94			
34	010702004001	屋面排水管	四角设水斗、水口、$\phi100$ 塑料水落管	m	16.88			
			A.8 防腐、隔热、保温工程					
35	010803001001	保温隔热屋面	现浇水泥珍珠岩找坡保温层，1∶3 水泥砂浆找平层，找坡层最薄处厚度为 30mm	m^2	116.77			
			B.1 楼地面工程					
36	020101001001	水泥砂浆楼地面	60mm 厚 C10 混凝土垫层，20mm 厚 1∶2 水泥砂浆面层	m^2	82.83			
37	010407001001	其他构件	现浇 C20 混凝土台阶制作	m^2	1.08			
38	020108003001	水泥砂浆台阶面	20mm 厚 1∶2 水泥砂浆台阶面，60mm 厚 C10 混凝土垫层	m^2	1.08			
			B.2 墙、柱面工程					
39	020201001001	内墙面抹灰	砖墙面抹中等石灰砂浆，纸筋灰罩面两遍，106 号涂料两遍	m^2	205.22			

续表

序号	项目编码	项目名称	项目特征描述	计量单位	工程量	金额(元)		
						综合单价	合价	其中：暂估价
40	020201002001	外墙面装饰抹灰	外砖墙面刷普通水泥白石子水刷石	m^2	98.11			
41	020201002002	墙裙装饰抹灰	外砖墙墙裙刷普通水泥豆石水刷石	m^2	41.57			
42	020202001001	柱面一般抹灰	混凝土独立柱抹石灰砂浆	m^2	6.16			
43	020203002001	零星项目装饰抹灰	挑檐立面、雨篷立面、窗台线刷水刷石	m^2	18.40			
			B.3 天棚工程					
44	020301001001	天棚抹灰	抹混合砂浆底层，纸筋灰浆面层	m^2	96.43			
45	020203001001	零星项目一般抹灰	挑檐底、雨篷底抹混合砂浆底层，纸筋灰浆面层	m^2	26.64			
			B.4 门窗工程					
46	020401001001	镶板木门	平开单层镶板门M—1，框截面尺寸为1.5m×3.1m	樘	2			
47	020401001002	镶板木门	半玻璃镶板门M—2，框截面尺寸为1.0m×3.1m	樘	2			
48	020405001001	木质平开窗	木质一玻一纱平开窗C—1制作安装，框截面尺寸为1.5m×2.1m	樘	5			
49	020405001002	木质平开窗	木质单层玻璃窗C—2制作安装，框截面尺寸为2.4m×2.1m	樘	1			
50	020407004001	门窗木贴脸	采用板条木贴脸，宽度30mm	m^2	1.95			
			本页小计					
			合　计					

措施项目清单与计价表(一) 　　**表 3-1-6**

工程名称：某机修厂工程　　　　标段：　　　　第　页　共　页

序号	项目名称	计算基础	费率(%)	金额(元)
1	安全文明施工费			
2	夜间施工费			
3	二次搬运费			

续表

序号	项目名称	计算基础	费率(%)	金额(元)
4	冬雨季施工			
5	大型机械设备进出场及安拆费			
6	施工排水			
7	施工降水			
8	地上、地下设施、建筑物的临时保护设施			
9	已完工程及设备保护			
合　计				

措施项目清单与计价表(二)　　**表 3-1-7**

工程名称：某机修厂工程　　标段：　　第　页　共　页

序号	项目编码	项目名称	项目特征描述	计算单位	工程量	金额(元)	
						综合单价	合价
1	AB001	建筑脚手架	单层建筑，檐高 4.5m	m^2	92.07		
2	BB001	内墙脚手架	内墙装饰，墙高 4.1m	m	11.22		
3	AB002	工程水电费	单层砖混结构，檐高 4.5m	m^2	92.07		
4	AB003	基础模板	现浇混凝土构造柱，独立柱基础，断面尺寸分别为 0.4m×0.4m，2.1m×2.1m	m^2	115.27		
5	AB004	现浇梁模板	地圈梁截面：0.24m×0.25m 圈梁截面： 内墙上　0.25m×0.24m 外墙上　0.4m×0.24m 矩形梁截面： L—1 为 0.5m×0.25m L—2 为 0.4m×0.25m	m^2	115.27		
6	AB005	现浇雨篷过梁模板	雨篷过梁截面：0.5m×0.24m	m^2	4.02		
7	AB006	预制过梁模板	现场预制过梁截面： GL—1：0.24m×0.12m GL—2：0.24m×0.12m GL—3：0.24m×0.18m	m^2	9.50		
8	AB007	现浇雨篷模板	雨篷立板高 0.23m	m^2	4.29		
9	AB008	现浇挑檐模板	挑檐立板高 0.23m	m^2	42.72		
10	AB009	独立柱模板	独立柱截面尺寸为 0.4m×0.4m	m^2	8.16		
本页小计							
合　计							

其他项目清单与计价汇总表 **表 3-1-8**

工程名称：某机修厂工程 标段： 第 页 共 页

序号	项目名称	计量单位	金额(元)	备注
1	暂列金额	项		
2	暂估价			
2.1	材料暂估价			
2.2	专业工程暂估价	项		
3	计日工			
4	总承包服务费			
5				
	合 计			—

暂列金额明细表 **表 3-1-9**

工程名称：某机修厂工程 标段： 第 页 共 页

序号	项目名称	计量单位	暂定金额(元)	备注
1				
2				
	合 计			—

材料暂估单价表 **表 3-1-10**

工程名称：某机修厂工程 标段： 第 页 共 页

序号	材料名称、规格、型号	计量单位	单价(元)	备注

专业工程暂估价表 **表 3-1-11**

工程名称：某机修厂工程 标段： 第 页 共 页

序号	工程名称	工程内容	金额(元)	备注
	合 计			—

计日工表 **表 3-1-12**

工程名称：某机修厂工程 标段： 第 页 共 页

编号	项目名称	单位	暂定数量	综合单价(元)	合价(元)
一	人工				
1					
2					
	人工小计				

续表

编号	项目名称	单位	暂定数量	综合单价(元)	合价(元)
二	材料				
1					
2					
材料小计					
三	施工机械				
1					
2					
施工机械小计					
总　计					

总承包服务费计价表　　**表 3-1-13**

工程名称：某机修厂工程　　标段：　　第　页　共　页

序号	项目名称	项目价值(元)	服务内容	费率(%)	金额(元)
1	发包人发包专业工程				
2	发包人供应材料				
合　计					

规费、税金项目清单与计价表　　**表 3-1-14**

工程名称：某机修厂工程　　标段：　　第　页　共　页

序号	项目名称	计算基础	费率(%)	金额(元)
1	规费			
1.1	工程排污费			
1.2	社会保障费			
(1)	养老保险费			
(2)	失业保险费			
(3)	医疗保险费			
1.3	住房公积金			
1.4	危险作业意外伤害保险			
1.5	工程定额测定费			
2	税金	分部分项工程费＋措施项目费＋其他项目费＋规费		
合　计				

四、投标报价编制示例

投标报价编制见表 3-1-15～表 3-1-28。

投 标 总 价

招　标　　人：

工 程 名 称：某机修厂工程

投标总价(小写)：140675 元

(大写)：拾肆万零陆佰柒拾伍元

投　标　　人：

(单位盖章)

法定代表人

或其授权人：

(签字或盖章)

编　制　　人：

(造价人员签字盖专用章)

编 制 时 间：××××年××月××日

总说明

工程名称：某机修厂工程　　　　第　页　共　页

1. 工程概况：本工程为重庆市九龙坡区某机修厂，单层砖混结构。
2. 投标报价包括范围：为本次招标的厂房工程施工图建筑范围内的建筑二程和安装工程。
3. 投标报价编制依据：

(1)招标文件及其所提供的工程量清单和有关报价的要求，招标文件的补充通知和答疑纪要。

(2)厂房工程施工图及投标施工组织设计。

(3)参照《建设工程工程量清单计价规范》GB 50500—2008 以及《北京市建设工程预算定额》进行计算。

(4)材料价格根据本公司掌握的价格情况并参照工程所在地工程造价管理机构××××年×月工程造价信息发布的价格。

工程项目投标报价汇总表

表 3-1-15

工程名称：某机修厂工程　　　　标段：　　　　第　页　共　页

序号	单项工程名称	金额(元)	其中		
			暂估价(元)	安全文明施工费(元)	规费(元)
1	某机修厂工程	140675		5424	14922
合　计		140675		5424	14922

单项工程投标报价汇总表

表 3-1-16

工程名称：某机修厂工程　　　　标段：　　　　第　页　共　页

序号	单项工程名称	金额(元)	其中		
			暂估价(元)	安全文明施工费(元)	规费(元)
1	某机修厂工程	140675		5424	14922
合　计		140675		5424	14922

单位工程投标报价汇总表　　表 3-1-17

工程名称：某机修厂工程　　标段：　　第　页　共　页

序号	汇总内容	金额(元)	其中：暂估价(元)
1	分部分项工程	104787.39	
1.1	A.1　土(石)方工程	4999.04	
1.2	A.3　砌筑工程	12697.58	
1.3	A.4　混凝土及钢筋混凝土工程	29892.45	
1.4	A.7　屋面及防水工程	6798.94	
1.5	A.8　防腐、隔热、保温工程	4188.54	
1.6	B.1　楼地面工程	2719.62	
1.7	B.2　墙、柱面工程	22289.31	
1.8	B.3　天棚工程	3601.03	
1.9	B.4　门窗工程	17600.88	
2	措施项目	16326.67	—
2.1	安全文明施工费	5423.58	—
3	其他项目		—
3.1	暂列金额		—
3.2	专业工程暂估价		—
3.3	计日工		—
3.4	总承包服务费		—
4	规费	14921.96	—
5	税金	4638.83	—
投标报价合计=1+2+3+4+5		140674.85	

分部分项工程量清单计价表　　表 3-1-18

工程名称：某机修厂工程　　标段：　　第　页　共　页

序号	项目编码	项目名称	项目特征描述	计量单位	工程量	金额(元)		
						综合单价	合价	其中：暂估价
			A.1. 土(石)方工程				3472.44	
1	010101001001	平整场地	三类土	m^2	92.07	1.5	138.11	
2	010101003001	挖基槽	带形基础，挖土深度1.65m，垫层底宽1.2m，三类土，弃土外运1km	m^3	86.11	26.84	2311.19	
3	010101003002	挖独立柱地坑	挖土深度1.65m，垫层底宽2.3m，三类土，弃土外运1km	m^3	7.94	54.48	432.57	
4	010101003003	挖基础土方	余土外运，运距1km	m^3	33.91	28.93	981.02	
5	010103001001	基础回填土	夯填	m^3	48.09	21.20	1019.51	

续表

序号	项目编码	项目名称	项目特征描述	计量单位	工程量	金额(元)		
						综合单价	合价	其中：暂估价
6	010103001002	室内回填土	夯填	m^3	12.05	9.68	116.64	
			A.3 砌筑工程					
7	010301001001	砖基础	MU10 普通砖，M5 水泥砂浆砌筑，带形基础，$H=1.2m$	m^3	17.76	234.48	4164.36	
8	010302001001	砖外墙	MU7.5 普通砖，M5 混合砂浆砌筑，$H=4.1m$	m^3	26.61	253.41	6743.24	
9	010302001002	砖内墙	MU7.5 普通砖，M5 混合砂浆砌筑，$H=4.1m$	m^3	7.22	247.92	1789.98	
			A.4 混凝土及钢筋混凝土工程					
10	010401006001	混凝土垫层	砖基础 C15 混凝土垫层，厚 450mm 独立柱基础 C15 混凝土垫层，厚 100mm	m^3	26.36	303.81	8008.43	
11	010401002001	独立基础	C20 钢筋混凝土独立柱基础及 6 根构造柱基础	m^3	1.66	331.51	550.31	
12	010402001001	矩形独立柱	现浇 C20 混凝土矩形独立柱，截面尺寸为 $0.4m\times0.4m$，$H=5.1m$	m^3	0.82	354.72	290.87	
13	010403004001	地圈梁	现浇 C20 混凝土地圈梁，截面尺寸为 $0.24m\times0.25m$	m^3	2.94	377.66	1110.32	
14	010403004002	圈梁	现浇 C20 混凝土圈梁，截面尺寸为 $0.24m\times0.4m$，设在外墙	m^3	3.34	377.66	1261.38	
15	010403004003	圈梁	现浇 C20 混凝土圈梁，截面尺寸为 $0.24m\times0.25m$，设在内墙	m^3	0.67	377.66	253.03	
16	010403002001	矩形梁	现浇 C20 混凝土矩形梁，L-1 截面尺寸为 $0.25m\times0.5m$	m^3	0.99	344.69	341.24	
17	010403002002	矩形梁	现浇 C20 混凝土矩形梁，L-2 截面尺寸为 $0.25m\times0.4m$	m^3	0.70	344.69	241.28	
18	010402001002	矩形构造柱	现浇 C20 混凝土构造柱，6 根，截面尺寸为 $0.24m\times0.24m$	m^3	1.42	375.48	533.18	
19	010405007001	挑檐板	现浇 C20 混凝土挑檐板	m^3	2.55	373.05	951.28	
20	010403005001	雨篷过梁	现浇 C20 混凝土雨篷过梁，截面尺寸为 $0.5m\times0.24m$	m^3	0.39	377.66	147.29	

续表

序号	项目编码	项目名称	项目特征描述	计量单位	工程量	金额(元)		
						综合单价	合价	其中：暂估价
21	010405008001	雨篷	现浇C20混凝土雨篷	m^3	0.18	384.88	69.28	
22	010412002001	预应力空心板	先张法预应力空心板，0.126 m^3/块，C20混凝土，运距15km	m^3	6.05	1311.04	7931.79	
23	010410003001	预制过梁	预制过梁GL－1制作安装，单件体积0.0576m^3，C20混凝土，6根	m^3	0.35	427.97	149.79	
24	010410003002	预制过梁	预制过梁GL－2制作安装，单件体积0.0432m^3，C20混凝土，2根	m^3	0.09	427.97	38.52	
25	010410003003	预制过梁	预制过梁GL－3制作安装，单件体积0.125m^3，C20混凝土，1根	m^3	0.125	427.97	53.50	
26	010407002001	散水	C15混凝土散水，宽1m，厚度为80mm	m^2	39.16	28.26	1106.66	
27	010416001001	现浇混凝土钢筋	现浇混凝土构件钢筋制作安装，$\phi6$、$\phi8$、$\phi10$三种规格	t	0.491	4021.85	1974.73	
28	010416001002	现浇混凝土钢筋	现浇混凝土构件钢筋制作安装，$\phi12$、$\phi18$、$\phi20$、$\phi22$四种规格	t	0.780	4055.11	3162.99	
29	010416002001	预制构件钢筋	预制过梁钢筋制作安装，$\phi8$、$\phi6$	t	0.020	4021.85	80.44	
30	010416002002	预制构件钢筋	预制过梁钢筋制作安装，$\phi12$	t	0.005	4055.11	20.28	
31	010416005001	先张法预应力钢筋	预应力空心板先张法预应力钢筋制作安装，$\phi10$以内	t	0.308	4021.85	1238.73	
32	010416005002	先张法预应力钢筋	预应力空心板先张法预应力钢筋制作安装，$\phi10$以外	t	0.093	4055.11	377.13	
			A.7　屋面及防水工程					
33	010702001001	屋面卷材防水	屋面三毡四油一砂防水层，填充料上1∶3水泥砂浆找平层	m^2	124.94	48.95	6115.81	
34	010702004001	屋面排水管	四角设水斗、水口、$\phi100$塑料水落管	m	16.88	40.47	683.13	
			A.8　防腐、隔热、保温工程					
35	010803001001	保温隔热屋面	现浇水泥珍珠岩找坡保温层，1∶3水泥砂浆找平层，找坡层最薄处厚度为30mm	m^2	116.77	35.87	4188.54	

续表

序号	项目编码	项目名称	项目特征描述	计量单位	工程量	金额(元)		
						综合单价	合价	其中：暂估价
		B.1　楼地面工程						
36	020101001001	水泥砂浆楼地面	60mm厚C10混凝土垫层，20mm厚1：2水泥砂浆面层	m^2	82.83	31.49	2608.32	
37	010407001001	其他构件	现浇C20混凝土台阶制作	m^2	1.08	55.58	60.03	
38	020108003001	水泥砂浆台阶面	20mm厚1：2水泥砂浆台阶面，60mm厚C10混凝土垫层	m^2	1.08	47.47	51.27	
		B.2　墙、柱面工程						
39	020201001001	内墙面抹灰	砖墙面抹中等石灰砂浆，纸筋灰罩面两遍，106号涂料两遍	m^2	205.22	83.85	17207.70	
40	020201002001	外墙面装饰抹灰	外砖墙面刷普通水泥白石子水刷石	m^2	98.11	31.33	3073.79	
41	020201002002	墙裙装饰抹灰	外砖墙墙裙刷普通水泥豆石水刷石	m^2	41.57	28.54	1186.41	
42	020202001001	柱面一般抹灰	混凝土独立柱抹石灰砂浆	m^2	6.16	10.55	64.99	
43	020203002001	零星项目装饰抹灰	挑檐立面、雨篷立面、窗台线刷水刷石	m^2	18.40	41.11	756.42	
		B.3　天棚工程						
44	020301001001	天棚抹灰	抹混合砂浆底层，纸筋灰浆面层	m^2	96.43	29.26	2821.54	
45	020203001001	零星项目一般抹灰	挑檐底、雨篷底抹混合砂浆底层，纸筋灰浆面层	m^2	26.64	29.26	779.49	
		B.4　门窗工程						
46	020401001001	镶板木门	平开单层镶板门M—1，框截面尺寸为1.5m×3.1m	樘	2	4252.52	8505.04	
47	020401001002	镶板木门	半玻璃镶板门M—2，框截面尺寸为1.0m×3.1m	樘	2	753.29	1506.58	
48	020405001001	木质平开窗	木质一玻一纱平开窗C—1制作安装，框截面尺寸为1.5m×2.1m	樘	5	1114.28	5571.40	
49	020405001002	木质平开窗	木质单层玻璃窗C—2制作安装，框截面尺寸为2.4m×2.1m	樘	1	1265.67	1265.67	
50	020407004001	门窗木贴脸	采用板条木贴脸，宽度30mm	m^2	1.95	385.74	752.19	

措施项目清单与计价表(一)　　表 3-1-19

工程名称：某机修厂工程　　标段：　　第 页 共 页

序号	项目名称	计算基础	费率(%)	金额(元)
1	安全文明施工费	人工费	30	5423.58
2	夜间施工费	人工费	1.5	271.18
3	二次搬运费	人工费	1	180.79
4	冬雨季施工	人工费	0.6	108.47
5	大型机械设备进出场及安拆费			
6	施工排水			
7	施工降水			
8	地上、地下设施、建筑物的临时保护设施			
9	已完工程及设备保护			
10	各专业工程的措施项目			
11				
12				
	合　计			5984.02

措施项目清单与计价表(二)　　表 3-1-20

工程名称：某机修厂工程　　标段：　　第 页 共 页

序号	项目编码	项目名称	项目特征描述	计算单位	工程量	金额(元)	
						综合单价	合价
1	AB001	建筑脚手架	单层建筑，檐高 4.5m	m²	92.07	34.28	3156.16
2	BB001	内墙脚手架	内墙装饰，墙高 4.1m	m	11.22	0.99	11.11
3	AB002	工程水电费	单层砖混结构，檐高 4.5m	m²	92.07	9.17	844.28
4	AB003	基础模板	现浇混凝土构造柱，独立柱基础，断面尺寸分别为0.4m × 0.4m，2.1m × 2.1m	m²	8.29	33.71	279.46
5	AB004	现浇梁模板	地圈梁截面：0.24m×0.25m 圈梁截面： 内墙上：0.25m×0.24m 外墙上：0.4m×0.24m 矩形梁截面： L—1：0.5m×0.25m L—2：0.4m×0.25m	m²	115.27	31.62	3644.84
6	AB005	现浇雨篷过梁模板	雨篷过梁截面为 0.5m×0.24m	m²	4.02	38.25	153.77

续表

序号	项目编码	项目名称	项目特征描述	计算单位	工程量	金额(元)	
						综合单价	合价
7	AB006	预制过梁模板	现场预制过梁截面： GL-1：0.24m×0.12m GL-2：0.24m×0.12m GL-3：0.24m×0.18m	m^2	9.50	25.43	541.59
8	AB007	现浇雨篷模板	雨篷立板高 0.23m	m^2	4.29	31.68	135.91
9	AB008	现浇挑檐模板	挑檐立板高 0.23m	m^2	42.72	37.33	1594.74
10	AB009	独立柱模板	独立柱截面尺寸为 0.4m×0.4m	m^2	8.16	34.41	280.79
			合　计				10342.65

其他项目清单与计价汇总表　　表 3-1-21

工程名称：某机修厂工程　　标段：　　第　页　共　页

序　号	项目名称	计量单位	金额(元)	备　注
1	暂列金额	项		
2	暂估价			
2.1	材料暂估价			
2.2	专业工程暂估价	项		
3	计日工			
4	总承包服务费			
5				
合　计				—

暂列金额明细表　　表 3-1-22

工程名称：某机修厂工程　　标段：　　第　页　共　页

序号	项目名称	计量单位	暂定金额(元)	备注
1				
2				
合　计				—

注：此表由招标人填写，如不能详列，也可只列暂定金额总额，投标人应将上述暂列金额计入投标总价中。

材料暂估单价表　　表 3-1-23

工程名称：某机修厂工程　　标段：　　第　页　共　页

序号	材料名称、规格、型号	计量单位	单价(元)	备注

注：1. 此表由招标人填写，并在备注栏说明暂估价的材料拟用在哪些清单项目上，投标人应将上述材料暂估单价计入工程量清单综合单价报价中。

2. 材料包括原材料、燃料、构配件以及按规定应计入建筑安装工程造价的设备。

专业工程暂估价表 表 3-1-24

工程名称：某机修厂工程 标段： 第 页 共 页

序号	工程名称	工程内容	金额(元)	备注
合 计				—

注：此表由招标人填写，投标人应将上述专业工程暂估价计入投标总价中。

计 日 工 表 表 3-1-25

工程名称：某机修厂工程 标段： 第 页 共 页

编号	项目名称	单位	暂定数量	综合单价(元)	合价(元)
一	人工				
1					
2					
人工小计					
二	材料				
1					
2					
材料小计					
三	施工机械				
1					
2					
施工机械小计					
总 计					

注：此表项目名称、数量由招标人填写，编制招标控制价时，单价由招标人按有关计价规定确定；投标时，单价由投标人自主报价，计入投标总价中。

总承包服务费计价表 表 3-1-26

工程名称：某机修厂工程 标段： 第 页 共 页

序号	项目名称	项目价值(元)	服务内容	费率(%)	金额(元)
1	发包人发包专业工程				
2	发包人供应材料				
合 计					

规费、税金项目清单与计价表 表 3-1-27

工程名称：某机修厂工程 标段： 第 页 共 页

序号	项目名称	计算基础	费率(%)	金额(元)
1	规费			14921.96
1.1	工程排污费	按工程所在地环保部门规定按实计算		9600

续表

序号	项目名称	计算基础	费率(%)	金额(元)
1.2	社会保障费	(1)+(2)+(3)		3977.29
(1)	养老保险费	人工费	14	2531.00
(2)	失业保险费	人工费	2	361.57
(3)	医疗保险费	人工费	6	1084.72
1.3	住房公积金	人工费	6	1084.72
1.4	危险作业意外伤害保险	人工费	0.5	90.39
1.5	工程定额测定费	税前工程造价	0.14	169.56
2	税金	分部分项工程费+措施项目费+其他项目费+规费		
合计				19560.79

注：根据建设部、财政部发布的《建筑安装工程费用组成》(建标[2003]206号)的规定，“计算基础”可为“直接费”、“人工费”或“人工费+机械费”。

工程量清单综合单价分析表 **表 3-1-28**

工程名称：某机修厂工程 标段： 第 页 共 页

项目编码	010101001001		项目名称		平整场地		计量单位		m²		
清单综合单价组成明细											
定额编号	定额名称	定额单位	数量	单价(元)				合价(元)			
				人工费	材料费	机械费	管理费和利润	人工费	材料费	机械费	管理费和利润
1-1	场地平整	m²	1.400	0.75	—	—	0.32	1.05	—	—	0.45
人工单价		小计						1.05	—	—	0.45
23.460元/工日		未计价材料费									
清单项目综合单价								1.5			
材料费明细	主要材料名称、规格、型号				单位	数量		单价(元)	合价(元)	暂估单价(元)	暂估合价(元)
	其他材料费							—		—	
	材料费小计							—		—	

注：1. “数量”栏为“投标方(定额)工程量÷招标方(清单)工程量÷定额单位数量”，如“1.400”为“128.90÷92.07÷1”。
2. 管理费费率为34%，利润率为8%，均以直接费为基数。

工程量清单综合单价分析表 续表

工程名称：某机修厂工程 标段： 第 页 共 页

项目编码	010101003001		项目名称		挖基槽			计量单位			m³
清单综合单价组成明细											
定额编号	定额名称	定额单位	数量	单价(元)				合价(元)			
				人工费	材料费	机械费	管理费和利润	人工费	材料费	机械费	管理费和利润
1-4	人工土石方	m³	1.492	12.67	—	—	5.32	18.90	—	—	7.94
人工单价		小计						18.90	—	—	7.94
23.460元/工日		未计价材料费									
清单项目综合单价								26.84			
材料费明细	主要材料名称、规格、型号				单位		数量	单价(元)	合价(元)	暂估单价(元)	暂估合价(元)
	其他材料费							—		—	
	材料费小计							—		—	

注：1. “数量”栏为“投标方(定额)工程量÷招标方(清单)工程量÷定额单位数量”，如“1.492”为“128.45÷86.11÷1”。

2. 管理费费率为34%，利润率为8%，均以直接费为基数。

工程量清单综合单价分析表 续表

工程名称：某机修厂工程 标段： 第 页 共 页

项目编码	010101003002		项目名称		挖独立柱地坑			计量单位			m³
清单综合单价组成明细											
定额编号	定额名称	定额单位	数量	单价(元)				合价(元)			
				人工费	材料费	机械费	管理费和利润	人工费	材料费	机械费	管理费和利润
1-3	人工土石方	m³	2.904	13.21	—	—	5.55	38.36	—	—	16.12
人工单价		小计						38.36	—	—	16.12
23.460元/工日		未计价材料费									
清单项目综合单价								54.48			
材料费明细	主要材料名称、规格、型号				单位		数量	单价(元)	合价(元)	暂估单价(元)	暂估合价(元)
	其他材料费							—		—	
	材料费小计							—		—	

注：1. “数量”栏为“投标方(定额)工程量÷招标方(清单)工程量÷定额单位数量”，如“2.904”为“23.06÷7.94÷1”。

2. 管理费费率为34%，利润率为8%，均以直接费为基数。

工程量清单综合单价分析表

续表

工程名称：某机修厂工程　　　　标段：　　　　第　页　共　页

项目编码	010101003003	项目名称	挖基础土方	计量单位	m³

清单综合单价组成明细											
定额编号	定额名称	定额单位	数量	单价(元)				合价(元)			
				人工费	材料费	机械费	管理费和利润	人工费	材料费	机械费	管理费和利润
1-15	余土外运	m³	1.00	3.00	—	17.37	8.56	3.00	—	17.37	8.56
人工单价		小计						3.00	—	17.37	8.56
23.460 元/工日		未计价材料费									
清单项目综合单价								28.93			
材料费明细	主要材料名称、规格、型号					单位	数量	单价(元)	合价(元)	暂估单价(元)	暂估合价(元)
	其他材料费							—		—	
	材料费小计							—		—	

注：1. “数量”栏为“投标方(定额)工程量÷招标方(清单)工程量÷定额单位数量”，如“1.00”为“33.91÷33.91÷1”。

2. 管理费费率为 34%，利润率为 8%，均以直接费为基数。

工程量清单综合单价分析表

续表

工程名称：某机修厂工程　　　　标段：　　　　第　页　共　页

项目编码	010103001001	项目名称	基础回填土	计量单位	m³

清单综合单价组成明细											
定额编号	定额名称	定额单位	数量	单价(元)				合价(元)			
				人工费	材料费	机械费	管理费和利润	人工费	材料费	机械费	管理费和利润
1-7	人工土石方	m³	2.19	6.10	—	0.72	2.86	13.36	—	1.58	6.26
人工单价		小计						13.36	—	1.58	6.26
23.460 元/工日		未计价材料费									
清单项目综合单价								21.20			
材料费明细	主要材料名称、规格、型号					单位	数量	单价(元)	合价(元)	暂估单价(元)	暂估合价/元
	其他材料费							—		—	
	材料费小计							—		—	

注：1. “数量”栏为“投标方(定额)工程量÷招标方(清单)工程量÷定额单位数量”，“2.19”为“105.55÷48.09÷1”。

2. 管理费费率为 34%，利润率为 8%，均以直接费为基数。

工程量清单综合单价分析表 续表

工程名称：某机修厂工程 标段： 第 页 共 页

项目编码	010103001002	项目名称	室内回填土	计量单位	m^3

清单综合单价组成明细

定额编号	定额名称	定额单位	数量	单价(元)				合价(元)			
				人工费	材料费	机械费	管理费和利润	人工费	材料费	机械费	管理费和利润
1-7	人工土石方	m^3	1.00	6.10	—	0.72	2.86	6.10	—	0.72	2.86
人工单价		小计						6.10	—	0.72	2.86
23.460元/工日		未计价材料费									
清单项目综合单价								9.68			

材料费明细	主要材料名称、规格、型号	单位	数量	单价(元)	合价(元)	暂估单价(元)	暂估合价/元
	其他材料费			—		—	
	材料费小计			—		—	

注：1. "数量"栏为"投标方(定额)工程量÷招标方(清单)工程量÷定额单位数量"，如"1.00"为"12.05÷12.05÷1"。

2. 管理费费率为34%，利润率为8%，均以直接费为基数。

工程量清单综合单价分析表 续表

工程名称：某机修厂工程 标段： 第 页 共 页

项目编码	010301001001	项目名称	砖基础	计量单位	m^3

清单综合单价组成明细

定额编号	定额名称	定额单位	数量	单价(元)				合价(元)			
				人工费	材料费	机械费	管理费和利润	人工费	材料费	机械费	管理费和利润
4-1	砌砖	m^3	1.00	34.51	126.57	4.05	69.35	34.51	126.57	4.05	69.35
人工单价		小计						34.51	126.57	4.05	69.35
28.240元/工日		未计价材料费									
清单项目综合单价								234.48			

材料费明细	主要材料名称、规格、型号	单位	数量	单价(元)	合价(元)	暂估单价(元)	暂估合价(元)
	红机砖	块	523.60	0.177	92.68		
	M5水泥砂浆	m^3	0.236	135.21	31.91		
	其他材料费			—	1.98	—	
	材料费小计			—	126.57	—	

注：1. "数量"栏为"投标方(定额)工程量÷招标方(清单)工程量÷定额单位数量"，如"1.00"为"17.76÷17.76÷1"。

2. 管理费费率为34%，利润率为8%，均以直接费为基数。

工程量清单综合单价分析表

续表

工程名称：某机修厂工程　　标段：　　第　页　共　页

<table>
<tr><td>项目编码</td><td>010302001001</td><td>项目名称</td><td colspan="3">砖外墙</td><td colspan="3">计量单位</td><td colspan="3">m³</td></tr>
<tr><td colspan="12">清单综合单价组成明细</td></tr>
<tr><td rowspan="2">定额编号</td><td rowspan="2">定额名称</td><td rowspan="2">定额单位</td><td rowspan="2">数量</td><td colspan="4">单　价(元)</td><td colspan="4">合　价(元)</td></tr>
<tr><td>人工费</td><td>材料费</td><td>机械费</td><td>管理费和利润</td><td>人工费</td><td>材料费</td><td>机械费</td><td>管理费和利润</td></tr>
<tr><td>4-2</td><td>砌砖</td><td>m³</td><td>1.00</td><td>45.75</td><td>128.24</td><td>4.47</td><td>74.95</td><td>45.75</td><td>128.24</td><td>4.47</td><td>74.95</td></tr>
<tr><td></td><td></td><td></td><td></td><td></td><td></td><td></td><td></td><td></td><td></td><td></td><td></td></tr>
<tr><td colspan="2">人工单价</td><td colspan="6">小计</td><td>45.75</td><td>128.24</td><td>4.47</td><td>74.95</td></tr>
<tr><td colspan="2">28.240 元/工日</td><td colspan="6">未计价材料费</td><td colspan="4"></td></tr>
<tr><td colspan="8">清单项目综合单价</td><td colspan="4">253.41</td></tr>
<tr><td rowspan="5">材料费明细</td><td colspan="4">主要材料名称、规格、型号</td><td>单位</td><td colspan="2">数量</td><td>单价(元)</td><td>合价(元)</td><td>暂估单价(元)</td><td>暂估合价(元)</td></tr>
<tr><td colspan="4">红机砖</td><td>块</td><td colspan="2">510.00</td><td>0.177</td><td>90.27</td><td></td><td></td></tr>
<tr><td colspan="4">M5 水泥砂浆</td><td>m³</td><td colspan="2">0.265</td><td>135.210</td><td>35.83</td><td></td><td></td></tr>
<tr><td colspan="7">其他材料费</td><td>—</td><td>2.14</td><td>—</td><td></td></tr>
<tr><td colspan="7">材料费小计</td><td>—</td><td>128.24</td><td>—</td><td></td></tr>
</table>

注：1. “数量”栏为“投标方(定额)工程量÷招标方(清单)工程量÷定额单位数量”，如“1.00”为“26.61÷26.61÷1”。

2. 管理费费率为 34%，利润率为 8%，均以直接费为基数。

工程量清单综合单价分析表

续表

工程名称：某机修厂工程　　标段：　　第　页　共　页

<table>
<tr><td>项目编码</td><td>010302001002</td><td>项目名称</td><td colspan="3">砖内墙</td><td colspan="3">计量单位</td><td colspan="3">m³</td></tr>
<tr><td colspan="12">清单综合单价组成明细</td></tr>
<tr><td rowspan="2">定额编号</td><td rowspan="2">定额名称</td><td rowspan="2">定额单位</td><td rowspan="2">数量</td><td colspan="4">单　价(元)</td><td colspan="4">合　价(元)</td></tr>
<tr><td>人工费</td><td>材料费</td><td>机械费</td><td>管理费和利润</td><td>人工费</td><td>材料费</td><td>机械费</td><td>管理费和利润</td></tr>
<tr><td>4-3</td><td>砌砖</td><td>m³</td><td>1.00</td><td>41.97</td><td>128.20</td><td>4.42</td><td>73.33</td><td>41.97</td><td>128.20</td><td>4.42</td><td>73.33</td></tr>
<tr><td colspan="2">人工单价</td><td colspan="6">小计</td><td>41.97</td><td>128.20</td><td>4.42</td><td>73.33</td></tr>
<tr><td colspan="2">28.240 元/工日</td><td colspan="6">未计价材料费</td><td colspan="4"></td></tr>
<tr><td colspan="8">清单项目综合单价</td><td colspan="4">247.92</td></tr>
<tr><td rowspan="5">材料费明细</td><td colspan="4">主要材料名称、规格、型号</td><td>单位</td><td colspan="2">数量</td><td>单价(元)</td><td>合价(元)</td><td>暂估单价(元)</td><td>暂估合价(元)</td></tr>
<tr><td colspan="4">红机砖</td><td>块</td><td colspan="2">510.00</td><td>0.177</td><td>90.27</td><td></td><td></td></tr>
<tr><td colspan="4">M5 水泥砂浆</td><td>m³</td><td colspan="2">0.265</td><td>135.210</td><td>35.08</td><td></td><td></td></tr>
<tr><td colspan="7">其他材料费</td><td>—</td><td>2.10</td><td>—</td><td></td></tr>
<tr><td colspan="7">材料费小计</td><td>—</td><td>128.20</td><td>—</td><td></td></tr>
</table>

注：1. “数量”栏为“投标方(定额)工程量÷招标方(清单)工程量÷定额单位数量”，如“1.00”为“7.22÷7.22÷1”。

2. 管理费费率为 34%，利润率为 8%，均以直接费为基数。

工程量清单综合单价分析表

续表

工程名称：某机修厂工程　　标段：　　第　页　共　页

项目编码	010401006001	项目名称	混凝土垫层	计量单位	m^3

清单综合单价组成明细

定额编号	定额名称	定额单位	数量	单价（元）				合价（元）			
				人工费	材料费	机械费	管理费和利润	人工费	材料费	机械费	管理费和利润
5-2	现浇混凝土基础垫层	m^3	1.00	24.14	176.34	13.47	89.86	24.14	176.34	13.47	89.86
人工单价		小计						24.14	176.34	13.47	89.86
27.450元/工日		未计价材料费									
清单项目综合单价								303.81			

材料费明细	主要材料名称、规格、型号	单位	数量	单价（元）	合价（元）	暂估单价（元）	暂估合价（元）
	C15普通混凝土	m^3	1.015	166.70	169.20		
	其他材料费			—	7.14	—	
	材料费小计			—	176.34	—	

注：1. “数量”栏为“投标方（定额）工程量÷招标方（清单）工程量÷定额单位数量”，如“1.54”为“26.36÷26.36÷1”。

2. 管理费费率为34%，利润率为8%，均以直接费为基数。

工程量清单综合单价分析表

续表

工程名称：某机修厂工程　　标段：　　第　页　共　页

项目编码	010401002001	项目名称	独立基础	计量单位	m^3

清单综合单价组成明细

定额编号	定额名称	定额单位	数量	单价（元）				合价（元）			
				人工费	材料费	机械费	管理费和利润	人工费	材料费	机械费	管理费和利润
5-7	独立基础	m^3	1.00	30.61	189.38	13.47	98.05	30.61	189.38	13.47	98.05
人工单价		小计						30.61	189.38	13.47	98.05
27.450元/工日		未计价材料费									
清单项目综合单价								331.51			

材料费明细	主要材料名称、规格、型号	单位	数量	单价（元）	合价（元）	暂估单价（元）	暂估合价（元）
	C20普通混凝土	m^3	1.015	183.00	185.75		
	其他材料费			—	3.63	—	
	材料费小计			—	189.38	—	

注：1. “数量”栏为“投标方（定额）工程量÷招标方（清单）工程量÷定额单位数量”，如“1.00”为“1.66÷1.66÷1”。

2. 管理费费率为34%，利润率为8%，均以直接费为基数。

工程量清单综合单价分析表

续表

工程名称：某机修厂工程　　　　标段：　　　　第　页　共　页

项目编码	010402001001	项目名称	矩形独立柱	计量单位	m^3

清单综合单价组成明细											
定额编号	定额名称	定额单位	数量	单价(元)				合价(元)			
				人工费	材料费	机械费	管理费和利润	人工费	材料费	机械费	管理费和利润
5-17	独立柱	m^3	1.00	36.01	191.82	21.97	104.92	36.01	191.82	21.97	104.92
人工单价		小计						36.01	191.82	21.97	104.92
27.450元/工日		未计价材料费									
清单项目综合单价								354.72			
材料费明细	主要材料名称、规格、型号				单位	数量		单价(元)	合价(元)	暂估单价(元)	暂估合价(元)
	C20普通混凝土(换)				m^3	0.986		183.00	180.44		
	1∶2水泥砂浆				m^3	0.031		251.02	7.78		
	其他材料费							—	3.60	—	
	材料费小计							—	191.82	—	

注：1. “数量”栏为“投标方(定额)工程量÷招标方(清单)工程量÷定额单位数量”，如“1.00”为“0.82÷0.82÷1”。

2. 管理费费率为34%，利润率为8%，均以直接费为基数。

工程量清单综合单价分析表

续表

工程名称：某机修厂工程　　　　标段：　　　　第　页　共　页

项目编码	010403004001	项目名称	地圈梁	计量单位	m^3

清单综合单价组成明细											
定额编号	定额名称	定额单位	数量	单价(元)				合价(元)			
				人工费	材料费	机械费	管理费和利润	人工费	材料费	机械费	管理费和利润
5-26	圈梁	m^3	1.00	52.74	191.32	21.90	111.70	52.74	191.32	21.90	111.70
人工单价		小计						52.74	191.32	21.90	111.70
27.450元/工日		未计价材料费									
清单项目综合单价								377.66			
材料费明细	主要材料名称、规格、型号				单位	数量		单价(元)	合价(元)	暂估单价(元)	暂估合价(元)
	C20普通混凝土				m^3	1.015		183.00	185.75		
	其他材料费							—	5.57	—	
	材料费小计							—	191.32	—	

注：1. “数量”栏为“投标方(定额)工程量÷招标方(清单)工程量÷定额单位数量”，如“1.00”为“2.94÷2.94÷1”。

2. 管理费费率为34%，利润率为8%，均以直接费为基数。

工程量清单综合单价分析表

续表

工程名称：某机修厂工程　　　　标段：　　　　第　页　共　页

项目编码	010403004002	项目名称	圈梁	计量单位	m^3

清单综合单价组成明细

定额编号	定额名称	定额单位	数量	单价(元)				合价(元)			
				人工费	材料费	机械费	管理费和利润	人工费	材料费	机械费	管理费和利润
5-26	圈梁	m^3	1.00	52.74	191.32	21.90	111.70	52.74	191.32	21.90	111.70
人工单价		小计						52.74	191.32	21.90	111.70
27.450元/工日		未计价材料费									
清单项目综合单价								377.66			

材料费明细	主要材料名称、规格、型号	单位	数量	单价(元)	合价(元)	暂估单价(元)	暂估合价(元)
	C20普通混凝土	m^3	1.015	183.00	185.75		
	其他材料费			—	5.57	—	
	材料费小计			—	191.32	—	

注：1. "数量"栏为"投标方(定额)工程量÷招标方(清单)工程量÷定额单位数量"，如"1.00"为"3.34÷3.34÷1"。
2. 管理费费率为34%，利润率为8%，均以直接费为基数。

工程量清单综合单价分析表

续表

工程名称：某机修厂工程　　　　标段：　　　　第　页　共　页

项目编码	010403004003	项目名称	圈梁	计量单位	m^3

清单综合单价组成明细

定额编号	定额名称	定额单位	数量	单价(元)				合价(元)			
				人工费	材料费	机械费	管理费和利润	人工费	材料费	机械费	管理费和利润
5-26	圈梁	m^3	1.00	52.74	191.32	21.90	111.70	52.74	191.32	21.90	111.70
人工单价		小计						52.74	191.32	21.90	111.70
27.450元/工日		未计价材料费									
清单项目综合单价								377.66			

材料费明细	主要材料名称、规格、型号	单位	数量	单价(元)	合价(元)	暂估单价(元)	暂估合价(元)
	C20普通混凝土	m^3	1.015	183.00	185.75		
	其他材料费			—	5.57	—	
	材料费小计			—	191.32	—	

注：1. "数量"栏为"投标方(定额)工程量÷招标方(清单)工程量÷定额单位数量"，如"1.00"为"0.67÷0.67÷1"。
2. 管理费费率为34%，利润率为8%，均以直接费为基数。

工程量清单综合单价分析表

续表

工程名称：某机修厂工程　　　　标段：　　　　第　页　共　页

项目编码	010403002001	项目名称	矩形梁	计量单位	m^3						
清单综合单价组成明细											
定额编号	定额名称	定额单位	数量	单价(元)				合价(元)			
				人工费	材料费	机械费	管理费和利润	人工费	材料费	机械费	管理费和利润
5-24	梁	m^3	1.00	30.97	189.87	21.90	101.95	30.97	189.87	21.90	101.95
人工单价		小计						30.97	189.87	21.90	101.95
27.450元/工日		未计价材料费									
清单项目综合单价								344.69			
材料费明细	主要材料名称、规格、型号				单位	数量	单价(元)	合价(元)	暂估单价(元)	暂估合价(元)	
	C20普通混凝土(换)				m^3	1.015	183.00	185.75			
	其他材料费						—	4.12	—		
	材料费小计						—	189.27	—		

注：1. “数量”栏为“投标方(定额)工程量÷招标方(清单)工程量÷定额单位数量”，如“1.00”为“0.993÷0.993÷1”。

2. 管理费费率为34%，利润率为8%，均以直接费为基数。

3. 混凝土材料与设计不同时，调价不调量。

工程量清单综合单价分析表

续表

工程名称：某机修厂工程　　　　标段：　　　　第　页　共　页

项目编码	010403002002	项目名称	矩形梁	计量单位	m^3						
清单综合单价组成明细											
定额编号	定额名称	定额单位	数量	单价(元)				合价(元)			
				人工费	材料费	机械费	管理费和利润	人工费	材料费	机械费	管理费和利润
5-24	梁	m^3	1.00	30.97	189.87	21.90	101.95	30.97	189.87	21.90	101.95
人工单价		小计						30.97	189.87	21.90	101.95
27.450元/工日		未计价材料费									
清单项目综合单价								344.69			
材料费明细	主要材料名称、规格、型号				单位	数量	单价(元)	合价(元)	暂估单价(元)	暂估合价(元)	
	C20普通混凝土(换)				m^3	1.015	183.00	185.75			
	其他材料费						—	4.12	—		
	材料费小计						—	189.27	—		

注：1. “数量”栏为“投标方(定额)工程量÷招标方(清单)工程量÷定额单位数量”，如“1.00”为“0.704÷0.704÷1”。

2. 管理费费率为34%，利润率为8%，均以直接费为基数。

3. 混凝土材料与设计不同时，调价不调量。

工程量清单综合单价分析表

续表

工程名称：某机修厂工程　　　　标段：　　　　第　页　共　页

项目编码	010402001002	项目名称	矩形构造柱	计量单位	m^3

清单综合单价组成明细

定额编号	定额名称	定额单位	数量	单价(元)				合价(元)			
				人工费	材料费	机械费	管理费和利润	人工费	材料费	机械费	管理费和利润
5-20	构造柱	m^3	1.00	50.86	191.59	21.97	111.06	50.86	191.59	21.97	111.06
人工单价		小计						50.86	191.59	21.97	111.06
27.450元/工日		未计价材料费									
清单项目综合单价								375.48			

材料费明细	主要材料名称、规格、型号	单位	数量	单价(元)	合价(元)	暂估单价(元)	暂估合价(元)
	C20普通混凝土	m^3	0.986	183.00	180.44		
	1：2水泥砂浆	m^3	0.031	251.02	7.78		
	其他材料费			—	3.37	—	
	材料费小计			—	191.59	—	

注：1. "数量"栏为"投标方(定额)工程量÷招标方(清单)工程量÷定额单位数量"，如"1.00"为"1.42÷1.42÷1"。

2. 管理费费率为34%，利润率为8%，均以直接费为基数。

工程量清单综合单价分析表

续表

工程名称：某机修厂工程　　　　标段：　　　　第　页　共　页

项目编码	010405007001	项目名称	挑檐板	计量单位	m^3

清单综合单价组成明细

定额编号	定额名称	定额单位	数量	单价(元)				合价(元)			
				人工费	材料费	机械费	管理费和利润	人工费	材料费	机械费	管理费和利润
5-54	挑檐板	m^3	1.00	50.49	189.28	22.94	110.34	50.49	189.28	22.94	110.34
人工单价		小计						50.49	189.28	22.94	110.34
元/工日		未计价材料费									
清单项目综合单价								373.05			

材料费明细	主要材料名称、规格、型号	单位	数量	单价(元)	合价(元)	暂估单价(元)	暂估合价(元)
	C20普通混凝土	m^3	1.015	183.00	185.75		
	其他材料费			—	3.53	—	
	材料费小计			—	189.28	—	

注：1. "数量"栏为"投标方(定额)工程量÷招标方(清单)工程量÷定额单位数量"，如"1.00"为"2.55÷2.55÷1"。

2. 管理费费率为34%，利润率为8%，均以直接费为基数。

工程量清单综合单价分析表

续表

工程名称：某机修厂工程　　　　标段：　　　　第　页　共　页

项目编码	010403005001	项目名称	雨篷过梁	计量单位	m^3

清单综合单价组成明细											
定额编号	定额名称	定额单位	数量	单价(元)				合价(元)			
				人工费	材料费	机械费	管理费和利润	人工费	材料费	机械费	管理费和利润
5-26	过梁	m^3	1.00	52.74	191.32	21.90	111.70	52.74	191.32	21.90	111.70
人工单价		小计						52.74	191.32	21.90	111.70
27.450元/工日		未计价材料费									
清单项目综合单价								377.66			

材料费明细	主要材料名称、规格、型号	单位	数量	单价(元)	合价(元)	暂估单价(元)	暂估合价(元)
	C20普通混凝土	m^3	1.015	183.00	185.75		
	其他材料费			—	5.57	—	
	材料费小计			—	191.32	—	

注：1. “数量”栏为“投标方(定额)工程量÷招标方(清单)工程量÷定额单位数量”，如“1.00”为“0.39÷0.39÷1”。

2. 管理费费率为34%，利润率为8%，均以直接费为基数。

工程量清单综合单价分析表

续表

工程名称：某机修厂工程　　　　标段：　　　　第　页　共　页

项目编码	010405008001	项目名称	雨篷	计量单位	m^3

清单综合单价组成明细											
定额编号	定额名称	定额单位	数量	单价(元)				合价(元)			
				人工费	材料费	机械费	管理费和利润	人工费	材料费	机械费	管理费和利润
5-46	雨罩	m^3	1.00	47.96	190.89	32.19	113.84	47.96	190.89	32.19	113.84
人工单价		小计						47.96	190.89	32.19	113.84
27.450元/工日		未计价材料费									
清单项目综合单价								384.88			

材料费明细	主要材料名称、规格、型号	单位	数量	单价(元)	合价(元)	暂估单价(元)	暂估合价(元)
	C20普通混凝土(换)	m^3	1.015	183.00	185.75		
	其他材料费			—	5.14	—	
	材料费小计			—	190.89	—	

注：1. “数量”栏为“投标方(定额)工程量÷招标方(清单)工程量÷定额单位数量”，如“1.00”为“0.18÷0.18÷1”。

2. 管理费费率为34%，利润率为8%，均以直接费为基数。

工程量清单综合单价分析表

续表

工程名称：某机修厂工程　　　　　　　　标段：　　　　　　　　第　页　共　页

项目编码	010412002001	项目名称	预应力空心板	计量单位	m^3

清单综合单价组成明细

定额编号	定额名称	定额单位	数量	单价(元)				合价(元)			
				人工费	材料费	机械费	管理费和利润	人工费	材料费	机械费	管理费和利润
11-38	预应力长向圆孔板	m^3	1.00	18.09	844.55	—	362.31	18.09	844.55	—	362.31
9-1	Ⅰ类构件运输 5km 以内	m^3	1.00	2.88	1.15	38.76	17.97	2.88	1.15	38.76	17.97
9-2	Ⅰ类构件每增加 5km	m^3	1.00	1.48	0.22	16.14	7.49	1.48	0.22	16.14	7.49
人工单价		小计						22.45	845.92	54.90	387.77
28.430 元/工日		未计价材料费									
清单项目综合单价								1311.04			

材料费明细	主要材料名称、规格、型号	单位	数量	单价(元)	合价(元)	暂估单价(元)	暂估合价(元)
	预应力长向圆孔板	m^3	1.00	833.00	833.00		
	其他材料费			—	12.92	—	
	材料费小计			—	845.92	—	

注：1. "数量"栏为"投标方(定额)工程量÷招标方(清单)工程量÷定额单位数量"，如"1.00"为"6.05÷6.05÷1"。

2. 管理费费率为 34%，利润率为 8%，均以直接费为基数。

工程量清单综合单价分析表

续表

工程名称：某机修厂工程　　　　　　　　标段：　　　　　　　　第　页　共　页

项目编码	010410003001	项目名称	预制过梁	计量单位	m^3

清单综合单价组成明细

定额编号	定额名称	定额单位	数量	单价(元)				合价(元)			
				人工费	材料费	机械费	管理费和利润	人工费	材料费	机械费	管理费和利润
5-86	过梁	m^3	1.00	61.28	203.01	37.10	126.58	61.28	203.01	37.10	126.58
人工单价		小计						61.28	203.01	37.10	126.58
28.430 元/工日		未计价材料费									
清单项目综合单价								427.97			

材料费明细	主要材料名称、规格、型号	单位	数量	单价(元)	合价(元)	暂估单价(元)	暂估合价(元)
	C20 普通混凝土(换)	m^3	1.015	183.00	185.75		
	电焊条(综合)	kg	1.839	4.900	9.01		
	垫铁	kg	0.320	1.650	0.53		
	其他材料费			—	7.72	—	
	材料费小计			—	203.01	—	

注：1. "数量"栏为"投标方(定额)工程量÷招标方(清单)工程量÷定额单位数量"，如"1.00"为"0.35÷0.35÷1"。

2. 管理费费率为 34%，利润率为 8%，均以直接费为基数。

工程量清单综合单价分析表

续表

工程名称：某机修厂工程　　　　标段：　　　　第　页　共　页

项目编码	010410003002			项目名称		预制过梁		计量单位		m^3	
清单综合单价组成明细											
定额编号	定额名称	定额单位	数量	单价(元)				合价(元)			
				人工费	材料费	机械费	管理费和利润	人工费	材料费	机械费	管理费和利润
5-86	过梁	m^3	1.00	61.28	203.10	37.10	126.58	61.28	203.01	37.10	126.58
人工单价		小计						61.28	203.01	37.10	126.58
28.430元/工日		未计价材料费									
清单项目综合单价								427.97			
材料费明细	主要材料名称、规格、型号				单位	数量		单价(元)	合价(元)	暂估单价(元)	暂估合价(元)
	C20普通混凝土(换)				m^3	1.015		183.00	185.75		
	电焊条(综合)				kg	1.839		4.900	9.01		
	垫铁				kg	0.320		1.650	0.53		
	其他材料费							—	7.72	—	
	材料费小计							—	203.01	—	

注：1. “数量”栏为“投标方(定额)工程量÷招标方(清单)工程量÷定额单位数量”，如“1.00”为“0.086÷0.086÷1”。

2. 管理费费率为34%，利润率为8%，均以直接费为基数。

工程量清单综合单价分析表

续表

工程名称：某机修厂工程　　　　标段：　　　　第　页　共　页

项目编码	010410003003			项目名称		预制过梁		计量单位		m^3	
清单综合单价组成明细											
定额编号	定额名称	定额单位	数量	单价(元)				合价(元)			
				人工费	材料费	机械费	管理费和利润	人工费	材料费	机械费	管理费和利润
5-86	过梁	m^3	1.00	61.28	203.01	37.10	126.58	61.28	203.01	37.10	126.58
人工单价		小计						61.28	203.01	37.10	126.58
28.430元/工日		未计价材料费									
清单项目综合单价								427.97			
材料费明细	主要材料名称、规格、型号				单位	数量		单价(元)	合价(元)	暂估单价(元)	暂估合价(元)
	C20普通混凝土(换)				m^3	1.015		183.00	185.75		
	电焊条(综合)				kg	1.839		4.900	9.01		
	垫铁				kg	0.320		1.650	0.53		
	其他材料费							—	7.72	—	
	材料费小计							—	203.01	—	

注：1. “数量”栏为“投标方(定额)工程量÷招标方(清单)工程量÷定额单位数量”，如“1.00”为“0.125÷0.125÷1”。

2. 管理费费率为34%，利润率为8%，均以直接费为基数。

工程量清单综合单价分析表

续表

工程名称：某机修厂工程　　　　标段：　　　　第　页共　页

项目编码	010407002001	项目名称	散水	计量单位	m²

清单综合单价组成明细

定额编号	定额名称	定额单位	数量	单价(元)				合价(元)			
				人工费	材料费	机械费	管理费和利润	人工费	材料费	机械费	管理费和利润
1-212	混凝土散水	m²	1.00	5.29	13.36	1.25	8.36	5.29	13.36	1.25	8.36
人工单价		小计						5.29	13.36	1.25	8.36
30.810 元/工日		未计价材料费									
清单项目综合单价								28.26			

材料费明细	主要材料名称、规格、型号	单位	数量	单价(元)	合价(元)	暂估单价(元)	暂估合价(元)
	水泥(综合)	kg	3.960	0.366	1.45		
	C15 普通混凝土(换)	m³	0.061	166.70	10.17		
	砂子	kg	5.472	0.036	0.20		
	其他材料费			—	1.54	—	
	材料费小计			—	13.36	—	

注：1. "数量"栏为"投标方(定额)工程量÷招标方(清单)工程量÷定额单位数量"，如"1.00"为"39.16÷39.16÷1"。

2. 管理费费率为34%，利润率为8%，均以直接费为基数。

工程量清单综合单价分析表

续表

工程名称：某机修厂工程　　　　标段：　　　　第　页共　页

项目编码	010416001001	项目名称	现浇混凝土钢筋	计量单位	t

清单综合单价组成明细

定额编号	定额名称	定额单位	数量	单价(元)				合价(元)			
				人工费	材料费	机械费	管理费和利润	人工费	材料费	机械费	管理费和利润
8-1	钢筋 ϕ10 以内	t	1.00	183.97	2644.59	3.73	1189.56	183.97	2644.59	3.73	1189.56
人工单价		小计						183.97	2644.59	3.73	1189.56
31.120 元/工日		未计价材料费									
清单项目综合单价								4021.85			

材料费明细	主要材料名称、规格、型号	单位	数量	单价(元)	合价(元)	暂估单价(元)	暂估合价(元)
	钢筋 ϕ10 以内	kg	1025.00	2.43	2490.75		
	钢筋成型加工及运费 ϕ10 以内	kg	1025.00	0.135	138.38		
	其他材料费			—	15.46	—	
	材料费小计			—	2644.59	—	

注：1. "数量"栏为"投标方(定额)工程量÷招标方(清单)工程量÷定额单位数量"，如"1.00"为"0.491÷0.491÷1"。

2. 管理费费率为34%，利润率为8%，均以直接费为基数。

工程量清单综合单价分析表

续表

工程名称：某机修厂工程　　　　标段：　　　　第　页　共　页

项目编码	010416001002	项目名称	现浇混凝土钢筋	计量单位	t

清单综合单价组成明细

定额编号	定额名称	定额单位	数量	单价（元）				合价（元）			
				人工费	材料费	机械费	管理费和利润	人二费	材料费	机械费	管理费和利润
8-2	钢筋 ϕ10 以外	t	1.00	171.52	2680.43	3.76	1199.40	171.52	2680.43	3.76	1190.40
人工单价		小计						171.52	2680.43	3.76	1199.40
31.120 元/工日		未计价材料费									
清单项目综合单价								4055.11			

材料费明细	主要材料名称、规格、型号	单位	数量	单价（元）	合价（元）	暂估单价（元）	暂估合价（元）
	钢筋 ϕ10 以外	kg	1025.00	2.500	2562.50		
	钢筋成型加工及运费 ϕ10 以外	kg	1025.00	0.101	103.53		
	其他材料费			—	14.40	—	
	材料费小计			—	2680.43	—	

注：1. “数量”栏为“投标方（定额）工程量÷招标方（清单）工程量÷定额单位数量”，如“1.00”为“0.780÷0.780÷1”。

2. 管理费费率为 34%，利润率为 8%，均以直接费为基数。

工程量清单综合单价分析表

续表

工程名称：某机修厂工程　　　　标段：　　　　第　页　共　页

项目编码	010416002001	项目名称	预制构件钢筋	计量单位	t

清单综合单价组成明细

定额编号	定额名称	定额单位	数量	单价（元）				合价（元）			
				人工费	材料费	机械费	管理费和利润	人工费	材料费	机械费	管理费和利润
8-1	钢筋 ϕ10 以内	t	1.00	183.97	2644.59	3.73	1189.56	183.97	2644.59	3.73	1189.56
人工单价		小计						183.97	2644.59	3.73	1189.56
31.120 元/工日		未计价材料费									
清单项目综合单价								4021.85			

材料费明细	主要材料名称、规格、型号	单位	数量	单价（元）	合价（元）	暂估单价（元）	暂估合价（元）
	钢筋 ϕ10 以内	kg	1025.00	2.43	2490.75		
	钢筋成型加工及运费 ϕ10 以内	kg	1025.00	0.135	138.38		
	其他材料费			—	15.46	—	
	材料费小计			—	2644.59	—	

注：1. “数量”栏为“投标方（定额）工程量÷招标方（清单）工程量÷定额单位数量”，如“1.00”为“0.020÷0.020÷1”。

2. 管理费费率为 34%，利润率为 8%，均以直接费为基数。

工程量清单综合单价分析表

续表

工程名称：某机修厂工程　　　　标段：　　　　第　页　共　页

项目编码	010416002002	项目名称	预制构件钢筋	计量单位	t

清单综合单价组成明细

定额编号	定额名称	定额单位	数量	单价(元)				合价(元)			
				人工费	材料费	机械费	管理费和利润	人工费	材料费	机械费	管理费和利润
8-2	钢筋 φ10 以外	t	1.00	171.52	2680.43	3.76	1199.40	171.52	2680.43	3.76	1199.40
人工单价		小计						171.52	2680.43	3.76	1199.40
31.120 元/工日		未计价材料费									
清单项目综合单价								4055.11			

材料费明细	主要材料名称、规格、型号	单位	数量	单价(元)	合价(元)	暂估单价(元)	暂估合价(元)
	钢筋 φ10 以外	kg	1025.00	2.500	2562.50		
	钢筋成型加工及运费 φ10 以外	kg	1025.00	0.101	103.53		
	其他材料费			—	14.40	—	
	材料费小计			—	2680.43	—	

注：1.“数量”栏为“投标方(定额)工程量÷招标方(清单)工程量÷定额单位数量”，如“1.00”为“0.005÷0.005÷1”。

2. 管理费费率为 34%，利润率为 8%，均以直接费为基数。

工程量清单综合单价分析表

续表

工程名称：某机修厂工程　　　　标段：　　　　第　页　共　页

项目编码	010416005001	项目名称	先张法预应力钢筋	计量单位	t

清单综合单价组成明细

定额编号	定额名称	定额单位	数量	单价(元)				合价(元)			
				人工费	材料费	机械费	管理费和利润	人工费	材料费	机械费	管理费和利润
8-1	钢筋 φ10 以内	t	1.00	183.97	2644.59	3.73	1189.56	183.97	2644.59	3.73	1189.56
人工单价		小计						183.97	2644.59	3.73	1189.56
26.00 元/工日		未计价材料费									
清单项目综合单价								4021.85			

材料费明细	主要材料名称、规格、型号	单位	数量	单价(元)	合价(元)	暂估单价(元)	暂估合价(元)
	钢筋 φ10 以内	kg	1025.00	2.43	2490.75		
	钢筋成型加工及运费 φ10 以内	kg	1025.00	0.135	138.38		
	其他材料费			—	15.46	—	
	材料费小计			—	2644.59	—	

注：1.“数量”栏为“投标方(定额)工程量÷招标方(清单)工程量÷定额单位数量”，如“1.00”为“0.308÷0.308÷1”。

2. 管理费费率为 34%，利润率为 8%，均以直接费为基数。

工程量清单综合单价分析表

续表

工程名称：某机修厂工程　　　　标段：　　　　第　页　共　页

项目编码		010416005002		项目名称		先张法预应力钢筋		计量单位		t	
清单综合单价组成明细											
定额编号	定额名称	定额单位	数量	单价(元)				合价(元)			
				人工费	材料费	机械费	管理费和利润	人工费	材料费	机械费	管理费和利润
8-2	钢筋 ϕ10 以外	t	1.00	171.52	2680.43	3.76	1199.40	171.52	2680.43	3.76	1199.40
人工单价		小计						171.52	2680.43	3.76	1199.40
26.00 元/工日		未计价材料费									
清单项目综合单价								4055.11			
材料费明细		主要材料名称、规格、型号				单位	数量	单价(元)	合价(元)	暂估单价(元)	暂估合价(元)
		钢筋 ϕ10 以外				kg	1025.00	2.500	2562.50		
		钢筋成型加工及运费 ϕ10 以外				kg	1025.00	0.101	103.53		
		其他材料费						—	14.40	—	
		材料费小计						—	2680.43	—	

注：1. “数量”栏为“投标方(定额)工程量÷招标方(清单)工程量÷定额单位数量”，如“1.00”为“0.093÷0.093÷1”。

2. 管理费费率为 34%，利润率为 8%，均以直接费为基数。

工程量清单综合单价分析表

续表

工程名称：某机修厂工程　　　　标段：　　　　第　页　共　页

项目编码		010702001001		项目名称		屋面卷材防水		计量单位		m^2	
清单综合单价组成明细											
定额编号	定额名称	定额单位	数量	单价(元)				合价(元)			
				人工费	材料费	机械费	管理费和利润	人工费	材料费	机械费	管理费和利润
8-29	卷材屋面	100m^2	0.01	308.53	1729.90	—	916.86	3.09	17.30	—	9.17
8-31	卷材屋面	100m^2	0.01	86.35	466.17	—	232.06	0.86	4.66	—	2.32
8-17	找平层	100m^2	0.009	190.52	587.99	20.95	335.76	1.70	5.23	0.19	2.99
人工单价		小计						5.65	27.19	0.19	14.48
26.00 元/工日		未计价材料费						1.44			
清单项目综合单价								48.95			
材料费明细		主要材料名称、规格、型号				单位	数量	单价(元)	合价(元)	暂估单价(元)	暂估合价(元)
		冷底子油				kg	0.48	3.00	1.44		
		其他材料费						—		—	
		材料费小计						—	1.44	—	

注：1. “数量”栏为“投标方(定额)工程量÷招标方(清单)工程量÷定额单位数量”，如“0.01”为“127.66÷124.94÷100”。

2. 管理费费率为 34%，利润率为 8%，均以直接费为基数。

3. 本部分定额参考《天津市建筑工程预算基价》。

工程量清单综合单价分析表 续表

工程名称：某机修厂工程　　标段：　　第　页　共　页

项目编码	010702004001		项目名称		屋面排水管			计量单位			m
清单综合单价组成明细											
定额编号	定额名称	定额单位	数量	单价(元)				合价(元)			
				人工费	材料费	机械费	管理费和利润	人工费	材料费	机械费	管理费和利润
12-55	水落管	m	1.00	5.88	22.25	0.37	11.97	5.88	22.25	0.37	11.97
人工单价		小计						5.88	22.25	0.37	11.97
31.120元/工日		未计价材料费									
清单项目综合单价								40.47			
材料费明细	主要材料名称、规格、型号				单位	数量		单价(元)	合价(元)	暂估单价(元)	暂估合价(元)
	塑料水落管 ϕ100				m	1.047		19.660	20.58		
	铁件				kg	0.144		3.100	0.45		
	膨胀螺栓 ϕ6				套	1.050		0.420	0.44		
	密封胶 KS型				kg	0.028		15.610	0.44		
	其他材料费							—	0.340	—	
	材料费小计							—	22.25	—	

注：1. “数量”栏为“投标方(定额)工程量÷招标方(清单)工程量÷定额单位数量”，如“1.00”为“16.88÷16.88÷1”。

2. 管理费费率为34%，利润率为8%，均以直接费为基数。

工程量清单综合单价分析表 续表

工程名称：某机修厂工程　　标段：　　第　页　共　页

项目编码	010803001001		项目名称		保温隔热屋面			计量单位			m^2
清单综合单价组成明细											
定额编号	定额名称	定额单位	数量	单价(元)				合价(元)			
				人工费	材料费	机械费	管理费和利润	人工费	材料费	机械费	管理费和利润
12-10	现浇水泥珍珠岩	m^3	0.10	23.14	126.04	1.92	62.69	2.31	12.60	0.19	6.27
12-21	水泥砂浆找平层	m^2	0.978	2.17	7.98	0.30	4.39	2.12	7.80	0.29	4.29
人工单价		小计						4.43	20.40	0.48	10.56
30.810元/工日		未计价材料费									
清单项目综合单价								35.87			

续表

	主要材料名称、规格、型号	单位	数量	单价(元)	合价(元)	暂估单价(元)	暂估合价(元)
材料费明细	水泥(综合)	kg	25.589	0.366	9.36		
	珍珠岩	m^3	0.1206	50.000	6.03		
	砂子	kg	32.372	0.036	1.16		
	钢板网	m^2	0.988	3.500	3.46		
	其他材料费			—	0.39	—	
	材料费小计			—	20.40	—	

注：1. "数量"栏为"投标方(定额)工程量÷招标方(清单)工程量÷定额单位数量"，如"0.10"为"11.677÷116.77÷1"。

2. 管理费费率为34%，利润率为8%，均以直接费为基数。

工程量清单综合单价分析表

续表

工程名称：某机修厂工程　　标段：　　第　页　共　页

项目编码	020101001001	项目名称	水泥砂浆楼地面	计量单位	m^2

定额编号	定额名称	定额单位	数量	单价(元) 人工费	单价(元) 材料费	单价(元) 机械费	单价(元) 管理费和利润	合价(元) 人工费	合价(元) 材料费	合价(元) 机械费	合价(元) 管理费和利润
清单综合单价组成明细											
1-7	现场搅拌混凝土垫层	m^3	0.06	35.97	151.30	15.61	85.21	2.16	9.08	0.94	5.11
1-25	整体面层(换)	m^2	1.00	3.26	6.29	0.45	4.2	3.26	6.29	0.45	4.2
人工单价		小计						5.42	15.37	1.39	9.31
30.810元/工日		未计价材料费									
清单项目综合单价								31.49			

	主要材料名称、规格、型号	单位	数量	单价(元)	合价(元)	暂估单价(元)	暂估合价(元)
材料费明细	C10普通混凝土	m^3	0.0601	148.81	9.02		
	水泥(综合)	kg	12.746	0.366	4.66		
	砂子	kg	29.128	0.036	1.05		
	建筑胶	kg	0.052	1.700	0.09		
	其他材料费			—	0.55	—	
	材料费小计			—	15.37	—	

注：1. "数量"栏为"投标方(定额)工程量÷招标方(清单)工程量÷定额单位数量"，如"1.00"为"82.83÷82.83÷1"。

2. 管理费费率为34%，利润率为8%，均以直接费为基数。

工程量清单综合单价分析表

续表

工程名称：某机修厂工程　　　　标段：　　　　第　页　共　页

项目编码		010407001001		项目名称		其他构件		计量单位		m^2	
清单综合单价组成明细											
定额编号	定额名称	定额单位	数量	单价(元)				合价(元)			
				人工费	材料费	机械费	管理费和利润	人工费	材料费	机械费	管理费和利润
5-53	台阶	m^3	0.15	45.41	192.14	23.40	109.60	6.81	28.82	3.51	16.44
人工单价		小计						6.81	28.82	3.51	16.44
17.450元/工日		未计价材料费									
清单项目综合单价								55.58			
材料费明细		主要材料名称、规格、型号				单位	数量	单价(元)	合价(元)	暂估单价(元)	暂估合价(元)
		C20普通混凝土				m^3	0.1523	183.00	27.86		
		其他材料费						—	0.96	—	
		材料费小计						—	28.82	—	

注：1. “数量”栏为“投标方(定额)工程量÷招标方(清单)工程量÷定额单位数量”，如“0.15”为“0.16÷1.08÷1”。

2. 管理费费率为34%，利润率为8%，均以直接费为基数。

工程量清单综合单价分析表

续表

工程名称：某机修厂工程　　　　标段：　　　　第　页　共　页

项目编码		020108003001		项目名称		水泥砂浆台阶面		计量单位		m^2	
清单综合单价组成明细											
定额编号	定额名称	定额单位	数量	单价(元)				合价(元)			
				人工费	材料费	机械费	管理费和利润	人工费	材料费	机械费	管理费和利润
1-191	台阶	m^2	1.00	11.39	9.18	0.90	9.02	11.39	9.18	0.90	9.02
1-7	垫层	m^3	0.06	32.27	151.30	15.61	83.66	1.94	9.08	0.94	5.02
人工单价		小计						13.33	18.26	1.84	14.04
27.450元/工日		未计价材料费									
清单项目综合单价								47.47			
材料费明细		主要材料名称、规格、型号				单位	数量	单价(元)	合价(元)	暂估单价(元)	暂估合价(元)
		水泥(综合)				kg	18.484	0.366	6.76		
		砂子				kg	43.116	0.036	1.55		
		建筑胶				kg	0.077	1.700	0.13		
		其他材料费						—	0.79	—	
		材料费小计						—	18.26	—	

注：1. “数量”栏为“投标方(定额)工程量÷招标方(清单)工程量÷定额单位数量”，如“1.00”为“1.08÷1.08÷1”。

2. 管理费费率为34%，利润率为8%，均以直接费为基数。

工程量清单综合单价分析表

续表

工程名称：某机修厂工程　　　　标段：　　　　第　页　共　页

项目编码	020201001001	项目名称	内墙面抹灰	计量单位	m^2

定额编号	定额名称	定额单位	数量	单价(元)				合价(元)			
				人工费	材料费	机械费	管理费和利润	人工费	材料费	机械费	管理费和利润
3-78	石灰砂浆抹灰	m^2	1.00	4.48	2.53	0.36	3.10	4.48	2.53	0.36	3.10
3-78	纸筋灰罩面两遍(换)	m^2	1.00	8.96	33.30	0.72	18.05	8.96	33.30	0.72	18.05
3-105	106涂料两遍	m^2	1.00	2.00	6.44	0.26	3.65	2.00	6.44	0.26	3.65
人工单价		小计						15.44	42.27	1.34	24.80
30.810元/工日		未计价材料费									
清单项目综合单价								83.85			

材料费明细	主要材料名称、规格、型号	单位	数量	单价(元)	合价(元)	暂估单价(元)	暂估合价(元)
	水泥(综合)	kg	3.323	0.366	1.22		
	砂子	kg	20.252	0.036	0.73		
	白灰	kg	4.380	0.097	0.43		
	纸筋	kg	56.159	0.590	33.13		
	乳液型建筑胶粘剂	kg	0.126	1.600	0.20		
	室内乳胶漆	kg	0.446	11.400	5.08		
	水性封底漆(普通)	kg	0.250	4.800	1.20		
	其他材料费			—	0.28	—	
	材料费小计			—	42.27	—	

注：1. “数量”栏为“投标方(定额)工程量÷招标方(清单)工程量÷定额单位数量”，如“1.00”为“205.22÷205.22÷1”。

2. 管理费费率为34%，利润率为8%，均以直接费为基数。

工程量清单综合单价分析表

续表

工程名称：某机修厂工程　　　　标段：　　　　第　页　共　页

项目编码	020201002001	项目名称	外墙面装饰抹灰	计量单位	m^2

定额编号	定额名称	定额单位	数量	单价(元)				合价(元)			
				人工费	材料费	机械费	管理费和利润	人工费	材料费	机械费	管理费和利润
3-10	水刷石	m^2	1.00	11.96	9.28	0.82	9.27	11.96	9.28	0.82	9.27
人工单价		小计						11.96	9.28	0.82	9.27
30.810元/工日		未计价材料费									
清单项目综合单价								31.33			

续表

	主要材料名称、规格、型号	单位	数量	单价（元）	合价（元）	暂估单价（元）	暂估合价（元）
材料费明细	水泥(综合)	kg	5.739	0.366	2.10		
	白水泥	kg	7.986	0.550	4.39		
	砂子	kg	15.205	0.036	0.55		
	美术石渣	kg	12.595	0.120	1.51		
	界面剂	kg	0.048	1.800	0.09		
	乳液型建筑胶粘剂	kg	0.057	1.60	0.09		
	白灰	kg	0.700	0.097	0.07		
	其他材料费			—	0.11	—	
	材料费小计			—	9.28	—	

注：1. “数量”栏为“投标方(定额)工程量÷招标方(清单)工程量÷定额单位数量”，如“1.00”为“98.11÷98.11÷1”。

2. 管理费费率为34%，利润率为8%，均以直接费为基数。

工程量清单综合单价分析表

续表

工程名称：某机修厂工程　　标段：　　第　页　共　页

项目编码	020201002002			项目名称	墙裙装饰抹灰		计量单位		m²		
清单综合单价组成明细											
定额编号	定额名称	定额单位	数量	单价（元）				合价（元）			
				人工费	材料费	机械费	管理费和利润	人工费	材料费	机械费	管理费和利润
3-15	水刷小豆石	m²	1.00	12.43	6.80	0.87	8.44	12.43	6.80	0.87	8.44
人工单价		小计						12.43	6.80	0.87	8.44
30.810元/工日		未计价材料费									
清单项目综合单价								28.54			

	主要材料名称、规格、型号	单位	数量	单价（元）	合价（元）	暂估单价（元）	暂估合价（元）
材料费明细	水泥(综合)	kg	13.846	0.366	5.07		
	砂子	kg	16.664	0.036	0.60		
	界面剂	kg	0.048	1.800	0.09		
	乳液型建筑胶粘剂	kg	0.057	1.600	0.09		
	豆石	kg	22.685	0.034	0.77		
	白灰	kg	0.812	0.097	0.08		
	其他材料费			—	0.10	—	
	材料费小计			—	6.80	—	

注：1. “数量”栏为“投标方(定额)工程量÷招标方(清单)工程量÷定额单位数量”，如“1.00”为“41.57÷41.57÷1”。

2. 管理费费率为34%，利润率为8%，均以直接费为基数。

工程量清单综合单价分析表

续表

工程名称：某机修厂工程　　　　标段：　　　　第　页　共　页

项目编码	020202001001	项目名称	柱面一般抹灰	计量单位	m²

清单综合单价组成明细

定额编号	定额名称	定额单位	数量	单价(元)				合价(元)			
				人工费	材料费	机械费	管理费和利润	人工费	材料费	机械费	管理费和利润
5-2	石灰砂浆	m²	1.00	4.60	2.48	0.35	3.12	4.60	2.48	0.35	3.12
人工单价		小计						4.60	2.48	0.35	3.12
30.810元/工日		未计价材料费									
清单项目综合单价								10.55			

材料费明细	主要材料名称、规格、型号	单位	数量	单价(元)	合价(元)	暂估单价(元)	暂估合价(元)
	水泥(综合)	kg	3.250	0.366	1.19		
	砂子	kg	19.378	0.036	0.70		
	白灰	kg	4.187	0.097	0.41		
	纸筋	kg	0.079	0.590	0.05		
	乳液型建筑胶粘剂	kg	0.065	1.600	0.10		
	其他材料费			—	0.04	—	
	材料费小计			—	2.48	—	

注：1. “数量”栏为“投标方(定额)工程量÷招标方(清单)工程量÷定额单位数量”，如“1.00”为“6.16÷6.16÷1”。

2. 管理费费率为34%，利润率为8%，均以直接费为基数。

工程量清单综合单价分析表

续表

工程名称：某机修厂工程　　　　标段：　　　　第　页　共　页

项目编码	020203002001	项目名称	零星项目装饰抹灰	计量单位	m²

清单综合单价组成明细

定额编号	定额名称	定额单位	数量	单价(元)				合价(元)			
				人工费	材料费	机械费	管理费和利润	人工费	材料费	机械费	管理费和利润
3-207	零星项目抹灰	m²	1.00	14.37	13.44	1.14	12.16	14.37	13.44	1.14	12.16
人工单价		小计						14.37	13.44	1.14	12.16
30.810元/工日		未计价材料费									
清单项目综合单价								41.11			

材料费明细	主要材料名称、规格、型号	单位	数量	单价(元)	合价(元)	暂估单价(元)	暂估合价(元)
	水泥(综合)	kg	10.245	0.366	3.75		
	白水泥	kg	10.416	0.550	5.73		
	砂子	kg	31.882	0.036	1.15		
	美术石渣	kg	16.428	0.150	2.46		
	界面剂	kg	0.054	1.800	0.10		
	乳液型建筑胶粘剂	kg	0.069	1.600	0.11		
	其他材料费			—	0.14	—	
	材料费小计			—	13.44	—	

注：1. “数量”栏为“投标方(定额)工程量÷招标方(清单)工程量÷定额单位数量”，如“1.00”为“18.40÷18.40÷1”。

2. 管理费费率为34%，利润率为8%，均以直接费为基数。

工程量清单综合单价分析表

续表

工程名称：某机修厂工程　　标段：　　第　页　共　页

项目编码	020301001001	项目名称	天棚抹灰	计量单位	m^2

清单综合单价组成明细											
定额编号	定额名称	定额单位	数量	单价(元)				合价(元)			
				人工费	材料费	机械费	管理费和利润	人工费	材料费	机械费	管理费和利润
2-95	天棚抹混合砂浆底	m^2	1.00	4.68	2.18	0.25	2.99	4.68	2.18	0.25	2.99
2-69	天棚纸筋灰面层	m^2	1.00	3.73	9.36	0.40	5.67	3.73	9.36	0.40	5.67
人工单价		小计						8.41	11.54	0.65	8.66
32.450元/工日		未计价材料费									
清单项目综合单价								29.26			

材料费明细	主要材料名称、规格、型号	单位	数量	单价(元)	合价(元)	暂估单价(元)	暂估合价(元)
	纸面石膏板9.5mm厚	m^2	1.020	8.900	9.08		
	水泥(综合)	kg	3.963	0.366	1.45		
	砂子	kg	8.644	0.036	0.31		
	建筑胶	kg	0.061	1.700	0.10		
	白灰	kg	0.707	0.097	0.07		
	其他材料费			—	0.53	—	
	材料费小计			—	11.54	—	

注：1. “数量”栏为“投标方(定额)工程量÷招标方(清单)工程量÷定额单位数量”，如“1.00”为“96.43÷96.43÷1”。
2. 管理费费率为34%，利润率为8%，均以直接费为基数。

工程量清单综合单价分析表

续表

工程名称：某机修厂工程　　标段：　　第　页　共　页

项目编码	020203001001	项目名称	零星项目一般抹灰	计量单位	m^2

清单综合单价组成明细											
定额编号	定额名称	定额单位	数量	单价(元)				合价(元)			
				人工费	材料费	机械费	管理费和利润	人工费	材料费	机械费	管理费和利润
3-95	天棚抹混合砂浆底	m^2	1.00	4.68	2.18	0.25	2.99	4.68	2.18	0.25	2.99
3-69	天棚纸筋灰面层	m^2	1.00	3.73	9.36	0.40	5.67	3.73	9.36	0.40	5.67
人工单价		小计						8.41	11.54	0.65	8.66
32.450元/工日		未计价材料费									
清单项目综合单价								29.26			

续表

	主要材料名称、规格、型号	单位	数量	单价（元）	合价（元）	暂估单价（元）	暂估合价（元）
材料费明细	纸面石膏板 9.5mm 厚	m^2	1.020	8.900	9.08		
	水泥（综合）	kg	3.963	0.365	1.45		
	砂子	kg	8.644	0.036	0.31		
	建筑胶	kg	0.061	1.700	0.10		
	白灰	kg	0.707	0.097	0.07		
	其他材料费			—	0.53	—	
	材料费小计			—	11.54	—	

注：1. “数量”栏为“投标方（定额）工程量÷招标方（清单）工程量÷定额单位数量”，如“1.00”为“26.64÷26.64÷1”。

2. 管理费费率为 34%，利润率为 8%，均以直接费为基数。

工程量清单综合单价分析表

续表

工程名称：某机修厂工程　　　　标段：　　　　第　页　共　页

项目编码	020401001001	项目名称	镶板木门	计量单位	樘						
清单综合单价组成明细											
定额编号	定额名称	定额单位	数量	单价（元）				合价（元）			
				人工费	材料费	机械费	管理费和利润	人工费	材料费	机械费	管理费和利润
6-3	镶板门	m^2	4.65	13.54	611.39	19.10	270.49	62.96	2842.96	88.82	1257.78
人工单价		小计						62.96	2842.96	88.82	1257.78
32.450 元/工日		未计价材料费									
清单项目综合单价								4252.52			

	主要材料名称、规格、型号	单位	数量	单价（元）	合价（元）	暂估单价（元）	暂估合价（元）
材料费明细	镶板木门	m^2	4.65	600.00	2790.00		
	防腐油	kg	1.40895	0.950	1.34		
	合页	个	6.882	1.700	11.70		
	插销	个	3.069	3.100	9.51		
	拉手	个	3.069	0.420	1.29		
	其他材料费			—	29.11	—	
	材料费小计			—	2842.96	—	

注：1. “数量”栏为“投标方（定额）工程量÷招标方（清单）工程量÷定额单位数量”，如“4.65”为“9.3÷2÷1”。

2. 管理费费率为 34%，利润率为 8%，均以直接费为基数。

工程量清单综合单价分析表

续表

工程名称：某机修厂工程　　标段：　　第　页共　页

项目编码	020401001002	项目名称	镶板木门	计量单位	樘

清单综合单价组成明细

定额编号	定额名称	定额单位	数量	单价（元）				合价（元）			
				人工费	材料费	机械费	管理费和利润	人工费	材料费	机械费	管理费和利润
6-6	半玻璃镶板门	m²	3.10	9.97	148.07	4.83	68.41	30.91	459.02	14.97	212.07
6-111	门窗玻璃	m²	1.55	1.94	14.07	0.49	6.93	3.01	21.81	0.76	10.74
人工单价		小计						33.92	480.83	15.73	222.81
32.450元/工日		未计价材料费									
清单项目综合单价								753.29			

	主要材料名称、规格、型号	单位	数量	单价（元）	合价（元）	暂估单价（元）	暂估合价（元）
材料费明细	半玻木门	m²	3.10	138.00	427.80		
	防腐油	kg	0.7099	0.95	0.67		
	合页	个	5.952	1.700	10.12		
	插销	个	2.387	3.100	7.40		
	拉手	个	1.798	0.420	0.75		
	玻璃3mm	m²	1.632	12.000	19.58		
	油灰	kg	1.36	1.200	1.63		
	清油	kg	0.025	13.300	0.33		
	油漆溶剂油	kg	0.04	2.400	0.10		
	其他材料费			—	12.45	—	
	材料费小计			—	480.83	—	

注：1. "数量"栏为"投标方（定额）工程量÷招标方（清单）工程量÷定额单位数量"，如"3.10"为"6.2÷2÷1"。
2. 管理费费率为34%，利润率为8%，均以直接费为基数。

工程量清单综合单价分析表

续表

工程名称：某机修厂工程　　标段：　　第　页共　页

项目编码	020405001001	项目名称	木质平开窗	计量单位	樘

清单综合单价组成明细

定额编号	定额名称	定额单位	数量	单价（元）				合价（元）			
				人工费	材料费	机械费	管理费和利润	人工费	材料费	机械费	管理费和利润
6-22	木质一玻一纱平开窗	m²	3.15	21.08	204.63	6.90	97.70	66.40	644.58	21.74	307.76
6-111	木门窗玻璃	m²	3.15	1.94	14.07	0.49	6.93	6.11	44.32	1.54	21.83
人工单价		小计						72.51	688.90	23.28	329.59
32.450元/工日		未计价材料费									
清单项目综合单价								1114.28			

续表

	主要材料名称、规格、型号	单位	数量	单价（元）	合价（元）	暂估单价（元）	暂估合价（元）
材料费明细	一玻一纱松窗	m²	3.15	180.00	567.00		
	窗纱	m²	2.441	2.300	5.61		
	防腐油	kg	1.077	0.950	1.02		
	合页	个	22.87	1.700	38.88		
	插销	个	5.733	3.100	17.77		
	玻璃 3mm	m²	3.317	12.000	39.80		
	油灰	kg	2.763	1.200	3.31		
	清油	kg	0.050	13.300	0.66		
	油漆溶剂油	kg	0.082	2.400	0.20		
	其他材料费			—	14.65	—	
	材料费小计			—	688.90	—	

注：1. “数量”栏为“投标方(定额)工程量÷招标方(清单)工程量÷定额单位数量”，如“3.15”为“15.75÷5÷1”。

2. 管理费费率为34%，利润率为8%，均以直接费为基数。

工程量清单综合单价分析表

续表

工程名称：某机修厂工程　　标段：　　第　页　共　页

项目编码	020405001002	项目名称	木质平开窗	计量单位	樘

清单综合单价组成明细

定额编号	定额名称	定额单位	数量	单价（元）				合价（元）			
				人工费	材料费	机械费	管理费和利润	人工费	材料费	机械费	管理费和利润
6-21	木质单层玻璃窗	m²	5.04	12.18	143.41	4.76	67.35	61.39	722.76	23.99	339.44
6-111	木门窗玻璃	m²	5.04	1.94	14.07	0.49	6.93	9.78	70.91	2.47	34.93
人工单价		小计						71.17	793.67	26.46	374.37
32.450元/工日		未计价材料费									
清单项目综合单价								1265.67			

	主要材料名称、规格、型号	单位	数量	单价（元）	合价（元）	暂估单价（元）	暂估合价（元）
材料费明细	单层木窗	m²	5.04	130.00	655.20		
	防腐油	kg	1.507	0.950	1.43		
	合页	个	19.606	1.700	33.33		
	插销	个	4.939	3.100	15.31		
	玻璃 3mm	m²	5.307	12.000	63.68		
	油灰	kg	4.420	1.200	5.30		
	清油	kg	0.081	13.300	1.07		
	油漆溶剂油	kg	0.131	2.400	0.31		
	其他材料费			—	18.04	—	
	材料费小计			—	793.67	—	

注：1. “数量”栏为“投标方(定额)工程量÷招标方(清单)工程量÷定额单位数量”，如“5.04”为“5.04÷1÷1”。

2. 管理费费率为34%，利润率为8%，均以直接费为基数。

工程量清单综合单价分析表

续表

工程名称：某机修厂工程　　标段：　　第　页　共　页

项目编码	020407004001			项目名称		门窗木贴脸		计量单位		m²	
清单综合单价组成明细											
定额编号	定额名称	定额单位	数量	单价(元)				合价(元)			
				人工费	材料费	机械费	管理费和利润	人工费	材料费	机械费	管理费和利润
8-1	板条装饰线	m	34.667	1.01	5.19	1.64	3.29	35.01	179.83	56.85	114.05
人工单价		小计						35.01	179.83	56.85	114.05
44.070元/工日		未计价材料费									
清单项目综合单价								385.74			
材料费明细	主要材料名称、规格、型号				单位	数量		单价(元)	合价(元)	暂估单价(元)	暂估合价(元)
	木板条50mm以内				m	36.40		4.800	174.72		
	乳胶				kg	0.208		4.600	0.95		
	其他材料费							—	4.16	—	
	材料费小计							—	179.83	—	

注：1. “数量”栏为“投标方(定额)工程量÷招标方(清单)工程量÷定额单位数量”，如“34.667”为“67.6÷1.95÷1”。

2. 管理费费率为34%，利润率为8%，均以直接费为基数。

工程量清单综合单价分析表

续表

工程名称：某机修厂工程　　标段：　　第　页　共　页

项目编码	AB001			项目名称		建筑脚手架		计量单位		m²	
清单综合单价组成明细											
定额编号	定额名称	定额单位	数量	单价(元)				合价(元)			
				人工费	材料费	机械费	管理费和利润	人工费	材料费	机械费	管理费和利润
15-1	单层建筑脚手架	100m²	0.01	190.76	2220.53	3.40	1014.17	1.91	22.20	0.03	10.14
人工单价		小计						1.91	22.20	0.03	10.14
28.430元/工日		未计价材料费									
清单项目综合单价								34.28			
材料费明细	主要材料名称、规格、型号				单位	数量		单价(元)	合价(元)	暂估单价(元)	暂估合价(元)
	脚手架租赁费				元	19.92		—	19.92		
	其他材料费							—	2.28	—	
	材料费小计							—	22.20	—	

注：“数量”栏为“投标方(定额)工程量÷招标方(清单)工程量÷定额单位数量”，如“0.01”为“92.07÷92.07÷100”。

工程量清单综合单价分析表

续表

工程名称：某机修厂工程　　标段：　　第　页　共　页

项目编码	BB001	项目名称	内墙脚手架	计量单位	m						
清单综合单价组成明细											
定额编号	定额名称	定额单位	数量	单价(元)				合价(元)			
				人工费	材料费	机械费	管理费和利润	人工费	材料费	机械费	管理费和利润
12-7	内墙脚手架租赁	10m	0.1	0.07	6.90	—	2.93	0.01	0.69	—	0.29
人工单价		小计						0.01	0.69	—	0.29
28.430元/工日		未计价材料费									
清单项目综合单价								0.99			
材料费明细	主要材料名称、规格、型号				单位	数量		单价(元)	合价(元)	暂估单价(元)	暂估合价(元)
	脚手架租赁费				元	0.69		—	0.69		
	其他材料费							—		—	
	材料费小计							—	0.69	—	

注：“数量”栏为“投标方(定额)工程量÷招标方(清单)工程量÷定额单位数量”，如“0.1”为“11.22÷11.22÷10”。

工程量清单综合单价分析表

续表

工程名称：某机修厂工程　　标段：　　第　页　共　页

项目编码	AB002	项目名称	工程水电费	计量单位	m^2						
清单综合单价组成明细											
定额编号	定额名称	定额单位	数量	单价(元)				合价(元)			
				人工费	材料费	机械费	管理费和利润	人工费	材料费	机械费	管理费和利润
18-9	公共建筑工程	m^2	1.00	—	6.46	—	2.71	—	6.46	—	2.71
人工单价		小计						—	6.46	—	2.71
—元/工日		未计价材料费									
清单项目综合单价								9.17			
材料费明细	主要材料名称、规格、型号				单位	数量		单价(元)	合价(元)	暂估单价(元)	暂估合价(元)
	电费				度	7.95		0.54	4.29		
	水费				t	0.678		3.20	2.17		
	其他材料费							—		—	
	材料费小计							—	6.46	—	

注：“数量”栏为“投标方(定额)工程量÷招标方(清单)工程量÷定额单位数量”，如“1.00”为“92.07÷92.07÷1”。

工程量清单综合单价分析表

续表

工程名称：某机修厂工程　　标段：　　第　页　共　页

项目编码	AB003	项目名称	基础模板	计量单位	m²

定额编号	定额名称	定额单位	数量	单价(元)				合价(元)			
				人工费	材料费	机械费	管理费和利润	人工费	材料费	机械费	管理费和利润
7-5	独立基础	m²	1.00	8.73	13.48	1.53	9.97	8.73	13.48	1.53	9.97
人工单价		小计						8.73	13.48	1.53	9.97
32.450元/工日		未计价材料费									
清单项目综合单价								33.71			

材料费明细	主要材料名称、规格、型号	单位	数量	单价(元)	合价(元)	暂估单价(元)	暂估合价(元)
	模板租赁费	元	2.27	—	2.27		
	材料费	元	7.38	—	7.38		
	其他材料费			—	3.83	—	
	材料费小计			—	13.48	—	

注："数量"栏为"投标方(定额)工程量÷招标方(清单)工程量÷定额单位数量"，如"1.00"为"8.29÷8.29÷1"。

工程量清单综合单价分析表

续表

工程名称：某机修厂工程　　标段：　　第　页　共　页

项目编码	AB004	项目名称	现浇梁模板	计量单位	m²

定额编号	定额名称	定额单位	数量	单价(元)				合价(元)			
				人工费	材料费	机械费	管理费和利润	人工费	材料费	机械费	管理费和利润
7-38	圈梁模板	m²	0.847	11.86	8.58	0.98	9.00	10.05	7.27	0.83	7.62
7-28	矩形梁模板	m²	0.153	16.34	8.52	2.08	11.31	2.50	1.30	0.32	1.73
人工单价		小计						12.55	8.57	1.15	9.35
32.450元/工日		未计价材料费									
清单项目综合单价								31.62			

材料费明细	主要材料名称、规格、型号	单位	数量	单价(元)	合价(元)	暂估单价(元)	暂估合价(元)
	模板租赁费	元	1.91	—	1.91		
	材料费	元	1.81	—	1.81		
	其他材料费			—	4.85	—	
	材料费小计			—	8.57	—	

注："数量"栏为"投标方(定额)工程量÷招标方(清单)工程量÷定额单位数量"，如"0.847"为"97.59÷115.27÷1"。

工程量清单综合单价分析表

续表

工程名称：某机修厂工程　　标段：　　第　页　共　页

项目编码	AB005	项目名称	现浇雨篷过梁模板	计量单位	m^2

清单综合单价组成明细

定额编号	定额名称	定额单位	数量	单价(元)				合价(元)			
				人工费	材料费	机械费	管理费和利润	人工费	材料费	机械费	管理费和利润
7-28	矩形梁模板	m^2	1.00	16.34	8.52	2.08	11.31	16.34	8.52	2.08	11.31
人工单价		小计						12.55	8.57	1.15	9.35
32.450元/工日		未计价材料费									
清单项目综合单价								38.25			

	主要材料名称、规格、型号	单位	数量	单价(元)	合价(元)	暂估单价(元)	暂估合价(元)
材料费明细	模板租赁费	元	3.99	—	3.99		
	材料费	元	1.68	—	1.68		
	其他材料费			—	2.85	—	
	材料费小计			—	8.52	—	

注：“数量”栏为“投标方(定额)工程量÷招标方(清单)工程量÷定额单位数量”，如“1.00”为“4.02÷4.02÷1”。

工程量清单综合单价分析表

续表

工程名称：某机修厂工程　　标段：　　第　页　共　页

项目编码	AB006	项目名称	预制过梁模板	计量单位	m^2

清单综合单价组成明细

定额编号	定额名称	定额单位	数量	单价(元)				合价(元)			
				人工费	材料费	机械费	管理费和利润	人工费	材料费	机械费	管理费和利润
7-72	预制过梁模板	m^2	1.00	0.77	8.34	8.80	7.52	0.77	8.34	8.80	7.52
人工单价		小计						0.77	8.34	8.80	7.52
—元/工日		未计价材料费									
清单项目综合单价								25.43			

	主要材料名称、规格、型号	单位	数量	单价(元)	合价(元)	暂估单价(元)	暂估合价(元)
材料费明细	模板租赁费	元	0.06	—	0.06		
	材料费	元	8.02	—	8.02		
	其他材料费			—	0.26	—	
	材料费小计			—	8.34	—	

注：“数量”栏为“投标方(定额)工程量÷招标方(清单)工程量÷定额单位数量”，如“1.00”为“9.50÷9.50÷1”。

工程量清单综合单价分析表

续表

工程名称：某机修厂工程　　　　　　　　　标段：　　　　　　　　　　　　第　页　共　页

项目编码	AB007	项目名称	现浇雨篷模板	计量单位	m²

清单综合单价组成明细											
定额编号	定额名称	定额单位	数量	单价(元)				合价(元)			
				人工费	材料费	机械费	管理费和利润	人工费	材料费	机械费	管理费和利润
7-56	雨篷模板	m^2	0.452	12.41	16.69	2.31	13.19	5.61	7.54	1.04	5.96
7-60	雨篷立板模板	m^2	0.548	9.93	3.93	0.97	6.23	5.44	2.15	0.53	3.41
人工单价		小计						11.05	9.69	1.57	9.37
32.450元/工日		未计价材料费									
清单项目综合单价								31.68			
材料费明细	主要材料名称、规格、型号				单位	数量		单价(元)	合价(元)	暂估单价(元)	暂估合价(元)
	模板租赁费				元	3.11		—	3.11		
	材料费				元	5.01		—	5.01		
	其他材料费							—	1.57	—	
	材料费小计							—	9.69	—	

注：“数量”栏为“投标方(定额)工程量÷招标方(清单)工程量÷定额单位数量”，如“0.452”为“1.94÷4.29÷1”。

工程量清单综合单价分析表

续表

工程名称：某机修厂工程　　　　　　　　　标段：　　　　　　　　　　　　第　页　共　页

项目编码	AB008	项目名称	现浇挑檐模板	计量单位	m²

清单综合单价组成明细											
定额编号	定额名称	定额单位	数量	单价(元)				合价(元)			
				人工费	材料费	机械费	管理费和利润	人工费	材料费	机械费	管理费和利润
7-57	挑檐模板	m^2	0.531	11.35	24.19	0.89	15.30	6.03	12.84	0.47	8.12
7-60	挑檐立板模板	m^2	0.469	9.93	3.93	0.97	6.23	4.66	1.84	0.45	2.92
人工单价		小计						10.69	14.68	0.92	11.04
32.450元/工日		未计价材料费									
清单项目综合单价								37.33			
材料费明细	主要材料名称、规格、型号				单位	数量		单价(元)	合价(元)	暂估单价(元)	暂估合价(元)
	模板租赁费				元	0.99		—	0.99		
	材料费				元	11.54		—	11.54		
	其他材料费							—	2.15	—	
	材料费小计							—	14.68	—	

注：“数量”栏为“投标方(定额)工程量÷招标方(清单)工程量÷定额单位数量”，如“0.531”为“22.68÷42.72÷1”。

工程量清单综合单价分析表

续表

工程名称：某机修厂工程　　　　标段：　　　　第　页　共　页

项目编码	AB009	项目名称	独立柱模板	计量单位	m^2

清单综合单价组成明细

定额编号	定额名称	定额单位	数量	单价（元）				合价（元）			
				人工费	材料费	机械费	管理费和利润	人工费	材料费	机械费	管理费和利润
7-11	矩形柱模板	m^2	1.00	13.09	9.19	1.95	10.18	13.09	9.19	1.95	10.18
人工单价		小计						13.09	9.19	1.95	10.18
32.450元/工日		未计价材料费									
清单项目综合单价								34.41			

材料费明细	主要材料名称、规格、型号	单位	数量	单价（元）	合价（元）	暂估单价（元）	暂估合价（元）
	模板租赁费	元	5.80	—	5.80		
	材料费	元	1.83	—	1.83		
	其他材料费			—	1.56	—	
	材料费小计			—	9.19	—	

注："数量"栏为"投标方（定额）工程量÷招标方（清单）工程量÷定额单位数量"，如"1.00"为"8.16÷8.16÷1"。

例 4 装饰工程定额预算与工程量清单计价对照

4-1 某小康住宅客厅装饰工程

一、工程概况

本工程为某小康住宅客厅装饰，为简化计算项目，预算示例仅列示了所附装饰施工图中的楼地面、墙面、顶棚、门窗装饰、灯具安装等内容，房间内水电管线等其他建筑配件均未纳入预算。本工程施工图，如图 4-1-1 所示。

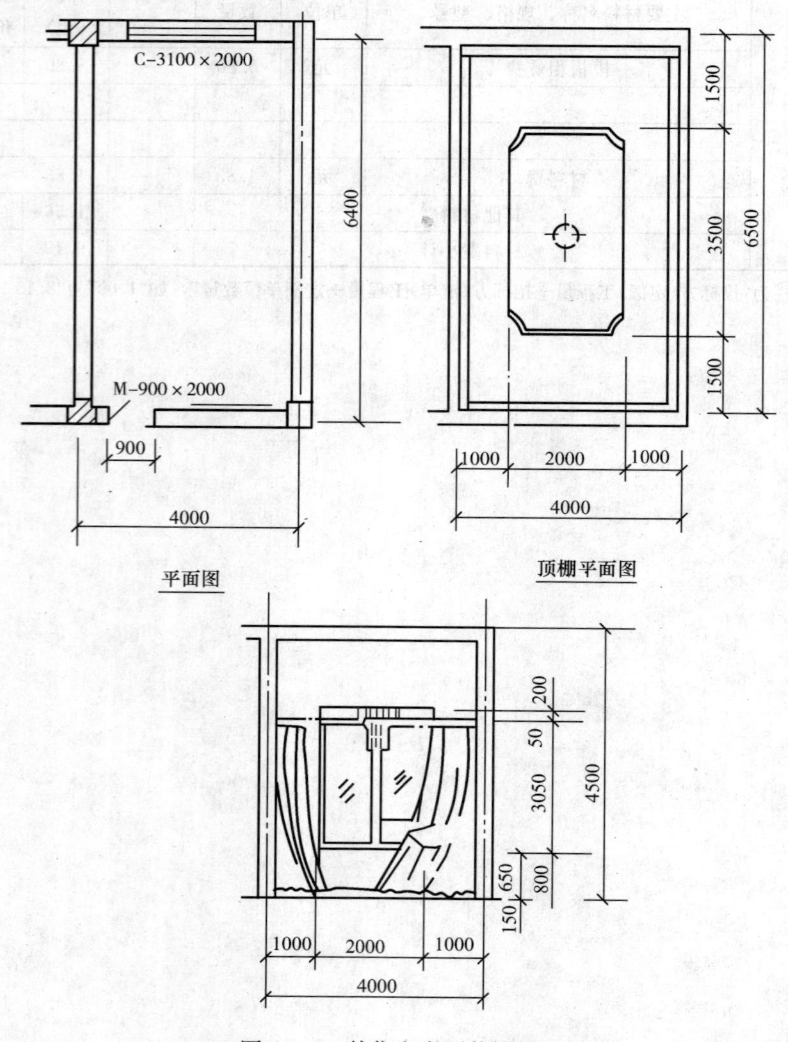

图 4-1-1 某住宅客厅装饰图

某小康住宅客厅装饰具体做法如下。

地面：客厅地面间采用普通花岗石板铺面，踢脚线为柚木板刷硝基清漆。

墙面：所有墙面贴壁纸，木窗帘盒带铝轨刷清漆，挂金丝绒窗帘。

顶棚：木龙骨吊顶层板面贴壁纸，顶棚硬木压条刷硝基清漆。

装饰灯具安装：方吸顶灯一盏，护套线敷设，双联开关，三孔插座安装。

二、工程量计算

本装饰工程工程量计算分别依据《建设工程工程量清单计价规范》GB 50500—2008 以及《河南省建设工程工程量清单综合单价》A. 建筑工程、B. 装饰装修工程、C. 安装工程。

1. 定额工程量计算(表 4-1-1)

定额工程量计算表 **表 4-1-1**

序号	定额编号	项目名称	单位	工程量	计算公式
1		地面			
1.1	B1-25	花岗石楼地面	m^2	23.16	$(4-0.24)\times(6.4-0.24)=23.16m^2$
1.2	B1-81	柚木踢脚板	m^2	2.88	$[(4-0.24)\times2+(6.4-0.24)\times2-0.9+2\times0.24\times\frac{1}{2}]\times0.15=19.18\times0.15=2.88m^2$
1.3	B5-76	柚木踢脚板刷一油粉三漆片四硝基清漆	m^2	2.88	$[(4-0.24)\times2+(6.4-0.24)\times2-0.9+2\times0.24\times\frac{1}{2}]\times0.15=19.18\times0.15=2.88m^2$
2		顶棚			
2.1	B3-18	天棚方木龙骨架，吊在混凝土板下或梁下(双层楞)，平面(天棚面层高差在 200mm 以内)	m^2	23.16	$(4-0.24)\times(6.4-0.24)=23.16m^2$
2.2	B3-55	木龙骨三层胶合板面	m^2	25.36	$(4-0.24)\times(6.4-0.24)+(2+3.5)\times2\times0.2=25.36m^2$
2.3	B5-201	木龙骨三层胶合板面贴壁纸(对花)	m^2	25.36	$(4-0.24)\times(6.4-0.24)+(2+3.5)\times2\times0.2=25.36m^2$
2.4	B6-30	20mm 宽三道线木装饰条	m	30.84	$(4-0.24)\times2+(6.4-0.24)\times2+(2+3.5)\times2=30.84m$
2.5	B5-70	顶棚装饰条刷一油粉二漆片四硝基清漆	m^2	6.60	$(4-0.24)\times2+(6.4-0.24)\times2+(2+3.5)\times2]\times0.2=6.17m^2$ 6.17×1.07(调整系数)$=6.60m^2$
2.6	B4-100	硬木窗帘盒	m	3.76	$4-0.24=3.76m$

续表

序号	定额编号	项目名称	单位	工程量	计算公式
2.7	B5-54	硬木窗帘盒刷一油粉三漆片四硝基清漆	m	7.67	(4−0.24)×2.04(调整系数)=3.76×2.04=7.67m
3		墙面			
3.1	B5-195	墙面贴装饰纸(对花)	m^2	71.19	S=主墙饰面面积+门、窗柱饰面面积=(总面积−门面积−窗面积)+(门侧饰面面积+窗侧饰面面积) =[(4−0.24)+(6.4+0.24)]×2×(3.85+0.05)−0.9×2−2×3.1+(0.9+2+2)×0.12+(2+3.1)×2×0.12 =69.38+1.812=71.19m^2
4		装饰灯具安装			
4.1	C.2 2-1651	方吸顶灯安装挂碗灯(L≤800mm,H≤500mm)	套	1	无计算式 [说明]工程量计算规则规定:按吸顶式艺术装饰灯具示意图集所示,区别不同装饰物、吸盘的几何形状、灯体直径、灯体周长和灯体垂吊长度,以"10套"为计量单位。灯体直径为吸盘最大外缘直径,灯体半周长为矩形吸盘的半周长;吸顶式艺术装饰灯具的灯体垂吊长度为吸盘到灯梢之间的总长度
4.2	C.2 2-1457	护套线敷设2.5mm^2以内三芯导线	m	20	无计算式 [说明]工程量计算规则规定:塑料护套线明敷工程量,应区别导线截面、导线芯线(二芯、三芯)、敷设位置(木结构、砖混结构、沿钢索),以单根线路"延长米"为计量单位计算
4.3	C.2 2-360	板式双联暗开关(单控)	套	1	无计算式 工程量计算规则规定:开关、按钮安装工程量,应区别开关、按钮安装形式,开关、按钮种类,开关极数以及单控与双控,以"10套"为计量单位计算

续表

序号	定额编号	项目名称	单位	工程量	计算公式
4.4	C.2　2-388	三孔单相明插座 30A	套	1	无计算式 工程量计算规则规定：插座安装工程量，应区别电源相数、额定电流、插座安装形式、插座插孔个数，以"10套"为计量单位计算
5		脚手架工程			
5.1	A12-231	满堂脚手架，层高 4.5m	m^2	23.16	(4－0.24)×(6.4－0.24)＝23.16m^2

2. 清单工程量计算(表 4-1-2)

清单工程量计算表　　**表 4-1-2**

序号	项目编码	项目名称	项目特征描述	计量单位	工程量	计算公式
1	020102001001	花岗石楼地面	客厅地面间采用普通花岗石板铺面	m^2	23.16	(4－0.24)×(6.4－0.24)＝23.16m^2
2	020105006001	木质踢脚线	柚木踢脚板，高 150mm，表面刷一油粉三漆片四硝基清漆	m^2	2.88	[(4－0.24)×2＋(6.4－0.24)×2－0.9＋2×0.24×$\frac{1}{2}$]×0.15＝9.18×0.15＝2.88m^2
3	020302001001	天棚吊顶	天棚方木龙骨架，吊在混凝土板下或梁下(双层楞)，平面，面层为三层胶合板面	m^2	23.16	(4－0.24)×(6.4－0.24)＝23.16m^2
4	020509001001	墙纸裱糊	木龙骨三层胶合板面贴壁纸(对花)	m^2	25.36	(4－0.24)×(6.4－0.24)＋(2＋3.5)×2×0.2＝25.36m^2
5	020604002001	木质装饰线	20mm 宽三道线木装饰条，刷一油粉三漆片四硝基清漆	m	30.84	(4－0.24)×2＋(6－0.24)×2＋(2＋3.5)×2＝30.84m
6	020408001001	木窗帘盒	硬木窗帘盒刷一油粉三漆片四硝基清漆	m	3.76	4－0.24＝3.76m
7	020509001002	墙纸裱糊	墙面贴装饰纸	m^2	71.19	S＝主墙饰面面积＋门窗框饰面面积＝(总面积－门面积－窗面积)＋(门侧饰面面积＋窗侧饰面面积) ＝[(4－0.24)＋(6.4－0.24)]×2×2×(3.85＋0.05)－0.9×2－2×3.1＋(0.9＋2＋2)×0.12＋(2＋3.1)×2＋0.12 ＝71.19m^2

续表

序号	项目编码	项目名称	项目特征描述	计量单位	工程量	计算公式
8	030213003001	装饰灯	方吸顶灯安装挂碗灯（$L \leqslant$ 800mm，$H \leqslant$ 500mm）	套	1	无计算式
9	030212003001	电气配线	护套线敷设	m	20	无计算式，本装饰工程使用护套线20延长米
10	030204031001	小电器	双联开关	套	1	无计算式
11	030204031002	小电器	三孔插座安装	套	1	无计算式
12	BB001	满堂脚手架	满堂脚手架，层高4.5m	m^2	23.16	$(4-0.24)\times(6.4-0.24)=23.16m^2$

三、工程量清单编制示例

工程量清单编制见表4-1-3～表4-1-13。

某小康住宅客厅装饰工程

工 程 量 清 单

招 标 人：×××
（单位盖章）

工程量造价咨询人：×××
（单位资质专用章）

法定代表人或其授权人：×××
（签字或盖章）

法定代表人或其授权人：×××
（签字或盖章）

编 制 人：×××
（造价人员签字盖专用章）

复 核 人：×××
（造价工程师签字盖专用章）

编制时间：××××年××月××日

复核时间：××××年××月××日

总 说 明

工程名称：某小康住宅客厅装饰工程　　　　第　页共　页

1. 工程概况：本工程为重庆某小康住宅客厅装饰工程。地面：客厅地面间采用普通花岗石板铺面，踢脚线为柚木板刷硝基清漆。墙面：所有墙面贴壁纸，木窗帘盒带铝轨刷清漆，挂金丝绒窗帘。顶棚：木龙骨吊顶层板面贴壁纸，顶棚硬木压条刷硝基清漆。装饰灯具安装：方吸顶灯一盏，护套线敷设，双联开关，三孔插座安装。
2. 工程招标范围：本次招标范围为施工图范围内的装饰装修工程。
3. 工程量清单编制依据：

   (1)住宅施工图；

   (2)《建设工程工程量清单计价规范》GB 50500—2008。
4. 其他需要说明的问题：

   (1)招标人供应所有现场使用的材料，承包人应在施工现场对招标人供应的材料进行验收及保管和使用发放。

   (2)总承包人应配合专业工程承包人完成以下工作：

   1)按专业工程承包人的要求提供施工工作面并对施工现场进行统一管理，对竣工资料进行统一整理汇总。

   2)为专业工程承包人提供垂直运输机械和焊接电源接入点，并承担垂直运输费和电费。

分部分项工程量清单与计价表　　　　**表 4-1-3**

工程名称：某小康住宅客厅装饰　　　　标段：　　　　第　页　共　页

序号	项目编码	项目名称	项目特征描述	计量单位	工程量	金额(元)		
						综合单价	合价	其中：暂估价
1	020102001001	花岗石楼地面	客厅地面间采用普通花岗石板铺面	m^2	23.16			
2	020105006001	木质踢脚线	柚木踢脚板，高 150mm，表面刷一油粉三漆片四硝基清漆	m^2	2.88			
3	020302001001	天棚吊顶	天棚方木龙骨架，吊在混凝土板下或梁下（双层楞），平面，面层为三层胶合板面	m^2	23.16			
4	020509001001	墙纸裱糊	木龙骨三层胶合板面贴壁纸（对花）	m^2	25.36			
5	020604002001	木质装饰线	20mm 宽三道线木装饰条，刷一油粉三漆片四硝基清漆	m	30.84			
6	020408001001	木窗帘盒	硬木窗帘盒刷一油粉三漆片四硝基清漆	m	3.76			
7	020509001002	墙纸裱糊	墙面贴装饰纸	m^2	71.19			

续表

序号	项目编码	项目名称	项目特征描述	计量单位	工程量	金额(元)		
						综合单价	合价	其中：暂估价
8	030213003001	装饰灯	方吸顶灯安装，挂碗灯（$L \leqslant$ 800mm，$H \leqslant$500mm）	套	1			
9	030212003001	电气配件	护套线敷设	m	20			
10	030204031001	小电器	双联开关	套	1			
11	030204031002	小电器	三孔插座安装	套	1			
本页小计								
合计								

措施项目清单与计价表(一) 表 4-1-4

工程名称：某小康住宅客厅装饰工程　　标段：　　第　页共　页

序号	项目名称	计算基础	费率(%)	金额(元)
1	安全文明施工费			
2	夜间施工费			
3	二次搬运费			
4	冬雨季施工			
5	大型机械设备进出场及安拆费			
6	施工排水			
7	施工降水			
8	地上、地下设施、建筑物的临时保护设施			
9	已完工程及设备保护			
10	各专业工程的措施项目			
11				
12				
合计				

措施项目清单与计价表(二) 表 4-1-5

工程名称：某小康住宅客厅装饰工程　　标段：　　第　页共　页

序号	项目编码	项目名称	项目特征描述	计量单位	工程量	金额(元)	
						综合单价	合价
本页小计							
合计							

注：本表适用于以综合单价形式计价的措施项目。

其他项目清单与计价汇总表 表 4-1-6

工程名称：某小康住宅客厅装饰工程 标段： 第 页 共 页

序号	项目名称	计量单位	金额(元)	备注
1	暂列金额	项	3000	
2	暂估价			
2.1	材料暂估价			
2.2	专业工程暂估价			
3	计日工			
4	总承包服务费			
5				
合计				

暂列金额明细表 表 4-1-7

工程名称：某小康住宅客厅装饰工程 标段： 第 页 共 页

序号	项目名称	计量单位	暂定金额(元)	备注
1	工程量清单中工程量偏差和设计变更	项	1000	
2	政策性调整和材料价格风险	项	1000	
3	其他	项	1000	
4				
5				
6				
7				
8				
9				
10				
11				
合计			3000	—

材料暂估单价表 表 4-1-8

工程名称：某小康住宅客厅装饰工程 标段： 第 页 共 页

序号	材料名称、规格、型号	计量单位	单价(元)	备注

专业工程暂估价表　　　　表 4-1-9

工程名称：某小康住宅客厅装饰工程　　　　标段：　　　　第　页 共　页

序号	工程名称	工程内容	金额(元)	备注

计日工表　　　　表 4-1-10

工程名称：某小康住宅客厅装饰工程　　　　标段：　　　　第　页 共　页

编号	项目名称	单位	暂定数量	综合单价(元)	合价(元)
一	人工				
1	普工	工日	20		
2	技工(综合)	工日	5		
3					
4					
人工小计					
二	材料				
1					
2					
3					
4					
5					
6					
材料小计					
三	施工机械				
1					
2					
3					
4					
施工机械小计					
总计					

总承包服务费计价表

表 4-1-11

工程名称：某小康住宅客厅装饰工程　　　　标段：　　　　第　页共　页

序号	项目名称	项目价值(元)	服务内容	费率(%)	金额(元)
1	发包人发包专业工程				
2	发包人供应材料				
合计					

规费、税金项目清单与计价表

表 4-1-12

工程名称：某小康住宅客厅装饰工程　　　　标段：　　　　第　页共　页

序号	项目名称	计算基础	费率(%)	金额(元)
1	规费			
1.1	工程排污费	按实际发生额计算		
1.2	社会保障费	(1)+(2)+(3)		
(1)	养老保险费	综合工日		
(2)	失业保险费	综合工日		
(3)	医疗保险费	综合工日		
1.3	住房公积金	综合工日		
1.4	危险作业意外伤害保险	综合工日		
1.5	工程定额测定费	综合工日		
2	税金	分部分项工程费+措施项目费+其他项目费+规费		
合计				

补充工程量清单项目及计算规则

表 4-1-13

项目编码	项目名称	项目特征	计量单位	工程量计算规则	工程内容
BB01	脚手架	1. 脚手架类型 2. 建筑物层高	m^2	满堂脚手架，按室内净面积计算，其高度在3.6～5.2m之间时，计算基本层，超过5.2m时，每增加1.2m按增加一层计算，不足0.6m不计	1. 搭设、拆除脚手架 2. 搭设、拆除安全网 3. 铺、翻脚手板
其他略					

四、投标报价编制示例

投标报价编制见表 4-1-14～表 4-1-27。

投 标 总 价

招　　标　　人：某小康住宅

工　程　名　称：某小康住宅客厅装饰工程

投标总价(小写)：22066 元

(大写)：贰万贰仟陆拾陆元整

投　　标　　人：×××
(单位盖章)

法定代表人
或其授权人：×××
(签字或盖章)

编　　制　　人：×××
(造价人员签字盖专用章)

编　制　时　间：××××年××月××日

总 说 明

工程名称：某小康住宅客厅装饰工程　　　　第 1 页　共 1 页

1. 工程概况：本工程为重庆某小康住宅装饰工程。(同前面总说明)
2. 投标报价包括范围：为本次招标的住宅工程施工图范围内的装饰装修工程。
3. 投标报价编制依据：

(1)招标文件及其所提供的工程量清单和有关报价的要求，招标的补充通知和答疑纪要。

(2)省建设主管部门颁发的计价定额和计价管理办法及相关计价文件。

工程项目投标报价汇总表 表 4-1-14

工程名称：某小康住宅客厅装饰工程 第 页 共 页

序号	单项工程名称	金额(元)	其中		
			暂估价(元)	安全文明施工费(元)	规费(元)
1	某小康住宅客厅装饰工程	22066		2024	3569
合计		22066		2024	3569

单项工程投标报价汇总表 表 4-1-15

工程名称：某小康住宅客厅装饰工程 第 页 共 页

序号	单项工程名称	金额(元)	其中		
			暂估价(元)	安全文明施工费(元)	规费(元)
1	某小康住宅客厅装饰工程	22066		2024	3569
合计		22066		2024	3569

单位工程投标报价汇总表 表 4-1-16

工程名称：某小康住宅客厅装饰工程 标段： 第 页 共 页

序号	汇总内容	金额(元)	其中：暂估价(元)
1	分部分项工程	11233	
2	措施项目	2234	—
2.1	安全文明施工费	2024	—
3	其他项目	4100	—
3.1	暂列金额	3000	—
3.2	专业工程暂估价		—
3.3	计日工	1100	—
3.4	总承包服务费		—
4	规费	3569	—
5	税金	930	—
投标报价合计=1+2+3+4+5		22066	

分部分项工程量清单与计价表 表 4-1-17

工程名称：某小康住宅客厅装饰工程 标段： 第 页 共 页

序号	项目编码	项目名称	项目特征描述	计量单位	工程量	金额(元)		
						综合单价	合价	其中：暂估价
1	020102001001	花岗石楼地面	客厅地面间采用普通花岗石板铺面	m^2	23.16	185.15	4288.07	
2	020105006001	木质踢脚线	柚木踢脚板，高 150mm，表面刷一油粉三漆片四硝基清漆	m^2	2.88	277.35	625.97	
3	020302001001	天棚吊顶	天棚方木龙骨架，吊在混凝土板下或梁下（双层楞），平面，面层为三层胶合板面	m^2	23.16	60.27	1395.85	
4	020509001001	墙纸裱糊	木龙骨三层胶合板面贴壁纸（对花）	m^2	25.36	33.19	841.70	
5	020604002001	木质装饰线	20mm 宽三道线木装饰条，刷一油粉三漆片四硝基清漆	m	30.84	15.71	484.50	
6	020408001001	木窗帘盒	硬木窗帘盒刷一油粉三漆片四硝基清漆	m	3.76	85.18	320.28	
7	020509001002	墙纸裱糊	墙面贴装饰纸	m^2	71.19	28.96	2061.66	
8	030213003001	装饰灯	方吸顶灯安装，挂碗灯（$L\leqslant$800mm，$H\leqslant$500mm）	套	1	356.69	356.69	
9	030212003001	电气配件	护套线敷设	m	20	41.44	828.8	
10	030204031001	小电器	双联开关	套	1	19.57	19.57	
11	030204031002	小电器	三孔插座安装	套	1	9.86	9.86	
本页小计							11233	
合计							11233	

措施项目清单与计价表(一) 表 4-1-18

工程名称：某小康住宅客厅装饰工程 标段： 第 页 共 页

序号	项目名称	计算基础	费率(%)	金额(元)
1	安全文明施工费	综合工日	17.76	2024
2	夜间施工费			
3	二次搬运费			
4	冬雨季施工			
5	大型机械设备进出场及安拆费			
6	施工排水			
7	施工降水			

续表

序号	项目名称	计算基础	费率(%)	金额(元)
8	地上、地下设施、建筑物的临时保护设施			
9	已完工程及设备保护			
10	各专业工程的措施项目			
11				
12				
合计				2024

措施项目清单与计价表(二) **表 4-1-19**

工程名称：某小康住宅客厅装饰工程　　标段：　　第　页　共　页

序号	项目编码	项目名称	项目特征描述	计量单位	工程量	金额(元)	
						综合单价	合价
1	BB001	满堂脚手架	满堂脚手架，层高 4.5m	m^2	23.16	9.08	210
本页小计							210
合计							210

注：本表适用于以综合单价形式计价的措施项目。

其他项目清单与计价汇总表 **表 4-1-20**

工程名称：某小康住宅客厅装饰工程　　标段：　　第　页　共　页

序号	项目名称	计量单位	金额(元)	备注
1	暂列金额	项	3000	
2	暂估价			
2.1	材料暂估价			
2.2	专业工程暂估价			
3	计日工		1100	
4	总承包服务费			
5				
合计			4100	—

暂列金额明细表 **表 4-1-21**

工程名称：某小康住宅客厅装饰工程　　标段：　　第　页　共　页

序号	项目名称	计量单位	暂定金额(元)	备注
1	工程量清单中工程量偏差和设计变更	项	1000	
2	政策性调整和材料价格风险	项	1000	
3	其他	项	1000	
4				

续表

序号	项目名称	计量单位	暂定金额(元)	备注
5				
6				
7				
8				
9				
10				
11				
合计			3000	—

材料暂估单价表 **表 4-1-22**

工程名称：某小康住宅客厅装饰工程　　标段：　　第　页　共　页

序号	材料名称、规格、型号	计量单位	单价(元)	备注

专业工程暂估价表 **表 4-1-23**

工程名称：某小康住宅客厅装饰工程　　标段：　　第　页　共　页

序号	工程名称	工程内容	金额(元)	备注
合计				—

计日工表 **表 4-1-24**

工程名称：某小康住宅客厅装饰工程　　标段：　　第　页　共　页

编号	项目名称	单位	暂定数量	综合单价(元)	合价(元)
一	人工				
1	普工	工日	20	40	800
2	技工(综合)	工日	5	60	300
3					
4					
人工小计					1100
二	材料				
1					

续表

编号	项目名称	单位	暂定数量	综合单价(元)	合价(元)
2					
3					
4					
5					
6					
材料小计					
三	施工机械				
1					
2					
3					
4					
施工机械小计					
总计					1100

总承包服务费计价表 **表 4-1-25**

工程名称：某小康住宅客厅装饰工程　　标段：　　第　页　共　页

序号	项目名称	项目价值(元)	服务内容	费率(%)	金额(元)
1	发包人发包专业工程				
2	发包人供应材料				
合计					

规费、税金项目清单与计价表 **表 4-1-26**

工程名称：某小康住宅客厅装饰工程　　标段：　　第　页　共　页

序号	项目名称	计算基础	费率(%)	金额(元)
1	规费			3569
1.1	工程排污费	按实际发生额计算		200
1.2	社会保障费	(1)+(2)+(3)	7.48	2507.22
(1)	养老保险费	综合工日	—	—
(2)	失业保险费	综合工日	—	—
(3)	医疗保险费	综合工日	—	—
1.3	住房公积金	综合工日	1.70	569.82
1.4	危险作业意外伤害保险	综合工日	0.60	201.11
1.5	工程定额测定费	综合工日	0.27	90.50
2	税金	分部分项工程费+措施项目费+其他项目费+规费	3.413%	930
合计				4499

工程量清单综合单价分析表

表 4-1-27

工程名称：某小康住宅客厅装饰　　　标段：　　　第　页　共　页

项目编码	020102001001	项目名称	花岗石楼地面	计量单位	m^2

清单综合单价组成明细											
定额编号	定额名称	定额单位	数量	单价(元)				合价(元)			
				人工费	材料费	机械费	管理费和利润	人工费	材料费	机械费	管理费和利润
B1-25	花岗石楼地面	100m^2	0.01	1504.63	15926.03	64.47	1019.87	15.05	159.26	0.64	10.20
人工单价	小计							15.05	159.26	0.64	10.20
47元/工日	未计价材料费										
清单项目综合单价								185.15			

材料费明细	主要材料名称、规格、型号	单位	数量	单价(元)	合价(元)	暂估单价(元)	暂估合价(元)
	花岗石板 500×500×30	m^2	1.015	150.00	152.25		
	水泥砂浆 1：4	m^3	0.0305	194.06	5.92		
	素水泥浆	m^3	0.001	421.78	0.422		
	白水泥	kg	0.1	0.42	0.042		
	石料切割锯片	片	0.0042	12.00	0.0504		
	水	m^3	0.03	4.05	0.1215		
	其他材料费			1.00	4.4558	—	
	材料费小计			—	159.26	—	

注：“数量”栏为“投标方(定额)工程量÷招标方(清单)工程量÷定额单位数量”，如“0.01”为“23.16÷23.16÷100”。

工程量清单综合单价分析表

续表

工程名称：某小康住宅客厅装饰　　　标段：　　　第　页　共　页

项目编码	020105006001	项目名称	木质踢脚线	计量单位	m^2

清单综合单价组成明细											
定额编号	定额名称	定额单位	数量	单价(元)				合价(元)			
				人工费	材料费	机械费	管理费和利润	人工费	材料费	机械费	管理费和利润
B1-81	柚木踢脚板	100m^2	0.01	1370.99	13211.49	18.40	863.43	13.71	0.18	8.63	
B5-76	柚木踢脚板刷一油粉三漆片四硝基清漆	100m^2	0.01	2802.14	1561.59		1907.84	28.02	15.62		19.08
人工单价	小计							41.73	147.73	0.18	27.71
47元/工日	未计价材料费										
清单项目综合单价								217.35			

续表

	主要材料名称、规格、型号	单位	数量	单价（元）	合价（元）	暂估单价（元）	暂估合价（元）
材料费明细	硬木踢脚板　带托 100×18	m	10.20	10.00	102		
	板方木材　综合规格	m^3	0.01875	1550.00	29.06		
	圆钉　70mm	kg	0.0808	5.30	0.43		
	防腐油	kg	0.245	1.30	0.3185		
	煤油	kg	0.0258	5.00	0.129		
	硝基清漆　外用	kg	0.2493	13.50	3.366		
	漆片	kg	0.0408	28.00	1.1424		
	硝基清漆稀释剂(信那水)	kg	0.6111	12.00	7.3332		
	油漆溶剂油	kg	0.0759	3.50	0.266		
	熟桐油(光油)	kg	0.0431	15.00	0.6465		
	清油	kg	0.0359	20.00	0.718		
	砂蜡	kg	0.0185	14.39	0.266		
	上光蜡	kg	0.0062	12.20	0.07564		
	色粉	kg	0.0022	3.40	0.00748		
	大白粉	kg	0.1882	0.50	0.0941		
	石膏粉	kg	0.0234	0.80	0.01872		
	棉花	kg	0.0048	13.40	0.06432		
	豆包布　32 支	m	0.1452	1.80	0.2614		
	其他材料费			1.00	1.53	—	
	材料费小计			—	147.73	—	

注："数量"栏为"投标方(定额)工程量÷招标方(清单)工程量÷定额单位数量"，如"0.01"为"2.88÷2.88÷100"。

工程量清单综合单价分析表

续表

工程名称：某小康住宅客厅装饰　　　　标段：　　　　　　　　　第　页　共　页

项目编码	020302001001	项目名称	天棚吊顶	计量单位	m^2

清单综合单价组成明细											
定额编号	定额名称	定额单位	数量	单价(元)				合价(元)			
				人工费	材料费	机械费	管理费和利润	人工费	材料费	机械费	管理费和利润
B3-18	天棚方木龙骨架	$100m^2$	0.01	652.13	2528.78	9.27	554.41	6.53	25.29	0.093	5.54
B3-55	木龙骨三层胶合板面	$100m^2$	0.011	374.12	1384.28		316.81	4.12	15.22		3.48
人工单价		小计						10.65	40.51	0.093	9.02
47 元/工日		未计价材料费									
清单项目综合单价								60.27			

续表

	主要材料名称、规格、型号	单位	数量	单价（元）	合价（元）	暂估单价（元）	暂估合价（元）
材料费明细	板方材　综合规格	m^3	0.0111	1550.00	17.205		
	铁件	kg	1.2816	5.20	6.664		
	电焊条	kg	0.0091	4.00	0.0364		
	镀锌钢丝 12 号	kg	0.0531	4.60	0.244		
	圆钉　70mm	kg	0.1087	5.30	0.576		
	防腐油	kg	0.0058	1.30	0.00754		
	木材干燥费	m^3	0.0111	59.38	0.659		
	胶合板厚 3mm	m^2	1.155	13.00	15.015		
	其他材料费			1.00	0.1049	—	
	材料费小计			—	40.51	—	

注："数量"栏为"投标方(定额)工程量÷招标方(清单)工程量÷定额单位数量"，如"0.01"为"23.16÷23.16÷100"。

工程量清单综合单价分析表

续表

工程名称：某小康住宅客厅装饰　　标段：　　第　页　共　页

项目编码	020509001001	项目名称	墙纸裱糊	计量单位	m^2

清单综合单价组成明细

定额编号	定额名称	定额单位	数量	单价（元）				合价（元）			
				人工费	材料费	机械费	管理费和利润	人工费	材料费	机械费	管理费和利润
B5-20	木龙骨胶合板面贴壁纸(对花)	$100m^2$	0.01	1147.27	1391.11		781.12	11.47	13.91		7.81
人工单价		小计						11.47	13.91		7.81
47 元/工日		未计价材料费									
清单项目综合单价								33.19			

	主要材料名称、规格、型号	单位	数量	单价（元）	合价（元）	暂估单价（元）	暂估合价（元）
材料费明细	纸基塑料壁纸	m^2	1.1579	9.50	11.00		
	酚醛清漆	kg	0.07	13.50	0.945		
	油漆溶剂油	kg	0.03	3.50	0.105		
	聚醋酸乙烯乳胶(白乳胶)	kg	0.251	6.20	1.5562		
	羧甲基纤维素(化学浆糊)	kg	0.0165	7.50	0.124		
	大白粉	kg	0.235	0.50	0.1175		
	其他材料费			1.00	0.0636	—	
	材料费小计			—	13.91	—	

注："数量"栏为"投标方(定额)工程量÷招标方(清单)工程量÷定额单位数量"，如"0.01"为"25.36÷25.36÷100"。

工程量清单综合单价分析表　　　　　　续表

工程名称：某小康住宅客厅装饰　　　　　标段：　　　　　　　　　第　页　共　页

项目编码	020604002001	项目名称	木质装饰线	计量单位	m

清单综合单价组成明细											
定额编号	定额名称	定额单位	数量	单价(元)				合价(元)			
				人工费	材料费	机械费	管理费和利润	人工费	材料费	机械费	管理费和利润
B6-30	20mm 宽三道线木装饰条顶棚装饰条	100m	0.01	112.33	76.89		65.49	1.12	0.77		0.65
B5-76	刷一油粉三漆片四硝基清漆	100m^2	0.0021	2802.14	1561.59		1907.84	5.88	3.28		4.01
人工单价		小计						7.00	4.05		4.66
47 元/工日		未计价材料费									
清单项目综合单价								15.71			

材料费明细	主要材料名称、规格、型号	单位	数量	单价(元)	合价(元)	暂估单价(元)	暂估合价(元)
	装饰木条	m	1.05	0.70	0.735		
	圆钉　70mm	kg	0.0029	5.30	0.01537		
	乳胶	kg	0.0028	6.60	0.0185		
	硝基清漆　外用	kg	0.0524	13.50	0.7068		
	漆片	kg	0.00857	28.0	0.24		
	硝基清漆稀释剂(信那水)	kg	0.128	12.00	1.536		
	油漆溶剂油	kg	0.0159	3.50	0.0557		
	熟桐油(光油)	kg	0.0091	15.00	0.1365		
	清油	kg	0.0075	20.00	0.15		
	砂蜡	kg	0.0039	14.39	0.056		
	上光蜡	kg	0.0013	12.20	0.0159		
	色粉	kg	0.00046	3.40	0.00156		
	大白粉	kg	0.0395	0.50	0.01975		
	石膏粉	kg	0.0049	0.80	0.00392		
	棉花	kg	0.001	13.40	0.0134		
	豆包布　32 支	m	0.0305	1.80	0.0549		
	其他材料费			1.00	0.285	—	
	材料费小计			—	4.05	—	

注："数量"栏为"投标方(定额)工程量÷招标方(清单)工程量÷定额单位数量"，如"0.01"为"30.84÷30.84÷100"。

工程量清单综合单价分析表 续表

工程名称：某小康住宅客厅装饰　　标段：　　第　页　共　页

项目编码	020408001001			项目名称			木窗帘盒		计量单位		m
清单综合单价组成明细											
定额编号	定额名称	定额单位	数量	单价（元）				合价（元）			
				人工费	材料费	机械费	管理费和利润	人工费	材料费	机械费	管理费和利润
B4-100	硬木窗帘盒	100m	0.01	4510.92	2788.10	18.57	513.07	9.57	27.88	0.19	5.13
B5-54	硬木窗帘盒刷一油粉三漆片四硝基清漆	100m	0.0204	1075.36	270.97		732.16	21.94	5.53		14.94
人工单价		小计						31.51	33.41	0.19	20.07
47元/工日		未计价材料费									
清单项目综合单价								85.18			
材料费明细	主要材料名称、规格、型号					单位	数量	单价（元）	合价（元）	暂估单价（元）	暂估合价（元）
	硬木　一等中小板方材					m^3	0.0078	1750.00	13.65		
	铝合金窗帘轨带支撑成品					m	1.12	8.51	9.5312		
	铁件					kg	0.4932	5.20	2.5646		
	金属胀锚螺栓					套	1.10	1.00	1.10		
	螺栓　圆头带垫圈 $\phi6\times35$					百个	0.033	10.00	0.33		
	木螺钉 35mm					千个	0.0011	32.00	0.0352		
	圆钉　70mm					kg	0.026	5.30	0.1378		
	醇酸防锈漆红丹					kg	0.0019	14.00	0.0266		
	木材干燥费					m^3	0.0078	59.38	0.4632		
	硝基清漆外用					kg	0.0967	13.50	1.3055		
	漆片					kg	0.0159	28.00	0.4452		
	硝基清漆稀释剂（信那水）					kg	0.2370	12.00	2.844		
	砂蜡					kg	0.00714	14.39	0.1027		
	上光蜡					kg	0.00245	12.20	0.02989		
	大白粉					kg	0.1095	0.50	0.05415		
	石膏粉					kg	0.0016	0.80	0.00128		
	色粉					kg	0.00816	3.40	0.0277		
	皮胶					kg	0.0035	8.00	0.028		
	棉花					kg	0.00184	13.40	0.0247		
	豆包布　32支					m	0.056	1.80	0.1008		
	其他材料费							1.00	0.605	—	
	材料费小计							—	33.41	—	

注：“数量”栏为“投标方（定额）工程量÷招标方（清单）工程量÷定额单位数量”，如“0.01”为“3.76÷3.76÷100”。

工程量清单综合单价分析表

续表

工程名称：某小康住宅客厅装饰　　　　标段：　　　　第　页　共　页

项目编码	020509001002			项目名称		墙纸裱糊		计量单位		m^2	
清单综合单价组成明细											
定额编号	定额名称	定额单位	数量	单价（元）				合价（元）			
				人工费	材料费	机械费	管理费和利润	人工费	材料费	机械费	管理费和利润
B5-195	墙面贴装饰纸（对花）	100m^2	0.01	895.35	1391.11		609.6	8.95	13.91		6.10
人工单价		小计						8.95	13.91		6.10
47元/工日		未计价材料费									
清单项目综合单价								28.96			

材料费明细	主要材料名称、规格、型号	单位	数量	单价（元）	合价（元）	暂估单价（元）	暂估合价（元）
	纸基塑料壁纸	m^2	1.1579	9.50	11.00		
	酚醛清漆	kg	0.07	13.50	0.945		
	油漆溶剂油	kg	0.03	3.50	0.105		
	聚醋酸乙烯乳胶（白乳胶）	kg	0.251	6.20	1.5562		
	羧甲基纤维素（化学浆糊）	kg	0.0165	7.50	0.12375		
	大白粉	kg	0.235	0.50	0.1175		
	其他材料费			1.00	0.0636	—	
	材料费小计			—	13.91	—	

注：“数量”栏为“投标方（定额）工程量÷招标方（清单）工程量÷定额单位数量”，如“0.01”为“71.19÷71.19÷100”。

工程量清单综合单价分析表

续表

工程名称：某小康住宅客厅装饰　　　　标段：　　　　第　页　共　页

项目编码	030213003001			项目名称		装饰灯		计量单位		套	
清单综合单价组成明细											
定额编号	定额名称	定额单位	数量	单价（元）				合价（元）			
				人工费	材料费	机械费	管理费和利润	人工费	材料费	机械费	管理费和利润
C.2 2-1658	方吸顶灯安装，挂碗灯（$L\leqslant$800mm，$H\leqslant$500mm	10套	0.1	1244.72	411.62	47.49	714.18	124.47	41.16	4.75	71.42
人工单价		小计						124.47	41.16	4.75	71.42
47元/工日		未计价材料费						114.89			
清单项目综合单价								356.69			

材料费明细	主要材料名称、规格、型号	单位	数量	单价（元）	合价（元）	暂估单价（元）	暂估合价（元）
	吸顶灯具矩形挂片	套	1.01	113.75	114.89		
	其他材料费			—		—	
	材料费小计			—		—	

注：1.“数量”栏为“投标方（定额）工程量÷招标方（清单）工程量÷定额单位数量”，如“0.1”为“1÷1÷10”。

2. 未计价材料吸顶灯具矩形挂片单价取自河南省市场价格。

工程量清单综合单价分析表

续表

工程名称：某小康住宅客厅装饰　　　　标段：　　　　第　页　共　页

项目编码	030212003001			项目名称		电气配线			计量单位		m
清单综合单价组成明细											
定额编号	定额名称	定额单位	数量	单价(元)				合价(元)			
				人工费	材料费	机械费	管理费和利润	人工费	材料费	机械费	管理费和利润
C.2 2-1457	护套线敷设2.5mm以内三芯导线	m	0.1	188.94	34.76		106.53	18.90	3.48		10.65
人工单价		小计						10.90	3.48		10.65
47元/工日		未计价材料费						16.41			
清单项目综合单价								41.44			

材料费明细	主要材料名称、规格、型号	单位	数量	单价(元)	合价(元)	暂估单价(元)	暂估合价(元)
	塑料护套线	m	11.096	1.479	16.41		
	其他材料费			—		—	
	材料费小计			—		—	

注：1.“数量”栏为“投标方(定额)工程量÷招标方(清单)工程量÷定额单位数量”，如“0.1”为“20÷20÷10”。

2. 未计价材料塑料护套线单价取自河南省市场价格。

工程量清单综合单价分析表

续表

工程名称：某小康住宅客厅装饰　　　　标段：　　　　第　页　共　页

项目编码	030204031001			项目名称		小电器			计量单位		套
清单综合单价组成明细											
定额编号	定额名称	定额单位	数量	单价(元)				合价(元)			
				人工费	材料费	机械费	管理费和利润	人工费	材料费	机械费	管理费和利润
C.2 2-360	扳式双联暗开关(单控)	10套	0.1	41.83	3.03		23.59	4.18	0.30		2.36
人工单价		小计						4.18	0.30		2.36
47元/工日		未计价材料费						12.73			
清单项目综合单价								19.57			

材料费明细	主要材料名称、规格、型号	单位	数量	单价(元)	合价(元)	暂估单价(元)	暂估合价(元)
	开关　暗装　单控	只	1.02	12.48	12.73		
	其他材料费			—		—	
	材料费小计			—		—	

注：1.“数量”栏为“投标方(定额)工程量÷招标方(清单)工程量÷定额单位数量”，如“0.1”为“1÷1÷10”。

2. 未计价材料开关单价取自河南省市场价格。

工程量清单综合单价分析表

续表

工程名称：某小康住宅客厅装饰　　　　标段：　　　　第　页　共　页

项目编码	030204031002	项目名称	小电器	计量单位	套

清单综合单价组成明细											
定额编号	定额名称	定额单位	数量	单价(元)				合价(元)			
				人工费	材料费	机械费	管理费和利润	人工费	材料费	机械费	管理费和利润
C.2 2-388	三孔单相明插座 30A	10 套	0.1	50.76	19.19		28.62	5.08	1.92		2.86
人工单价		小计						5.08	1.92		2.86
47 元/工日		未计价材料费									
清单项目综合单价								9.86			

材料费明细	主要材料名称、规格、型号	单位	数量	单价(元)	合价(元)	暂估单价(元)	暂估合价(元)
	插座　明装单相	套	1.02	2.57	2.62		
	其他材料费			—		—	
	材料费小计			—		—	

注：1.“数量”栏为“投标方(定额)工程量÷招标方(清单)工程量÷定额单位数量”，如“0.1”为“1÷1÷10”。

2. 未计价材料插座单价取自河南省市场价格。

工程量清单综合单价分析表

续表

工程名称：某小康住宅客厅装饰　　　　标段：　　　　第　页　共　页

项目编码	BB001	项目名称	满堂脚手架	计量单位	m^2

清单综合单价组成明细											
定额编号	定额名称	定额单位	数量	单价(元)				合价(元)			
				人工费	材料费	机械费	管理费和利润	人工费	材料费	机械费	管理费和利润
A12-231	满堂脚手架天棚高 4.5m	$100m^2$	0.01	466.91	163.15	14.88	263.47	1.63	0.15	2.63	
人工单价		小计						4.67	1.63	0.15	2.63
47 元/工日		未计价材料费									
清单项目综合单价								9.08			

材料费明细	主要材料名称、规格、型号	单位	数量	单价(元)	合价(元)	暂估单价(元)	暂估合价(元)
	钢管脚手　ϕ48×3.5	t	0.0001	5800.00	0.58		
	钢管扣件　直角	个	0.0146	5.00	0.073		
	钢管扣件　对接	个	0.0028	5.00	0.014		
	钢管扣件　回转	个	0.0046	5.00	0.023		
	钢管底座	个	0.002	4.00	0.008		
	竹脚手板　3000×330×50	m^2	0.0308	20.00	0.616		
	镀锌钢丝　12 号	kg	0.0621	4.60	0.286		
	其他材料费			1.00	0.0318	—	
	材料费小计			—	1.63	—	

注：“数量”栏为“投标方(定额)工程量÷招标方(清单)工程量÷定额单位数量”，如“0.01”为“23.16÷23.16÷100”。

4-2　某宾馆套间客房装饰工程

一、工程概况

本工程为某宾馆套间客房(样板间)装饰，为简化预算项目，预算示例仅列示了所附施工图说明的楼地面、墙面、顶棚和门窗装饰等房间装饰，房间内的水电管线、卫生洁具以及卫生间配件均未计算在内。该套间客房平面图、立面图如图 4-2-1 和图 4-2-2。

某宾馆套间客房装饰具体做法如下。

地面：大、小房间均采用规格 400mm×400mm 的地板砖楼地面，卫生间为缸砖楼地面(不勾缝)，踢脚线为细木工板踢脚线刷硝基清漆。

墙面：墙面贴壁纸，卫生间墙面砖到顶，墙面有胶合板贴柚木皮刷硝基清漆窗帘盒及窗套、挂衣板。

顶棚：大小房间木龙骨吊顶三层胶合板面贴壁纸，卫生间木龙骨吊顶白色塑料扣板面，走道木龙骨吊埃特板面刷硝基清漆。

门窗：铝合金门窗及成品装饰门。

其他未列项目详见施工图。

二、工程量计算

说明：本装饰工程工程量计算分别依据《建设工程工程量清单计价规范》GB 50500—2008 以及《河南省建设工程工程量清单综合单价》A. 建筑工程、B. 装饰装修工程。

1. 定额工程量计算(表 4-2-1)

定额工程量计算表　　　　**表 4-2-1**

序号	定额编号	项目名称	基本单位	工程量	计算公式
1		地面			
1.1	B1-37	地板砖楼地面规格为 400mm×400mm，位于大、小房间	m^2	30.85	[(3.3−0.12)×5.57+3.5×(3.3−0.12)+1.03×1.95]=30.85m^2 [说明](3.3−0.12)为门所在墙体净长，查看图 4-2-1 某宾馆套间客房平面图，5.57 为套间客房纵向净长：3.5=5.57−0.6−0.8−0.55−0.12 为小房间墙体净长，(3.3−0.12)为该小房间墙体净宽，3.5×(3.3−0.12)为小房间室内净面积。1.03=3.3−2−0.15−0.12 为镜箱灯所在小房间墙体净宽，1.95=0.6+0.8+0.55 为该小房间墙长，1.03×1.95 为该小房间墙体间净面积，即为地砖地面的工程量
1.2	B1-45	缸砖楼地面(不勾缝)，位于卫生间	m^2	2.80	2.0×1.95−0.55×2.0=2.80m^2 [说明]2.0 为卫生间所在的小房间净宽，1.95=0.6+0.8+0.55 为该房间净长，2.0×1.95 为墙体间净面积，0.55m 为浴盆宽，2.0m 为浴盆长，卫生间防滑地砖地面面积应扣除浴池面积。 计算式：卫生间长×宽−浴缸长×宽=[2.0(长)×1.95(宽)−0.55(宽)×2.0(长)]=2.80m^2

续表

序号	定额编号	项目名称	基本单位	工程量	计算公式
1.3	B1-83	细木工板踢脚线	m^2	2.55	A墙面： (6.60－0.24)×0.15＝0.95m^2 [说明](6.60－0.24)为A墙净长，0.15为细木工板踢脚线高。 B墙面： (3.0＋0.57＋2.0)×0.15＝0.84m^2 [说明](3.0＋0.57＋2.0)为B墙净长，查看B墙立面，0.15为细木工板踢脚线高。 C墙面： (0.5＋1.50＋0.50＋0.50＋0.50)×0.15＝0.53m^2 [说明]查看C墙立面，其踢脚线净长为(0.5＋1.5＋0.5＋0.5＋0.5)，不计算卫生间，踢脚线高0.15m。 D墙面： (0.5＋0.25＋0.25＋0.50)×0.15＝0.23m^2 [说明]查看D墙立面，其踢脚线净长为(0.5＋0.25＋0.25＋0.50)，踢脚线高0.15m。 总工程量＝A墙面＋B墙面＋C墙面＋D墙面 ＝0.95＋0.84＋0.53＋0.53 ＝2.55m^2
1.4	B5-76	细木工板踢脚线刷一油粉三漆片四硝基清漆	m^2	2.55	同上
2		顶棚			
2.1	B3-18	天棚方木龙骨架吊在混凝土板或梁下(双层楞)，平面，位于P_1、P_2、P_3房间顶棚	m^2	29.58	P_1＝[3.3(开间)－0.12(半墙厚)]×1.95＝6.2m^2 P_2＝3.5×(3.3－0.12)＝11.13m^2 P_3＝3.5(净尺寸)×[3.3(开间)＋0.2(墙厚)]＝12.25m^2 天棚方木龙骨的总面积＝P_1＋P_2＋P_3 ＝6.2＋11.13＋12.25 ＝29.58m^2
2.2	B3-55	木龙骨三层胶合板面，一般平面位于P_1、P_2、P_3房间顶棚	m^2	31.63	[(3.3－0.12)×1.95＋3.5×(3.3－0.12)＋(3.5－0.5×2＋3.3－0.12－0.5×2)×2×0.15＋(3.3－0.12)×0.2＋3.5×(3.3＋0.2)]＝31.63m^2 [说明]查看图4-2-1，5.57为大房间墙体净长，(3.30－0.12)为大房间墙体净宽，5.57×(3.30－0.12)为大房间板面贴壁纸大块面积。3.50为小房间墙体净长，3.18为小房间墙体净宽，3.50×3.18＝11.13为小房间板面贴壁板面积。 计算式：P_1、P_2、P_3，对应的顶棚如图4-2-1所示。 P_1：[3.3(开间)－0.12(半墙厚)]×1.95＝6.2m^2 P_3：3.5(净尺寸)×[3.3(开间)＋0.2(墙厚)]＝12.25m^2 由顶棚的纵剖面可以看出，P_2顶棚四周的标高比P_1顶棚低200mm，P_2顶棚四周的标高与P_3顶棚标高一致，P_2顶棚中央地区有一圆角矩形，其标高比四周高150mm。 P_2：顶棚　3.4×(3.3－0.12)＝11.13m^2 圆角矩形与四周相接处(3.5－0.5×2＋3.3－0.12－0.5×2)×2×0.15＝1.41m^2 顶棚P_2与顶棚P_1相接处：(3.3－0.12)×0.2＝0.64m^2 木龙骨三层胶合板面贴壁板总面积：6.2＋11.13＋1.41＋0.64＋12.25＝31.63m^2

续表

序号	定额编号	项目名称	基本单位	工程量	计算公式
2.3	B5-201	天棚面贴装饰纸（对花），位于 P_1、P_2、P_3 房间顶棚	m²	31.63	同上
2.4	B3-18	天棚方木龙骨架吊在混凝土板或梁下（双层楞），平面，位于卫生间顶棚	m²	3.90	2.0（净尺寸）×1.95（净尺寸）=3.90m² ［说明］2.0 为卫生间墙体净长，1.95=0.6+0.8+0.55 为卫生间墙体净宽，故卫生间木龙骨的面积为 2.0×1.95（净尺寸）=3.90m² 数据如套间顶棚图
2.5	B3-64	天棚面层白色塑料扣板，位于卫生间顶棚	m²	3.90	同上
2.6	B3-18	天棚方木龙骨架，吊在混凝土板下或梁下（双层楞），平面，位于过道	m²	2.01	(1.15−0.12)×1.95（净尺寸）=2.01 ［说明］1.15−0.12=3.3−2−0.15−0.12 为过道宽，查看套间顶棚图，1.95=0.6+0.8+0.55 为过道长，过道木龙骨以平方米计算，即为过道长×过道宽。 计算式：(1.15−0.12)×1.95（净尺寸）=2.01m² 数据如套间顶棚图
2.7	B3-61	木龙骨埃特板天棚面层，位于过道	m²	2.01	同上
2.8	B5-76	木龙骨埃特板刷一油粉三漆片四硝基清漆墙面	m²	2.01	同上
3		墙面			
3.1	B2-83	墙面贴面砖周长 700mm 内，勾缝，位于卫生间墙面	m²	20.04	[(2.0×2+1.95×2)×2.60（高）−(0.8×2.0)（门洞）+0.55×2.0（浴盆）]=20.04m² ［说明］2.0 为卫生间墙体净长，1.95=0.6+0.8+0.55 为卫生间墙体净宽，(2.0×2+1.95×2)为卫生间墙体四周净长，2.60 为卫生间墙体净高。0.80 为门宽，2.0 为门高，0.8×2.0 为门洞面积。0.55×2.0 为浴盆贴面砖面积。 计算式：[2.0（卫生间长）×2+1.95（宽净尺寸）×2]×2.60（高净尺寸）−0.8（门宽）×2.0（门高）+0.55（浴盆宽）×2.0（浴盆长）=20.04m² 数据参看某宾馆套间客房平面图及 C 墙立面
3.2	B5-195	墙面贴壁纸对花，位于 P_1、P_2、P_3 房间墙面	m²	30.18	A 墙面： [(6.60−0.24)×(2.60−0.15)−1.8×1.8×2]（铝合金窗）=9.10m² ［说明］(6.60−0.24)为 A 墙净长，2.6 为墙体净高，0.15 为踢脚高，(2.6−0.15)为墙壁贴壁纸高，即总高度面可贴壁纸大块面积，应该扣减 1.8×1.8 即铝合金窗所占面积。 计算式：[6.60（开间总长）−0.24（间隔厚）]×[2.60（顶棚标高）−0.15（踢脚）]−1.8（窗长）×1.8（窗高）×2=9.10m²

续表

序号	定额编号	项目名称	基本单位	工程量	计算公式
3.2	B5-195	墙面贴壁纸对花，位于 P_1、P_2、P_3 房间墙面	m^2	30.18	*B* 墙面： [3.57×(2.60−0.15)+2.0×0.40]=9.55m^2 [说明]3.57=(3.0+0.57)为左墙面贴壁纸净长，2.60为 *B* 立面墙体高，0.15 为踢脚高，(2.60−0.15)为墙面贴壁纸净高，2.0 为右上角处墙面贴壁纸净长，0.40 为其净高，故其总面积为：3.57×(2.60−0.15)+2.0×0.4=9.55m^2。 计算式：3.57(饰面宽)×[2.60(顶棚标高)−0.15(踢脚高)]+2.0(挂衣板宽)×0.4(板头贴纸)=9.55m^2。 数据参见 *B* 墙立面。 *C* 墙面： (0.5+1.50+0.50+0.50+0.50)×(2.60−0.15)=8.58m^2 [说明](0.5+1.5+0.5+0.5+0.5)为墙面贴壁纸的净长，2.60 为墙体净高，(2.60−0.15)为贴壁纸的净高，0.15 为其下边的踢脚高。 计算式：[0.5(床头柜)+1.5(床)+0.5(床头柜)+0.5+0.5(柜宽)]×[2.60(顶棚)−0.15(踢脚高度)]=8.58m^2 数据参看 *C* 墙立面。 *D* 墙面： (0.50+0.50)×(2.60−0.15)+2.5×0.20=2.95m^2 (0.50+0.50)为装饰门两边的贴壁纸宽，2.60 为其墙体净高，0.15 为扣减的踢脚高，(2.60−0.15)为贴壁纸高。2.5 为装饰门宽，0.20 为装饰门上部墙净高。 总面积=*A* 墙面+*B* 墙面+*C* 墙面+*D* 墙面 =9.10+9.55+8.58+2.95 =30.18m^2
3.3	B2-146	墙面有胶合板贴柚木皮挂衣板	m^2	4.0	2.0×2.0=4.0m^2 [说明]挂衣板长为 2.0m，宽为 2.0m，其面积为 2.0×2.0，查看 *B* 墙立面图。 2.0(挂衣板高)×2.0(挂衣板宽)=4.0m^2
3.4	B5-54	墙面有胶合板贴柚木皮刷一油粉三漆片四硝基清漆	m	1.04	2.0(挂衣板长)×0.52(调整系数)=1.04m
4		门窗			
4.1	B4-102	墙面胶合板单轨窗帘盒	m	6.36	3.30×2−0.24=6.36m [说明]3.30(开间)×2−0.24(开间隔墙厚)=6.36m 数据如图 4-2-1 套间顶棚图
4.2	B5-54	墙面胶合板贴柚木皮刷一油粉三漆片四硝基清漆	m	12.97	6.36×2.04(调整系数)=12.97m [说明]6.36 为窗帘盒的长度，2.04 为调整系数

续表

序号	定额编号	项目名称	基本单位	工程量	计算公式
4.3	B4-92	木窗套	m	14.4	1.8×4×2(个)=14.4m [说明]铝合金窗长1.8m，宽1.8m，共有2个
4.4	B5-76	木窗套刷一油粉三漆片四硝基清漆	m^2	3.17	14.4(长度)×0.2(宽度)=2.88m^2 2.88×1.10(调整系数)=3.17m^2
4.5	B4-53	成品铝合金推拉窗安装	m^2	6.48	1.80×1.80×2(个)=6.48m^2 [说明]在A墙面上共有2个铝合金窗，铝合金窗制作安装以平方米计算，故其面积为1.8×1.8×2
4.6	B4-9	成品豪华装饰木门(带框)安装	m^2	6.0	2.5×2.40=6.0m^2 [说明]1.8+0.1+0.25+0.1+0.25=2.5m为成品装饰门宽，2.4为成品装饰门高，2.5×2.4为其总面积
5		脚手架			
5.1	A12-231	满堂脚手架，层高2.6m	m^2	33.90	(6.6−0.24)×(5.57−0.24)=33.90m^2

2. 清单工程量计算(表4-2-2)

清单工程量计算表 **表4-2-2**

序号	项目编码	项目名称	项目特征描述	计量单位	工程量	计算公式
1	020102002001	块料楼地面	地板砖楼地面规格为400mm×400mm，位于大、小房间	m^2	30.85	(3.3−0.12)×5.57+3.5×(3.3−0.12)+1.03×1.95=30.85m^2
2	020102002002	块料楼地面	缸砖楼地面(不勾缝)，位于卫生间	m^2	2.80	2.0×1.95−0.55×2.0=2.80m^2
3	020105006001	木质踢脚线	细木工板踢脚线，刷一油粉三漆片四硝基清漆	m^2	2.55	$S=L\times h$ =[(6.60−0.24)(A墙面)+(3.0+0.57+2.0)(B墙面)+(0.5+1.50+0.50+0.50+0.50)(C墙面)+(0.5+0.25+0.25+0.50)(D墙面)]×0.15踢脚线高 =2.55m^2
4	020302001001	天棚吊顶	1. 天棚方木龙骨架，吊在混凝土板或梁下(双层楞)，平面，三层胶合板面层，天棚面贴装饰纸(对花)，位于P_1、P_2、P_3房间顶棚	m^2	29.58	$S=P_1+P_2+P_3$ =(3.3−0.12)×1.95+3.5×(3.3−0.12)+3.5×(3.3+0.2)=29.58m^2

续表

序号	项目编码	项目名称	项目特征描述	计量单位	工程量	计算公式
5	020302001002	天棚吊顶	天棚方木龙骨架，吊在混凝土板或梁下(双层楞)，平面，天棚面层为白色塑料扣板，位于卫生间	m^2	3.90	2.0(净尺寸)×1.95(净尺寸)=3.90m^2
6	020302001003	天棚吊顶	天棚方木龙骨架，吊在混凝土板或梁下(双层楞)，平面，天棚面层为埃特板，木龙骨埃特板刷一油粉三漆片四硝基清漆	m^2	2.01	(1.15−0.12)×1.95=2.01m^2
7	020204003001	块料墙面	墙面贴面砖，周长700mm内，勾缝，位于卫生间墙面	m^2	20.04	(2.0×2+1.95×2)×2.60(高)−10.8×2.0(门洞)+0.55×2.0(浴盆)=20.04m^2
8	020509001001	墙纸裱糊	墙面贴壁纸(对花)，位于 P_1、P_2、P_3 房间墙面	m^2	30.18	*A* 墙面： (6.60−0.24)×(2.60−0.15)−1.8×1.8×2=9.10m^2 *B* 墙面： 3.57×(2.60−0.15)+2.0×0.40=9.55m^2 *C* 墙面： (0.5+1.50+0.50+0.50+0.50)×(2.60−0.15)=8.58m^2 *D* 墙面： (0.50+0.50)×(2.60−0.15)+2.5×0.20=2.95m^2 总面积=9.10+9.55+8.58+2.95=30.18m^2
9	020207001001	装饰板墙面	墙面有胶合板贴柚木皮挂衣板，刷一油粉三漆片四硝基清漆	m^2	4.0	2.0×2.0=4.0m^2
10	020408001001	木窗帘盒	墙面胶合板单轨窗帘盒，刷一油粉三漆片四硝基清漆	m	6.36	3.30×2−0.24=6.36m
11	020407001001	木门窗套	木门窗套刷一油粉三漆片四硝基清漆	m^2	2.88	1.8×4×2(个)×0.2(宽度)=2.88m^2
12	020406001001	金属推拉窗	成品铝合金推拉窗长×宽为1.8m×1.8m，共2樘	m^2	6.48	1.8×1.8×2(个)=6.48m^2
13	020401003001	实木装饰门	成品装饰门，共1樘	m^2	6.0	2.5×2.40=6.0m^2
14	BB001	满堂脚手架	满堂脚手架，层高2.6m	m^2	33.90	(6.6−0.24)×(5.57−0.24)=33.90m^2

三、工程量清单编制示例

工程量清单编制见表 4-2-3～表 4-2-13。

<u>某宾馆套间客房装饰工程</u>

工　程　量　清　单

招　标　人：　　××× （单位盖章）	工程量造价 咨　询　人：　　××× （单位资质专用章）
法定代表人 或其授权人：　　××× （签字或盖章）	法定代表人 或其授权人：　　××× （签字或盖章）
编　制　人：　　××× （造价人员签字盖专用章）	复　核　人：　　××× （造价工程师签字盖专用章）
编制时间：××××年××月××日	复核时间：××××年××月××日

总 说 明

工程名称：某宾馆套间客房装饰工程　　　　　　　　　　　　　　　　　　第　页　共　页

1. 工程概况：本工程为某宾馆套间客房(样板间)装饰工程。地面：大小房间均采用规格 400mm×400mm 的地板砖铺面，卫生间为缸砖楼地面(不勾缝)，踢脚线为细木工板刷硝基清漆。墙面：墙面贴壁纸，卫生间墙面砖到顶，墙面有胶合板贴柚木皮刷硝基清漆窗帘盒及窗套、挂衣板。顶棚：大小房间木龙骨吊顶三层胶合板面贴壁纸，卫生间木龙骨吊顶白色塑料扣板面。走道木龙骨吊顶埃特板面刷硝基清漆。门窗：铝合金门窗及成品装饰门。其他未列项目详见施工图。
2. 工程招标范围：本次招标范围为施工图范围内的装饰装修工程。
3. 工程量清单编制依据：
   (1)施工图。
   (2)《建设工程工程量清单计价规范》GB 50500—2008。

分部分项工程量清单与计价表　　　　　　　　　　**表 4-2-3**

工程名称：某宾馆套间客房装饰工程　　　　　　标段：　　　　　　第　页　共　页

序号	项目编码	项目名称	项目特征描述	计量单位	工程量	金额(元)		
						综合单价	合价	其中：暂估价
1	020102002001	块料楼地面	地板砖楼地面规格为 400mm×400mm，位于大、小房间	m^2	30.85			
2	020102002002	块料楼地面	缸砖楼地面(不勾缝)，位于卫生间	m^2	2.80			
3	020105006001	木质踢脚线	细木工板踢脚线，刷一油粉三漆片四硝基清漆	m^2	2.55			
4	020302001001	天棚吊顶	天棚方木龙骨架，吊在混凝土板或梁下(双层楞)，平面，三层胶合板面层，贴装饰纸	m^2	29.58			
5	020302001002	天棚吊顶	顶棚方木龙骨架，白色塑料扣板面层	m^2	3.90			
本页小计								
合计								

分部分项工程量清单与计价表　　续表

工程名称：某宾馆套间客房装饰工程　　标段：　　第 页 共 页

序号	项目编码	项目名称	项目特征描述	计量单位	工程量	金额(元)		
						综合单价	合价	其中：暂估价
6	020302001003	天棚吊顶	顶棚方木龙骨架，埃特板面层，刷硝基清漆	m^2	2.01			
7	020204003001	块料墙面	墙面贴面砖，周长700mm内，勾缝，位于卫生间墙面	m^2	20.04			
8	020509001001	墙纸裱糊	墙面贴壁纸(对花)，位于 P_1、P_2、P_3 房间墙面	m^2	30.18			
9	020207001001	装饰板墙面	胶合板贴柚木皮挂衣板，刷一油粉三漆片四硝基清漆	m^2	4.0			
10	020408001001	木窗帘盒	墙面有胶合板单轨窗帘盒，刷一油粉三漆片四硝基清漆	m	6.36			
11	020407001001	木门窗套	木门窗套刷一油粉三漆片四硝基清漆	m^2	2.88			
12	020406001001	金属推拉窗	成品铝合金推拉窗长×宽为1.8m×1.8m，共2樘	m^2	6.48			
13	020401003001	实木装饰门	成品装饰门，共1樘	m^2	6.0			
本页小计								
合计								

措施项目清单与计价表(一)　　表 4-2-4

工程名称：某宾馆套间客房装饰工程　　标段：　　第 页 共 页

序号	项目名称	计算基础	费率(%)	金额(元)
1	安全文明施工费			
2	夜间施工费			
3	二次搬运费			
4	冬雨季施工			
5	大型机械设备进出场及安拆费			
6	施工排水			
7	施工降水			
8	地上、地下设施、建筑物的临时保护设施			
9	已完工程及设备保护			
10	各专业工程的措施项目			
11				
12				
合计				

措施项目清单与计价表(二) 表 4-2-5

工程名称：某宾馆套间客房装饰工程 标段： 第 页 共 页

序号	项目编码	项目名称	项目特征描述	计量单位	工程量	金额(元)	
						综合单价	合价
本页小计							
合计							

注：本表适用于以综合单价形式计价的措施项目。

其他项目清单与计价汇总表 表 4-2-6

工程名称：某宾馆套间客房装饰工程 标段： 第 页 共 页

序号	项目名称	计量单位	金额(元)	备注
1	暂列金额	项	3000	
2	暂估价			
2.1	材料暂估价			
2.2	专业工程暂估价			
3	计日工			
4	总承包服务费			
5				
合计				

暂列金额明细表 表 4-2-7

工程名称：某宾馆套间客房装饰工程 标段： 第 页 共 页

序号	项目名称	计量单位	暂定金额(元)	备注
1	工程量清单中工程量偏差和设计变更	项	1000	
2	政策性调整和材料价格风险	项	1000	
3	其他	项	1000	
4				
5				
6				
7				
8				
9				
10				
11				
合计			3000	—

材料暂估单价表 表 4-2-8

工程名称：某宾馆套间客房装饰工程　　标段：　　第　页　共　页

序号	材料名称、规格、型号	计量单位	单价(元)	备注

专业工程暂估价表 表 4-2-9

工程名称：某宾馆套间客房装饰工程　　标段：　　第　页　共　页

序号	工程名称	工程内容	金额(元)	备注

计　日　工　表 表 4-2-10

工程名称：某宾馆套间客房装饰工程　　标段：　　第　页　共　页

编号	项目名称	单位	暂定数量	综合单价(元)	合价(元)
一	人工				
1	普工	工日	20		
2	技工(综合)	工日	5		
3					
4					
	人工小计				
二	材料				
1					
2					
3					
4					
5					
6					
	材料小计				
三	施工机械				
1					
2					
3					
4					
	施工机械小计				
	总计				

总承包服务费计价表 表 4-2-11

工程名称：某宾馆套间客房装饰工程 标段： 第 页 共 页

序号	项目名称	项目价值(元)	服务内容	费率(%)	金额(元)
1	发包人发包专业工程				
2	发包人供应材料				
合计					

规费、税金项目清单与计价表 表 4-2-12

工程名称：某宾馆套间客房装饰工程 标段： 第 页 共 页

序号	项目名称	计算基础	费率(%)	金额(元)
1	规费			
1.1	工程排污费	按实际发生额计算		
1.2	社会保障费	(1)+(2)+(3)		
(1)	养老保险费	综合工日		
(2)	失业保险费	综合工日		
(3)	医疗保险费	综合工日		
1.3	住房公积金	综合工日		
1.4	危险作业意外伤害保险	综合工日		
1.5	工程定额测定费	综合工日		
2	税金	分部分项工程费+措施项目费+其他项目费+规费		
合计				

补充工程量清单项目及计算规则 表 4-2-13

项目编码	项目名称	项目特征	计量单位	工程量计算规则	工程内容
BB01	脚手架	1. 脚手架类型 2. 建筑物层高	m^2	满堂脚手架，按室内净面积计算，其高度在 3.6～5.2m 之间时，计算基本层，超过 5.2m 时，每增加 1.2m 按增加一层计算，不足0.6m不计	1. 搭设、拆除脚手架 2. 搭设、拆除安全网 3. 铺、翻脚手板
其他略					

四、投标报价编制示例

投标报价编制见表4-2-14～表4-2-27。

投 标 总 价

招 标 人：某宾馆

工 程 名 称：某宾馆套间客房装饰工程

投标总价(小写)：35501元

(大写)：叁万伍仟伍佰零壹元

投 标 人：×××
(单位盖章)

法定代表人
或其授权人：×××
(签字或盖章)

编 制 人：×××
(造价人员签字盖专用章)

编 制 时 间：××××年××月××日

总 说 明

工程名称：某宾馆套间客房装饰工程　　　　第 页 共 页

1. 工程概况：本工程为某宾馆套间客房(样板间)装饰工程。地面：大、小房间均采用规格400mm×400mm的地板砖铺面，卫生间缸砖楼地面(不勾缝)，踢脚线细木工板刷硝基清漆。墙面：墙面贴壁纸，卫生间墙面砖到顶，墙面有胶合板贴柚木皮刷硝基清漆窗帘盒及窗套、挂衣板。顶棚：大小房间木龙骨吊顶三层胶合板面贴壁纸，卫生间木龙骨吊顶白色塑料扣板面，走道木龙骨吊顶埃特板面刷硝基清漆。门窗：铝合金门窗及成品装饰门。其他未列项目详见施工图。
2. 投标报价包括范围：为本次招标的施工图范围内的装饰装修工程。
3. 投标报价编制依据：

(1)招标文件及其所提供的工程量清单和有关报价的要求，招标的补充通知和答疑纪要。

(2)省建设主管部门颁发的计价定额和计价管理办法及相关计价文件。

工程项目投标报价汇总表 表 4-2-14

工程名称：某宾馆套间客房装饰工程 第 页 共 页

序号	单项工程名称	金额(元)	其中		
			暂估价(元)	安全文明施工费(元)	规费(元)
1	某宾馆套间客房装饰工程	35501		3999	6956
合计		35501		3999	6956

单项工程投标报价汇总表 表 4-2-15

工程名称：某宾馆套间客房装饰工程 第 页 共 页

序号	单项工程名称	金额(元)	其中		
			暂估价(元)	安全文明施工费(元)	规费(元)
1	某宾馆套间客房装饰工程	35501		3999	6956
合计		35501		3999	6956

单位工程投标报价汇总表 表 4-2-16

工程名称：某宾馆套间客房装饰工程 标段： 第 页 共 页

序号	汇总内容	金额(元)	其中：暂估价(元)
1	分部分项工程	18966	
2	措施项目	4307	—
2.1	安全文明施工费	3999	—
3	其他项目	4100	—
3.1	暂列金额	3000	—
3.2	专业工程暂估价		—
3.3	计日工	1100	—
3.4	总承包服务费		—
4	规费	6956	—
5	税金	1172	—
投标报价合计=1+2+3+4+5		35501	

分部分项工程量清单与计价表 表 4-2-17

工程名称：某宾馆套间客房装饰工程 标段： 第 页 共 页

序号	项目编码	项目名称	项目特征描述	计量单位	工程量	金额(元)		
						综合单价	合价	其中：暂估价
1	020102002001	块料楼地面	地板砖楼地面规格为 400mm×400mm，位于大、小房间	m^2	30.85	48.56	1498.08	
2	020102002002	块料楼地面	缸砖楼地面(不勾缝)，位于卫生间	m^2	2.80	47.11	131.91	
3	020105006001	木质踢脚线	细木工板踢脚线，刷一油粉三漆片四硝基清漆	m^2	2.55	125.26	319.41	
4	020302001001	天棚吊顶	天棚方木龙骨架，吊在混凝土板或梁下(双层楞)，平面，三层胶合板面层，贴装饰纸	m^2	29.58	95.16	2814.83	
5	020302001002	天棚吊顶	天棚方木龙骨架，白色塑料扣板面层	m^2	3.90	82.67	322.41	
6	020302001003	天棚吊顶	天棚方木龙骨架，埃特板面层，刷硝基清漆	m^2	2.01	145.00	291.45	
7	020204003001	块料墙面	墙面贴面砖，周长 700mm 内，勾缝，位于卫生间墙面	m^2	20.04	70.30	1408.81	
8	020509001001	墙纸裱糊	墙面贴壁纸(对花)，位于 P_1、P_2、P_3 房间墙面	m^2	30.18	28.96	874.01	
9	020207001001	装饰板墙面	胶合板贴柚木皮挂衣板，刷一油粉三漆片四硝基清漆	m^2	4.0	99.79	399.16	
10	020408001001	木窗帘盒	墙面有胶合板单轨窗帘盒，刷一油粉三漆片四硝基清漆	m	6.36	83.61	531.76	
11	020407001001	木门窗套	木门窗套刷一油粉三漆片四硝基清漆	m^2	2.88	120.80	347.90	
12	020406001001	金属推拉窗	成品铝合金推拉窗长×宽为 1.8m×1.8m，共 2 樘	m^2	6.48	1248.01	8087.10	
13	020401003001	实木装饰门	成品装饰门，共 1 樘	m^2	6.0	323.14	1938.84	
本页小计							18966	
合计							18966	

措施项目清单与计价表(一) 表 4-2-18

工程名称：某宾馆套间客房装饰工程 标段： 第 页 共 页

序号	项目名称	计算基础	费率(%)	金额(元)
1	安全文明施工费	综合工日	17.76	3999
2	夜间施工费			

续表

序号	项目名称	计算基础	费率(%)	金额(元)
3	二次搬运费			
4	冬雨季施工			
5	大型机械设备 进出场及安拆费			
6	施工排水			
7	施工降水			
8	地上、地下设施、建筑物的 临时保护设施			
9	已完工程及设备保护			
10	各专业工程的措施项目			
11				
12				
	合计			3999

措施项目清单与计价表(二) **表 4-2-19**

工程名称：某宾馆套间客房装饰工程　　标段：　　第　页　共　页

序号	项目编码	项目名称	项目特征描述	计量单位	工程量	金额(元)	
						综合单价	合价
1	BB001	满堂脚手架	满堂脚手架，层高 2.6m	m^2	33.90	9.08	308
			本页小计				308
			合计				308

注：本表适用于以综合单价形式计价的措施项目。

其他项目清单与计价汇总表 **表 4-2-20**

工程名称：某宾馆套间客房装饰工程　　标段：　　第　页　共　页

序号	项目名称	计量单位	金额(元)	备注
1	暂列金额	项	3000	
2	暂估价			
2.1	材料暂估价			
2.2	专业工程暂估价			
3	计日工		1100	
4	总承包服务费			
5				
	合计		4100	—

暂列金额明细表 表 4-2-21

工程名称：某宾馆套间客房装饰工程 标段： 第 页 共 页

序号	项目名称	计量单位	暂定金额(元)	备注
1	工程量清单中工程量偏差和设计变更	项	1000	
2	政策性调整和材料价格风险	项	1000	
3	其他	项	1000	
4				
5				
6				
7				
8				
9				
10				
11				
合计			3000	—

材料暂估单价表 表 4-2-22

工程名称：某宾馆套间客房装饰工程 标段： 第 页 共 页

序号	材料名称、规格、型号	计量单位	单价(元)	备注

专业工程暂估价表 表 4-2-23

工程名称：某宾馆套间客房装饰工程 标段： 第 页 共 页

序号	工程名称	工程内容	金额(元)	备注
合计				—

计 日 工 表 表 4-2-24

工程名称：某宾馆套间客房装饰工程 标段： 第 页 共 页

编号	项目名称	单位	暂定数量	综合单价(元)	合价(元)
一	人工				
1	普工	工日	20	40	800
2	技工(综合)	工日	5	60	300
3					

续表

编号	项目名称	单位	暂定数量	综合单价(元)	合价(元)
4					
人工小计					1100
二	材料				
1					
2					
3					
4					
5					
6					
材料小计					
三	施工机械				
1					
2					
3					
4					
施工机械小计					
总计					1100

总承包服务费计价表 表 4-2-25

工程名称：某宾馆套间客房装饰工程 标段： 第 页 共 页

序号	项目名称	项目价值(元)	服务内容	费率(%)	金额(元)
1	发包人发包专业工程				
2	发包人供应材料				
合计					

规费、税金项目清单与计价表

表 4-2-26

工程名称：某宾馆套间客房装饰工程　　标段：　　第　页　共　页

序号	项目名称	计算基础	费率元(工日)	金额(元)
1	规费			6956
1.1	工程排污费	按实际发生额计算		300
1.2	社会保障费	(1)+(2)+(3)	7.48	4954
(1)	养老保险费	综合工日	—	—
(2)	失业保险费	综合工日	—	—
(3)	医疗保险费	综合工日	—	—
1.3	住房公积金	综合工日	1.70	1126
1.4	危险作业意外伤害保险	综合工日	0.60	397
1.5	工程定额测定费	综合工日	0.27	179
2	税金	分部分项工程费+措施项目费+其他项目费+规费	3.413%	1172
		合计		8128

工程量清单综合单价分析表

表 4-2-27

工程名称：某宾馆套间客房装饰工程　　标段：　　第　页　共　页

项目编码	020102002001		项目名称		块料楼地面		计量单位			m²	
清单综合单价组成明细											
定额编号	定额名称	定额单位	数量	单价(元)				合价(元)			
				人工费	材料费	机械费	管理费和利润	人工费	材料费	机械费	管理费和利润
B1-37	地板砖楼地面	100m²	0.01	1533.68	2402.96	48.82	870.41	15.34	24.03	0.49	8.70
人工单价		小计						15.34	24.03	0.49	8.70
47元/工日		未计价材料费									
清单项目综合单价								48.56			

	主要材料名称、规格、型号	单位	数量	单价(元)	合价(元)	暂估单价(元)	暂估合价(元)
材料费明细	地板砖 400×400	千块	0.00638	3000.00	19.14		
	水泥砂浆 1∶4	m³	0.0216	194.06	4.19		
	素水泥浆	m³	0.001	421.78	0.422		
	白水泥	kg	0.1	0.42	0.042		
	石料切割锯片	片	0.0032	12.00	0.0384		
	水	m³	0.03	4.05	0.1215		
	其他材料费			1.00	0.0742	—	
	材料费小计			—	24.03	—	

注：“数量”栏为“投标方(定额)工程量÷招标方(清单)工程量÷定额单位数量”，如“0.01”为“30.85÷30.85÷100”。

工程量清单综合单价分析表

续表

工程名称：某宾馆套间客房装饰工程　　标段：　　第　页　共　页

项目编码	020102002002			项目名称		块料楼地面		计量单位			m²
清单综合单价组成明细											
定额编号	定额名称	定额单位	数量	单价（元）				合价（元）			
				人工费	材料费	机械费	管理费和利润	人工费	材料费	机械费	管理费和利润
B1-45	缸砖楼地面（不勾缝）	100m²	0.01	1467.29	2354.57	46.96	832.39	14.67	23.65	0.47	8.32
人工单价		小计						14.67	23.65	0.47	8.32
47元/工日		未计价材料费									
清单项目综合单价								47.11			

材料费明细	主要材料名称、规格、型号	单位	数量	单价（元）	合价（元）	暂估单价（元）	暂估合价（元）
	缸砖 150×150×150	千块	0.04511	400.00	18.044		
	水泥砂浆 1∶4	m³	0.0253	194.06	4.91		
	素水泥浆	m³	0.001	421.78	0.422		
	水泥 32.5	t	0.0001	280.00	0.028		
	石料切割锯片	片	0.0032	12.00	0.0384		
	水	m³	0.032	4.05	0.1296		
	其他材料费			1.00	0.0742	—	
	材料费小计			—	23.65	—	

注："数量"栏为"投标方（定额）工程量÷招标方（清单）工程量÷定额单位数量"，如"0.01"为"2.80÷2.80÷100"。

工程量清单综合单价分析表

续表

工程名称：某宾馆套间客房装饰工程　　标段：　　第　页　共　页

项目编码	020105006001			项目名称		木质踢脚线		计量单位			m²
清单综合单价组成明细											
定额编号	定额名称	定额单位	数量	单价（元）				合价（元）			
				人工费	材料费	机械费	管理费和利润	人工费	材料费	机械费	管理费和利润
B1-83	细木工板踢脚线	100m²	0.01	1598	3581.67	69.34	1006.4	15.98	35.82	0.69	10.06
B5-76	细木工板踢脚线刷一油粉三漆片四硝基清漆	100m²	0.01	2802.14	1561.59		1907.84	28.02	15.61		19.08
人工单价		小计						44	51.43	0.69	29.14
47元/工日		未计价材料费									
清单项目综合单价								125.26			

续表

	主要材料名称、规格、型号	单位	数量	单价（元）	合价（元）	暂估单价（元）	暂估合价（元）
材料费明细	细木工板　厚 9mm	m^2	1.05	28.00	29.4		
	氯乙胶 XY401.88 号胶	kg	0.495	11.00	5.445		
	硝基清漆外用	kg	0.2493	13.50	3.3656		
	漆片	kg	0.0408	28.00	1.1424		
	硝基清漆稀释剂（信那水）	kg	0.6111	12.00	7.3332		
	油漆溶剂油	kg	0.0759	3.50	0.2657		
	熟桐油（光油）	kg	0.0431	15.00	0.6465		
	清油	kg	0.0359	20.00	0.718		
	砂蜡	kg	0.0185	14.39	0.2662		
	上光蜡	kg	0.0062	12.20	0.07564		
	色粉	kg	0.0022	3.40	0.00748		
	大白粉	kg	0.1882	0.50	0.0541		
	石膏粉	kg	0.0234	0.80	0.0187		
	棉花	kg	0.0048	13.40	0.0643		
	豆包布　32 支	m	0.1452	1.80	0.2614		
	其他材料费			1.00	2.3285	—	
	材料费小计			—	51.43	—	

注："数量"栏为"投标方（定额）工程量÷招标方（清单）工程量÷定额单位数量"，如"0.01"为"2.55÷2.55÷100"。

工程量清单综合单价分析表

续表

工程名称：某宾馆套间客房装饰工程　　标段：　　第　页　共　页

项目编码	020302001001			项目名称	天棚吊顶			计量单位	m^2		
清单综合单价组成明细											
定额编号	定额名称	定额单位	数量	单价（元）				合价（元）			
				人工费	材料费	机械费	管理费和利润	人工费	材料费	机械费	管理费和利润
B3-18	天棚方木龙骨架	$100m^2$	0.01	652.13	2528.78	9.27	554.41	6.52	25.29	0.09	5.54
B3-55	木龙骨三层胶合板面	$100m^3$	0.0107	374.12	1384.08		316.81	4.00	14.81		3.39
B5-201	天棚面贴装饰纸（对花）	$100m^2$	0.0107	1147.27	1391.11		781.12	12.28	14.88		8.36
人工单价		小计						22.80	54.98	0.09	17.29
47 元/工日		未计价材料费									
清单项目综合单价								95.16			

续表

	主要材料名称、规格、型号	单位	数量	单价（元）	合价（元）	暂估单价（元）	暂估合价（元）
材料费明细	板方木材　综合规格	m^3	0.0111	1550.00	17.205		
	铁件	kg	1.2816	5.20	6.6643		
	电焊条(综合)	kg	0.0091	4.00	0.0364		
	镀锌钢丝　12号	kg	0.0531	4.60	0.2443		
	圆钉 70mm	kg	0.10816	5.30	0.5732		
	防腐油	kg	0.0058	1.30	0.0075		
	木材干燥费	m^3	0.0111	59.38	0.6591		
	胶合板　厚3mm	m^2	1.1235	13.00	14.6055		
	纸基塑料壁纸	m^2	1.239	9.50	11.7705		
	酚醛清漆	kg	0.0749	13.50	1.0112		
	油漆溶剂油	kg	0.0321	3.50	0.1124		
	聚醋酸乙烯乳胶(白乳胶)	kg	0.2686	6.20	1.6653		
	羧甲基纤维素(化学浆糊)	kg	0.01766	7.50	0.1325		
	大白粉	kg	0.25145	0.50	0.1257		
	其他材料费			1.00	0.17	—	
	材料费小计			—	54.98	—	

注："数量"栏为"投标方(定额)工程量÷招标方(清单)工程量÷定额单位数量"，如"0.01"为"29.58÷29.58÷100"。

工程量清单综合单价分析表

续表

工程名称：某宾馆套间客房装饰工程　　　　标段：　　　　　　　第　页　共　页

项目编码	020302001002			项目名称		天棚吊顶		计量单位		m²	
清单综合单价组成明细											
定额编号	定额名称	定额单位	数量	单价(元)				合价(元)			
				人工费	材料费	机械费	管理费和利润	人工费	材料费	机械费	管理费和利润
B3-18	天棚方木龙骨架	100m²	0.01	652.13	2528.78	9.27	554.41	6.52	25.29	0.09	5.54
B3-64	天棚面层白色塑料扣板	100m²	0.01	842.71	2966.20		713.61	8.43	29.66		7.14
人工单价		小计						14.95	54.95	0.09	12.68
47元/工日		未计价材料费									
清单项目综合单价								82.67			

	主要材料名称、规格、型号	单位	数量	单价（元）	合价（元）	暂估单价（元）	暂估合价（元）
材料费明细	板方木材　综合规格	m^3	0.0111	1550.00	17.285		
	铁件	kg	1.2816	5.20	6.664		
	电焊条(综合)	kg	0.0091	4.00	0.0364		
	镀锌钢丝　12号	kg	0.0531	4.60	0.2443		
	圆钉　70mm	kg	0.0889	5.30	0.4712		

续表

	主要材料名称、规格、型号	单位	数量	单价（元）	合价（元）	暂估单价（元）	暂估合价（元）
材料费明细	防腐油	kg	0.0058	1.30	0.00754		
	木材干燥费	m^3	0.0111	59.38	0.659		
	塑料扣板	m^2	1.08	24.50	26.46		
	塑料线条　硬质 40×30	m	1.3832	2.20	3.043		
	其他材料费			1.00	0.159	—	
	材料费小计			—	54.95	—	

注："数量"栏为"投标方（定额）工程量÷招标方（清单）工程量÷定额单位数量"，如"0.01"为"3.90÷3.90÷100"。

工程量清单综合单价分析表

续表

工程名称：某宾馆套间客房装饰工程　　标段：　　第　页　共　页

项目编码	020302001003	项目名称	天棚吊顶	计量单位	m^2

清单综合单价组成明细

定额编号	定额名称	定额单位	数量	单价（元）				合价（元）			
				人工费	材料费	机械费	管理费和利润	人工费	材料费	机械费	管理费和利润
B3-18	天棚方木龙骨架	$100m^2$	0.01	652.13	2528.78	9.27	554.41	6.52	25.29	0.09	5.54
B3-61	木龙骨埃特板天棚面层	$100m^2$	0.01	551.78	3464.80		467.25	5.52	34.65		4.67
B5-76	木龙骨埃特板刷一油粉三漆片四硝基清漆	$100m^2$	0.01	2802.14	1561.59		1907.84	28.02	15.62		19.08
人工单价		小计						40.06	75.56	0.09	29.29
47元/工日		未计价材料费									
清单项目综合单价								145.00			

	主要材料名称、规格、型号	单位	数量	单价（元）	合价（元）	暂估单价（元）	暂估合价（元）
材料费明细	板方木材　综合规格	m^3	0.0111	1550.00	17.205		
	铁件	kg	1.2816	5.20	6.664		
	电焊条（综合）	kg	0.0091	4.00	0.0364		
	镀锌钢丝　12号	kg	0.0531	4.60	0.2443		
	圆钉　70mm	kg	0.0889	5.30	0.4712		
	防腐油	kg	0.0058	1.30	0.00754		
	木材干燥费	m^3	0.0111	59.38	0.6591		
	埃特板	m^2	1.05	32.00	33.6		
	自攻螺钉	百个	0.2268	4.20	0.9526		
	硝基清漆　外用	kg	0.2493	13.50	3.366		

续表

	主要材料名称、规格、型号	单位	数量	单价（元）	合价（元）	暂估单价（元）	暂估合价（元）
材料费明细	漆片	kg	0.0408	28.00	1.1424		
	硝基清漆稀释剂（信那水）	kg	0.6111	12.00	7.33		
	油漆溶剂油	kg	0.0759	3.50	0.2657		
	熟桐油（光油）	kg	0.0431	15.00	0.6465		
	清油	kg	0.0359	20.00	0.718		
	砂蜡	kg	0.0185	14.39	0.2662		
	上光蜡	kg	0.0062	12.200	0.0756		
	色粉	kg	0.0022	3.40	0.0075		
	大白粉	kg	0.1882	0.50	0.0941		
	石膏粉	kg	0.0234	0.80	0.0187		
	棉花	kg	0.0048	13.40	0.0643		
	石包布 32支	kg	0.1452	1.80	0.2614		
	其他材料费			1.00	1.4522	—	
	材料费小计			—	75.56	—	

注："数量"栏为"投标方（定额）工程量÷招标方（清单）工程量÷定额单位数量"，如"0.01"为"20.04÷20.04÷100"。

工程量清单综合单价分析表

续表

工程名称：某宾馆套间客房装饰工程　　　　标段：　　　　第　页　共　页

项目编码	020204003001	项目名称	块料墙面	计量单位	m^2

清单综合单价组成明细

定额编号	定额名称	定额单位	数量	单价（元）				合价（元）			
				人工费	材料费	机械费	管理费和利润	人工费	材料费	机械费	管理费和利润
B2-83	墙面贴面砖，周长700mm内，勾缝	$100m^2$	0.01	3187.65	1951.13	23.49	1867.86	31.88	19.51	0.23	18.68
人工单价	小计							31.88	19.51	0.23	18.68
47元/工日	未计价材料费										
清单项目综合单价								70.30			

	主要材料名称、规格、型号	单位	数量	单价（元）	合价（元）	暂估单价（元）	暂估合价（元）
材料费明细	面砖 60×240×8	千块	0.06011	230.00	13.8253		
	水泥砂浆 1∶1	m^3	0.0053	264.66	1.4027		
	水泥砂浆 1∶3	m^3	0.016	195.94	3.135		
	素水泥浆	m^3	0.001	421.78	0.4218		
	建筑胶	kg	0.24	2.00	0.48		
	水	m^3	0.0373	4.05	0.1511		
	其他材料费			1.00	0.0954	—	
	材料费小计			—	19.51	—	

注："数量"栏为"投标方（定额）工程量÷招标方（清单）工程量÷定额单位数量"，如"0.01"为"20.04÷20.04÷100"。

工程量清单综合单价分析表　　续表

工程名称：某宾馆套间客房装饰工程　　标段：　　第 页 共 页

项目编码	020509001001			项目名称		墙纸裱糊		计量单位			m²
清单综合单价组成明细											
定额编号	定额名称	定额单位	数量	单价（元）				合价（元）			
				人工费	材料费	机械费	管理费和利润	人工费	材料费	机械费	管理费和利润
B5-195	墙面贴壁纸，对花	100m²	0.01	895.35	1391.11		609.6	8.95	13.91		6.10
人工单价		小计						8.95	13.91		6.10
47元/工日		未计价材料费									
清单项目综合单价								48.56			
材料费明细	主要材料名称、规格、型号					单位	数量	单价（元）	合价（元）	暂估单价（元）	暂估合价（元）
	纸基塑料壁纸					m²	1.1579	9.50	11.00		
	酚醛清漆					kg	0.07	13.50	0.945		
	油漆溶剂油					kg	0.03	3.50	0.105		
	聚醋酸乙烯乳胶（白乳胶）					kg	0.251	6.20	1.5562		
	羧甲纤维素（化学浆糊）					kg	0.0165	7.50	0.12375		
	大白粉					kg	0.235	0.50	0.1175		
	其他材料费							1.00	0.0636	—	
	材料费小计							—	13.91	—	

注："数量"栏为"投标方（定额）工程量÷招标方（清单）工程量÷定额单位数量"，如"0.01"为"30.18÷30.18÷100"。

工程量清单综合单价分析表　　续表

工程名称：某宾馆套间客房装饰工程　　标段：　　第 页 共 页

项目编码	020207001001			项目名称		装饰板墙面		计量单位			m²
清单综合单价组成明细											
定额编号	定额名称	定额单位	数量	单价（元）				合价（元）			
				人工费	材料费	机械费	管理费和利润	人工费	材料费	机械费	管理费和利润
B2-146	墙面有胶合板贴柚木皮挂衣板	100m²	0.01	2426.14	5186.58	4.00	1822.18	24.26	51.87	0.04	18.22
B5-54	挂衣板刷一油粉三漆片四硝基清漆	100m	0.0026	1075.36	270.97		732.16	2.80	0.70		1.90
人工单价		小计						27.06	52.57	0.04	20.12
47元/工日		未计价材料费									
清单项目综合单价								99.79			

续表

	主要材料名称、规格、型号	单位	数量	单价（元）	合价（元）	暂估单价（元）	暂估合价（元）
材料费明细	微薄木（柚木皮）	m^2	1.05	12.54	13.167		
	胶合板　厚 3mm	m^2	1.05	13.00	13.65		
	板方材　综合规格	m^3	0.01085	1550.00	16.8175		
	金属胀锚螺栓	套	1.605	1.00	1.605		
	万能胶	kg	0.306	18.00	5.508		
	圆钉　70mm	kg	0.0515	5.30	0.27295		
	射钉	个	0.45	0.19	0.0855		
	木材干燥费	m^3	0.01085	59.38	0.6443		
	硝基清漆　外用	kg	0.0123	13.50	0.1661		
	漆片	kg	0.00203	28.00	0.0568		
	硝基清漆稀释剂（信那水）	kg	0.0302	12.00	0.3624		
	砂蜡	kg	0.00091	14.39	0.1309		
	上光蜡	kg	0.000312	12.20	0.0038		
	大白粉	kg	0.013962	0.50	0.00698		
	石膏粉	kg	0.00021	0.80	0.000168		
	色粉	kg	0.00104	3.40	0.00354		
	皮胶	kg	0.000442	8.00	0.00354		
	棉花	kg	0.00234	13.40	0.00314		
	豆包布　32 支	m	0.007176	1.80	0.01292		
	其他材料费			1.00	0.1883	—	
	材料费小计			—	52.57	—	

注："数量"栏为"投标方（定额）工程量÷招标方（清单）工程量÷定额单位数量"，如"0.01"为"4.0÷4.0÷100"。

工程量清单综合单价分析表

续表

工程名称：某宾馆套间客房装饰工程　　　　标段：　　　　第　页　共　页

项目编码	020408001001		项目名称		木窗帘盒		计量单位		m		
清单综合单价组成明细											
定额编号	定额名称	定额单位	数量	单价（元）				合价（元）			
				人工费	材料费	机械费	管理费和利润	人工费	材料费	机械费	管理费和利润
B4-102	墙面胶合板单轨窗帘盒	100m	0.01	956.92	2630.80	18.57	513.07	9.57	26.31	0.19	5.13
B5-54	墙面窗帘盒刷一油粉三漆片四硝基清漆	100m	0.0204	1075.36	270.97		732.16	21.94	5.53		14.94
人工单价		小计						31.51	31.84	0.19	20.07
47 元/工日		未计价材料费									
清单项目综合单价								83.61			

续表

	主要材料名称、规格、型号	单位	数量	单价（元）	合价（元）	暂估单价（元）	暂估合价（元）
材料费明细	板方木材　综合规格	m^3	0.00343	1550.00	5.3165		
	胶合板　厚 3mm	m^2	0.54	13.00	7.02		
	铝合金窗帘轨带支撑成品	m	1.12	8.51	9.5312		
	铁件	kg	0.4932	5.20	2.5646		
	金属胀锚螺栓	套	1.10	1.00	1.10		
	螺栓　圆头带垫圈 φ6×35	百个	0.033	10.00	0.33		
	木螺钉　35mm	千个	0.0011	32.00	0.0352		
	圆钉　70mm	kg	0.026	5.30	0.1378		
	醇酸防锈漆　红丹	kg	0.0019	14.00	0.0266		
	木材干燥费	m^3	0.00343	59.38	0.2037		
	硝基清漆　外用	kg	0.0967	13.50	1.305		
	漆片	kg	0.0159	28.00	0.4452		
	硝基清漆稀释剂(信那水)	kg	0.237	12.00	2.844		
	砂蜡	kg	0.00714	14.39	0.1027		
	上光蜡	kg	0.00245	12.20	0.0299		
	大白粉	kg	0.1095	0.50	0.05475		
	石膏粉	kg	0.0016	0.80	0.00128		
	色粉	kg	0.00816	3.40	0.0277		
	皮胶	kg	0.00347	8.00	0.0278		
	棉花	kg	0.00184	13.40	0.0247		
	豆包布　32 支	kg	0.0563	1.80	0.1013		
	其他材料费			1.00	0.6046	—	
	材料费小计			—	31.84	—	

注：“数量”栏为“投标方(定额)工程量÷招标方(清单)工程量÷定额单位数量”，如“0.01”为“6.36÷6.36÷100”。

工程量清单综合单价分析表

续表

工程名称：某宾馆套间客房装饰工程　　标段：　　第　页　共　页

项目编码	020407001001	项目名称	木门窗套	计量单位	m^2

清单综合单价组成明细

定额编号	定额名称	定额单位	数量	单价（元）				合价（元）			
				人工费	材料费	机械费	管理费和利润	人工费	材料费	机械费	管理费和利润
B4-92	木门窗套	100m	0.05	112.33	855.65	8.00	60.23	5.62	42.78	0.4	3.01
B5-76	木门窗套刷一油粉三漆片四硝基清漆	$100m^2$	0.011	2802.14	1561.59		1907.84	30.82	17.18	—	20.99
人工单价		小计						36.44	59.96	0.4	24.00
47 元/工日		未计价材料费									
清单项目综合单价								120.80			

续表

	主要材料名称、规格、型号	单位	数量	单价（元）	合价（元）	暂估单价（元）	暂估合价（元）
材料费明细	门框装饰线(贴脸)宽 60mm	m	5.3	8.00	42.4		
	圆钉　70mm	kg	0.025	5.30	0.1325		
	硝基清漆　外用	kg	0.274	13.50	3.699		
	漆片	kg	0.045	28.00	1.26		
	硝基清漆稀释剂(信那水)	kg	0.6722	12.00	8.066		
	油漆溶剂油	kg	0.0835	3.50	0.292		
	熟桐油(光油)	kg	0.0474	15.00	0.711		
	清油	kg	0.0395	20.00	0.79		
	砂蜡	kg	0.0204	14.39	0.2936		
	上光蜡	kg	0.0068	12.20	0.083		
	色粉	kg	0.0024	3.40	0.0082		
	大白粉	kg	0.207	0.50	0.1035		
	石膏粉	kg	0.0257	0.80	0.0206		
	棉花	kg	0.0053	13.40	0.0710		
	豆包布　32 支	m	0.1597	1.80	0.2875		
	其他材料费			1.00	1.745	—	
	材料费小计			—	59.96	—	

注："数量"栏为"投标方(定额)工程量÷招标方(清单)工程量÷定额单位数量"，如"0.01"为"14.4÷2.88÷100"。

工程量清单综合单价分析表

续表

工程名称：某宾馆套间客房装饰工程　　标段：　　第　页　共　页

项目编码	020406001001			项目名称		金属推拉窗		计量单位			m²
清单综合单价组成明细											
定额编号	定额名称	定额单位	数量	单价（元）				合价（元）			
				人工费	材料费	机械费	管理费和利润	人工费	材料费	机械费	管理费和利润
B4-53	成品铝合金推拉窗安装	100m²	0.01	1057.5	18470.99	62.95	567	10.57	184.71	0.63	5.67
人工单价		小计						10.57	184.71	0.63	5.67
47 元/工日		未计价材料费									
清单项目综合单价								1248.01			

	主要材料名称、规格、型号	单位	数量	单价（元）	合价（元）	暂估单价（元）	暂估合价（元）
材料费明细	铝合金推拉窗(含玻璃，配件)	m²	0.9464	190.00	179.816		
	密封油膏	kg	0.3667	2.00	0.7334		
	软填料	kg	0.3975	9.80	3.896		
	其他材料费			1.00	0.265	—	
	材料费小计			—	184.71	—	

注："数量"栏为"投标方(定额)工程量÷招标方(清单)工程量÷定额单位数量"，如"0.01"为"6.48÷6.48÷100"。

工程量清单综合单价分析表

续表

工程名称：某宾馆套间客房装饰工程　　标段：　　第　页　共　页

项目编码	020401003001	项目名称	实木装饰门	计量单位	m^2

清单综合单价组成明细

定额编号	定额名称	定额单位	数量	单价(元)				合价(元)			
				人工费	材料费	机械费	管理费和利润	人工费	材料费	机械费	管理费和利润
B4-9	成品豪华装饰木门(带框)安装	$100m^2$	0.01	1938.75	29330.00	5.00	1039.5	19.39	293.30	0.05	10.40
人工单价				小计				19.39	293.30	4.05	10.40
47元/工日				未计价材料费							
清单项目综合单价								323.14			

材料费明细	主要材料名称、规格、型号	单位	数量	单价(元)	合价(元)	暂估单价(元)	暂估合价(元)
	成品豪华装饰木门(带框)	m^2	0.9735	300.00	292.05		
	其他材料费			1.00	1.25	—	
	材料费小计			—	293.30	—	

注：“数量”栏为“投标方(定额)工程量÷招标方(清单)工程量÷定额单位数量”，如“0.01”为“6.0÷6.0÷100”。

工程量清单综合单价分析表

续表

工程名称：某宾馆套间客房装饰工程　　标段：　　第　页　共　页

项目编码	BB001	项目名称	满堂脚手架	计量单位	m^2

清单综合单价组成明细

定额编号	定额名称	定额单位	数量	单价(元)				合价(元)			
				人工费	材料费	机械费	管理费和利润	人工费	材料费	机械费	管理费和利润
A12—231	满堂脚手架层高2.6m	$100m^2$	0.01	466.91	163.15	14.88	263.47	4.67	1.63	0.15	2.63
人工单价				小计				4.67	1.63	0.15	2.63
47元/工日				未计价材料费							
清单项目综合单价								9.08			

材料费明细	主要材料名称、规格、型号	单位	数量	单价(元)	合价(元)	暂估单价(元)	暂估合价(元)
	钢管脚手架　ϕ48×3.5	t	0.0001	5800.00	0.58		
	钢管扣件　直角	个	0.0146	5.00	0.073		
	钢管扣件　对接	个	0.0028	5.00	0.014		
	钢管扣件　回转	个	0.0046	5.00	0.023		
	钢管底座	个	0.002	4.00	0.008		
	竹脚手板　300×330×50	m^2	0.0308	20.00	0.616		
	镀锌钢丝12号	kg	0.0621	4.60	0.286		
	其他材料费			1.00	0.0318	—	
	材料费小计			—	1.63	—	

注：“数量”栏为“投标方(定额)工程量÷招标方(清单)工程量÷定额单位数量”，如“0.01”为“33.90÷33.90÷100”。

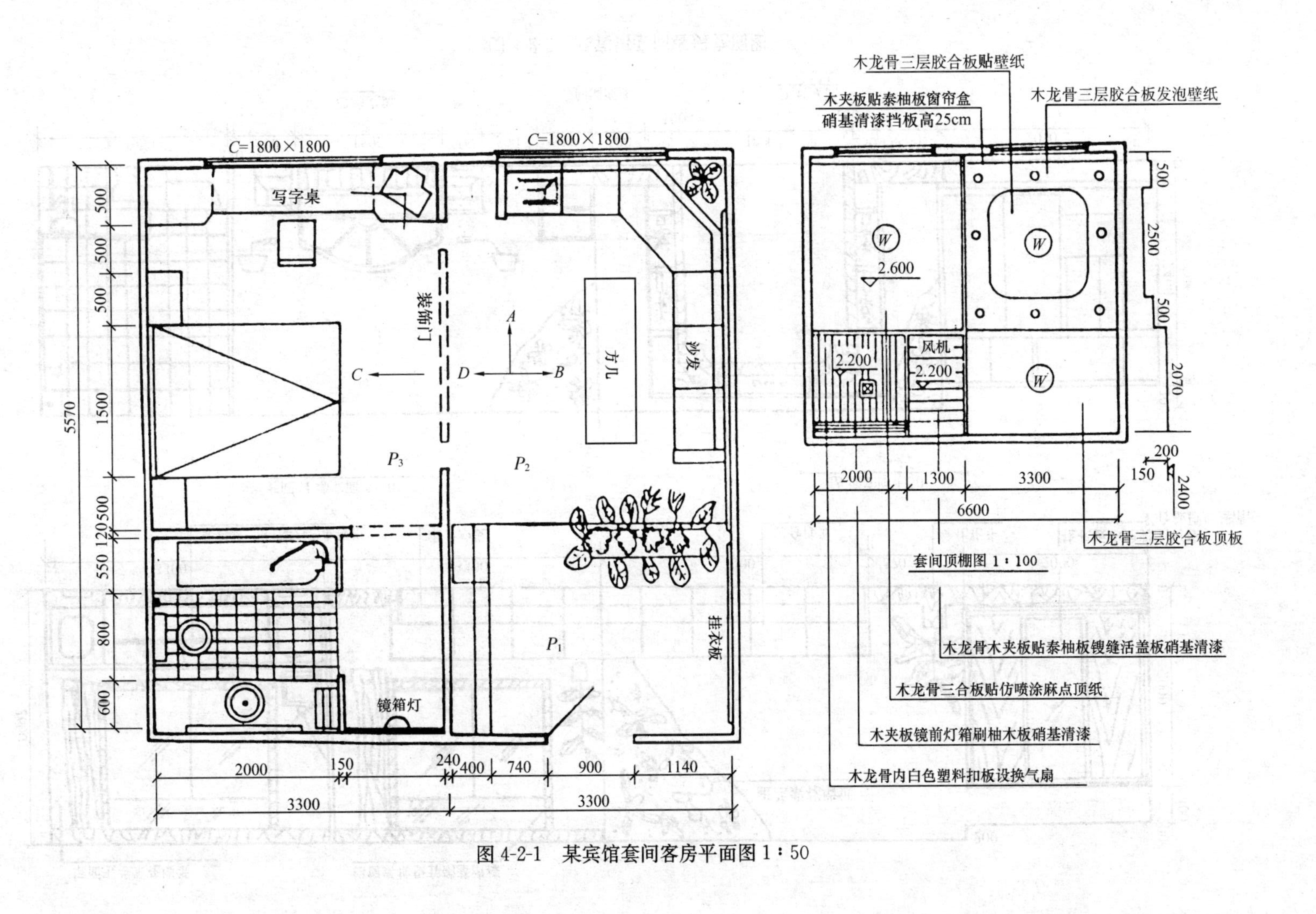

图 4-2-1　某宾馆套间客房平面图 1:50

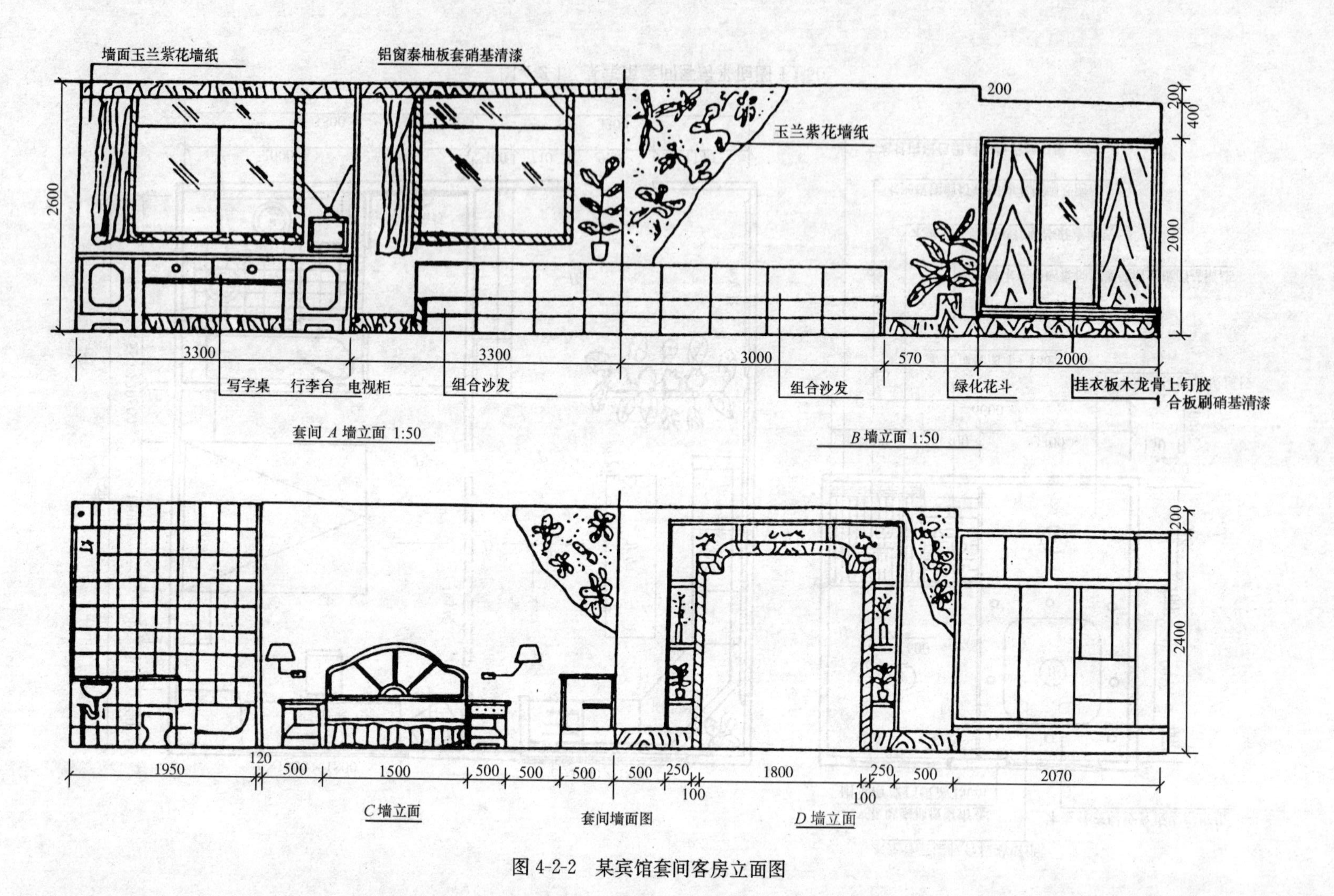

图 4-2-2 某宾馆套间客房立面图

4-3　某招待所餐厅装饰工程

一、工程概况

本工程为某招待所餐厅装饰，为简化预算项目，预算示例仅列示了所附施工图说明的楼地面、墙面、顶棚和门窗装饰等，餐厅内的水电管线、灯具和空调设施均未计算在内。

某招待所餐厅装饰具体做法如下。

地面：餐厅地面间均采用高级大理石铺面，踢脚线为胶合板贴柚木皮刷硝基清漆。

墙面墙裙：①木龙骨胶合板海绵灰色仿羊皮软包；②木龙骨胶合板贴柚木皮刷硝基清漆墙裙；③木龙骨胶合板贴宝石蓝车边镜；④木龙骨胶合板浅海绵锦缎；⑤墙面木基胶合板浮雕壁画；⑥木压条60mm宽刷硝基清漆。

顶棚：木龙骨吊顶柚木板面刷硝基清漆；木龙骨吊顶车边镜面面层及不锈钢条；顶棚木压条刷硝基清漆。

门窗：成品装饰门。

其他未列项目详见施工图(图4-3-1～图4-3-4)。

二、工程量计算

说明：本装饰工程工程量计算分别依据《建设工程工程量清单计价规范》GB 50500—2008以及《河南省建设工程工程量清单综合单价》A. 建筑工程、B. 装饰装修工程。

1. 定额工程量计算(表4-3-1)

定额工程量计算表　　表4-3-1

序号	定额编号	项目名称	单位	工程量	计算式
1		B.1　楼地面工程			
1.1	B1-24	大理石楼地面	m^2	60.42	$S=(9.99\times6.0)+1.0\times0.24\times2$(门口) $=60.42m^2$
1.2	B1-83	细木工板踢脚线	m^2	4.46	$S=S_A+S_{BD}+S_C$ $=9.99\times0.15+6.0\times0.15\times2+(1.0+1.0+0.26+3.63+0.06+1.0+1.0)\times0.15$ $=4.46m^2$
2		B.2　墙柱面工程			
2.1	B2-146	木龙骨胶合板墙裙贴柚木皮	m^2	16.08	A墙面： $S_1=9.98\times(0.1+0.55+0.1)-4.81$ $=2.68m^2$ B、D墙面： $S_2=[6.0\times0.75-2.59$(软包)$]\times2+[6\times2.1-5.24$(宝石蓝镜)$-3.32$(软包墙面)$]\times2$ $=13.40m^2$ $S_总=S_1+S_2=2.68+13.40$ $=16.08m^2$

续表

序号	定额编号	项目名称	单位	工程量	计算式
2.2	B2-135	木龙骨中密度板墙裙，贴柚木皮	m^2	16.27	A墙面： $S_1=9.99\times0.2=1.998m^2$ C墙面： $S_2=0.6\times1.9\times2+9.99\times1.2$ $=14.268m^2$ $S_总=S_1+S_2$ $=1.998+14.268$ $=16.27m^2$
2.3	B2-135	木龙骨胶合板墙面海绵浅灰色仿羊皮软包	m^2	19.93	A墙面： $S_1=0.5\times0.55\times3\times2+0.91\times0.55\times2\times2+2.1\times0.55$ $=4.81m^2$ B、D墙面： $S_2=(0.8\times0.55\times4+0.5\times0.55\times3)\times2+(0.5\times1.7\times4-0.1\times0.1\times8)\times2=11.82m^2$ C墙面： $S_3=0.8\times0.55\times5+0.5\times0.55\times4$ $=3.30m^2$ $S_总=S_1+S_2+S_3$ $=4.81+11.82+3.30$ $=19.93m^2$
2.4	B2-135	木龙骨中密度板墙面，仿羊皮软包	m^2	4.2	A墙面： $S=1.05\times1.9+1.2\times1.9=4.2m^2$
2.5	B2-133	木龙骨胶合板墙面，浅海绵锦缎	m^2	23.0	B、D墙面： S＝[2.4(高)×10.0－1.5×1.8×4(铝合金窗)－1.7(软包墙面)]×2 $=23.00m^2$
2.6	B2-140	木龙骨胶合板墙面，贴宝石蓝车边镜面	m^2	10.48	B、D墙面： $S=(3.12\times1.7-0.3\times0.1\times2)\times2$ $=10.48m^2$
2.7	B2-121	墙面木基胶合板	m^2	6.11	C墙面： $S=(3.63\times1.7-0.3\times0.1\times2)=6.11m^2$
3		B.3　天棚工程			
3.1	B3-18	天棚方木龙骨架	m^2	38.40	$S=1.5\times6.0\times2+0.25\times6\times2+(6.0\times2+2.85\times6+2.4\times6)\times0.4$ $=38.40m^2$
3.2	B3-55	天棚方木龙骨吊顶，胶合板面层	m^2	38.40	$S=1.5\times6.0\times2+0.25\times6\times2+(6.0\times2+2.85\times6+2.4\times6)\times0.4$ $=38.40m^2$

续表

序号	定额编号	项目名称	单位	工程量	计算式
3.3	B3-18	天棚方木龙骨吊顶	m^2	31.48	$S=(2.85\times2+2.40\times2)\times4\times1.44$(斜边)$\times2.0+2.45\times2\times4$(中间) $=31.48m^2$
3.4	B3-104	方木龙骨吊顶层车边镜面玻璃	m^2	31.48	$S=(2.85\times2+2.40\times2)\times4\times1.44$(斜边)$\times2.0+2.45\times2\times4$(中间) $=31.48m^2$
3.5	B3-18	方木龙骨吊顶	m^2	42.00	$S=(2.85\times2+2.40\times2)\times4$ $=42.00m^2$
3.6	B3-92	方木龙骨吊顶层不锈钢板顶棚板带	m^2	42.00	$S=(2.85\times2+2.40\times2)\times4$ $=42.00$
4		B.4 门窗工程			
4.1	B4-9	成品装饰艺术门	m^2	5.40	$S=1.0\times2.7\times2=5.40m^2$
5		B.5 油漆、涂料、裱糊工程			
5.1	B5-201	顶棚面贴墙纸(对花)	m^2	18	$S=1.5\times6\times2=18m^2$
5.2	B5-76	踢脚线刷硝基清漆	m^2	4.46	$S=S_A+S_{B,D}+S_C$ $=9.99\times0.15+6.0\times0.15\times2+(1.0+1.0+0.06+3.63+0.06+1.0+1.0)\times0.15$ $=4.46m^2$
5.3	B5-76	木龙骨胶合板墙裙，贴柚木皮，刷硝基清漆	m^2	16.08	*A* 墙面： $S_1=9.99\times(0.1+0.55+0.1)-1.81=2.68m^2$ *B*、*D* 墙面： $S_2=[6.0\times0.75-2.59$(软包)$]\times2+[6\times2.1-5.24$(宝石蓝镜)$-3.32$(软包墙面)$]\times2$ $=13.40m^2$ $S_{总}=2.68+13.40=16.08m^2$
5.4	B5-76	木龙骨中密度板墙裙，贴柚木皮，刷硝基清漆	m^2	16.27	*A* 墙面： $S_1=9.99\times0.2=1.998m^2$ *C* 墙面： $S_2=0.6\times1.9\times2+9.99\times1.2=14.268m^2$ $S_{总}=S_1+S_2=1.998+14.268=16.27m^2$
5.5	B5-195	墙面木基胶合板贴浮雕壁画	m^2	6.11	$S=3.63\times1.7-0.3\times0.1\times2=6.11m^2$
5.6	B5-76	顶棚方木龙骨吊顶，胶合板面层贴柚木皮，刷硝基清漆	m^2	38.40	$S=1.5\times6.0\times2+0.25\times6\times2+(6.0\times2+2.85\times6+2.4\times6)\times0.4$ $=38.40m^2$

续表

序号	定额编号	项目名称	单位	工程量	计算式
5.7	B5-54	木装饰大压角线宽60mm内，刷硝基清漆	m	130.58	A墙面： $L_1=1.9\times8+9.99+9.99=35.18\text{m}$ B、D墙面： $L_2=[(6.0+6.0)+10\times4]\times2=208\text{m}$ C墙面： $L_3=9.99+9.99-1.0\times2.0$(门) $=17.98\text{m}$ $L_总=L_1+L_2+L_3$ $=35.18+208+17.98$ $=261.16\text{m}$ $L=261.16\times0.50$(调整系数) $=130.58\text{m}$
5.8	B5-54	木装饰大压角线宽60mm外，刷硝基清漆	m	17.24	壁雕画线条80mm×60mm×26mm $L_1=3.63\times2+1.70\times2=14.52\text{m}$ 顶棚木压条 $L_2=6.0\times2=12.0\text{m}$ $L_总=L_1+L_2=14.52+12.00=26.52\text{m}$ $L=26.52\times0.65$(调整系数) $=17.24\text{m}$
6		B.6　其他工程			
6.1	B6-36	木装饰大压角线，宽60mm内	m	261.16	A墙面： $L_1=1.9\times8+9.99+9.99=35.18\text{m}$ B、D墙面： $L_2=[(6.0+6.0)+10\times4]\times2=208\text{m}$ C墙面： $L_3=9.99+9.99-1.0\times2.0$(门) $=17.98\text{m}$ $L_总=L_1+L_2+L_3=35.18+208+17.98$ $=261.16\text{m}$
6.2	B6-37	木装饰大压角线，宽60mm外	m	26.52	壁雕画线条80mm×60mm×26mm $L_1=3.63\times2+1.70\times2$ $=14.52\text{m}$ 顶棚木压条 $L_2=6.0\times2=12.0\text{m}$ $L_总=L_1+L_2=14.52+12.0=26.52\text{m}$
7		A.12　脚手架工程			
7.1	A12-231	满堂脚手架，层高3m	m^2	59.94	$S=9.99\times6=59.94\text{m}^2$

2. 清单工程量计算(表 4-3-2)

清单工程量计算表 **表 4-3-2**

序号	项目编码	项目名称	项目特征描述	计量单位	工程量	计算公式
1	020102001001	石材楼地面	高级大理石铺面	m^2	60.42	$S=9.99\times6.0+1.0\times0.24\times2=60.42m^2$
2	020105006001	木质踢脚线	胶合板踢脚线，贴柚木皮，刷硝基清漆 150mm 高	m^2	4.46	$S=S_A+S_{B、D}+S_C=9.99\times0.15+6.0\times0.15\times2+(1.0+1.0+0.06+3.63+0.06+1.0+1.0)\times0.15=4.46m^2$
3	020207001001	胶合板墙裙	木龙骨胶合板墙裙，贴柚木皮，刷硝基清漆	m^2	16.08	A 墙面： $S_1=9.99\times(0.1+0.55+0.1)-4.81=2.68m^2$ B、D 墙面： $S_2=[6.0\times0.75-2.59$(软包)$]\times2+[6\times2.1-5.24$(宝石蓝镜)$-3.32$(软包墙面)$]\times2=13.40m^2$ $S_总=S_1+S_2=2.68+13.40=16.08m^2$
4	020207001002	中密度板墙裙	木龙骨中密度板墙裙，贴柚木皮，刷硝基清漆	m^2	16.27	A 墙面： $S_1=9.99\times0.2=1.998m^2$ C 墙面： $S_2=0.6\times1.9\times2+9.99\times1.2=14.268m^2$ $S_总=S_1+S_2=1.998+14.268=16.27m^2$
5	020207001003	胶合板墙面	木龙骨胶合板墙面，海绵浅灰色仿羊皮软包	m^2	19.93	A 墙面： $S_1=0.5\times0.55\times3\times2+0.91\times0.55\times2\times2+2.1\times0.55=4.81m^2$ B、D 墙面： $S_2=(0.8\times0.55\times4+0.5\times0.55\times3)\times2+(0.5\times1.7\times4-0.1\times0.1\times8)\times2=11.82m^2$ C 墙面： $S_3=0.8\times0.55\times5+0.5\times0.55\times4=3.30m^2$ $S_总=S_1+S_2+S_3=4.81+11.82+3.30=19.93m^2$

续表

序号	项目编码	项目名称	项目特征描述	计量单位	工程量	计算公式
6	020207001004	中密度板墙面	木龙骨中密度板墙面，仿羊皮软包	m^2	4.2	A墙面： S＝[2.4(高)×10.0－1.5×1.8×4(铝合金窗)－1.7(软包墙面)]×2 ＝23.0m^2
7	020207001005	胶合板墙面	木龙骨胶合板墙面，浅海绵锦缎	m^2	23.0	B、D墙面： S＝[2.4(高)×10.0－1.5×1.8×4(铝合金窗)－1.7(软包墙面)]×2 ＝23.0m^2
8	020207001006	胶合板墙面	木龙骨胶合板墙面，贴宝石蓝车边镜面	m^2	10.48	B、D墙面： S＝(3.12×1.7－0.3×0.1×2)×2 ＝10.48m^2
9	020207001007	木基胶合板墙面	墙面木基胶合板，贴浮雕壁画	m^2	6.11	C墙面： S＝(3.63×1.7－0.3×0.1×2) ＝6.11m^2
10	020302001001	顶棚吊顶	顶棚方木龙骨吊顶，胶合板面层，贴柚木皮，刷硝基清漆	m^2	38.40	S＝1.5×6.0×2＋0.25×6×2＋(6.0×2＋2.85×6＋2.4×6)×0.4 ＝38.40m^2
11	020302001002	顶棚吊顶	方木龙骨吊顶层车边镜面玻璃	m^2	31.48	S＝(2.85×2＋2.40×2)×4×1.44(斜边)×2.0＋2.45×2×4(中间) ＝31.48m^2
12	020302001003	顶棚吊顶	方木龙骨吊顶层不锈钢顶棚板带	m^2	42.00	S＝(2.85×2＋2.40×2)×4 ＝42.00m^2
13	020401005001	成品装饰门	成品装饰艺术门，尺寸为1.0m×2.7m	m^2	5.40	S＝1.0×2.7×2＝5.40m^2
14	020509001001	顶棚面贴花	胶合板顶棚面贴墙纸，对花	m^2	18	S＝1.5×6×2＝18m^2
15	020604002001	木质装饰线	木装饰大压角线，宽60mm内，刷硝基清漆	m	261.16	A墙面： L_1＝1.9×8＋9.99＋9.99 ＝35.18m B、D墙面： L_2＝[(6.0＋6.0)＋10×4]×2 ＝208m C墙面： L_3＝9.99＋9.99－1.0×2.0(门) ＝17.98m $L_总$＝L_1＋L_2＋L_3 ＝35.18＋208＋17.98 ＝261.16m

续表

序号	项目编码	项目名称	项目特征描述	计量单位	工程量	计算公式
16	020604002002	木质装饰线	木装饰大压角线，宽 60mm 外，刷硝基清漆	m	26.52	壁雕画线条 80mm × 60mm ×26mm $L_1=3.63\times2+1.70\times2=14.52$m $L_2=6.0\times2=12.0$m $L_{总}=L_1+L_2=14.52+12=26.52$m
17	BB001	满堂脚手架	满堂脚手架，层高3.0m	m^2	59.94	$S=9.99\times6=59.94m^2$

三、工程量清单编制示例

工程量清单编制见表 4-3-3～表 4-3-13。

某招待所餐厅装饰工程

工　程　量　清　单

招　标　人：　×××　（单位盖章）

工程量造价咨询人：　×××　（单位资质专用章）

法定代表人或其授权人：　×××　（签字或盖章）

法定代表人或其授权人：　×××　（签字或盖章）

编　制　人：　×××　（造价人员签字盖专用章）

复　核　人：　×××　（造价工程师签字盖专用章）

编制时间：××××年××月××日　　复核时间：××××年××月××日

总 说 明

工程名称：某招待所餐厅装饰工程　　　　　　　　　　　　　　　　　　　　第　页　共　页

1. 工程概况：本工程为某招待所餐厅装饰工程。地面：餐厅地面间均采用高级大理石铺面，踢脚线为胶合板贴柚木皮刷硝基清漆。墙面墙裙：①木龙骨胶合板海绵灰色仿羊皮软包；②木龙骨胶合板贴柚木皮刷硝基清漆墙裙；③木龙骨胶合板贴宝石蓝车边镜面；④木龙骨胶合板浅海绵锦缎；⑤墙面木基胶合板浮雕壁画；⑥木压条 60mm 宽刷硝基清漆。顶棚：木龙骨吊顶柚木板面刷硝基清漆，木龙骨吊顶车边镜面面层及不锈钢条；顶棚木压条刷硝基清漆。门窗：成品装饰门。其他未列项目详见施工图。
2. 工程招标范围：本次招标范围为施工图范围内的装饰装修工程。
3. 工程量清单编制依据：

(1)施工图。

(2)《建设工程工程量清单计价规范》GB 50500—2008。

分部分项工程量清单与计价表　　　　　　　　　　**表 4-3-3**

工程名称：某招待所餐厅装饰工程　　　标段：　　　　　　　　　第　页　共　页

序号	项目编码	项目名称	项目特征描述	计量单位	工程量	金额(元)		
						综合单价	合价	其中：暂估价
1	020102001001	石材楼地面	高级大理石铺面	m²	60.42			
2	020105006001	木质踢脚线	胶合板踢脚线贴柚木皮，刷硝基清漆，150mm 高	m²	4.46			
3	020207001001	胶合板墙裙	木龙骨胶合板墙裙，贴柚木皮，刷硝基清漆	m²	16.08			
4	020207001002	中密度板墙裙	木龙骨中密度板墙裙，贴柚木皮，刷硝基清漆	m²	16.27			
5	020207001003	胶合板墙面	木龙骨胶合板墙面，海绵浅灰色仿羊皮软包	m²	19.93			
6	020207001004	中密度板墙面	木龙骨中密度板墙面，仿羊皮软包	m²	4.2			
7	020207001005	胶合板墙面	木龙骨胶合板墙面，浅海绵锦缎	m²	23.00			
8	020207001006	胶合板墙面	木龙骨胶合板墙面，贴宝石蓝车边镜面	m²	10.48			
9	020207001007	木基胶合板墙面	墙面木基胶合板，贴浮雕壁画	m²	6.11			
10	020302001001	顶棚吊顶	顶棚方木龙骨吊顶，胶合板面层，贴柚木皮，刷硝基清漆	m²	38.40			
11	020302001002	顶棚吊顶	方木龙骨吊顶层车边镜面玻璃	m²	31.48			
12	020302001003	顶棚吊顶	方木龙骨吊顶层不锈钢顶棚板带	m²	42.00			
本页小计								
合计								

分部分项工程量清单与计价表 续表

工程名称：某招待所餐厅装饰工程 标段： 第 页 共 页

序号	项目编码	项目名称	项目特征描述	计量单位	工程量	金额(元)		
						综合单价	合价	其中：暂估价
13	020401005001	成品装饰门	成品装饰艺术门，尺寸为1.0m×2.7m	m^2	5.40			
14	020509001001	顶棚面贴花	胶合板顶棚面贴墙纸，对花	m^2	18			
15	020604002001	木质装饰线	木装饰大压角线，宽60mm内，刷硝基清漆	m	261.16			
16	020604002002	木质装饰线	木装饰大压角线，宽60mm外，刷硝基清漆	m	26.52			
本页小计								
合计								

措施项目清单与计价表(一) **表4-3-4**

工程名称：某招待所餐厅装饰工程 标段： 第 页 共 页

序号	项目名称	计算基础	费率(%)	金额(元)
1	安全文明施工费			
2	夜间施工费			
3	二次搬运费			
4	冬雨季施工			
5	大型机械设备进出场及安拆费			
6	施工排水			
7	施工降水			
8	地上、地下设施、建筑物的临时保护设施			
9	已完工程及设备保护			
10	各专业工程的措施项目			
11				
12				
合计				

措施项目清单与计价表(二) **表4-3-5**

工程名称：某招待所餐厅装饰工程 标段： 第 页 共 页

序号	项目编码	项目名称	项目特征描述	计量单位	工程量	金额(元)	
						综合单价	合价
本页小计							
合计							

注：本表适用于以综合单价形式计价的措施项目。

其他项目清单与计价汇总表 表 4-3-6

工程名称：某招待所餐厅装饰工程 标段： 第 页 共 页

序号	项目名称	计量单位	金额(元)	备注
1	暂列金额	项	6000	
2	暂估价			
2.1	材料暂估价			
2.2	专业工程暂估价			
3	计日工			
4	总承包服务费			
5				
	合计			

暂列金额明细表 表 4-3-7

工程名称：某招待所餐厅装饰工程 标段： 第 页 共 页

序号	项目名称	计量单位	暂定金额(元)	备注
1	工程量清单中工程量偏差和设计变更	项	2000	
2	政策性调整和材料价格风险	项	2000	
3	其他	项	2000	
4				
5				
6				
7				
8				
9				
10				
11				
	合计		6000	—

材料暂估单价表 表 4-3-8

工程名称：某招待所餐厅装饰工程 标段： 第 页 共 页

序号	材料名称、规格、型号	计量单位	单价(元)	备注

专业工程暂估价表 表 4-3-9

工程名称：某招待所餐厅装饰工程　　　　标段：　　　　第　页　共　页

序号	工程名称	工程内容	金额(元)	备注

计日工表 表 4-3-10

工程名称：某招待所餐厅装饰工程　　　　标段：　　　　第　页　共　页

编号	项目名称	单位	暂定数量	综合单价(元)	合价(元)
一	人工				
1	普工	工日	40		
2	技工(综合)	工日	10		
3					
4					
人工小计					
二	材料				
1					
2					
3					
4					
5					
6					
材料小计					
三	施工机械				
1					
2					
3					
4					
施工机械小计					
合计					

总承包服务费计价表 表 4-3-11

工程名称：某招待所餐厅装饰工程 标段： 第 页 共 页

序号	项目名称	项目价值(元)	服务内容	费率(%)	金额(元)
1	发包人发包专业工程				
2	发包人供应材料				
合计					

规费、税金项目清单与计价表 表 4-3-12

工程名称：某招待所餐厅装饰工程 标段： 第 页 共 页

序号	项目名称	计算基础	费率(%)	金额(元)
1	规费			
1.1	工程排污费	按实际发生额计算		
1.2	社会保障费	(1)+(2)+(3)		
(1)	养老保险费	综合工日		
(2)	失业保险费	综合工日		
(3)	医疗保险费	综合工日		
1.3	住房公积金	综合工日		
1.4	危险作业意外伤害保险	综合工日		
1.5	工程定额测定费	综合工日		
2	税金	分部分项工程费+措施项目费+其他项目费+规费		
合计				

补充工程量清单项目及计算规则 表 4-3-13

项目编码	项目名称	项目特征	计量单位	工程量计算规则	工程内容
BB01	脚手架	1. 脚手架类型 2. 建筑物层高	m^2	满堂脚手架，按室内净面积计算，其高度在3.6～5.2m之间时，计算基本层，超过5.2m时，每增加1.2m按增加一层计算，不足0.6m不计	1. 搭设、拆除脚手架 2. 搭设、拆除安全网 3. 铺、翻脚手板
其他略					

四、投标报价编制示例

投标报价编制见表 4-3-14～表 4-3-27。

投　标　总　价

招　　标　　人：某招待所

工　程　名　称：某招待所餐厅装饰工程

投标总价(小写)：88366 元

（大写)：捌万捌仟叁佰陆拾陆元

投　　标　　人：×××

（单位盖章）

法定代表人
或其授权人：×××

（签字或盖章）

编　　制　　人：×××

（造价人员签字盖专用章）

编　制　时　间：××××年××月××日

总　说　明

工程名称：某招待所餐厅装饰工程　　　　第　页　共　页

1. 工程概况：本工程为某招待所餐厅装饰工程。地面：餐厅地面均采用高级大理石铺面，踢脚线为胶合板贴柚木皮刷硝基清漆。墙面墙裙：①木龙骨胶合板海绵灰色仿羊皮软包；②木龙骨胶合板贴柚木皮刷硝基清漆墙裙；③木龙骨胶合板贴宝石蓝车边镜；④木龙骨胶合板浅海绵锦缎；⑤墙面木基胶合板浮雕壁画；⑥木压条 60mm 宽刷硝基清漆。顶棚：木龙骨吊顶柚木板面刷硝基清漆；木龙骨吊顶车边镜面面层及不锈钢板条；顶棚木压条刷硝基清漆。门窗：成品装饰门。其他未列项目详见施工图。
2. 投标报价包括范围：为本次招标的工程施工图内的装饰装修工程。
3. 投标报价编制依据：

（1）招标文件及其所提供的工程量清单和有关报价的要求，招标的补充通知和答疑纪要。

（2）省建设主管部门颁发的计价定额和计价管理办法及相关计价文件。

工程项目投标报价汇总表 **表 4-3-14**

工程名称：某招待所餐厅装饰工程　　第　页　共　页

序号	单项工程名称	金额(元)	其中		
			暂估价(元)	安全文明施工费(元)	规费(元)
1	某招待所餐厅装饰工程	88366		5716	10013
合计		88366		5716	10013

单项工程投标报价汇总表 **表 4-3-15**

工程名称：某招待所餐厅装饰工程　　第　页　共　页

序号	单项工程名称	金额(元)	其中		
			暂估价(元)	安全文明施工费(元)	规费(元)
1	某招待所餐厅装饰工程	88366		5716	10013
合计		88366		5716	10013

单位工程投标报价汇总表 **表 4-3-16**

工程名称：某招待所餐厅装饰工程　　标段：　　第　页　共　页

序号	汇总内容	金额(元)	其中：暂估价(元)
1	分部分项工程	60977	
2	措施项目	6260	—
2.1	安全文明施工费	5716	—
3	其他项目	8200	—
3.1	暂列金额	6000	—
3.2	专业工程暂估价		—
3.3	计日工	2200	—
3.4	总承包服务费		—
4	规费	10013	—
5	税金	2916	—
投标报价合计=1+2+3+4+5		88366	—

分部分项工程量清单与计价表

表 4-3-17

工程名称：某招待所餐厅装饰工程　　标段：　　第　页　共　页

序号	项目编码	项目名称	项目特征描述	计量单位	工程量	金额(元)		
						综合单价	合价	其中：暂估价
1	020102001001	石材楼地面	高级大理石铺面	m^2	60.42	163.26	9864.17	
2	020105006001	木质踢脚线	胶合板踢脚线贴柚木皮，刷硝基清漆，150mm 高	m^2	4.46	288.07	1284.79	
3	020207001001	胶合板墙裙	木龙骨胶合板墙裙，贴柚木皮，刷硝基清漆	m^2	16.08	161.49	2596.76	
4	020207001002	中密度板墙裙	木龙骨中密度板墙裙，贴柚木皮，刷硝基清漆	m^2	16.27	130.76	2127.47	
5	020207001003	胶合板墙面	木龙骨胶合板墙面，海绵浅灰色仿羊皮软包	m^2	19.93	122.37	2437.61	
6	020207001004	中密度板墙面	木龙骨中密度板墙面，仿羊皮软包	m^2	4.2	169.89	7135.38	
7	020207001005	胶合板墙面	木龙骨胶合板墙面，浅海绵锦缎	m^2	23.00	130.75	3007.25	
8	020207001006	胶合板墙面	木龙骨胶合板墙面，贴宝石蓝车边镜面	m^2	10.48	195.93	2053.35	
9	020207001007	木基胶合板墙面	墙面木基胶合板，贴浮雕壁画	m^2	6.11	87.17	532.61	
10	020302001001	顶棚吊顶	顶棚方木龙骨吊顶，胶合板面层，贴柚木皮，刷硝基清漆	m^3	38.40	120.91	4642.94	
11	020302001002	顶棚吊顶	方木龙骨吊顶层车边镜面玻璃	m^2	31.48	241.33	7597.07	
12	020302001003	顶棚吊顶	方木龙骨吊顶层不锈钢顶棚板带	m^2	42.00	233.98	9827.16	
13	020401005001	成品装饰门	成品装饰艺术门，尺寸为 1.0m×2.7m	m^2	5.40	323.14	1744.96	
14	020509001001	顶棚面贴花	胶合板顶棚面贴墙纸，对花	m^2	18	33.19	597.42	
15	020604002001	木质装饰线	木装饰大压角线，宽 60mm 内，刷硝基清漆	m	261.16	18.89	4933.31	
16	020604002002	木质装饰线	木装饰大压角线，宽 60mm 外，刷硝基清漆	m	26.52	22.43	594.84	
			本页小计				60977	
			合计				60977	

措施项目清单与计价表(一)

表 4-3-18

工程名称：某招待所餐厅装饰工程　　标段：　　第　页　共　页

序号	项目名称	计算基础	费率(%)	金额(元)
1	安全文明施工费	综合工日	17.76	5716
2	夜间施工费			

续表

序号	项目名称	计算基础	费率(%)	金额(元)
3	二次搬运费			
4	冬雨季施工			
5	大型机械设备进出场及安拆费			
6	施工排水			
7	施工降水			
8	地上、地下设施、建筑物的临时保护设施			
9	已完工程及设备保护			
10	各专业工程的措施项目			
11				
12				
	合计			5716

措施项目清单与计价表(二) **表 4-3-19**

工程名称：某招待所餐厅装饰工程　　标段：　　第　页　共　页

序号	项目编码	项目名称	项目特征描述	计量单位	工程量	金额(元)	
						综合单价	合价
1	BB001	满堂脚手架	满堂脚手架，层高 3.0m	m^2	59.94	9.08	544
			本页小计				544
			合计				544

注：本表适用于以综合单价形式计价的措施项目。

其他项目清单与计价汇总表 **表 4-3-20**

工程名称：某招待所餐厅装饰工程　　标段：　　第　页　共　页

序号	项目名称	计量单位	金额(元)	备注
1	暂列金额	项	6000	
2	暂估价			
2.1	材料暂估价			
2.2	专业工程暂估价			
3	计日工		2200	
4	总承包服务费			
5				
6				
	合计		8200	—

暂列金额明细表

表 4-3-21

工程名称：某招待所餐厅装饰工程　　　　标段：　　　　第　页　共　页

序号	项目名称	计量单位	暂定金额(元)	备注
1	工程量清单中工程量偏差和设计变更	项	2000	
2	政策性调整和材料价格风险	项	2000	
3	其他	项	2000	
4				
5				
6				
7				
8				
9				
10				
11				
合计			6000	—

材料暂估单价表

表 4-3-22

工程名称：某招待所餐厅装饰工程　　　　标段：　　　　第　页　共　页

序号	材料名称、规格、型号	计量单位	单价(元)	备注

专业工程暂估价表

表 4-3-23

工程名称：某招待所餐厅装饰工程　　　　标段：　　　　第　页　共　页

序号	工程名称	工程内容	金额(元)	备注
合计				—

计日工表

表 4-3-24

工程名称：某招待所餐厅装饰工程　　　　标段：　　　　第　页　共　页

编号	项目名称	单位	暂定数量	综合单价(元)	合价(元)
一	人工				
1	普工	工日	40	40	1600
2	技工(综合)	工日	10	60	600
3					

续表

编号	项目名称	单位	暂定数量	综合单价(元)	合价(元)
4					
人工小计					2200
二	材料				
1					
2					
3					
4					
5					
6					
材料小计					
三	施工机械				
1					
2					
3					
4					
施工机械小计					
总计					2200

总承包服务费计价表 **表 4-3-25**

工程名称：某招待所餐厅装饰工程　　标段：　　第　页　共　页

序号	项目名称	项目价值(元)	服务内容	费率(%)	金额(元)
1	发包人发包专业工程				
2	发包人供应材料				
合计					

规费、税金项目清单与计价表 表 4-3-26

工程名称：某招待所餐厅装饰工程 标段： 第 页 共 页

序号	项目名称	计算基础	费率元(工日)	金额(元)
1	规费			10013
1.1	工程排污费	按实际发生额计算		500
1.2	社会保障费	(1)+(2)+(3)	7.48	7080
(1)	养老保险费	综合工日	—	—
(2)	失业保险费	综合工日	—	—
(3)	医疗保险费	综合工日	—	—
1.3	住房公积金	综合工日	1.70	1609
1.4	危险作业意外伤害保险	综合工日	0.60	568
1.5	工程定额测定费	综合工日	0.27	256
2	税金	分部分项工程费+措施项目费+其他项目费+规费	3.413%	2916
合计				

工程量清单综合单价分析表 表 4-3-27

工程名称：某招待所餐厅装饰工程 标段： 第 页 共 页

项目编码	020102001001	项目名称	石材楼地面	计量单位	m^2

清单综合单价组成明细											
定额编号	定额名称	定额单位	数量	单价(元)				合价(元)			
				人工费	材料费	机械费	管理费和利润	人工费	材料费	机械费	管理费和利润
B1-24	大理石楼地面	100m^2	0.01	1490.06	13895.19	60.35	881.46	14.90	138.95	0.60	8.81
人工单价		小计						14.90	138.95	0.60	8.81
47元/工日		未计价材料费									
清单项目综合单价								163.26			

	主要材料名称、规格、型号	单位	数量	单价(元)	合价(元)	暂估单价(元)	暂估合价(元)
材料费明细	大理石板 500×500	m^2	1.015	130.00	131.95		
	水泥砂浆 1∶4	m^3	0.0305	194.06	5.91883		
	素水泥浆	m^3	0.001	421.78	0.42178		
	白水泥	kg	0.10	0.42	0.042		
	石料切割锯片	片	0.12	0.035	0.0042		
	水	m^3	0.03	4.05	0.1215		
	其他材料费			—	0.4558	—	
	材料费小计			—	138.95	—	

注："数量"栏为"投标方(定额)工程量÷招标方(清单)工程量÷定额单位数量"，如"0.01"为"60.42÷60.42÷100"。

续表

工程量清单综合单价分析表

工程名称：某招待所餐厅装饰工程　　标段：　　第　页　共　页

项目编码	020105006001	项目名称	木质踢脚线	计量单位	m^2

定额编号	定额名称	定额单位	数量	单价（元）				合价（元）			
				人工费	材料费	机械费	管理费和利润	人工费	材料费	机械费	管理费和利润
B1-83	细木工板踢脚线	$100m^2$	0.01	1598	3581.67	69.34	1006.4	15.98	35.82	0.69	10.06
B5-76	踢脚线刷硝基清漆	$100m^2$	0.01	2802.14	1561.59		1907.84	28.02	15.62		19.08
人工单价		小计						44.00	51.44	0.69	191.94
47元/工日		未计价材料费									
清单项目综合单价								288.07			

	主要材料名称、规格、型号	单位	数量	单价（元）	合价（元）	暂估单价（元）	暂估合价（元）
材料费明细	细木工板　厚9mm	m^2	1.05	28.00	29.4		
	氯丁胶XY401、88号胶	kg	0.495	11.0	5.445		
	硝基清漆　外用	kg	0.2493	13.50	3.3656		
	漆片	kg	0.0408	28.00	1.1424		
	硝基清漆稀释剂（信那水）	kg	0.6111	12.00	7.3332		
	油漆溶剂油	kg	0.0759	3.50	0.26565		
	熟桐油（光油）	kg	0.0431	15.00	0.6465		
	清油	kg	0.0359	20.00	0.718		
	砂蜡	kg	0.0185	14.39	0.2662		
	上光蜡	kg	0.0062	12.20	0.07564		
	色粉	kg	0.0022	3.40	0.00748		
	大白粉	kg	0.1882	0.50	0.0941		
	石膏粉	kg	0.0234	0.80	0.01872		
	棉花	kg	0.0048	13.40	0.06432		
	豆包布　32支	m	0.1452	1.80	0.2614		
	其他材料费			1.00	2.3285	—	
	材料费小计			—	51.44	—	

注："数量"栏为"投标方（定额）工程量÷招标方（清单）工程量÷定额单位数量"，如"0.01"为"4.46÷4.46÷100"。

工程量清单综合单价分析表

续表

工程名称：某招待所餐厅装饰工程　　　　标段：　　　　　　第　页　共　页

项目编码	020207001001	项目名称	胶合板墙裙	计量单位	m^2

清单综合单价组成明细

定额编号	定额名称	定额单位	数量	单价（元）				合价（元）			
				人工费	材料费	机械费	管理费和利润	人工费	材料费	机械费	管理费和利润
B2-146	木龙骨胶合板墙裙贴柚木皮	$100m^2$	0.01	2426.14	5186.68	4.00	1822.18	24.26	51.87	0.04	18.22
B5-76	墙裙刷硝基清漆	$100m^2$	0.0107	2802.14	1561.59		1907.84	29.98	16.71		20.41
人工单价		小计						54.24	68.58	0.04	38.63
47元/工日		未计价材料费									
清单项目综合单价								161.49			

材料费明细	主要材料名称、规格、型号	单位	数量	单价（元）	合价（元）	暂估单价（元）	暂估合价（元）
	微薄木（柚木皮）	m^2	1.05	12.54	13.167		
	胶合板厚3mm	m^2	1.05	13.00	13.65		
	板方木材　综合规格	m^3	0.01085	1550.00	16.8175		
	金属胀锚螺栓	套	1.605	1.00	1.605		
	万能胶	kg	0.306	18.00	5.508		
	圆钉　70mm	kg	0.0515	5.30	0.273		
	射钉	个	0.45	0.19	0.0855		
	木材干燥费	m^3	0.01085	59.38	0.6443		
	硝基清漆　外用	kg	0.26675	13.50	3.6011		
	漆片	kg	0.04366	28.00	1.2225		
	硝基清漆稀释剂（信那水）	kg	0.6539	12.00	7.8468		
	油漆溶剂油	kg	0.0812	3.50	0.2842		
	熟桐油（光油）	kg	0.046	15.00	0.69		
	清油	kg	0.0384	20.00	0.768		
	砂蜡	kg	0.0198	14.39	0.2849		
	上光蜡	kg	0.0066	12.20	0.08052		
	色粉	kg	0.00235	3.40	0.00799		
	大白粉	kg	0.2014	0.50	0.1007		
	石膏粉	kg	0.025	0.80	0.02		
	棉花	kg	0.00514	13.40	0.0689		
	豆包布　32支	m	0.1554	1.80	0.2797		
	其他材料费			1.00	1.568	—	
	材料费小计			—	68.58	—	

注：“数量”栏为“投标方（定额）工程量÷招标方（清单）工程量÷定额单位数量”，如“0.01”为“60.42÷60.42÷100”。

工程量清单综合单价分析表

续表

工程名称：某招待所餐厅装饰工程　　　　标段：　　　　第　页　共　页

项目编码	020207001002		项目名称		中密度板墙裙			计量单位			m²
清单综合单价组成明细											
定额编号	定额名称	定额单位	数量	单价（元）				合价（元）			
				人工费	材料费	机械费	管理费和利润	人工费	材料费	机械费	管理费和利润
B2-146	木龙骨中密度板墙裙，贴柚木皮	100m²	0.01	2426.14	6026.69	4.00	1822.18	24.26	60.27	0.04	18.22
B5-76	墙裙刷硝基清漆	100m²	0.0107	2802.14	1561.59		1907.84	29.98	16.71		20.41
人工单价		小计						54.24	76.98	0.04	38.63
47元/工日		未计价材料费									
清单项目综合单价								169.89			

	主要材料名称、规格、型号	单位	数量	单价（元）	合价（元）	暂估单价(元)	暂估合价(元)
材料费明细	微薄木（柚木皮）	m²	1.05	12.54	13.167		
	中密度纤维板（筒子板）	m²	1.05	21.00	22.05		
	板方木材　综合规格	m³	0.01085	1550.00	16.8175		
	金属胀锚螺栓	套	1.605	1.00	1.605		
	万能胶	kg	0.306	18.00	5.508		
	骨钉　70mm	kg	0.0515	5.30	0.273		
	射钉	个	0.45	0.19	0.0855		
	木材干燥费	m³	0.01085	59.38	0.6443		
	硝基清漆　外用	kg	0.26675	13.50	3.6011		
	漆片	kg	0.04366	28.00	1.2225		
	硝基清漆稀释剂（信那水）	kg	0.6539	12.00	7.8468		
	油漆溶剂油	kg	0.0812	3.50	0.2842		
	熟桐油（光油）	kg	0.046	15.00	0.69		
	清油	kg	0.0384	20.00	0.738		
	砂蜡	kg	0.0198	14.39	0.2849		
	上光蜡	kg	0.0066	12.20	0.08052		
	色粉	kg	0.00235	3.40	0.00799		
	大白粉	kg	0.2014	0.50	0.1007		
	石膏粉	kg	0.025	0.80	0.02		
	棉花	kg	0.00514	13.40	0.0689		
	豆包布　32支	m	0.1554	1.80	0.2797		
	其他材料费			1.00	1.568	—	
	材料费小计			—	76.98	—	

注："数量"栏为"投标方（定额）工程量÷招标方（清单）工程量÷定额单位数量"，如"0.01"为"16.27÷16.27÷100"。

工程量清单综合单价分析表

续表

工程名称：某招待所餐厅装饰工程　　　　标段：　　　　第　页　共　页

项目编码	020207001003	项目名称	胶合板墙面	计量单位	m²

清单综合单价组成明细

定额编号	定额名称	定额单位	数量	单价(元)				合价(元)			
				人工费	材料费	机械费	管理费和利润	人工费	材料费	机械费	管理费和利润
B2-135	木龙骨胶合板墙面，海绵浅灰色仿羊皮软包	100m²	0.01	2727.41	7458.27	4.00	2048.46	27.27	74.58	0.04	20.48
人工单价		小计						27.27	74.58	0.04	20.48
47元/工日		未计价材料费									
清单项目综合单价								122.37			

	主要材料名称、规格、型号	单位	数量	单价(元)	合价(元)	暂估单价(元)	暂估合价(元)
材料费明细	人造革	m²	1.04	15.00	15.6		
	泡沫塑料海绵　厚30mm	m²	1.04	20.00	20.8		
	胶合板　厚3mm	m²	1.05	13.00	13.65		
	板方木材　综合规格	m³	0.9085	1550.00	16.8175		
	金属胀锚螺栓	套	1.605	1.00	1.6505		
	万能胶	kg	0.22	18.00	3.96		
	骨钉　70mm	kg	0.0515	5.30	0.27295		
	射钉	个	0.45	0.19	0.0855		
	装饰钉带垫	百个	0.1977	5.00	0.9885		
	木材干燥费	m³	0.01085	59.38	0.6443		
	其他材料费			1.00	0.159	—	
	材料费小计			—	74.58	—	

注："数量"栏为"投标方(定额)工程量÷招标方(清单)工程量÷定额单位数量"，如"0.01"为"19.93÷19.93÷100"。

工程量清单综合单价分析表

续表

工程名称：某招待所餐厅装饰工程　　　　标段：　　　　第　页　共　页

项目编码	020207001004	项目名称	中密度板墙面	计量单位	m²

清单综合单价组成明细

定额编号	定额名称	定额单位	数量	单价(元)				合价(元)			
				人工费	材料费	机械费	管理费和利润	人工费	材料费	机械费	管理费和利润
B2-135	木龙骨中密度板墙面，仿羊皮软包	100m²	0.01	2727.41	8297.43	4.00	2048.46	27.27	82.97	4.04	20.48
人工单价		小计						27.27	82.97	0.04	20.48
47元/工日		未计价材料费									
清单项目综合单价								130.76			

续表

	主要材料名称、规格、型号	单位	数量	单价(元)	合价(元)	暂估单价(元)	暂估合价(元)
材料费明细	人造革	m^2	1.04	15.00	15.6		
	泡沫塑料海绵　厚 30mm	m^2	1.04	20.00	20.8		
	中密度纤维板(筒子板)	m^2	1.05	21.00	22.05		
	板方木材　综合规格	m^3	0.01085	1550.00	16.8175		
	金属胀锚螺栓	套	1.605	1.00	1.6505		
	万能胶	kg	0.22	18.00	3.906		
	圆钉　70mm	kg	0.055	5.30	0.27295		
	射钉	个	0.45	0.19	0.0855		
	装饰钉带垫	百个	0.1971	5.00	0.9885		
	木材干燥费	m^3	0.01085	59.38	0.6443		
	其他材料费			1.00	0.159	—	
	材料费小计			—	82.97	—	

注："数量"栏为"投标方(定额)工程量÷招标方(清单)工程量÷定额单位数量"，如"0.01"为"4.2÷4.2÷100"。

工程量清单综合单价分析表

续表

工程名称：某招待所餐厅装饰工程　　　标段：　　　　第　页　共　页

项目编码	020207001005	项目名称	胶合板墙面	计量单位	m^2

清单综合单价组成明细											
定额编号	定额名称	定额单位	数量	单价(元)				合价(元)			
				人工费	材料费	机械费	管理费和利润	人工费	材料费	机械费	管理费和利润
B2-133	木龙骨胶合板墙面，浅海绵锦段	$100m^2$	0.01	2646.57	8435.68	4.00	1987.75	26.47	84.36	0.04	19.88
人工单价		小计						26.47	84.36	0.04	19.88
47 元/工日		未计价材料费									
清单项目综合单价								130.75			

	主要材料名称、规格、型号	单位	数量	单价(元)	合价(元)	暂估单价(元)	暂估合价(元)
材料费明细	织锦缎　连裱宣纸	m^2	1.05	25.00	26.25		
	胶合板厚 3mm	m^2	1.05	13.00	13.65		
	泡沫塑料海绵厚 30mm	m^2	1.04	20.00	20.8		
	板方木材　综合规格	m^3	0.01085	1550.00	16.8175		
	金属胀锚螺栓	套	1.605	1.00	1.605		
	万能胶	kg	0.22	18.00	3.96		
	圆钉 70mm	kg	0.0515	5.30	0.273		
	射钉	个	0.45	0.19	0.0855		
	钉书钉(枪钉)	盒	0.01	3.00	0.03		
	贴缝纸条　贴缝线带	m	0.5	0.25	0.125		
	木材干燥费	m^3	0.01085	59.38	0.6443		
	其他材料费			1.00	0.1166	—	
	材料费小计			—	84.36	—	

注："数量"栏为"投标方(定额)工程量÷招标方(清单)工程量÷定额单位数量"，如"0.01"为"23.0÷23.0÷100"。

工程量清单综合单价分析表

续表

工程名称：某招待所餐厅装饰工程　　　　标段：　　　　第　页　共　页

项目编码	020207001006	项目名称	胶合板墙面	计量单位	m^2

清单综合单价组成明细

定额编号	定额名称	定额单位	数量	单价(元)				合价(元)			
				人工费	材料费	机械费	管理费和利润	人工费	材料费	机械费	管理费和利润
B2-140	木龙骨胶合板墙面，贴宝石蓝车边镜面	100m^2	0.01	2312.4	15540.11	4.00	1736.76	23.12	155.40	0.04	17.37
人工单价		小计						23.12	155.40	0.04	17.37
47元/工日		未计价材料费									
清单项目综合单价								195.93			

材料费明细	主要材料名称、规格、型号	单位	数量	单价(元)	合价(元)	暂估单价(元)	暂估合价(元)
	镜面车边玻璃　6mm	m^2	1.20	85.00	102		
	胶合板厚 3mm	m^2	1.05	13.00	13.65		
	板方木材　综合规格	m^3	0.01085	15.50	16.82		
	金属胀锚螺栓	套	1.605	1.00	1.605		
	快速装饰胶　立时得胶	kg	0.306	18.00	5.508		
	玻璃胶　310g	支	0.21	8.50	1.785		
	不锈钢螺钉 $\phi 4\times16$	百个	0.1217	105.00	12.78		
	圆钉 70mm	kg	0.0515	5.30	0.273		
	射钉	个	0.45	0.19	0.0855		
	木材干燥费	m^3	0.01085	59.38	0.6443		
	其他材料费			1.00	0.2544	—	
	材料费小计			—	155.40	—	

注："数量"栏为"投标方(定额)工程量÷招标方(清单)工程量÷定额单位数量"，如"0.01"为"10.48÷10.48÷100"。

工程量清单综合单价分析表

续表

工程名称：某招待所餐厅装饰工程　　　　标段：　　　　第　页　共　页

项目编码	020207001007	项目名称	木基胶合板墙面	计量单位	m^2

清单综合单价组成明细

定额编号	定额名称	定额单位	数量	单价(元)				合价(元)			
				人工费	材料费	机械费	管理费和利润	人工费	材料费	机械费	管理费和利润
B2-121	墙面木基胶合板	100m^2	0.01	1588.13	4108.99	4.00	119.78	15.88	41.09	0.04	1.20
B5-195	贴浮雕壁画	100m^2	0.01	895.35	1391.11		609.6	8.95	13.91		6.10
人工单价		小计						24.83	55.00	0.04	7.3
47元/工日		未计价材料费									
清单项目综合单价								87.17			

续表

	主要材料名称、规格、型号	单位	数量	单价（元）	合价（元）	暂估单价（元）	暂估合价（元）
材料费明细	胶合板厚 5mm	m^2	1.05	15.00	15.75		
	板方木材　综合规格	m^3	0.01085	1550.00	16.8175		
	石油沥青油毡	m^2	1.08	4.00	4.32		
	万能胶	kg	0.0865	18.00	1.557		
	金属胀锚螺栓	套	1.605	1.00	1.605		
	圆钉 70mm	kg	0.0346	5.30	0.1834		
	射钉	个	0.45	0.19	0.0846		
	木材干燥费	m^3	0.01085	59.38	0.6443		
	纸基塑料壁纸	m^2	1.1579	9.50	11.00		
	酚醛清漆	kg	0.07	13.50	0.945		
	油漆溶剂油	kg	0.03	3.50	0.105		
	聚醋酸乙烯乳胶（白乳胶）	kg	0.251	6.20	1.5562		
	羧甲基纤维素（化学浆糊）	kg	0.0165	7.50	0.12375		
	大白粉	kg	0.235	0.50	0.1175		
	其他材料费			1.00	0.1908	—	
	材料费小计			—	55.00	—	

注："数量"栏为"投标方（定额）工程量÷招标方（清单）工程量÷定额单位数量"，如"0.01"为"6.11÷6.11÷100"。

工程量清单综合单价分析表

续表

工程名称：某招待所餐厅装饰工程　　标段：　　第　页　共　页

项目编码	020302001001			项目名称	顶棚吊顶		计量单位		m²		
清单综合单价组成明细											
定额编号	定额名称	定额单位	数量	单价（元）				合价（元）			
				人工费	材料费	机械费	管理费和利润	人工费	材料费	机械费	管理费和利润
B3-18	天棚方木龙骨架	100m²	0.01	652.13	2528.78	9.27	554.41	6.52	25.29	0.09	5.54
B3-55	天棚胶合板面	100m²	0.01	374.12	1384.08		316.81	3.74	13.84		3.17
B5-76	天棚胶合板面刷硝基清漆	100m²	0.01	2802.14	1561.59		1907.84	28.02	15.62		19.08
人工单价		小计						38.28	54.75	0.09	27.79
47元/工日		未计价材料费									
清单项目综合单价								120.91			

续表

	主要材料名称、规格、型号	单位	数量	单价（元）	合价（元）	暂估单价（元）	暂估合价（元）
材料费明细	板方木材　综合规格	m^3	0.0111	1550.00	17.205		
	铁件	kg	1.2816	5.20	6.664		
	电焊条（综合）	kg	0.0091	4.00	0.0364		
	镀锌钢丝　12号	kg	0.0531	4.60	0.2443		
	圆钉　70mm	kg	0.0889	5.30	0.4712		
	防腐油	kg	0.0058	1.30	0.00754		
	木材干燥费	m^3	0.0111	59.38	0.659		
	胶合板　厚3mm	m^2	1.05	13.00	13.65		
	圆钉　70mm	kg	0.018	5.30	0.0954		
	硝基清漆　外用	kg	0.2493	13.50	3.3656		
	漆片	kg	0.0408	28.00	1.1424		
	硝基清漆稀释剂（信那水）	kg	0.6111	12.00	7.3332		
	油漆溶剂油	kg	0.0759	3.50	0.26565		
	熟桐油（光油）	kg	0.0431	15.00	0.6465		
	清油	kg	0.0359	20.00	0.718		
	砂蜡	kg	0.0185	14.39	0.2662		
	上光蜡	kg	0.0062	12.20	0.07564		
	色粉	kg	0.0022	3.40	0.00748		
	大白粉	kg	0.1882	0.50	0.0941		
	石膏粉	kg	0.0234	0.80	0.01872		
	棉花	kg	0.0048	13.40	0.06432		
	豆包布　32支	m	0.1452	1.80	0.2614		
	其他材料费			1.00	1.4522	—	
	材料费小计			—	54.75	—	

注："数量"栏为"投标方（定额）工程量÷招标方（清单）工程量÷定额单位数量"，如"0.01"为"38.40÷38.40÷100"。

工程量清单综合单价分析表

续表

工程名称：某招待所餐厅装饰工程　　标段：　　第　页　共　页

项目编码	020302001002	项目名称	顶棚吊顶	计量单位	m^2

清单综合单价组成明细									
定额编号	定额名称	定额单位	数量	单价（元）				合价（元）			
				人工费	材料费	机械费	管理费和利润	人工费	材料费	机械费	管理费和利润
B3-18	天棚方木龙骨架	$100m^2$	0.01	652.13	2528.78	9.27	554.41	6.52	25.29	0.09	5.54
B3-104	方木龙骨吊顶层车边镜面玻璃	$100m^2$	0.01	2756.08	15298.56		2333.87	27.56	152.99		23.34
人工单价		小计						34.08	178.23	0.09	28.88
47元/工日		未计价材料费									
清单项目综合单价								241.33			

续表

	主要材料名称、规格、型号	单位	数量	单价(元)	合价(元)	暂估单价(元)	暂估合价(元)
材料费明细	板方木材　综合规格	m^3	0.0111	1550.00	17.205		
	铁件	kg	1.2816	5.20	6.664		
	电焊条(综合)	kg	0.0091	4.00	0.0364		
	镀锌钢丝 12 号	kg	0.0531	4.60	0.2443		
	圆钉　70mm	kg	0.0889	5.30	0.4712		
	防腐油	kg	0.0058	1.30	0.00754		
	木材干燥费	m^3	0.0111	59.38	0.659		
	车边镜面玻璃　6mm	m^3	1.23	85.00	104.55		
	胶合板　厚 10mm	m^2	1.05	25.60	26.88		
	不锈钢螺钉 $\phi 4\times 16$	百个	0.1351	105.00	14.1855		
	圆钉　70mm	kg	0.0424	5.30	0.2247		
	双面胶纸	m	7.05	1.00	7.05		
	其他材料费			1.00	0.0954	—	
	材料费小计			—	178.28	—	

注："数量"栏为"投标方(定额)工程量÷招标方(清单)工程量÷定额单位数量"，如"0.01"为"31.48÷31.48÷100"。

工程量清单综合单价分析表

续表

工程名称：某招待所餐厅装饰工程　　标段：　　第　页　共　页

项目编码	020302001003	项目名称	顶棚吊顶	计量单位	m^2

清单综合单价组成明细

定额编号	定额名称	定额单位	数量	单价(元)				合价(元)			
				人工费	材料费	机械费	管理费和利润	人工费	材料费	机械费	管理费和利润
B3-18	天棚方木龙骨架	$100m^2$	0.01	652.13	2528.78	9.27	554.41	6.52	25.29	0.09	5.54
B3-92	方木龙骨吊顶层不锈钢板顶棚板带	$100m^2$	0.01	1394.02	17725.70		533.88	13.94	177.26		5.34
人工单价		小计						20.46	202.55	0.09	10.88
47 元/工日		未计价材料费									
清单项目综合单价								233.98			

	主要材料名称、规格、型号	单位	数量	单价(元)	合价(元)	暂估单价(元)	暂估合价(元)
材料费明细	板方材　综合规格	m^3	0.0111	1550.00	17.205		
	铁件	kg	1.2816	5.20	6.664		
	电焊条(综合)	kg	0.0091	4.00	0.0364		
	镀锌钢丝 12 号	kg	0.0531	4.60	0.2443		
	圆钉　70mm	kg	0.0889	5.30	0.4712		
	防腐油	kg	0.0058	1.30	0.00754		

续表

材料费明细	主要材料名称、规格、型号	单位	数量	单价（元）	合价（元）	暂估单价（元）	暂估合价（元）
	木材干燥费	m^3	0.0111	59.38	0.659		
	不锈钢板镜面 0.8mm	m^2	1.05	150.00	157.5		
	胶合板 厚3mm	m^2	1.05	13.00	13.65		
	快速装饰胶 立时得胶	kg	0.3255	18.00	5.859		
	圆钉 70mm	kg	0.0288	5.30	0.1526		
	其他材料费			1.00	0.0954	—	
	材料费小计			—	202.55	—	

注：“数量”栏为“投标方（定额）工程量÷招标方（清单）工程量÷定额单位数量”，如“0.01”为“42.00÷42.00÷100”。

工程量清单综合单价分析表

续表

工程名称：某招待所餐厅装饰工程　　标段：　　第　页　共　页

项目编码	020401005001	项目名称	成品装饰门	计量单位	m^2						
清单综合单价组成明细											
定额编号	定额名称	定额单位	数量	单价（元）				合价（元）			
				人工费	材料费	机械费	管理费和利润	人工费	材料费	机械费	管理费和利润
B4-9	成品装饰艺术门	$100m^2$	0.01	1938.75	29330.00	5.00	1039.5	19.39	293.30	0.05	10.40
人工单价	小计							19.39	293.30	0.05	10.40
47元/工日	未计价材料费										
清单项目综合单价								323.14			

材料费明细	主要材料名称、规格、型号	单位	数量	单价（元）	合价（元）	暂估单价（元）	暂估合价（元）
	成品豪华装饰木门（带框）	m^2	0.9735	300.00	292.05		
	其他材料费			1.00	1.25	—	
	材料费小计			—	293.30	—	

注：“数量”栏为“投标方（定额）工程量÷招标方（清单）工程量÷定额单位数量”，如“0.01”为“5.40÷5.40÷100”。

工程量清单综合单价分析表

续表

工程名称：某招待所餐厅装饰工程　　标段：　　第　页　共　页

项目编码	020509001001	项目名称	顶棚面贴墙纸	计量单位	m^2						
清单综合单价组成明细											
定额编号	定额名称	定额单位	数量	单价（元）				合价（元）			
				人工费	材料费	机械费	管理费和利润	人工费	材料费	机械费	管理费和利润
B5-201	顶棚面贴墙纸（对花）	$100m^2$	0.01	1147.27	1391.11		781.12	11.47	13.91		7.81
人工单价	小计							11.47	13.91		7.81
47元/工日	未计价材料费										
清单项目综合单价								33.19			

续表

	主要材料名称、规格、型号	单位	数量	单价(元)	合价(元)	暂估单价(元)	暂估合价(元)
材料费明细	纸基塑料壁纸	m^2	1.1579	9.50	11.00		
	酚醛清漆	kg	0.07	13.50	0.945		
	油漆溶剂油	kg	0.03	3.50	0.105		
	聚醋酸乙烯乳胶(白乳胶)	kg	0.251	6.20	1.5562		
	羧甲基纤维素(化学浆糊)	kg	0.165	7.50	0.12375		
	大白粉	kg	0.235	0.50	0.1175		
	其他材料费			1.00	0.0636	—	
	材料费小计			—	13.91	—	

注:"数量"栏为"投标方(定额)工程量÷招标方(清单)工程量÷定额单位数量",如"0.01"为"18÷18÷100"。

工程量清单综合单价分析表

续表

工程名称:某招待所餐厅装饰工程　　标段:　　第　页　共　页

项目编码	020604002001	项目名称	木质装饰线	计量单位	m

清单综合单价组成明细

定额编号	定额名称	定额单位	数量	单价(元)				合价(元)			
				人工费	材料费	机械费	管理费和利润	人工费	材料费	机械费	管理费和利润
B6-36	木装饰大压角线,宽60mm内	100m	0.01	113.74	661.67	8.00	66.31	1.14	6.62	0.08	0.66
B5-54	大压角线刷硝基清漆	100m	0.005	1075.36	270.97		732.16	5.38	1.35		3.66
人工单价		小计						6.52	7.97	0.08	4.32
47元/工日		未计价材料费									
清单项目综合单价								18.89			

	主要材料名称、规格、型号	单位	数量	单价(元)	合价(元)	暂估单价(元)	暂估合价(元)
材料费明细	木压角线三线以上 44×51	m	1.03	6.20	6.386		
	圆钉　70mm	kg	0.0161	5.30	0.085		
	乳胶	kg	0.014	6.60	0.0924		
	硝基清漆　外用	kg	0.0237	13.50	0.31995		
	漆片	kg	0.0039	28.00	0.1092		
	硝基清漆稀释剂(信那水)	kg	0.0581	12.00	0.6972		
	砂蜡	kg	0.00175	14.39	0.0252		
	上光蜡	kg	0.0006	12.20	0.00732		
	大白粉	kg	0.02685	0.50	0.013425		
	石膏粉	kg	0.0004	0.80	0.00032		
	色粉	kg	0.002	3.40	0.0068		
	皮胶	kg	0.00085	8.00	0.0068		
	棉花	kg	0.00045	13.40	0.00603		
	豆包布　32支	m	0.0138	1.80	0.02484		
	其他材料费			1.00	0.1908	—	
	材料费小计			—	7.97	—	

注:"数量"栏为"投标方(定额)工程量÷招标方(清单)工程量÷定额单位数量",如"0.01"为"261.16÷261.16÷100"。

工程量清单综合单价分析表

续表

工程名称：某招待所餐厅装饰工程　　　　标段：　　　　第　页　共　页

项目编码	020604002002	项目名称	木质装饰线	计量单位	m

清单综合单价组成明细											
定额编号	定额名称	定额单位	数量	单价（元）				合价（元）			
				人工费	材料费	机械费	管理费和利润	人工费	材料费	机械费	管理费和利润
B6-37	木装饰大压角线，宽60mm外	100m	0.01	113.74	726.38	8.00	66.31	1.14	7.26	0.08	0.66
B5-54	大压角线刷硝基清漆	100m	0.0065	1075.36	270.97		732.16	6.99	1.76		4.76
人工单价		小计						7.97	8.96	0.08	5.42
47元/工日		未计价材料费									
清单项目综合单价								22.43			

	主要材料名称、规格、型号	单位	数量	单价（元）	合价（元）	暂估单价（元）	暂估合价（元）
材料费明细	木压角线三线以上 41×85	m	1.03	6.80	7.004		
	圆钉　70mm	kg	0.0161	5.30	0.08533		
	乳胶	kg	0.0184	6.60	0.12144		
	硝基清漆　外用	kg	0.03081	13.50	0.4159		
	漆片	kg	0.00507	28.00	0.14196		
	硝基清漆稀释剂（信那水）	kg	0.007553	12.00	0.0906		
	砂蜡	kg	0.002275	14.39	0.033		
	上光蜡	kg	0.00078	12.20	0.0095		
	大白粉	kg	0.0349	0.50	0.01745		
	石膏粉	kg	0.00052	0.80	0.000416		
	色粉	kg	0.0026	3.40	0.00884		
	皮胶	kg	0.0011	8.00	0.0088		
	棉花	kg	0.000585	3.40	0.00784		
	豆包布　32支	m	0.01794	1.80	0.0323		
	其他材料费			1.00	0.232		
	材料费小计			—	8.96	—	

注：“数量”栏为“投标方（定额）工程量÷招标方（清单）工程量÷定额单位数量”，如“0.01”为“26.52÷26.52÷100”。

工程量清单综合单价分析表

续表

工程名称：某招待所餐厅装饰工程　　标段：　　第　页　共　页

项目编码	BB001	项目名称	满堂脚手架	计量单位	m^2

清单综合单价组成明细

定额编号	定额名称	定额单位	数量	单价(元)				合价(元)			
				人工费	材料费	机械费	管理费和利润	人工费	材料费	机械费	管理费和利润
A12-231	满堂脚手架层高3.0m	$100m^2$	0.01	466.91	163.15	14.88	263.47	4.67	1.63	0.15	2.63
人工单价		小计						4.67	1.63	0.15	2.63
47元/工日		未计价材料费									
清单项目综合单价								9.08			

材料费明细	主要材料名称、规格、型号	单位	数量	单价(元)	合价(元)	暂估单价(元)	暂估合价(元)
	钢管脚手 ϕ48×3.5	t	0.0001	5800.00	0.58		
	钢管扣件　直角	个	0.9146	5.00	0.073		
	钢管扣件　对接	个	0.0028	5.00	0.014		
	钢管扣件　回转	个	0.0046	5.00	0.023		
	钢管底座	个	0.002	4.00	0.008		
	竹脚手板 300×330×50	m^2	0.0308	20.00	0.616		
	镀锌钢丝　12号	kg	0.0621	4.60	0.286		
	其他材料费			1.00	0.0318	—	
	材料费小计			—	1.63	—	

注："数量"栏为"投标方(定额)工程量÷招标方(清单)工程量÷定额单位数量"，如"0.01"为"59.94÷59.94÷100"。

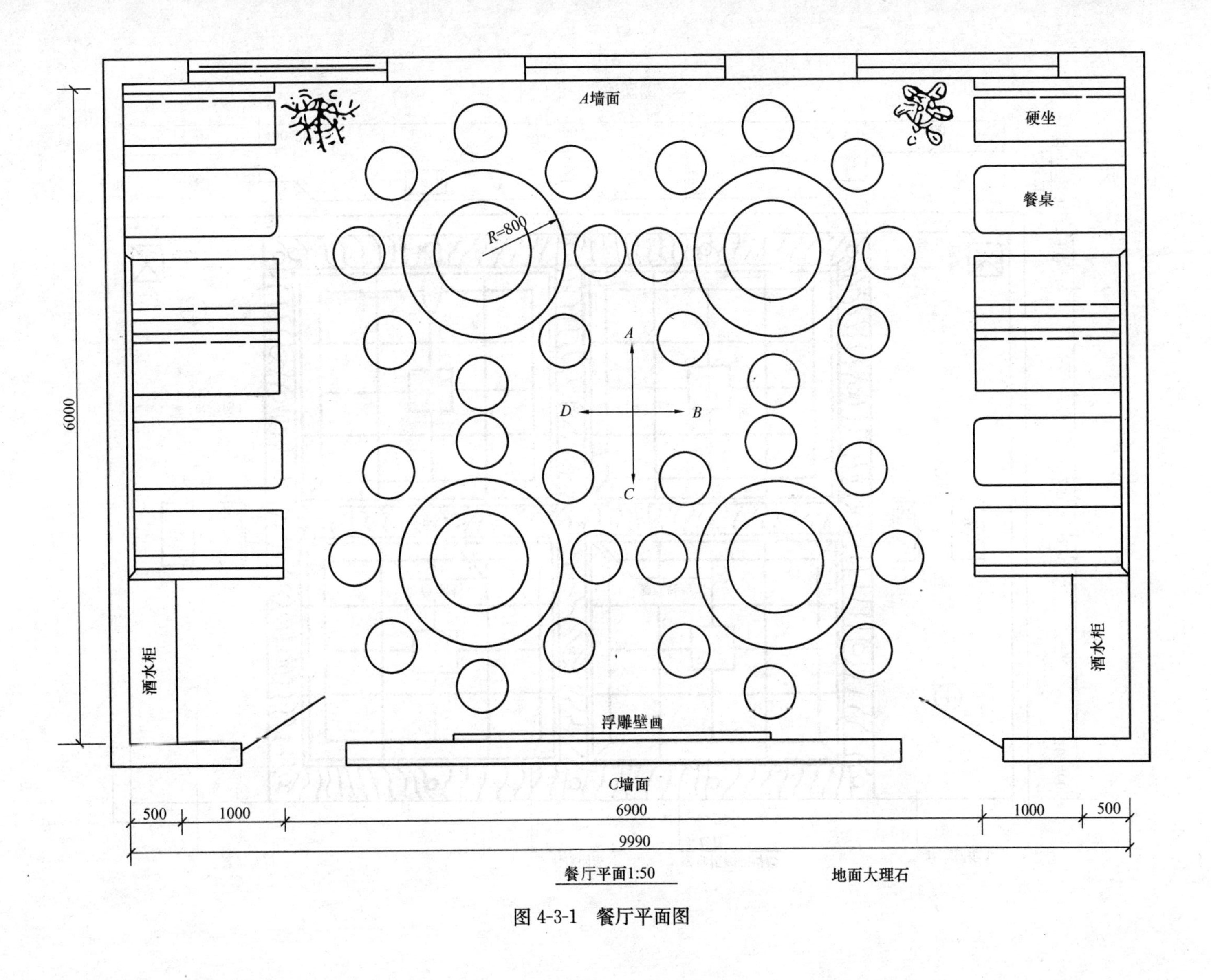

A墙面
硬坐
餐桌
R=800
A
D
B
C
酒水柜
酒水柜
浮雕壁曲
C墙面
6000
500
1000
6900
1000
500
9990
餐厅平面1:50
地面大理石

图 4-3-1 餐厅平面图

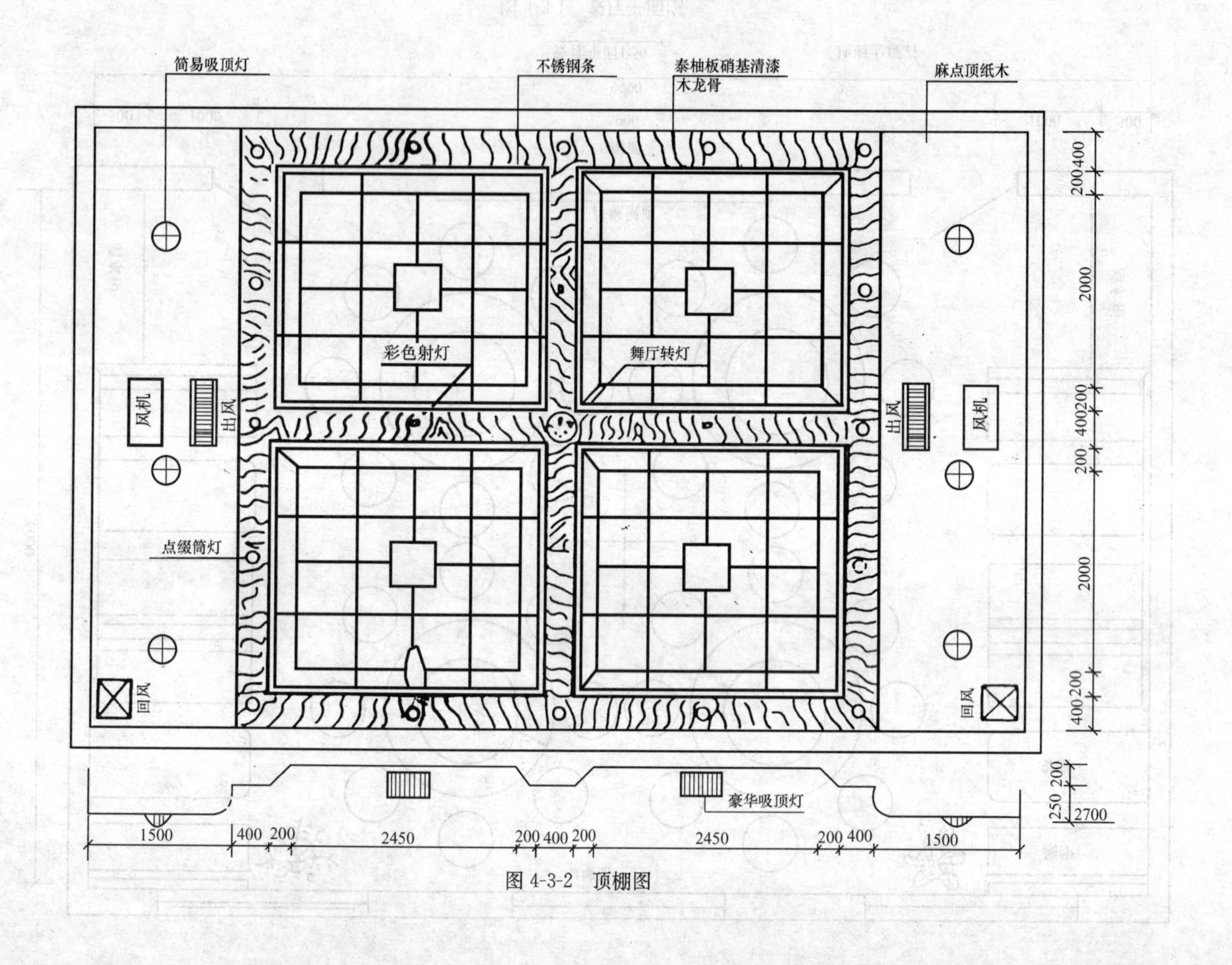
简易吸顶灯
不锈钢条
泰柚板硝基清漆
木龙骨
麻点顶纸木
彩色射灯
舞厅转灯
风机
出风
点缀筒灯
回风
豪华吸顶灯
1500
400
200
2450
200 400 200
2450
200 400
1500
200400
2000
400200
200
2000
400 200
250 200
2700
图 4-3-2　顶棚图

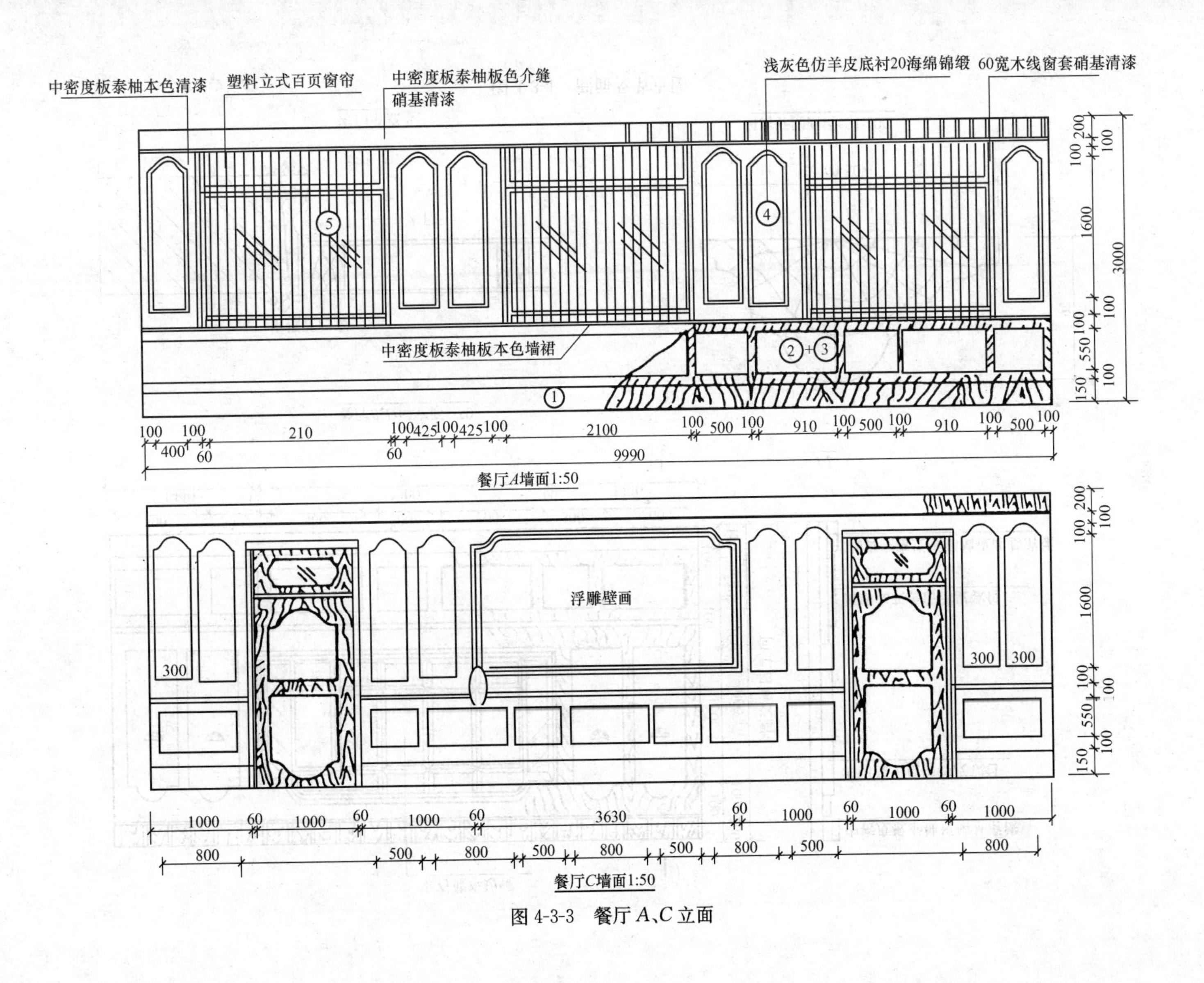
中密度板泰柚本色清漆
塑料立式百页窗帘
中密度板泰柚板色介缝
硝基清漆
浅灰色仿羊皮底衬20海绵锦缎
60宽木线窗套硝基清漆
中密度板泰柚板本色墙裙
餐厅A墙面1:50
浮雕壁画
餐厅C墙面1:50
图 4-3-3 餐厅 A、C 立面

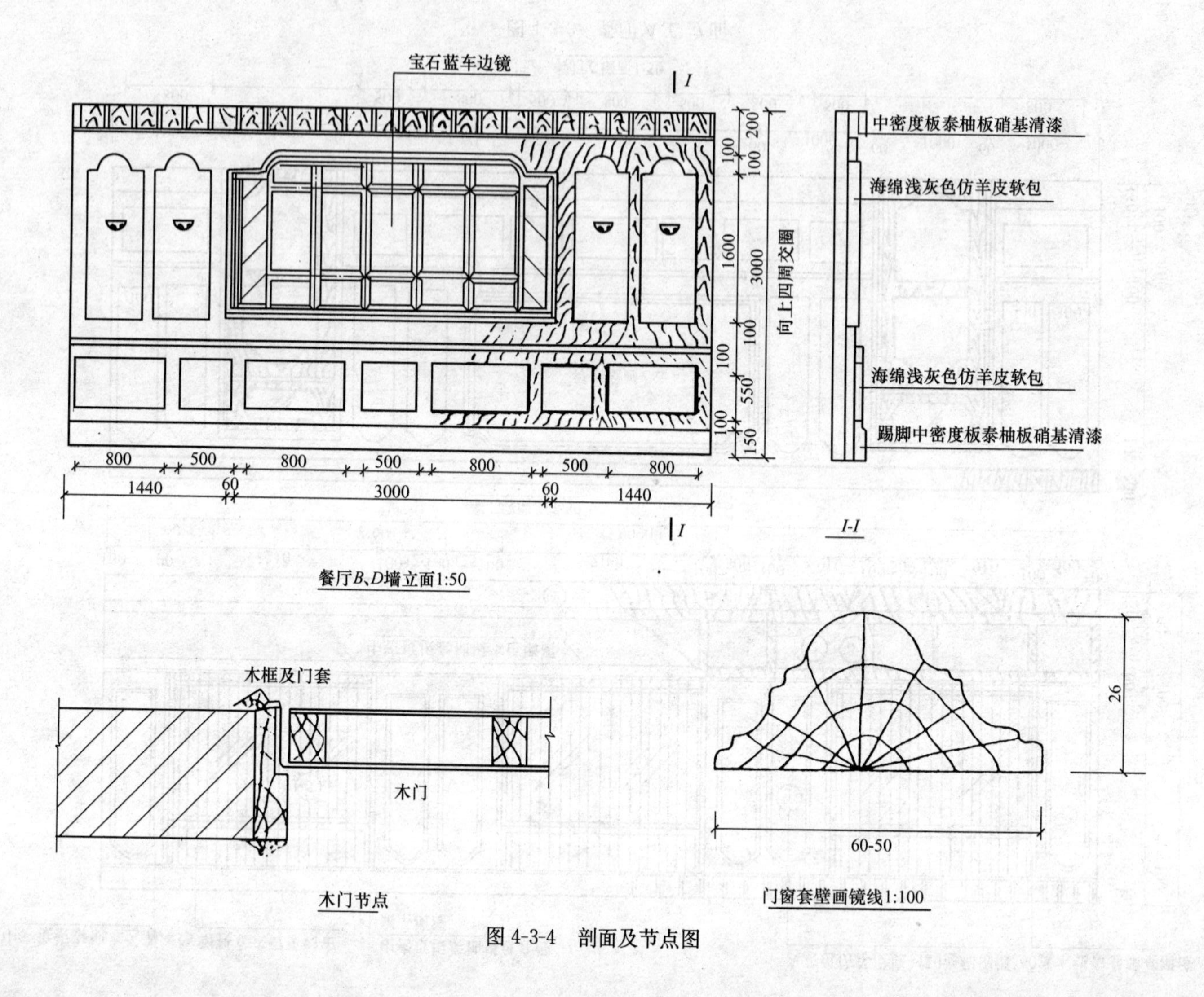

宝石蓝车边镜
中密度板泰柚板硝基清漆
海绵浅灰色仿羊皮软包
向上四周交圈
海绵浅灰色仿羊皮软包
踢脚中密度板泰柚板硝基清漆
I-I
餐厅B、D墙立面1:50
木框及门套
木门
木门节点
26
60-50
门窗套壁画镜线1:100

图 4-3-4 剖面及节点图

下篇 安 装 工 程

例 1 通风空调工程定额预算与工程量清单计价对照

1-1 高层建筑(21 层)空调工程

图 1-1-1～图 1-1-5 为某高层(21 层)建筑内第九层空调系统施工图。

该例按 2000 年《全国统一安装工程预算定额》、《建设工程工程量清单计价规范》GB 50500—2008 等文件确定其工程造价。已知：该工程为一类工程；工程在市区，人工工资调整不计。

1. 施工说明

(1) 风管材料采用优质碳素钢镀锌钢板。其厚度：风管周长＜2000mm 时，为 0.75mm；风管周长＜4000mm 时，为 1mm；风管周长＞4000mm 时，为 1.2mm。

(2) 除新风口外，各风口均采用铝合金材料。静压箱采用厚为 1.5mm 的镀锌钢板制作。

(3) 风管保温材料采用厚度 60mm 的玻璃棉毯，防潮层采用油毡纸，保护层采用玻璃布。

(4) 安装施工时，按《通风与空调工程施工质量验收规范》GB 50243—2002 执行

2. 定额预算(表 1-1-1～表 1-1-4)。

工程量计算表 **表 1-1-1**

序号	项目名称规格	单位	工程量	计 算 式
一	餐厅空调部分			
(一)	风管			风管长度按已知尺寸推算
1 (1)	沿©轴敷设的风管干管			
	风管 500×400	m²	9.9	5.5(风管长度)×(0.5＋0.4)×2(风管周长)＝9.9m² [说明]①风管长度 5.5m 是从©轴与⑬轴的交叉处 500×400 风管，右边第一个支管的中心线处算起，沿©轴向西到风管变径处截止。 ②计算风管周长：因为风管宽度为 0.5m，高度为 0.4m，所以周长为(0.5＋0.4)×2。从而得到风管展开面积为风管长度乘以风管周长。
	风管 1200×400	m²	43.01	[(7.5－0.235－1.05)＋1.875＋3.75＋1.600](风管长度)×(1.2＋0.4)×2(风管周长)＝13.44(风管总长)×3.2(风管周长)＝43.01m² [说明]①7.5m 是⑬轴与⑭轴之间的距离；0.235m 是⑬轴墙内皮至⑬轴敷设的风管 1000×400 的左外表面之间的距离；1.05m 是沿⑬轴敷设的风管 1000×400 的宽度与©轴和⑬轴交角处风管与三通管之间的 0.05m 法兰间隙之和；1.875m 是沿©轴敷设的风管由左向右第二个支管中轴与⑭轴之间的距离；3.75m 是沿©轴敷设的风管由左向右数第二个与第三个支管中轴之间的距离；1.6m 是沿©轴敷设的风管由左向右数第三个支管中轴与风管变径处之间距离。 ②计算风管周长：风管宽度为 1.2m，高度为 0.4m，故周长为(1.2＋0.4)×2＝3.2m。从而得到风管展开面积为风管总长乘风管周长

续表

序号	项目名称规格	单位	工程量	计　算　式
(2)	支管 630×200	m^2	9.88	[(0.45+0.6)(风管长度)×3(支管数)+(0.45+1.2−0.25)(风管长度)×2(支管数)]×(0.63+0.2)×2(风管周长)=5.95×1.66=9.88m^2 [说明]①沿Ⓒ轴敷设的风管上的支管共5个，在风管1200mm×400mm上有3根较短的，在风管500×400上有2个较长的。0.45m是较短支管出口处距风管1200×400外表面之间的距离；0.6m是风管外表面距风管中轴线之间的距离，即风管宽度的一半。因为有3根短支管所以乘以3。0.45m同上；1.2m是变径前干管宽度；0.25m是干管变径后宽度的一半。长支管长度是出口距风管500×400中轴线之间的距离。2是长支管的根数。 ②风管周长：0.63m是风管630×200的宽度；0.2m是其高度。故5根支管的总展开面积是5根支管的总长乘以周长，即总长为5.95m，周长为1.66m，展开面积为9.88m^2
2 (1)	沿⑬轴与Ⓐ轴敷设的风管 干管			
	风管 1000×400	m^2	54.04	[9.7(沿⑬轴敷设)+9.6(沿Ⓐ轴敷设)](风管总长)×(1.0+0.4)×2(风管周长)=19.3×2.8=54.04m^2 [说明]①9.7m是沿⑬轴敷设的风管在Ⓐ和Ⓒ轴之间的长度；9.6m是沿Ⓐ轴敷设的干管从⑬轴交角处向右至变径处之间的长度。 ②风管周长：风管宽度为1.0m，高为0.4m。
	风管 500×400	m^2	10.8	6(风管长度)×(0.5+0.4)×2(风管周长)=10.8m^2 [说明]①风管长度是Ⓐ轴与⑮轴交角处干管右端面沿Ⓐ轴向左至变径处的长度为6m。 ②风管周长：风管宽度为0.5m，高度为0.4m。
(2)	支管 630×200	m^2	8.47	[(0.65+0.5)×2(两根支管总长)+(0.65+1.0−0.25)×2(另两个支管总长)]×(0.63+0.2)×2(风管周长)=5.1×1.66=8.47m^2 [说明]在沿Ⓐ轴敷设的干管上总共有4根支管，其中较短的有2根，较长的有2根，4根支管口径相同。 ①0.65m是较短支管出口与干管1000×400上外表面之间的距离。0.5m是干管宽度的一半，即干管上外表面与干管中轴线之间的距离。2表示两根支管。0.65m同上；1.0m表示干管变径前的宽度；0.25m表示干管变径后宽度的一半。(0.65+1.0−0.25)表示长支管出口到干管轴线间的长度。2表示有两根长支管。 ②支管周长：0.63m为支管宽度，0.2m为支管高度
(二)	带调节板活动百叶铝风口 3.6kg/个　制作	kg	32.4	单位重量通过查《全国统一安装工程预算定额》第九分册通风空调工程《国标通风部件标准重量表》得到每个3.6kg
	安装	个	9	风口数量从图1-1-5　21层餐厅空调系统平面图上计算，显然可见沿Ⓐ轴敷设的干管上接出4根支管各带1个风口共4个；沿Ⓒ轴敷设的干管上接出5根支管各带1个风口共5个。故风口数量共9个，工程量为3.6×9=32.4kg

续表

序号	项目名称规格	单位	工程量	计算式
二	空调机房部分			位于21层餐厅的Ⓒ轴与⑬轴的交叉处。机房内设有两台空调机组，空气处理方式采用新风加回风混合后经过滤、降温、除湿后送入餐厅。新风由单设的新风管道引入，回风由设于机房与餐厅之间墙壁上的木百叶回风窗引入空调机房，再经回风管道至空调机组。送风管道是将两台空调机组送风管在Ⓒ轴与⑬轴交叉处汇合后，沿⑬轴靠墙布置到餐厅后经三通管分成两根，分别布置于南墙和北墙顶部
(一)	风管			风管长度按已知尺寸推算和按比例量取
1	新风管道			
(1)	风管 800×400	m^2	22.32	[8.4(新风口至⑭轴墙外皮)+0.9(⑭轴墙外皮至支管中心线交点)]×(0.8+0.4)×2(风管周长)=22.32m^2 [说明]①风管长度：8.4m是Ⓒ轴与⑮轴交叉处北侧的新风口至⑭轴墙外表面的距离。0.9m是⑭轴墙外表面至接到第一台空调机组上的新风支管中心线交点之间的距离。 ②风管周长：风管宽度为0.8m，高为0.4m。
(2)	风管 400×400	m^2	12.61	水平风管长度=3.4+0.8+0.8=5m 立风管长度=(1.85−阀长−软管长)×2(根数) =(1.85−0.21−0.2)×2=2.88m 面积为：(5+2.88)×2×(0.4+0.4)=12.61m^2 [说明]①风管总长度包括水平风管长度和竖直风管长度。3.4m表示从接到第一台空调机组上的新风支管中心线到接到第二台空调机组的新风支管中心线之间的距离。0.8m表示第一个新风支管向南弯管长度与向下弯管长度之和，因为风管宽度和高度均为0.4m，故两个弯管在水平方向共长0.8m。下一个0.8m表示第二个新风支管弯管的水平长度。1.85m表示水平新风管的下表面至空调机组上表面之间的距离。0.21m表示在竖直新风管下端的密闭式对开多叶调节阀的长度。0.2m表示新风管与空调机组之间所接软管的长度。 ②新风管道周长为2×(0.4+0.4)=1.6m
2	回风管道 900×735	m^2	8.68	$\left\{\left[0.7+\frac{1.75}{2}(中心线长)-0.21(阀长)\right]+\left[0.6+\frac{1.75}{2}(中心线长)-0.21(阀长)\right]\right\}\times(0.9+0.735)\times2(风管周长)=2.63\times3.3=8.68m^2$ [说明]0.7m表示从回风口向北风管735×1750的南外表面之间的距离。1.75/2表示风管1750mm×735mm宽度的一半。两个数据之和表示从回风口至空调中心线之间的距离。0.21m表示装在水平回风管口处的密闭式对开多叶调节阀的长度。 风管周长：风管宽度为0.9m，高度为0.735m。
	回风管 735×1750	m^2	6.46	$\left[\left(1.1-\frac{0.9}{2}\right)\times2(二个风管总长)\right]\times(1.75+0.735)\times2(风管周长)=1.3\times4.97=6.46m^2$ [说明]①1.1m表示主回风管右端面至空调与其法兰接口之间的距离。0.9/2表示风管900×735宽度的一半。2表示主回风管的数量

续表

序号	项目名称规格	单位	工程量	计　　算　　式
3	送风管道			
(1)	静压箱至餐厅一段：2100×400	m^2	7.74	[0.0972+0.71+0.2(隔墙厚)+0.75©轴隔墙外皮距支管中心线交叉点-0.21)](风管总长)×2×(2.1+0.4)(风管周长)=1.547×5=7.74m^2 [说明]0.095m表示静压箱外表面与其下面的空调机组外表面的水平距离。0.5m表示空调机组外表面与内墙之间的距离。 0.2m表示空调机房与餐厅之间的隔墙厚度。0.75=0.15+0.6，0.15表示©轴隔墙外表面距沿©轴敷设风管外表面的距离；0.6m表示沿©轴敷设风管的宽度的一半1200/2=600，0.75m表示©轴隔墙外表面距©轴敷设的支管中心线之间的距离。风管宽2.1m，高0.4m。
(2)	空调器至静压箱一段361×361，6根管	m^2	2.57	靠⑭轴侧3根风管：[0.42(空调器与静压箱间距)-0.21(阀长)-0.2(软管长)](一根风管长度)×3=0.03m 另3根风管：[0.992(空调器与静压箱间距)-0.21(阀长)-0.2(软管长)]×3(三根风管总长)=1.75m 则面积为：(0.03+1.75)(风管总长)×(0.361×4)(风管周长)=2.57m^2 [说明]①靠近⑭轴侧的3根送风管：0.42m表示空调器上表面与静压箱下表面之间的距离。0.21m表示装在竖直送风管下端的密闭式对开多叶调节阀的长度。0.2m表示装在送风管下端与空调器对接的一段软管长度。3表示数量。 ②靠近⑬轴侧的3根送风管：1.0m表示空调器上表面与静压箱下表面之间的距离。0.2m表示装在送风管下端与空调器对接的一段软管长度；0.21表示装在竖直送风管下端的密闭式对开多叶调节阀的长度
(二)	静压箱，2个，尺寸分别为2.0m×0.9m×1.5m，2.1m×1.7m×0.91m 板厚1.5mm	kg	310.52	一个静压箱面积：(2.0×0.9+2×1.5+0.9×1.5)×2=12.3m^2 另一个静压箱面积：(2.1×1.7+2.1×0.91+1.7×0.91)×2=14.06m^2，面积共为12.3+14.06=26.36m^2 则为11.78×26.36=310.52kg [说明]静压箱是用优质碳素钢镀锌钢板制作的长方体密闭空箱。其作用是用来调节空调器送风风压和平衡送风系统风压波动，使送风风速更加稳定。静压箱工程量计算是求其表面积，即6个表面面积之和，因为互相平行的2个面面积相等，所以只需计算一个角相邻的3个面积之和再乘以2即可。静压箱2.0×0.9×1.5的表面积为(2.0×0.9+2×1.5+0.9×1.5)×2=12.3m^2，静压箱2.1×1.7×0.91的表面积计算方法同上
(三)	变风量空调器，BFP_{12}-L，制冷量60.48kW，2台	台	2	[说明]变风量空调器是利用改变送入室内的送风量来实现对室内温度和湿度调节的目的
(四)	密闭式对开多叶调节阀			
	400×400 13.1kg/个	个	8	104.8kg
	900×735 27.4kg/个	个	2	54.8kg
	2100×400 65.4kg/个	个	1	65.4kg

续表

序号	项目名称规格	单位	工程量	计算式
(五)	风口			
1	单层百叶铝回风口，900×735	kg	13.2	2个
2	网式新风口 800×400	kg	2.44	1个
(六)	帆布短管	m^2	2.373	(0.4×4)(周长)×0.2(短管长)×2(短管根数)=0.64m^2 (0.361×4)(周长)×0.2(短管长)×6(短管根数)=1.73m^2 (0.64+1.7328)=2.37m^2
三	风管绝热			[说明]风管绝热是在风管外加一层绝热材料，起到阻止热量传导的目的，防止冷气量在风管内损失和防止风管表面结露
(一)	餐厅风管 500×400	m^3	1.41	[(0.5+0.06)+(0.4+0.06)]×2×(5.5+6)(风管长度)×0.06=1.41m^3 [说明]0.5m表示风管宽度；0.06m表示绝热材料厚度。(0.5+0.06)m表示加上绝热材料后风管的宽度。0.4m表示风管高度；0.06m表示绝热材料厚度；(0.4+0.06)m表示加上绝热材料后风管的高度。5.5m表示从Ⓒ轴与⑯轴的交角处沿Ⓒ轴敷设的风管的顶端到风管变径处之间的长度；6m表示从Ⓐ轴与⑮轴交角处干管末端面沿Ⓐ轴向西至变径处之间的长度。0.06m表示保温层的厚度。
	风管 1200×400	m^3	2.77	[(1.2+0.06)+(0.4+0.06)]×2×13.44×0.06=2.77m^3 [说明]1.2m表示风管宽度；0.4m表示风管高度；0.06m表示保温材料的厚度。(1.2+0.06)m表示加上保温材料后风管外表面总宽度；(0.4+0.06)m表示加上保温材料后风管外表面总高度。13.44m表示风管总长：[(7.5−0.235−1.05)+1.875+3.75+1.6]。其中7.5m表示⑬轴与⑭轴之间的距离；0.235m表示⑬轴墙内皮台沿⑬轴敷设的风管1000×400的外表面之间的距离；1.05m表示沿⑬轴敷设的风管1000×400的宽度与Ⓒ轴和⑬轴交角处风管与三通管之间的法兰间隙0.05m之和。1.875m表示沿Ⓒ轴敷设的风管由左向右第二根支管中心线与⑭轴之间的距离；3.75m表示沿Ⓒ轴敷设的风管由左向右数第二根与第三根支管中心线之间的距离；1.6m表示沿Ⓒ轴敷设的风管由左向右数第三根支管中心线与风管变径处之间的距离。0.06m表示保温材料的厚度。
	风管 1000×400	m^3	3.52	[(1.0+0.06)+(0.4+0.06)]×2×19.3×0.06=3.52m^3 [说明]1.0m表示风管宽度；0.4m表示风管高度；0.06m表示保温材料的厚度；(1.0+0.06)m表示加上保温材料后风管外表面总宽度；(0.4+0.06)m表示加上保温材料后风管外表面总高度。19.3m表示风管总长：9.7+9.6。其中9.7m表示沿⑬轴敷设的风管在Ⓐ轴和Ⓒ轴之间的长度；9.6m表示沿Ⓐ轴敷设的干管从Ⓐ轴与⑬轴交角处向右至风管变径处之间的长度。
	风管 630×200	m^3	1.26	[(0.63+0.06)+(0.2+0.06)]×2×(5.95+5.1)×0.06=1.26m^3 [说明]0.63m表示风管宽度；0.2m表示风管高度；0.06m表示保温材料的厚度。而(0.63+0.06)m表示加上保温材料后风管外表面的总宽度。(0.2+0.06)m表示加上保温材料后风管外表面的总高度。5.95m表示沿Ⓒ轴敷设的风管干管上所接5根支管的总长度：(0.45+0.6)×3+(0.45+1.2−0.25)×2。其中0.45m表示较短支管出口处距风管1200×400南外表面之间的距离；0.6m表示风管外表面距风管中心线之间的距离，即风管宽度的一半；1.2m表示变径前干管的宽度；0.25m表示干管变径后宽度的一半。(0.45+0.6)m表示较短支管的长度；(0.45+1.2−0.25)m表示较长支管的长度。5.1m表示沿Ⓐ轴敷设的风管干管上所接的4根支管的总长度：(0.65+0.5)×2+(0.65+1.0−0.25)×2。0.65m是较短支管出口与干管1000×400外表面之间的距离；0.5m是干管宽度的一半，即干管外表面与干管中心线之间的距离；1.0m表示干管变径前的宽度；0.25m表示干管变径后宽度的一半；2表示支管数量；0.06m意义同上

续表

序号	项目名称规格	单位	工程量	计算式
(二)	空调机房风管绝热			
	风管 800×400	m^3	1.47	9.3×[(0.8+0.06)+(0.4+0.06)]×2×0.06=1.47m^3 [说明]9.3m 表示新风管道总长度：(8.4+0.9)m。其中 8.4m 表示Ⓒ轴与⑮轴交角处北侧的新风口至⑭轴墙外表面的距离；0.9m 表示⑭轴墙外表面至第一台空调机组上的新风支管中心线交点之间的距离。故 9.3m 表示Ⓒ轴与⑮轴交角处北侧的新风口至第一台空调机组上所接新风支管中心线之间的长度。0.8m 表示风管宽度；0.4m 表示风管高度；0.06m 表示保温材料厚度。(0.8+0.06)m 表示绝热风管总宽度；(0.4+0.06)m 表示绝热风管总高度；0.06m 表示绝热材料厚度。
	风管 400×400	m^3	0.87	[(0.4+0.06)+(0.4+0.06)]×2×(5+2.88)×0.06=0.87m^3 [说明]0.4m 表示风管宽度和高度；0.06m 表示绝热材料厚度。(0.4+0.06)m 表示绝热风管外径总宽度和总高度。风管总长度为 7.88m：即(5+2.88)m。其中 5m 表示水平风管长度；2.88m 表示立风管长度。5=3.4+0.8+0.8；2.88=(1.85−0.21−0.2)×2。3.4m 表示从第一台空调机组所接新风支管的中心线到第二台空调机组所接新风支管的中心线之间的距离；0.8m 表示第一个新风支管向南弯管长度与向下弯管长度之和；1.85m 表示水平新风管的下表面至空调机组上表面之间的距离；0.21m 表示在竖直新风管下端的密闭式对开多叶调节阀的长度；0.2m 表示新风管与空调机组之间所接软管的长度。2 表示有两根支管。
	风管 900×735	m^3	0.55	[(0.9+0.06)+(0.735+0.06)]×2×2.63×0.06=0.55m^3 [说明]0.9m 表示风管宽度；0.735m 表示风管高度；0.06m 表示绝热材料厚度。(0.9+0.06)m 表示风管绝热层外径总宽度；(0.735+0.06)m 表示风管绝热层外径总高度。2.63m 表示绝热风管的总长度：$\left(0.7+\frac{1.75}{2}-0.21\right)+\left(0.6+\frac{1.75}{2}-0.21\right)$。其中 0.7m 表示靠近⑭轴空调器上所接回风口到风管 735×1750 的外表面之间的距离；$\left(\frac{1.75}{2}\right)$m 表示风管 735×1750 宽度的一半。两个数据之和表示从回风口至空调中心线之间的距离。0.21m 表示装在水平回风管管口处的密闭式对开多叶调节阀的长度。0.6m 表示靠近⑬轴空调器上所接回风口到风管 735×1750 的南外表面之间的距离；$\left(\frac{1.75}{2}\right)$m 和 0.21m 同上。0.06m 表示绝热材料的厚度。
	风管 735×1750	m^3	0.41	[(0.735+0.06)+(1.75+0.06)]×2×1.3×0.06=0.41m^3 [说明]0.735m 表示风管高度；1.75m 表示风管宽度；0.06m 表示绝热材料厚度。(0.735+0.06)m 表示风管绝热层外径总高度；(1.75+0.06)m 表示风管绝热层外径总宽度。1.3m 表示主回风管总长度：$\left(1.1-\frac{0.9}{2}\right)\times$2。其中 1.1m 表示主回风管右端面至空调与其法兰接口处之间的距离。$\left(\frac{0.9}{2}\right)$m 表示风管 900×735 宽度的一半。2 表示有两根主回风管。
	风管 2100×400	m^3	0.49	[(2.1+0.06)+(0.4+0.06)]×2×1.547×0.06=0.49m^3 [说明]2.1m 表示风管宽度；0.4m 表示送风管高度；0.06m 表示绝热材料的厚度。(2.1+0.06)m 表示风管绝热层外径总宽度；(0.4+0.06)m 表示风管绝热层外径总高度。1.54m表示风管总长度：0.0972+0.71+0.2−0.21+0.75。其中 0.0972m 表示静压箱南外表面与其下面的空调机组南外表面的水平距离；0.71m 表示空调机组南外表面与南内墙之间的距离；0.2m表示空调机房与餐厅之间的隔墙厚度；0.75m 表示Ⓒ轴隔墙南外表面距沿Ⓒ轴敷设的支管中心线之间的距离；0.21m 表示密闭式对开多叶调节阀的长度

续表

序号	项目名称规格	单位	工程量	计算式
	风管 361×361	m^3	0.18	[(0.361+0.06)+(0.361+0.06)]×2×(0.03+1.75)×0.06=0.18m^3 [说明]此风管是空调器至静压箱一段的送风管道，共6根管。此风管为方风管，宽高均为0.361m，在其外包裹原为0.06m的绝热材料，绝热材料的宽、高均为(0.361+0.06)m。这6根风管的总长度为1.78m。其中接靠近⑭轴侧空调机组级上的3根风管总长为0.03m，接靠近⑬轴侧空调机组上的3根风管总长为1.75m
(三)	风管绝热合计	m^3	12.93	(1.41+2.77+3.52+1.26+1.47+0.87+0.55+0.41+0.49+0.18)=12.93m^3 [说明]餐厅风管和空调机房风管外绝热材料计算的工程量加在一起，得到总的绝热材料需要的工程量
(四)	绝热层外表缠油毡纸(防潮层)			
1	餐厅风管			
	风管 500×400	m^2	26.22	[(0.5+0.12)+(0.4+0.12)]×2×(5.5+6)=26.22m^2 [说明]防潮层的厚度为0.06m，加上绝热材料厚度0.06m，共计0.12m。即风管在包上绝热材料、缠上防潮层后在宽高方向上均增加0.12m，(0.5+0.12)m表示风管防潮层总宽度，(0.4+0.12)m表示风管防潮层总高度。(5.5+6)m表示沿©轴敷设的风管干管和沿Ⓐ轴敷设的风管的总长度。得到防潮层油毡纸的展开面积为26.22m^2。
	风管 1200×400	m^2	49.5	[(1.2+0.12)+(0.4+0.12)]×2×13.44=49.5m^2 [说明](1.2+0.12)m表示风管防潮层的总宽度；(0.4+0.12)m表示风管防潮层的总高度。13.44m表示沿©轴敷设的风管干管总长度。从三通管中轴线到风管变径处之间的长度。
	风管 1000×400	m^2	41.7	[(1.0+0.12)+(0.4+0.12)]×2×19.3=41.7m^2
	风管 630×200	m^2	23.60	[(0.63+0.12)+(0.2+0.12)]×2×11.03=23.60m^2 [说明]风管1000×400和风管630×200工程量计算同上，风管总长度计算方法同风管绝热总长度计算方法相同
2	空调机房风管			
	风管 800×400	m^2	26.78	[(0.8+0.12)+(0.4+0.12)]×2×9.3=26.78m^2
	风管 400×400	m^2	16.39	[(0.4+0.12)+(0.4+0.12)]×2×7.88=16.39m^2
	风管 900×735	m^2	7.61	[(0.9+0.12)+(0.735+0.12)]×2×2.63=7.61m^2
	风管 735×1750	m^2	7.09	[(0.735+0.12)+(1.750+0.12)]×2×1.3=7.09m^2
	风管 2100×400	m^2	8.48	[(2.1+0.12)+(0.4+0.12)]×2×1.547=8.48m^2
	风管 361×361	m^2	3.42	[(0.361+0.12)+(0.361+0.12)]×2×1.78=3.42m^2 [说明]风管防潮层展开面积计算方法同上，风管总长度计算方法同风管绝热总长度计算
3	防潮层安装合计	m^2	210.79	26.22+49.5+41.7+23.60+26.78+16.39−7.61+7.09+8.48+3.42=210.79m^2
(五)	玻璃布保护层安装	m^2	210.79	与防潮层面积相同

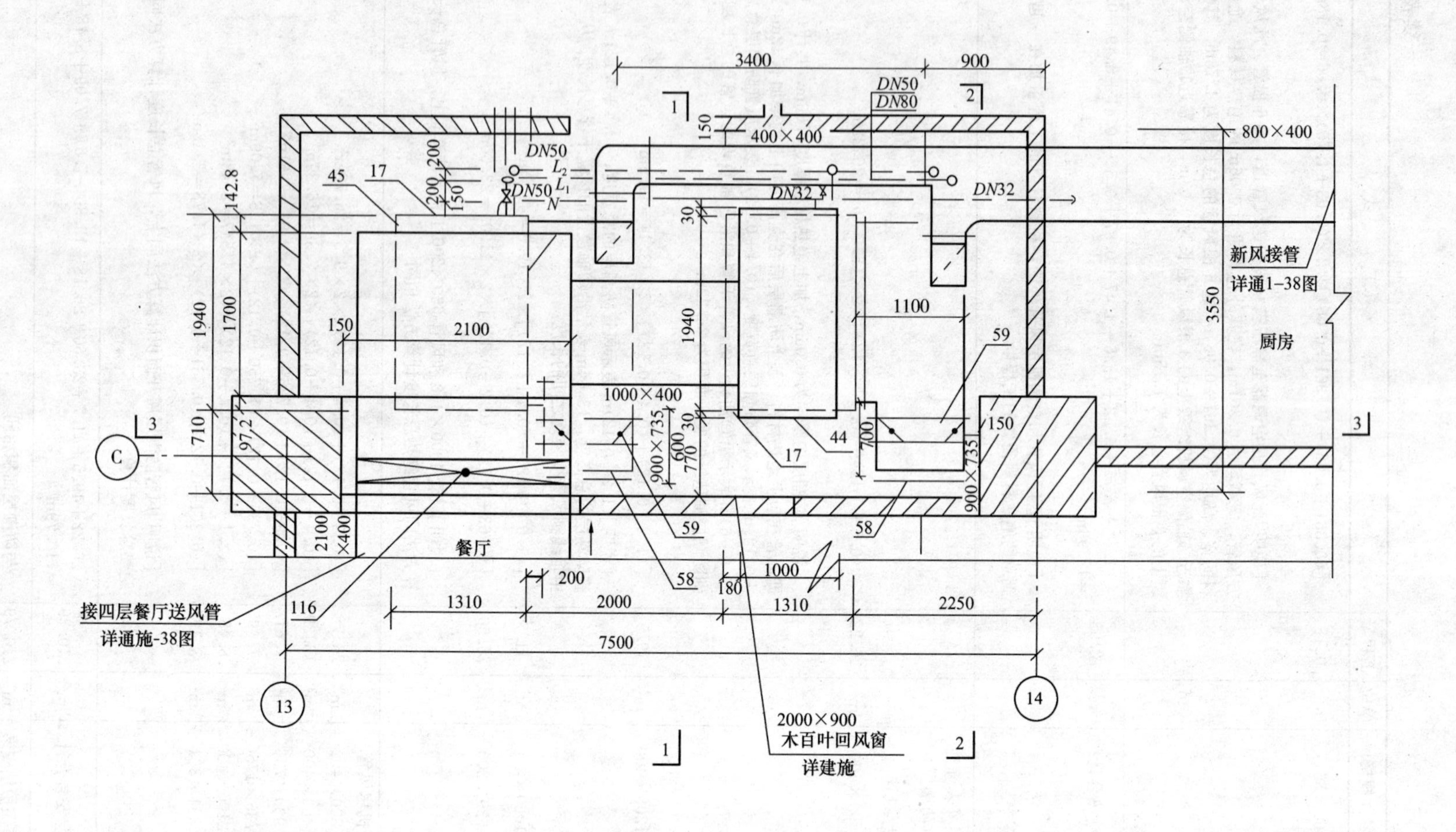

图 1-1-1 空调机房平面图

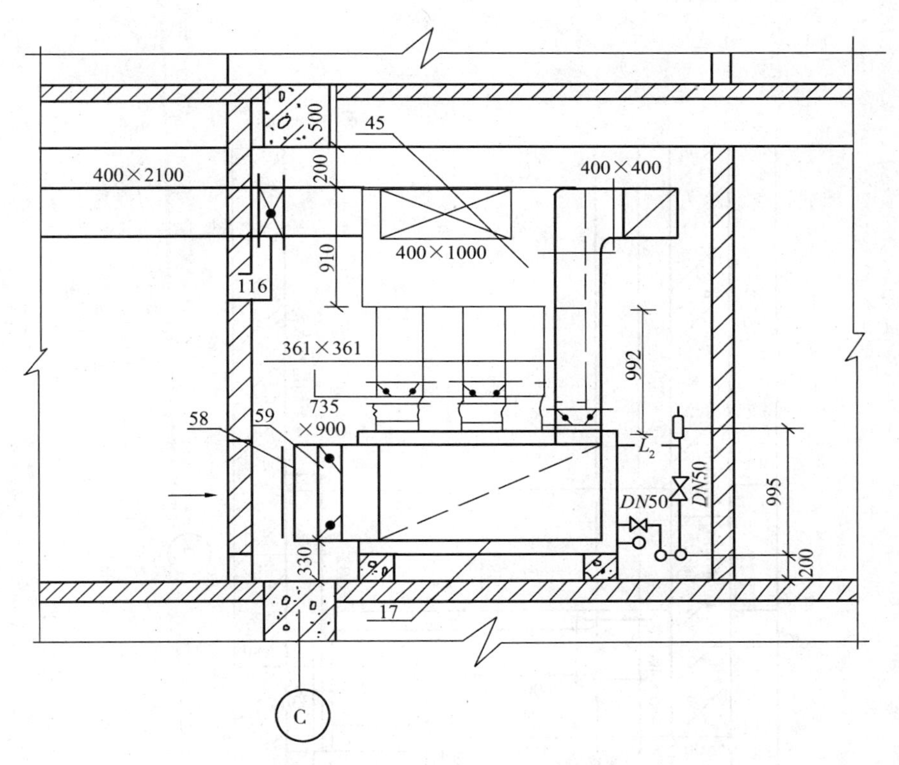

图 1-1-2　空调机房剖面图(1-1 剖面图)

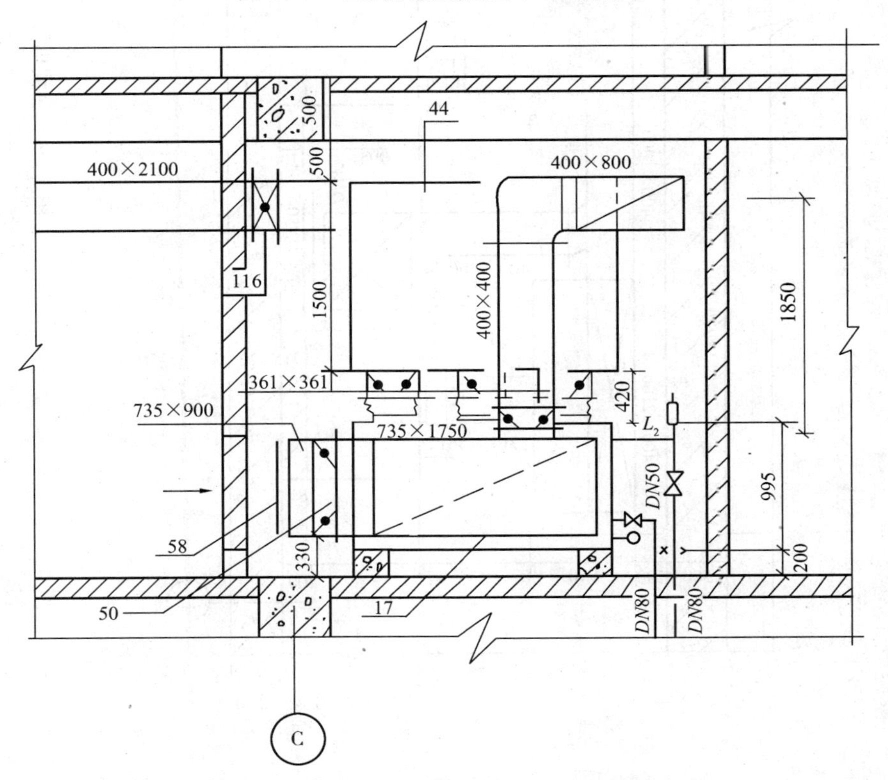

图 1-1-3　空调机房剖面图(2-2 剖面图)

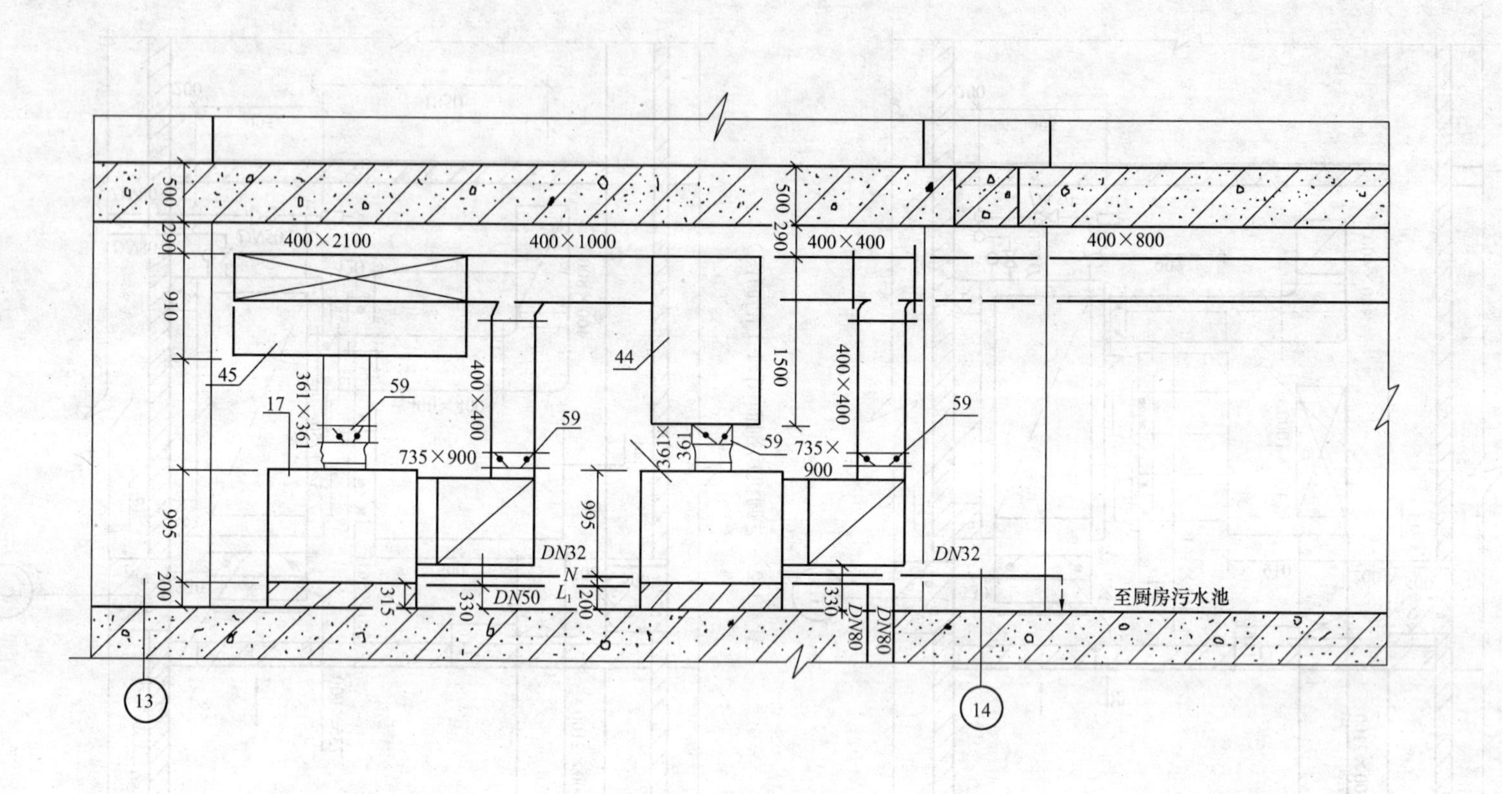

图 1-1-4 空调机房剖面图(3-3 剖面图)

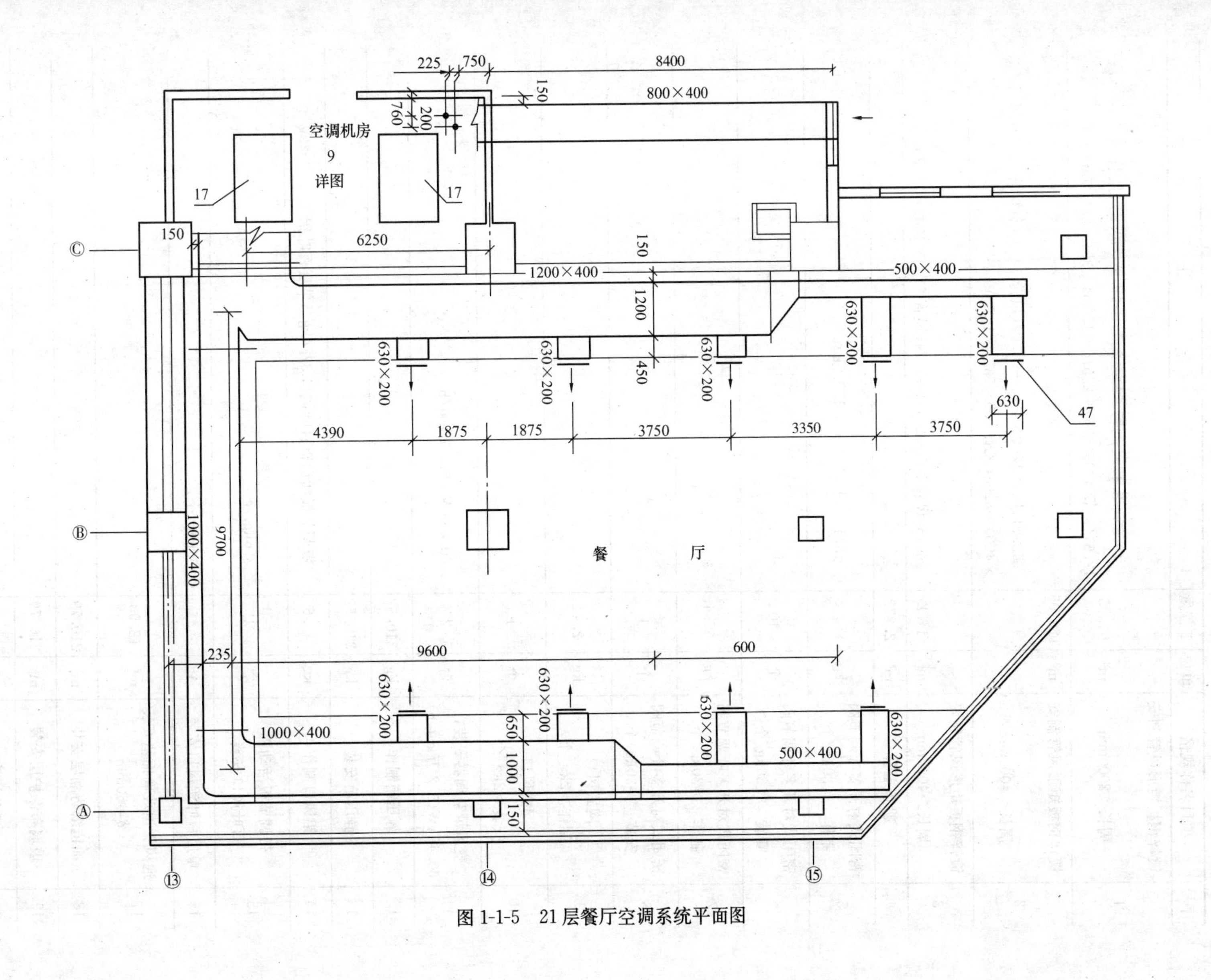

图 1-1-5　21 层餐厅空调系统平面图

工程量汇总表　　表 1-1-2

序号	项目名称规格	单位	工程量	备注
1	镀锌钢板矩形风管制安 周长<2000mm	m^2	54.23	(9.88+8.47)(风管 630×200)+(9.9+10.8)(风管 500×400)+12.61(风管 400×400)+2.57(风管 361×361)=54.23m^2
2	镀锌钢板矩形风管制安 周长<4000mm	m^2	128.05	43.01(风管 1200×400)+54.04(风管 1000×400)+22.32(风管 800×400)+8.68(风管 900×735)=128.05m^2
3	镀锌钢板矩形风管制安 周长>4000mm	m^2	14.2	6.46(风管 735×1750)+7.74(风管 2100×400)=14.2m^2
4	帆布短管	m^2	2.373	
5	密闭式对开多叶调节阀 制作 <30kg/个	kg	159.6	13.1×8+27.4×2=159.6kg
6	密闭式对开多叶调节阀 安装 <30kg/个	个	10	
7	密闭式对开多叶调节阀 制作 >30kg/个	kg	65.4	
8	密闭式对开多叶调节阀 安装 >30kg/个	个	1	
9	网式风口 制作>2kg/个	kg	2.44	
10	网式风口 安装>2kg/个	个	1	
11	变风量空调器安装，60.48kW(5.2万 cal/h)	台	2	60.48kW=5.2万 cal/h
12	静压箱制作	kg	310.52	
13	静压箱安装	kg	310.52	
14	铝风口制作	kg	45.6	带调节板活动铝百叶风口 32.4kg，单层百叶铝风口 13.2kg
15	带调节板活动铝百叶风口安装	个	9	3.6kg/个
16	单层百叶铝风口安装	个	2	6.6kg/个
17	通风管道玻璃棉毡安装 δ=60mm	m^2	12.93	
18	油毡纸防潮层安装	m^2	210.79	
19	玻璃布保护层安装	m^2	210.79	
20	帆布软管	m^2	2.373	

以定额人工费为取费基础的费用计算表 表 1-1-3

序号	费用名称	计算式	价值(元)	备注
一	直接费		930101.37	
(一)	直接工程费		929172.57	
1	定额直接费		923609.04	
	其中定额人工费		6192.02	
2	其他直接费、临时设施费、现场管理费	定额人工费×89.85%	5563.53	四川省估价表总说明规定费率
(二)	其他直接工程费		928.80	
1	材料价差调整			
(1)	计价材料综合调整价差			
(2)	未计价材料价差			
2	施工图预算包干费	定额人工费×15%	928.80	SGD 7—95 规定费率 15%
二	间接费		5601.3	
(一)	企业管理费	定额人工费×50.62%	3134.40	SGD 7—95 规定费率，一类工程
(二)	财务费用	定额人工费×8.34%	516.41	取费证核定费率，一级取费
(三)	劳动保险费	定额人工费×29.5%	1826.65	取费证核定费率，一级取费
(四)	远地施工增加费	定额人工费×2.0%	123.84	承包合同确定费率
(五)	施工队伍迁移费	定额人工费× %		承包合同确定费率
三	计划利润	定额人工费×85%	5263.22	取费证核定费率，等级 1 标准
四	按规定允许按实计算的费用			
五	定额管理费	(一+二+三+四)×1.8‰	1693.74	SGD 7—95 规定 1.8‰
六	税　金	(一+二+三+四+五)×3.5%	32993.09	SGD 7—95 规定费率，工程在市区
七	工程造价	(一+二+三+四+五+六)	975652.72	

工程计价表 表 1-1-4

序号	定额编号	工程项目	工程量		单价(元)			总价(元)			主　材			
		名称规格	单位	数量	其中 人工费	材料费	机械费	其中 人工费	材料费	机械费	损耗(%)	数量	单价(元)	总价(元)
1	5I0010	镀锌钢板矩形风管，周长<2000mm	$10m^2$	5.42	101.45	69.22	19.89	549.86	375.17	107.80				
		未计价材料：镀锌钢板，δ=0.75mm	m^2									11.38×5.42	25.01	1542.61

续表

序号	定额编号	工程项目名称规格	工程量单位	工程量数量	单价(元)其中人工费	单价(元)其中材料费	单价(元)其中机械费	总价(元)其中人工费	总价(元)其中材料费	总价(元)其中机械费	主材损耗(%)	主材数量	主材单价(元)	主材总价(元)
		角钢 L60	kg									35.66×5.42	2.92	564.37
2	5I0011	镀锌钢板矩形风管，周长＜4000mm	10m²	12.81	75.45	47.27	11.28	966.51	605.53	144.50				
		未计价材料：镀锌钢板，δ=1mm	m²									11.38×12.81	32.66	4761.10
		角钢 L60	kg									35.04×12.81	2.92	1310.68
3	5I0012	镀锌钢板矩形风管，周长＞4000mm	10m²	1.42	88.66	46.79	8.25	125.90	66.44	11.72				
		未计价材料：镀锌钢板，δ=1.2mm	m²									11.38×1.42	38.22	617.62
		角钢 L60	kg									45.14×1.42	2.92	187.17
4	5I0034	帆布短管	m²	2.37	32.37	65.52	2.13	76.72	155.28	5.05				
		未计价材料：角钢 L60	kg									18.33×2.37	2.92	126.85
5	5I0073	对开多叶调节阀制作，＜30kg/个	100kg	1.60	254.50	1136.00	274.98	407.2	1817.6	439.97				
6	5I0074	对开多叶调节阀安装，＜30kg/个	个	10	10.99	5.63	0.63	109.90	56.30	6.30				
7	5I0075	对开多叶调节阀制作，＞30kg/个	100kg	0.65	173.00	798.00	217.59	112.45	518.70	141.43				
8	5I0076	对开多叶调节阀安装，＞30kg/个	个	1	23.01	12.31	1.62	23.01	12.31	1.62				
9	5I0137	网式风口制作，＞2kg/个	100kg	0.02	164.40	906.24	57.88	3.29	18.12	1.16				
10	5I0138	网式风口安装，＞2kg/个	个	1	3.15	2.05	0.06	3.15	2.05	0.06				
11	5I0277	变风量空调器安装，60.48kW (5.2万 cal/h)	台	2	480.94	3.24	17.06	961.88	6.48	34.12		1×2		
12	5I0290	静压箱制作	100kg	3.11	93.84	63.11	19.07	291.84	196.27	59.31				
		未计价材料：镀锌钢板 δ=1.5mm	m²									12.23×3.11	47.79	1817.71

续表

序号	定额编号	工程项目	工程量		单价(元)			总价(元)			主材			
		名称规格	单位	数量	其中			其中			损耗(%)	数量	单价(元)	总价(元)
					人工费	材料费	机械费	人工费	材料费	机械费				
		角钢 L60	kg									17.85×3.11	2.92	162.10
13	5I0291	静压箱安装	100kg	3.11	62.58	49.72	1.00	194.62	154.63	3.11				
14	5I0350	铝风口制作	100kg	0.46	2184.12	1276.70	350.38	1004.70	587.28	161.17		85.69×0.46	14.93	588.50
15	5I0351	带调节板活动百叶铝风口安装	个	9	13.51	3.33	0.05	121.59	29.97	0.45				
16	5I0353	单层百叶铝风口安装	个	2	11.72	0.66	0.66	23.44	1.32	0.12				
17	5M0376	风管玻璃棉毡保温 δ=60mm	m³	12.93	23.12	32.18		298.94	416.09			156×12.93	444.60	896793.77
18	5M0482	油毡纸防潮层安装	10m²	21.08	5.90	37.34		124.37	787.13					
19	5M0476	玻璃布保护层安装	10m²	21.08	5.78	45.62		121.84	961.67					
		合　计						5521.21	6768.34	1117.89				908472.48

根据 1995 年《全国统一安装工程预算定额四川省估价表》第九册说明规定，下列费用可按系数分别计取：

1. 21 层建筑的增加费占工程中全部人工费的 12%，其中人工工资占 61%。

故该预算高层建筑增加费为：

5521.21×12%=662.55 元。其中人工工资为：662.55×61%=404.16 元

		合　计						5925.37	7026.73	1117.89				908472.48

2. 脚手架搭拆费按定额人工费的 5%，其中人工工资占 25%。

故该预算脚手架搭拆费为：5925.37×5%=296.27 元。其中人工工资为：296.27×25%=74.07 元

3. 系统调整费按系统工程定额人工费的 13%，其中人工工资占 25%。

故该预算系统调整费为：5925.37×13%=770.30 元。其中人工工资为：770.30×25%=192.58 元

		合　计						6192.02	7826.65	1117.89				908472.48

注：据 SGD 5—95 定额解释(二)，高层建筑增加费除人工工资外其余暂列机械费内，并构成直接费。

1-2 某车间通风工程

该工程地址在市区，为一类工程。根据该车间通风工程施工图纸、2000 年《全国统一安装工程预算定额》、《建设工程工程量清单计价规范》GB 50500—2008，确定该通风工程造价。

一、预算定额计价编制说明

1. 工程施工图纸说明

(1) 送风管道和排风管道材料采用镀锌钢板，咬口连接，板材厚度：矩形风管除送风机进口处天圆地方采用 $\delta=1.2$mm 外，其余均为 $\delta=1$mm；圆形风管 $\delta=0.75$mm。

(2) 圆形钢制蝶阀、旋转吹风口、圆伞形风帽、风管检查孔、升降式排气罩均应符合国标图要求，其采用的国标图号分别为 T302-7，8 号；T209-1，1 号；T609，6 号；T604，10 号；T412，1 号。

(3) 墙上轴流风机安装标高 9.80m。

(4) 未说明者按《通风与空调工程施工质量验收规范》GB 50243—2002 执行。

2. 编制过程

(1) 图纸分析(图 1-2-1～图 1-2-3)

由平面图看出，该通风工程分三部分：送风系统、排风系统、墙上轴流风机排风。

送风机采用 4-72-11No. 8 离心风机，装于Ⓐ轴与②轴交角的室外处。风机中心离Ⓐ轴墙外皮的距离为 1.5m，风机出口标高至风机中心的高差为 560mm，风机中心至风机出口间的水平距离仍为 560mm。

送风机接出的矩形风管由室外穿Ⓐ轴墙入室内后，转至向东，平行Ⓐ轴，从②轴到⑦轴，其规格尺寸分别为：800mm×500mm、800mm×400mm、800mm×320mm，可见风管宽度不变，仅是高度逐渐降低(风管底部标高不变)。

矩形风管上由西向东依次接出 2 根长支管和 5 根短支管，管径均为 ϕ250mm，7 根支风管的垂直长度均相同，末端均装有钢制蝶阀和旋转吹风口。

车间内平行Ⓐ轴且距Ⓓ轴墙内皮 2m 处设置口径为 ϕ250mm 的圆形排风管，该排风管在⑥轴左侧汇合后接至排风机 4-72-11No. 4 进口，风机进口风管规格为 ϕ360mm。

由系统图、平面图及说明看出，墙上轴流风机和排风系统各部分标高均为 6m 以上(最低的升降式排气罩和口标高为 6.00m)，该系统属超高施工。水平排风管下面接有 6 根圆形支风管，其末端均装有钢制蝶阀和升降式排气罩。

(2) 工程量计算

计算时，应将该车间的送风系统与排风系统分别计算，以便计算排风系统的超高增加费(排风系统各部分离地面之距离大于 6m)。

计算风管展开面积，主要是计算风管中心线长度。计算支管长度时，以支管与主管的中心线交点为界。矩形主管在三通处变径时，可参考标准三通(如矩形整体三通，图 1-2-3)构造尺寸计算。

部件工程量，根据施工图标注的部件名称型号，查国标图或《全国统一安装工程预算定额四川省估价表》SGD 5—95 的国标通风部件的标准重量(kg/个)，该部件的重量(kg/个)乘

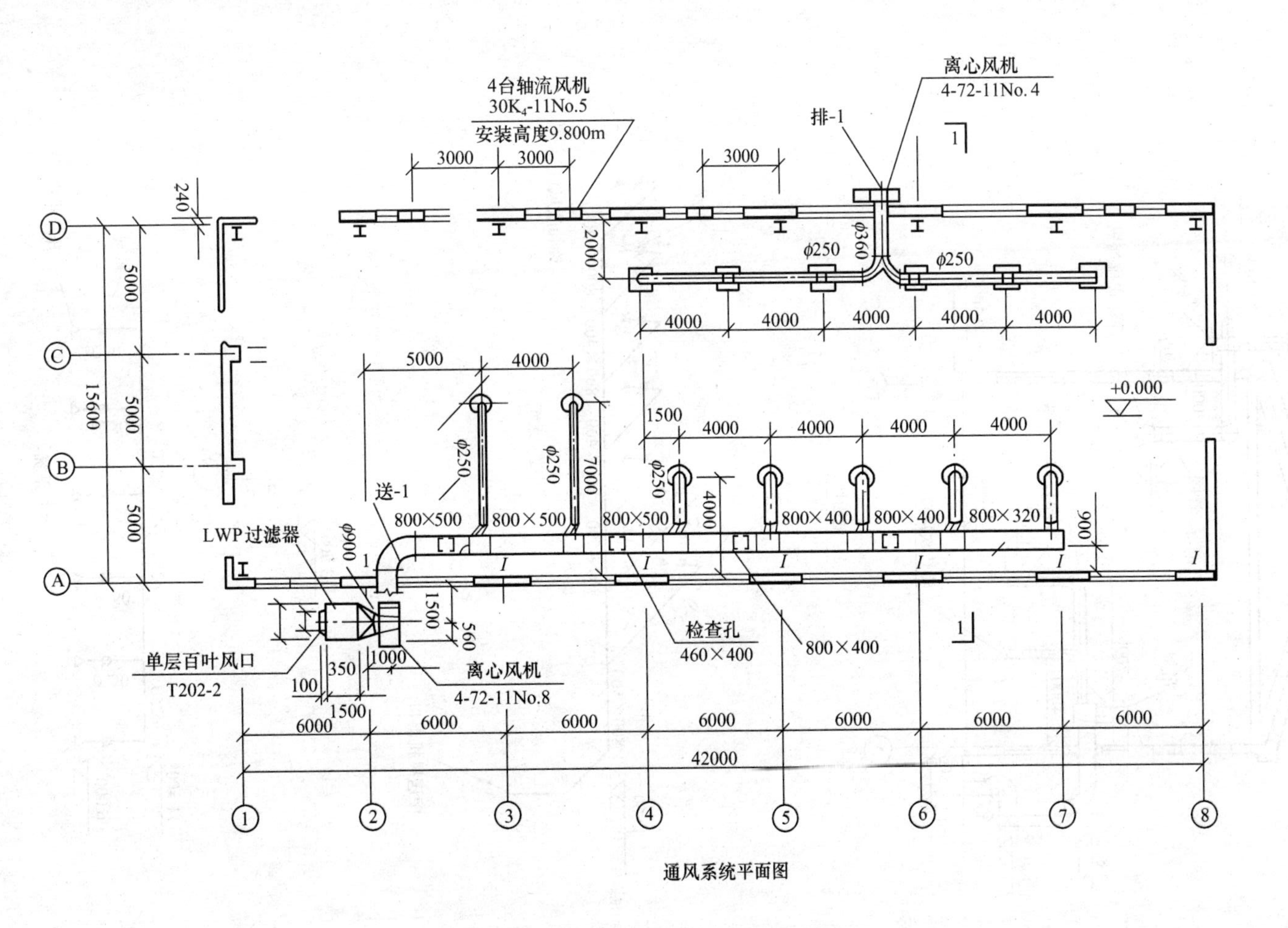

图 1-2-1 通风与空调工程施工图(一)

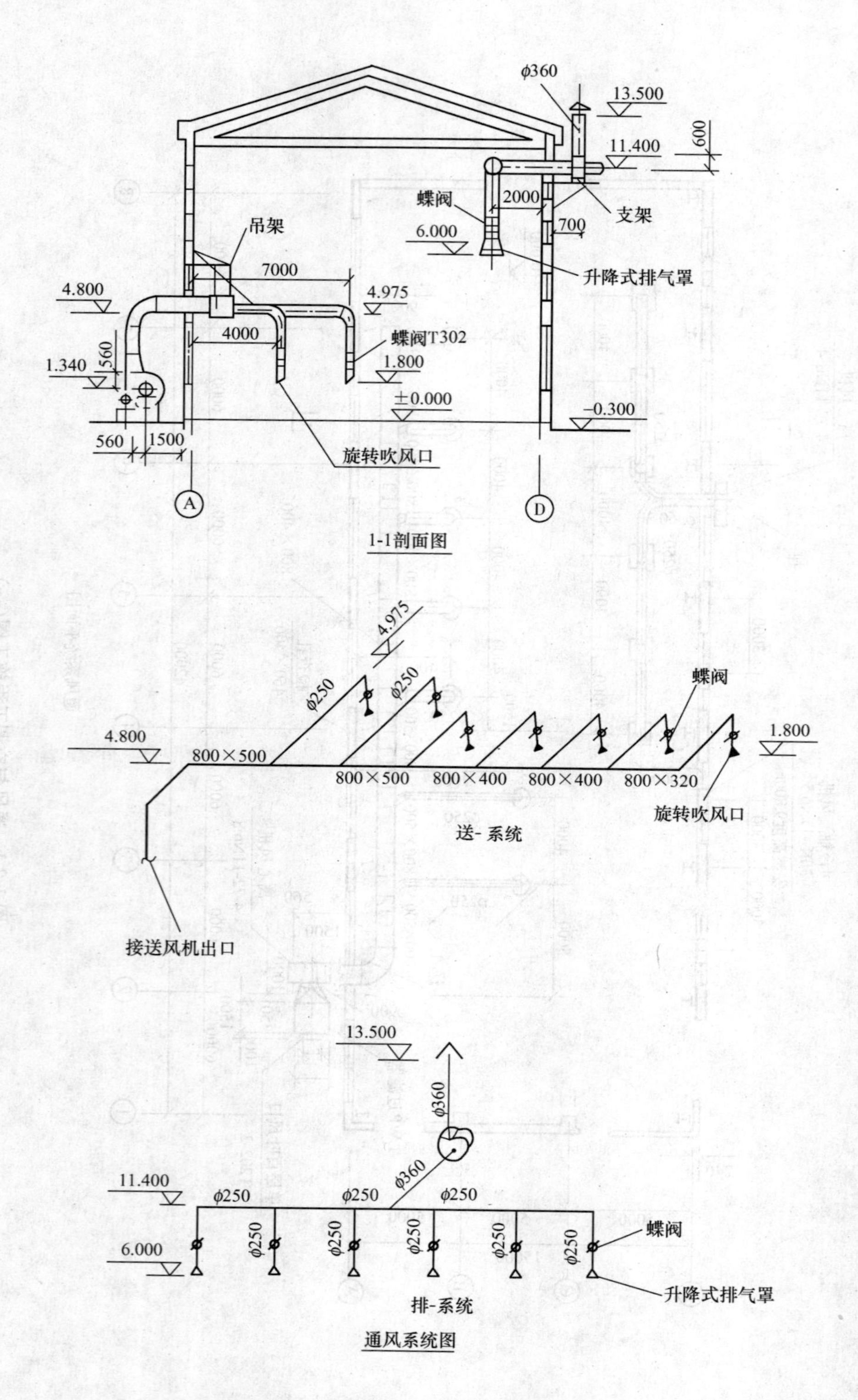

图 1-2-2　通风与空调工程施工图(二)

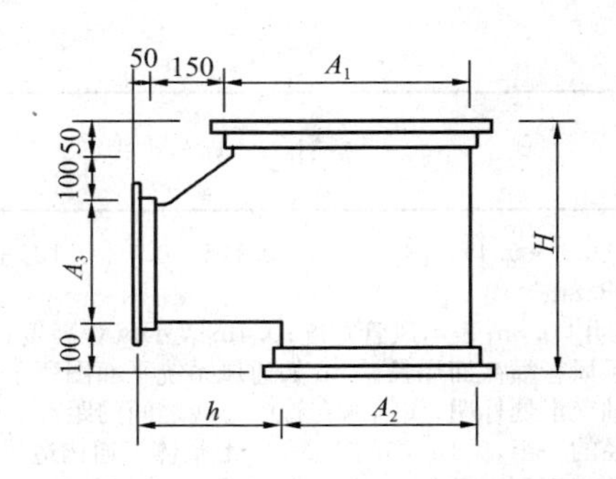

图 1-2-3 矩形整体三通构造尺寸图

以施工图中该部件的个数，就等于该部件的总重量。用该部件的总重量则可套相应的部件制作安装定额。工程量计算表与汇总见表 1-2-1(排风机支架缺详图，该工程量中未包括排风机支架制作安装)。

工程量计算表 **表 1-2-1**

序号	部 位	项目名称及规格型号	计 算 式	单位	数 量
一	送风系统				
1		镀锌钢板矩形风管制安 800×500	2×(0.8+0.5)×[(4.8+0.25−1.34−0.56)+(1.5+0.12×2+0.9+0.56+0.4)+(6+6−1+1.5+0.125+0.1)]=50.64m² （周长；风机出口立管长；穿墙水平段长；沿④轴墙水平段长） [说明] 0.8m 表示风管宽度；0.5m 表示风管高度；(0.8+0.5)×2 表示风管横截面周长。4.8m 如 1-1 剖面图所示，表示风机出口立管弯头处与室内地面±0.00 之间的高度。这其中包括了风机转轴中心线到室内地面±0.00 之间的高度 1.34m 和风机出口与风管 800×500 相接的一段天圆地方接头长度 0.56m。因此，需将 1.34m 和 0.56m 从 4.8m 总高度中除去。0.25m 表示风管高度的一半，即风机出口立管长表示从风机出口天圆地方接口处到水平风管 800×500 中心线之间的长度。1.5m 表示风机转轴中心线距墙外表面之间的距离；0.12m 表示外墙宽度的一半；0.9m 如通风系统平面图所示，在 Ⓐ轴与⑦轴交角处标示，表示风管干管外表面距墙内表面之间的距离。0.56m 如 1-1 剖面图所示风机中轴线与风管外表面之间的距离；0.4m 表示风管干管宽度的一半；(1.5+0.12×2+0.9+0.56+0.4)m 表示风管干管穿墙水平段总长，即从风管立管外表面到室内水平干管中心线之间的长度。6m 如通风系统平面图所示，表示②、③轴之间的距离和③、④轴之间的距离；1m 表示轴②到沿②轴敷设的风管干管中心线之间的距离；1.5m 如通风系统平面图所示，在④轴与⑬轴交角处标示，表示④轴到支管中心线之间的距离；0.125m 表示支管直径 0.25m 的一半；1.0m 表示从支管外表面到主风管变径处之间的长度。综上所述，(6+6−1+1.5+0.125+0.1)m 表示沿Ⓐ轴敷设的风管干管从②轴东侧干管中心线到风管变径处之间的总长度	m²	50.64

续表

序号	部位	项目名称及规格型号	计算式	单位	数量
2		镀锌钢板矩形风管制安 800×400	2×(0.8+0.4)×[4+4+4−0.125−0.1+0.125+0.1] =28.8m^2 [说明] 0.8m表示风管宽度；0.4m表示风管高度；2×(0.8+0.4)m表示风管横截面周长。4m如通风系统平面图所示，在Ⓑ轴与④、⑤、⑥轴交汇处标明，表示两支管中心线之间的距离。0.125m表示支管直径的一半，0.1m如图1-2-3矩形整体三通构造尺寸图所示，表示支管外表面到干管与三通法兰接头处之间的距离。而(4+4+4−0.125−0.1+0.125+0.1)m表示沿Ⓐ轴敷设的风管干管在④轴东边三通管的东接头到⑥轴东边三通管的东接头之间的长度。计算得到干管总长为12m，总工程量为28.8m^2	m^2	28.8
3		镀锌钢板矩形风管制安 800×320	2×(0.8+0.32)×(4−0.125−0.1+0.125+0.1)=8.96m^2 [说明] 0.8m表示风管宽度；0.32m表示风管高度；2×(0.8+0.32)m表示风管横截面的周长。4m表示如通风系统平面图所示在轴⑥与轴⑦之间的两支管中心线之间的距离；0.125m表示支管直径的一半；0.1m表示如图1-2-3矩形整体三通构造尺寸图所示，支管外表面与三通管接头法兰处之间的距离。而风管总长度(4−0.125−0.1+0.125+0.1)m表示沿Ⓐ轴敷设的风管干管在⑥轴右侧三通管的右接头到⑦轴右侧(三通管的右接头之间的长度)风管干管右端面之间的长度	m^2	8.96
4	风机出口天圆地方	镀锌钢板矩形风管制安 1500×1500	2×(1.5+1.5)×(1.35−0.3)=6.3m^2 [说明] 1.5m表示风管的宽度和高度；2×(1.5+1.5)m表示风管横截面周长。1.35m如通风系统平面图轴Ⓐ与轴②处所示，表示从风机接头处到水平风管中心线之间的长度。0.3m表示从水平风管中心线到风机与天圆地方接口处之间的长度。而(1.35−0.3)m表示在电机与风机之间天圆地方两接口之间的长度	m^2	6.3
5		镀锌钢板圆形风管制安 ϕ250	π×0.25×[(7−1.3)×2+(4−1.3)×5 水平支管总长 +(4.975−1.8−0.15)×7]=36.17m^2 垂直支管总长　蝶阀长　风口长 [说明] 0.25m表示圆形风管的直径，而(π×0.25)m表示圆形风管的周长。7m如通风系统平面图所示，表示竖直支管中心线到内墙表面之间的距离；1.3m表示水平干管中心线到内墙表面之间的距离，因为风管干管的宽度的一半为0.4m，从水平风管干管外表面到内墙表皮之间的距离为0.9m，如通风系统平面图轴Ⓐ与轴⑦交角处所示，故1.3m=(0.4+0.9)m。(7−1.3)m表示水平风管干管中心线到竖直风管支管中心线之间的长度，表示较长支管水平段长度。2表示较长支管共有2根。4m表示较短的送风管支管竖直中心线到南墙内表皮之间的距离，如通用系统图平面轴Ⓐ与轴⑤交叉处所标示。1.3m表示水平风管干管中心线到墙内表皮之间的距离；(4−1.3)m表示较短支管水平段长度，即水平风管干管中心线到竖直风管支管中心线之间的长度。5表示较短风管支管共有5根。4.975m如1-1剖面图所示，表示水平风管支管中心线到室内地面之间的距离；1.8m如1-1剖面图所示，表示竖直风管支管下旋转吹风口到室内地面之间的距离；(4.975−1.8)m表示风管竖直支管的总长度，其中安装在竖直支管上的蝶阀T302的长度为0.15m，故除去蝶阀后竖直支管的总长度为(4.975−1.8−0.15)m。如通风系统图平面图所示，竖直风管支管共有7根，故7根竖直风管支管的总长度应为(4.975−1.8−0.15)×7m	m^2	36.17

续表

序号	部 位	项目名称及规格型号	计 算 式	单位	数 量
6		离心风机安装 4-72-11No.8	[说明] 离心风机安装如通风系统平面图所示，安装在轴Ⓐ与轴②交叉处的室外位置，风机轴心距墙外表皮 1.5m 处。风机所接电机采用卧式安装，吸风口位于风机左方，新鲜空气经过单层百叶风口，过滤器后进入离心风机中加压，加压后的新风向上后经穿墙进入室内，均匀分配给各风管支管经旋转吹风口进入室内，用以补充室内新鲜空气，置换出不新鲜的室内空气	台	1
7		单层百叶风口制安 单个重 9.04kg，1 个	每个 9.04kg [说明] 常用的活动百叶风口有单层百叶风口和双层百叶风口，通常侧装用作侧送风口或回风口。双层百叶风口有两层可调节角度的活动百叶，短叶片用于调节送风气流的扩散角，也可用于改变气流的方向；而调节长叶片可以使送风气流贴附顶棚或下倾一定角度。单层百叶风口只有一层可调节角度的活动百叶，用以调节气流的进风方向进而调节离心风机的风压和流量。本工程单层百叶风口用于新风入口的位置，起到调节风量的作用	kg	9.04
8		过滤器安装 LWP	[说明] 过滤器一般安装在新风入口处，起到过滤空气中杂物，净化空气的作用。过滤器常用透气性较好的纤维棉制成，根据空气净化的标准选择过滤器的过滤能力	台	1
9		钢制蝶阀制安 T302-7，8 号，ϕ250 单重 4.22kg，7 个	4.22×7=29.54kg [说明] 钢制蝶阀是用以调节风口风速和风量的蝶形阀门，一般蝶片为圆形，直径与风管内径相同。当蝶片与风管垂直时，圆形蝶片与管径相切，这时阀门处于关闭状态，当蝶片直径与风管中心线平行时，这时阀门处于全开状态。因此通过调节蝶片与风管中心线之间的角度，可以调节风速和风量	kg	29.54
10		旋转吹风口制安 T209-1，1 号，ϕ250 单重 10.09kg，7 个	10.09×7=70.63kg [说明] 送风口以安装的位置分为侧送风口和顶送风口（向下送风）、地面风口（向上送风）；按送出气流的流动状态分为扩散型风口、轴向型风口和孔板送风口。旋转吹风口也有顶送型旋流风口和地板送风旋流风口两种。本例中采用顶送型旋流风口。风口中有起旋器，空气通过风口后成为旋转气流，并贴附于顶棚流动。具有诱导室内空气能力大、温度和风速衰减快的特点。适宜在送风温差大、层高低的空间中应用。旋流式风口的起旋器位置可以上下调节，当起旋器下移时，可使气流变为吹出型	kg	70.63
11		风管检查孔Ⅳ号 T604，10 号单个重 6.55kg，4 个	4×6.55=26.2kg [说明] 风管检查孔一般设于水平干管的顶部，在本例中检查孔的尺寸为 460×400，约 6m 距离设置 1 个，一般设于两支管的中间位置	kg	26.2

续表

序号	部位	项目名称及规格型号	计算式	单位	数量
二	排风系统				
1		镀锌钢板圆形风管制安，ϕ360	π×0.36×[13.5－11.4－0.6(风机出口至风机出口立管段之长风机中心之距)＋(0.7＋0.24＋2)]＝5.46m² 穿墙水平段 [说明] 0.36m 表示圆形风管的直径，π×0.36 表示圆形风管截面周长。13.5m 如 1-1 剖面图右上角所示，表示竖直排风管口距室内地面的高度。11.4m 如 1-1 剖面图右上角所示，表示水平排风管中心线距室内地面的高度。0.6m 如 1-1 剖面图右上角所示，表示水平排风管中心线距离心风机出口之间的高度。如图所示，(13.5－11.4－0.6)m 表示风机出口至 ϕ360 排风管出口之间的竖直排风管的长度。0.7m 表示竖直排风管中心线距北外墙外表皮之间的距离。如 1-1 剖面图右上角所示。0.24m 表示外墙的宽度，也表示在墙洞中的一段水平风管的长度。2m 如 1-1 剖面图右上角所示，表示室内竖直排风管中心线与北外墙内表皮之间的距离。而(0.7＋0.24＋2)m 表示从室内竖直排风管中心线到室外竖直排风管中心线之间的一段水平排风管的长度	m²	5.46
2		镀锌钢板圆形风管制安，ϕ250	π×0.25×[4×5＋(11.4－6－0.15)×6]＝40.42m² [说明] 0.25m 表示垂直支管圆形排风管的直径，π×0.25 则表示垂直支管横截面的周长。由通风系统图可知 ϕ250mm 的圆形垂直排风支管共有 6 根。又由通风系统图平面图可知，各垂直排风支管轴线间距为 4m，即连接各垂直排风管的水平排风管的长度为 4m，共 5 段。所以水平排风管的总长度为 4×5＝20m。垂直排风管的长度为(11.4－6－0.15)m，如 1-1 剖面图所示。其中，11.4m 表示水平排风管中心线距室内地面之间的高度；6m 表示垂直风管支管升降式排气罩的最底端与室内地面之间的高度；0.15m 表示安装在竖直风管下端的蝶阀的高度	m²	40.42
3		风帽制安 ϕ360，T609.6 号		kg	7.66
4		离心风机安装 4-72-11No.4		台	1
5		钢制蝶阀制安 ϕ250 单重 4.22kg，6 个	4.22×6＝25.32kg	kg	25.32
6		升降式排气罩制安 单重 72.23kg，T412，1 号，6 个	72.23×6＝433.38kg	kg	433.38
7		轴流风机安装 $30K_4$-11No.5		台	4

（3）套预算单价，编制工程计价表

根据施工图及其计算的工程量，按《全国统一安装工程预算定额四川省估价表》SGD 5—95、《四川省建设工程费用定额》SGD 7—95 和 1995 年《重庆市建筑安装材料预算价格》进行编制。

按系统计取费用时，先计算子目系数（超高增加费），后计算综合系数（脚手架搭拆费、系统调整费），最后进行工、料、机的调整。工程计价见表 1-2-2。

工 程 计 价 表 **表 1-2-2**

序号	定额编号	工程项目	工程量		单价（元）			总价（元）			主 材			
		名称规格	单位	数量	其中			其中			损耗（%）	数量	单价（元）	总价（元）
					人工费	材料费	机械费	人工费	材料费	机械费				
		一、送风系统												
1	5I0011	镀锌钢板矩形风管制安 800×500	10m²	5.06	75.45	47.27	11.28	381.78	239.19	57.08				
		未计价材料：镀锌钢板，δ=1mm	m²									11.38×5.06	32.66	1880.65
		角钢 L60	kg									35.04×5.06	2.91	515.95
2	5I0011	镀锌钢板矩形风管制安 800×400	10m²	2.88	75.45	47.27	11.28	217.30	136.14	32.49				
		未计价材料：镀锌钢板，δ=1mm	m²									11.38×2.88	32.66	1070.41
		角钢 L60	kg									35.04×2.88	2.91	293.66
3	5I0011	镀锌钢板矩形风管制安 800×320	10m²	0.90	75.45	47.27	11.28	67.91	42.54	10.15				
		未计价材料：镀锌钢板，δ=1mm	m²									11.38×0.9	32.66	334.50
		角钢 L60	kg									35.04×0.9	2.91	91.77
4	5I0012	镀锌钢板矩形风管制安 1500×1500	10m²	0.63	20.54	111.60	4.90	12.94	70.31	3.09				
		未计价材料：镀锌钢板，δ=1.2mm	m²									11.38×0.63	38.22	274.01
		角钢 L60	kg									45.14×0.63	2.91	82.76
5	5I0002	镀锌钢板圆风管制安 ϕ250	10m²	3.62	128.47	57.69	24.33	456.06	208.83	88.07				
		未计价材料：镀锌钢板 δ=0.75mm	m²									11.38×3.62	25.01	1030.30
		角钢 L60	kg									31.6×3.62	2.91	332.88
6	5A0784	离心式通风机安装 4-72-11No.8	台	1	91.64	19.51	2.48	91.64	19.51	2.48				
7	5I0087	单层百叶风口制作，单个重 9.04kg	100kg	0.09	477.47	509.53	21.50	42.97	45.86	1.94				
8	5I0088	单层百叶风口安装，单个重 9.04kg	个	1	3.03	0.36	0.01	3.03	0.36	0.01				
9	5I0297	过滤器安装 LWP	台	1	0.98			0.98						

续表

序号	定额编号	工程项目 名称规格	工程量 单位	工程量 数量	单价（元）其中 人工费	单价（元）其中 材料费	单价（元）其中 机械费	总价（元）其中 人工费	总价（元）其中 材料费	总价（元）其中 机械费	主材 损耗（%）	主材 数量	主材 单价（元）	主材 总价（元）
10	5I0051	圆形钢制蝶阀制作单重 4.22kg	100kg	0.30	477.60	519.83	537.62	143.28	155.95	161.29				
11	5I0052	圆形钢制蝶阀安装单重 4.22kg	个	7	5.27	0.64	0.31	36.89	4.48	2.17				
12	5I0111	旋转吹风口制作，单重 10.09kg	100kg	0.71	207.88	498.15	173.23	147.59	353.69	122.99				
13	5I0112	旋转吹风口安装，单重 10.09kg	个	7	6.58	1.82	0.36	46.06	12.74	2.52				
14	5I0035	风管检查孔	100kg	0.26	318.20	290.11	160.25	82.73	75.43	41.67				
		合计						1740.16	1365.03	525.95				5906.89
		二、排风系统												
15	5I0002	镀锌钢板圆形风管制安（垂直支管）ϕ250	10m²	0.40	128.47	57.69	24.33	51.39	23.08	9.73				
		未计价材料：镀锌钢板 δ=0.75mm	m²									11.38×0.4	25.01	113.85
		角钢 L60	kg									31.5×0.4	2.91	36.67
16	5I0003	镀锌钢板圆风管制安 ϕ360	10m²	0.55	96.58	62.04	12.35	53.12	34.12	6.79				
		未计价材料：镀锌钢板 δ=1mm	m²									11.38×0.55	32.66	204.42
		角钢 L60	kg									32.71×0.55	2.91	52.35
17	5I0185	风帽制作单重 8kg	100kg	0.08	83.70	394.83	8.24	6.70	31.59	0.66				
18	5I0186	风帽安装单重 8kg	个	1	7.38	26.18	0.01	7.38	26.18	0.01				
19	5I0051	钢制蝶阀制作，ϕ250，单重 4.22kg	100kg	0.25	477.60	519.83	537.62	119.40	129.96	134.41				
20	5I0052	钢制蝶阀安装，ϕ250，单重 4.22kg	个	6	5.27	0.64	0.31	31.62	3.84	1.86				
21	5I0227	升降式排气罩制作，单重 72.23kg	100kg	4.33	76.07	361.40	44.14	329.38	1564.86	191.13				
22	5I0228	升降式排气罩安装，单重 72.23kg	个	6	64.21	22.06	7.09	385.26	132.36	42.54				
23	5A0782	离心风机安装 4-72-11No.4	台	1	10.46	10.29	1.86	10.46	10.29	1.86				
24	5A0806	轴流风机安装 30K$_4$-11No.5	台	4	18.45	1.70	1.24	73.80	6.80	4.96				
		合计						1068.51	1963.08	393.95				407.29

根据《全国统一安装工程预算定额四川省估价表》SGD 5—95 说明，该工程排风系统的超高增加费按其人工费的15%计取，故超高增加费为 1068.51×15%=160.28。超高增加费为人工降效补偿，故属人工工资。

续表

序号	定额编号	工程项目	工程量		单价(元)			总价(元)			主材			
		名称规格	单位	数量	其中			其中			损耗(%)	数量	单价(元)	总价(元)
					人工费	材料费	机械费	人工费	材料费	机械费				
	合计							2968.95	3328.11	919.9				6314.18

根据《全国统一安装工程预算定额四川省估价表》SGD 5—95 说明，该通风工程脚手架搭拆费按人工费的 5%计取，其中工资占 25%。则脚手架搭拆费为 2968.95×5%=148.45 元，其中工资为 148.45×25%=37.11 元，其余 148.45−37.11=111.34 元列入材料费内。

根据《全国统一安装工程预算定额四川省估价表》SGD 5—95 说明，通风系统调整费按人工费的 13%计取，其中人工工资占 25%，仪器、仪表折旧与材料消耗共占 75%，故系统调整费为 2968.95×13%=385.96 元，其中人工工资为 385.96×25%=96.49 元，材料为 385.96×75%=289.47 元。

	合计						3102.55	3728.92	919.9					6314.18

(4)计算各项费用，确定工程造价

各项费用和工程造价见表 1-2-3。

以定额人工费为取费基础的费用计算表 **表 1-2-3**

序号	费用名称	计算式	价值(元)	备注
一	直接费		17321.67	
(一)	直接工程费		16856.29	
1	定额直接费		14065.55	
	其中定额人工费		3102.55	
2	其他直接费、临时设施费、现场管理费	定额人工费×89.95%	2790.74	四川省估价表总说明规定费率
(二)	其他直接工程费		465.38	
1	材料价差调整			
(1)	计价材料综合调整价差			
(2)	未计价材料价差			
2	施工图预算包干费	定额人工费×15%	465.38	SGD 7—95 规定费率 15%
二	间接费	定额人工费×88.46%	2744.51	
(一)	企业管理费	定额人工费×50.62%	1570.51	SGD 7—95 规定费率
(二)	财务费用	定额人工费×8.34%	258.75	取费证核定费率
(三)	劳动保险费	定额人工费×29.5%	915.25	取费证核定费率
(四)	远地施工增加费	定额人工费×( )%		承包合同确定费率
(五)	施工队伍迁移费	定额人工费×( )%		承包合同确定费率
三	计划利润	定额人工费×85%	2637.17	取费证核定费率
四	按规定允许按实计算的费用			
五	定额管理费	(一+二+三+四)×1.8‰	40.87	SGD 7—95 规定 1.8‰
六	税金	(一+二+三+四+五)×3.5%	796.05	SGD 7—95 规定费率
七	工程造价	一+二+三+四+五+六	23540.27	

(5)工料分析

按《全国统一安装工程预算定额》对工料进行分析。在此仅列出主要工料表(表1-2-4)。

主　要　工　料　表　　　　表1-2-4

序号		名　称	型号及规格	单位	数量	备　注
一	1	镀锌钢板	δ=0.75mm	m^2	45.63	
	2	镀锌钢板	δ=1.00mm	m^2	100.26	
	3	镀锌钢板	δ=1.20mm	m^2	7.17	
	4	角　钢	<L60	kg	366.86	
	5	角　钢	>L60	kg	0.77	
	6	扁　钢	<−59	kg	62.54	
	7	圆　钢	ϕ(5.5~9)	kg	4.24	
	8	圆　钢	ϕ(10~14)	kg	6.81	
	9	圆　钢	ϕ(15~24)	kg	4.39	
	10	圆　钢	ϕ32以上	kg	6.4	
	11	电焊条	ϕ3.2	kg	4.82	
	12	精制六角带帽螺栓	M(2~5)×(4~20)	10套	8.05	
	13	精制六角带帽螺栓	M6×75	10套	30.09	
	14	精制六角带帽螺栓	M8×75	10套	24.89	
	15	膨胀螺栓	ϕ12	套	7.18	
	16	离心式通风机	4-72-11No.8	台	1	
	17	轴流式通风机	$30K_4$-11No.5	台	4	
	18	铸铁垫板		kg	9.10	
	19	混凝土	C15	m^3	0.07	
	20	普通钢板	0.7~0.9mm	kg	36.76	
	21	普通钢板	0~3号 δ(1~1.5)mm	kg	189.57	
	22	普通钢板	δ(2~2.5)mm	kg	126.08	
	23	普通钢板	δ(2.6~3.2)mm	kg	3.22	
	24	低效过滤器		台	1	
	25	垫　圈	ϕ(2~8)mm	10个	3.29	
二		综合工日		工日	150	

二、《建设工程工程量清单计价规范》GB 50500—2008 计算方法

根据《建设工程工程量清单计价规范》GB 50500—2008 的规定，套用《全国统一安装工程预算定额》GYD—209—2000，参照 2000 年《天津市建设工程材料预算价格》等文件计算其工程造价。

提示：1. 因为所依据的工程量相同，直接选用定额预算中算出的工程量，在此就不重复计算了。

2. 本题中的企业管理费和利润＝人工费×(管理费费率＋利润率)。其中，管理费费率按 50.62％、利润率按 85％计算。

3. 封面和总说明内容略。

4. 高层建筑物增加费按人工费的 5％计算(其中全部为人工工资)；系统调整费按系统工程人工费的 13％计算，其中人工工资占 25％(工资以外的暂列在机械费内)。

通风空调工程工程量清单及投标报价编制示例，见表 1-2-5～表 1-2-52。

高层建筑(21层)空调工程

工 程 量 清 单

招 标 人：×××
(单位盖章)

工程造价
咨 询 人：×××
(单位资质专用章)

法定代表人
或其授权人：×××　法定代表人
(签字或盖章)

法定代表人
或其授权人：×××
(签字或盖章)

编 制 人：×××
(造价人员签字盖专用章)

复 核 人：×××
(造价工程师签字盖专用章)

编制时间：××××年××月××日

复核时间：××××年××月××日

总 说 明

工程名称：高层建筑(21层)空调工程　　　　第　页　共　页

1. 工程概况：高层(21层)建筑内空调系统，工程为一类工程。

2. 工程招标范围：本次招标范围为空调系统范围内的安装工程。

3. 工程量清单编制依据：

(1)空调系统图。

(2)《建设工程工程量清单计价规范》GB 50500—2008。

分部分项工程量清单与计价表　　　　表 1-2-5

工程名称：高层建筑(21层)空调工程　　　　标段：　　　　第　页　共　页

序号	项目编码	项目名称	项目特征描述	计量单位	工程量	金额(元)		
						综合单价	合价	其中：暂估价
1	030902001001	碳钢通风管道制作安装	矩形，周长(361＋361)×2 板材厚 0.75mm	m^2	2.57			
2	030902001002	碳钢通风管道制作安装	矩形，周长(400＋400)×2 板材厚 0.75mm	m^2	12.61			
3	030902001003	碳钢通风管道制作安装	矩形，周长(500＋400)×2 板材厚 0.75mm	m^2	20.70			
4	030902001004	碳钢通风管道制作安装	矩形，周长(630＋200)×2 板材厚 0.75mm	m^2	18.35			
5	030902001005	碳钢通风管道制作安装	矩形，周长(900＋735)×2 板材厚 1mm	m^2	8.68			
6	030902001006	碳钢通风管道制作安装	矩形，周长(800＋400)×2 板材厚 1mm	m^2	22.32			
7	030902001007	碳钢通风管道制作安装	矩形，周长(1000＋400)×2 板材厚 1mm	m^2	54.04			
8	030902001008	碳钢通风管道制作安装	矩形，周长(1200＋400)×2 板材厚 1mm	m^2	43.01			
9	030902001009	碳钢通风管道制作安装	矩形，周长(735＋1750)×2 板材厚 1.2mm	m^2	6.46			

续表

序号	项目编码	项目名称	项目特征描述	计量单位	工程量	金额（元）		
						综合单价	合价	其中：暂估价
10	030902001010	碳钢通风管道制作安装	矩形，周长（2100＋400）×2 板材厚 1.2mm	m^2	7.74			
11	030903001001	碳钢调节阀制作安装	对开多叶调节阀，密闭式，400×400，13.1kg/个	个	8			
12	030903001002	碳钢调节阀制作安装	对开多叶调节阀，密闭式，900×750，27.4kg/个	个	2			
13	030903001003	碳钢调节阀制作安装	对开多叶调节阀，密闭式，2100×400，65.4kg/个	个	1			
14	030903007001	碳钢风口，散流器制作安装	网式新风口，800×400，2.44kg/个	个	1			
15	030903011001	铝及铝合金风口，散流器制作安装	单层百叶铝风口，900×735，6.6kg/个	个	2			
16	030903011002	铝及铝合金风口，散流器制作安装	带调节板活动铝百叶风口 3.6kg/个	个	9			
17	030901004001	空调器	变风量空调器 60.48kW	台	2			
18	030903021001	静压箱制作安装	采用 1.5mm 的镀锌钢板长方体，尺寸 2.0m×0.9m×1.5m	m^2	12.30			
19	030903021002	静压箱制作安装	采用 1.5mm 的镀锌钢板长方体，尺寸 2.1m×1.7m×0.91m	m^2	14.06			
20	030904001001	通风工程检测、调试		系统	1			
本页小计								
合计								

注：根据建设部、财政部发布的《建筑安装工程费用组成》（建标[2003]206 号）的规定，为计取规费等的使用，可在表中增设其中："直接费"、"人工费"或"人工费＋机械费"。

措施项目清单与计价表（一）

表 1-2-6

工程名称：高层建筑（21 层）空调工程　　　标段：　　　第　页　共　页

序号	项目名称	计算基础	费率（%）	金额（元）
1	安全文明施工费			
2	夜间施工费			
3	二次搬运费			
4	冬雨季施工			
5	大型机械设备进出场及安拆费			
6	施工排水			
7	施工降水			
8	地上、地下设施、建筑物的临时保护设施			
9	已完工程及设备保护			
10	各专业工程的措施项目			
11				
12				
合计				

注：1. 本表适用于以"项"计价的措施项目。

2. 根据建设部、财政部发布的《建筑安装工程费用组成》（建标[2003]206 号）的规定，"计算基础"可为"直接费"。

措施项目清单与计价表(二) 表 1-2-7

工程名称:高层建筑(21层)空调工程 标段: 第 页 共 页

序号	项目编码	项目名称	项目特征描述	计量单位	工程量	金额(元)	
						综合单价	合价
本页小计							
合计							

注:本表适用于以综合单价形式计价的措施项目。

其他项目清单与计价汇总表 表 1-2-8

工程名称:高层建筑(21层)空调工程 标段: 第 页 共 页

序号	项目名称	计量单位	金额(元)	备注
1	暂列金额	项	5000	
2	暂估价			
2.1	材料暂估价			
2.2	专业工程暂估价			
3	计日工			
4	总承包服务费			
5				
合计				

注:材料暂估单价进入清单项目综合单价,此处不汇总。

暂列金额明细表 表 1-2-9

工程名称:高层建筑(21层)空调工程 标段: 第 页 共 页

序号	项目名称	计量单位	暂定金额(元)	备注
1	工程量清单中工程量偏差和设计变更	项	2000	
2	政策性调整和材料价格风险	项	2000	
3	其他		1000	
4				
5				
6				
7				
8				
9				
10				
11				
合计			5000	

注:此表由招标人填写,如不能详列,也可只列暂定金额总额,投标人应将上述暂列金额计入投标总价中。

材料暂估单价表 表 1-2-10

工程名称:高层建筑(21层)空调工程 标段: 第 页 共 页

序号	材料名称、规格、型号	计量单位	单价(元)	备注

注:1. 此表由招标人填写,并在备注栏说明暂估价的材料拟用在哪些清单项目上,投标人应将上述材料暂估单价计入工程量清单综合单价报价中。

2. 材料包括原材料、燃料、构配件以及按规定应计入建筑安装工程造价的设备。

专业工程暂估价表

表 1-2-11

工程名称:高层建筑(21 层)空调工程　　　　标段:　　　　第　页　共　页

序号	工程名称	工程内容	金额(元)	备注
合计				

注:此表由招标人填写,投标人应将上述专业工程暂估价计入投标总价中。

计　日　工　表

表 1-2-12

工程名称:高层建筑(21 层)空调工程　　　　标段:　　　　第　页　共　页

编号	项目名称	单位	暂定数量	综合单价(元)	合价(元)
一	人工				
1	普工	6			
2	技工(综合)	2			
3					
4					
人工小计					
二	材料				
1					
2					
3					
4					
5					
6					
材料小计					
三	施工机械				
1					
2					
3					
4					
施工机械小计					
总计					

注:此表项目名称、数量由招标人填写,编制招标控制价时,单价由招标人按有关计价规定确定;投标时,单价由投标人自主报价,计入投标总价中。

总承包服务费计价表

表 1-2-13

工程名称:高层建筑(21 层)空调工程　　　　标段:　　　　第　页　共　页

序号	项目名称	项目价值(元)	服务内容	费率(%)	金额(元)
1	发包人发包专业工程	10000	按专业工程承包人的要求对施工现场进行统一管理		
2	发包人供应材料	10000	对发包人供应的材料进行验收及保管和使用发放		
合计					

规费、税金项目清单与计价表

表 1-2-14

工程名称:高层建筑(21 层)空调工程　　　　标段:　　　　第　页　共　页

序号	项目名称	计算基础	费率(%)	金额(元)
1	规费			
1.1	工程排污费	按环保部门规定计算		

续表

序号	项目名称	计算基础	费率(%)	金额(元)
1.2	社会保障费	(1)+(2)+(3)		
(1)	养老保险费	定额人工费		
(2)	失业保险费	定额人工费		
(3)	医疗保险费	定额人工费		
1.3	住房公积金	定额人工费		
1.4	危险作业意外伤害保险	定额人工费		
1.5	工程定额测定费	税前工程造价		
2	税金	分部分项工程费+措施项目费+其他项目费+规费		
合计				

注:根据建设部、财政部发布的《建筑安装工程费用组成》(建标[2003]206号)的规定,"计算基础"可为"直接费"、"人工费"或"人工费+机械费"。

投 标 总 价

招　　标　　人:　　×××

工　程　名　称:　　高层建筑(21层)空调工程

投标总价(小写):　　54468元

　　　　(大写):　　伍万肆仟肆佰陆拾捌元

投　　标　　人:　　×××
(单位盖章)

法定代表人
或其授权人:　　×××
(签字或盖章)

编　　制　　人:　　×××
(造价人员签字盖专用章)

编　制　时　间:××××年××月××日

总 说 明

工程名称:高层建筑(21层)空调工程　　　　第　页共　页

1. 工程概况:高层(21层)建筑内空调系统,工程为一类工程。

2. 投标报价包括范围:为本次招标的空调系统范围内的安装工程。

3. 投标报价编制依据:

(1)招标文件及其所提供的工程量清单和有关报价的要求,招标文件的补充通知和答疑纪要。

(2)空调系统图。

(3)有关的技术标准、规范和安全管理规定等。

(4)省建设主管部门颁发的计价定额和计价管理办法及相关计价文件。

工程项目投标报价汇总表

表 1-2-15

工程名称:高层建筑(21层)空调工程　　标段:　　第　页共　页

序号	单项工程名称	金额(元)	其中		
			暂估价(元)	安全文明施工费(元)	规费(元)
1	高层建筑(21层)空调工程	54467.98		1905.15	1881
合计		54467.98		1905.15	1881

单项工程投标报价汇总表

表 1-2-16

工程名称:高层建筑(21层)空调工程　　标段:　　第　页共　页

序号	单项工程名称	金额(元)	其中		
			暂估价(元)	安全文明施工费(元)	规费(元)
1	高层建筑(21层)空调工程	54467.98		1905.15	1881
合计		54467.98		1905.15	1881

单位工程投标报价汇总表

表 1-2-17

工程名称:高层建筑(21层)空调工程　　标段:　　第　页共　页

序号	汇总内容	金额(元)	其中:暂估价(元)
1	分部分项工程	42578.85	
1.1	C.9通风空调工程	42578.85	
2	措施项目	2102.02	
2.1	安全文明施工费	1905.15	
3	其他项目	6110	
3.1	暂列金额	5000	
3.2	专业工程暂估价		
3.3	计日工	360	
3.4	总承包服务费	750	

续表

序号	汇总内容	金额(元)	其中:暂估价(元)
4	规费	1881	
5	税金	1796.11	
投标报价总计=1+2+3+4+5		54467.98	

分部分项工程量清单与计价表　　表 1-2-18

工程名称:高层建筑(21层)空调工程　　标段:　　第　页共　页

序号	项目编码	项目名称	项目特征描述	计量单位	工程量	金额(元)		
						综合单价	合价	其中:暂估价
1	030902001001	碳钢通风管道制作安装	矩形,周长(361+361)×2 板材厚 0.75mm	m^2	2.57	153.13	393.54	
2	030902001002	碳钢通风管道制作安装	矩形,周长(400+400)×2 板材厚 0.75mm	m^2	12.61	152.07	1917.60	
3	030902001003	碳钢通风管道制作安装	矩形,周长(500+400)×2 板材厚 0.75mm	m^2	20.7	150.99	3125.49	
4	030902001004	碳钢通风管道制作安装	矩形,周长(630+200)×2 板材厚 0.75mm	m^2	18.35	151.66	2782.96	
5	030902001005	碳钢通风管道制作安装	矩形,周长(900+735)×2 板材厚 1mm	m^2	8.68	136.04	1180.83	
6	030902001006	碳钢通风管道制作安装	矩形,周长(800+400)×2 板材厚 1mm	m^2	22.32	140.87	3144.22	
7	030902001007	碳钢通风管道制作安装	矩形,周长(1000+400)×2 板材厚 1mm	m^2	54.04	135.76	7336.47	
8	030902001008	碳钢通风管道制作安装	矩形,周长(1200+400)×2 板材厚 1mm	m^2	43.01	140.85	6057.96	
9	030902001009	碳钢通风管道制作安装	矩形,周长(735+1750)×2 板材厚 1.2mm	m^2	6.46	154.10	995.49	
10	030902001010	碳钢通风管道制作安装	矩形,周长(2100+400)×2 板材厚 1.2mm	m^2	7.74	153.86	1190.88	
11	030903001001	碳钢调节阀制作安装	对开多叶调节阀,密闭式,400×400,13.1kg/个	个	8	252.24	2017.92	
12	030903001002	碳钢调节阀制作安装	对开多叶调节阀,密闭式,900×750,27.4kg/个	个	2	489.38	978.76	
13	030903001003	碳钢调节阀制作安装	对开多叶调节阀,密闭式,2100×400,65.4kg/个	个	1	861.51	861.51	
14	030903007001	碳钢风口,散流器制作安装	网式新风口,800×400,2.44kg/个	个	1	41.71	41.71	
15	030903011001	铝及铝合金风口,散流器制作安装	单层百叶铝风口,900×735,6.6kg/个	个	2	228.07	456.14	

续表

序号	项目编码	项目名称	项目特征描述	计量单位	工程量	金额(元)		
						综合单价	合价	其中：暂估价
16	030903011002	铝及铝合金风口，散流器制作安装	带调节板活动铝百叶风口 3.6kg/个	个	9	169.52	1525.68	
17	030901004001	空调器	变风量空调器，60.48kW	台	2	1893.42	3786.84	
18	030903021001	静压箱制作安装	采用 1.5mm 的镀锌钢板长方体，尺寸 2.0m×0.9m×1.5m	m^2	12.30	143.51	1765.17	
19	030903021002	静压箱制作安装	采用 1.5mm 的镀锌钢板长方体，尺寸 2.1m×1.7m×0.91m	m^2	14.06	143.51	2017.75	
20	030904001001	通风工程检测、调试		系统	1	1001.93	1001.93	
			本页小计				42578.85	
			合计				42578.85	

注：根据建设部，财政部发布的《建筑安装工程费用组成》(建标[2003]206 号)的规定，为计取规费等的使用，可在表中增设其中："直接费"、"人工费"或"人工费＋机械费"。

措施项目清单与计价表(一)　　　　**表 1-2-19**

工程名称：高层建筑(21 层)空调工程　　　　标段：　　　　第　页　共　页

序号	项目名称	计算基础	费率(%)	金额(元)
1	安全文明施工费	人工费	30	1905.15
2	夜间施工费	人工费	1.5	95.26
3	二次搬运费	人工费	1	63.51
4	冬雨季施工	人工费	0.6	38.10
5	大型机械设备进出场及安拆费			
6	施工排水			
7	施工降水			
8	地上、地下设施、建筑物的临时保护设施			
9	已完工程及设备保护			
10	各专业工程的措施项目			
(1)	脚手架			
(2)	垂直运输机械			
	合计			2102.02

注：1. 本表适用于以"项"计价的措施项目。

2. 根据建设部、财政部发布的《建筑安装工程费用组成》(建标[2003]206 号)的规定，"计算基础"可为"直接费"、"人工费"或"人工费＋机械费"。

措施项目清单与计价表(二)　　　　**表 1-2-20**

工程名称：高层建筑(21 层)空调工程　　　　标段：　　　　第　页　共　页

序号	项目编码	项目名称	项目特征描述	计量单位	工程量	金额(元)	
						综合单价	合价
			本页小计				
			合计				

注：本表适用于以综合单价形式计价的措施项目。

其他项目清单与计价汇总表 **表 1-2-21**

工程名称:高层建筑(21层)空调工程　　标段:　　第　页　共　页

序号	项目名称	计量单位	金额(元)	备注
1	暂列金额	项	5000	
2	暂估价			
2.1	材料暂估价			
2.2	专业工程暂估价			
3	计日工		360	
4	总承包服务费		750	
5				
合计			6110	

注:材料暂估单价进入清单项目综合单价,此处不汇总。

暂列金额明细表 **表 1-2-22**

工程名称:高层建筑(21层)空调工程　　标段:　　第　页　共　页

序号	项目名称	计量单位	暂定金额(元)	备注
1	工程量清单中工程量偏差和设计变更	项	2000	
2	政策性调整和材料价格风险	项	2000	
3	其他		1000	
4				
5				
6				
7				
8				
9				
10				
11				
合计			5000	

注:此表由招标人填写,如不能详列,也可只列暂定金额总额,投标人应将上述暂列金额计入投标总价中。

材料暂估单价表 **表 1-2-23**

工程名称:高层建筑(21层)空调工程　　标段:　　第　页　共　页

序号	材料名称、规格、型号	计量单位	单价(元)	备注

注:1. 此表由招标人填写,并在备注栏说明暂估价的材料拟用在哪些清单项目上,投标人应将上述材料暂估单价计入工程量清单综合单价报价中。

2. 材料包括原材料、燃料、构配件以及按规定应计入建筑安装工程造价的设备。

专业工程暂估价表 **表 1-2-24**

工程名称:高层建筑(21层)空调工程　　标段:　　第　页　共　页

序号	工程名称	工程内容	金额(元)	备注
合计				—

注:此表由招标人填写,投标人应将上述专业工程暂估价计入投标总价中。

计 日 工 表 **表 1-2-25**

工程名称:高层建筑(21层)空调工程　　　　标段:　　　　第　页　共　页

编号	项目名称	单位	暂定数量	综合单价(元)	合价(元)
一	人工				
1	普工	工日	6	40	240
2	技工(综合)	工日	2	60	120
3					
4					
人工小计					360
二	材料				
1					
2					
3					
4					
5					
6					
材料小计					
三	施工机械				
1					
2					
3					
4					
施工机械小计					
总计					360

注:此表项目名称、数量由招标人填写,编制招标控制价时,单价由招标人按有关计价规定确定;投标时,单价由投标人自主报价,计入投标总价中。

总承包服务费计价表 **表 1-2-26**

工程名称:高层建筑(21层)空调工程　　　　标段:　　　　第　页　共　页

序号	项目名称	项目价值(元)	服务内容	费率(%)	金额(元)
1	发包人发包专业工程	10000	按专业工程承包人的要求对施工现场进行统一管理	7	700
2	发包人供应材料	10000	对发包人供应的材料进行验收及保管和使用发放	0.5	50
合计					750

规费、税金项目清单与计价表 **表 1-2-27**

工程名称:高层建筑(21层)空调工程　　　　标段:　　　　第　页　共　页

序号	项目名称	计算基础	费率(%)	金额(元)
1	规费			1881
1.1	工程排污费	按工程所在地环保部门规定按实计算		
1.2	社会保障费	(1)+(2)+(3)		1397.11

续表

序号	项目名称	计算基础	费率(%)	金额(元)
(1)	养老保险费	人工费	14	889.07
(2)	失业保险费	人工费	2	127.01
(3)	医疗保险费	人工费	6	381.03
1.3	住房公积金	人工费	6	381.03
1.4	危险作业意外伤害保险	7128	0.5	31.75
1.5	工程定额测定费	税前工程造价	0.14	71.11
2	税金	分部分项工程费＋措施项目费＋其他项目费＋规费	3.41	1796.11
合计				3677.11

注:根据建设部、财政部发布的《建筑安装工程费用组成》(建标[2003]206号)的规定,“计算基础”可为“直接费”、“人工费”或“人工费＋机械费”。

工程量清单综合单价分析表 **表 1-2-28**

工程名称:高层建筑(21层)空调工程　　标段:　　第1页　共20页

项目编码	030902001001	项目名称	碳钢通风管道制作安装 361×361	计量单位	m^2

清单综合单价组成明细											
定额编号	定额名称	定额单位	数量	单价(元)				合价(元)			
				人工费	材料费	机械费	管理费和利润	人工费	材料费	机械费	管理费和利润
9-6	镀锌钢板风管制安	$10m^2$	0.1	154.18	213.52	19.35	209.10	15.42	21.35	1.94	20.91
11-2021	玻璃棉毡安装	m^3	0.07	36.69	67.91	6.75	49.76	2.57	4.75	0.47	3.48
11-2159	油毡纸防潮层	$10m^2$	0.1331	11.15	8.93	—	15.12	1.48	1.19	—	2.01
11-2153	玻璃布保护层	$10m^2$	0.1331	10.91	0.20	—	14.80	1.45	0.03	—	1.97
	高层建筑增加费	元						1.05			1.42
人工单价		小计						21.97	27.32	2.41	29.79
23.22元/工日		未计价材料费						71.64			
清单项目综合单价								153.13			

材料费明细	主要材料名称、规格、型号	单位	数量	单价(元)	合价(元)	暂估单价(元)	暂估合价(元)
	镀锌钢板 δ0.75mm	m^2	1.138	25.01	28.46		
	玻璃棉毡	m^3	0.0721	444.60	32.06		
	玻璃布保护层	m^2	1.8634	3.20	5.96		
	油毡纸防潮层	m^2	1.8634	2.77	5.16		
	其他材料费			—		—	
	材料费小计			—	71.64	—	

注:1.“数量”栏为:投标方(定额)工程量÷招标方(清单)工程量÷定额单位数量,如“0.1”为“2.57÷2.57÷10”。

2.管理费费率为50.62%,利润率为85%,以人工费为基数。

工程量清单综合单价分析表

续表

工程名称：高层建筑(21层)空调工程　　标段：　　第2页　共20页

项目编码	030902001002	项目名称	碳钢通风管道制作安装 400×400	计量单位	m^2

清单综合单价组成明细

定额编号	定额名称	定额单位	数量	单价(元)				合价(元)			
				人工费	材料费	机械费	管理费和利润	人工费	材料费	机械费	管理费和利润
9-6	镀锌钢板风管制安	$10m^2$	0.1	154.18	213.52	19.35	209.10	15.42	21.35	1.94	20.91
11-2021	玻璃棉毡安装	m^3	0.069	36.69	67.91	6.75	49.76	2.53	4.69	0.47	3.43
11-2159	油毡纸防潮层	$10m^2$	0.12998	11.15	8.93	—	15.12	1.45	1.16	—	1.97
11-2153	玻璃布保护层	$10m^2$	0.12998	10.91	0.20	—	14.80	1.42	0.03	—	1.92
	高层建筑增加费	元						1.04			1.41
人工单价		小计						21.86	27.23	2.41	29.64
23.22元/工日		未计价材料费						70.93			
清单项目综合单价								152.07			

	主要材料名称、规格、型号	单位	数量	单价(元)	合价(元)	暂估单价(元)	暂估合价(元)
材料费明细	镀锌钢板 δ0.75mm	m^2	1.138	25.01	28.46		
	玻璃棉毡	m^3	0.0711	444.60	31.61		
	玻璃布保护层	m^2	1.8197	3.20	5.82		
	油毡纸防潮层	m^2	1.8197	2.77	5.04		
	其他材料费			—		—	
	材料费小计			—	70.93	—	

注：1."数量"栏为：投标方(定额)工程量÷招标方(清单)工程量÷定额单位数量，如"0.1"为"12.61÷12.61÷10"。

2.管理费费率为50.62%，利润率为85%，以人工费为基数。

工程量清单综合单价分析表

续表

工程名称：高层建筑(21层)空调工程　　标段：　　第3页　共20页

项目编码	030902001003	项目名称	碳钢通风管道制作安装 500×400	计量单位	m^2

清单综合单价组成明细

定额编号	定额名称	定额单位	数量	单价(元)				合价(元)			
				人工费	材料费	机械费	管理费和利润	人工费	材料费	机械费	管理费和利润
9-6	镀锌钢板风管制安	$10m^2$	0.1	154.18	213.52	19.35	209.10	15.42	21.35	1.94	20.91
11-2021	玻璃棉毡安装	m^3	0.0681	36.69	67.91	6.75	47.76	2.50	4.62	0.46	3.39

续表

定额编号	定额名称	定额单位	数量	单价(元)				合价(元)			
				人工费	材料费	机械费	管理费和利润	人工费	材料费	机械费	管理费和利润
11-2159	油毡纸防潮层	10m²	0.12667	11.15	8.93	—	15.12	1.41	1.13	—	1.92
11-2153	玻璃布保护层	10m²	0.12667	10.91	0.20	—	14.80	1.38	0.03	—	1.87
	高层建筑增加费	元						1.04			1.41
人工单价		小计						21.75	27.13	2.4	29.5
23.22元/工日		未计价材料费						70.21			
清单项目综合单价								150.99			

	主要材料名称、规格、型号	单位	数量	单价(元)	合价(元)	暂估单价(元)	暂估合价(元)
材料费明细	镀锌钢板 δ0.75mm	m²	1.138	25.01	28.46		
	玻璃棉毡	m³	0.0701	444.60	31.17		
	玻璃布保护层	m²	1.7734	3.20	5.67		
	油毡纸防潮层	m²	1.7734	2.77	4.91		
	其他材料费			—		—	
	材料费小计			—	70.21	—	

注:1."数量"栏为:投标方(定额)工程量÷招标方(清单)工程量÷定额单位数量,如"0.1"为"20.7÷20.7÷10"。

2.管理费费率为50.62%,利润率为85%,以人工费为基数。

工程量清单综合单价分析表

续表

工程名称:高层建筑(21层)空调工程　　标段:　　第4页　共20页

项目编码	030902001004	项目名称	碳钢通风管道制作安装 630×200	计量单位	m²

清单综合单价组成明细

定额编号	定额名称	定额单位	数量	单价(元)				合价(元)			
				人工费	材料费	机械费	管理费和利润	人工费	材料费	机械费	管理费和利润
9-6	镀锌钢板风管制安	10m²	0.1	154.18	213.52	19.35	209.10	15.42	21.35	1.94	20.91
11-2021	玻璃棉毡安装	m³	0.0687	36.69	67.91	6.75	49.76	2.52	4.67	0.46	3.42
11-2159	油毡纸防潮层	10m²	0.1286	11.15	8.93	—	15.12	1.43	1.15	—	1.94
11-2153	玻璃布保护层	10m²	0.1286	10.91	0.20	—	14.80	1.40	0.03	—	1.90
	高层建筑增加费	元						1.04			1.41
人工单价		小计						21.81	27.20	2.40	29.58
23.22元/工日		未计价材料费						70.67			
清单项目综合单价								151.66			

续表

	主要材料名称、规格、型号	单位	数量	单价（元）	合价（元）	暂估单价（元）	暂估合价（元）
材料费明细	镀锌钢板 δ0.75mm	m^2	1.138	25.01	28.46		
	玻璃布保护层	m^2	1.80	3.20	5.76		
	油毡纸防潮层	m^2	1.80	2.77	4.99		
	玻璃棉毡	m^3	0.07086	444.60	31.46		
	其他材料费			—		—	
	材料费小计			—	70.67	—	

注：1."数量"栏为：投标方（定额）工程量÷招标方（清单）工程量÷定额单位数量，如"0.1"为"18.35÷18.35÷10"。

2.管理费费率为50.62%，利润率为85%，以人工费为基数。

工程量清单综合单价分析表

续表

工程名称：高层建筑（21层）空调工程　　标段：　　第5页　共20页

项目编码	030902001005	项目名称	碳钢通风管道制作安装 900×735	计量单位	m^2

清单综合单价组成明细

定额编号	定额名称	定额单位	数量	单价（元）				合价（元）			
				人工费	材料费	机械费	管理费和利润	人工费	材料费	机械费	管理费和利润
9-7	镀锌钢板风管制安	$10m^2$	0.1	115.87	167.99	11.68	157.147	11.59	16.80	1.17	15.70
11-2021	玻璃棉毡安装	m^3	0.063	36.69	67.91	6.75	49.76	2.31	4.28	0.43	3.13
11-2159	油毡纸防潮层	$10m^2$	0.0877	11.15	8.93	—	15.12	0.98	0.78	—	1.33
11-2153	玻璃布保护层	$10m^2$	0.0877	10.91	0.20	—	14.80	0.96	0.02	—	1.30
	高层建筑增加费	元						0.79			1.07
人工单价		小计						16.63	21.88	1.6	22.53
23.22元/工日		未计价材料费						73.40			
清单项目综合单价								136.04			

	主要材料名称、规格、型号	单位	数量	单价（元）	合价（元）	暂估单价（元）	暂估合价（元）
材料费明细	镀锌钢板 δ1mm	m^2	1.138	32.66	37.17		
	玻璃棉毡	m^3	0.065	444.60	28.90		
	玻璃布保护层	m^2	1.2278	3.20	3.93		
	油毡纸防潮层	m^2	1.2278	2.77	3.40		
	其他材料费			—		—	
	材料费小计			—	73.40	—	

注：1."数量"栏为：投标方（定额）工程量÷招标方（清单）工程量÷定额单位数量，如"0.1"为"8.68÷8.68÷10"。

2.管理费费率为50.62%，利润率为85%，以人工费为基数。

工程量清单综合单价分析表

续表

工程名称：高层建筑(21层)空调工程　　　　标段：　　　　第6页　共20页

项目编码	030902001006	项目名称	碳钢通风管道制作安装 800×400	计量单位	m^2

清单综合单价组成明细											
定额编号	定额名称	定额单位	数量	单价(元)				合价(元)			
				人工费	材料费	机械费	管理费和利润	人工费	材料费	机械费	管理费和利润
9-7	镀锌钢板风管制安	$10m^2$	0.1	115.87	167.99	11.68	157.14	11.59	16.80	1.17	15.70
11-1973	玻璃棉毡安装	m^3	0.0632	36.69	67.91	6.75	49.76	2.32	4.29	0.43	3.14
11-2159	油毡纸防潮层	$10m^2$	0.12	11.15	8.93	—	15.12	1.34	1.07	—	1.81
11-2153	玻璃布保护层	$10m^2$	0.12	10.91	0.20	—	14.80	1.31	0.02	—	1.78
	高层建筑增加费	元						0.83			1.13
人工单价		小计						17.39	22.18	1.6	23.56
23.22元/工日		未计价材料费						76.14			
清单项目综合单价								140.87			

材料费明细	主要材料名称、规格、型号	单位	数量	单价(元)	合价(元)	暂估单价(元)	暂估合价(元)
	镀锌钢板 δ1mm	m^2	1.138	32.66	37.17		
	玻璃棉毡	m^3	0.0651	444.60	28.94		
	玻璃布保护层	m^2	1.68	3.20	5.38		
	油毡纸防潮层	m^2	1.68	2.77	4.65		
	其他材料费			—		—	
	材料费小计			—	76.14	—	

注：1."数量"栏为：投标方(定额)工程量÷招标方(清单)工程量÷定额单位数量，如"22.32÷22.32÷10"。

2.管理费费率为50.62%，利润率为85%，以人工费为基数。

工程量清单综合单价分析表

续表

工程名称：高层建筑(21层)空调工程　　　　标段：　　　　第7页　共20页

项目编码	030902001007	项目名称	碳钢通风管道制作安装 1000×400	计量单位	m^2

清单综合单价组成明细											
定额编号	定额名称	定额单位	数量	单价(元)				合价(元)			
				人工费	材料费	机械费	管理费和利润	人工费	材料费	机械费	管理费和利润
9-7	镀锌钢板风管制安	$10m^2$	0.1	115.87	167.99	11.68	157.14	11.59	16.80	1.17	15.70
11-1973	玻璃棉毡安装	m^3	0.06514	36.69	67.91	6.75	49.76	2.39	4.42	0.44	3.24

续表

定额编号	定额名称	定额单位	数量	单价(元)				合价(元)			
				人工费	材料费	机械费	管理费和利润	人工费	材料费	机械费	管理费和利润
11-2159	油毡纸防潮层	10m²	0.07717	11.15	8.93	—	15.12	0.86	0.69	—	1.17
11-2153	玻璃布保护层	10m²	0.07717	10.91	0.20	—	14.80	0.84	0.02	—	1.14
	高层建筑增加费	元						0.78			1.06
人工单价		小计						16.46	21.93	1.61	22.31
23.22元/工日		未计价材料费						73.45			
清单项目综合单价								135.76			

材料费明细	主要材料名称、规格、型号	单位	数量	单价(元)	合价(元)	暂估单价(元)	暂估合价(元)
	镀锌钢板 δ1mm	m²	1.138	32.66	37.17		
	玻璃棉毡	m³	0.0671	444.60	29.83		
	玻璃布保护层	m²	1.0804	3.20	3.46		
	油毡纸防潮层	m²	1.0804	2.77	2.99		
	其他材料费			—		—	
	材料费小计			—	73.45	—	

注:1."数量"栏为:投标方(定额)工程量÷招标方(清单)工程量÷定额单位数量,如"0.1"为"54.04÷54.04÷10"。

2.管理费费率为50.62%,利润率为85%,以人工费为基数。

工程量清单综合单价分析表

续表

工程名称:高层建筑(21层)空调工程　　标段:　　第8页　共20页

项目编码	030902001008	项目名称	碳钢通风管道制作安装 1200×400	计量单位	m²

清单综合单价组成明细

定额编号	定额名称	定额单位	数量	单价(元)				合价(元)			
				人工费	材料费	机械费	管理费和利润	人工费	材料费	机械费	管理费和利润
9-7	镀锌钢板风管制安	10m²	0.1	115.87	167.99	11.68	157.14	11.59	16.80	1.17	15.70
11-1973	玻璃棉毡安装	m³	0.0644	36.69	67.91	6.75	49.76	2.36	4.37	0.43	3.20
11-2159	油毡纸防潮层	10m²	0.11509	11.15	8.93	—	15.12	1.28	1.03	—	1.74
11-2153	玻璃布保护层	10m²	0.11509	10.91	0.20	—	14.80	1.26	0.02	—	1.70
	高层建筑增加费							0.82			1.11
人工单价		小计						17.31	22.22	1.6	23.45
23.22元/工日		未计价材料费						76.27			
清单项目综合单价								140.85			

续表

	主要材料名称、规格、型号	单位	数量	单价(元)	合价(元)	暂估单价(元)	暂估合价(元)
材料费明细	镀锌钢板 δ1mm	m^2	1.138	32.66	37.17		
	玻璃棉毡	m^3	0.0663	444.60	29.48		
	玻璃布保护层	m^2	1.6113	3.20	5.16		
	油毡纸防潮层	m^2	1.6113	2.77	4.46		
	其他材料费			—		—	
	材料费小计			—	76.27	—	

注：1.“数量”栏为：投标方(定额)工程量÷招标方(清单)工程量÷定额单位数量，如“0.1”为“43.01÷43.01÷10”。

2. 管理费费率为 50.62%，利润率为 85%。

工程量清单综合单价分析表

续表

工程名称：高层建筑(21 层)空调工程　　　标段：　　　第 9 页　共 20 页

项目编码	030902001009	项目名称	碳钢通风管道制作安装 735×1750	计量单位	m^2

定额编号	定额名称	定额单位	数量	单价(元) 人工费	单价(元) 材料费	单价(元) 机械费	单价(元) 管理费和利润	合价(元) 人工费	合价(元) 材料费	合价(元) 机械费	合价(元) 管理费和利润
清单综合单价组成明细											
9-8	镀锌钢板风管制安	$10m^2$	0.1	140.71	191.90	8.54	190.83	14.07	19.19	0.85	19.08
11-2021	玻璃棉毡安装	m^3	0.06347	36.69	67.91	6.75	49.76	2.33	4.31	0.43	3.16
11-2159	油毡纸防潮层	$10m^2$	0.10975	11.15	8.93	—	15.12	1.26	0.98	—	1.66
11-2153	玻璃布保护层	$10m^2$	0.10975	10.91	0.20	—	14.80	1.20	0.02	—	1.62
	高层建筑增加费	元						0.94			1.27
人工单价		小计						19.80	24.5	1.28	26.79
23.22 元/工日		未计价材料费						81.73			
清单项目综合单价								154.10			

	主要材料名称、规格、型号	单位	数量	单价(元)	合价(元)	暂估单价(元)	暂估合价(元)
材料费明细	镀锌钢板 δ1.2mm	m^2	1.138	38.22	43.49		
	玻璃棉毡	m^3	0.06537	444.60	29.06		
	玻璃布保护层	m^2	1.5365	3.20	4.92		
	油毡纸防潮层	m^2	1.5365	2.77	4.26		
	其他材料费			—		—	
	材料费小计			—	81.73	—	

注：1.“数量”栏为：投标方(定额)工程量÷招标方(清单)工程量÷定额单位数量，如“0.1”为“6.46÷6.46÷10”。

2. 管理费费率为 50.62%，利润率为 85%，以人工费为基数。

工程量清单综合单价分析表　　　续表

工程名称:高层建筑(21层)空调工程　　　标段:　　　第10页　共20页

项目编码	030902001010	项目名称	碳钢通风管道制作安装 2100×400	计量单位	m^2

清单综合单价组成明细											
定额编号	定额名称	定额单位	数量	单价(元)				合价(元)			
				人工费	材料费	机械费	管理费和利润	人工费	材料费	机械费	管理费和利润
9-8	镀锌钢板风管制安	$10m^2$	0.1	140.71	191.90	8.54	190.83	14.07	19.19	0.85	19.08
11-2021	玻璃棉毡安装	m^3	0.063	36.69	67.91	6.75	49.76	2.31	4.28	0.43	3.13
11-2159	油毡纸防潮层	$10m^2$	0.11	11.15	8.93	—	15.12	1.23	0.98	—	1.66
11-2153	玻璃布保护层	$10m^2$	0.11	10.91	0.20	—	14.80	1.20	0.02	—	1.63
	高层建筑增加费	元						0.94			1.27
人工单价		小计						19.75	24.47	1.28	26.77
23.22元/工日		未计价材料费						81.59			
清单项目综合单价								153.86			

	主要材料名称、规格、型号	单位	数量	单价(元)	合价(元)	暂估单价(元)	暂估合价(元)
材料费明细	镀锌钢板δ1.2mm	m^2	1.138	38.22	43.49		
	玻璃棉毡	m^3	0.065	444.60	28.90		
	玻璃布保护层	m^2	1.54	3.20	4.93		
	油毡纸防潮层	m^2	1.54	2.77	4.27		
	其他材料费			—		—	
	材料费小计			—	81.59	—	

注:1."数量"栏为:投标方(定额)工程量÷招标方(清单)工程量÷定额单位数量,如"0.1"为"7.74÷7.74÷10"。

2.管理费费率为50.62%,利润率为85%,以人工费为基数。

工程量清单综合单价分析表

续表

工程名称：高层建筑（21层）空调工程　　　　标段：　　　　第11页　共20页

项目编码	030903001001	项目名称	碳钢调节阀制作安装 400×400	计量单位	个

清单综合单价组成明细											
定额编号	定额名称	定额单位	数量	单价（元）				合价（元）			
				人工费	材料费	机械费	管理费和利润	人工费	材料费	机械费	管理费和利润
9-62	对开多叶调节阀制作	100kg	0.131	344.58	546.37	212.34	467.32	45.14	71.57	27.82	61.22
9-84	对开多叶调节阀安装	个	1	10.45	15.32	—	14.17	10.45	15.32	—	14.17
	高层建筑增加费	元						2.78			3.77
人工单价		小计						58.37	86.89	27.82	79.16
23.22元/工日		未计价材料费									
清单项目综合单价								252.24			

	主要材料名称、规格、型号	单位	数量	单价（元）	合价（元）	暂估单价（元）	暂估合价（元）
材料费明细	普通钢板 0～3号　δ0.5～0.65	kg	1.88116	4.98	9.37		
	普通钢板 0～3号　δ1～1.5	kg	7.44735	4.29	31.95		
	扁钢＜－59	kg	1.48816	3.17	4.72		
	圆钢 ϕ15～24	kg	0.97595	2.89	2.82		
	圆钢 ϕ25～32	kg	0.03013	2.79	0.08		
	圆钢 ϕ＞32	kg	1.05455	2.79	2.94		
	电焊条　结 422ϕ3.2	kg	0.41658	5.41	2.25		
	精制六角带帽螺栓 M(2～5)×(22～50)	10套	6.26010	1.10	6.89		
	精制六角带帽螺栓 M6×75	10套	0.65893	1.40	0.92		
	精制六角带帽螺栓 M8×75	10套	0.25702	7.60	1.95		
	铝蝶形螺母 M＜12	10个	0.04362	1.70	0.07		
	垫圈 2～8	10个	0.99272	0.24	0.24		
	开口销 1～5	10个	0.67164	0.32	0.22		
	钢珠 ϕ＜10	个	120.89466	0.05	6.04		
	黄铜棒 ϕ7～80	kg	0.03275	25.20	0.83		
	铁铆钉	kg	0.0655	4.27	0.28		
	精制六角带帽螺栓 M8×75	10套	1.70	7.60	12.92		
	橡胶板 δ1～3	kg	0.32	7.49	2.40		
	其他材料费			—		—	
	材料费小计			—	86.89	—	

注：1."数量"栏为：投标方（定额）工程量÷招标方（清单）工程量÷定额单位数量，如"0.131"为"13.1÷1÷100"。

2.管理费费率为50.62%，利润率为85%，以人工费为基数。

工程量清单综合单价分析表

续表

工程名称:高层建筑(21层)空调工程　　　　标段:　　　　第12页　共20页

项目编码	030903001002	项目名称	碳钢调节阀制作安装 900×750	计量单位	个

清单综合单价组成明细

定额编号	定额名称	定额单位	数量	单价(元)				合价(元)			
				人工费	材料费	机械费	管理费和利润	人工费	材料费	机械费	管理费和利润
9-62	对开多叶调节阀制作	100kg	0.274	344.58	546.37	212.34	467.32	94.41	149.71	58.18	128.05
9-85	对开多叶调节阀安装	个	1	11.61	19.18	—	15.75	11.61	19.18	—	15.75
	高层建筑增加费	元						5.30			7.19
人工单价		小计						111.32	168.89	58.18	150.99
23.22元/工日		未计价材料费									
清单项目综合单价								489.38			

	主要材料名称、规格、型号	单位	数量	单价(元)	合价(元)	暂估单价(元)	暂估合价(元)
材料费明细	普通钢板 0～3号　δ0.5～0.65	kg	3.93464	4.98	19.59		
	普通钢板 0～3号　δ1～1.5	kg	15.5769	4.29	66.82		
	扁钢<—59	kg	3.11264	3.17	9.87		
	圆钢 φ15～24	kg	2.0413	2.89	5.90		
	圆钢 φ25～32	kg	0.06302	2.79	0.18		
	圆钢 φ>32	kg	2.2057	2.79	6.15		
	电焊条　结422φ3.2	kg	0.87132	5.41	4.71		
	精制六角带帽螺栓 M2～5×22～50	10套	13.093638	1.10	14.40		
	精制六角带帽螺栓 M6×75	10套	1.37822	1.40	1.93		
	精制六角带帽螺栓 M8×75	10套	0.537588	7.60	4.09		
	铝蝶形螺母 M<12	10个	0.091242	1.70	0.16		
	垫圈 2～8	10个	2.076372	0.24	0.50		
	开口销 1～5	10个	1.404798	0.32	0.45		
	钢珠 φ<10	个	252.86364	0.05	12.64		
	黄铜棒 φ7～80	kg	0.0685	25.20	1.73		
	铁铆钉	kg	0.137	4.27	0.59		
	精制六角带帽螺栓 M8×75	10套	2.10	7.60	15.96		
	橡胶板 δ1～3	kg	0.43	7.49	3.22		
	其他材料费			—		—	
	材料费小计			—	168.89	—	

注:1."数量"栏为:投标方(定额)工程量÷招标方(清单)工程量÷定额单位数量,如"0.274"为"27.4÷1÷100"。

2.管理费费率为50.62%,利润率为85%,以人工费为基数。

工程量清单综合单价分析表

续表

工程名称：高层建筑(21层)空调工程　　　　标段：　　　　第13页　共20页

项目编码	030903001003	项目名称	碳钢调节阀制作安装2100×400	计量单位	个

清单综合单价组成明细

定额编号	定额名称	定额单位	数量	单价(元)				合价(元)			
				人工费	材料费	机械费	管理费和利润	人工费	材料费	机械费	管理费和利润
9-63	对开多叶调节阀制作	100kg	0.654	226.63	525.99	167.68	307.36	148.22	344.00	109.66	201.01
9-86	对开多叶调节阀安装	个	1	10.45	15.32	—	14.17	10.45	15.32	—	14.17
	高层建筑增加费	元						7.93			10.75
人工单价		小计						166.60	359.32	109.66	225.93
23.22元/工日		未计价材料费									
清单项目综合单价								861.51			

	主要材料名称、规格、型号	单位	数量	单价(元)	合价(元)	暂估单价(元)	暂估合价(元)
材料费明细	普通钢板 0～3号　δ0.5～0.65	kg	28.2528	4.98	140.70		
	普通钢板 0～3号　δ1～1.5	kg	21.01302	4.29	90.15		
	普通钢板 0～3号　δ2～2.5	kg	12.21672	3.85	47.03		
	扁钢<−59	kg	2.53752	3.17	8.04		
	圆钢ϕ15～24	kg	2.1582	2.89	6.24		
	圆钢ϕ25～32	kg	0.0327	2.79	0.09		
	圆钢ϕ>32	kg	2.27592	2.79	6.35		
	电焊条　结422ϕ3.2	kg	1.74618	5.41	9.45		
	精制六角带帽螺栓 M2～5×22～50	10套	13.19118	1.10	14.51		
	精制六角带帽螺栓 M6×75	10套	0.71286	1.40	1.00		
	精制六角带帽螺栓 M8×75	10套	0.42445	7.60	3.22		
	铝蝶形螺母 M<12	10个	0.10922	1.70	0.19		
	垫圈 2～8	10个	1.43488	0.24	0.34		
	开口销 1～5	10个	1.45384	0.32	0.46		
	钢珠ϕ<10	个	263.562	0.05	13.18		
	黄铜棒	kg	0.0654	25.20	1.65		
	铁铆钉	kg	0.327	4.27	1.40		
	精制六角带帽螺栓 M8×75	10套	2.50	7.60	19.00		
	橡胶板 δ1～3	kg	0.65	7.49	4.87		
	其他材料费			—		—	
	材料费小计			—	367.87	—	

注：1."数量"栏为：投标方(定额)工程量÷招标方(清单)工程量÷定额单位数量，如"0.654"为"65.4÷1÷100"。

2.管理费费率为50.62%，利润率为85%，以人工费为基数。

工程量清单综合单价分析表

续表

工程名称：高层建筑(21层)空调工程　　标段：　　第14页　共20页

项目编码	030903007001	项目名称	碳钢风口，散流器制作安装800×400	计量单位	个

清单综合单价组成明细

定额编号	定额名称	定额单位	数量	单价(元)				合价(元)			
				人工费	材料费	机械费	管理费和利润	人工费	材料费	机械费	管理费和利润
9-122	网式风口制作	100kg	0.0244	248.69	563.39	46.64	337.27	6.07	13.75	1.14	8.23
9-161	网式风口安装	个	1	4.41	0.9	—	5.98	4.41	0.9	—	5.98
	高层建筑增加费	元						0.52			0.71
人工单价		小计						11.00	14.65	1.14	14.92
23.22元/工日		未计价材料费									
清单项目综合单价								41.71			

材料费明细	主要材料名称、规格、型号	单位	数量	单价(元)	合价(元)	暂估单价(元)	暂估合价(元)
	扁钢<−59	kg	1.77632	3.17	5.63		
	电焊条　结422φ3.2	kg	0.03904	5.41	0.21		
	精制六角带帽螺栓M6×75	10套	1.0004	1.40	1.40		
	钢板网δ1	m^2	0.86376	7.53	6.51		
	精制六角带帽螺栓M(2～5)×(4～20)	10套	1.00	0.90	0.90		
	其他材料费			—		—	
	材料费小计			—	14.65	—	

注：1."数量"栏为：投标方(定额)工程量÷招标方(清单)工程量÷定额单位数量，如"0.0244"为"2.44÷1÷100"。

2.管理费费率为50.62%，利润率为85%，以人工费为基数。

工程量清单综合单价分析表

续表

工程名称：高层建筑(21层)空调工程　　标段：　　第15页　共20页

项目编码	030903011001	项目名称	铝及铝合金风口，散流器制作安装900×735	计量单位	个

清单综合单价组成明细

定额编号	定额名称	定额单位	数量	单价(元)				合价(元)			
				人工费	材料费	机械费	管理费和利润	人工费	材料费	机械费	管理费和利润
9-95	单层百叶风口制作	100kg	0.066	828.49	506.41	10.82	1123.60	54.68	33.42	0.71	74.16
9-137	单层百叶风口安装	个	1	20.43	7.88	0.22	27.71	20.43	7.88	0.22	27.71
	高层建筑增加费	元						3.76			5.10
人工单价		小计						78.87	41.30	0.93	106.97
23.22元/工日		未计价材料费									
清单项目综合单价								228.07			

续表

	主要材料名称、规格、型号	单位	数量	单价（元）	合价（元）	暂估单价（元）	暂估合价（元）
材料费明细	普通钢板 0～3 号　δ1～1.5	kg	7.40982	4.29	31.79		
	气焊条 φ<2	kg	0.04356	5.20	0.23		
	乙炔气	kg	0.028116	13.33	0.37		
	氧气	m^3	0.07854	2.06	0.16		
	垫圈 2～8	10 个	3.21130	0.24	0.77		
	铁铆钉	kg	0.02376	4.27	0.10		
	扁钢<－59	kg	2.07	3.17	6.56		
	精制六角带帽螺栓 M(2～5)×(4～20)	10 套	1.47	0.90	1.32		
	其他材料费			—		—	
	材料费小计			—	41.30	—	

注：1.“数量”栏为：投标方（定额）工程量÷招标方（清单）工程量÷定额单位数量，如“0.066”为“6.6÷1÷100”。

2. 管理费费率为 50.62%，利润率为 85%，以人工费为基数。

工程量清单综合单价分析表

续表

工程名称：高层建筑（21 层）空调工程　　标段：　　第 16 页　共 20 页

项目编码	030901011002	项目名称	铝及铝合金风口，散流器制作安装 630×200	计量单位	个

清单综合单价组成明细

定额编号	定额名称	定额单位	数量	单价（元）				合价（元）			
				人工费	材料费	机械费	管理费和利润	人工费	材料费	机械费	管理费和利润
9-93	带调节板活动百叶风口制作	100kg	0.036	1230.89	626.21	193.73	1669.33	44.31	22.54	6.97	60.10
9-135	带调节板活动百叶风口安装	个	1	10.45	4.30	0.22	14.17	10.45	4.30	0.22	14.17
	高层建筑增加费	元						2.74			3.72
人工单价		小计						57.5	26.84	7.19	77.99
23.22 元/工日		未计价材料费									
清单项目综合单价								169.52			

	主要材料名称、规格、型号	单位	数量	单价（元）	合价（元）	暂估单价（元）	暂估合价（元）
材料费明细	普通钢板 0～3 号　δ0.5～0.65	kg	0.927	4.98	4.62		
	普通钢板 0～3 号　δ0.7～0.9	kg	1.32804	4.76	6.32		
	普通钢板 0～3 号　δ1～1.5	kg	1.24524	4.29	5.34		
	普通钢板 0～3 号　δ2～2.5	kg	0.11052	3.85	0.43		
	圆钢 φ10～14	kg	0.3438	2.86	0.98		
	扁钢<－59	kg	2.14992	3.17	6.81		
	焊接钢管	kg	0.07632	3.71	0.28		
	电焊条　结 422φ2.5	kg	0.02448	5.83	0.14		
	精制六角带帽螺栓 M(2～5)×(4～20)	10 套	3.09252	0.90	2.78		

续表

	主要材料名称、规格、型号	单位	数量	单价(元)	合价(元)	暂估单价(元)	暂估合价(元)
材料费明细	精制六角螺母 M<5	10 个	1.39932	0.12	0.17		
	铝蝶形螺母 M<12	10 个	0.25960	1.70	0.44		
	垫圈 2～8	10 个	1.03982	0.24	0.25		
	铁铆钉	kg	0.42516	4.27	1.82		
	开口销	10 个	0.12978	0.32	0.04		
	其他材料费			—		—	
	材料费小计			—	30.42	—	

注：1."数量"栏为：投标方(定额)工程量÷招标方(清单)工程量÷定额单位数量，如"0.036"为"3.6÷1÷100"。

2.管理费费率为 50.62%，利润率为 85%，以人工费为基数。

工程量清单综合单价分析表

续表

工程名称：高层建筑(21 层)空调工程　　标段：　　第 17 页　共 20 页

项目编码	030901004001	项目名称	空调器	计量单位	台

清单综合单价组成明细

定额编号	定额名称	定额单位	数量	单价(元)				合价(元)			
				人工费	材料费	机械费	管理费和利润	人工费	材料费	机械费	管理费和利润
9-242	空调器安装	台	1	41.80	2.92	—	56.69	41.80	2.92	—	56.69
9-41	帆布短管制安	m^2	1.1865	47.83	121.74	1.88	64.87	56.75	144.44	2.23	76.97
	高层建筑增加费	元						4.93			6.69
人工单价		小计						103.48	147.36	2.23	140.35
23.22 元/工日		未计价材料费						1500			
清单项目综合单价								1893.42			

	主要材料名称、规格、型号	单位	数量	单价(元)	合价(元)	暂估单价(元)	暂估合价(元)
材料费明细	空调器	台	1	1500	1500		
	其他材料费			—		—	
	材料费小计			—	1500	—	

注：1."数量"栏为：投标方(定额)工程量÷招标方(清单)工程量÷定额单位数量，如"1"为"1÷1÷1"。

2.管理费费率为 50.62%，利润率为 85%，以人工费为基数。

工程量清单综合单价分析表

续表

工程名称：高层建筑(21层)空调工程　　标段：　　第18页　共20页

项目编码		030903021001		项目名称		静压箱制作安装 2.0m×0.9m×1.5m		计量单位		m²	
清单综合单价组成明细											
定额编号	定额名称	定额单位	数量	单价(元)				合价(元)			
				人工费	材料费	机械费	管理费和利润	人工费	材料费	机械费	管理费和利润
9-252	静压箱制安	10m²	0.1	283.28	166.14	18.92	384.18	28.33	16.61	1.89	38.42
	高层建筑增加费							1.42			1.93
人工单价		小计						29.75	16.61	1.89	40.35
23.22元/工日		未计价材料费						54.91			
清单项目综合单价								143.51			
材料费明细	主要材料名称、规格、型号					单位	数量	单价(元)	合价(元)	暂估单价(元)	暂估合价(元)
	优质镀锌钢板					m²	1.149	47.79	54.91		
	其他材料费							—		—	
	材料费小计							—	54.91	—	

注：1.“数量”栏为：投标方(定额)工程量÷招标方(清单)工程量÷定额单位数量，如“0.1”为“12.30÷12.30÷10”。

2.管理费费率为50.62%，利润率为85%，以人工费为基数。

工程量清单综合单价分析表

续表

工程名称：高层建筑(21层)空调工程　　标段：　　第19页　共20页

项目编码		030903021002		项目名称		静压箱制作安装 2.1m×1.7m×0.9m		计量单位		m²	
清单综合单价组成明细											
定额编号	定额名称	定额单位	数量	单价(元)				合价(元)			
				人工费	材料费	机械费	管理费和利润	人工费	材料费	机械费	管理费和利润
9-252	静压箱制安	10m²	0.1	283.28	166.14	18.92	384.18	28.33	16.61	1.89	38.42
	高层建筑增加费	元						1.42			1.93
人工单价		小计						29.75	16.61	1.89	40.35
23.22元/工日		未计价材料费						54.91			
清单项目综合单价								143.51			

续表

	主要材料名称、规格、型号	单位	数量	单价（元）	合价（元）	暂估单价（元）	暂估合价（元）
材料费明细	优质镀锌钢板 δ1	m^2	1.149	47.79	54.91		
	其他材料费			—		—	
	材料费小计			—	54.91	—	

注：1."数量"栏为：投标方(定额)工程量÷招标方(清单)工程量÷定额单位数量，如"0.1"为"14.06÷14.06÷10"。

2.管理费费率为50.62%，利润率为85%，以人工费为基数。

工程量清单综合单价分析表

续表

工程名称：高层建筑(21层)空调工程　　标段：　　第20页　共20页

项目编码	030904001001	项目名称	通风工程检测、调试	计量单位	系统

清单综合单价组成明细

定额编号	定额名称	定额单位	数量	单价（元）				合价（元）			
				人工费	材料费	机械费	管理费和利润	人工费	材料费	机械费	管理费和利润
	通风工程检测、调试	元						187.06		561.18	253.69
人工单价		小计						187.06		561.18	253.69
23.22元/工日		未计价材料费									
清单项目综合单价								1001.93			

	主要材料名称、规格、型号	单位	数量	单价（元）	合价（元）	暂估单价（元）	暂估合价（元）
材料费明细							
	其他材料费			—		—	
	材料费小计			—		—	

注：1."数量"栏为：投标方(定额)工程量÷招标方(清单)工程量÷定额单位数量。

2.管理费费率为50.62%，利润率为85%，以人工费为基数。

某车间通风工程

工　程　量　清　单

招　标　人：　　×××
（单位盖章）

工程造价
咨　询　人：　　×××
（单位资质专用章）

法定代表人　　　×××
或其授权人：　法定代表人
（签字或盖章）

法定代表人
或其授权人：　　×××
（签字或盖章）

×××签字
盖造价工程师
编　制　人：　或造价员专用章
（造价人员签字盖专用章）

×××签字
复　核　人：　盖造价工程师专用章
（造价工程师签字盖专用章）

编制时间：××××年××月××日

复核时间：××××年××月××日

总　说　明

工程名称：某车间通风工程　　　　　　　　　　　　　　　　　　　　　第　页　共　页

1. 工程概况：某车间通风工程，为一类工程。

2. 工程招标范围：本次招标范围为某车间通风系统范围内的安装工程。

3. 工程量清单编制依据：

(1)通风系统平面图和通风与空调工程施工图。

(2)《建设工程工程量清单计价规范》GB 50500—2008。

分部分项工程量清单与计价表

表 1-2-29

工程名称：某车间通风工程　　　　标段：　　　　　　　　第　页　共　页

序号	项目编码	项目名称	项目特征描述	计量单位	工程量	金额(元)		
						综合单价	合价	其中：暂估价
1	030902001001	碳钢通风管道制作安装	镀锌钢板风管，矩形，800×500，δ=1mm，咬口连接	m^2	50.64			
2	030902001002	碳钢通风管道制作安装	镀锌钢板风管，矩形，800×400，δ=1mm，咬口连接	m^2	28.8			
3	030902001003	碳钢通风管道制作安装	镀锌钢板风管，矩形，800×320，δ=1mm，咬口连接	m^2	8.96			
4	030902001004	碳钢通风管道制作安装	镀锌钢板风管，矩形，1500×1500，δ=1.2mm，咬口连接	m^2	6.3			
5	030902001005	碳钢通风管道制作安装	镀锌钢板风管，圆形，ϕ250，δ=0.75mm，咬口连接	m^2	76.59			
6	030902001006	碳钢通风管道制作安装	镀锌钢板风管，圆形，ϕ360，δ=1mm，咬口连接	m^2	5.46			
7	030901002001	通风机	离心式，型号：4-72-11No.8	台	1			
8	030901010001	过滤器	型号：LWP	台	1			
9	030901002002	通风机	离心式，型号：4-72-11No.4	台	1			
10	030901002003	通风机	轴流式，型号：30K_4-11No.5	台	4			

续表

序号	项目编码	项目名称	项目特征描述	计量单位	工程量	金额(元)		
						综合单价	合价	其中：暂估价
11	030903012001	碳钢风帽制作安装	单重 8kg/个，圆伞形	个	1			
12	030903004001	不锈钢蝶阀	ϕ250，4.22kg/个	个	7			
13	030903004002	不锈钢蝶阀	T302-7，8 号 ϕ250，4.22kg/个	个	6			
14	030903017001	碳钢罩类制作安装	升降式，T412，1 号，72.23kg/个	kg	433.38			
15	030903007001	碳钢风口，散流器制作安装	单层百叶风口，单重 9.04kg/个	个	1			
16	030903007002	碳钢风口，散流器制作安装	旋转吹风口，T209-1，1 号，ϕ250，10.09kg/个	个	7			
17	030904001001	通风工程检测、调试		系统	1			
本页小计								
合计								

措施项目清单与计价表(一)　　**表 1-2-30**

工程名称：某车间通风工程　　标段：　　第　页　共　页

序号	项目名称	计算基础	费率(%)	金额(元)
1	安全文明施工费			
2	夜间施工费			
3	二次搬运费			
4	冬雨季施工			
5	大型机械设备进出场及安拆费			
6	施工排水			
7	施工降水			
8	地上、地下设施、建筑物的临时保护设施			
9	已完工程及设备保护			
10	各专业工程的措施项目			
11				
12				
合计				

注：本表适用于以"项"计价的措施项目。

措施项目清单与计价表(二)　　**表 1-2-31**

工程名称：某车间通风工程　　标段：　　第　页　共　页

序号	项目编码	项目名称	项目特征描述	计量单位	工程量	金额(元)	
						综合单价	合价
本页小计							
合计							

其他项目清单与计价汇总表　　表 1-2-32

工程名称:某车间通风工程　　标段:　　第　页　共　页

序号	项目名称	计量单位	金额(元)	备注
1	暂列金额	项	3000	
2	暂估价			
2.1	材料暂估价			
2.2	专业工程暂估价			
3	计日工			
4	总承包服务费			
5				
	合计		3000	

暂列金额明细表　　表 1-2-33

工程名称:某车间通风工程　　标段:　　第　页　共　页

序号	项目名称	计量单位	暂定金额(元)	备注
1	工程量清单中工程量偏差和设计变更	项	1000	
2	政策性调整和材料价格风险	项	1000	
3	其他		1000	
4				
5				
6				
7				
8				
9				
10				
11				
	合计		3000	

注:此表由招标人填写,如不能详列,也可只列暂定金额总额,投标人应将上述暂列金额计入投标总价中。

材料暂估单价表　　表 1-2-34

工程名称:某车间通风工程　　标段:　　第　页　共　页

序号	材料名称、规格、型号	计量单位	单价(元)	备注

注:1. 此表由招标人填写,并在备注栏说明暂估价的材料拟用在哪些清单项目上,投标人应将上述材料暂估单价计入工程量清单综合单价报价中。

2. 材料包括原材料、燃料、构配件以及按规定应计入建筑安装工程造价的设备。

专业工程暂估价表　　表 1-2-35

工程名称:某车间通风工程　　标段:　　第　页　共　页

序号	工程名称	工程内容	金额(元)	备注
	合计			

注:此表由招标人填写,投标人应将上述专业工程暂估价计入投标总价中。

计 日 工 表

表 1-2-36

工程名称：某车间通风工程　　标段：　　第 页 共 页

编号	项目名称	单位	暂定数量	综合单价(元)	合价(元)
一	人工				
1	普工	工日	6		
2	技工(综合)	工日	2		
3					
4					
人工小计					
二	材料				
1					
2					
3					
4					
5					
6					
材料小计					
三	施工机械				
1					
2					
3					
4					
施工机械小计					
总计					

注：此表项目名称、数量由招标人填写，编制招标控制价时，单价由招标人按有关计价规定确定；投标时，单价由投标人自主报价，计入投标总价中。

总承包服务费计价表

表 1-2-37

工程名称：某车间通风工程　　标段：　　第 页 共 页

序号	项目名称	项目价值(元)	服务内容	费率(%)	金额(元)
1	发包人发包专业工程	10000	按专业工程承包人的要求对施工现场进行统一管理		
2	发包人供应材料	10000	对发包人供应的材料进行验收及保管和使用发放		
合计					

规费、税金项目清单与计价表

表 1-2-38

工程名称：某车间通风工程　　标段：　　第 页 共 页

序号	项目名称	计算基础	费率(%)	金额(元)
1	规费			
1.1	工程排污费	按环保部门规定计算		
1.2	社会保障费	(1)+(2)+(3)		
(1)	养老保险费	定额人工费		
(2)	失业保险费	定额人工费		
(3)	医疗保险费	定额人工费		

续表

序号	项目名称	计算基础	费率(%)	金额(元)
1.3	住房公积金	定额人工费		
1.4	危险作业意外伤害保险	定额人工费		
1.5	工程定额测定费	税前工程造价		
2	税金	分部分项工程费＋措施项目费＋其他项目费＋规费		
合计				

注：根据建设部、财政部发布的《建筑安装工程费用组成》(建标[2003]206号)的规定，"计算基础"可为"直接费"、"人工费"或"人工费＋机械费"。

投 标 总 价

招　　标　　人：×××

工　程　名　称：某车间通风工程

投标总价(小写)：38774元

(大写)：叁万捌仟柒佰柒拾肆元

投　　标　　人：×××
(单位盖章)

法定代表人
或其授权人：×××
(签字或盖章)

编　　制　　人：×××
(造价人员签字盖专用章)

编　制　时　间：××××年××月××日

总 说 明

工程名称:某车间通风工程　　　　第　页　共　页

1. 工程概况:某车间通风工程,为一类工程。

2. 投标报价包括范围:本次招标范围为某车间通风系统范围内的安装工程。

3. 投标报价编制依据:
(1)招标文件及其所提供的工程量清单和有关报价的要求,招标文件的补充通知和答疑纪要。
(2)通风系统平面图和通风与空调工程施工图。
(3)有关的技术标准、规范和安全管理规定等。
(4)省建设主管部门颁发的计价定额和计价管理办法及相关计价文件。

工程项目投标报价汇总表　　　　**表 1-2-39**

工程名称:某车间通风工程　　　　第　页　共　页

序号	单位工程名称	金额(元)	其中		
			暂估价(元)	安全文明施工费(元)	规费(元)
1	某车间通风工程	38774		1753	1716
合计		38774		1753	1716

单项工程投标报价汇总表　　　　**表 1-2-40**

工程名称:某车间通风工程　　　　第　页　共　页

序号	单位工程名称	金额(元)	其中		
			暂估价(元)	安全文明施工费(元)	规费(元)
1	某车间通风工程	38774		1753	1716

单位工程投标报价汇总表　　　　**表 1-2-41**

工程名称:某车间通风工程　　　标段:　　　第　页　共　页

序号	汇总内容	金　额(元)
1	分部分项工程	29735.45
1.1	C.9 通风空调工程	29735.45
1.2		
2	措施项目	1934.21
2.1	安全文明施工费	1753.06
3	其他项目	4110
3.1	暂列金额	3000
3.2	专业工程暂估价	
3.3	计日工	360
3.4	总承包服务费	750
4	规费	1715.92
5	税金	1279
投标报价合计=1+2+3+4+5		38774

注:如无单位工程划分,单项工程也使用本表汇总。

分部分项工程量清单与计价表 表 1-2-42

工程名称:某车间通风工程 标段: 第 页 共 页

序号	项目编码	项目名称	项目特征描述	计量单位	工程量	金额(元)		
						综合单价	合价	其中:暂估价
1	030902001001	碳钢通风管道制作安装	镀锌钢板风管,矩形,800×500,δ=1mm,咬口连接	m^2	50.64	91.84	4639	
2	030902001002	碳钢通风管道制作安装	镀锌钢板风管,矩形,800×400,δ=1mm,咬口连接	m^2	28.8	82.44	2374	
3	030902001003	碳钢通风管道制作安装	镀锌钢板风管,矩形,800×320,δ=1mm,咬口连接	m^2	8.96	82.44	739	
4	030902001004	碳钢通风管道制作安装	镀锌钢板风管,矩形,1500×1500,δ=1.2mm,咬口连接	m^2	6.3	96.68	609	
5	030902001005	碳钢通风管道制作安装	镀锌钢板风管,圆形,ϕ250,δ=0.75mm,咬口连接	m^2	76.59	94.59	6720	
6	030902001006	碳钢通风管道制作安装	镀锌钢板风管,圆形,ϕ360,δ=1mm,咬口连接	m^2	5.46	110.67	564	
7	030901002001	通风机	离心式,型号:4-72-11No.8	台	1	837.34	837	
8	030901010001	过滤器	型号:LWP	台	1	504.38	504	
9	030901002002	通风机	离心式,型号:4-72-11No.4	台	1	327.89	321	
10	030901002003	通风机	轴流式,型号:4-72-11No.5	台	4	406.77	1578	
11	030903012001	碳钢风帽制作安装	单重8kg/个,圆伞形	个	1	130.84	120	
12	030903004001	不锈钢蝶阀	ϕ250,4.22kg/个	个	7	120.71	845	
13	030903004002	不锈钢蝶阀	ϕ250,4.22kg/个 T302-7,8号	个	6	132.89	724	
14	030903017001	碳钢罩类制作安装	排气罩,升降式,T412,1号,72.23kg/个	kg	433.38	8.52	265	
15	030903007001	碳钢风口,散流器制作安装	单层百叶风口,单重9.04kg/个	个	1	162.07	648	
16	030903007002	碳钢风口,散流器制作安装	旋转吹风口,T209-1,1号,ϕ250,10.09kg/个	个	7	174.29	1220	
17	030904001001	通风工程检测、调试		系统	1	4589.72	4589.72	
			本页小计				29735.45	
			合计				29735.45	

措施项目清单与计价表(一) 表 1-2-43

工程名称:某车间通风工程 标段: 第 页 共 页

序号	项目名称	计算基础	费率(%)	金额(元)
1	安全文明施工费	人工费	30	1753.06
2	夜间施工费	人工费	1.5	87.65
3	二次搬运费	人工费	1	58.44

续表

序号	项目名称	计算基础	费率(%)	金额(元)
4	冬雨季施工	人工费	0.6	35.06
5	大型机械设备进出场及安拆费			
6	施工排水			
7	施工降水			
8	地上、地下设施、建筑物的临时保护设施			
9	已完工程及设备保护			
10	各专业工程的措施项目			
(1)	脚手架			
(2)	垂直运输机械			
合计				1934.21

注:本表适用于以"项"计价的措施项目。

措施项目清单与计价表(二)

表 1-2-44

工程名称:某车间通风工程　　　标段:　　　第　页　共　页

序号	项目编码	项目名称	项目特征描述	计量单位	工程量	金额(元)	
						综合单价	合价
本页小计							
合计							

其他项目清单与计价汇总表

表 1-2-45

工程名称:某车间通风工程　　　标段:　　　第　页　共　页

序号	项目名称	计量单位	金额(元)	备注
1	暂列金额	项	3000	
2	暂估价			
2.1	材料暂估价			
2.2	专业工程暂估价			
3	计日工	360		
4	总承包服务费	750		
5				
合计			4110	

注:材料暂估单价进入清单项目综合单价,此处不汇总。

暂列金额明细表 表 1-2-46

工程名称：某车间通风工程　　标段：　　第　页　共　页

序号	项目名称	计量单位	暂定金额(元)	备注
1	工程量清单中工程量偏差和设计变更	项	1000	
2	政策性调整和材料价格风险	项	1000	
3	其他		1000	
4				
5				
6				
7				
8				
9				
10				
11				
	合计		3000	

注：此表由招标人填写，如不能详列，也可只列暂定金额总额，投标人应将上述暂列金额计入投标总价中。

材料暂估单价表 表 1-2-47

工程名称：某车间通风工程　　标段：　　第　页　共　页

序号	材料名称、规格、型号	计量单位	单价(元)	备注

注：1. 此表由招标人填写，并在备注栏说明暂估价的材料拟用在哪些清单项目上，投标人应将上述材料暂估入工程量清单综合单价报价中。

2. 材料包括原材料、燃料、构配件以及按规定应计入建筑安装工程造价的设备。

专业工程暂估价表 表 1-2-48

工程名称：某车间通风工程　　标段：　　第　页　共　页

序号	工程名称	工程内容	金额(元)	备注
	合计			

注：此表由招标人填写，投标人应将上述专业工程暂估价计入投标总价中。

计　日　工　表 表 1-2-49

工程名称：某车间通风工程　　标段：　　第　页　共　页

编号	项目名称	单位	暂定数量	综合单价(元)	合价(元)
一	人工				
1	普工	工日	6	40	240
2	技工(综合)	工日	2	60	120
3					
4					

续表

编号	项目名称	单位	暂定数量	综合单价(元)	合价(元)
人工小计					360
二	材料				
1					
2					
3					
4					
5					
材料小计					
三	施工机械				
1					
2					
3					
4					
施工机械小计					
总计					360

注:此表项目名称、数量由招标人填写,编制招标控制价时,单价由招标人按有关计价规定确定;投标时,单价由投标人自主报价,计入投标总价中。

总承包服务费计价表 **表 1-2-50**

工程名称:某车间通风工程　　标段:　　第　页　共　页

序号	项目名称	项目价值(元)	服务内容	费率(%)	金额(元)
1	发包人发包专业工程	10000	按专业工程承包人的要求对施工现场进行统一管理	7	700
2	发包人供应材料	10000	对发包人供应的材料进行验收及保管和使用发放	0.5	50
合计					750

规费、税金项目清单与计价表 **表 1-2-51**

工程名称:某车间通风工程　　标段:　　第　页　共　页

序号	项目名称	计算基础	费率(%)	金额(元)
1	规费			1715.92
1.1	工程排污费	按工程所在地环保部门规定按实计算		
1.2	社会保障费	(1)+(2)+(3)		1286
(1)	养老保险费	人工费	14	818.1
(2)	失业保险费	人工费	2	116.87
(3)	医疗保险费	人工费	6	350.61
1.3	住房公积金	人工费	6	350.61
1.4	危险作业意外伤害保险	人工费	0.5	29.22
1.5	工程定额测定费	税前工程造价	0.14	50.09
2	税金	分部分项工程费+措施项目费+其他项目费+规费	3.41	1279
合计				2994.52

注:根据建设部、财政部发布的《建筑安装工程费用组成》(建标[2003]206号)的规定,“计算基础”可为“直接费”、“人工费”或“人工费+机械费”。

工程量清单综合单价分析表 表 1-2-52

工程名称：某车间通风工程 标段： 第 1 页 共 17 页

项目编码	030902001001	项目名称	碳钢通风管道制作安装 800×500	计量单位	m^2

定额编号	定额名称	定额单位	数量	单价（元）				合价（元）			
				人工费	材料费	机械费	管理费和利润	人工费	材料费	机械费	管理费和利润
9-7	镀锌钢板风管制安	$10m^2$	0.1	115.87	167.99	11.68	157.14	11.59	16.80	1.17	15.71
9-42	风管检查孔	100kg	0.0052	486.92	543.99	116.50	660.36	2.53	2.83	0.61	3.43
人工单价		小计						14.12	19.63	1.78	19.14
23.22 元/工日		未计价材料费						37.17			
清单项目综合单价								91.84			

材料费明细	主要材料名称、规格、型号	单位	数量	单价（元）	合价（元）	暂估单价（元）	暂估合价（元）
	镀锌钢板 δ1mm	m^2	1.138	32.66	37.17		
	其他材料费			—		—	
	材料费小计			—	37.17	—	

注：1."数量"栏为：投标方（定额）工程量÷招标方（清单）工程量÷定额单位数量，如"0.1"为"50.64÷50.64÷10"。

2. 管理费费率为 50.62%，利润率为 85%。以人工费为计算基础。

3. 以下同，不再表述。

工程量清单综合单价分析表 续表

工程名称：某车间通风工程 标段： 第 2 页 共 17 页

项目编码	030902001002	项目名称	碳钢通风管道制作安装 800×400	计量单位	m^2

定额编号	定额名称	定额单位	数量	单价（元）				合价（元）			
				人工费	材料费	机械费	管理费和利润	人工费	材料费	机械费	管理费和利润
9-7	镀锌钢板风管制安	$10m^2$	0.1	115.87	167.99	11.68	157.14	11.59	16.80	1.17	15.71
人工单价		小计						11.59	16.80	1.17	15.71
23.22 元/工日		未计价材料费						37.17			
清单项目综合单价								82.44			

材料费明细	主要材料名称、规格、型号	单位	数量	单价（元）	合价（元）	暂估单价（元）	暂估合价（元）
	镀锌钢板 δ1mm	m^2	1.138	32.66	37.17		
	其他材料费			—		—	
	材料费小计			—	37.17	—	

工程量清单综合单价分析表

续表

工程名称：某车间通风工程　　标段：　　第 3 页　共 17 页

项目编码	030902001003	项目名称	碳钢通风管道制作安装 800×320	计量单位	m^2

清单综合单价组成明细

定额编号	定额名称	定额单位	数量	单价（元）				合价（元）			
				人工费	材料费	机械费	管理费和利润	人工费	材料费	机械费	管理费和利润
9-7	镀锌钢板风管制安	$10m^2$	0.1	115.87	167.99	11.68	157.14	11.59	16.80	1.17	15.71
人工单价		小计						11.59	16.80	1.17	15.71
23.22 元/工日		未计价材料费						37.17			
清单项目综合单价								82.44			

材料费明细	主要材料名称、规格、型号	单位	数量	单价（元）	合价（元）	暂估单价（元）	暂估合价（元）
	镀锌钢板 δ1mm	m^2	1.138	32.66	37.17		
	其他材料费			—		—	
	材料费小计			—	37.17	—	

工程量清单综合单价分析表

续表

工程名称：某车间通风工程　　标段：　　第 4 页　共 17 页

项目编码	030902001004	项目名称	镀锌钢板风管 1500×1500	计量单位	m^2

清单综合单价组成明细

定额编号	定额名称	定额单位	数量	单价（元）				合价（元）			
				人工费	材料费	机械费	管理费和利润	人工费	材料费	机械费	管理费和利润
9-8	镀锌钢板风管制安	$10m^2$	0.1	140.71	191.90	8.54	190.83	14.07	19.19	0.85	19.08
人工单价		小计						14.07	19.19	0.85	19.08
23.22 元/工日		未计价材料费						43.49			
清单项目综合单价								96.68			

材料费明细	主要材料名称、规格、型号	单位	数量	单价（元）	合价（元）	暂估单价（元）	暂估合价（元）
	镀锌钢板 δ1.2mm	m^2	1.138	38.22	43.49		
	其他材料费			—		—	
	材料费小计			—	43.49	—	

工程量清单综合单价分析表

续表

工程名称：某车间通风工程　　标段：　　第 5 页　共 17 页

项目编码	030902001005	项目名称	碳钢通风管道制作安装 φ250	计量单位	m²

清单综合单价组成明细											
定额编号	定额名称	定额单位	数量	单价(元)				合价(元)			
				人工费	材料费	机械费	管理费和利润	人工费	材料费	机械费	管理费和利润
9-2	镀锌钢板圆形风管制安	10m²	0.1	208.75	145.40	23.95	283.11	20.88	14.54	2.40	28.31
人工单价		小计						20.88	14.54	2.40	28.31
23.22 元/工日		未计价材料费						28.46			
清单项目综合单价								94.59			

材料费明细	主要材料名称、规格、型号	单位	数量	单价(元)	合价(元)	暂估单价(元)	暂估合价(元)
	镀锌钢板 δ0.75mm	m²	1.138	25.01	28.46		
	其他材料费			—		—	
	材料费小计			—	28.46	—	

工程量清单综合单价分析表

续表

工程名称：某车间通风工程　　标段：　　第 6 页　共 17 页

项目编码	030902001006	项目名称	碳钢通风管道制作安装 φ360	计量单位	m²

清单综合单价组成明细											
定额编号	定额名称	定额单位	数量	单价(元)				合价(元)			
				人工费	材料费	机械费	管理费和利润	人工费	材料费	机械费	管理费和利润
9-2	镀锌钢板圆形风管制安	10m²	0.1	208.75	145.40	23.95	283.11	20.88	14.54	2.40	28.31
	超高增加费	元						3.13			4.24
人工单价		小计						24.01	14.54	2.40	32.55
23.22 元/工日		未计价材料费						37.17			
清单项目综合单价								110.67			

材料费明细	主要材料名称、规格、型号	单位	数量	单价(元)	合价(元)	暂估单价(元)	暂估合价(元)
	镀锌钢板 δ1mm	m²	1.138	32.66	37.17		
	其他材料费			—		—	
	材料费小计			—	37.17	—	

工程量清单综合单价分析表

续表

工程名称：某车间通风工程　　　　标段：　　　　第 7 页　共 17 页

项目编码	030901002001	项目名称	通风机	计量单位	台

清单综合单价组成明细											
定额编号	定额名称	定额单位	数量	单价（元）				合价（元）			
				人工费	材料费	机械费	管理费和利润	人工费	材料费	机械费	管理费和利润
9-218	离心式通风机安装（8号）	台	1	172.99	29.74	—	234.61	172.99	29.74	—	234.61
人工单价		小计						172.99	29.74	—	234.61
23.22 元/工日		未计价材料费						400			
清单项目综合单价								837.34			

材料费明细	主要材料名称、规格、型号	单位	数量	单价（元）	合价（元）	暂估单价（元）	暂估合价（元）
	离心式通风机	台	1	400	400		
	其他材料费			—		—	
	材料费小计			—	400	—	

工程量清单综合单价分析表

续表

工程名称：某车间通风工程　　　　标段：　　　　第 8 页　共 17 页

项目编码	030901010001	项目名称	过滤器	计量单位	台

清单综合单价组成明细											
定额编号	定额名称	定额单位	数量	单价（元）				合价（元）			
				人工费	材料费	机械费	管理费和利润	人工费	材料费	机械费	管理费和利润
9-256	过滤器安装（中、低效）	台	1	1.86	—	—	2.52	1.86	—	—	2.52
人工单价		小计						1.86	—	—	2.52
23.22 元/工日		未计价材料费						500			
清单项目综合单价								504.38			

材料费明细	主要材料名称、规格、型号	单位	数量	单价（元）	合价（元）	暂估单价（元）	暂估合价（元）
	中、低效过滤器	台	1	500	500		
	其他材料费			—		—	
	材料费小计			—	500	—	

工程量清单综合单价分析表

续表

工程名称：某车间通风工程　　标段：　　第9页　共17页

项目编码	030901002002	项目名称	通风机	计量单位	台						
清单综合单价组成明细											
定额编号	定额名称	定额单位	数量	单价（元）				合价（元）			
				人工费	材料费	机械费	管理费和利润	人工费	材料费	机械费	管理费和利润
9-216	离心式通风机安装（4号）	台	1	19.74	14.41	—	26.77	19.74	14.41	—	26.77
	超高增加费	元						2.96			4.01
人工单价		小计						22.7	14.41	—	30.78
23.22元/工日		未计价材料费						260			
清单项目综合单价								327.89			
材料费明细	主要材料名称、规格、型号					单位	数量	单价（元）	合价（元）	暂估单价（元）	暂估合价（元）
	离心式通风机					台	1	260	260		
	其他材料费							—		—	
	材料费小计							—	260	—	

工程量清单综合单价分析表

续表

工程名称：某车间通风工程　　标段：　　第10页　共17页

项目编码	030901002003	项目名称	通风机	计量单位	台						
清单综合单价组成明细											
定额编号	定额名称	定额单位	数量	单价（元）				合价（元）			
				人工费	材料费	机械费	管理费和利润	人工费	材料费	机械费	管理费和利润
9-222	轴流式通风机安装（5号）	台	1	34.83	2.40	—	47.24	34.83	2.40	—	47.24
	超高增加费	元						5.22			7.08
人工单价		小计						40.05	2.40	—	54.32
23.22元/工日		未计价材料费						310			
清单项目综合单价								406.77			
材料费明细	主要材料名称、规格、型号					单位	数量	单价（元）	合价（元）	暂估单价（元）	暂估合价（元）
	轴流式通风机					台	1	310	310		
	其他材料费							—		—	
	材料费小计							—	310	—	

工程量清单综合单价分析表

续表

工程名称：某车间通风工程　　标段：　　第 11 页　共 17 页

项目编码	030903012001	项目名称	碳钢风帽制作安装	计量单位	个

清单综合单价组成明细											
定额编号	定额名称	定额单位	数量	单价(元)				合价(元)			
				人工费	材料费	机械费	管理费和利润	人工费	材料费	机械费	管理费和利润
9-166	圆伞形风帽制安	100kg	0.08	394.74	547.33	18.36	535.35	31.58	43.79	1.47	42.83
	超高增加费	元						4.74			6.43
人工单价		小计						36.32	43.79	1.47	49.26
23.22 元/工日		未计价材料费									
清单项目综合单价								130.84			

材料费明细	主要材料名称、规格、型号	单位	数量	单价(元)	合价(元)	暂估单价(元)	暂估合价(元)
	普通钢板 0～3 号　δ1～1.5	kg	6.6192	4.29	28.40		
	角钢 L60	kg	1.684	3.15	5.30		
	扁钢<—59	kg	1.1112	3.17	3.52		
	电焊条　结 422ϕ3.2	kg	0.1256	5.41	0.68		
	气焊条 ϕ<2	kg	0.008	5.20	0.04		
	乙炔气	kg	0.00344	13.33	0.05		
	氧气	m^3	0.0096	2.06	0.02		
	橡胶板 δ1～3	kg	0.0864	7.49	0.65		
	精制六角带帽螺栓 M8×75	10 套	0.65384	7.60	4.97		
	垫圈 2～8	10 个	0.66648	0.24	0.16		
	其他材料费			—		—	
	材料费小计			—	43.79	—	

工程量清单综合单价分析表

续表

工程名称：某车间通风工程　　标段：　　第 12 页　共 17 页

项目编码	030903004001	项目名称	不锈钢蝶阀	计量单位	个

清单综合单价组成明细											
定额编号	定额名称	定额单位	数量	单价(元)				合价(元)			
				人工费	材料费	机械费	管理费和利润	人工费	材料费	机械费	管理费和利润
9-51	圆形蝶阀制作	100kg	0.0422	700.55	416.87	462.79	950.09	29.56	17.59	19.53	40.09
9-72	圆形蝶阀安装	个	1	4.88	2.22	0.22	6.62	4.88	2.22	0.22	6.62
人工单价		小计						34.44	19.81	19.75	46.71
23.22 元/工日		未计价材料费									
清单项目综合单价								120.71			

续表

	主要材料名称、规格、型号	单位	数量	单价(元)	合价(元)	暂估单价(元)	暂估合价(元)
材料费明细	普通钢板 0～3 号 δ1～1.5	kg	1.8965	4.29	8.14		
	普通钢板 0～3 号 δ2.6～3.2	kg	0.2469	3.72	0.92		
	角钢 L60	kg	1.8146	3.15	5.72		
	扁钢<—59	kg	0.18315	3.17	0.58		
	圆钢 φ15～24	kg	0.29793	2.89	0.86		
	电焊条 结 422φ3.2	kg	0.1055	5.41	0.57		
	精制六角带帽螺栓 M6×75	10 套	0.22535	1.40	0.32		
	精制六角螺母 M6～10	10 个	0.14335	0.53	0.07		
	铝蝶形螺母 M<12	10 个	0.14335	1.70	0.24		
	垫圈 2～8	10 个	0.22999	0.24	0.05		
	垫圈 10～20	10 个	0.14335	0.83	0.12		
	精制六角带帽螺栓 M6×75	10 套	1.00	1.40	1.40		
	橡胶板 δ1～3	kg	0.11	7.49	0.82		
	其他材料费			—		—	
	材料费小计			—	19.81	—	

工程量清单综合单价分析表

续表

工程名称：某车间通风工程　　　　标段：　　　　第 13 页　共 17 页

项目编码	030903004002	项目名称	不锈钢蝶阀	计量单位	个

清单综合单价组成明细

定额编号	定额名称	定额单位	数量	单价(元)				合价(元)			
				人工费	材料费	机械费	管理费和利润	人工费	材料费	机械费	管理费和利润
9-51	圆形蝶阀制作	100kg	0.0422	700.55	416.87	462.79	950.09	29.56	17.59	19.53	40.09
9-72	圆形蝶阀安装	个	1	4.88	2.22	0.22	6.62	4.88	2.22	0.22	6.62
	超高增加费	元						5.17			7.01
人工单价		小计						39.61	19.81	19.75	53.72
23.22 元/工日		未计价材料费									
清单项目综合单价								132.89			

	主要材料名称、规格、型号	单位	数量	单价(元)	合价(元)	暂估单价(元)	暂估合价(元)
材料费明细	普通钢板 0～3 号 δ1～1.5	kg	1.8965	4.29	8.14		
	普通钢板 0～3 号 δ2.6～3.2	kg	0.2469	3.72	0.92		
	角钢 L60	kg	1.8146	3.15	5.72		
	扁钢<—59	kg	0.18315	3.17	0.58		
	圆钢 φ15～24	kg	0.29793	2.89	0.86		
	电焊条 结 422φ3.2	kg	0.1055	5.41	0.57		

续表

	主要材料名称、规格、型号	单位	数量	单价（元）	合价（元）	暂估单价（元）	暂估合价（元）
材料费明细	精制六角带帽螺栓 M6×75	10套	0.22535	1.40	0.32		
	精制六角螺母 M6～10	10个	0.14335	0.53	0.07		
	铝蝶形螺母 M<12	10个	0.14335	1.70	0.24		
	垫圈 2～8	10个	0.22999	0.24	0.05		
	垫圈 10～20	10个	0.14335	0.83	0.12		
	精制六角带帽螺栓 M6×75	10套	1.00	1.40	1.40		
	橡胶板 δ1～3	kg	0.11	7.49	0.82		
	其他材料费			—		—	
	材料费小计			—	19.81	—	

工程量清单综合单价分析表

续表

工程名称：某车间通风工程　　　　标段：　　　　第14页　共17页

项目编码	030903017001	项目名称	碳钢罩类制作安装	计量单位	kg

清单综合单价组成明细

定额编号	定额名称	定额单位	数量	单价（元）				合价（元）			
				人工费	材料费	机械费	管理费和利润	人工费	材料费	机械费	管理费和利润
9-193	升降式排气罩制安	100kg	0.01	160.91	382.09	33.96	218.23	1.61	3.82	0.34	2.98
	超高增加费	元						0.24			0.33
人工单价		小计						1.85	3.82	0.34	2.51
23.22元/工日		未计价材料费									
清单项目综合单价								8.52			

	主要材料名称、规格、型号	单位	数量	单价（元）	合价（元）	暂估单价（元）	暂估合价（元）
材料费明细	普通钢板 0～3号　δ1～1.5	kg	0.2187	4.29	0.94		
	普通钢板 0～3号　δ2～2.5	kg	0.289	3.85	1.11		
	角钢 L60	kg	0.0906	3.15	0.29		
	扁钢<－59	kg	0.0475	3.17	0.15		
	圆钢 ϕ5.5～9	kg	0.0098	2.86	0.03		
	圆钢 ϕ10～14	kg	0.0088	2.86	0.03		
	圆钢 ϕ>32	kg	0.0148	2.79	0.04		
	精制六角螺母 M6～10	10个	0.00375	0.53	0.002		
	垫圈 10～20	10个	0.00375	0.83	0.003		
	电焊条　结422ϕ3.2	kg	0.001	5.41	0.005		
	开口销	10个	0.00375	0.32	0.001		
	钢丝绳 ϕ4.2	kg	0.0043	8.37	0.04		
	铸铁	kg	0.4013	2.97	1.19		
	其他材料费			—		—	
	材料费小计			—	3.82	—	

工程量清单综合单价分析表

续表

工程名称：某车间通风工程　　标段：　　第 15 页　共 17 页

项目编码	030903007001		项目名称		碳钢风口，散流器制作安装			计量单位		个	
清单综合单价组成明细											
定额编号	定额名称	定额单位	数量	单价(元)				合价(元)			
				人工费	材料费	机械费	管理费和利润	人工费	材料费	机械费	管理费和利润
9-95	单层百叶风口制作(9.04kg)	100kg	0.0904	482.49	506.41	10.82	654.35	43.62	45.78	0.98	59.15
9-133	单层百叶风口安装(9.04kg)	个	1	4.18	2.47	0.22	5.67	4.18	2.47	0.22	5.67
人工单价		小计						47.80	48.25	1.20	64.82
23.22 元/工日		未计价材料费									
清单项目综合单价								162.07			
材料费明细	主要材料名称、规格、型号					单位	数量	单价(元)	合价(元)	暂估单价(元)	暂估合价(元)
	垫圈 2～8					10 个	4.399	0.240	1.06		
	铁铆钉					kg	0.033	4.270	0.14		
	普通钢板 0～3 号 δ1～1.5					kg	10.15	4.290	43.54		
	气焊条 ϕ<2					kg	0.060	5.200	0.31		
	乙炔气					kg	0.039	13.330	0.52		
	氧气					m^3	0.108	2.060	0.22		
	扁钢<−59					kg	0.61	3.170	1.93		
	精制六角带帽螺栓 M(2～5)×(4～20)					10 套	0.600	0.900	0.54		
	其他材料费							—		—	
	材料费小计							—	48.25	—	

工程量清单综合单价分析表

续表

工程名称：某车间通风工程　　标段：　　第 16 页　共 17 页

项目编码	030903007002		项目名称		碳钢风口，散流器制作安装			计量单位		个	
清单综合单价组成明细											
定额编号	定额名称	定额单位	数量	单价(元)				合价(元)			
				人工费	材料费	机械费	管理费和利润	人工费	材料费	机械费	管理费和利润
9-109	旋转吹风口制作	100kg	0.1009	306.27	524.06	131.53	415.36	30.90	52.88	13.27	41.91
9-144	旋转吹风口安装	个	1	10.91	9.62	—	14.80	10.91	9.62	—	14.80
人工单价		小计						41.81	62.50	13.27	56.71
23.22 元/工日		未计价材料费									
清单项目综合单价								174.29			

续表

	主要材料名称、规格、型号	单位	数量	单价（元）	合价（元）	暂估单价（元）	暂估合价（元）
材料费明细	普通钢板 0～3 号 δ0.7～0.9	kg	5.224	4.760	24.87		
	普通钢板 0～3 号 δ1～1.5	kg	2.140	4.290	9.18		
	普通钢板 0～3 号 δ2～2.5	kg	0.134	3.850	0.52		
	角钢<60	kg	2.096	3.150	6.60		
	扁钢<−59	kg	1.434	3.170	4.55		
	圆钢 ϕ15～24	kg	0.072	2.890	0.21		
	电焊条 结 422ϕ3.2	kg	0.014	5.410	0.08		
	精制六角带帽螺栓 M(2～5)×(4～20)	10 套	1.145	0.900	1.03		
	精制六角带帽螺栓 M8×75	10 套	0.644	7.600	4.89		
	木螺钉 M6×100	10 个	0.656	0.550	0.38		
	垫圈 2～8	10 个	1.750	0.240	0.42		
	铁铆钉	kg	0.031	4.270	0.13		
	钢珠	个	0.583	0.050	0.03		
	精制六角带帽螺栓 M8×75	10 套	0.600	7.600	4.56		
	精制六角带帽螺栓 M6−10	10 个	0.600	0.530	0.32		
	石棉橡胶板低压 δ0.8～6	kg	0.76	6.240	4.74		
	其他材料费			—		—	
	材料费小计			—	62.50	—	

工程量清单综合单价分析表

续表

工程名称：某车间通风工程　　标段：　　第 17 页　共 17 页

项目编码	030904001001	项目名称	通风工程检测、调试	计量单位	系统

清单综合单价组成明细											
定额编号	定额名称	定额单位	数量	单价（元）				合价（元）			
				人工费	材料费	机械费	管理费和利润	人工费	材料费	机械费	管理费和利润
	通风工程检测、调试	系统	1					856.90		2570.69	1162.13
人工单价		小计						856.90		2570.69	1162.13
23.22 元/工日		未计价材料费									
清单项目综合单价								4589.72			

	主要材料名称、规格、型号	单位	数量	单价（元）	合价（元）	暂估单价（元）	暂估合价（元）
材料费明细							
	其他材料费						
	材料费小计						

三、"08计算方法"与"03计算方法"的区别与联系

(1)"08规范"和"03规范"相比,工程量清单计价表有很大差别。比如本题中的"分部分项工程量清单与计价表"就是由"03规范"中的"分部分项工程量清单"和"分部分项工程量清单计价表"合成的;"工程量清单综合单价分析表"与"03规范"中的"分部分项工程量清单综合单价计算表"的实质是一样的,只是细节方面有些不同。

(2)"工程量清单综合单价分析表"中增加了"材料费明细"一栏。此栏中若本项编码所包括的任一定额中含有未计价材料,则在"材料费明细"中只显示未计价材料,将所有未计价材料费汇总后填入"未计价材料费"一栏中。若本项目编码所包括的定额中都不含未计价材料,则"材料费明细"中应显示以上定额所涉及的全部材料,若不同定额编号所用材料有相同的,则应在材料费明细中合并后计算。

(3)本例题采用安装定额,管理费和利润的取费基数为人工费,因此未计价材料不计入管理利润费。

(4)本题中,"03计算方法"与"08计算方法"计算时取费基数不一样。因此,所计算综合单价也有出入。"08计算方法"有些数据仍参考"03计算方法"数据。

例 2　住宅电气照明工程定额预算与工程量清单计价对照

某 6 层楼住宅照明工程的平面图，如图 2-1-1。

一、工程概况

(1) 电源由室外架空引进，采用三相四线电源，电压 220V。6 层楼均同底层照明平面图一样。

(2) 配电箱距地 1.5m 为暗设，开关距地 1.5m，插座距地 1.3m，均为暗设，本工程线路敷设长度不大，不另计接线盒，建筑物底层高度为 3.2m。

(3) 平面布置线路均采用塑料槽板明设，开关、插座穿管暗设，导线和槽板工程量只算到安装位置处即可，导线均采用 BLV-2.5mm² 塑料铝芯线。垂直暗设采用硬塑料管 *DN*25。

(4) 报价内应包括∟50×5 角钢接地极。

(5) 建设地点在市区内，为六类工资区，施工企业为国营二级企业（15km 以内）。

(6) 角钢接地极制安按坚土考虑，遇有石方、矿渣、积水、障碍物等情况另行计算。

(7) 进户横担据规范要求按距地 2.7m 计算。

(8) 未计价材料单价按当时市场价调整，本预算未调整价差。

(9) 凡本预算未包括项目，实际施工中若有发生，可根据技术核定单或经济签证另编补充预算。

(10) 本工程是作为教学示例，如有出入，应以造价管理部门解释为准。

二、工程量计算

1. 定额工程量（表 2-1-1）

定额工程量计算表　　　　**表 2-1-1**

序号	项　　目	图号及部位	计　算　式	单位	工程量
1	暗装配电箱 XMR-15-112	距地安装 1.5m	[说明] 本工程电源由室外架空引入，穿管进入配电箱，再进入设备，又连开关箱，再接照明箱，共 6 层，因此配电箱工程量＝1×6＝6 台	台	6
2	压接铝接线端子 φ10	配电箱进线	6×2＝12 [说明] 2 指室外架空线路和进户横担连接，即接户线上有一个压接铝接线端子和进户线上的一个压接铝接线端子，共 2 个。 2×6(工程有 6 层)＝12 个	10 个	1.2
3	普通软线吊灯 1×60W	安装高度 2m	$3/N_1+1/N_3=4\times6$ 安装高度是指灯具距室内地坪的垂直距离。垂直方向敷设的管(沿墙、柱引上或引下)，其工程量计算与楼层高度及与箱、柜、盘、板、开关等设备安装高度有关。 [说明] $3/N_1$ 指支路 N_1 中有 3 套吊灯，$1/N_3$ 为在支路 N_3 中有 1 套吊灯。4 指支路 N_1 与 N_3 中吊灯的总和(1 层)，4×6 指本住宅 6 层中所有吊灯总和	10 套	2.4

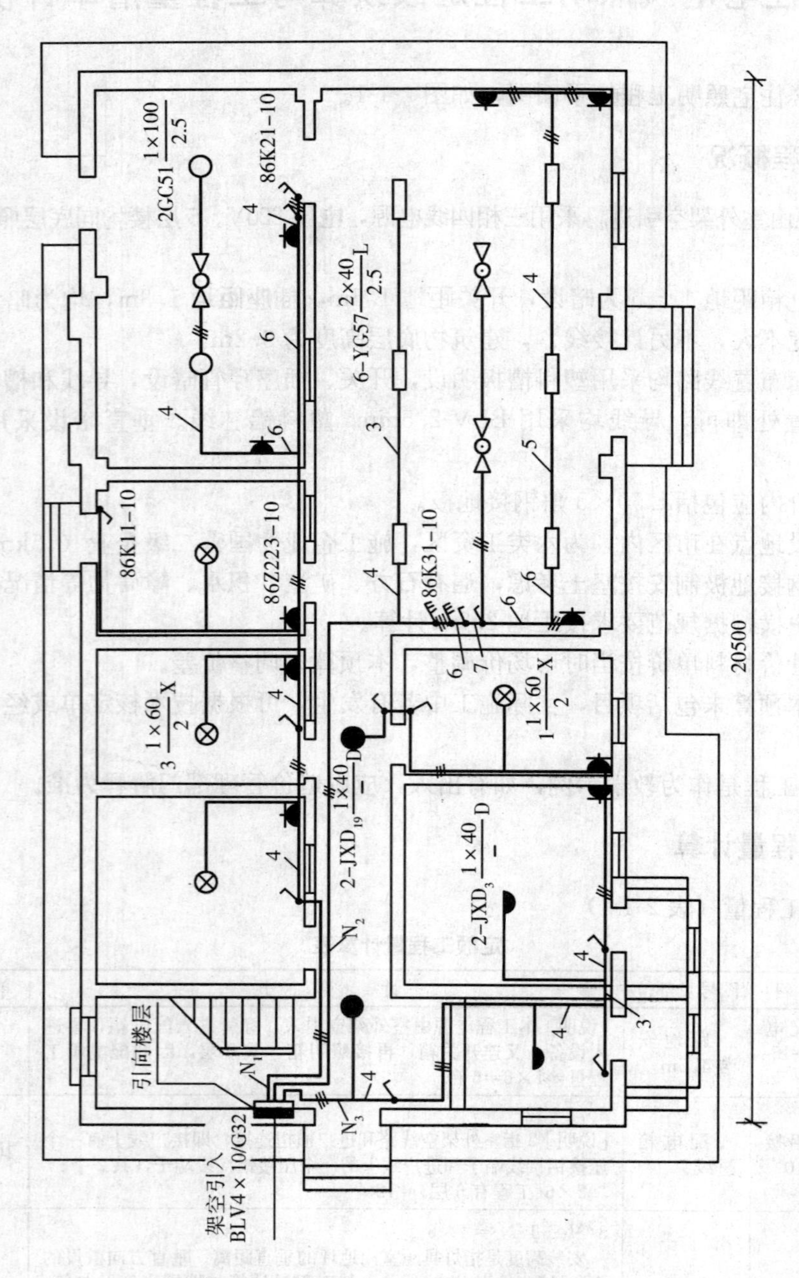

图 2-1-1 某工程底层照明平面图(1∶100)

续表

序号	项目	图号及部位	计算式	单位	工程量
4	管吊式工厂灯 GC511×100W	安装高度 2.5m	$2/N_1=2\times6$ [说明] $2/N_1$ 指支路 N_1 中有 2 套管吊式工厂灯。2×6 指本住宅 6 层中所有管吊式工厂灯的总和	10套	1.2
5	圆球罩吸顶灯 JXD_{19}-1×40W	安装高度 3.2m	$2/N_3=2\times6$ [说明] $2/N_3$ 指支路 N_3 中有 2 套圆球罩吸顶灯。2×6 为本住宅 6 层中所有圆球罩吸顶灯的总和	10套	1.2
6	半圆球罩吸顶灯 JXD_3-1×40W	安装高度 3.2m	$2/N_3=2\times6$ [说明] $2/N_3$ 为支路 N_3 中有 2 套半圆球罩吸顶灯。2×6 为本住宅 6 层中所有半圆球罩吸顶灯的总和	10套	1.2
7	荧光吊灯 YG57-2×40W	安装高度 2.5m	$6/N_2=6\times6$ [说明] 荧光吊灯安装高度距地 2.5m。 $6/N_2$ 指支路 N_2 中有 6 套荧光灯。6×6 为本工程中 6 层所有荧光灯的总和。 第 3 项至第 7 项，工程量的计算均按图纸要求，以“套”计量。吊式灯具可分为线吊式、链吊式和管吊式三种。工程量计算及套定额时一定要区分清楚。 吸顶式安装可分为一般吸顶式和嵌入吸顶式。本工程所示圆球罩吸顶灯及半圆球罩吸顶灯均为一般吸顶式(D)	10套	3.6
8	吊扇 φ1400mm	吊顶安装	$1/N_1+2/N_2=3\times6$ [说明] 吊扇安装的工程量，应区别风扇种类，以“台”为计量单位计算。不论直径大小，工程量计算时均以“台”计算。 $1/N_1$ 指支路 N_1 中有 1 台吊扇。 $2/N_2$ 指支路 N_2 中有 2 台吊扇。 3×6 为本住宅 6 层中所有吊扇总和	台	18
9	单相双联三孔插座 86Z223-10	距地 1.3m	$5/N_1+3/N_2+2/N_3=10\times6$ [说明] $5/N_1$ 指支路 N_1 中有单相双联三孔插座 5 套。 $3/N_2$ 指支路 N_2 中有单相双联三孔插座 3 套。 $2/N_3$ 指支路 N_3 中有单相双联三孔插座 2 套。 10×6 指本工程中 6 层所有插座总和	10套	6
10	单联单控扳式暗开关 86K11-10	距地安装 1.5m	$3/N_1+5/N_3=8\times6$ [说明] $3/N_1$ 指支路 N_1 中有 3 套单联单控扳式暗开关。 $5/N_3$ 指支路 N_3 中有 5 套单联单控扳式暗开关。 8×6 指本住宅 6 层中所有单联单控扳式暗开关的总和	10套	4.8
11	双联单控扳式暗开关 86K21-10	距地安装 1.5m	$1/N_1=1\times6$ [说明] $1/N_1$ 指支路 N_1 中有一套双联单控扳式暗开关。 1×6 中 1 是 1 层中有 1 套双联单控扳式暗开关，6 指 6 层中所有双联单控暗开关的总和	10套	0.6

续表

序号	项　目	图号及部位	计　算　式	单位	工程量
12	三联单控扳式暗开关86K31-10	距地安装1.5m	$2/N_2=2\times6$ [说明] $2/N_2$ 为1层中支路 N_2 有2套三联单控扳式暗开关，2×6 为总工程量。 10～12项为开关的安装。包括拉线开关、扳把开关、扳式开关、密闭开关、一般按钮开关安装，并且分明装与暗装，均以"套"计量。 以上各项工程量计算时，要认真阅读本工程的照明平面图，它表征了建筑各层的照明、动力等电气设备的平面位置和线路走向，是安装电器和敷设支路管线的依据，也是概预算时确定电气和管线的工程量的依据	10套	1.2
13	暗装插座、开关、接线盒86H50 75×75×50		$9/N_1+5/N_2+7/N_3=21\times6$ 暗装插座、开关盒86H50　75×75×50　126个 [说明] 明配和暗配管线，均发生接线盒(分线盒)或接线箱安装，或开关盒、灯头盒及插座盒安装，它们均以"个"计量。 看图2-1-1，N_1 回路上有插座及开关盒9个，N_2 回路上有5个，N_3 回路上7个，共(9+5+7)×6=126个，接线盒产生在管线分支处或管线转弯处。在本工程中，线路敷设长度不大，不另加接线盒。线管敷设超过下列长度时中间应加接线盒： ①管长超过45m且无弯时。 ②管长超过30m，中间只有1个弯时； ③管长超过20m，中间有2个弯时； ④管长超过12m，中间有3个弯时	10个	12.6
14	钢管暗配 *DN*32	户外进户线至底层照明干线竖管	2.7−1.5+0.5=1.7m 1.5+3.2=4.7m　} (1.7+4.7)=6.4m [说明] (2.7−1.5+0.5)中2.7m是指进户线横担距地2.7m，1.5m是指配电箱距地1.5m，0.5m是指穿墙进入配电箱长度，因此，竖管长应为：2.7−1.5+0.5=1.7m。 (1.5+3.2)中1.5m是指由配电箱引至底层配管长，3.2m是指一层配电箱至二层配电箱的配管长。因此，竖管长为1.5+3.2=4.7m。 (1.7+4.7)是指竖管 *DN*32 由进户横担至一层顶配管总长，即为6.4m。 垂直方向敷设的管，其工程量计算与楼层高度及与箱、柜、盘、板、开关等设备安装高度有关，无论配管是明敷或暗敷	100m	0.064
15	钢管暗配 *DN*25	照明干线竖管	3.2+3.2=6.4m [说明] 本钢管是照明干线的竖管暗敷，也就是用来把线由下引入，穿线之用。 钢管暗配 *DN*25 为本工程二到三层、三到四层配电干线竖管长度，层高3.2m，两层共3.2+3.2=6.4m	100m	0.064

续表

序号	项　　目	图号及部位	计　　算　　式	单位	工程量
16	钢管暗配 *DN*20	照明干线竖管	3.2+3.2=6.4m [说明] 本钢管是照明干线的竖管暗敷，也就是用来把线由下引入上层，此钢管是穿线之用的。 第一个3.2m是指由四层底至五层配电箱的配管长，第二个3.2m是指由五层配电箱至六层配电箱的配管长	100m	0.064
17	硬塑料管暗配：*DN*25	配电箱至各回路竖管量 插座竖管量、开关(包括吊扇开关)竖管量	3.2－1.5=1.7m　1.7×3=5.1m 3.2－1.3=1.9m　1.9×10=19m 3.2－1.5=1.7m　1.7×14=23.8m 合计(5.1+19+23.8)×6m=287.4m [说明] (1)(3.2－1.5)为配电箱至一个回路竖管量，每层有3个回路，因此(3.2－1.5)×3为配电箱至各回路竖管工程量。 (2)(3.2－1.3)为每个插座竖管工程量，上面已算出每层有10套单相双联三孔插座86Z223-10，因此每层插座竖管工程量为(3.2－1.3)×10=19m (3)(3.2－1.5)为每个开关(包括吊扇开关)竖管工程量，上面已算出单联单控扳式暗开关86K11-10每层8套，双联单控扳式暗开关86K21-10每层1套，三联单控扳式暗开关86K31-10每层2套，吊扇开关每层3套。因此开关总数为8+1+2+3=14套，每层开关竖管工程量为(3.2－1.5)×14=23.8m (4)本工程为6层楼住宅，因此算出的每层楼暗配硬塑料管工程量×6，即： (5.1+19+23.8)×6=287.4m为本工程暗配硬塑料管*DN*25工程量。(工程概况中已说明6层楼均同底层照明平面图一样)	100m	2.874
18	管内穿线 BLV-10mm^2	户外进户线至底层照明干线竖管穿线	(1.5+1.7+1.5)×4=18.8m (3.2+1.5+1.5)×4+(3.2+1.5+3.2+1.5)×3+(3.2+1.5+3.2+1.5)×2=71.8m 合计18.8+71.8=90.6m [说明] (1)[1.5(进户线预留线长度)+1.7(一层室外照明干线竖管长度)+1.5(配电箱预留线长度)]×4(管内穿线为BLV-4×10mm^2)=18.8m (2)[3.2(一层配电箱到二层配电箱距离)+1.5(配电箱引至底层配管)+1.5(配电箱预留线长度)]×4(管内穿线为BLV-4×10mm^2)+[3.2+1.5(二层到三层配电箱距离及箱内预留线长度)+3.2+1.5(三层配电箱到四层配电箱距离及配电箱内预留线长度)]×3+[3.2(四层配电箱到五层配电箱距离)+1.5(配电箱预留线长度)+3.2(五层配电箱到六层配电箱距离)+1.5(配电箱内预留线长度)]×2(管内穿线为BLV-2×10mm^2)=71.8m 总长=90.6m	100m	0.906

续表

序号	项　目	图号及部位	计　算　式	单位	工程量
19	管内穿线 BLV-2.5mm^2	配电箱至各回路竖管穿线	(1.7+1.5)×3×3=28.8m（注：配电箱内预留线1.5m）	100m	8.514
		插座竖管穿线	(3.2−1.3)×10×3=57m		
		单联开关竖管穿线	(3.2−1.5)×8×2=27.2m		
		双联开关竖管穿线	(3.2−1.5)×1×3=5.1m		
		三联开关竖管穿线	(3.2−1.5)×2×4=13.6m		
		吊扇开关竖管穿线	(3.2−1.5)×3×2=10.2m		
			[说明] (1.7+1.5)×3×3=28.8m中，1.7m指塑料管穿线，1.5m是配电箱内预留线长，第一个3表示N_1、N_2、$N_3$3个支路，第二个3表示各支路中有3根导线。 (3.2−1.3)×10×3=57m，表示插座的竖管穿线，(3.2−1.3)表示1个插座所需线长，10表示10个插座($N_1$5个，$N_2$3个、$N_3$2个)，3表示各插座内有3根导线。 (3.2−1.5)×8×3=27.2m，表示单联开关竖管穿线，(3.2−1.5)表示1个单联开关所需线长，8表示8个单联开关(其中N_1中有3个，N_3中有5个)，3表示有3根导线。 (3.2−1.5)×1×3=5.1m，表示双联开关竖管穿线，(3.2−1.5)表示一个双联开关所需的配管长，1表示双联开关的数量(N_1支路中)，3表示有3根导线。 (3.2−1.5)×2×4=13.6m，表示三联开关竖管穿线，(3.2−1.5)表示一个三联开关所需配管长，2表示有2个三联开关(N_2支路中)，4表示有4根导线。 (3.2−1.5)×3×2=10.2m，表示吊扇开关竖管穿线，(3.2−1.5)表示一个吊扇开关所需配管长，3表示有3个吊扇(N_1支路中1个，N_2支路中2个)，2表示2根导线。 合计：(28.8+57+27.2+5.1+13.6+10.2)×6=851.4m，表示本工程所需管内穿线BLV-2.5mm^{2}线总长		

续表

<table>
<tr><th>序号</th><th>项　　目</th><th>图号及部位</th><th>计　　算　　式</th><th>单位</th><th>工程量</th></tr>
<tr><td rowspan="6">20</td><td rowspan="6">塑料槽板敷设(注：按配电箱出线回路计算)</td><td>N_1 回路平面布置线路</td><td>2 线：1.8+1.6+1.8+1.6+3.9+1.6+2.5+2.3=17.1m
3 线：0.5+1+3.5+0.5+1.5+4.1+0.4+1.7=13.2m
4 线：2+1.5+0.4+1.1+1.7=6.7m
6 线：4.2+0.8=5m</td><td rowspan="4">100m</td><td rowspan="4">8.316</td></tr>
<tr><td>N_2 回路平面布置线路</td><td>2 线：3.8+3.5=7.3m
3 线：0.4+0.9+9.3+1.4+0.3+0.4+3.5+1.1+1.8+1.3
=20.4m
4 线：1.5+3.8=5.3m
5 线：3.5m
6 线：0.3+1.4+1.5=3.2m
7 线：0.3m</td></tr>
<tr><td>N_3 回路平面布置线路</td><td>2 线：1.8+1.1+1.3+2+1.5+2+1.5+0.5+0.5+0.7=12.9m
3 线：0.3+0.3+0.2+1+0.9+2.2+1.8+0.5+3.3+0.3+1.8+1.2
=13.8m
4 线：0.8+1.4+0.6=2.8m</td></tr>
<tr><td>合计：</td><td>二线塑料槽板敷设：
17.1+6.7+6.7+7.3+5.3+5.3+3.5+0.3+0.3+12.9+2.8+2.8=71m
71×6=426m</td></tr>
<tr><td></td><td>三线塑料槽板敷设：
13.2+5+5+20.4+3.5+3.2+3.2+0.3+13.8=67.6m
67.6×6=405.6m</td><td rowspan="2">100m</td><td rowspan="2">8.316</td></tr>
<tr><td>说明</td><td>[说明] 根据图 2-1-1，支路 N_1 中线路布置图中表明的导线根数进行量取，然后再依据 1∶100 的比例换算成实际的线长，其中未注明的表示 2 线。
根据图 2-1-1，支路 N_2 线路布置图中表示的导线数分别为 3 线、4 线、5 线、6 线、7 线，未注明导线数的表示 2 线，进行量取，然后再依据 1∶100 的比例进行换算，使其成为实际的线长。
依据图 2-1-1，支路 N_3 线路布置图中表示的导线数分为 3 线、4 线，未注明导线数的表示为 2 线，进行量取，然后再依据 1∶100 的比例进行换算，使其成为实际的线长。
根据 N_1、N_2、N_3 线路中所计算的 2 线、3 线、4 线、5 线、6 线、7 线的工程量，都分隔成 2 线、3 线，其中 4 线分成(2 线+2 线)，5 线分成(2 线+3 线)，6 线分为(3 线+3 线)，7 线分为(2 线+2 线+3 线)的形式，然后再合计起来即得二线、三线塑料板敷设的长度。
槽板配线，分为木槽板配线和塑料槽板配线，还分为两线式与三线式；按敷设在木、砖、混凝土等不同结构上和导线规格，以“线路延长米”计量。
槽板配线是先将槽板的底板用木螺钉固定于棚、墙壁上。将电线放入底板之槽内，然后将盖板盖在底板上并用木螺钉固定。具体要求如下：
①塑料槽板及木槽板适用于干燥房屋内明设，使用的额定电压不应大于 500V。
②塑料槽板安装时，槽板内外应光滑，无棱刺，刷有绝缘漆。
工程量计算时，槽板工程量以板材质、规格和敷设方式不同，按“m”计量，不扣除接线盒(箱)、灯头盒、开关盒所占长度。
计算要领：从配电箱起按各个回路进行计算，或按建筑物自然层划分计算，或按建筑平面形状特点及系统图的组成特点分片划块计算，然后汇总。千万不能“跳算”，防止混乱，影响工程量计算的正确性</td></tr>
</table>

续表

序号	项　　目	图号及部位	计　　算　　式	单位	工程量
21	镀锌扁钢 −40×4	户外重复接地母线	(2.7＋3＋5)×1.039≈11m [说明] 本工程的工程概况中已说明，预算内应包括进户线角钢横担各一组。 2.7m表示进户线横担距地为2.7m，(3＋5)为进户线埋地及配电箱内预留长度总和，接地母线材料损耗率为3.9%。 接地母线材料用镀锌圆钢、镀锌扁钢或钢绞线，以延长米计算。其工程量计算公式： 接地母线长度＝按图示尺寸计算的长度×(1＋3.9%)	10m	1.1
22	镀锌角钢L 50×5　2.5m	户外重复接地极	[说明] L 50×5，指镀锌角钢型号，2.5m是指镀锌角钢的长	根	1
23	重复接地电阻测试		[说明] 重复接地电阻测试是以"组"为计量单位的；本工程中重复接地电阻测试的定额工程量	组	1

2. 清单工程量(表 2-1-2)

清单工程量计算见表 2-1-2。

清单工程量计算表　　　　**表 2-1-2**

序号	项目编码	项目名称	项目特征描述	计算式	计量单位	工程量
1	030204018001	配电箱	暗装，型号为XMR-15	每层1台，共1×6＝6	台	6
2	030213001001	其他灯具	软线吊灯，1×60W，安装高度2m	每层4套，共4×6＝24	套	24
3	030213002001	工厂灯	管吊式，GC51　1×100W，安装高度2.5m	每层2套，共2×6＝12	套	12
4	030213001002	普通吸顶灯	圆球罩吸顶灯，JXD_{19}-1×40W，安装高度3.2m	每层2套，共2×6＝12	套	12
5	030213001003	普通吸顶灯	半圆球罩吸顶灯，JXD_{3}-1×40W，安装高度3.2m	每层2套，共2×6＝12	套	12
6	030213004001	荧光灯	荧光吊灯，YG57-2×40W，安装高度2.5m	每层6套，共6×6＝36	套	36
7	030204031001	小电器	单相三孔插座86Z223-10，暗装	每层10套，共10×6＝60	套	60
8	030204031002	小电器	单联单控扳式暗开关86K11-10	每层8套，共8×6＝48	套	48
9	030204031003	小电器	双联单控扳式暗开关86K21-10	每层1套，共1×6＝6	套	6

续表

序号	项目编码	项目名称	项目特征描述	计算式	计量单位	工程量
10	030204031004	小电器	三联单控扳式暗开关 86K31-10	每层 2 套，共 2×6 套	套	12
11	030204031005	小电器	吊扇，ϕ1400mm	每层 3 套，共 3×6 =18	套	18
12	030212001001	电气配管	钢管暗配，*DN*32	(2.7－1.5＋0.5)＋3.2＋1.4	m	6.4
13	030212001002	电气配管	钢管暗配，*DN*25	3.2＋3.2	m	6.4
14	030212001003	电气配管	钢管暗配，*DN*20	3.2＋3.2	m	6.4
15	030212001004	电气配管	硬塑料管暗配，*DN*25	[(3.2－1.5)×3＋(3.2－1.3)×10＋(3.2－1.5)×14]×6	m	287.4
16	030212003001	电气配线	管内穿线，BLV-10mm^2	6.4×4＋6.4×3＋6.4×2	m	57.6
17	030212003002	电气配线	管内穿线，BLV-2.5mm^2	[(3.2－1.5)×3×3＋(3.2－1.3)×10×3＋(3.2－1.5)×8×2＋(3.2－1.5)×2×4＋(3.2－1.5)×3×2]×6	m	837.9
18	030212003003	电气配线	二线塑料槽板配线，BLV-2.5mm^2	定额×2(根数)	m	852
19	030212003004	电气配线	三线塑料槽板配线，BLV-2.5mm^2	定额×3(根数)	m	1238.4
20	030209001001	接地装置	接地极 L50×5，接地母线镀锌扁钢－40×4	1	项	1
21	030211008001	接地装置	重复接地电阻测试	1	系统	1

三、工程量清单编制示例

工程量清单编制见表 2-1-3～表 2-1-12。

住宅电气照明工程

工　程　量　清　单

招　标　人：×××　单位盖章
（单位盖章）

工程造价咨询人：×××工程造价咨询　企业资质专用章
（单位资质专用章）

法定代表人或其授权人：×××　法定代表人
（签字或盖章）

法定代表人或其授权人：×××工程造价咨询　企业法定代表人
（签字或盖章）

编　制　人：×××签字　盖造价工程师或造价员专用章
（造价人员签字盖专用章）

复　核　人：×××签字　盖造价工程师专用章
（造价工程师签字盖专用章）

编制时间：××××年××月××日　　复核时间：××××年××月××日

总说明

工程名称：住宅电气照明工程　　　　第　页　共　页

1. 工程概况：本工程为6层楼住宅照明工程，电源由室外架空引进，采用三相四线电源，电压220V。配电箱距地1.5m为暗设，开关距地1.5m，插座距地1.3m，均为暗设，本工程线路敷设长度不大，不另计接线盒，建筑物底层高度为3.2m。平面布置线路均采用塑料槽板明设，开关、插座穿管暗设，导线和槽板工程量只算到安装位置处即可，导线均采用BLV-2.5mm^{2}塑料铝芯线，垂直暗设采用硬塑料管ϕ25。

2. 工程招标范围：本次招标范围为施工图范围内的住宅照明工程。

3. 工程量清单编制依据：

(1) 住宅照明工程平面图。

(2)《建设工程工程量清单计价规范》GB 50500—2008。

4. 其他需要说明的问题：

(1) 报价内应包括L50×5角钢接地极，接地极制安按坚土考虑，遇有石方、矿渣、积水、障碍等情况另行计算。

(2) 进户横担据规范要求按距地2.7m计算。

(3) 未计价材料单价按当时市场价调整，此工程暂不计价差。

分部分项工程量清单与计价表　　　　**表2-1-3**

工程名称：住宅电气照明工程　　　　标段：　　　　第　页　共　页

序号	项目编码	项目名称	项目特征描述	计量单位	工程量	金额(元)		
						综合单价	合价	其中：暂估价
1	030204018001	配电箱	暗装，型号为XMR-15	台	6			
2	030213001001	其他灯具	软线吊灯，1×60W，安装高度2m	套	24			
3	030213002001	工厂灯	管吊式，GC51，1×100W，安装高度2.5m	套	12			
4	030213001002	普通吸顶灯	圆球罩吸顶灯，JXD_{19}-1×40W，安装高度3.2m	套	12			
5	030213001003	普通吸顶灯	半圆球罩吸顶灯，JXD_3-1×40W，安装高度3.2m	套	12			
6	030213004001	荧光灯	荧光吊灯，YG57-2×40W，安装高度2.5m	套	36			

续表

序号	项目编码	项目名称	项目特征描述	计量单位	工程量	金额(元)		
						综合单价	合价	其中：暂估价
7	030204031001	小电器	单相三孔插座 86Z223-10，暗装	套	60			
8	030204031002	小电器	单联单控扳式暗开关 86K11-10	套	48			
9	030204031003	小电器	双联单控扳式暗开关 86K21-10	套	6			
10	030204031004	小电器	三联单控扳式暗开关 86K31-10	套	12			
11	030204031005	小电器	吊扇，ϕ1400mm	套	18			
12	030212001001	电气配管	钢管暗配，*DN*32	m	6.40			
13	030212001002	电气配管	钢管暗配，*DN*25	m	6.40			
14	030212001003	电气配管	钢管暗配，*DN*20	m	6.40			
15	030212001004	电气配管	硬塑料管暗配，*DN*25	m	287.40			
16	030212003001	电气配线	管内穿线，BLV-10mm^2	m	57.60			
17	030212003002	电气配线	管内穿线，BLV-2.5mm^2	m	837.90			
18	030212003003	电气配线	二线塑料槽板配线，BLV-2.5mm^2	m	852.00			
19	030212003004	电气配线	三线塑料槽板配线，BLV-2.5mm^2	m	1216.80			
20	030209001001	接地装置	接地极 L50×5，接地母线镀锌扁钢—40×4	项	1			
21	030211008001	接地装置	重复接地电阻测试	系统	1			
本页小计								
合计								

措施项目清单与计价表(一) **表 2-1-4**

工程名称：住宅电气照明工程　　标段：　　第　页　共　页

序号	项目名称	计算基础	费率(%)	金额(元)
1	安全文明施工费			
2	夜间施工费			
3	二次搬运费			
4	冬雨季施工			
5	大型机械设备进出场及安拆费			
6	施工排水			
7	施工降水			
8	地上、地下设施、建筑物的临时保护设施			
9	已完工程及设备保护			
10	脚手架			
11				
合计				

措施项目清单与计价表(二)　　表 2-1-5

工程名称：住宅电气照明工程　　标段：　　第　页　共　页

序号	项目编码	项目名称	项目特征描述	计量单位	工程量	金额(元)	
						综合单价	合价
本页小计							
合计							

其他项目清单与计价汇总表　　表 2-1-6

工程名称：住宅电气照明工程　　标段：　　第　页　共　页

序号	项目名称	计量单位	金额(元)	备注
1	暂列金额	项	30000	
2	暂估价			
2.1	材料暂估价		—	
2.2	专业工程暂估价			
3	计日工			
4	总承包服务费			
5				
合计				—

暂列金额明细表　　表 2-1-7

工程名称：住宅电气照明工程　　标段：　　第　页　共　页

序号	项目名称	计量单位	暂定金额(元)	备注
1	工程量清单中工程量偏差和设计变更	项	10000	
2	政策性调整和材料价格风险	项	10000	
3	其他	项	10000	
4				
5				
6				
7				
8				
9				
10				
11				
合计			30000	—

材料暂估单价表 **表 2-1-8**

工程名称：住宅电气照明工程　　　　标段：　　　　第　页　共　页

序号	材料名称、规格、型号	计量单位	单价(元)	备注

专业工程暂估价表 **表 2-1-9**

工程名称：住宅电气照明工程　　　　标段：　　　　第　页　共　页

序号	工程名称	工程内容	金额(元)	备注
合计				—

计日工表 **表 2-1-10**

工程名称：住宅电气照明工程　　　　标段：　　　　第　页　共　页

编号	项目名称	单位	暂定数量	综合单价(元)	合价(元)
一	人工				
1					
2					
3					
4					
5					
6					
人工小计					
二	材料				
1					
2					
3					
4					
5					
6					

续表

编号	项目名称	单位	暂定数量	综合单价(元)	合价(元)
材料小计					
三	施工机械				
1					
2					
3					
4					
施工机械小计					
总计					

总承包服务费计价表 表 2-1-11

工程名称：住宅电气照明工程 标段： 第 页 共 页

序号	项目名称	项目价值(元)	服务内容	费率(%)	金额(元)
1	发包人发包专业工程				
2	发包人供应材料				
合计					

规费、税金项目清单与计价表 表 2-1-12

工程名称：住宅电气照明工程 标段： 第 页 共 页

序号	项目名称	计算基础	费率(%)	金额(元)
1	规费			
1.1	工程排污费	按工程所在地环保部门规定按实计算		
1.2	社会保障费	(1)+(2)+(3)		
(1)	养老保险费	人工费		
(2)	失业保险费	人工费		
(3)	医疗保险费	人工费		
1.3	住房公积金	人工费		
1.4	危险作业意外伤害保险	人工费		
1.5	工程定额测定费	税前工程造价		
2	税金	分部分项工程费+措施项目费+其他项目费+规费		
合计				

四、投标报价编制示例

投标报价编制见表 2-1-13～表 2-1-26。

投 标 总 价

招　　标　　人：　×××

工　程　名　称：　住宅电气照明工程

投标总价(小写)：　40145 元

（大写）：　肆万零壹佰肆拾伍元

投　　标　　人：　×××单位公章
（单位盖章）

法定代表人
或其授权人：　×××法定代表人
（签字或盖章）

编　　制　　人：　×××签字盖造价工程师或造价员专用章
（造价人员签字盖专用章）

编　制　时　间：××××年××月××日

总 说 明

工程名称：住宅电气照明工程　　　　　　　　　　　　　　第　页　共　页

1. 工程概况：本工程为六层楼住宅照明工程，电源由室外架空引进，采用三相四线电源，电压220V。配电箱距地1.5m为暗设，开关距地1.5m，插座距地1.3m，均为暗设，本工程线路敷设长度不大，不另计接线盒。建筑物底层高度为3.2m。平面布置线路均采用塑料槽板明设，开关、插座穿管暗设，导线和槽板工程量只算到安装位置处即可，导线均采用BLV-2.5mm² 塑料铝芯线，垂直暗设采用硬塑料管 ϕ25。

2. 投标报价包括范围：本次投标范围为施工图范围内的住宅照明工程。

3. 投标报价编制依据：

(1) 招标文件及其所提供的工程量清单和有关报价的要求，招标文件的补充通知和答疑纪要。

(2) 电气照明平面图及投标施工组织设计。

(3) 有关的技术标准、规范和安全管理规定等。

(4) 省建设主管部门颁发的计价定额和计价管理办法及相关计价文件。

(5) 材料价格根据本公司掌握的价格情况并参照工程所在地工程造价管理机构××××年××月工程造价信息发布的价格。

工程项目投标报价汇总表

表 2-1-13

工程名称：住宅电气照明工程　　　　标段：　　　　　　第　页　共　页

序号	单项工程名称	金额(元)	其中		
			暂估价(元)	安全文明施工费(元)	规费(元)
1	住宅电气照明工程	40145.34		1559.71	1568.56
合计		40145.34		1559.71	1568.56

单项工程投标报价汇总表

表 2-1-14

工程名称：住宅电气照明工程　　　　标段：　　　　　　　　第　页　共　页

序号	单项工程名称	金额(元)	其　中		
			暂估价(元)	安全文明施工费(元)	规费(元)
1	住宅电气照明工程	40145.34		1559.71	1568.56
	合计	40145.34		1559.71	1568.56

单位工程投标报价汇总表

表 2-1-15

工程名称：住宅电气照明工程　　　　标段：　　　　　　　　第　页　共　页

序号	汇总内容	金额(元)	其中：暂估价(元)
1	分部分项工程	28472.71	
1.1	C.2 电气设备安装工程	28472.71	
2	措施项目	1988.84	—
2.1	安全文明施工费	1559.71	—
3	其他项目	6000.00	—
3.1	暂列金额	6000.00	—
3.2	专业工程暂估价		—
3.3	计日工		—
3.4	总承包服务费		—
4	规费	1568.56	—
5	税金	2115.23	—
投标报价合计=1+2+3+4+5		40145.34	

分部分项工程量清单与计价表

表 2-1-16

工程名称：住宅电气照明工程　　　　标段：　　　　　　　　第　页　共　页

序号	项目编码	项目名称	项目特征描述	计量单位	工程量	金额(元)		
						综合单价	合价	其中：暂估价
1	030204018001	配电箱	暗装，型号为 XMR-15	台	6	601.45	3608.70	
2	030213001001	其他灯具	软线吊灯，1×60W，安装高度 2m	套	24	23.77	570.48	
3	030213002001	工厂灯	管吊式，GC51，1×100W，安装高度 2.5m	套	12	193.11	2317.32	
4	030213001002	普通吸顶灯	圆球罩吸顶灯，JXD_{19}-1×40W，安装高度 3.2m	套	12	60.23	722.76	
5	030213001003	普通吸顶灯	半圆球罩吸顶灯，JXD_{3}-1×40W，安装高度 3.2m	套	12	38.49	461.88	

续表

序号	项目编码	项目名称	项目特征描述	计量单位	工程量	金额(元)		
						综合单价	合价	其中：暂估价
6	030213004001	荧光灯	荧光吊灯，YG57-2×40W，安装高度 2.5m	套	36	181.12	6520.32	
7	030204031001	小电器	单相三孔插座 86Z223-10，暗装	套	60	8.14	488.40	
8	030204031002	小电器	单联单控扳式暗开关 86K11-10	套	48	5.91	283.68	
9	030204031003	小电器	双联单控扳式暗开关 86K21-10	套	6	7.92	47.52	
10	030204031004	小电器	三联单控扳式暗开关 86K31-10	套	12	9.92	119.04	
11	030204031005	小电器	吊扇，ϕ1400mm	套	18	229.56	4132.08	
12	030212001001	电气配管	钢管暗配，*DN*32	m	6.40	15.97	102.21	
13	030212001002	电气配管	钢管暗配，*DN*25	m	6.40	12.83	82.11	
14	030212001003	电气配管	钢管暗配，*DN*20	m	6.40	9.01	57.66	
15	030212001004	电气配管	硬塑料管暗配，*DN*25	m	287.40	8.01	2302.07	
16	030212003001	电气配线	管内穿线，BLV-10mm^2	m	57.60	3.15	181.44	
17	030212003002	电气配线	管内穿线，BLV-2.5mm^2	m	837.90	0.71	594.91	
18	030212003003	电气配线	二线塑料槽板配线，BLV-2.5mm^2	m	852.00	3.07	2615.64	
19	030212003004	电气配线	三线塑料槽板配线，BLV-2.5mm^2	m	1216.80	2.32	2822.98	
20	030209001001	接地装置	接地极 L50×5，接地母线镀锌扁钢—40×4	项	1	216.64	216.64	
21	030211008001	接地装置	重复接地电阻测试	系统	1	224.87	224.87	
本页小计							28472.71	
合计							28472.71	

措施项目清单与计价表(一) **表 2-1-17**

工程名称：住宅电气照明工程　　标段：　　第　页　共　页

序号	项目名称	计算基础	费率(%)	金额(元)
1	安全文明施工费	人工费	30	1559.71
2	夜间施工费	人工费	1.5	77.99
3	二次搬运费	人工费	1	51.99

续表

序号	项目名称	计算基础	费率(%)	金额(元)
4	冬雨季施工	人工费	0.6	31.19
5	大型机械设备进出场及安拆费			
6	施工排水			
7	施工降水			
8	地上、地下设施、建筑物的临时保护设施			
9	已完工程及设备保护			60.00
10	脚手架	人工费	4	207.96
11				
合计				1988.84

措施项目清单与计价表(二) 表 2-1-18

工程名称：住宅电气照明工程 标段： 第 页 共 页

序号	项目编码	项目名称	项目特征描述	计量单位	工程量	金额(元)	
						综合单价	合价
本页小计							
合计							

其他项目清单与计价汇总表 表 2-1-19

工程名称：住宅电气照明工程 标段： 第 页 共 页

序号	项目名称	计量单位	金额(元)	备注
1	暂列金额	项	6000.00	
2	暂估价			
2.1	材料暂估价		—	
2.2	专业工程暂估价			
3	计日工			
4	总承包服务费			
5				
合计			6000.00	—

暂列金额明细表 表 2-1-20

工程名称：住宅电气照明工程　　标段：　　第　页　共　页

序号	项目名称	计量单位	暂定金额(元)	备注
1	工程量清单中工程量偏差和设计变更	项	2000.00	
2	政策性调整和材料价格风险	项	2000.00	
3	其他	项	2000.00	
4				
5				
6				
7				
8				
9				
10				
11				
合计			6000.00	—

材料暂估单价表 表 2-1-21

工程名称：住宅电气照明工程　　标段：　　第　页　共　页

序号	材料名称、规格、型号	计量单位	单价(元)	备注

专业工程暂估价表 表 2-1-22

工程名称：住宅电气照明工程　　标段：　　第　页　共　页

序号	工程名称	工程内容	金额(元)	备注
合计				—

计日工表 表 2-1-23

工程名称：住宅电气照明工程　　标段：　　第　页　共　页

编号	项目名称	单位	暂定数量	综合单价(元)	合价(元)
一	人工				
1					
2					
3					
4					
人工小计					
二	材料				
1					
2					

续表

编号	项目名称	单位	暂定数量	综合单价(元)	合价(元)
3					
4					
5					
6					
材料小计					
三	施工机械				
1					
2					
3					
4					
施工机械小计					
总计					

总承包服务费计价表 **表 2-1-24**

工程名称：住宅电气照明工程　　　标段：　　　第　页　共　页

序号	项目名称	项目价值(元)	服务内容	费率(%)	金额(元)
1	发包人发包专业工程				
2	发包人供应材料				
合计					

规费、税金项目清单与计价表 **表 2-1-25**

工程名称：住宅电气照明工程　　　标段：　　　第　页　共　页

序号	项目名称	计算基础	费率(%)	金额(元)
1	规费			1568.56
1.1	工程排污费	按工程所在地环保部门规定按实计算		
1.2	社会保障费	(1)+(2)+(3)		1143.78
(1)	养老保险费	人工费	14	727.86
(2)	失业保险费	人工费	2	103.98
(3)	医疗保险费	人工费	6	311.94
1.3	住房公积金	人工费	6	311.94
1.4	危险作业意外伤害保险	人工费	0.5	26.00
1.5	工程定额测定费	税前工程造价	0.14	86.48
2	税金	分部分项工程费+措施项目费+其他项目费+规费	3.41	2115.23
合计				3863.79

工程量清单综合单价分析表

表 2-1-26

工程名称：住宅电气照明工程　　　　标段：　　　　第　页　共　页

项目编码	030204018001		项目名称		暗装配电箱			计量单位		台	
清单综合单价组成明细											
定额编号	定额名称	定额单位	数量	单价(元)				合价(元)			
				人工费	材料费	机械费	管理费和利润	人工费	材料费	机械费	管理费和利润
2-263	照明配电箱安装	台	1	34.83	31.83	—	10.00	34.83	31.83	—	10.00
2-345	压铝接线端子φ10	10 个	0.2	4.64	71.49	—	11.42	0.93	14.30	—	2.28
人工单价		小计						35.77	46.13	—	12.28
23.22 元/工日		未计价材料费(元)						441.100			
清单项目综合单价(元)								601.45			
材料费明细	主要材料名称、规格、型号				单位	数量		单价(元)	合价(元)	暂估单价(元)	暂估合价(元)
	配电箱				台	1.000		441.100	441.100		
	其他材料费							—		—	
	材料费小计							—	441.100	—	

注：1."数量"栏为"投标方(定额)工程量÷招标方(清单)工程量÷定额单位数量"。

2. 管理费费率为10%，利润率为5%，以直接费为计算基础。

工程量清单综合单价分析表

续表

工程名称：住宅电气照明工程　　　　标段：　　　　第　页　共　页

项目编码	030213001001		项目名称		普通软线吊灯			计量单位		套	
清单综合单价组成明细											
定额编号	定额名称	定额单位	数量	单价(元)				合价(元)			
				人工费	材料费	机械费	管理费和利润	人工费	材料费	机械费	管理费和利润
2-1389	普通软线吊灯安装	10 套	0.1	21.83	58.83	—	12.10	2.18	5.88	—	1.21
人工单价		小计						2.18	5.88	—	1.21
23.22 元/工日		未计价材料费						12.607			
清单项目综合单价								23.77			
材料费明细	主要材料名称、规格、型号				单位	数量		单价(元)	合价(元)	暂估单价(元)	暂估合价(元)
	成套灯具				套	1.010		11.860	11.979		
	白炽灯泡				只	1.030		0.610	0.628		
	其他材料费							—		—	
	材料费小计							—	12.607	—	

注：1."数量"栏为"投标方(定额)工程量÷招标方(清单)工程量÷定额单位数量"。

2. 管理费费率为10%，利润率为5%，以直接费为计算基础。

工程量清单综合单价分析表 续表

工程名称：住宅电气照明工程 标段： 第 页 共 页

项目编码	030213002001			项目名称			管吊式工厂灯			计量单位	套
清单综合单价组成明细											
定额编号	定额名称	定额单位	数量	单价(元)				合价(元)			
				人工费	材料费	机械费	管理费和利润	人工费	材料费	机械费	管理费和利润
2-1597	管吊式工厂灯安装	10套	0.1	47.83	49.58	—	14.61	4.78	4.96	—	1.46
人工单价		小计						4.78	4.96	—	1.46
23.22元/工日		未计价材料费						158.182			
清单项目综合单价								193.11			
材料费明细	主要材料名称、规格、型号				单位	数量	单价(元)	合价(元)	暂估单价(元)	暂估合价(元)	
	成套灯具				套	1.010	155.850	157.409			
	白炽灯泡100W				只	1.030	0.750	0.733			
	其他材料费						—		—		
	材料费小计						—	158.182	—		

注：1."数量"栏为"投标方(定额)工程量÷招标方(清单)工程量÷定额单位数量"。

2. 管理费费率为10%，利润率为5%，以直接费为计算基础。

工程量清单综合单价分析表 续表

工程名称：住宅电气照明工程 标段： 第 页 共 页

项目编码	030213001002			项目名称			圆球罩吸顶灯			计量单位	套
清单综合单价组成明细											
定额编号	定额名称	定额单位	数量	单价(元)				合价(元)			
				人工费	材料费	机械费	管理费和利润	人工费	材料费	机械费	管理费和利润
2-1382	圆球罩吸顶灯安装	10套	0.1	50.16	115.44	—	24.84	5.02	11.54	—	2.48
人工单价		小计						5.02	11.54	—	2.48
23.22元/工日		未计价材料费						35.815			
清单项目综合单价								60.23			
材料费明细	主要材料名称、规格、型号				单位	数量	单价(元)	合价(元)	暂估单价(元)	暂估合价(元)	
	成套灯具				套	1.010	34.950	35.300			
	白炽灯泡40W				只	1.030	0.50	0.515			
	其他材料费						—		—		
	材料费小计						—	35.815	—		

注：1."数量"栏为"投标方(定额)工程量÷招标方(清单)工程量÷定额单位数量"。

2. 管理费费率为10%，利润率为5%，以直接费为计算基础。

工程量清单综合单价分析表 续表

工程名称：住宅电气照明工程 标段： 第 页 共 页

项目编码		030213001003		项目名称		半圆球罩吸顶灯			计量单位		套
清单综合单价组成明细											
定额编号	定额名称	定额单位	数量	单价（元）				合价（元）			
				人工费	材料费	机械费	管理费和利润	人工费	材料费	机械费	管理费和利润
2-1384	半圆球罩吸顶灯安装	10套	0.1	50.16	119.84	—	25.50	5.02	11.98	—	2.55
人工单价		小计						5.02	11.98	—	2.55
23.22元/工日		未计价材料费						16.473			
清单项目综合单价								38.49			
材料费明细	主要材料名称、规格、型号					单位	数量	单价（元）	合价（元）	暂估单价（元）	暂估合价（元）
	成套灯具					套	1.010	15.800	15.958		
	白炽灯泡40W					只	1.030	0.50	0.515		
	其他材料费							—		—	
	材料费小计							—	16.473	—	

注：1.“数量”栏为“投标方（定额）工程量÷招标方（清单）工程量÷定额单位数量”。

2. 管理费费率为10%，利润率为5%，以直接费为计算基础。

工程量清单综合单价分析表 续表

工程名称：住宅电气照明工程 标段： 第 页 共 页

项目编码		030213004001		项目名称		荧光吊灯			计量单位		套
清单综合单价组成明细											
定额编号	定额名称	定额单位	数量	单价（元）				合价（元）			
				人工费	材料费	机械费	管理费和利润	人工费	材料费	机械费	管理费和利润
2-1582	吊链式双管荧光灯安装	10套	0.1	89.40	331.21	—	63.09	8.94	33.12	—	6.31
人工单价		小计						8.94	33.12	—	6.31
23.22元/工日		未计价材料费						115.435			
清单项目综合单价								181.12			
材料费明细	主要材料名称、规格、型号					单位	数量	单价（元）	合价（元）	暂估单价（元）	暂估合价（元）
	成套灯具					套	1.010	101.610	102.626		
	荧光灯管40W					支	2.030	6.310	12.809		
	其他材料费							—		—	
	材料费小计							—	115.435	—	

注：1.“数量”栏为“投标方（定额）工程量÷招标方（清单）工程量÷定额单位数量”。

2. 管理费费率为10%，利润率为5%，以直接费为计算基础。

工程量清单综合单价分析表 续表

工程名称：住宅电气照明工程 标段： 第 页 共 页

项目编码	030204031001			项目名称		单相插座 86Z223-10			计量单位			套
清单综合单价组成明细												
定额编号	定额名称	定额单位	数量	单价(元)				合价(元)				
				人工费	材料费	机械费	管理费和利润	人工费	材料费	机械费	管理费和利润	
2-1668	单相暗插座 15A，3孔	10套	0.1	21.13	6.46	—	1.38	2.11	0.65	—	0.14	
人工单价		小计						2.11	0.65	—	0.14	
23.22元/工日		未计价材料费						4.560				
清单项目综合单价								8.14				
材料费明细	主要材料名称、规格、型号					单位	数量	单价(元)	合价(元)	暂估单价(元)	暂估合价(元)	
	成套插座，3孔					套	1.02	4.470	4.560			
	其他材料费							—		—		
	材料费小计							—	4.560	—		

注：1."数量"栏为"投标方(定额)工程量÷招标方(清单)工程量÷定额单位数量"。

2. 管理费费率为10%，利润率为5%，以直接费为计算基础。

工程量清单综合单价分析表 续表

工程名称：住宅电气照明工程 标段： 第 页 共 页

项目编码	030204031002			项目名称		单联暗开关 86K11-10			计量单位			套
清单综合单价组成明细												
定额编号	定额名称	定额单位	数量	单价(元)				合价(元)				
				人工费	材料费	机械费	管理费和利润	人工费	材料费	机械费	管理费和利润	
2-1637	单联单控扳式暗开关	10套	0.1	19.74	4.47	—	3.63	1.97	0.45	—	0.36	
人工单价		小计						1.97	0.45	—	0.36	
23.22元/工日		未计价材料费						2.723				
清单项目综合单价								5.91				
材料费明细	主要材料名称、规格、型号					单位	数量	单价(元)	合价(元)	暂估单价(元)	暂估合价(元)	
	照明开关					只	1.020	2.670	2.723			
	其他材料费							—		—		
	材料费小计							—	2.723	—		

注：1."数量"栏为"投标方(定额)工程量÷招标方(清单)工程量÷定额单位数量"。

2. 管理费费率为10%，利润率为5%，以直接费为计算基础。

工程量清单综合单价分析表

续表

工程名称：住宅电气照明工程　　　　标段：　　　　第　页　共　页

项目编码	030204031003	项目名称	双联暗开关 86K21-10	计量单位	套

清单综合单价组成明细											
定额编号	定额名称	定额单位	数量	单价(元)				合价(元)			
				人工费	材料费	机械费	管理费和利润	人二费	材料费	机械费	管理费和利润
2-1638	双联单控扳式暗开关	10套	0.1	20.67	6.18	—	4.03	2.07	0.62	—	0.40
人工单价		小计						2.07	0.62	—	0.40
23.22元/工日		未计价材料费						4.202			
清单项目综合单价								7.92			
材料费明细	主要材料名称、规格、型号					单位	数量	单价(元)	合价(元)	暂估单价(元)	暂估合价(元)
	照明开关					只	1.020	4.120	4.202		
	其他材料费							—		—	
	材料费小计							—	4.202	—	

注：1."数量"栏为"投标方(定额)工程量÷招标方(清单)工程量÷定额单位数量"。

2. 管理费费率为10%，利润率为5%，以直接费为计算基础。

工程量清单综合单价分析表

续表

工程名称：住宅电气照明工程　　　　标段：　　　　第　页　共　页

项目编码	030204031004	项目名称	三联暗开关 86K31-10	计量单位	套

清单综合单价组成明细											
定额编号	定额名称	定额单位	数量	单价(元)				合价(元)			
				人工费	材料费	机械费	管理费和利润	人工费	材料费	机械费	管理费和利润
2-1639	三联单控扳式暗开关安装	10套	0.1	21.59	7.88	—	4.42	2.16	0.79	—	0.44
人工单价		小计						2.16	0.79	—	0.44
23.22元/工日		未计价材料费						5.681			
清单项目综合单价								9.92			
材料费明细	主要材料名称、规格、型号					单位	数量	单价(元)	合价(元)	暂估单价(元)	暂估合价(元)
	照明开关					只	1.020	5.570	5.681		
	其他材料费							—		—	
	材料费小计							—	5.681	—	

注：1."数量"栏为"投标方(定额)工程量÷招标方(清单)工程量÷定额单位数量"。

2. 管理费费率为10%，利润率为5%，以直接费为计算基础。

工程量清单综合单价分析表 续表

工程名称：住宅电气照明工程 标段： 第 页 共 页

项目编码	030204031005			项目名称		吊扇 ϕ1400mm			计量单位		套
清单综合单价组成明细											
定额编号	定额名称	定额单位	数量	单价（元）				合价（元）			
				人工费	材料费	机械费	管理费和利润	人工费	材料费	机械费	管理费和利润
2-1702	吊风扇安装	台	1	9.98	4.21	—	2.13	9.98	4.21	—	2.13
人工单价		小计						9.98	4.21	—	2.13
23.22元/工日		未计价材料费						185.43			
清单项目综合单价								229.56			
材料费明细	主要材料名称、规格、型号					单位	数量	单价（元）	合价（元）	暂估单价（元）	暂估合价（元）
	风扇					台	1.000	185.43	185.43		
	其他材料费							—		—	
	材料费小计							—	185.43	—	

注：1.“数量”栏为“投标方（定额）工程量÷招标方（清单）工程量÷定额单位数量”。

2. 管理费费率为10%，利润率为5%，以直接费为计算基础。

工程量清单综合单价分析表 续表

工程名称：住宅电气照明工程 标段： 第 页 共 页

项目编码	030212001001			项目名称		电气配管			计量单位		m
清单综合单价组成明细											
定额编号	定额名称	定额单位	数量	单价（元）				合价（元）			
				人工费	材料费	机械费	管理费和利润	人工费	材料费	机械费	管理费和利润
2-1011	钢管暗配 *DN*32	100m	0.01	215.71	92.29	20.75	49.31	2.16	0.92	0.21	0.49
人工单价		小计						2.16	0.92	0.21	0.49
23.22元/工日		未计价材料费						10.599			
清单项目综合单价								15.97			
材料费明细	主要材料名称、规格、型号					单位	数量	单价（元）	合价（元）	暂估单价（元）	暂估合价（元）
	*DN*32钢管					m	1.030	10.290	10.599		
	其他材料费							—		—	
	材料费小计							—	10.599	—	

注：1.“数量”栏为“投标方（定额）工程量÷招标方（清单）工程量÷定额单位数量”。

2. 管理费费率为10%，利润率为5%，以直接费为计算基础。

工程量清单综合单价分析表

续表

工程名称：住宅电气照明工程　　标段：　　第　页　共　页

<table>
<tr><td>项目编码</td><td colspan="3">030212001002</td><td colspan="2">项目名称</td><td colspan="3">电气配管</td><td colspan="2">计量单位</td><td>m</td></tr>
<tr><td colspan="12">清单综合单价组成明细</td></tr>
<tr><td rowspan="2">定额编号</td><td rowspan="2">定额名称</td><td rowspan="2">定额单位</td><td rowspan="2">数量</td><td colspan="4">单价（元）</td><td colspan="4">合价（元）</td></tr>
<tr><td>人工费</td><td>材料费</td><td>机械费</td><td>管理费和利润</td><td>人工费</td><td>材料费</td><td>机械费</td><td>管理费和利润</td></tr>
<tr><td>2-1010</td><td>钢管暗配 DN25</td><td>100m</td><td>0.01</td><td>202.71</td><td>72.47</td><td>20.75</td><td>44.39</td><td>2.03</td><td>0.72</td><td>0.21</td><td>0.44</td></tr>
<tr><td colspan="2">人工单价</td><td colspan="6">小计</td><td>2.03</td><td>0.72</td><td>0.21</td><td>0.44</td></tr>
<tr><td colspan="2">23.22元/工日</td><td colspan="6">未计价材料费</td><td colspan="4">8.199</td></tr>
<tr><td colspan="8">清单项目综合单价</td><td colspan="4">12.83</td></tr>
<tr><td rowspan="6">材料费明细</td><td colspan="5">主要材料名称、规格、型号</td><td>单位</td><td>数量</td><td>单价（元）</td><td>合价（元）</td><td>暂估单价（元）</td><td>暂估合价（元）</td></tr>
<tr><td colspan="5">DN25 钢管</td><td>m</td><td>1.030</td><td>7.960</td><td>8.199</td><td></td><td></td></tr>
<tr><td colspan="5"></td><td></td><td></td><td></td><td></td><td></td><td></td></tr>
<tr><td colspan="5"></td><td></td><td></td><td></td><td></td><td></td><td></td></tr>
<tr><td colspan="7">其他材料费</td><td>—</td><td></td><td>—</td><td></td></tr>
<tr><td colspan="7">材料费小计</td><td>—</td><td>8.199</td><td>—</td><td></td></tr>
</table>

注：1.“数量”栏为“投标方（定额）工程量÷招标方（清单）工程量÷定额单位数量”。

2. 管理费费率为10%，利润率为5%，以直接费为计算基础。

工程量清单综合单价分析表

续表

工程名称：住宅电气照明工程　　标段：　　第　页　共　页

<table>
<tr><td>项目编码</td><td colspan="3">030212001003</td><td colspan="2">项目名称</td><td colspan="3">电气配管</td><td colspan="2">计量单位</td><td>m</td></tr>
<tr><td colspan="12">清单综合单价组成明细</td></tr>
<tr><td rowspan="2">定额编号</td><td rowspan="2">定额名称</td><td rowspan="2">定额单位</td><td rowspan="2">数量</td><td colspan="4">单价（元）</td><td colspan="4">合价（元）</td></tr>
<tr><td>人工费</td><td>材料费</td><td>机械费</td><td>管理费和利润</td><td>人工费</td><td>材料费</td><td>机械费</td><td>管理费和利润</td></tr>
<tr><td>2-1009</td><td>暗配钢管 DN20</td><td>100m</td><td>0.01</td><td>167.18</td><td>52.30</td><td>12.48</td><td>34.79</td><td>1.67</td><td>0.52</td><td>0.12</td><td>0.35</td></tr>
<tr><td colspan="2">人工单价</td><td colspan="6">小计</td><td>1.67</td><td>0.52</td><td>0.12</td><td>0.35</td></tr>
<tr><td colspan="2">23.22元/工日</td><td colspan="6">未计价材料费</td><td colspan="4">5.521</td></tr>
<tr><td colspan="8">清单项目综合单价</td><td colspan="4">9.01</td></tr>
<tr><td rowspan="6">材料费明细</td><td colspan="5">主要材料名称、规格、型号</td><td>单位</td><td>数量</td><td>单价（元）</td><td>合价（元）</td><td>暂估单价（元）</td><td>暂估合价（元）</td></tr>
<tr><td colspan="5">DN20 钢管</td><td>m</td><td>1.030</td><td>5.360</td><td>5.521</td><td></td><td></td></tr>
<tr><td colspan="5"></td><td></td><td></td><td></td><td></td><td></td><td></td></tr>
<tr><td colspan="5"></td><td></td><td></td><td></td><td></td><td></td><td></td></tr>
<tr><td colspan="7">其他材料费</td><td>—</td><td></td><td>—</td><td></td></tr>
<tr><td colspan="7">材料费小计</td><td>—</td><td>5.521</td><td>—</td><td></td></tr>
</table>

注：1.“数量”栏为“投标方（定额）工程量÷招标方（清单）工程量÷定额单位数量”。

2. 管理费费率为10%，利润率为5%，以直接费为计算基础。

工程量清单综合单价分析表　　　　续表

工程名称：住宅电气照明工程　　　　标段：　　　　第　页　共　页

项目编码	030212001004			项目名称			电气配管			计量单位	m
清单综合单价组成明细											
定额编号	定额名称	定额单位	数量	单价(元)				合价(元)			
				人工费	材料费	机械费	管理费和利润	人工费	材料费	机械费	管理费和利润
2-1099	硬塑料管 ϕ25 暗配	100m	0.01	156.27	4.30	44.14	30.71	1.56	0.04	0.44	0.31
2-1377	暗装接线盒	10 个	0.04	10.45	21.54	—	4.80	0.42	0.86	—	0.20
人工单价		小计						1.98	0.90	0.44	0.51
23.22 元/工日		未计价材料费						3.638			
清单项目综合单价								8.01			
材料费明细	主要材料名称、规格、型号					单位	数量	单价(元)	合价(元)	暂估单价(元)	暂估合价(元)
	塑料管 ϕ25					m	1.061	2.760	2.928		
	接线盒					个	0.408	1.740	0.710		
	其他材料费							—		—	
	材料费小计								3.638		

注：1.“数量”栏为“投标方(定额)工程量÷招标方(清单)工程量÷定额单位数量”。

2. 管理费费率为 10%，利润率为 5%，以直接费为计算基础。

工程量清单综合单价分析表　　　　续表

工程名称：住宅电气照明工程　　　　标段：　　　　第　页　共　页

项目编码	030212003001			项目名称			电气配线			计量单位	m
清单综合单价组成明细											
定额编号	定额名称	定额单位	数量	单价(元)				合价(元)			
				人工费	材料费	机械费	管理费和利润	人工费	材料费	机械费	管理费和利润
2-1177	动力线路铝芯 $10mm^2$	100m	0.02	22.99	12.90	—	5.38	0.46	0.26	—	0.11
人工单价		小计						0.46	0.26	—	0.11
23.22 元/工日		未计价材料费						2.016			
清单项目综合单价								3.15			
材料费明细	主要材料名称、规格、型号					单位	数量	单价(元)	合价(元)	暂估单价(元)	暂估合价(元)
	绝缘导线 BLV-$10mm^2$					m	2.100	0.960	2.016		
	其他材料费							—		—	
	材料费小计							—	2.016	—	

注：1.“数量”栏为“投标方(定额)工程量÷招标方(清单)工程量÷定额单位数量”。

2. 管理费费率为 10%，利润率为 5%，以直接费为计算基础。

工程量清单综合单价分析表 续表

工程名称：住宅电气照明工程 标段： 第 页 共 页

<table>
<tr><td colspan="2">项目编码</td><td colspan="2">030212003002</td><td colspan="2">项目名称</td><td colspan="3">电气配线</td><td colspan="2">计量单位</td><td>m</td></tr>
<tr><td colspan="12">清单综合单价组成明细</td></tr>
<tr><td rowspan="2">定额编号</td><td rowspan="2">定额名称</td><td rowspan="2">定额单位</td><td rowspan="2">数量</td><td colspan="4">单价(元)</td><td colspan="4">合价(元)</td></tr>
<tr><td>人工费</td><td>材料费</td><td>机械费</td><td>管理费和利润</td><td>人工费</td><td>材料费</td><td>机械费</td><td>管理费和利润</td></tr>
<tr><td>2-1169</td><td>照明线路铝芯 2.5mm²</td><td>100m</td><td>0.01</td><td>23.22</td><td>6.83</td><td>—</td><td>4.51</td><td>0.23</td><td>0.07</td><td>—</td><td>0.05</td></tr>
<tr><td colspan="2">人工单价</td><td colspan="6">小计</td><td>0.23</td><td>0.07</td><td>—</td><td>0.05</td></tr>
<tr><td colspan="2">23.22 元/工日</td><td colspan="6">未计价材料费</td><td colspan="4">0.313</td></tr>
<tr><td colspan="8">清单项目综合单价</td><td colspan="4">0.71</td></tr>
<tr><td rowspan="6">材料费明细</td><td colspan="5">主要材料名称、规格、型号</td><td>单位</td><td>数量</td><td>单价(元)</td><td>合价(元)</td><td>暂估单价(元)</td><td>暂估合价(元)</td></tr>
<tr><td colspan="5">绝缘导线 BLV-2.5mm²</td><td>m</td><td>1.160</td><td>0.270</td><td>0.313</td><td></td><td></td></tr>
<tr><td colspan="5"></td><td></td><td></td><td></td><td></td><td></td><td></td></tr>
<tr><td colspan="5"></td><td></td><td></td><td></td><td></td><td></td><td></td></tr>
<tr><td colspan="7">其他材料费</td><td>—</td><td></td><td>—</td><td></td></tr>
<tr><td colspan="7">材料费小计</td><td>—</td><td>0.313</td><td>—</td><td></td></tr>
</table>

注：1."数量"栏为"投标方(定额)工程量÷招标方(清单)工程量÷定额单位数量"。

2. 管理费费率为 10%，利润率为 5%，以直接费为计算基础。

工程量清单综合单价分析表 续表

工程名称：住宅电气照明工程 标段： 第 页 共 页

<table>
<tr><td colspan="2">项目编码</td><td colspan="2">030212003003</td><td colspan="2">项目名称</td><td colspan="3">二线塑料槽板配线</td><td colspan="2">计量单位</td><td>m</td></tr>
<tr><td colspan="12">清单综合单价组成明细</td></tr>
<tr><td rowspan="2">定额编号</td><td rowspan="2">定额名称</td><td rowspan="2">定额单位</td><td rowspan="2">数量</td><td colspan="4">单价(元)</td><td colspan="4">合价(元)</td></tr>
<tr><td>人工费</td><td>材料费</td><td>机械费</td><td>管理费和利润</td><td>人工费</td><td>材料费</td><td>机械费</td><td>管理费和利润</td></tr>
<tr><td>2-1309</td><td>二线塑料槽板配线 2.5m²</td><td>100mm</td><td>0.005</td><td>346.21</td><td>69.92</td><td>—</td><td>62.42</td><td>1.73</td><td>0.35</td><td>—</td><td>0.31</td></tr>
<tr><td colspan="2">人工单价</td><td colspan="6">小计</td><td>1.73</td><td>0.35</td><td>—</td><td>0.31</td></tr>
<tr><td colspan="2">23.22 元/工日</td><td colspan="6">未计价材料费</td><td colspan="4">0.594</td></tr>
<tr><td colspan="8">清单项目综合单价</td><td colspan="4">3.07</td></tr>
<tr><td rowspan="6">材料费明细</td><td colspan="5">主要材料名称、规格、型号</td><td>单位</td><td>数量</td><td>单价(元)</td><td>合价(元)</td><td>暂估单价(元)</td><td>暂估合价(元)</td></tr>
<tr><td colspan="5">绝缘导线 BLV-2.5mm²</td><td>m</td><td>1.130</td><td>0.27</td><td>0.305</td><td></td><td></td></tr>
<tr><td colspan="5">塑料槽板 38-63</td><td>m</td><td>0.525</td><td>0.550</td><td>0.289</td><td></td><td></td></tr>
<tr><td colspan="5"></td><td></td><td></td><td></td><td></td><td></td><td></td></tr>
<tr><td colspan="7">其他材料费</td><td>—</td><td></td><td>—</td><td></td></tr>
<tr><td colspan="7">材料费小计</td><td>—</td><td>0.594</td><td>—</td><td></td></tr>
</table>

注：1."数量"栏为"投标方(定额)工程量÷招标方(清单)工程量÷定额单位数量"。

2. 管理费费率为 10%，利润率为 5%，以直接费为计算基础。

工程量清单综合单价分析表

续表

工程名称：住宅电气照明工程　　　　标段：　　　　第　页　共　页

项目编码	030212003004	项目名称	三线塑料槽板配线	计量单位	m

清单综合单价组成明细											
定额编号	定额名称	定额单位	数量	单价(元)				合价(元)			
				人工费	材料费	机械费	管理费和利润	人工费	材料费	机械费	管理费和利润
2-1311	三线塑料槽板配线 2.5mm²	100m	0.003	406.12	79.70	—	72.87	1.22	0.24	—	0.22
人工单价		小计						1.22	0.24	—	0.22
23.22元/工日		未计价材料费						0.552			
清单项目综合单价								2.32			
材料费明细	主要材料名称、规格、型号					单位	数量	单价(元)	合价(元)	暂估单价(元)	暂估合价(元)
	绝缘导线 BLV-2.5mm²					m	1.008	0.270	0.272		
	塑料槽板 38-63					m	0.315	0.890	0.280		
	其他材料费							—		—	
	材料费小计							—	0.552	—	

注：1. "数量"栏为"投标方(定额)工程量÷招标方(清单)工程量÷定额单位数量"。

2. 管理费费率为10%，利润率为5%，以直接费为计算基础。

工程量清单综合单价分析表

续表

工程名称：住宅电气照明工程　　　　标段：　　　　第　页　共　页

项目编码	030209001001	项目名称	接地装置	计量单位	项

清单综合单价组成明细											
定额编号	定额名称	定额单位	数量	单价(元)				合价(元)			
				人工费	材料费	机械费	管理费和利润	人工费	材料费	机械费	管理费和利润
2-697	户外接地母线敷设	10m	1.1	70.82	1.77	1.43	11.10	77.90	1.95	1.57	12.21
2-691	角钢接地极制安	根	1	12.31	2.65	6.42	3.21	12.31	2.65	6.42	3.21
人工单价		小计						90.21	4.60	7.99	15.42
23.22元/工日		未计价材料费						85.58			
清单项目综合单价								216.64			
材料费明细	主要材料名称、规格、型号					单位	数量	单价(元)	合价(元)	暂估单价(元)	暂估合价(元)
	镀锌扁钢—40×4					m	11.550	4.410	50.940		
	角钢 L50×5					根	1.050	32.990	34.640		
	其他材料费							—		—	
	材料费小计							—	85.58	—	

注：1. "数量"栏为"投标方(定额)工程量÷招标方(清单)工程量÷定额单位数量"。

2. 管理费费率为10%，利润率为5%，以直接费为计算基础。

工程量清单综合单价分析表

续表

工程名称：住宅电气照明工程　　　　标段：　　　　第　页　共　页

项目编码	030211008001	项目名称	重复接地电阻测试	计量单位	系统

清单综合单价组成明细											
定额编号	定额名称	定额单位	数量	单价（元）				合价（元）			
				人工费	材料费	机械费	管理费和利润	人工费	材料费	机械费	管理费和利润
2-885	重复接地电阻测试	组	1	92.88	1.86	100.80	29.33	92.88	1.86	100.80	29.33
人工单价		小计						92.88	1.86	100.80	29.33
23.22 元/工日		未计价材料费									
清单项目综合单价								224.87			

材料费明细	主要材料名称、规格、型号	单位	数量	单价（元）	合价（元）	暂估单价（元）	暂估合价（元）
	其他材料费			—		—	
	材料费小计			—		—	

注：1.“数量”栏为“投标方（定额）工程量÷招标方（清单）工程量÷定额单位数量”。

2. 管理费费率为10%，利润率为5%，以直接费为计算基础。

例 3　给水排水工程定额预算及工程量清单计价对照

某单位有两单元八层楼住宅一栋，现有平面图（图 3-1-1）、系统图（图 3-1-2）及说明，要求编制该项目的室内给水排水工程施工图预算。

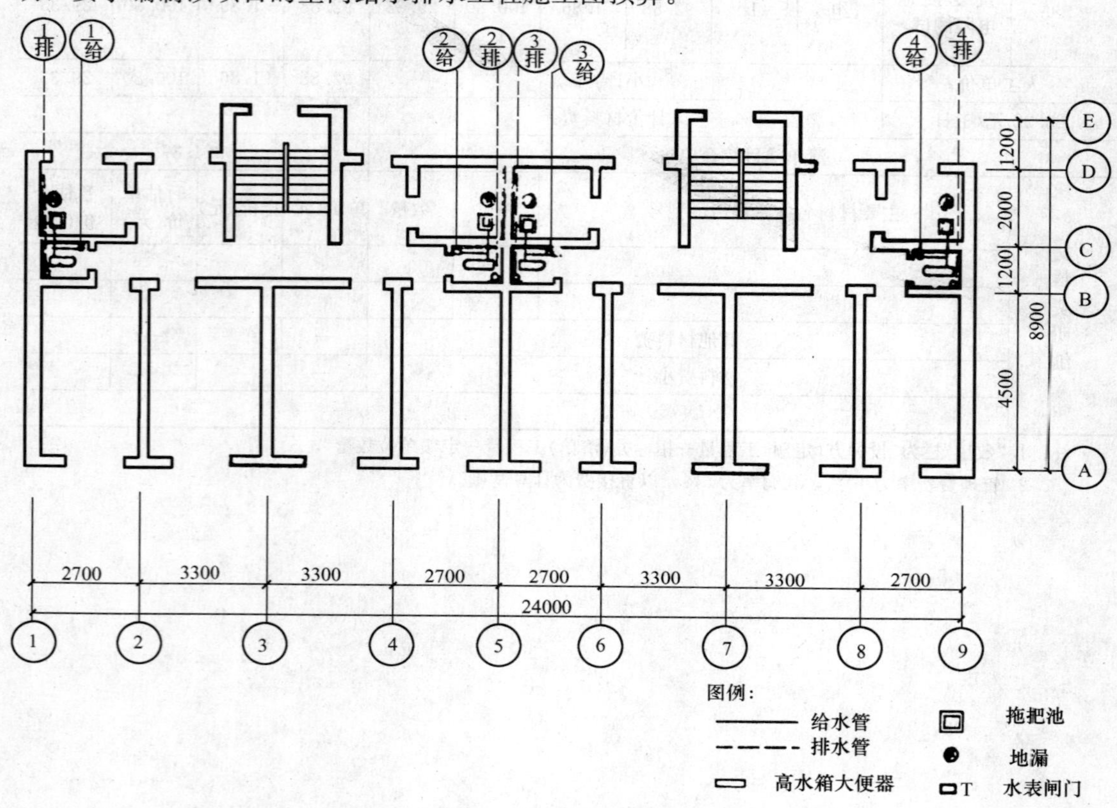

图 3-1-1　住宅一至八层给水排水平面图

一、预算定额计价编制说明

根据图纸结合《全国统一安装工程预算定额湖北省单位估价表》有关工程量计算规则进行计算。也可用比例尺量尺寸计算管道工程量，套管不计。

1. 室内给水管道

每个单元有两个独立系统，两个单元相同。图中给 1、给 2、给 3、给 4 四个系统完全一样，只是方向不同，只要计算出一个系统，然后乘 4 即完成图中全部的工程量计算。但如果每个单元和层数的管道和卫生设备不同，就要分别进行计算。

[说明] 给水排水工程定额预算与工程量清单计价对照

本例中给出了某单位两单元八层楼住宅一栋，并附有平面图一张（图 3-1-1）和系统

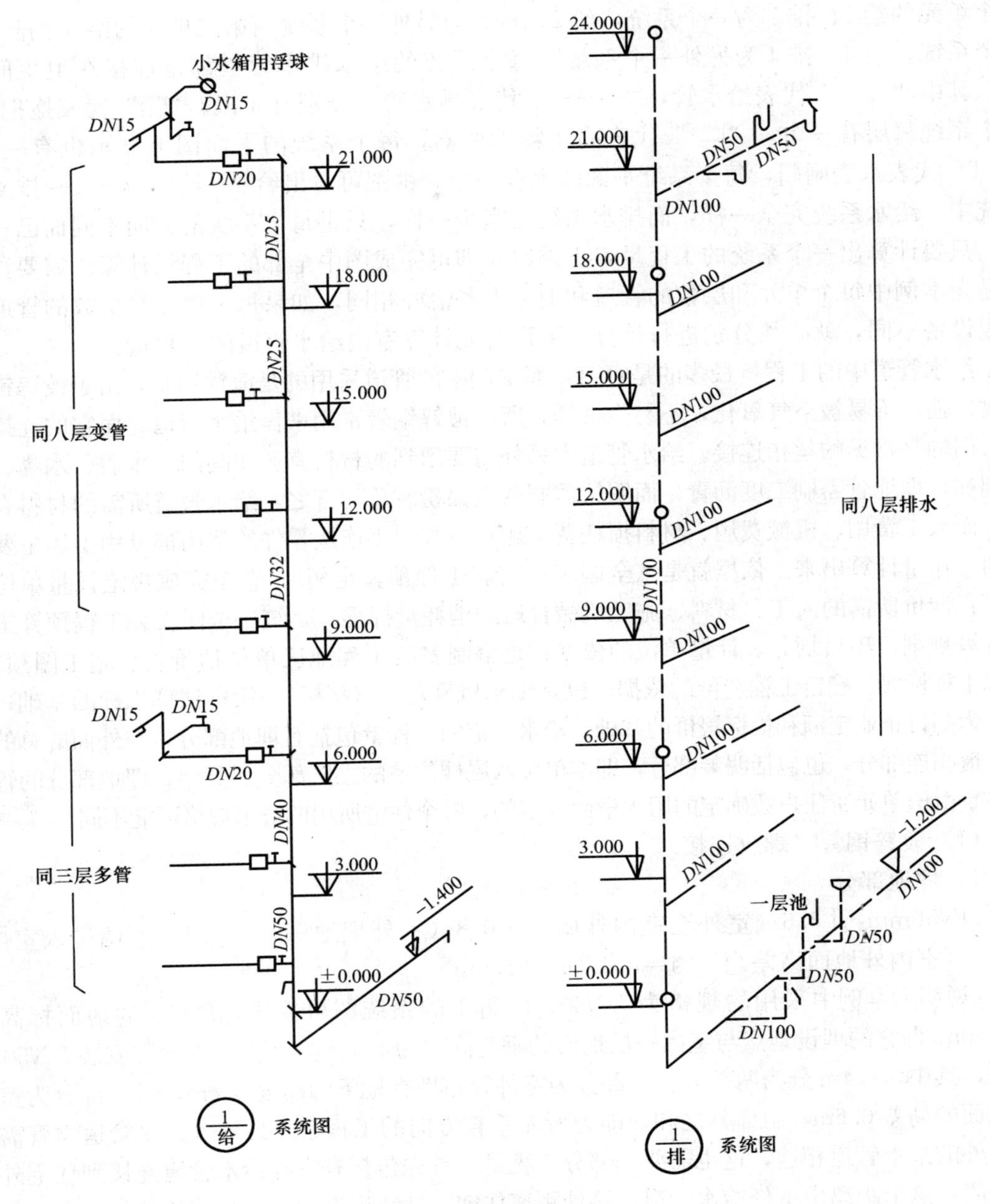

图 3-1-2　系统图

图（图 3-1-2）一张，还有相应的说明，要求是编制该项目的室内给水排水工程施工图预算。为了求出该项目的室内给水排水工程施工图预算价格，必须首先计算出该工程所用的工程量，有了工程量，即可根据全国统一安装工程预算定额规定的项目名称、规格及型号、计量单位、数量，并且进行汇总，制出工程量汇总表，就可便于套用定额，进而计算出总的工程造价。

由本例所给出的住宅一至八层给水排水平面图可以看出，有八条平行线的方框为楼梯，图中有两处，即为两个楼梯，也就是有两个单元，而两个单元又有两个独立系统，第一个单元的给1、排1为一个系统，给2、排2为另外一个系统；第二单元的给3、排3为一个系统，给4、排4为另外一个系统。每个系统的给水排水管道都是连接在卫生间处的。其中“——”代表给水管，“－－－”代表排水管，分别有4根。“□”代表拖把池，每个系统每层有一个。“▭”代表高水箱大便器，每个系统的平面图上显示也有一个。“□T”代表水表闸门，每个系统平面图上有一个。由图可看出给1～给4与排1～排4的系统中，给水系统完全一样，而排水系统也完全一样，只是每个系统的方向不同而已。因此，只要计算出一个系统的工程量，再乘以4即可完成图中全部的工程量计算。需要注意的是，本例中每个单元和层数的管道和卫生设备恰好相同，如果每个单元和层数的管道和卫生设备不同，就必须分别进行计算。下面首先计算室内给水管道的工程量。

给水管道中的工程量最多的是管道，而本例中的管道采用的是镀锌钢管，由于镀锌钢管耐腐性强，不易被空气氧化，不易生铁锈，所以镀锌钢管常用来作给水管道。而它的连接方式采用的是常见的丝扣连接。给水管道中另外需要用到的材料有丝扣阀门、水表、水嘴、管道刷油，埋地管需刷二度沥青，而明管需刷两道银粉。总而言之，给水管道所需的材料有这些，而人工费用、机械费用、材料损耗费，还有一些细小连接零件的费用都可用上述主要材料的工作量计算出来。依据就是《全国统一安装工程预算定额》。它是完成规定计量单位分项工程计价所需的人工、材料、施工机械台班的消耗量标准；是统一全国安装工程预算工程量计算规则、项目划分、计量单位的依据；是编制安装工程地区单位估价表、施工图预算、招标工程标底、确定工程造价的依据；也是编制概算定额（指标）、投资估算指标的基础；也可作为制订企业定额和投标报价的基础。给水管道的工程量包括有埋地部分，与外面的总的给水管道相连部分，也包括明装部分，即本单位八层楼住宅的立管部分。其中，埋地部分的管道规格是由该单元所住户数确定的用水量而确定的，各个住宅所用的管道规格可能不同。

（1）镀锌钢管（螺纹连接）

1）埋地部分

*DN*50mm：[3.6（室外至室内外墙）＋0.8（室外埋地深）＋0.4（过墙进入室内）＋0.6（室内外地面高差）]×4＝5.4×4＝21.6m。

[说明] 本例中采用的规格为*DN*50，由给1的系统图可看出，*DN*50的地面标高为－1.40m，即它的埋设地点与室内一层地面的垂直高差为1.40m，而高差部分要安装*DN*50的管道，其中，1.4m分为两部分，一部分为室外管道埋在地下的高度0.8m，另一部分为室内外地面的高差0.6m，两部分之和，即为所需垂直方向的工程量。另外，给水管道立管需要与室外的给水管道相连，这也需要一部分工程量，首先包括有室外给水管道连接到住宅外墙的距离，这个距离由室外给水管道连接处距离住宅的外墙远近而定，具体长度每一个工程是不一样的，本例中室外给水管道连接处到住宅外墙的距离为3.6m。另外管道还需穿过墙才能与室内立管相连，本例中所取墙外管道穿过墙与立管相连所需长度为0.4m。因此水平向上底层*DN*50的水平方向距离为3.6＋0.4＝4m，与图中按一定比例尺所画距离符合。有计算公式：埋地部分*DN*50工程量＝21.6m＝[室外至室内外墙距离（3.6m）＋室外埋地深度（0.8m）＋过墙进入室内所需距离（0.4m）＋室内外地面高度差（0.6m）]×4。

2）明装部分（立管）

*DN*50：4（底层至二层支管上方）×4＝16m

*DN*40：6（二层至四层支管上方）×4＝24m

*DN*32：6（四层至六层支管上方）×4＝24m

*DN*25：6（六层至八层支管处）×4＝24m（支管）

*DN*20：[1.5（每户进入水表前一段）＋1.2（水表至卫生间墙面一段）]×8（层）×4＝2.7×8×4＝86.4m

*DN*15：3（可用比例尺量或计算到高水箱及水嘴一段）×8（层）×4＋2.5（四楼以上各支管到小水箱）×5×4＝146m

明装部分的工作量，即立管的长度，因为底层的水量包括用水量和传输水量，因此所需的镀锌钢管的规格要大一些，越往上，规格越小。管道的具体规格也是通过计算确定的。本例中所用的管道规格有 *DN*50，*DN*40，*DN*32，*DN*25，*DN*20，*DN*15。其中 *DN*50 部分有底层到二层的距离，加上用水设施距离二层地面的高度。每一层高度为 3m，用水设施支管距离二层地面的高度为 1m，总共每个单独系统需要 *DN*50mm 的镀锌钢管 4m 乘以 4 即为图中全部的 *DN*50 所需的工作量，因此有公式 *DN*50：4（底层至二层支管上方）×4＝16m。同样，二层至四层支管上方所用的镀锌钢管的规格为 *DN*40，则每个系统 *DN*40 的工作量为二层至四层支管之间距离，由图中可量出为 6m，则乘以 4，即为 *DN*40 的图中全部工程量。有公式 *DN*40：6（二层至四层支管上方）×4＝24m。四层至六层支管上方采用的镀锌钢管为 *DN*32。四层支管位于地面标高 10.00m 处，六层支管位于地面标高 16.00m 处。则每个系统 *DN*32 的工作量为 6m，乘以 4，即为 *DN*32 的图中全部工作量。有公式 *DN*32：6（四层至六层支方上方）×4＝24m。六层至八层采用的镀锌钢管规格为 *DN*25，六层、八层支管处的地面标高分别为 16m、22m。则每个系统 *DN*25 的工作量为 6m，乘以 4，即为 *DN*25 的图中全部工程量，有公式 *DN*25：6（六层至八层支管处）×4＝24m（支管），每层楼房上用户的用水不可能是从立管中接取，需要有一段支管引入到卫生间用水处。由于每户的用水属于支管，通过水量较小，采用的镀锌管规格也较小。本例采用的是 *DN*20 的镀锌钢管。每户的支管到立管的距离可量得为 2.7m。为了节约用水，确定每户居住人家的具体用水量，需要在支管中间安装水表，总的 2.7m 划分为 1.5m 和 1.2m。1.5m 为每户进入水表前一段支管的长度，1.2m 为每户的水表至卫生间墙的一段距离。卫生间墙面处是与立管相连的，所以 *DN*20 处的工程量已全部包括，计算完毕。每一层每一户的支管处工程量为 2.7m，乘以 8 即为每一个系统的 *DN*20 的镀锌钢管所需的工程量，再乘以 4 即为图中全部的 *DN*20 镀锌钢管的工程量。有公式 *DN*20：[1.50（每户进入水表前一段）＋1.2（水表至卫生间墙面一段）]×8（层）×4＝2.7m×8×4＝86.4m。在每户的支管端上方位置安装有大便器的高水箱，用来清洁大便器，还有拖把池的水龙头的地面标高也高于支管处。这些高于支管处的垂直方向的钢管采用的规格是 *DN*15 镀锌钢管，因为其水量不大。另外高水箱以及水龙头或水嘴不可能都安装在支管的正上方，所以在水平方向上也各有一段 *DN*15 的镀锌钢管连接高水箱和拖把池上方的水嘴。所以这部分的工作量包括高于支管上方垂直方向的工作量和水平方向上的镀锌管工作量，由给 1 的系统图可以量得每一层上支管上方所用镀锌钢管的工作量为 3m，乘以 8 即为每个系统的这部分工作量，再乘以 4 即为整个图的全部工作量。由给 1 的系统图还可以看出三层以上部分不仅包括高水箱及水嘴连接管道还包括与小水箱连接所用的管道，由于三层以上所需水压比较大，所以在水压比较低的情况下，难以保证三层以上的正常供水，所以如图所示，在三层以上的每一层的位置上都设置了一个小水箱。小水箱的位置在高水箱高度以上，小水箱与下面管件相连采用的也是 *DN*15 规格的镀锌钢管。用比例尺可量得四楼以上每层附加的 *DN*15 镀锌钢管的工程量为2.5m，乘以 5 即为附加的每个系统的 *DN*15 镀锌钢管工程量，再乘以 4 即为整个图的附加 *DN*15 镀锌钢管工程量。八层的高水箱以下部分所用 *DN*15 镀锌钢管和三层以上部分附加的 *DN*15 镀锌钢管工作量之和即为 *DN*15 镀锌钢管的总工程量。有公式 *DN*15：3×8（层）×4+2.5（四楼以上各支管到小水箱）×5×4=146m。

（2）螺纹阀门安装

*DN*50：1×4=4 个（每个立管 1 个）

*DN*15：1×5×4=20 个（每个小水箱 1 个）

水箱制作安装　1×5×4（套）=20 套

[说明] 每个立管、水表前、小水箱前面部需要螺纹阀门来控制水流的供给以及为检修服务。螺纹阀门的规格也根据与之相连的管道规格确定。立管、小水箱前分别采用的规格为 *DN*50、*DN*15。给水立管总共有 4 根，所以有公式螺纹阀门 *DN*50：1×4（个）=4 个（每个立管 1 个），三楼以上的小水箱每个系统有 5 个，所以有公式 *DN*15：1×5×4（个）=20 个（每个小水箱 1 个）。

（3）水表安装

*DN*20 水表：1×8×4（组）=32 组（包括水表前 *DN*20 的阀门）

（4）水嘴安装

*DN*15 水嘴：1×8×4（个）=32 个

每一层的污水池前有一水嘴，所以每个系统有 1×8（个）=8 个水嘴，乘以 4 即为总的水嘴工程量。有公式水嘴安装 *DN*15 水嘴：1×8×4（个）=32 个。同样，每一层有一个水表，有公式 *DN*20 水表：1×8×4（个）=32 个。

（5）管道刷油（可查表）

埋地管刷沥青二度，每度工程量为

*DN*50 管：21.6（m）×0.19（m^2/m）=4.10m^2

明管刷两道银粉，每道工程量为

*DN*50 管：16（m）×0.19（m^2/m）=3.04m^2

*DN*40 管：24（m）×0.15（m^2/m）=3.6m^2

*DN*32 管：24（m）×0.13（m^2/m）=3.12m^2

*DN*25 管：24（m）×0.11（m^2/m）=2.64m^2

*DN*20 管：86.4（m）×0.084（m^2/m）=7.26m^2

*DN*15 管：146（m）×0.08（m^2/m）=11.68m^2

小计：31.34m^2

[说明] 由于考虑到管道的防腐，对埋地管道刷二度沥青，明管刷两道银粉。它们的工程量都是根据国家规定的每米的工程量确定的，乘以所用管道的长度即为每种规格所需刷油的工程量。

2. 室内排水管道

由图 3-1-1 中看出每个单元有两个独立排水系统，在进行排水工程量计算时，可按系统进行，也可以按地上、地下两大部分分别计算。图 3-1-1 排水系统相同，只计算一个系统，乘以 4

即可。

（1）铸铁排水管（按系统计算）

DN100 管：2(各层大便器至立管距离)×8(层)×4+[24(8 层楼层高)+1.5(出屋顶部分)+1.2(埋地部分)+1.3(一层水池至大便器支管距离)+1.2(一层地漏到水池支管距离)]×4+10(室外部分)=2×8×4+(24+1.5+1.2+1.3+1.2)×4+10=190.8m。

DN50 管：[1.3(二至八层水池至大便器支管距离)+1.2(二至八层地漏至水池支管距离)]×7×4=(1.3+1.2)×7×4=70m。

[说明]排水系统有 4 个，和给水系统一样，每个系统都相同，只要计算出一个，乘以 4 即为图中全部的工程量。排水管由于水质要求不高，因此可采用铸铁管。和给水管道不同，每一层的规格都按最大污水量计算，排水立管的规格如排 1 系统图所示，都采用 DN100 管。另外，各层大便器至立管的水平连接部分也采用较大的规格 DN100。DN100 铸铁排水管还包括与室外相连的水平部分和垂直部分。图中显示的−1.20m 的地面标高即为铸铁管埋地部分的工程量，而排水管从屋外楼顶通到地面，还应加上超出屋面的部分。本例中量取的高度为 1.5m。而且由于一层水池、地漏连接管均在排水干管上，应按 DN100 计算：故为 1.3m+1.2m。因此 DN100 铸铁排水管的计算公式为 DN100 管：2(各层大便器至立管距离)×8(层)×4+[24(8 层楼层高)+1.5(出屋面部分)+1.2(埋地深)+1.3(一层水池到大便器支管距离)+1.2(一层地漏到水池支管距离)]×4+10=180.8+10(室外部分)，其中，乘以 4 表示有 4 个系统，每个系统相同，乘以 8 表示有 8 层，每一层的设施及设备安装位置都相同。我们知道，每一层中的污水都是通过水池排下去的，而地面上的污水则是通过地漏排入到水池支管，再由水池支管排入到立管，最后排出居住区的。而每层的排污量相对于立管较少，因此采用较小的铸铁管规格即为 DN50。它的工程量包括各层的水池至立管的距离，本例中量取的为 1.3m，和各层地漏至水池支管的距离，本例中量取的为 1.2m。这两部分之和即为每一层所需的铸铁排水管的工作量，再乘以 7，即为 7 层，每一系统所需的铸铁管的工程量，再乘以 4 即为图中全部铸铁排水管的工作量，因此有公式 DN50 管：[1.3(各层水池至立管距离)+1.2(各层地漏至水池支管距离)]×7×4=70m。

（2）地漏安装

DN50 地漏：1×8×4（个）=32 个

（3）排水栓安装

DN50 排水栓：1×8×4（组）=32 组

（4）焊接钢管安装（用于地漏丝扣连接）

DN50 管：0.2×32=6.4m（每个地漏用 0.2m）

[说明] 每层地面积水与污水的排放都是通过地漏排放出去的。由平面图知每层有 1 个，则每个系统有 1×8 个，再乘以 4 即为图中全部地漏的工程量。有公式 DN50 地漏：1×8×4=32 个。另外每一层都有 1 个排水栓来控制污水的排放以及排水管道的检修，则每个系统有 1×8=8 个排水栓，再乘以 4 即为图中全部排水栓的工程量，有公式 DN50 排水栓：1×8×4=32 个。由于地漏不能与水池支管直接相连，需用焊接钢管进行地漏的丝扣连接。每个地漏的丝扣连接按标准用 0.2m 焊接钢管，则整个住宅 32 个地漏所需焊接钢管安装的工程量为 0.2×32=6.4m。有公式 DN50 管：0.2×32=6.4m（每个地漏用 0.2m）。

（5）高水箱蹲式大便器

每户一套共 32 套。

(6) 管道刷油

铸铁排水管的表面积，可根据管壁厚度按实际计算，一般习惯上是将焊接钢管表面积乘系数 1.2，即为铸铁管表面积（包括承口部分），现计算如下（以下数均为刷一遍面积）：

铸铁管刷沥青二遍

$$\left.\begin{array}{l} DN100：171\times0.36\times1.2=74\text{m}^2 \\ DN50：80\times0.19\times1.2=18.24\text{m}^2 \end{array}\right\} 92.24\text{m}^2$$

焊接管刷红丹二度、银粉二度：

$DN50$：$6.4\times0.19=1.22\text{m}^2$

[说明]高水箱蹲式大便器也需单独计算，而一些小的连接管件的工程量已计入高水箱蹲式大便器，它的工程量为 32 套，每户有一套。排水管道同给水管道一样，也需要对其刷油进行保护。刷油的面积，按焊接钢管表面积乘系数 1.2 取为单位长度需刷油面积，再乘以各种规格的铸铁管长即为总刷油面积。其中铸铁管已经包括了水口部分，有公式铸铁管刷沥青 $DN100$：$171(\text{m})\times0.36(\text{m}^2/\text{m})\times1.2=74\text{m}^2$，而焊接管刷红丹二度、银粉二度不需再乘以系数，直接有公式 $DN50$：$6.4(\text{m})\times0.19(\text{m}^2/\text{m})=1.22\text{m}^2$。

(7) 地下管挖填土方

应根据土建定额计价，查表知每米管道挖土工程量乘以管子延长米，或者按实际挖填方计算均可。

二、编制施工图预算书

为了适应施工图预算编制的需要，满足施工图预算的要求，管道安装工程预算书的表格有以下几种：

(1) 工程量汇总表。以计算书算出的工程量，按预算定额规定的项目名称、规格及型号、计量单位、数量，分工程性质进行汇总。它的作用在于便于套用定额。

(2) 封面。即施工预算书的首页，一般在封面上应明确施工单位名称、建设单位名称、工程名称、编制单位、日期等。

(3) 编制说明。主要写明预算编制的依据、工程范围、未纳入施工图预算的诸因素等。

(4) 工程预算表。即施工图预算明细表，一般应写明单位工程和分项工程名称，以及满足《设备安装工程预算定额》所需的各个子项的详细内容。详见实例计算表。

(5) 取费计算。预算书见表 3-1-1。

(6) 室内给水排水工程施工图预算说明：

1) 图示尺寸，标高以米（m）计，其余均以毫米（mm）计。

2) 给水管采用镀锌钢管接口；排水管采用铸铁污水管，水泥接口。

3) 卫生设备安装方法，详见国标 JSTL15B，安装必须满足设计要求，达到施工及验收规范要求。

4) 一至三层给水利用城市干管网的压力，四至八层考虑到水压力不够，每户在厨房顶平下墙装一个水箱，容量为 2.5m^3 左右。

5) 镀锌钢管刷银粉二度，铸铁管沥青，水箱除锈后刷红丹二度，刷调合漆二度。

6) 未尽事项均按现行有关规定执行。

表 3-1-1

给水排水施工图预算书

序号	工程名称	给水排水工程		第1页 共4页					年 月 日				
序号	价目表 编号	工 程 项 目	规格	单位	数量	单 价(元)				合 计(元)			
						工资	辅材费	主材费	机械使用费	工资	辅材费	主材费	机械使用费
1	8—76	镀锌钢管(螺纹)	DN50mm	10m	3.76	7.20	16.78	109.45	0.61	27.07	63.09	411.53	2.29
2	8—75	镀锌钢管(螺纹)	DN40mm	10m	2.40	7.20	11.94	87.08	0.22	17.28	28.66	208.99	0.53
3	8—74	镀锌钢管(螺纹)	DN32mm	10m	2.40	6.07	11.65	71.78	0.22	14.57	27.96	172.27	0.53
4	8—73	镀锌钢管(螺纹)	DN25mm	10m	2.40	6.07	11.61	56.14	0.22	14.57	27.86	134.74	0.53
5	8—72	镀锌钢管(螺纹)	DN20mm	10m	8.64	5.35	9.62	40.68	—	46.22	83.12	351.48	—
6	8—71	镀锌钢管(螺纹)	DN15mm	10m	14.60	5.35	10.48	33.31	—	78.11	153.01	486.33	—
7	8—235	螺纹截止阀安装	DN50mm	个	4	0.66	4.27	26.70	—	2.64	17.08	106.80	—
8	8—289	螺纹浮球阀安装	DN15mm	个	20	0.25	1.22	10.83	—	5.00	24.40	216.60	—
9	材 价	铜 浮 球	DN100mm	个	16	—	5.77	—	—	—	92.32	—	—
10	8—338	室内用户水表安装(螺纹)	DN20mm	组	32	0.52	6.71	28.60	—	16.64	214.72	915.20	—
11	8—372	水 龙 头	DN15mm	个	32	0.08	0.05	4.46	—	2.56	1.60	142.72	—
12	8—130	铸铁污水管(水泥口)	DN100mm	10m	19.08	9.47	124.66	152.16	—	180.69	2378.51	2903.21	—
13	8—128	铸铁污水管(水泥口)	DN50mm	10m	7	6.15	33.54	102.17	—	43.05	234.8	715.2	—
14	8—375	高水箱蹲马桶		10套	3.20	25.25	246.34	1126.25	—	80.80	788.29	3604.00	—
15	8—397	铁排水栓带存水弯	DN50mm	10组	3.20	4.94	120.46	66.50	—	15.81	385.47	212.80	—
16	8—95	焊接钢管(排水用)	DN50mm	10m	0.6	7.20	12.33	73.34	0.70	4.32	7.40	44.00	0.42
17	8—397	地漏子带存水弯	DN50mm	10个	3.20	4.94	120.46	69.90	—	15.81	385.47	222.72	—
18	材 价	镀锌钢螺纹截止阀	DN20mm	个	32	—	11.30	—	—	—	361.60	—	—
19	土 建	管道挖填土方		m	16	5.00	—	—	—	80.80	—	—	—

续表

序号	编号	工程项目	规格	单位	数量	单价(元)				合计(元)			
工程名称		给水排水工程			第2页 共4页			年 月 日					
						工资	辅材费	主材费	机械使用费	工资	辅材费	主材费	机械使用费
20	8—471	钢板水箱制作	20个×50kg/个	100kg	8.20	7.45	24.70	273.00	8.17	61.09	202.54	2238.60	66.99
21	8—481	钢板水箱安装	1m×0.5m×0.5m	个	20	9.02	5.30	—	3.72	180.40	106.00	—	74.40
22	8—152—155	水箱支座制作安装		t	0.75	193.70	210.64	2583.00	147.69	145.28	157.98	1937.25	110.77
		小计								1031.15	5750.02	15086.85	241.61
	①	人工费调整	按Ⅱ类131.16%							1352.46			
	②	脚手架搭拆费	人工费×8%(工资占25%)							27.05	81.15		
	③	高层建筑增加费	人工费×17%(工资占11%)							25.29	204.63		
	④	基价						7682.21		1404.80	6035.8		241.61
	⑤	辅材调增	基价×40.14%								3083.64		
	⑥	机械费调增	基价×2.088%										160.40
	⑦	定额直接费						26013.10		1404.80	9119.44	15086.85	402.01

续表

序号	工程名称	给水排水工程		第3页 共4页						年 月 日			
	价目表 编号	工程项目	规格	单位	数量	单价(元)				合计(元)			
						工资	辅材费	主材费	机械使用费	工资	辅材费	主材费	机械使用费
23	13−42+43	镀锌钢管	刷银粉二度	$10m^2$	3.1	1.69	5.92	—	—	5.24	18.35	—	—
24	13−52+53	镀锌钢管	刷沥青二度	$10m^2$	0.4	1.69	10.59	—	—	0.68	4.24	—	—
25	13−130+131	铸铁管	刷沥青二度	$10m^2$	9.22	2.12	10.59	—	—	19.55	97.64	—	—
26	13−37+38	焊接管	刷红丹二度	$10m^2$	0.12	1.66	15.72	—	—	0.20	1.89	—	—
27	13−42+43	焊接管	刷银粉二度	$10m^2$	0.12	1.69	5.92	—	—	0.20	0.71	—	—
28	13−8	钢板除锈	(人工、中锈)	100kg	8.20	1.49	1.63	—	—	12.22	13.37	—	—
29	13−8	角钢架除锈	(人工、中锈)	100kg	7.50	1.49	1.63	—	—	11.18	12.23	—	—
30	13−99+100	钢板水箱	刷红丹二度	100kg	15.70	1.38	12.00	—	—	21.67	188.40	—	—
31	13−108+109	钢板水箱	刷灰油	100kg	15.70	1.32	7.37	—	—	20.72	115.71	—	—
		小计								92.17	454.32	—	—
	①	人工调增	人工费×131.16%							120.89			
	②	高层建筑增加费	人工费×17%(11%)							2.26	18.29		
	③	基价						595.76		123.15	472.61		
	④	辅材调增	基价×121.04%								721.11		
	⑤	机械调增	基价×0.51%								3.04		
	⑥	定额直接费						1319.91		123.15	1196.76		

续表

序号	价目表 编号	工程项目	规格	单位	数量	单价（元） 工资	单价（元） 辅材费	单价（元） 主材费	单价（元） 机械使用费	合计（元） 工资	合计（元） 辅材费	合计（元） 主材费	合计（元） 机械使用费
工程名称		给水排水工程		第4页 共4页				年 月 日					
		1～3页定额直接费						27333.01		(1527.95)			
		取费：	Ⅱ级国营										
	一	直接费											
		1. 定额直接费									27333.01	(1527.95)	
		2. 其他直接费	人工费×25.3%								386.57		
		3. 包干费	1×4%								1093.32		
		4. 小计									(28812.90)		
	二	间接费											
		5. 施工管理费	人工费×102.3%								1563.09		
		6. 大临费	人工费×17%								259.75		
		7. 劳保费	人工费×21%								320.87		
		8. 小计									(2143.71)		
	三	技术备费	（4+8）×3%								928.70		
	四	法定利润	（4+8）×2.5%								773.92		
	五	其他	材料差价及管理费（根据实购料发票）								略		
	六	税金	（4+8+三、四）×3.48%								1136.54		
	七	合计									33795.77		

三、《建设工程工程量清单计价规范》GB 50500—2008 计算方法，套用《全国统一安装工程预算定额》计算

1. 工程量清单（表 3-1-2～表 3-1-11）

给水排水　　　　　　工程

工　程　量　清　单

工程造价

招　标　人：×××　　　　　　咨　询　人：×××

（单位盖章）　　　　　　　　（单位资质专用章）

法定代表人　　　　　　　　　法定代表人

或其授权人：×××　　　　　　或其授权人：×××

（签字或盖章）　　　　　　　（签字或盖章）

编　制　人：×××　　　　　　复　核　人：×××

（造价人员签字盖专用章）　　（造价工程师签字盖专用章）

编 制 时 间：××××年××月××日　　复 核 时 间：××××年××月××日

注：此为招标人自行编制工程量清单的封面。

总 说 明

工程名称：给水排水工程　　　　　　　　　　　　　　　　　　　　第　页　共　页

1. 工程概况：
2. 工程招标范围：
3. 工程量清单编制依据：
4. 其他需要说明的问题：

分部分项工程量清单与计价表

表 3-1-2

工程名称：给水排水工程　　　　标段：　　　　　　　　　　　　　第　页　共　页

序号	项目编码	项目名称	项目特征描述	计量单位	工程量	金额（元）		
						综合单价	合价	其中：暂估价
		C.8　给排水、采暖、燃气工程						
1	030801001001	镀锌钢管	镀锌钢管 *DN*50，室内给水工程，螺纹连接，埋地敷设，刷沥青二度	m	21.6			
2	030801001002	镀锌钢管	镀锌钢管 *DN*50，室内给水工程，螺纹连接，刷银粉二度	m	16			
3	030801001003	镀锌钢管	镀锌钢管 *DN*40，室内给水工程，螺纹连接，刷银粉二度	m	24			
4	030801001004	镀锌钢管	镀锌钢管 *DN*32，室内给水工程，螺纹连接，刷银粉二度	m	24			
5	030801001005	镀锌钢管	镀锌钢管 *DN*25，室内给水工程，螺纹连接，刷银粉二度	m	24			
6	030801001006	镀锌钢管	镀锌钢管 *DN*20，室内给水工程，螺纹连接，刷银粉二度	m	86.40			
7	030801001007	镀锌钢管	镀锌钢管 *DN*15，室内给水工程，螺纹连接，刷银粉二度	m	146			

续表

序号	项目编码	项目名称	项目特征描述	计量单位	工程量	金额（元）		
						综合单价	合价	其中：暂估价
8	030801003001	承插铸铁管	承插铸铁污水管 *DN*100，室内排水工程，水泥接口，刷沥青二度	m	190.80			
9	030801003002	承插铸铁管	承插铸铁污水管 *DN*50，室内排水工程，水泥接口，刷沥青二度	m	70			
10	030801002001	钢管	焊接钢管 *DN*50，室内排水工程，螺纹连接，刷沥青银粉各二度	m	6.4			
11	030804014001	水箱制作、安装	钢板水箱，规格为 1m × 0.5m × 0.5m，水箱除锈，刷红丹及调合漆各二度	套	20			
12	030803010001	水表	室内用户水表 *DN*20，螺纹连接	组	32			
13	030804012001	大便器	蹲便器，带高水箱	套	32			
14	030804015001	排水栓	铁质排水栓 *DN*50，带存水弯	组	32			
15	030804016001	水龙头	水龙头，铁质 *DN*15	个	32			
16	030804017001	地漏	地漏 *DN*50，带存水弯	个	32			
17	030803001001	螺纹阀门	螺纹阀门，螺纹截止阀 *DN*50	个	4			
18	030803001002	螺纹阀门	螺纹阀门，螺纹浮球阀 *DN*15	个	20			
		A.1 土（石）方工程						
19	010101006001	管沟土方	管沟土方，管径为 *DN*50	m	16			
			本页小计					
			合　计					

措施项目清单与计价表（一） 表 3-1-3

工程名称：给水排水工程　　标段：　　第　页　共　页

序号	项目名称	计算基础	费率（%）	金额（元）
1	安全文明施工费			
2	夜间施工费			
3	二次搬运费			
4	冬雨季施工			
5	大型机械设备进出场及安拆费			
6	施工排水			
7	施工降水			
8	地上、地下设施、建筑物的临时保护设施			
9	已完工程及设备保护			
10	各专业工程的措施项目			
11	垂直运输机械			
12	脚手架			
合　计				

注：1. 本表适用于以“项”计价的措施项目。

2. 根据建设部、财政部发布的《建筑安装工程费用组成》（建标［2003］206 号）的规定，“计算基础”可为“直接费”、“人工费”或“人工费＋机械费”。

措施项目清单与计价表（二） 表 3-1-4

工程名称：给水排水工程　　标段：　　第　页　共　页

序号	项目编码	项目名称	项目特征描述	计量单位	工程量	金额（元）	
						综合单价	合价
本页小计							
合　计							

注：本表适用于以综合单价形式计价的措施项目。

其他项目清单与计价汇总表 表 3-1-5

工程名称：给水排水工程　　标段：　　第　页　共　页

序号	项目名称	计量单位	金额（元）	备注
1	暂列金额			
2	暂估价			
2.1	材料暂估价			
2.2	专业工程暂估价			
3	计日工			
4	总承包服务费			
5				
合　计				

注：材料暂估单价计入清单项目综合单价，此处不汇总。

暂列金额明细表 表 3-1-6

工程名称：给水排水工程 标段： 第 页 共 页

序号	项目名称	计量单位	暂定金额（元）	备注
1	工程量清单中工程量偏差和设计变更	项		
2	政策性调整和材料价格风险	项		
3	其　他	项		
4				
5				
6				
7				
8				
9				
10				
11				
合　计				—

注：此表由招标人填写，如不能详列，也可只列暂定金额总额，投标人应将上述暂列金额计入投标总价中。

材料暂估单价表 表 3-1-7

工程名称：给水排水工程 标段： 第 页 共 页

序号	材料名称、规格、型号	计量单位	单价（元）	备注

注：1. 此表由招标人填写，并在备注栏说明暂估价的材料拟用在哪些清单项目上，投标人应将上述材料暂估单价计入工程量清单综合单价报价中。

2. 材料包括原材料、燃料、构配件以及按规定应计入建筑安装工程造价的设备。

专业工程暂估价表 表 3-1-8

工程名称：给水排水工程 标段： 第 页 共 页

序号	工程名称	工程内容	金额（元）	备注
合　计				

注：此表由招标人填写，投标人应将上述专业工程暂估价计入投标总价中。

计 日 工 表 表 3-1-9

工程名称：给水排水工程 标段： 第 页 共 页

编号	项目名称	单位	暂定数量	综合单价（元）	合价（元）
一	人　工				
1	普工	工日			
2	技工（综合）	工日			
人工小计					
二	材　料				
1					

续表

编号	项目名称	单位	暂定数量	综合单价（元）	合价（元）
2					
材料小计					
三	施工机械				
1					
2					
施工机械小计					
总　计					

注：此表项目名称、数量由招标人填写，编写招标控制价时，单价由招标人按有关计价规定确定；投标时，单价由投标人自主报价，计入投标总价中。

总承包服务费计价表 **表 3-1-10**

工程名称：给水排水工程　　标段：　　第　页　共　页

序号	项目名称	项目价值（元）	服务内容	费率（%）	金额（元）
1	发包人发包专业工程				
2	发包人供应材料				
合　计					

规费、税金项目清单与计价表 **表 3-1-11**

工程名称：给水排水工程　　标段：　　第　页　共　页

序号	项目名称	计算基础	费率（%）	金额（元）
1	规费			
1.1	工程排污费	按工程所在地环保部门规定按实计算		
1.2	社会保障费	（1）＋（2）＋（3）		
（1）	养老保险费	定额人工费		
（2）	失业保险费	定额人工费		
（3）	医疗保险费	定额人工费		
1.3	住房公积金	定额人工费		
1.4	危险作业意外伤害保险	定额人工费		
1.5	工程定额测定费	税前工程造价		
2	税金	分部分项工程费＋措施项目费＋其他项目费＋规费		
合　计				

注：根据建设部、财政部发布的《建筑安装工程费用组成》（建标［2003］206 号）的规定，“计算基础”可为“直接费”、“人工费”或“人工费＋机械费”。

2. 投标报价编制示例（表 3-1-12～表 3-1-25）

投 标 总 价

招　　标　　人：×××

工 程 名 称：给水排水工程

投标总价(小写)：67384元

（大写）：陆万柒仟叁佰捌拾肆元

投　　标　　人：×××

（单位盖章）

法 定 代 表 人
或 其 授 权 人：×××

（签字或盖章）

编　　制　　人：×××

（造价人员签字盖专用章）

编制时间：××××年××月××日

总　说　明

工程名称：给水排水工程　　　　　　　　　　　　　　　　　　　　第　页　共　页

1. 工程概况：
2. 投标报价包括范围：
3. 投标报价编制依据：

工程项目投标报价汇总表

表 3-1-12

工程名称：给水排水工程　　　　　　　　　　　　　　　　　　　　第　页　共　页

序号	单项工程名称	金额（元）	其中		
			暂估价（元）	安全文明施工费（元）	规费（元）
1	给水排水工程	67383.60		2378.48	2375.70
合　计		67383.60		2378.48	2375.70

注：本表适用于工程项目招标控制价或投标报价的汇总。

单项工程投标报价汇总表

表 3-1-13

工程名称：给水排水工程　　　　　　　　　　　　　　　　　　　　第　页　共　页

序号	单项工程名称	金额（元）	其中		
			暂估价（元）	安全文明施工费（元）	规费（元）
1	给水排水工程	67383.60		3738.48	2537.70
合　计		67383.60		3738.48	2537.70

注：本表适用于单项工程招标控制价或投标报价的汇总。暂估价包括分部分项工程中的暂估价和专业工程暂估价。

单位工程投标报价汇总表

表 3-1-14

工程名称：给水排水工程　　　　标段：　　　　　　　　　　　　　第　页　共　页

序号	汇总内容	金额（元）	其中：暂估价（元）
1	分部分项工程	60011.00	
1.1	C.8 给排水、采暖、燃气工程	59758.68	
1.2	A.1　土（石）方工程	252.32	
2	措施项目	2774.89	
2.1	安全文明施工费	2378.48	
2.2	脚手架	396.41	
3	其他项目		
3.1	暂列金额		
3.2	专业工程暂估价		
3.3	计日工		
3.4	总承包服务费		
4	规费	2375.70	
5	税金	2222.01	
投标报价合计＝1＋2＋3＋4＋5		67383.60	

注：本表适用于单位工程招标控制价或投标报价的汇总，如无单位工程划分，单项工程也使用本表汇总。

分部分项工程量清单与计价表

表 3-1-15

工程名称：给水排水工程　　　　标段：　　　　第　页　共　页

序号	项目编码	项目名称	项目特征描述	计量单位	工程量	金额（元）		
						综合单价	合价	其中：暂估价
		C.8　给排水、采暖、燃气工程						
1	030801001001	镀锌钢管	镀锌钢管 *DN*50，室内给水工程，螺纹连接，埋地敷设，刷沥青二度	m	21.6	19.97	431.35	
2	030801001002	镀锌钢管	镀锌钢管 *DN*50，室内给水工程，螺纹连接，刷银粉二度	m	16	36.95	591.20	
3	030801001003	镀锌钢管	镀锌钢管 *DN*40，室内给水工程，螺纹连接，刷银粉二度	m	24	32.32	775.68	
4	030801001004	镀锌钢管	镀锌钢管 *DN*32，室内给水工程，螺纹连接，刷银粉二度	m	24	27.75	666.00	
5	030801001005	镀锌钢管	镀锌钢管 *DN*25，室内给水工程，螺纹连接，刷银粉二度	m	24	25.76	618.24	
6	030801001006	镀锌钢管	镀锌钢管 *DN*20，室内给水工程，螺纹连接，刷银粉二度	m	86.40	20.42	1764.29	
7	030801001007	镀锌钢管	镀锌钢管 *DN*15，室内给水工程，螺纹连接，刷银粉二度	m	146	16.52	2411.92	
8	030801003001	承插铸铁管	承插铸铁污水管 *DN*100，室内排水工程，水泥接口，刷沥青二度	m	190.80	70.15	13384.62	
9	030801003002	承插铸铁管	承插铸铁污水管 *DN*50，室内排水工程，水泥接口，刷沥青二度	m	70	36.73	2571.10	
10	030801002001	钢管	焊接钢管 *DN*50，室内排水工程，螺纹连接，刷沥青银粉各二度	m	6.4	33.46	214.14	

续表

序号	项目编码	项目名称	项目特征描述	计量单位	工程量	金额（元）		
						综合单价	合价	其中：暂估价
11	030804014001	水箱制作、安装	钢板水箱，规格为1m×0.5m×0.5m，水箱除锈，刷红丹及调合漆各二度	套	20	911.25	18225.00	
12	030803010001	水表	室内用户水表*DN*20，螺纹连接	组	32	71.80	2297.60	
13	030804012001	大便器	蹲便器，带高水箱	套	32	414.97	13279.04	
14	030804015001	排水栓	铁质排水栓 *DN*50，带存水弯	组	32	28.29	905.28	
15	030804016001	水龙头	水龙头，铁质，*DN*15	个	32	20.58	658.56	
16	030804017001	地漏	地漏 *DN*50，带存水弯	个	32	20.58	658.56	
17	030803001001	螺纹阀门	螺纹阀门，螺纹截止阀 *DN*50	个	4	54.52	218.08	
18	030803001002	螺纹阀门	螺纹阀门，螺纹浮球阀 *DN*15	个	20	19.06	381.20	
		A.1 土（石）方工程						
19	010101006001	管沟土方	管沟土方，管径为*DN*50	m	16	15.77	252.32	
高层建筑增加费			人工费×2%				155.46	
合计							60011.00	

措施项目清单与计价表（一） **表 3-1-16**

工程名称：给水排水工程　　标段：　　第　页　共　页

序号	项目名称	计算基础	费率（%）	金额（元）
1	安全文明施工费	人工费	30	2378.48
2	夜间施工费			
3	二次搬运费			
4	冬雨季施工			
5	大型机械设备进出场及安拆费			
6	施工排水			
7	施工降水			
8	地上、地下设施、建筑物的临时保护设施			
9	已完工程及设备保护			
10	各专业工程的措施项目			
11	垂直运输机械			
12	脚手架	人工费	5	396.41
合计				2774.89

注：1. 本表适用于以“项”计价的措施项目。

2. 根据建设部、财政部发布的《建筑安装工程费用组成》（建标〔2003〕206号）的规定，“计算基础”可为“直接费”、“人工费”或“人工费＋机械费”。

措施项目清单与计价表（二） 表 3-1-17

工程名称：给水排水工程　　　　标段：　　　　第　页　共　页

序号	项目编码	项目名称	项目特征描述	计量单位	工程量	金额（元）	
						综合单价	合价
本页小计							
合　计							

注：本表适用于以综合单价形式计价的措施项目。

其他项目清单与计价汇总表 表 3-1-18

工程名称：给水排水工程　　　　标段：　　　　第　页　共　页

序号	项目名称	计量单位	金额（元）	备注
1	暂列金额			
2	暂估价			
2.1	材料暂估价		—	
2.2	专业工程暂估价			
3	计日工			
4	总承包服务费			
5				
合　计				—

注：材料暂估单价进入清单项目综合单价，此处不汇总。

暂列金额明细表 表 3-1-19

工程名称：给水排水工程　　　　标段：　　　　第　页　共　页

序号	项目名称	计量单位	暂定金额（元）	备注
1	工程量清单中工程量偏差和设计变更	项		
2	政策性调整和材料价格风险	项		
3	其　他	项		
4				
5				
6				
7				
8				
9				
10				
11				
合　计				—

注：此表由招标人填写，如不能详列，也可只列暂定金额总额，投标人应将上述暂列金额计入投标总价中。

材料暂估单价表 表 3-1-20

工程名称：给水排水工程　　　　标段：　　　　第　页　共　页

序号	材料名称、规格、型号	计量单位	单价（元）	备注

注：1. 此表由招标人填写，并在备注栏说明暂估价的材料拟用在哪些清单项目上，投标人应将上述材料暂估单价计入工程量清单综合单价报价中。

2. 材料包括原材料、燃料、构配件以及按规定应计入建筑安装工程造价的设备。

专业工程暂估价表 表 3-1-21

工程名称：给水排水工程　　　　标段：　　　　第　页　共　页

序号	工程名称	工程内容	金额（元）	备注
合计				—

注：此表由招标人填写，投标人应将上述专业工程暂估价计入投标总价中。

计日工表 表 3-1-22

工程名称：给水排水工程　　　　标段：　　　　第　页　共　页

编号	项目名称	单位	暂定数量	综合单价（元）	合价（元）
一	人　工				
1	普工	工日			
2	技工（综合）	工日			
人工小计					
二	材　料				
1					
2					
3					
材料小计					
三	施工机械				
1					
2					
施工机械小计					
总　计					

注：此表项目名称、数量由招标人填写，编制招标控制价时，单价由招标人按有关计价规定确定；投标时，单价由投标人自主报价，计入投标总价中。

总承包服务费计价表 表 3-1-23

工程名称：给水排水工程　　　　标段：　　　　第　页　共　页

序号	项目名称	项目价值（元）	服务内容	费率（%）	金额（元）
1	发包人发包专业工程				
2	发包人供应材料				
合　计					

规费、税金项目清单与计价表 **表 3-1-24**

工程名称：给水排水工程　　　　标段：　　　　第　页　共　页

序号	项目名称	计算基础	费率（%）	金额（元）
1	规费			2375.70
1.1	工程排污费	按工程所在地环保部门规定按实计算		
1.2	社会保障费	(1)＋(2)＋(3)		1766.02
(1)	养老保险费	人工费	14	1123.83
(2)	失业保险费	人工费	2	160.55
(3)	医疗保险费	人工费	6	481.64
1.3	住房公积金	人工费	6	481.64
1.4	危险作业意外伤害保险	人工费	0.5	40.14
1.5	工程定额测定费	税前工程造价	0.14	87.90
2	税金	分部分项工程费＋措施项目费＋其他项目费＋规费	3.41	2222.01
合　计				4597.71

注：根据建设部、财政部发布的《建筑安装工程费用组成》(建标[2003]206 号)的规定，“计算基础”可为“直接费”、“人工费”或“人工费＋机械费”。

工程量清单综合单价分析表 **表 3-1-25**

工程名称：给水排水工程　　　　标段：　　　　第　页　共　页

项目编码	030801001001			项目名称		镀锌钢管		计量单位		m	
清单综合单价组成明细											
定额编号	定额名称	定额单位	数量	单价（元）				合价（元）			
				人工费	材料费	机械费	管理费和利润	人工费	材料费	机械费	管理费和利润
8-6	镀锌钢管（螺纹连接）	10m	0.1	19.04	13.36	1.43	41.01	1.90	1.34	0.14	4.10
11-66＋67	管道刷沥青二度	10m²	0.019	12.77	2.91		27.51	0.24	0.06	—	0.52
人工单价		小　计						2.14	1.40	0.14	4.62
23.22 元/工日		未计价材料费						11.67			
清单项目综合单价								19.97			
材料费明细	主要材料名称、规格、型号					单位	数量	单价（元）	合价（元）	暂估单价（元）	暂估合价（元）
	镀锌钢管　*DN*50					m	1.02	10.95	11.17		
	煤焦油沥青漆 L01-17					kg	0.102	4.89	0.50		
	其他材料费							—		—	
	材料费小计							—	11.67	—	

注：1.“数量”栏为“投标方（定额）工程量÷招标方（清单）工程量÷定额单位数量”，如“0.1”为“2.16÷21.60÷10”。

2. 管理费费率为 155.4%，利润率为 60%，基数取人工费。

3. 以下计算方法同本“注”。

4. 套《全国统一安装工程预算定额》GYD-208-2000，GYD-211-2000。

工程量清单综合单价分析表

续表

工程名称：给水排水工程　　标段：　　　　第　页　共　页

项目编码	030801001002	项目名称	镀锌钢管	计量单位	m

清单综合单价组成明细											
定额编号	定额名称	定额单位	数量	单价（元）				合价（元）			
				人工费	材料费	机械费	管理费和利润	人工费	材料费	机械费	管理费和利润
8-92	镀锌钢管（螺纹连接）	10m	0.1	62.23	46.84	2.86	134.04	6.22	4.68	0.29	13.40
11-82+83	管道刷银粉二度	$10m^2$	0.019	11.84	2.61		25.50	0.22	0.05	—	0.48
人工单价		小　计						6.44	4.73	0.29	13.88
23.22元/工日		未计价材料费						11.61			
清单项目综合单价								36.95			

材料费明细	主要材料名称、规格、型号	单位	数量	单价（元）	合价（元）	暂估单价（元）	暂估合价（元）
	镀锌钢管　*DN*50	m	1.02	10.95	11.17		
	银粉漆	kg	0.025	17.54	0.44		
	其他材料费			—		—	
	材料费小计			—	11.61	—	

工程量清单综合单价分析表

续表

工程名称：给水排水工程　　标段：　　　　第　页　共　页

项目编码	030801001003	项目名称	镀锌钢管	计量单位	m

清单综合单价组成明细											
定额编号	定额名称	定额单位	数量	单价（元）				合价（元）			
				人工费	材料费	机械费	管理费和利润	人工费	材料费	机械费	管理费和利润
8-91	镀锌钢管（螺纹连接）	10m	0.1	60.84	31.98	1.03	131.05	6.08	3.20	0.10	13.11
11-82+83	管道刷银粉二度	$10m^2$	0.015	11.84	2.61		25.50	0.18	0.04	—	0.38
人工单价		小　计						6.26	3.24	0.10	13.49
23.22元/工日		未计价材料费						9.23			
清单项目综合单价								32.32			

材料费明细	主要材料名称、规格、型号	单位	数量	单价（元）	合价（元）	暂估单价（元）	暂估合价（元）
	镀锌钢管　*DN*40	m	1.02	8.71	8.88		
	银粉漆	kg	0.020	17.54	0.35		
	其他材料费			—		—	
	材料费小计			—	9.23	—	

续表

工程量清单综合单价分析表

工程名称：给水排水工程　　　标段：　　　　　　　　　　第　页　共　页

项目编码	030801001004	项目名称	镀锌钢管	计量单位	m

清单综合单价组成明细

定额编号	定额名称	定额单位	数量	单价（元）				合价（元）			
				人工费	材料费	机械费	管理费和利润	人工费	材料费	机械费	管理费和利润
8-90	镀锌钢管（螺纹连接）	10m	0.1	51.08	34.05	1.03	110.03	5.11	3.41	0.10	11.00
11-82+83	管道刷银粉二度	10m²	0.13	11.84	2.61		25.50	0.15	0.03	—	0.33
人工单价		小计						5.26	3.44	0.10	11.33
23.22元/工日		未计价材料费						7.62			
清单项目综合单价								27.75			

材料费明细	主要材料名称、规格、型号	单位	数量	单价（元）	合价（元）	暂估单价（元）	暂估合价（元）
	镀锌钢管　*DN*32	m	1.02	7.18	7.32		
	银粉漆	kg	0.017	17.54	0.30		
	其他材料费			—		—	
	材料费小计			—	7.62	—	

续表

工程量清单综合单价分析表

工程名称：给水排水工程　　　标段：　　　　　　　　　　第　页　共　页

项目编码	030801001005	项目名称	镀锌钢管	计量单位	m

清单综合单价组成明细

定额编号	定额名称	定额单位	数量	单价（元）				合价（元）			
				人工费	材料费	机械费	管理费和利润	人工费	材料费	机械费	管理费和利润
8-89	镀锌钢管（螺纹连接）	10m	0.1	51.08	31.40	1.03	110.03	5.11	3.14	0.10	11.00
11-82+83	管道刷银粉二度	10m²	0.011	11.84	2.61		25.50	0.13	0.03	—	0.28
人工单价		小计						5.24	3.17	0.10	11.28
23.22元/工日		未计价材料费						5.97			
清单项目综合单价								25.76			

材料费明细	主要材料名称、规格、型号	单位	数量	单价（元）	合价（元）	暂估单价（元）	暂估合价（元）
	镀锌钢管　*DN*25	m	1.02	5.61	5.72		
	银粉漆	kg	0.014	17.54	0.25		
	其他材料费			—		—	
	材料费小计			—	5.97	—	

工程量清单综合单价分析表

续表

工程名称：给水排水工程　　　　标段：　　　　　　　　　　　第　页　共　页

项目编码	030801001006			项目名称		镀锌钢管		计量单位		m	
清单综合单价组成明细											
定额编号	定额名称	定额单位	数量	单价（元）				合价（元）			
				人工费	材料费	机械费	管理费和利润	人工费	材料费	机械费	管理费和利润
8-88	镀锌钢管（螺纹连接）	10m	0.1	42.49	24.23		91.09	4.25	2.42	—	9.11
11-82+83	管道刷银粉二度	$10m^2$	0.008	11.84	2.61		25.50	0.09	0.02	—	0.20
人工单价		小　计						4.34	2.44	—	9.31
23.22元/工日		未计价材料费						4.33			
清单项目综合单价								20.42			
材料费明细	主要材料名称、规格、型号					单位	数量	单价（元）	合价（元）	暂估单价（元）	暂估合价（元）
	镀锌钢管　*DN*20					m	1.02	4.07	4.15		
	银粉漆					kg	0.01	17.54	0.18		
	其他材料费									—	
	材料费小计							—	4.33	—	

工程量清单综合单价分析表

续表

工程名称：给水排水工程　　　　标段：　　　　　　　　　　　第　页　共　页

项目编码	030801001007			项目名称		镀锌钢管		计量单位		m	
清单综合单价组成明细											
定额编号	定额名称	定额单位	数量	单价（元）				合价（元）			
				人工费	材料费	机械费	管理费和利润	人工费	材料费	机械费	管理费和利润
8-87	镀锌钢管（螺纹连接）	10m	0.1	42.49	22.96		91.52	4.25	2.30	—	9.15
11-82+83	管道刷银粉二度	$10m^2$	0.008	11.84	2.61		25.50	0.09	0.02	—	0.20
人工单价		小　计						4.34	2.32	—	9.35
23.22元/工日		未计价材料费						0.51			
清单项目综合单价								16.52			
材料费明细	主要材料名称、规格、型号					单位	数量	单价（元）	合价（元）	暂估单价（元）	暂估合价（元）
	镀锌钢管　*DN*15					m	0.10	3.33	0.33		
	银粉漆					kg	0.01	17.54	0.18		
	其他材料费							—		—	
	材料费小计							—	0.51	—	

工程量清单综合单价分析表

续表

工程名称：给水排水工程　　标段：　　第　页　共　页

项目编码	030801003001			项目名称	承插铸铁管			计量单位	m		
清单综合单价组成明细											
定额编号	定额名称	定额单位	数量	单价（元）				合价（元）			
				人工费	材料费	机械费	管理费和利润	人工费	材料费	机械费	管理费和利润
8-146	铸铁污水管（水泥接口）	10m	0.1	80.34	277.05		173.05	8.03	27.71	—	17.31
11-202+203	管道刷沥青二度	$10m^2$	0.043	16.49	2.91		35.52	0.71	0.13	—	1.53
人工单价		小计						8.74	27.84	—	18.84
23.22元/工日		未计价材料费						14.73			
清单项目综合单价								70.15			
材料费明细	主要材料名称、规格、型号					单位	数量	单价（元）	合价（元）	暂估单价（元）	暂估合价（元）
	铸铁管　*DN*100					m	0.89	15.22	13.55		
	煤焦油沥青漆　L01-17					kg	0.242	4.89	1.18		
	其他材料费							—		—	
	材料费小计							—	14.73	—	

工程量清单综合单价分析表

续表

工程名称：给水排水工程　　标段：　　第　页　共　页

项目编码	030801003002			项目名称	承插铸铁管			计量单位	m		
清单综合单价组成明细											
定额编号	定额名称	定额单位	数量	单价（元）				合价（元）			
				人工费	材料费	机械费	管理费和利润	人工费	材料费	机械费	管理费和利润
8-144	铸铁污水管（水泥接口）	10m	0.1	52.01	81.40		112.03	5.20	8.14	—	11.20
11-202+203	管道刷沥青二度	$10m^2$	0.023	16.49	2.91		35.52	0.38	0.07	—	0.82
人工单价		小计						5.58	8.21	—	12.02
23.22元/工日		未计价材料费						10.92			
清单项目综合单价								36.73			
材料费明细	主要材料名称、规格、型号					单位	数量	单价（元）	合价（元）	暂估单价（元）	暂估合价（元）
	铸铁管　*DN*50					m	1.006	10.22	10.28		
	煤焦油沥青漆　L01-17					kg	0.13	4.89	0.64		
	其他材料费							—		—	
	材料费小计							—	10.92	—	

工程量清单综合单价分析表

续表

工程名称：给水排水工程　　标段：　　第　页　共　页

项目编码	030801002001	项目名称	钢管	计量单位	m

清单综合单价组成明细

定额编号	定额名称	定额单位	数量	单价（元）				合价（元）			
				人工费	材料费	机械费	管理费和利润	人工费	材料费	机械费	管理费和利润
8-103	焊接钢管（螺纹连接）	10m	0.1	62.23	36.06	3.26	134.04	6.22	3.61	0.33	13.40
11-51+52	管道刷红丹二度	10m²	0.019	12.54	2.03		27.01	0.24	0.04	—	0.51
11-56+57	管道刷银粉二度	10m²	0.019	12.77	9.18		27.51	0.24	0.17		0.52
人工单价		小计						6.70	3.82	0.33	14.43
23.22元/工日		未计价材料费						8.18			
清单项目综合单价								33.46			

材料费明细	主要材料名称、规格、型号	单位	数量	单价（元）	合价（元）	暂估单价（元）	暂估合价（元）
	焊接钢管 *DN*50	m	1.02	7.33	7.48		
	醇酸防锈漆 G53-1	kg	0.05	11.16	0.56		
	酚醛清漆各色	kg	0.013	10.46	0.14		
	其他材料费			—		—	
	材料费小计			—	8.18	—	

工程量清单综合单价分析表

续表

工程名称：给水排水工程　　标段：　　第　页　共　页

项目编码	030804014001	项目名称	水箱制作安装	计量单位	套

清单综合单价组成明细

定额编号	定额名称	定额单位	数量	单价（元）				合价（元）			
				人工费	材料费	机械费	管理费和利润	人工费	材料费	机械费	管理费和利润
8-539	钢板水箱制作	100kg	0.41	46.21	393.88	21.70	99.54	18.95	161.49	8.90	40.81
8-553	钢板水箱安装	个	1	80.11	2.44	35.79	172.56	80.11	2.44	35.79	172.56
8-178	水箱支架制作安装	100kg	0.375	235.45	194.98	224.26	507.16	88.29	73.12	84.10	190.19
11-8	钢板除锈	100kg	0.41	12.54	4.91	6.96	27.01	5.14	2.01	2.85	11.07
11-8	水箱支架除锈	100kg	0.375	12.54	4.91	6.96	27.01	4.70	1.84	2.61	10.13
11-117+118	水箱刷红丹二度	100kg	0.785	10.45	1.62	13.92	22.51	8.20	1.27	10.93	17.67
11-112+123	水箱刷银粉二度	100kg	0.785	10.22	7.11	13.92	22.01	8.02	5.58	10.93	17.28
人工单价		小计						133.3	245.31	120.32	287.15
23.22元/工日		未计价材料费						125.17			
清单项目综合单价								911.25			

续表

材料费明细	主要材料名称、规格、型号	单位	数量	单价（元）	合价（元）	暂估单价（元）	暂估合价（元）
	醇酸防锈漆　G53-1	kg	1.66	11.16	18.53		
	酚醛清漆各色	kg	0.38	10.46	3.97		
	型钢	kg	39.75	2.583	102.67		
	其他材料费			—		—	
	材料费小计			—	125.17	—	

工程量清单综合单价分析表

续表

工程名称：给水排水工程　　　标段：　　　　　　　　　　第　页　共　页

项目编码	030803010001	项目名称	水表	计量单位	组

清单综合单价组成明细											
定额编号	定额名称	定额单位	数量	单价（元）				合价（元）			
				人工费	材料费	机械费	管理费和利润	人工费	材料费	机械费	管理费和利润
8-358	水表安装（螺纹连接）	组	1	9.29	13.90		20.01	9.29	13.90		20.01
人工单价		小计						9.29	13.90		20.01
23.22元/工日		未计价材料费						28.60			
清单项目综合单价								71.80			

材料费明细	主要材料名称、规格、型号	单位	数量	单价（元）	合价（元）	暂估单价（元）	暂估合价（元）
	螺纹水表　*DN*20	组	1	28.60	28.60		
	其他材料费			—		—	
	材料费小计			—	28.60	—	

工程量清单综合单价分析表

续表

工程名称：给水排水工程　　　标段：　　　　　　　　　　第　页　共　页

项目编码	030804012001	项目名称	大便器	计量单位	套

清单综合单价组成明细											
定额编号	定额名称	定额单位	数量	单价（元）				合价（元）			
				人工费	材料费	机械费	管理费和利润	人工费	材料费	机械费	管理费和利润
8-407	高水箱蹲马桶安装	10套	0.1	224.31	809.08		483.16	22.43	80.91	—	48.32
人工单价		小计						22.43	80.91	—	48.32
23.22元/工日		未计价材料费						263.31			
清单项目综合单价								414.97			

续表

材料费明细	主要材料名称、规格、型号	单位	数量	单价（元）	合价（元）	暂估单价（元）	暂估合价（元）
	瓷蹲式大便器	个	1.01	112.63	113.76		
	瓷蹲式大便器高水箱	个	1.01	55.28	55.83		
	瓷蹲式大便器高水箱配件	套	1.01	92.79	93.72		
	其他材料费			—		—	
	材料费小计			—	263.31	—	

工程量清单综合单价分析表

续表

工程名称：给水排水工程　　标段：　　第　页　共　页

项目编码	030804015001	项目名称	排水栓	计量单位	组

清单综合单价组成明细

定额编号	定额名称	定额单位	数量	单价（元）				合价（元）			
				人工费	材料费	机械费	管理费和利润	人工费	材料费	机械费	管理费和利润
8-443	排水栓安装（带存水弯）	10组	0.1	44.12	77.29		95.03	4.41	7.73		9.50
人工单价		小　计						4.41	7.73	—	9.50
23.22元/工日		未计价材料费						6.65			
清单项目综合单价								28.29			

材料费明细	主要材料名称、规格、型号	单位	数量	单价（元）	合价（元）	暂估单价（元）	暂估合价（元）
	排水栓	套	1	6.65	6.65		
	其他材料费			—		—	
	材料费小计			—	6.65	—	

工程量清单综合单价分析表

续表

工程名称：给水排水工程　　标段：　　第　页　共　页

项目编码	030804016001	项目名称	水龙头	计量单位	个

清单综合单价组成明细

定额编号	定额名称	定额单位	数量	单价（元）				合价（元）			
				人工费	材料费	机械费	管理费和利润	人工费	材料费	机械费	管理费和利润
8-438	水龙头 *DN*15安装	10个	0.1	6.5	0.98		14	0.65	0.01		1.4
人工单价		小　计						0.65	0.01		1.4
23.22元/工日		未计价材料费						4.50			
清单项目综合单价								6.56			

续表

材料费明细	主要材料名称、规格、型号	单位	数量	单价（元）	合价（元）	暂估单价（元）	暂估合价（元）
	水龙头　*DN*15	个	1.01	4.46	4.50		
	其他材料费			—		—	
	材料费小计			—	4.50	—	

工程量清单综合单价分析表

续表

工程名称：给水排水工程　　　标段：　　　　第　页　共　页

项目编码	030804017001	项目名称	地漏	计量单位	个

清单综合单价组成明细

定额编号	定额名称	定额单位	数量	单价（元）				合价（元）			
				人工费	材料费	机械费	管理费和利润	人工费	材料费	机械费	管理费和利润
8-447	地漏安装	10个	0.1	37.15	18.73		80.02	3.72	1.87		8
人工单价		小计						3.72	1.87		8
23.22元/工日		未计价材料费						6.99			
清单项目综合单价								20.58			

材料费明细	主要材料名称、规格、型号	单位	数量	单价（元）	合价（元）	暂估单价（元）	暂估合价（元）
	地漏　*DN*50	个	1.00	6.99	6.99		
	其他材料费			—		—	
	材料费小计			—	6.99	—	

工程量清单综合单价分析表

续表

工程名称：给水排水工程　　　标段：　　　　第　页　共　页

项目编码	030803001001	项目名称	螺纹阀门	计量单位	个

清单综合单价组成明细

定额编号	定额名称	定额单位	数量	单价（元）				合价（元）			
				人工费	材料费	机械费	管理费和利润	人工费	材料费	机械费	管理费和利润
8-246	螺纹截止阀安装	个	1	5.80	9.26		12.49	5.80	9.26		12.49
人工单价		小计						5.80	9.26		12.49
23.22元/工日		未计价材料费						26.97			
清单项目综合单价								54.52			

续表

材料费明细	主要材料名称、规格、型号	单位	数量	单价（元）	合价（元）	暂估单价（元）	暂估合价（元）
	截止阀 *DN*50	个	1.01	26.70	26.97		
	其他材料费			—		—	
	材料费小计			—	26.97	—	

工程量清单综合单价分析表

续表

工程名称：给水排水工程　　标段：　　第　页　共　页

项目编码	030803001002	项目名称	螺纹阀门	计量单位	个

清单综合单价组成明细

定额编号	定额名称	定额单位	数量	单价（元）				合价（元）			
				人工费	材料费	机械费	管理费和利润	人工费	材料费	机械费	管理费和利润
8-303	螺纹浮球阀安装	个	1	2.32	0.91		5	2.32	0.91		5
人工单价		小　计						2.32	0.91		5
23.22元/工日		未计价材料费						10.83			
清单项目综合单价								19.06			

材料费明细	主要材料名称、规格、型号	单位	数量	单价（元）	合价（元）	暂估单价（元）	暂估合价（元）
	螺纹浮球阀	个	1	10.83	10.83		
	其他材料费			—		—	
	材料费小计			—	10.83	—	

工程量清单综合单价分析表

续表

工程名称：给水排水工程　　标段：　　第　页　共　页

项目编码	010101006001	项目名称	管沟土方	计量单位	m

清单综合单价组成明细

定额编号	定额名称	定额单位	数量	单价（元）				合价（元）			
				人工费	材料费	机械费	管理费和利润	人工费	材料费	机械费	管理费和利润
土建	管沟挖填土方	m	1	5			10.77	5			10.77
人工单价		小　计						5			10.77
23.22元/工日		未计价材料费									
清单项目综合单价								15.77			

续表

材料费明细	主要材料名称、规格、型号	单位	数量	单价（元）	合价（元）	暂估单价（元）	暂估合价（元）
	其他材料费			—		—	
	材料费小计			—		—	

例 4　某小学建筑安装工程定额预算及工程量清单计价对照

一、编制说明

工程名称：某小学教学楼工程

(一)一般土建工程

1. 工程概况

(1)本教学楼为砖混结构，2 层楼房，一层层高为 3.9m，二层层高为 3.72m，总高度为 9.05m，建筑面积为 701.71m²。

(2)毛石基础：毛石为 MU20，水泥砂浆为 M5；砖墙：红砖墙 MU7.5，混合砂浆为 M2.5。

(3) 地面与散水做法均为：素土夯实，碎砖三合土厚 150mm，C10 混凝土垫层厚 80mm，1：2水泥砂浆面层厚 20mm。楼地面为：1：3 水泥砂浆找平，1：2 水泥砂浆抹面厚 20mm。

(4) 屋面做法为：1：3 水泥砂浆找平，冷底子油 1 道隔气层，沥青珍珠岩块保温层厚 120mm，1：3 水泥砂浆找平，三毡四油防水层加绿豆砂。

(5) 内墙混合砂浆抹灰厚 20mm，刷白 2 遍。外墙水泥砂浆抹面，刷 803 涂料，二层窗口上边局部贴玻璃锦砖，高为 1.4m，宽超出窗口 800(400×2)mm。

(6) 油漆：外门窗刷棕色油漆 2 遍，内门窗刷淡黄色油漆 2 遍。

2. 施工方案

(1) 土方工程：人工挖基槽，一二类土，放坡开挖，坡度系数为 1：0.5。弃土运距为 1km，人工装卸，汽车外运。地下水位在－10.80m。

(2) 垂直运输机械采用龙门架，水平运输采用人力手推车。

(3) 场外运输采用汽车运输，预制钢筋混凝土构件和金属结构构件运距为 3km 以内，门窗框扇运距为 1km。

3. 编制依据

(1) 施工图，如图 4-1-1～图 4-1-9 所示。

(2) 某省建设委员会颁发的建筑工程预算定额（土建工程部分）。

(3) 某省建设委员会颁发的建筑安装工程间接费及其他直接费定额。

(二) 室内给水排水工程

编制依据：

(1) 施工图，如图 4-1-10、图 4-1-11 所示。

(2) 某省建设委员会颁发的建筑安装工程预算定额（给水排水工程部分）。

(3) 某省建设委员会颁发的建筑安装工程间接费及其他直接费定额。

(三) 室内采暖工程

编制依据：

(1) 施工图，如图 4-1-12～图 4-1-14 所示。

(2) 某省建设委员会颁发的建筑安装工程预算定额（采暖工程部分）。

(3) 某省建设委员会颁发的建筑安装工程间接费及其他直接费定额。

(四) 室内电照工程

编制依据：

(1) 施工图，如图 4-1-15、图 4-1-16 所示。

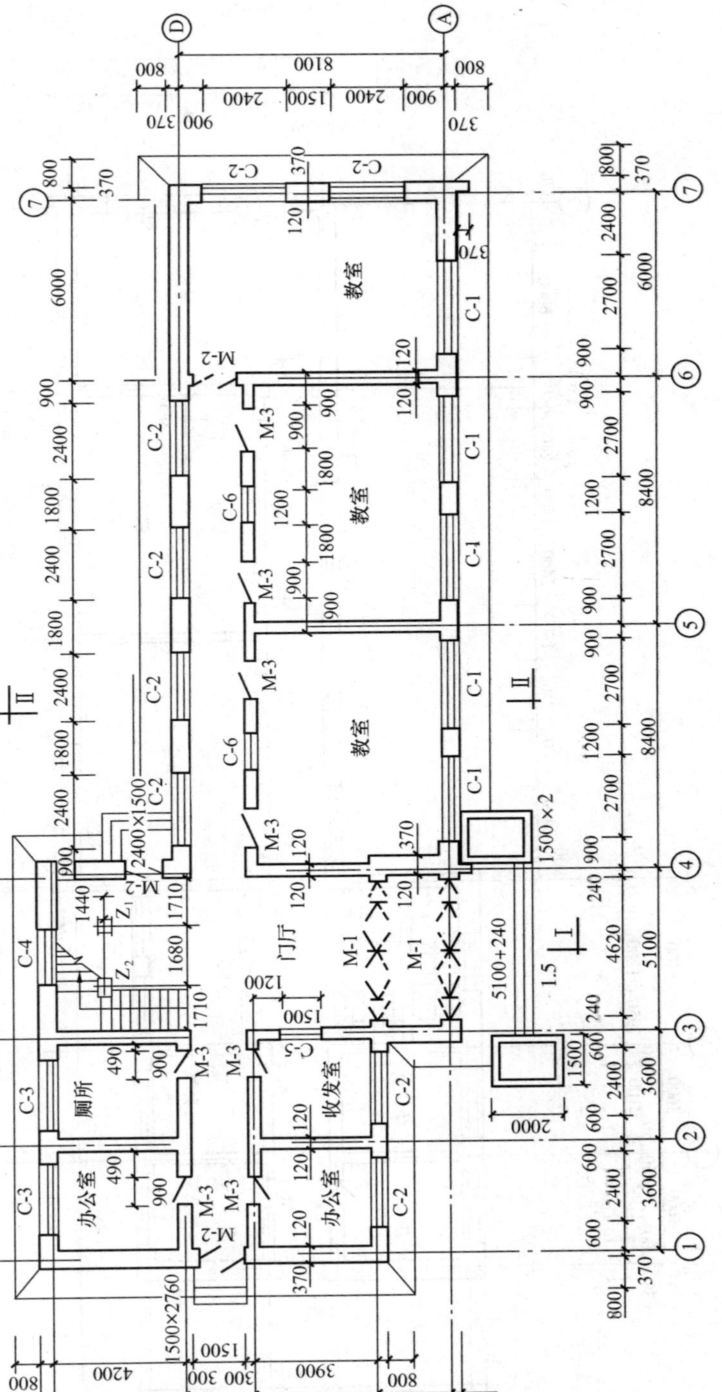

图 4-1-1　一层平面图

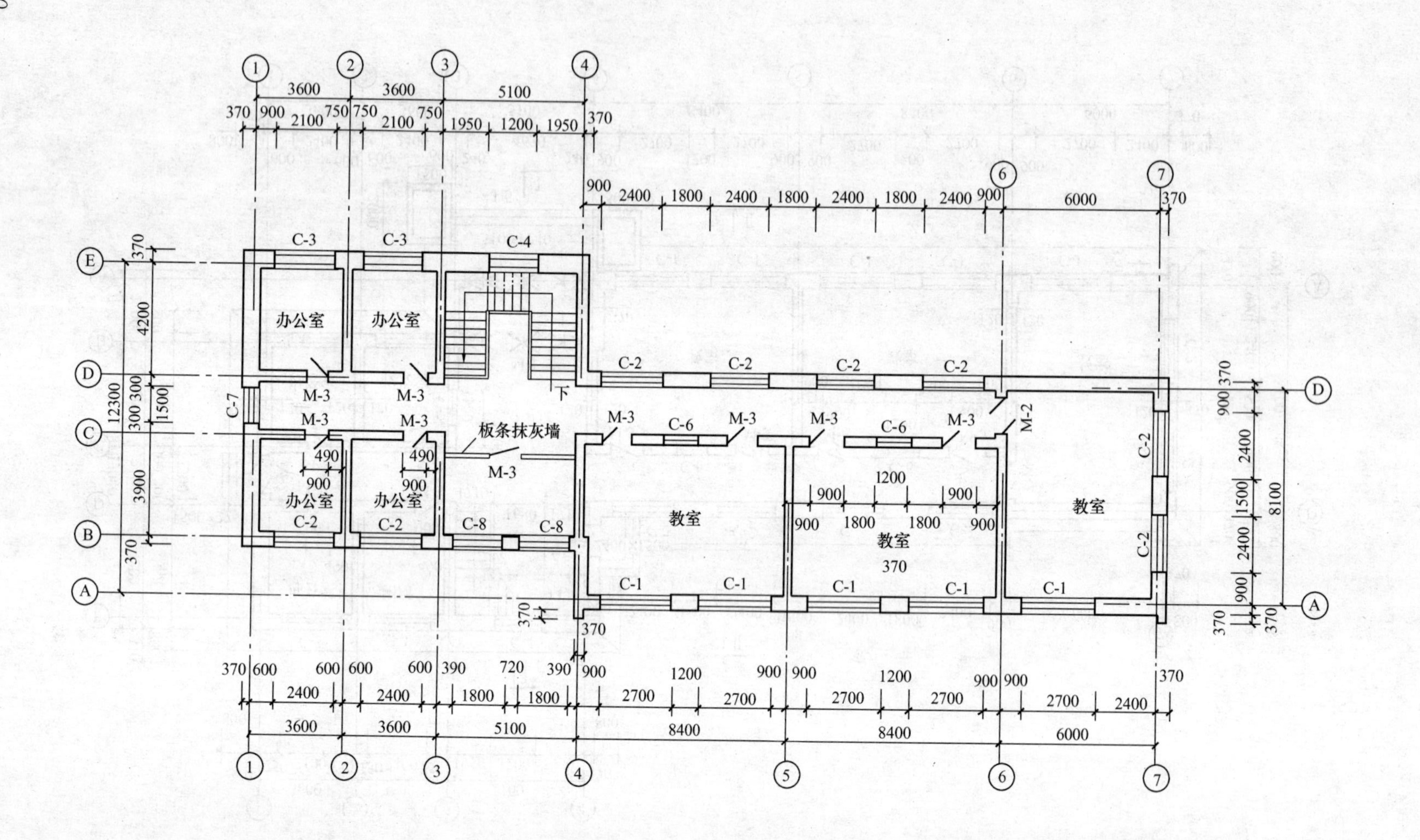
办公室
办公室
办公室
办公室
教室
教室
教室
板条抹灰墙
下
C-1
C-2
C-3
C-4
C-6
C-7
C-8
M-2
M-3
12300
8100
5100
3600
8400
6000
图 4-1-2　二层平面图

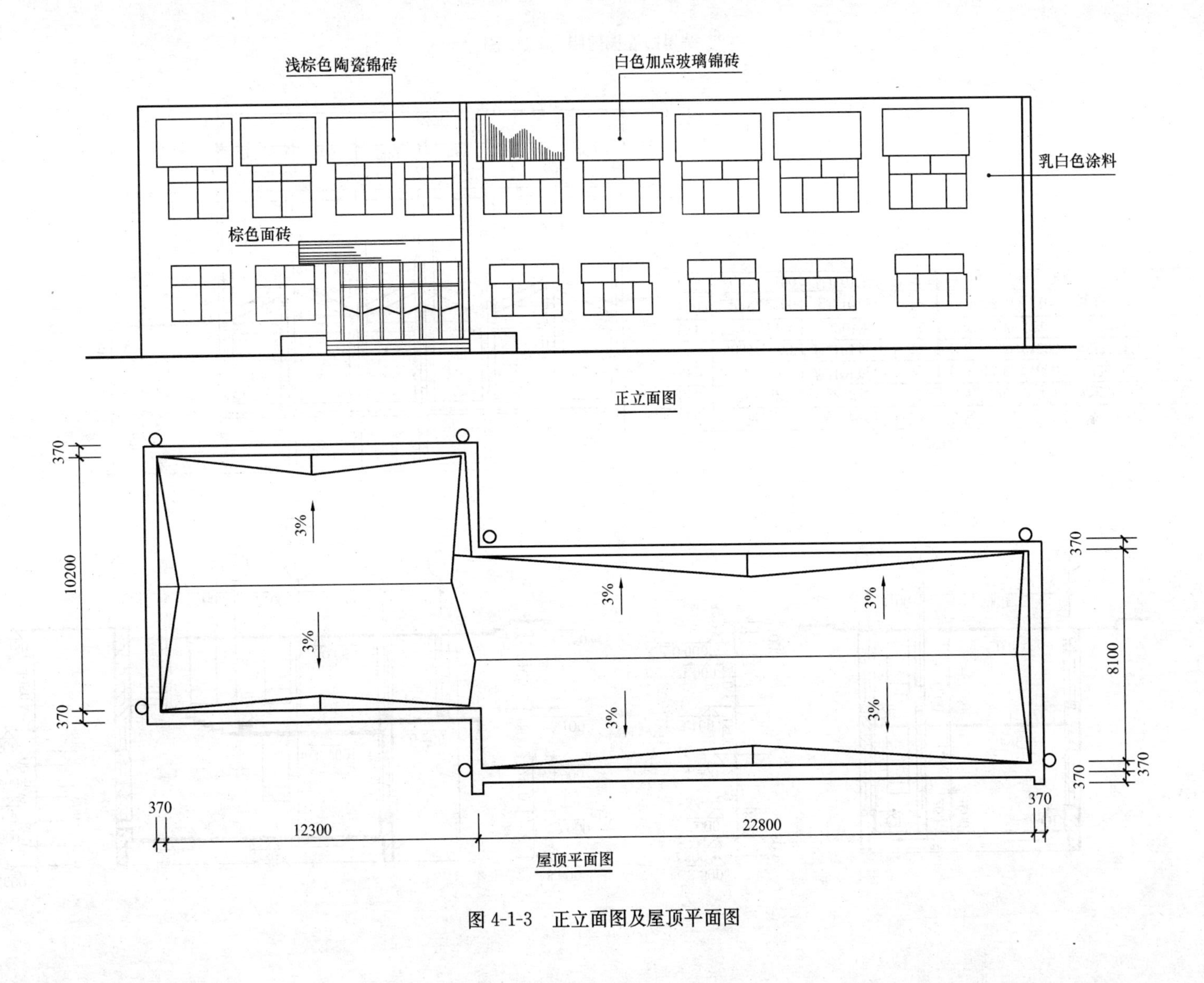

图 4-1-3　正立面图及屋顶平面图

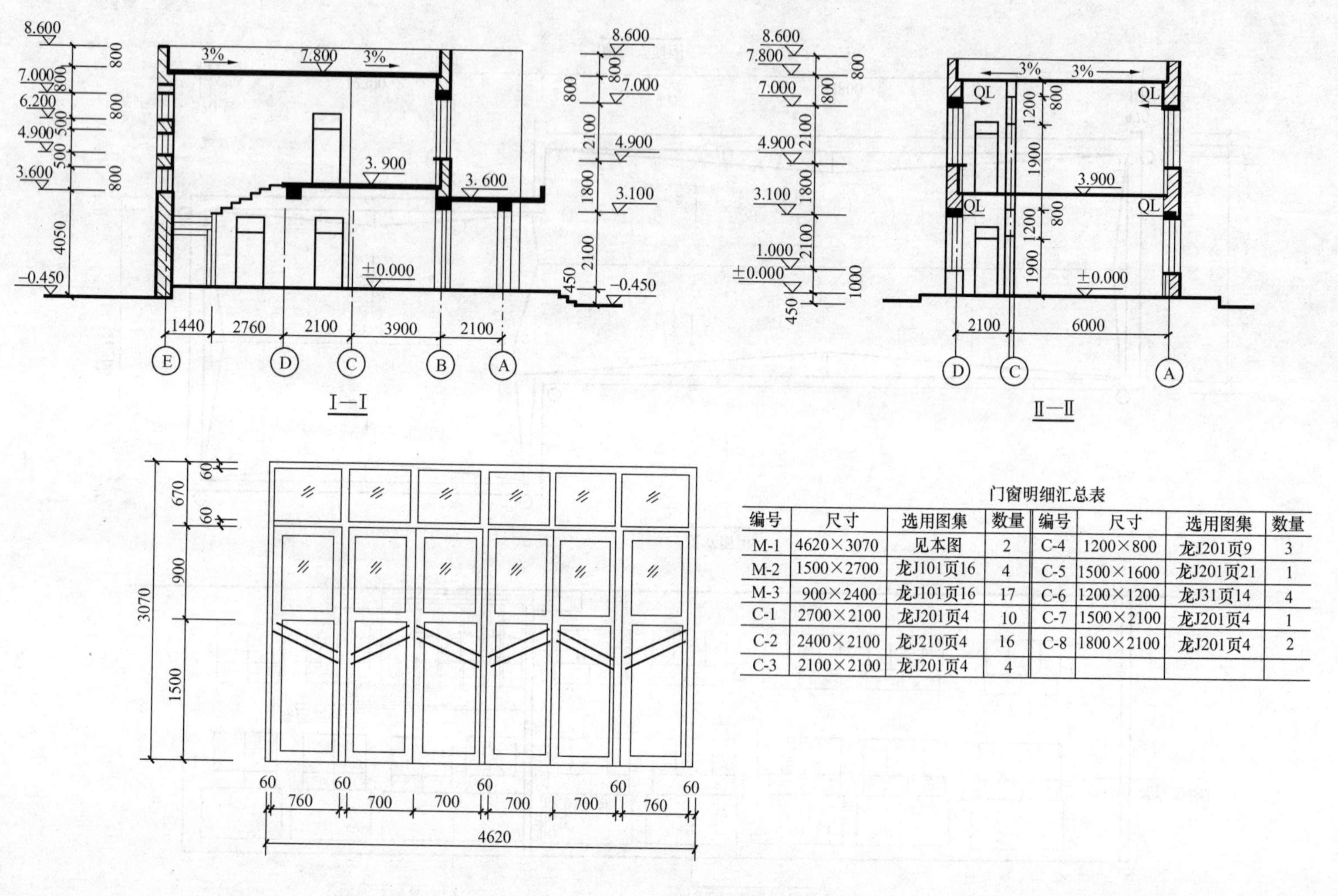

门窗明细汇总表

编号	尺寸	选用图集	数量	编号	尺寸	选用图集	数量
M-1	4620×3070	见本图	2	C-4	1200×800	龙J201页9	3
M-2	1500×2700	龙J101页16	4	C-5	1500×1600	龙J201页21	1
M-3	900×2400	龙J101页16	17	C-6	1200×1200	龙J31页14	4
C-1	2700×2100	龙J201页4	10	C-7	1500×2100	龙J201页4	1
C-2	2400×2100	龙J210页4	16	C-8	1800×2100	龙J201页4	2
C-3	2100×2100	龙J201页4	4				

图 4-1-4　剖面图及门窗表

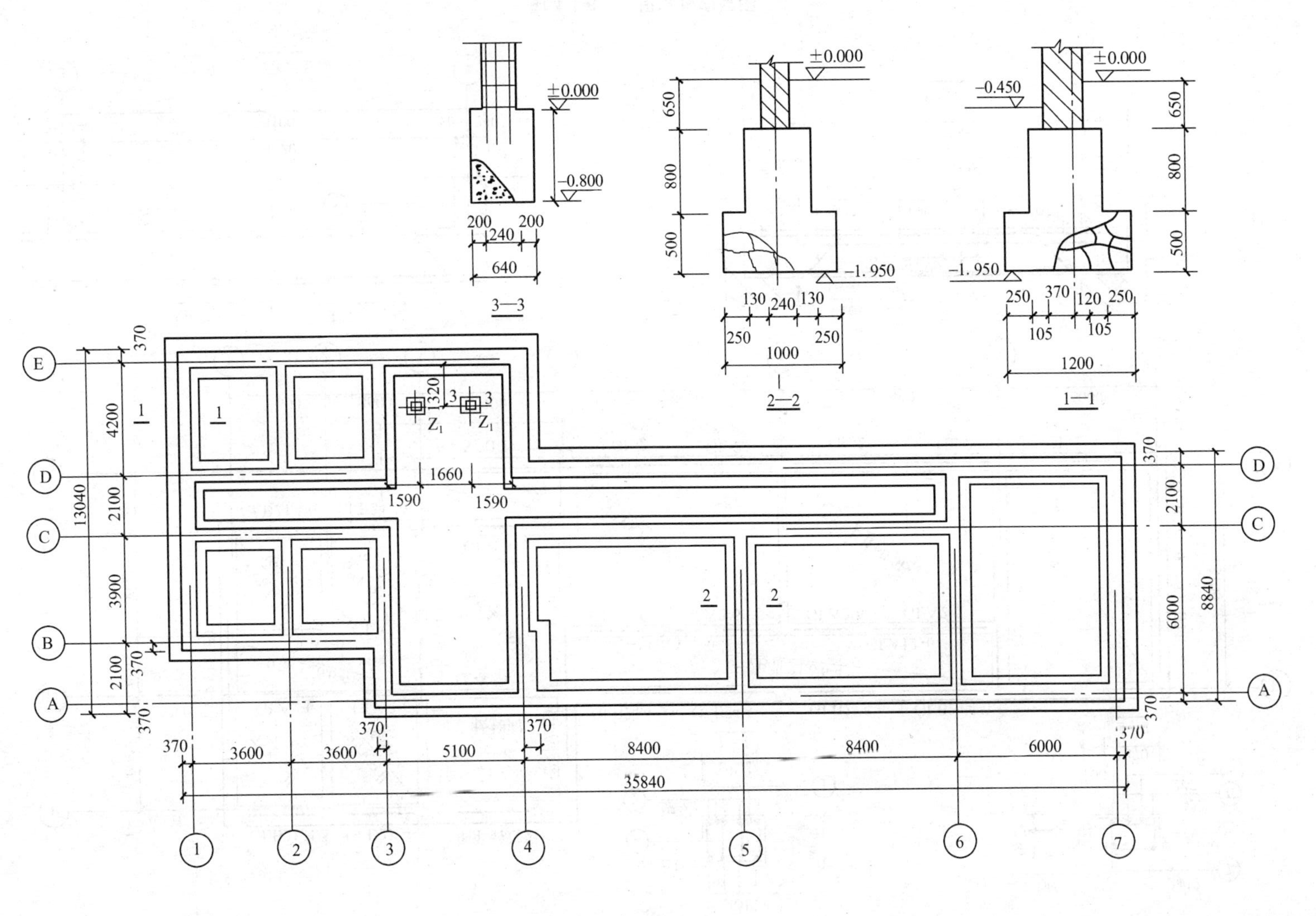

图 4-1-5 基础平面图、剖面图

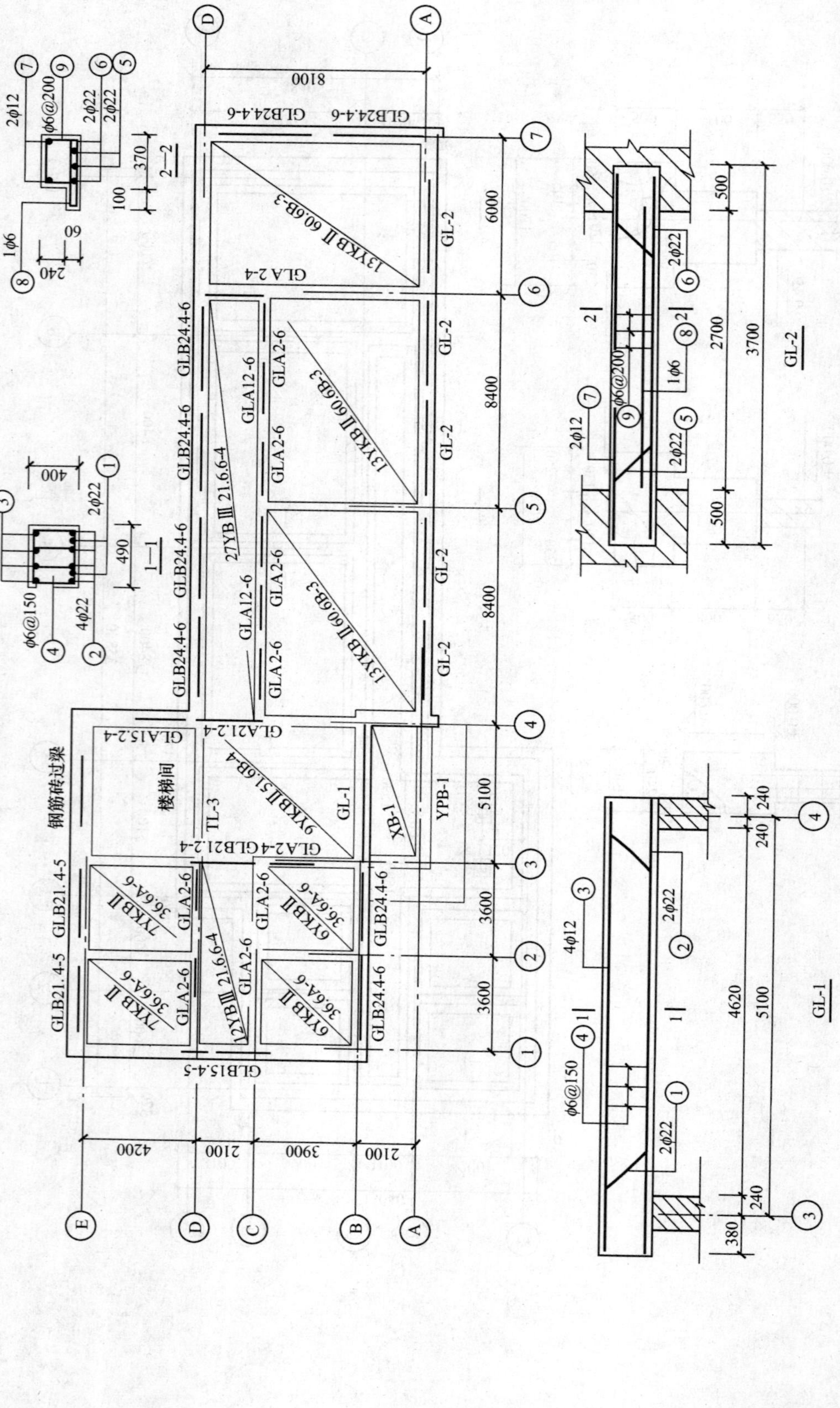

图 4-1-6　一层梁板布置图

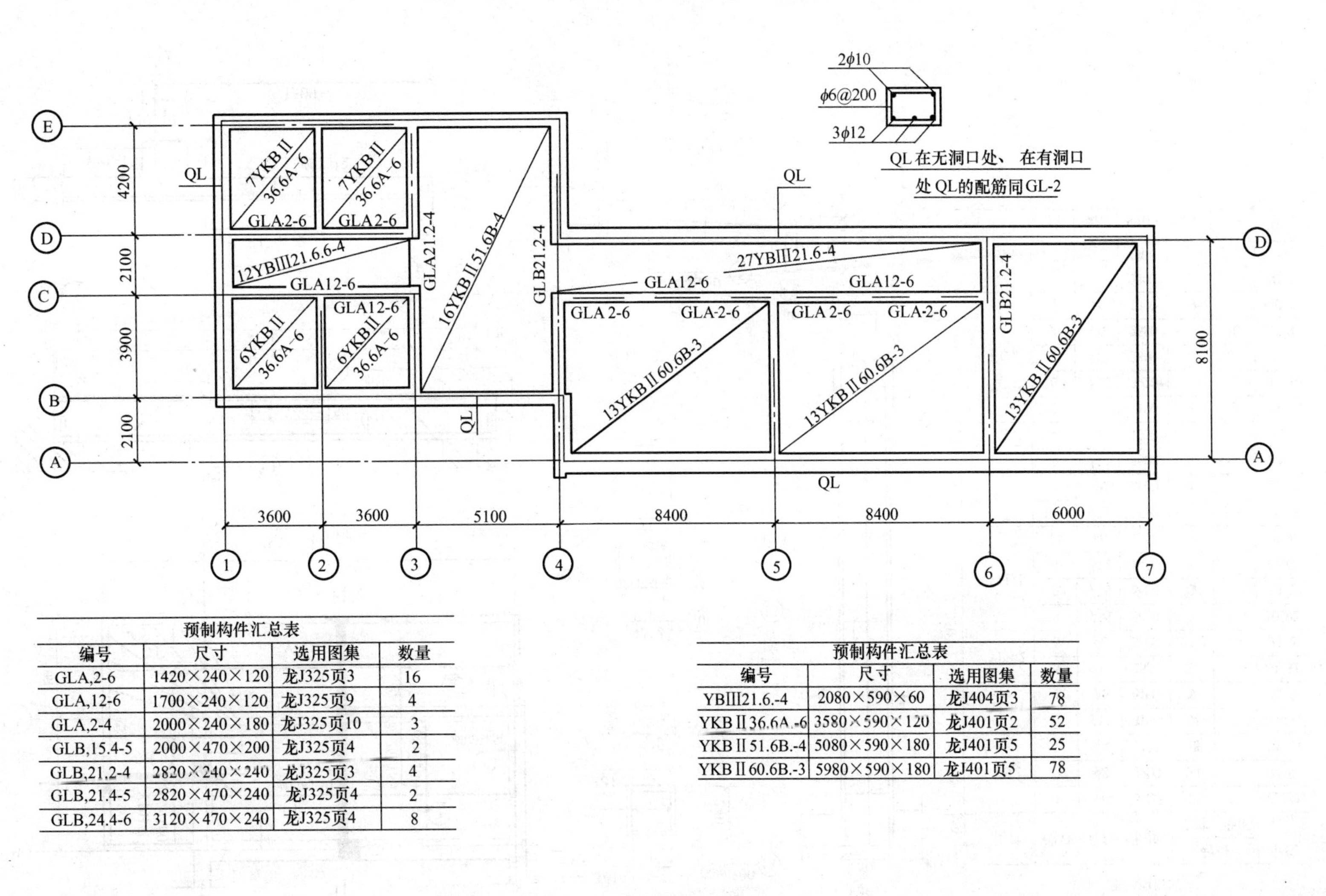

预制构件汇总表

编号	尺寸	选用图集	数量
GLA,2-6	1420×240×120	龙J325页3	16
GLA,12-6	1700×240×120	龙J325页9	4
GLA,2-4	2000×240×180	龙J325页10	3
GLB,15.4-5	2000×470×200	龙J325页4	2
GLB,21.2-4	2820×240×240	龙J325页3	4
GLB,21.4-5	2820×470×240	龙J325页4	2
GLB,24.4-6	3120×470×240	龙J325页4	8

预制构件汇总表

编号	尺寸	选用图集	数量
YBⅢ21.6.-4	2080×590×60	龙J404页3	78
YKBⅡ36.6A.-6	3580×590×120	龙J401页2	52
YKBⅡ51.6B.-4	5080×590×180	龙J401页5	25
YKBⅡ60.6B.-3	5980×590×180	龙J401页5	78

图 4-1-7　屋面梁板布置图

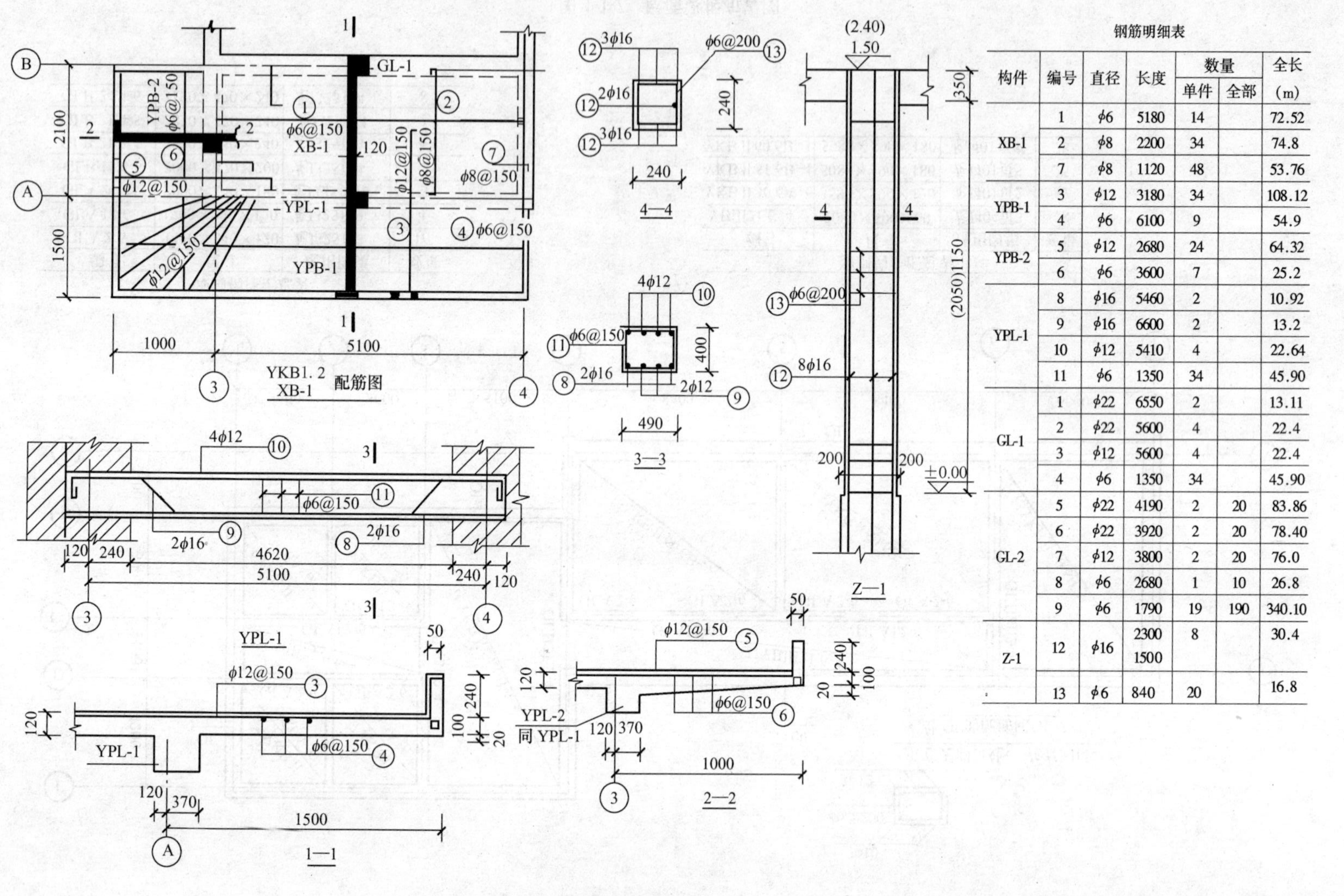

钢筋明细表

构件	编号	直径	长度	数量		全长
				单件	全部	(m)
XB-1	1	φ6	5180	14		72.52
	2	φ8	2200	34		74.8
	7	φ8	1120	48		53.76
YPB-1	3	φ12	3180	34		108.12
	4	φ6	6100	9		54.9
YPB-2	5	φ12	2680	24		64.32
	6	φ6	3600	7		25.2
YPL-1	8	φ16	5460	2		10.92
	9	φ16	6600	2		13.2
	10	φ12	5410	4		22.64
	11	φ6	1350	34		45.90
GL-1	1	φ22	6550	2		13.11
	2	φ22	5600	4		22.4
	3	φ12	5600	4		22.4
	4	φ6	1350	34		45.90
GL-2	5	φ22	4190	2	20	83.86
	6	φ22	3920	2	20	78.40
	7	φ12	3800	2	20	76.0
	8	φ6	2680	1	10	26.8
	9	φ6	1790	19	190	340.10
Z-1	12	φ16	2300 1500	8		30.4
	13	φ6	840	20		16.8

图 4-1-8　配筋详图

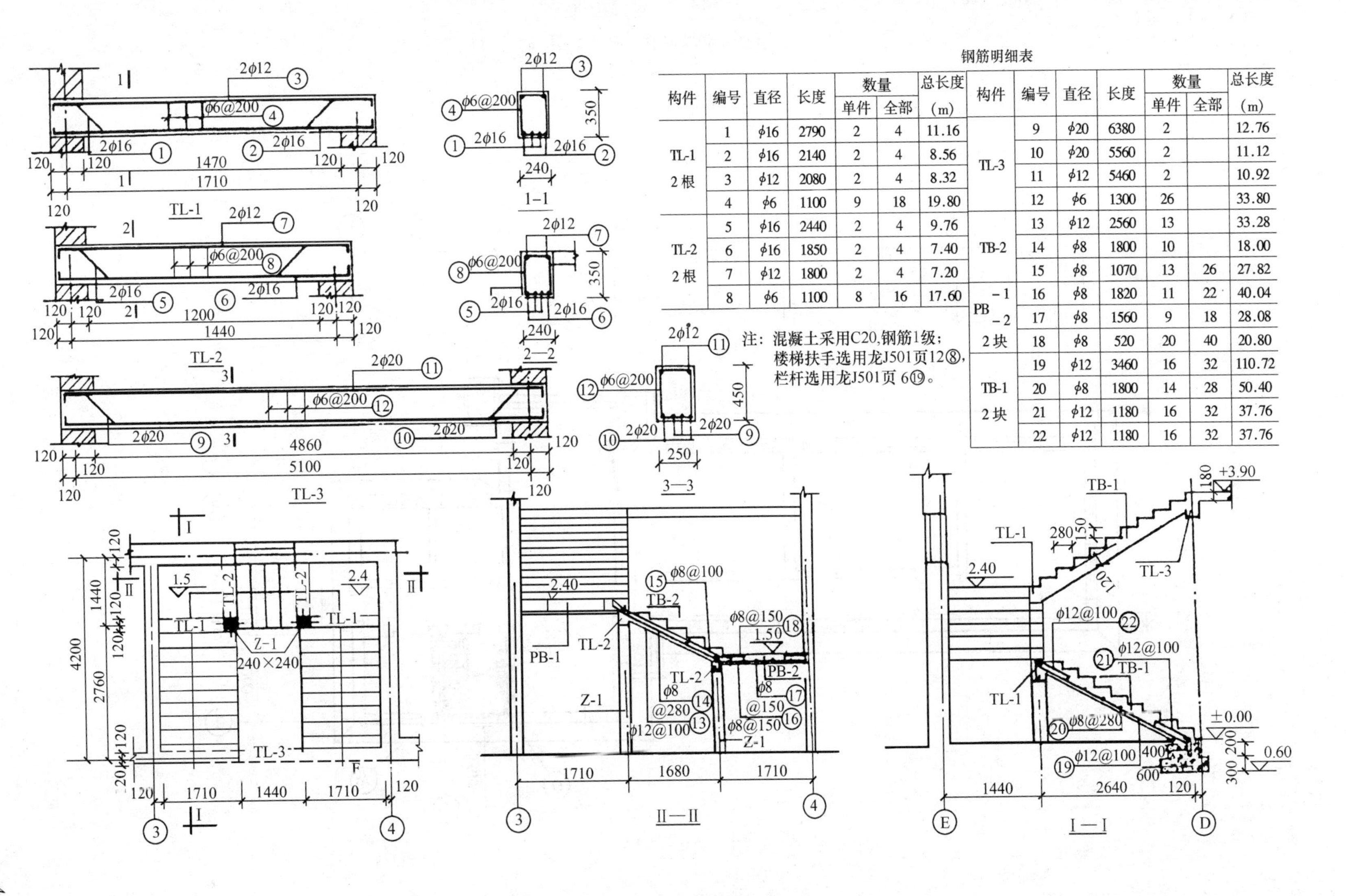

钢筋明细表

构件	编号	直径	长度	数量 单件	数量 全部	总长度 (m)
TL-1 2根	1	ϕ16	2790	2	4	11.16
	2	ϕ16	2140	2	4	8.56
	3	ϕ12	2080	2	4	8.32
	4	ϕ6	1100	9	18	19.80
TL-2 2根	5	ϕ16	2440	2	4	9.76
	6	ϕ16	1850	2	4	7.40
	7	ϕ12	1800	2	4	7.20
	8	ϕ6	1100	8	16	17.60
TL-3	9	ϕ20	6380	2		12.76
	10	ϕ20	5560	2		11.12
	11	ϕ12	5460	2		10.92
	12	ϕ6	1300	26		33.80
TB-2	13	ϕ12	2560	13		33.28
	14	ϕ8	1800	10		18.00
	15	ϕ8	1070	13	26	27.82
PB-1 PB-2 2块	16	ϕ8	1820	11	22	40.04
	17	ϕ8	1560	9	18	28.08
	18	ϕ8	520	20	40	20.80
TB-1 2块	19	ϕ12	3460	16	32	110.72
	20	ϕ8	1800	14	28	50.40
	21	ϕ12	1180	16	32	37.76
	22	ϕ12	1180	16	32	37.76

注：混凝土采用C20，钢筋Ⅰ级；
楼梯扶手选用龙J501页12⑧，
栏杆选用龙J501页6⑲。

图 4-1-9　楼梯详图

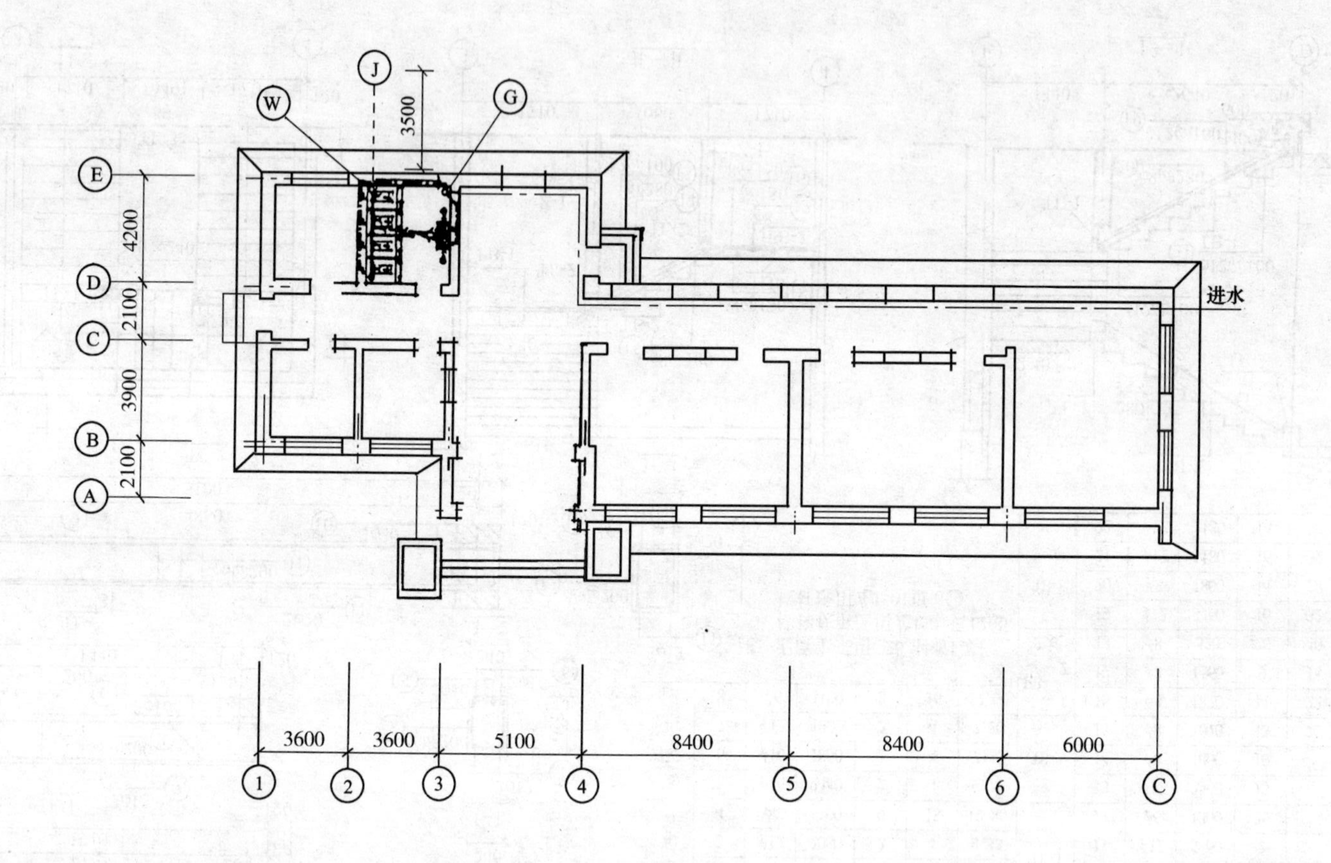

图 4-1-10　给水排水平面图

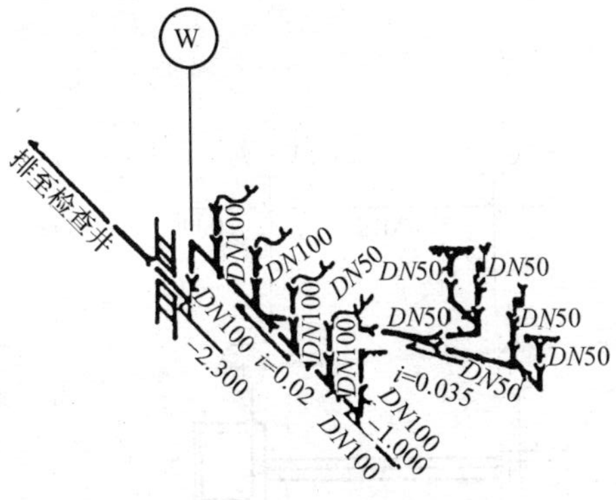

排水系统图

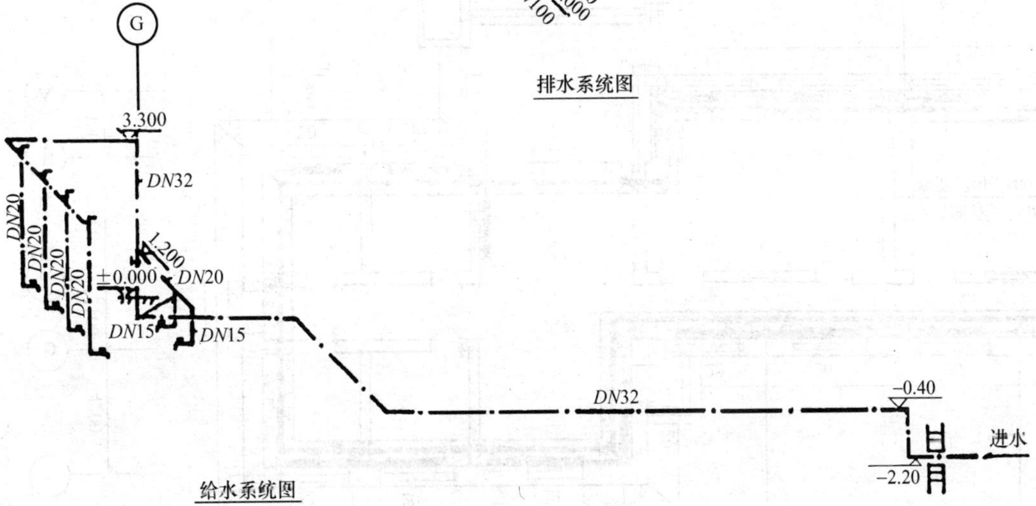

给水系统图

图例：

1. ——— 给水管道
2. ——— 排水管道
3. ——— 水池水龙头
4. ——— 大便器高位水箱及配管
5. ——— 闸阀
6. ——— 大便器排污件
7. ——— 水池排污件
8. ——— 地面扫除口
9. ——— 地漏

说明：

1. 给水管道采用水煤气钢管。
2. 管道安装完毕后，涂樟丹一遍、银粉两遍。
3. 排水管道采用排水铸铁管，水泥接口。
4. 管道安装完毕后，涂樟丹一遍、沥青两遍。

图 4-1-11　给水排水系统图

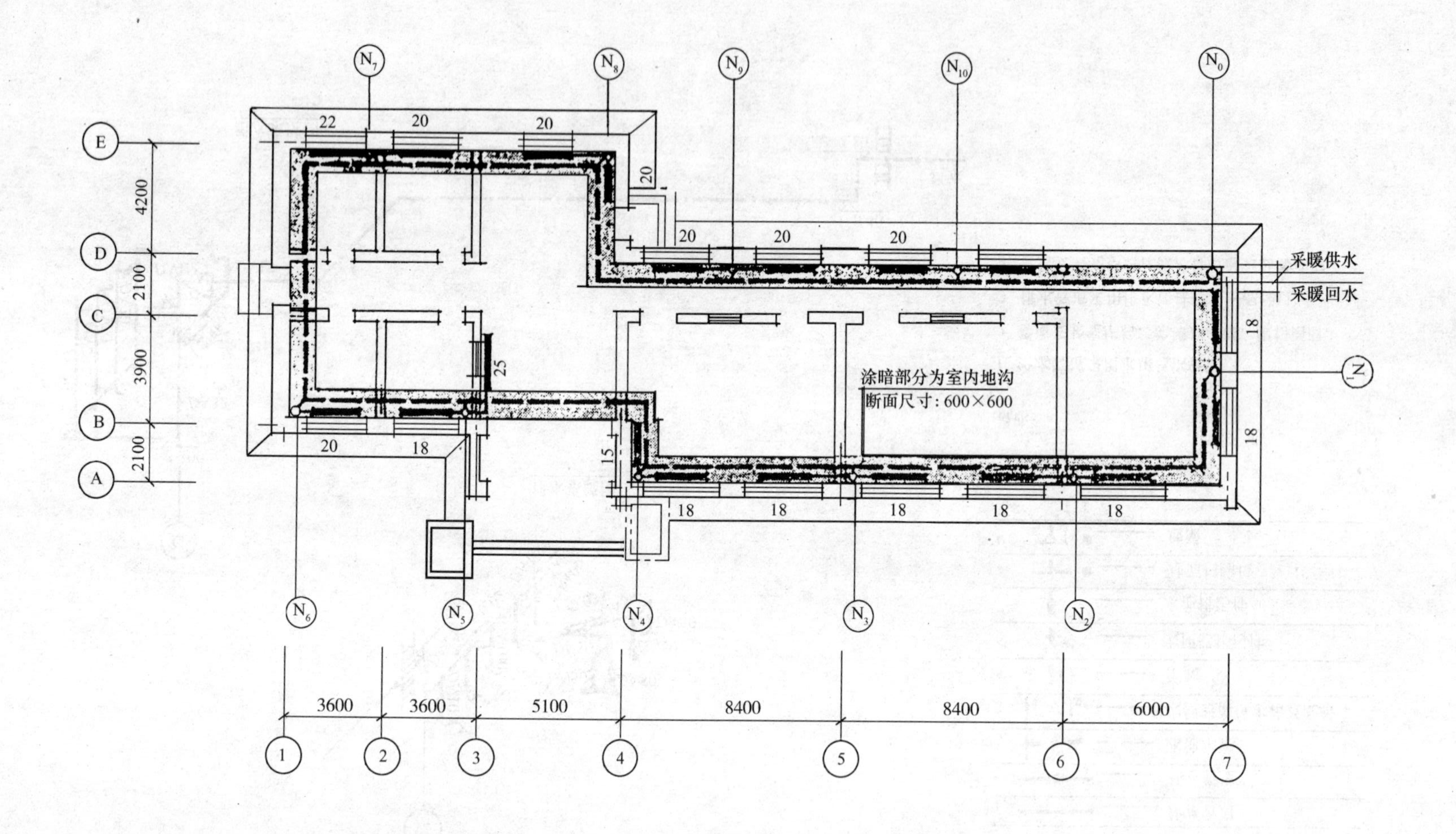

图 4-1-12　一层采暖平面图

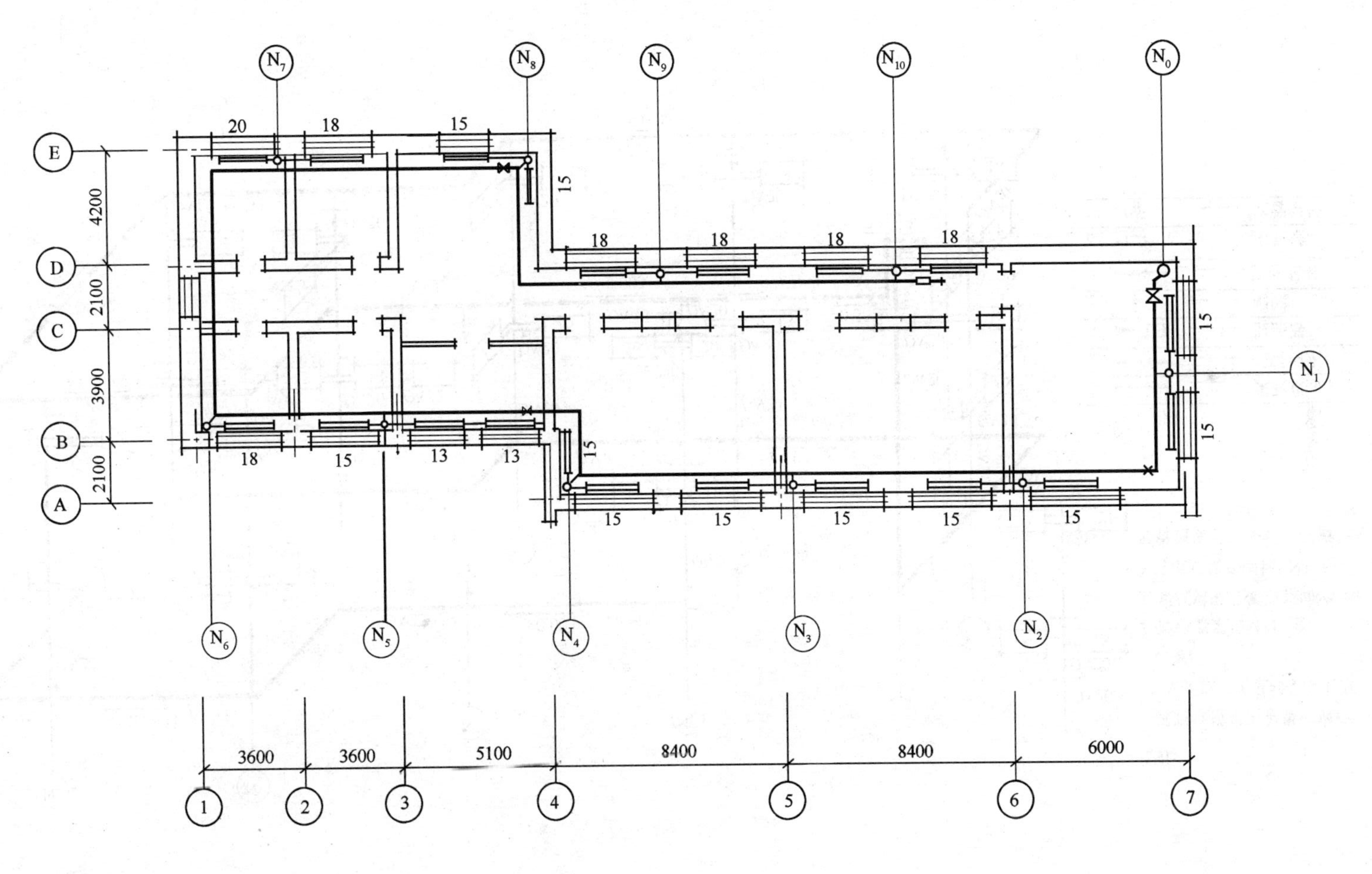

图 4-1-13　二层采暖平面图

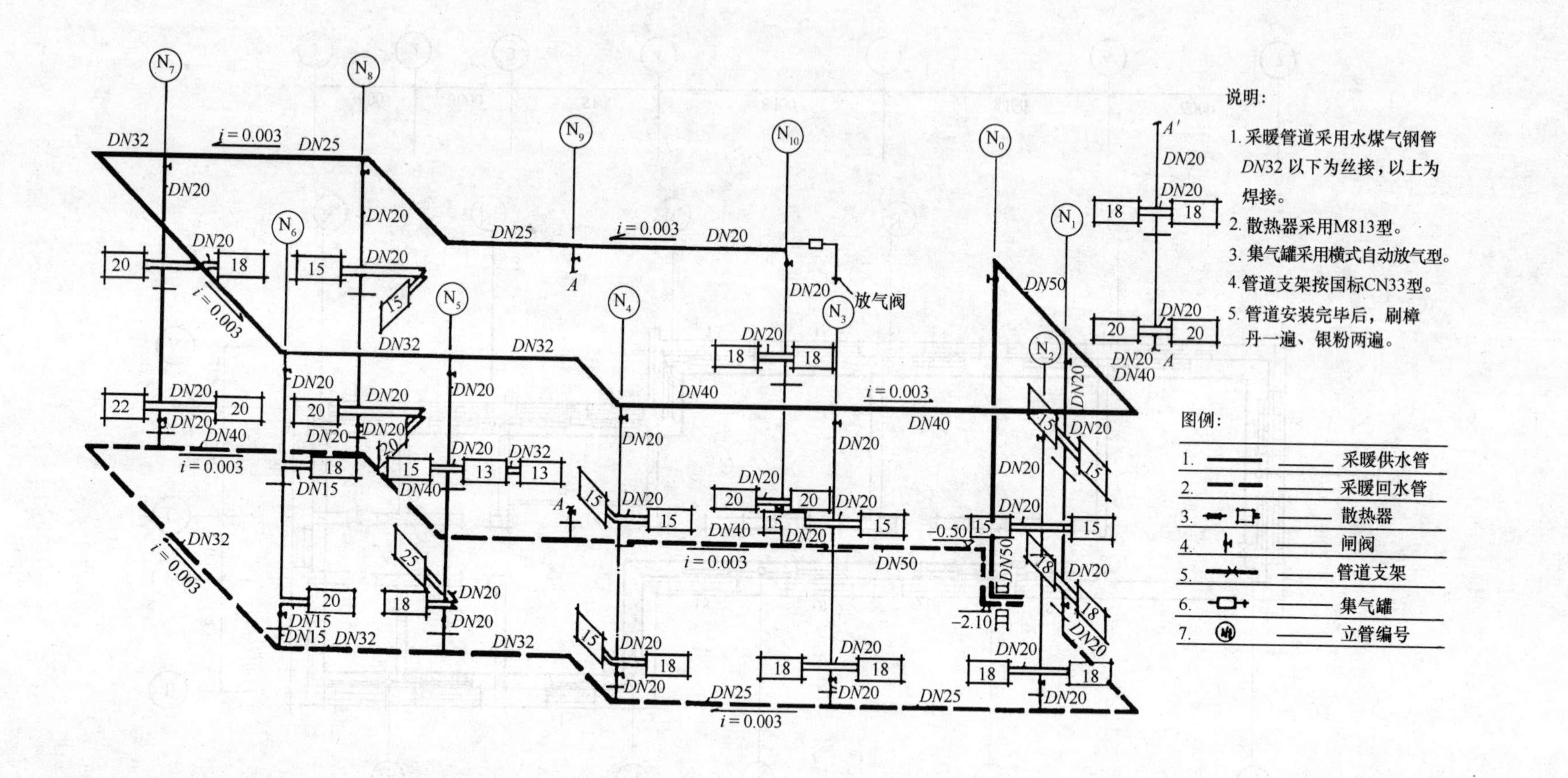
说明:
1. 采暖管道采用水煤气钢管 DN32 以下为丝接，以上为焊接。
2. 散热器采用M813型。
3. 集气罐采用横式自动放气型。
4. 管道支架按国标CN33型。
5. 管道安装完毕后，刷樟丹一遍、银粉两遍。
图例:
1. 采暖供水管
2. 采暖回水管
3. 散热器
4. 闸阀
5. 管道支架
6. 集气罐
7. 立管编号
放气阀

图 4-1-14　采暖系统图

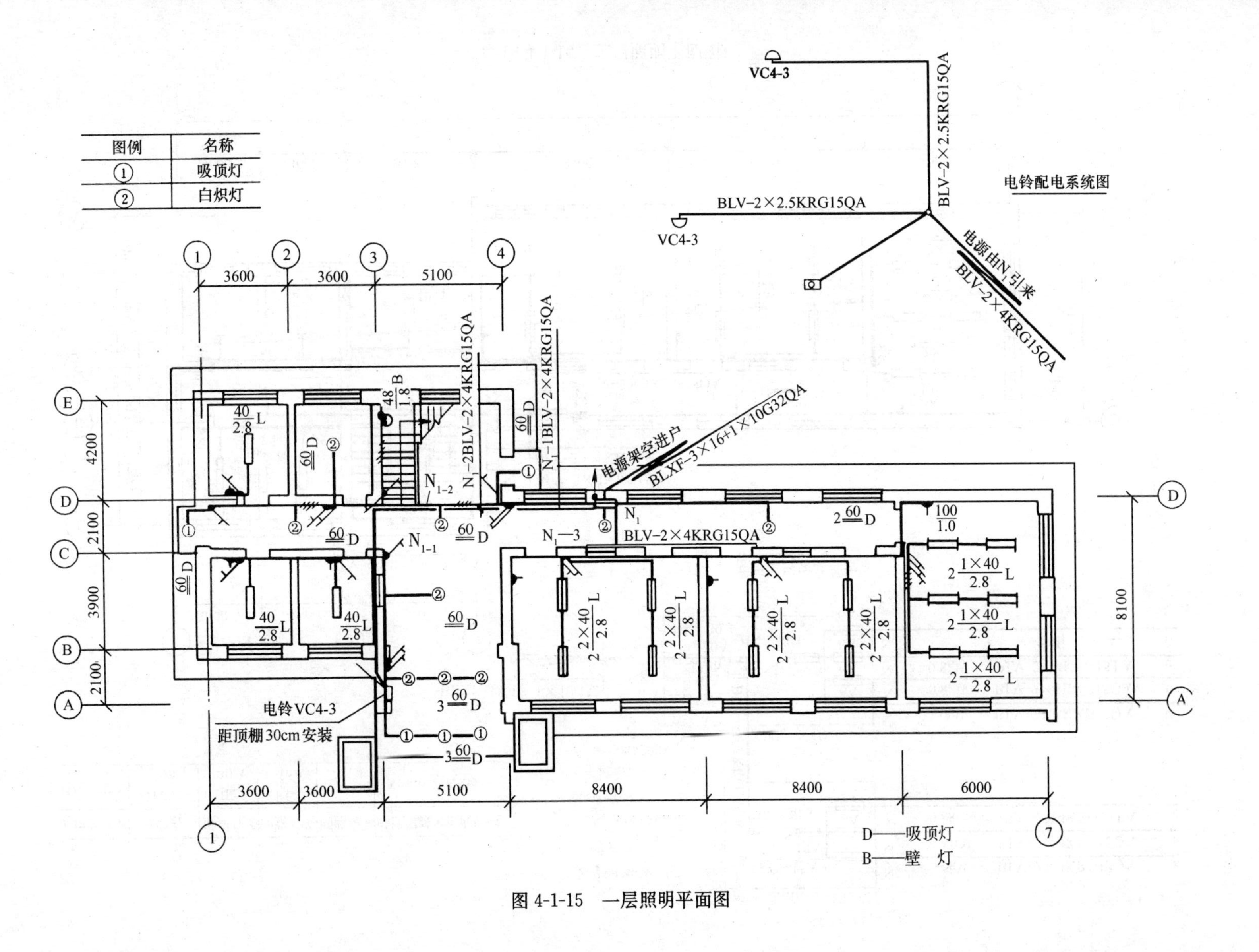

图 4-1-15　一层照明平面图

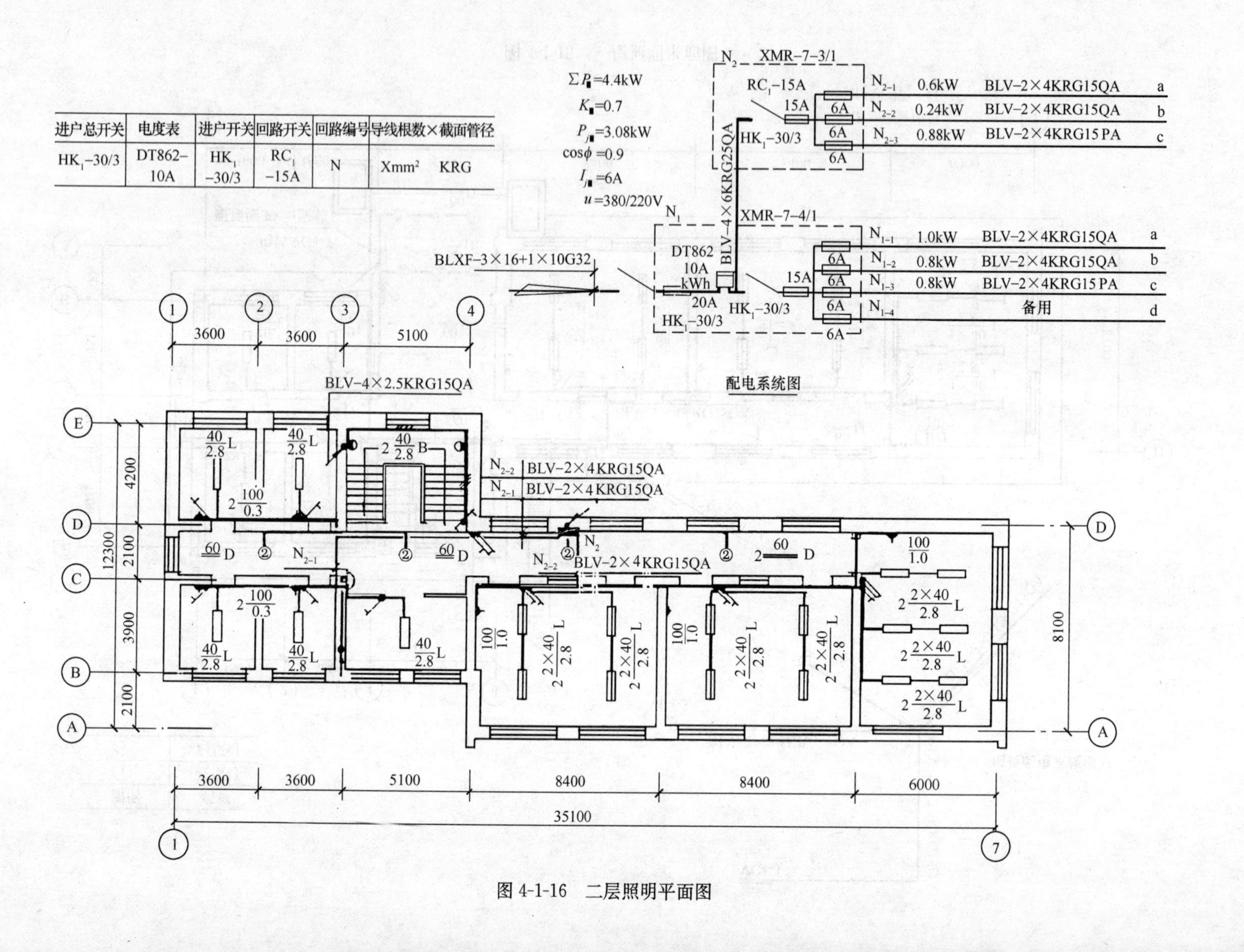

进户总开关	电度表	进户开关	回路开关	回路编号	导线根数×截面管径
HK_1-30/3	DT862-10A	HK_1-30/3	RC_1-15A	N	Xmm² KRG

图 4-1-16 二层照明平面图

(2) 某省建设委员会颁发的建筑安装工程预算定额（电气照明工程部分）。

(3) 某省建设委员会颁发的建筑安装工程间接费及其他直接费定额。

二、工程量计算

1. 定额工程量计算

(1) 一般土建工程定额工程量计算（表 4-1-1）

工程量计算表 **表 4-1-1**

序号	定额名称	定额编号	计量单位	工程量	计 算 式
	土石方工程				
1	挖地槽深 1.5m 以内(一、二类土)$k=0.5$,$c=0.15$m	1-10	100m³	3.29	挖地槽： $V_{1-1}=(a+kH+2c)HL$ $=(1.2+0.15\times2+0.5\times1.5)\times1.5\times(95.8+2.1-0.475)$ $=328.81\text{m}^3$
2	挖地槽深 1.5m 以内(一、二类土)$k=0.5$,$c=0.15$m	1-10	100m³	1.80	$V_{2-2}=(1.0+2\times0.15+0.5\times1.5)\times1.5\times58.65$ $=180.35\text{m}^3$
3	挖地坑深 1.5m 以内(一、二类土)$k=0$，$c=0.3$m	1-10	100m³	0.011	$V_{3-3}=(0.64+2\times0.3)\times(0.64+2\times0.3)\times(0.8-0.45)\times2$ $=1.08\text{m}^3$
4	平整场地(一、二类土)	1-21	100m³	5.68	按建筑物的底面积、外边线每边各放 2m 计算 $S=[(4.2+2.1+3.9+0.37\times2)\times3.6\times2+13.04\times(5.1+2\times0.37)+8.84\times(8.4\times2+6)]+(13.04+35.84\times2+8.84+4.2)\times2+16$ $=567.99\text{m}^2$
5	原土打夯	1-22	100m²	2.93	$S=356.47-0.49\times(95.8+2.1)-0.24\times[(4.2-0.24)\times2+(3.9-0.24)\times3+(6-0.24)+(8.84-0.49\times2)+(3.6\times2)\times2+16.8]$ $=293.21\text{m}^2$
6	原土打夯	1-22	100m²	0.71	$S=[(13.04+35.1+0.37\times2)-1.5-(5.1+0.37+0.9+0.6)-2.4-1.5+4\times0.8]\times0.8$ $=70.87\text{m}^2$
7	就地回填土(夯实)	1-24	100m³	3.60	$V_{回填}=V_{基础}+V_{室内}$ $=(328.81+180.35+1.08-31.18-10.06-113.56-53.45-0.29)+[356.47-0.49\times(95.8+2.1)]-0.24\times[(4.2-0.24)\times2+(3.9-0.24)\times3+(6-0.24)+(8.84-0.49\times2)+(3.6\times2)\times2+16.8]\times[0.45-(0.02+0.08+0.15)]$ $=360.34\text{m}^3$

续表

序号	定额名称	定额编号	计量单位	工程量	计算式
8	人工装土	1-67	$100m^3$	0.150	$V=328.81+180.35+1.08-360.34=149.90m^3$
9	自卸汽车运土100m内	1-69	$100m^3$	0.150	$V=328.81+180.35+1.08-360.34=149.90m^3$
	砌筑工程				
10	三合土垫层	3-12	$100m^3$	1.06	$V=[97.76-1.5-(5.1+0.37+0.9+0.6)-2.4-1.5+4\times0.8]\times0.8\times0.15$ $=10.63m^3$
11	三合土垫层	3-12	$10m^3$	4.36	$V=\{356.47-0.49\times(65.8+2.1+5.1-2.4)-0.24\times[(4.2-0.24)\times2+(3.9-0.24)\times3+(6-0.24)+(8.84-0.49\times2)+3.6\times2\times2+8.4\times2]\}\times0.15$ $=43.62m^3$
12	标准砖基础	3-13	$10m^3$	3.12	$V_{1\text{-}1}=0.49\times0.65\times(95.8+2.1)=31.18m^3$
13	标准砖基础	3-13	$10m^3$	1.01	$V_{2-2}=0.24\times0.65\times[(4.2-0.12\times2)\times2+(3.9-0.12\times2)]\times3+(6-0.12\times2)+(8.84-0.12\times2)+(3.6\times2)\times2+8.4\times2$ $=10.06m^3$
14	浆砌块石基础	3-18	$10m^3$	11.36	$V_{1\text{-}1}=(1.2\times0.5+0.7\times0.8)\times(95.8+2.1)$ $=113.56m^3$
15	浆砌块石基础	3-18	$10m^3$	5.35	$V_{2-2}=(1\times0.5+0.5\times0.8)\times[(4.2-0.475-0.5)\times2+(3.9-0.475-0.5)\times3+(6-0.475-0.5)+(8.84-0.475\times2)+(3.6\times2-0.475+0.5)\times2+8.4\times2]$ $=53.45m^3$
16	一砖厚标准砖墙	3-21	$10m^3$	26.48	$V_{外}=[95.8\times7.8-0.49+(2.1+5.1-0.24)\times3.9\times0.49+0.37\times0.37\times7.8\times2]-(4.62\times3.07\times2+1.5\times2.7\times2+2.7\times2.1\times5\times2+2.4\times2.1\times8\times2+2.1\times2.1\times2\times2+1.2\times0.8\times3+1.5\times2.1+1.8\times2.1)\times0.49-2.82\times0.47\times0.24\times2-2\times0.47\times0.2-3.12\times0.47\times0.24\times$

续表

序号	定额名称	定额编号	计量单位	工程量	计算式
16	一砖厚标准砖墙				0.4×0.49×(5.1+0.12×2)−0.4×0.49×2.1−(5.1+0.24+0.38)×0.4×0.49−3.7×(0.37×0.3+0.1×0.06)×5−0.37×0.18×{[(12.3+0.37×2−0.49)×2+(35.1+0.37×2−0.49)×2]−[3.7×5+3.12×8+(5.1+0.24+0.38)+2.82×2+1.44]}−[3.7×(0.37×0.3+0.1×0.06)]×5+3.12×0.47×0.24×8+0.4×0.49×(5.1+0.24+0.38)+2.82×0.47×2+0.47×0.18×1.44−0.47×0.18×1.44×2 =381.58−98.62−0.64−0.19−2.82−1.05−0.41−1.12−2.16−2.63−6.86−0.24 =264.84m^3
17	一砖厚标准砖墙	3-21	10m^3	2.87	$V_{外墙}$=[(12.3+0.37)×2+(35.1+0.37)×2]×0.8×0.37+0.37×0.37×0.8×2 =28.72m^3
18	一砖厚标准砖墙	3-21	10m^3	10.60	$V_{内}$=[(4.2−0.24)×2+(3.9−0.24)×3+(6−0.24)+(8.1−0.24)+(3.6×2)×2+8.4×2]×0.24×7.8−(0.9×2.4×16+1.5×2.7×2+1.2×1.2×4+1.5×1.6)−1.42×0.24×0.12×16−1.7×0.24×0.12×4−2×0.24×0.18×3 =105.97m^3
19	零星砌体	3−20	10m^3	0.04	V=0.47+0.18+1.44×3=0.37m^3
	混凝土及钢筋混凝土工程				
20	混凝土垫层	4-125	10m^3	0.57	V=[97.76−1.5−(5.1+0.37+0.9+0.6)−2.4−1.5+4×0.8]×0.8×0.08 =5.67m^3
21	混凝土垫层	4-125	10m^3	2.33	V={356.47−0.49×(95.8+2.1+5.1−0.24)−0.24×[(4.2−0.24)×2+(3.9−0.24)×3+(6−0.24)+(8.84−0.49×2)+3.6×2×2+8.4×2]}×0.08=23.27m^3

续表

序号	定额名称	定额编号	计量单位	工程量	计 算 式
22	混凝土及钢筋混凝土基础	4-127	$10m^3$	0.07	$V=0.64\times0.64\times0.8\times2=0.66m^3$
23	矩形柱	4-131	$10m^3$	0.09	Z_1、$V=0.24\times0.24\times1.5=0.09m^3$
24	矩形柱	4-131	$10m^3$	0.014	Z_2、$V=0.24\times0.24\times2.4=0.14m^3$
25	现浇混凝土圈梁	4-136	$10m^3$	0.15	YPL_1：$=0.4\times0.49\times(5.1+0.12\times2)=1.05m^3$ YPL_2：$=0.4\times0.49\times2.1=0.41m^3$ V：$=1.05+0.41=1.46m^3$
26	现浇混凝土圈梁	4-136	$10m^3$	0.26	$V=0.37\times0.18\times\{[12.3+0.37\times2-0.49)\times2+(35.1+0.37\times2-0.49)\times2]-[3.7\times5+3.12\times8+(5.1+0.24+0.38)+2.82\times2+1.44]\}=2.63m^3$
27	现浇混凝土圈梁	4-136	$10m^3$	1.01	$V=(5.1+0.24+0.38)\times0.4\times0.49+3.7\times(0.37+0.3+0.1\times0.06)\times5+[3.7\times(0.37\times0.3+0.1\times0.06)\times5+3.12\times0.47\times0.24\times8+0.49\times0.4\times(5.1+0.24+0.38)+2.82\times0.47\times0.24\times2+0.47\times0.18\times1.44]$ $=1.12+2.16+6.86$ $=10.14m^3$
28	现浇混凝土板	4-138	$10m^3$	0.11	$V=(5.1-0.24)\times(2.1-0.24)\times0.12=1.08m^3$
29	现浇混凝土直形楼梯	4-146	$10m^2$	1.64	$S=1.71\times4.2\times2+1.44\times1.44=16.44m^2$
30	现浇混凝土雨篷	4-148	$10m^2$	0.85	$S=(1+5.1+0.05)\times(1.5-0.37)+(2.1+0.37)\times(1-0.37)$ $=8.51m^2$
31	预制矩形梁混凝土浇捣	4-330	$10m^3$	0.07	$V=2.82\times0.24\times0.24\times4\times(1+1.5\%)=0.66m^3$
32	预制过梁混凝土浇捣	4-335	$10m^3$	0.07	$V=2.82\times0.47\times0.24\times2\times(1+1.5\%)=0.65m^3$
33	预制过梁混凝土浇捣	4-335	$10m^3$	0.019	$V=2\times0.47\times0.2\times(1+1.5\%)=0.19m^3$
34	预制过梁混凝土浇捣	4-335	$10m^3$	0.29	$V=3.12\times0.47\times0.24\times(1+1.5\%)=2.86m^3$

续表

序号	定额名称	定额编号	计量单位	工程量	计 算 式
35	预制过梁混凝土浇捣	4-335	$10m^3$	0.07	$V=3.12\times0.47\times0.24\times(1+1.5\%)$ $=2.86m^3$
36	预制过梁混凝土浇捣	4-335	$10m^3$	0.02	GLA12－6 $V=1.7\times0.24\times0.12\times4\times(1+1.5\%)$ $=0.20m^3$
37	预制过梁混凝土浇捣	4-335	$10m^3$	0.03	GLA2-4 $V=2\times0.24\times0.18\times3\times(1+1.5\%)$ $=0.26m^3$
38	预制平板	4-337	$10m^3$	0.58	$V=0.06\times0.59\times2.08\times78$ $=5.74m^3$
39	空心板制作(板高12cm以内)	4-367	$10m^3$	0.79	$V=0.15\times52\times(1+1.5\%)$ $=7.92m^3$
40	空心板制作(板高18cm以内)	4-368	$10m^3$	0.74	$V=0.292\times25\times(1+1.5\%)$ $=7.41m^3$
41	空心板制作(板高18cm以内)	4-368	$10m^3$	2.73	$V=0.344\times78\times(1+1.5\%)$ $=27.23m^3$
42	现浇构件圆钢制作安装	4-393	t	0.145	$(72.52+54.9+25.2+45.90+45.90+26.80+340.10+16.80+19.80+17.60+33.80)\times0.222=0.145t$
43	现浇构件圆钢制作安装	4-393	t	0.124	$(74.8+53.76+18.00+27.82+40.04+28.08+20.80+50.40)\times0.395=0.124t$
44	现浇构件圆钢制作安装	4-393	t	0.478	$(8.32+7.20+10.92+33.28+110.72+37.76+37.76+108.12+64.32+21.64+22.40+76.0)\times0.888=0.478t$
45	现浇构件圆钢制作安装	4-393	t	0.144	$(11.16+8.56+9.76+7.40+10.92+13.20+30.40)\times1.58=0.144t$
46	现浇构件圆钢制作安装	4-393	t	0.059	$(12.76+11.12)\times2.47=0.059t$
47	现浇构件圆钢制作安装	4-393	t	0.589	$(13.11+22.4+83.80+78.40)\times2.98$ $=0.589t$
48	Ⅰ类混凝土构件运输(运距5km)	4-413	$10m^3$	0.065	$2.82\times0.24\times0.24\times4=0.65m^3$
49	预制混凝土Ⅰ类构件运输(运距5km)	4-413	$10m^3$	0.064	$2.82\times0.47\times0.24\times2=0.64m^3$
50	预制混凝土Ⅰ类构件运输(运距5km)	4-413	$10m^3$	0.02	$2\times0.47\times0.2=0.19m^3$

续表

序号	定额名称	定额编号	计量单位	工程量	计 算 式
51	预制混凝土Ⅰ类构件运输(运距 5km)	4-413	$10m^3$	0.28	$3.12\times0.47\times0.24\times8=2.82m^3$
52	预制混凝土Ⅰ类构件运输(运距 5km)	4-413	$10m^3$	0.07	$1.42\times0.24\times0.12\times16=0.65m^3$
53	预制混凝土Ⅰ类构件运输(运距 5km)	4-413	$10m^3$	0.02	$1.7\times0.24\times0.12\times4=0.20m^3$
54	预制混凝土Ⅰ类构件运输(运距 5km)	4-413	$10m^3$	0.03	$2\times0.24\times0.18\times3=0.26m^3$
55	预制混凝土Ⅰ类构件运输(运距 5km)	4-413	$10m^3$	0.57	$0.06\times0.59\times2.08\times78=5.74m^3$
56	Ⅰ类混凝土构件运输每增减 1km	4-414	$10m^3$	0.065	$2.82\times0.24\times0.24\times4=0.65m^3$
57	预制混凝土Ⅰ类构件运输每增减 1km	4-414	$10m^3$	0.064	$2.82\times0.47\times0.24\times2=0.64m^3$
58	预制混凝土Ⅰ类构件运输每增减 1km	4-414	$10m^3$	0.02	$2\times0.47\times0.2=0.19m^3$
59	预制混凝土Ⅰ类构件运输每增减 1km	4-414	$10m^3$	0.28	$3.12\times0.47\times0.24\times8=2.82m^3$
60	预制混凝土Ⅰ类构件运输每增减 1km	4-414	$10m^3$	0.07	$1.42\times0.24\times0.12\times16=0.65m^3$
61	预制混凝土Ⅰ类构件运输每增减 1km	4-414	$10m^3$	0.02	$1.7\times0.24\times0.12\times4=0.20m^3$
62	预制混凝土Ⅰ类构件运输每增减 1km	4-414	$10m^3$	0.03	$2\times0.24\times0.18\times3=0.26m^3$
63	预制混凝土Ⅰ类构件运输每增减 1km	4-414	$10m^3$	0.57	$0.06\times0.59\times2.08\times78=5.74m^3$
64	预制空心板运输(运距 5km)	4-417	$10m^3$	0.78	$0.15\times52=7.80m^3$
65	预制空心板运输(运距 5km)	4-417	$10m^3$	0.73	$0.292\times25=7.3m^3$
66	预制空心板运输(运距 5km)	4-417	$10m^3$	2.68	$0.344\times78=26.83m^3$
67	预制空心板运输运距每增减 1km	4-418	$10m^3$	0.78	$0.15\times52=7.80m^3$
68	预制空心板运输运距每增减 1km	4-418	$10m^3$	0.73	$0.292\times25=7.30m^3$
69	预制空心板运输运距每增减 1km	4-418	$10m^3$	2.68	$0.344\times78=26.83m^3$

续表

序号	定额名称	定额编号	计量单位	工程量	计 算 式
70	预制混凝土单梁安装(单件体积 0.5m^3 以内，无电焊)	4-432	10m^3	0.07	$2.82\times0.24\times0.24\times4=0.65m^3$
71	预制混凝土过梁安装(单件体积 0.5m^3 以内，无电焊)	4-432	10m^3	0.064	$2.82\times0.47\times0.24\times2=0.64m^3$
72	预制混凝土过梁安装(单件体积 0.5m^3 以内，无电焊)	4-432	10m^3	0.02	$2\times0.47\times0.2=0.19m^3$
73	预制混凝土过梁安装(单件体积 0.5m^3 以内，无电焊)	4-432	10m^3	0.28	$3.12\times0.47\times0.24\times8=2.82m^3$
74	预制混凝土过梁安装(单件体积 0.5m^3 以内，无电焊)	4-432	10m^3	0.03	$2\times0.24\times0.18\times3=0.26m^3$
75	预制平板安装(构件体积 0.2m^3 以内，无电焊)	4-449	10m^3	0.57	$0.06\times0.59\times2.08\times78=5.74m^3$
76	预制空心板安装(单件体积 0.2m^3 以内，无电焊)	4-449	10m^3	0.78	$0.15\times52=7.80m^3$
77	预制空心板安装(单件体积 0.2m^3 以内，无电焊)	4-451	10m^3	0.73	$0.292\times25=7.30m^3$
78	预制空心板安装(单件体积 0.2m^3 以内，无电焊)	4-451	10m^3	2.68	$0.344\times78=26.83m^3$
79	小型构件(无焊)	4-455	10m^3	0.07	$1.42\times0.24\times0.12\times16=0.65m^3$
80	小型构件(无焊)	4-455	10m^3	0.02	$1.7\times0.24\times0.12\times4=0.20m^3$
	金属结构工程				
81	钢爬梯制作	6-54	t	0.12	0.12t
82	钢梯安装	6-56	t	0.12	0.12t
83	型钢栏杆制作	6-57	t	4.12	4.12t
84	钢栏杆安装	6-60	t	4.12	4.12t
85	金属构件Ⅱ类构件运输(运距 5km)	6-97	t	0.12	0.12t
86	金属构件Ⅱ类构件运输(运距 5km)	6-97	t	4.12	4.12t

续表

序号	定额名称	定额编号	计量单位	工程量	计 算 式
	屋面及防水工程				
87	镀锌钢板泛水	7-32	$100m^2$	0.16	(10.2+12.3×2+22.8×2+8.1+6.3)×0.17=16.12m^2
88	镀锌钢板水管	7-33	$100m^2$	0.18	0.32×8×7=17.92m^2
89	镀锌钢板水斗	7-34	10只	0.7	7只
90	石油沥青玛琋脂卷材二毡三油带砂	7-39	$100m^2$	3.34	(10.2×12.3+8.1×22.8)+0.25×[(12.3+22.8)×2+(10.2+2.1)×2]=333.84m^2
91	石油沥青玛琋脂卷材二毡三油带砂	7-40	$100m^2$	3.34	(10.2×12.3+8.1×22.8)+0.25×[(12.3+22.8)×2+(10.2+2.1)×2]=333.84m^2
92	砖基础上防水砂浆防潮层	7-96	$100m^2$	0.47	S=0.49×95.8=46.94m^2
	耐酸防腐、保温隔热工程				
93	沥青珍珠岩屋面保温	8-98	$100m^3$	0.37	[(10.2×12.3)+(8.1×22.8)]×0.12=37.22m^3
	附属工程				
94	混凝土面墙脚护坡	9-92	$100m^2$	0.77	95.8×0.8=76.64m^2
	楼地面工程				
95	20mm厚水泥砂浆找平层	10-1	$100m^2$	3.10	10.2×12.3+8.1×22.8=310.14m^2
96	20mm厚水泥砂浆找平层	10-1	$100m^2$	3.34	(10.2×12.3+8.1×22.8)+0.25×[(12.3+22.8)×2+(10.2+2.1)×2]=333.84m^2
97	20mm厚水泥砂浆找平层	10-1	$100m^2$	5.52	356.47−0.49×(95.8+2.1+5.1−0.24)−0.24×[(4.2−0.24)×2+(3.9−0.24)×3+(6−0.24)+(8.84−0.49×2)+3.6×2×2+8.4×2]+[290.83−(2.1−0.24)×(5.1−0.24)−4.2×(5.1−0.24)]=290.83+261.38=552.21m^2
98	20mm厚水泥砂浆楼地面	10-3	$100m^2$	5.52	356.47−0.49×(95.8+2.1+5.1−0.24)−0.24×(4.2−0.24)×2+(3.9−0.24)×3+(6−0.24)+(8.84−0.49×2)+3.6×2×2+8.4×2+[290.83−(2.1−0.24)×(5.1−0.24)−4.2×(5.1−0.24)]=552.21m^2
99	水泥砂浆楼梯面	10-100	$100m^2$	0.19	(4.2−0.24)×(5.1−0.24)=19.25m^2
100	硬木扶手直型钢栏杆	10-136	10m	1.12	L=(2.76+1.44+2.76)×1.15+1.44+1.71=11.15m^2
101	硬木扶手弯头	10-155	10只	0.3	3只
	墙柱面工程				

续表

序号	定额名称	定额编号	计量单位	工程量	计 算 式
102	砖墙水泥砂浆抹面	11-6	$100m^2$	6.30	8.6×(35.84×2+13.04+8.84+2.1+4.2)−(4.62×3.07×2+1.5×1.7×2+2.7×2.1×5×2+2.4×2.1×8×2+2.1×2.1×2×2+1.2×0.8×3+1.5×2.1+1.8×2.1)+0.37×2×8.6×2−1.4×[(2.4+0.8)×2+(1.8+0.8)×2+(2.7+0.8)×5]=858.80−201.26+12.73−40.74=$629.53m^2$
103	砖墙混凝土砂浆抹灰20mm厚	11-11	$100m^2$	14.03	[(3.9−0.12)×(4.2−0.24+3.6−0.24)×2−2.1×2.1−0.9×2.4]+[(3.9−0.12)×(3.9−0.24+3.6−0.24)×2−2.4×2.1−0.9×2.4]×2−1.5×1.6+(3.9−0.18)×(6−0.24+8−0.24)×2−2.7×2.1×2−1.2×1.2−0.9×2.4×2)×2+(3.9−0.18)×(8.84−0.49×2+6−2.4)×2−2.4×2.1×2−2.7×2.1−1.5×2.7+(3.9−0.06)×(3.6×2+8.4×2+2.1−0.24)×2−1.5×2.7×2−0.9×2.4×8−2.4×2.1×4−1.2×1.2×2+(7.8−0.18)×(4.2+5.1−0.24+4.2)−1.5×2.7−1.2×0.8×3+(3.9−0.18)×(3.9×2+5.1−0.24)−1.5×1.6−4.62×3.07+(3.9−0.12)×(2.1−0.12−0.37+5.1−0.24)×2−4.62×3.07×2+(3.9−0.12)×[(4.2−0.24+3.6−0.24)×2+(3.9−0.24+3.6−0.24)×2]×2−2.1×2.1×2−0.9×2.4×4−2.4×2.1×2+[(3.9−0.18)×(6−0.24+8−0.24)×2−2.7×2.1×2−1.2×1.2−0.9×2.4×2]+(3.9−0.18)×(8.84−0.49×2+6−0.24)×2−2.4×2.1×2−2.7×2.1−1.5×2.7+(3.9−0.06)×(3.6×2+8.4×2+2.1−0.24)×2−0.9×2.4×8−1.2×1.2×2−2.4×2.1×4−1.5×2.7−1.5×2.1+(3.9−0.18)×[3.9×2+(5.1−0.24)]×3−1.8×2.1×2−0.9×2.4×2=97.54+89.34+254.46+150.18+94.11+51.06+189.28+254.46+151.08+71.37=$1402.88m^2$
104	混凝土柱抹混合砂浆	11-32	$100m^2$	0.04	0.24×4×(1.5+2.4)=$3.74m^2$
105	现浇混凝土面天棚混合抹灰	11-54	$100m^2$	0.09	(1+5.1+0.05)×(1.5−0.37)+(2.1+0.37)×(1−0.37)=$8.51m^2$

续表

序号	定额名称	定额编号	计量单位	工程量	计 算 式
106	玻璃锦砖块料墙面	11-101	$100m^2$	0.41	1.4×[(2.4+0.8)×2+(1.8+0.8)×2+(2.7+0.8)×5]=40.74m²
	天棚工程				
107	现浇混凝土面天棚混合砂浆抹灰	12-4	$100m^2$	5.61	35647－0.49×(95.8＋2.1＋5.1－0.24)－0.24×[(4.2－0.24)×2＋(3.9－0.24)×3＋(6－0.24)＋(8.84－0.49×2)＋3.6×2×2＋8.4×2]＋[290.83－(2.10－0.24)×(5.10－0.24)－4.2×(5.10－0.24)]－(5.1－0.24)×(2.1－0.12－0.37)＋(2.1－0.24)×0.24×2×4＋(1＋5.1＋0.05)×(1.5－0.37)＋(2.1＋0.37)×(1－0.37)＋(0.24＋0.12)×(1.5－0.37)×2＋(1＋5.1＋0.05)＋(0.24＋0.1)×(2.1＋0.37＋1－0.37)＝552.21－7.82＋3.57＋12.59＝560.55m²
	门窗工程				
108	单扇有亮平开镶板门制作安装	13-1	$100m^2$	0.37	S=0.9×2.4×17=36.72m²
109	四扇有亮带玻胶合板自由门制作安装	13-8	$100m^2$	0.14	S=4.62×3.07=14.17m²
110	双扇有亮带玻胶合板自由门制作安装	13-8	$100m^2$	0.16	S=1.5×2.7×4=16.20m²
111	三扇带亮平开木窗制作安装	13-71	$100m^2$	0.57	S=2.7×2.1×10=56.70m²
112	双扇无亮平开木窗制作安装	13-71	$100m^2$	0.81	S=2.4×2.1×16=80.64m²
113	三扇带亮平开木窗制作安装	13-71	$100m^2$	0.18	S=2.1×2.1×4=17.64m²
114	双扇带亮平开木窗制作安装	13-71	$100m^2$	0.03	S=1.2×0.8×3=2.88m²
115	双扇带亮平开木窗制作安装	13-71	$100m^2$	0.024	S=1.5×1.6=2.40m²
116	双扇带亮平开木窗制作安装	13-71	$100m^2$	0.06	S=1.2×1.2×4=5.76m²
117	三扇带亮平开木窗制作安装	13-71	$100m^2$	0.03	S=1.5×2.1=3.15m²
118	双扇无亮平开木窗制作安装	13-71	$100m^2$	0.08	S=1.8×2.1×2=7.56m²

续表

序号	定额名称	定额编号	计量单位	工程量	计算式
	油漆、涂料、裱糊工程				
119	单层木门刷调合漆二遍	14-13	$100m^2$	0.13	$S=4.62\times3.07\times0.93=13.19m^2$
120	单层木门刷调合漆二遍	14-13	$100m^2$	0.15	$S=1.5\times1.7\times0.93=15.07m^2$
121	单层木门刷调合漆二遍	14-13	$100m^2$	0.37	$S=0.9\times2.4\times17=36.72m^2$
122	单层木窗刷调合漆二遍	14-31	$100m^2$	0.57	$S=2.7\times2.1\times10=56.70m^2$
123	单层木窗刷调合漆二遍	14-31	$100m^2$	0.81	$S=2.4\times2.1\times16=80.64m^2$
124	单层木窗刷调合漆二遍	14-31	$100m^2$	0.18	$S=2.1\times2.1\times4=17.64m^2$
125	单层木窗刷调合漆二遍	14-31	$100m^2$	0.03	$S=1.2\times0.8\times3=2.88m^2$
126	单层木窗刷调合漆二遍	14-31	$100m^2$	0.024	$S=1.5\times1.6=2.40m^2$
127	单层木窗刷调合漆二遍	14-31	$100m^2$	0.06	$S=1.2\times1.2\times4=5.76m^2$
128	单层木窗刷调合漆二遍	14-31	$100m^2$	0.03	$S=1.5\times2.1=3.15m^2$
129	单层木窗刷调合漆二遍	14-31	$100m^2$	0.08	$S=1.8\times2.1\times2=7.56m^2$
130	木扶手刷调合漆二遍	14-49	100m	0.11	$L=(2.76+1.44+2.76)\times1.15+1.44+1.71=11.15m$
131	其他金属面刷银粉漆二遍	14-143	t	0.142	$0.12\times1.18=0.142t$
132	其他金属面刷银粉漆二遍	14-143	t	7.045	$4.12\times1.71=7.045t$
133	外墙面刷 803 涂料两遍	14-167	$100m^2$	6.30	$8.6\times(35.84\times2+13.04+8.84+2.1+4.2)-(4.62\times3.07\times2+1.5\times2.7\times2+2.7\times2.1\times5\times2+2.4\times2.1\times8\times2+2.1\times2.1\times2\times2+1.2\times0.8\times3+1.5\times2.1+1.8\times2.1)-0.37\times2\times8.6\times2-1.4\times[(2.4+0.8)\times2+(1.8+0.8)\times2+(2.7+0.8)\times5]=858.80-201.26-12.73-40.74=629.53m^2$

续表

序号	定额名称	定额编号	计量单位	工程量	计 算 式
134	抹灰面刷白水泥浆二遍(毛面)	14-177	$100m^2$	14.03	[(3.9－0.12)×(4.2－0.24＋3.6－0.24)×2－2.1×2.1－0.9×2.4]＋[(3.9－0.12)×(3.9－0.24＋3.6－0.24)×2－2.4×2.1－0.9×2.4×2－1.5×1.6]＋[(3.9－0.18)×(6－0.24＋8－0.24)×2－2.7×2.1×2－1.2×1.2－0.9×2.4×2)×2＋(3.9－0.18)×(8.84－0.49×2＋6－0.24)×2－2.4×2.1×2－2.7×2.1－1.5×2.7＋(3.9－0.06)×(3.6×2＋8.4×2＋2.1－0.24)×2－1.5×2.7×2－0.9×2.4×8－2.4×2.1×4－1.2×1.2×2＋(7.8－0.18)×(4.2＋5.1－0.24＋4.2)－1.5×2.7－1.2×0.8×3＋(3.9－0.18)×(3.9×2＋5.1－0.24)－1.5×1.6－4.62×3.07＋(3.9－0.12)×(2.1－0.12－0.37＋5.1×0.24)×2－4.62×3.07×2＋(3.9－0.12)×[(4.2－0.24＋3.6－0.24)×2＋(3.9－0.24＋3.6－0.24)×2]×2－2.1×2.1×2－0.9×2.4×4－2.4×2.1×2＋[(3.9－0.18)×(6－0.24＋8－0.24)×2－2.7×2.1×2－1.2×1.2－0.9×2.4×2]×2＋[(3.9－0.18)×(8.84－0.49×2＋6－0.24)×2－2.4×2.1×2－2.7×2.1－1.5×2.7＋(3.9－0.06)]×[3.6×2＋8.4×2＋2.1－0.24)×2－0.9×2.4×8－1.2×1.2×2－2.4×2.1×4－1.5×2.7－1.5×2.1＋(3.9－0.18)]×[3.9×2＋(5.1－0.24)]×3－1.8×2.1×2－0.9×2.4×2＝97.54＋89.34＋254.46＋150.18＋94.11＋51.06＋189.28＋254.46＋151.08＋71.37＝$1402.88m^2$
135	抹灰面刷白水泥浆二遍(毛面)	14-177	$100m^2$	5.68	356.47－0.49×(95.8＋2.1＋5.1－0.24)－0.24×[(4.2－0.24)×2＋(3.9－0.24)×3＋(6－0.24)＋(8.84－0.49×2)＋3.6×2＋8.4×2]＋[290.83－(2.10－0.24)×(5.1－0.24)－4.2×(5.1－0.24)＋(2.1－0.24)×0.24×2×4＋(1＋5.1＋0.05)×(1.5－0.37)＋(2.1＋0.37)×(1－0.37)＋(0.24＋0.12)]×[1.5－0.37)×2＋(1＋5.1＋0.05)＋(0.24＋0.1)×(2.1＋0.37＋1－0.37)＝$568.37m^2$
136	抹灰面刷白水泥浆二遍(毛面)	14-177	$100m^2$	0.04	0.24×4×(1.5＋2.4)＝$3.74m^2$

(2)室内给水排水工程定额工程量计算(表 4-1-2)

工程量计算表 **表 4-1-2**

序号	定额名称	定额编号	计量单位	工程量	计　算　式
	管道安装				
1	焊接钢管(螺纹连接)	8-99	10m	0.40	4m
2	焊接钢管(螺纹连接)	8-101	10m	0.55	2.2+3.3=5.5m
3	焊接钢管(螺纹连接)	8-101	10m	4.18	1.5+0.37+6+8.4×2+4.2+5.1+3.6+4.2=41.77m
4	承插铸铁排水管(水泥接口)	8-144	10m	0.30	3m
5	承插铸铁排水管(水泥接口)	8-146	10m	0.13	2.3−1=1.3m
6	承插铸铁排水管(水泥接口)	8-146	10m	0.77	4.2+3.5=7.7m
	卫生器具制作安装				
7	蹲式大便器(瓷高水箱)	8-407	10 套	0.40	4 套
8	水龙头安装	8-438	10 个	0.20	2 个
9	排水栓安装	8-443	10 组	0.20	2 组
10	地漏安装(*DN*50)	8-447	10 个	0.20	2 个
11	地面扫除口(*DN*100)	8-453	10 个	0.10	1 个
12	给水管刷红丹防锈漆一遍	11-51	$10m^2$	0.66	13.27×0.47+8.4×0.04=6.57m^2
13	排水管刷红丹防锈漆一遍	11-51	$10m^2$	0.38	35.81×0.09+18.85×0.03=3.79m^2
14	排水管刷沥青清漆一遍	11-66	$10m^2$	0.38	35.81×0.09+18.85×0.03=3.79m^2
15	排水管刷沥青清漆二遍	11-67	$10m^2$	0.38	35.81×0.09+18.85×0.03=3.79m^2
16	给水管刷银粉漆第一遍	11-82	$10m^2$	0.66	13.27×0.47+8.4×0.04=6.57m^2
17	给水管刷银粉漆第二遍	11-83	$10m^2$	0.66	13.27×0.47+8.4×0.04=6.57m^2

(3) 室内采暖工程定额工程量计算(表 4-1-3)

工程量计算表 **表 4-1-3**

序号	定额名称	定额编号	计量单位	工程量	计　算　式
	工业管道安装				
1	集气罐制作(150mm 以内)	6-2896	个	1	1 个
2	集气罐安装(150mm 以内)	6-2901	个	1	1 个

续表

序号	定额名称	定额编号	计量单位	工程量	计算式
	给排水、采暖、燃气工程				
3	镀锌钢管（螺纹连接） *DN*15	8-98	10m	0.20	0.5×4=2.0m
4	镀锌钢管（螺纹连接） *DN*20	8-99	10m	13.69	(0.5+7.6−0.8×2)×10m+(4.2+4.5)+1.5×36+(3.4+5.8) =65.0+8.7+54.0+9.2 =136.90m
5	镀锌钢管（螺纹连接） *DN*25	8-100	10m	3.55	(3.6+5.1+0.5+4.5)+(8.4+8.4)m =17.7+16.8 =35.50m
6	镀锌钢管（螺纹连接） *DN*32	8-101	10m	5.68	(2.1+5.1+3.6+3.4+3.7+2.1+4.6+3)+0.9×2+(2.1+5.1+3.6+3.6+3.9+2.1+4+3) =27.6+1.8+27.4 =56.8m
7	钢管(焊接) *DN*40	8-110	10m	5.05	(2.1+6+8.4×2)+(3.8+5+4.2+8.4+4.2)=24.9+25.6 =50.5m
8	钢管(焊接) *DN*50	8-111	10m	2.71	(2.1+7.6)+3.9+(4.2+6.2+1.5)+(2.1−0.5)=9.7+3.9+11.9+1.6 =27.10m
9	管道支架制作安装	8-178	100kg	0.17	0.8598×16+0.6903×4=16.52kg
10	螺纹阀公称直径 *DN*20 以内	8-242	个	20	20 个
11	螺纹阀公称直径 *DN*50 以内	8-246	个	1	1 个
12	自动排气阀 *DN*15	8-299	个	1	1 个
13	铸铁散热器组式安装(长翼型)	8-488	10 片	66.5	346(一层)+319(二层)=665 片
	刷油、防腐蚀工程				
14	管道刷红丹防锈漆第一遍	11-51	$10m^2$	2.29	18.85×0.136+15.08×0.249+3.27×0.294+10.52×0.177+8.4×1.277+6.68×0.02=22.94m^2
15	管道刷银粉漆第一遍	11-82	$10m^2$	2.29	18.85×0.136+15.08×0.249+3.27×0.294+10.52×0.177+8.4×1.277+6.68×0.02=22.94m^2

续表

序号	定额名称	定额编号	计量单位	工程量	计 算 式
16	管道刷银粉漆第二遍	11-83	$10m^2$	2.29	18.85×0.136+15.08×0.249+3.27×0.294+10.52×0.177+8.4×1.277+6.68×0.02=22.94m^2
17	管道 ϕ57mm 以下(30mm 厚)	11-1825	m^3	0.65	0.53×0.092+0.6×0.168+0.68×0.294+0.74×0.256+0.85×0.135=0.65m^3

(4)室内电照工程定额工程量计算(表 4-1-4)

工程量计算表 **表 4-1-4**

序号	定额名称	定额编号	计量单位	工程量	计 算 式
	电气设备安装工程				
1	熔断器 6A	2—58	组	7	7 组
2	熔断器 15A	2—58	组	2	2 组
3	熔断器 20A	2—58	组	1	1 组
4	悬挂嵌入式配电箱安装(半周长 1.0m)	2—264	台	1	1 台
5	悬挂嵌入式配电箱安装(半周长 1.5m)	2—265	台	1	1 台
6	胶盖闸刀开关(单相)	2—273	个	3	3 个
7	配管 ϕ15	2—1008	100m	2.96	N_{1-1}: 1.6+4.2+5.1+3.6×2+4.2+(3.9−1.3)×7+(3.9−1)×2=46.3m N_{1-2}: 1.6+4.2+5.1+2.1+3.6×2+3.9+3+(3.9−1.3)×5+(3.9−1)×2=45.9m N_{1-3}: 1.6+2.1+8.4×2+4.2+3.9+3+(3.9−1.3)×7+(3.9−1)×3=58.5m N_{2-1}: 1.6+4.2+5.1+2.1+3.6×2+2.5+(3.9−1.3)×3+2.9×2=36.3m N_{2-2}: 1.6+4.2+5.1+3.6×3+4.2+5.1+2.6×5+2.9×2=46.9m N_{2-3}: 1.6+2.1+8.4×2+4.2×2.1+3.9+2.6×7+2.9×3=61.8m 46.3+45.9+58.5+36.3+46.9+61.8=295.70m
8	配管 ϕ25	2—1010	100m	0.03	3.9−1.4+0.7=3.2m

续表

序号	定额名称	定额编号	计量单位	工程量	计算式
9	配管 ϕ32	2—1011	100m	0.03	0.5+0.4+2.5=3.4m
10	管内穿线 2.5mm^2	2—1169	100m 单线	0.44	(1.6+4.2+5.1+2.4+3.9×2+0.9)×2=44.0m
11	管内穿线 4mm^2	2—1170	100m 单线	7.27	N_{1-1}：(1.6+0.9+4.2+18.2+5.8)×2+(5.1+7.2+4.2)×3=110.90m N_{1-2}：(1.6+0.9+4.2+5.1+2.1+13+5.8)×2+(7.2+3.9+3)×3=107.7m N_{1-3}：(1.6+0.9+2.1×16.8+26.9)×2+(4.2+3.9+3)×3=129.9m N_{1-4}：(2.5+37)×2=75m N_{2-1}：(36.3+0.7)×2=74m N_{2-2}：(22.4+15.9)×2+9.3×3=104.5m N_{2-3}：(61.8+0.7)×2=125m 110.9+107.7+129.9+75+74+104.5+125=727m
12	管内穿线 6mm^2	2—1176	100m 单线	0.14	(2.5+0.9)×4=13.6m
13	管内穿线 10mm^2	2—1177	100m 单线	0.06	(3.4+0.9+1.5)×1=5.80m
14	管内穿线 16mm^2	2—1178	100m 单线	0.23	(3.4+0.9+1.5)×4=23.2m
15	接线盒暗装	2—1377	10 个	5.1	51 个
16	开关盒暗装	2—1378	10 个	3.4	34 个
17	圆球吸顶灯灯罩直径 250mm	2—1382	10 套	1.3	13 套
18	吊链灯	2—1390	10 套	1.6	16 套
19	吊链灯	2—1390	10 套	0.3	3 套
20	一般弯脖灯	2—1392	10 套	2.0	20 套
21	一般壁灯	2—1393	10 套	0.2	2 套
22	拉线开关	2—1635	10 套	0.1	1 套
23	扳把开关明装	2—1636	10 套	3.4	34 套
24	单相暗插座 15A 2孔	2—1667	10 套	1.3	13 套
25	电铃 *DN*100	2—1694	套	2	2 套

2. 清单工程量计算(表 4-1-5)

清单工程量计算表　　表 4-1-5

序号	项目编码	项目名称	项目特征描述	计量单位	工程量	计算式
	A.1　土石方工程					
1	010101001001	平整场地	一、二类土，弃土运距 1km	m^2	356.47	按设计图示尺寸以建筑物的首层建筑面积计算 (4.2+2.1+3.9+0.37×2)×3.6×2+13.04×(5.1+2×0.37)+8.84×(8.4×2+6)=356.47m^2
2	010101003001	挖基础土方	一、二类土，条形基础，垫层底宽 1.2m，挖土深 1.5m，弃土运距 1km	m^3	175.37	按设计图示尺寸以基础垫层底面积，乘以挖土深度计算 1.2×(13.04−0.49)+(35.84−0.49)×2+(8.84−0.49)+4.2+2.1−0.475)×1.5=175.37m^3
3	010101003002	挖基础土方	一、二类土，条形基础，垫层底宽 1.0m，挖土深 1.5m，弃土运距 1km	m^3	87.98	按设计图示尺寸以基础垫层底面积，乘以挖土深度计算 [(4.2−0.475−0.5)×2+(3.9−0.475−0.5)×3+(6−0.475−0.5)+(6+2.1−0.475×2)+(3.6×2−0.475+0.5)×2+8.4×2]×1.0×1.5=87.98m^3
4	010101003003	挖基础土方	一、二类土，方形基础，垫层底宽 0.64m，挖土深 0.8m，弃土运距 1km	m^3	0.29	按设计图示尺寸以基础垫层底面积，乘以挖土深度计算 0.64×0.14×(0.8−0.45)×2=0.29m^3
5	010103001001	土方回填	一、二类土，夯填	m^3	55.10	按设计图示尺寸以体积计算 $V_{挖}$=175.37+87.98+0.29=263.64m^3 $V_{基础}$=0.49×0.65×(95.8+2.1)+0.24×0.65×(4.2−0.12×2)×2+(3.9−0.12×2)×3+(6−0.12×2)+(8.84−0.12×2)+3.6×2×2+8.4×2+(1.2×0.5+0.7×0.8)×(95.8+2.1)+(1×0.5+0.5×0.8)×(4.2−0.475−0.5)×2+(3.9−0.475−0.5)×3+(6−0.475−0.5)+(8.84−0.475×2)+(3.6×2−0.475+0.5)×2+8.4×2=31.18+10.06+113.56+53.45=208.25m^3 $V_{回填}$=175.37+87.98+0.29−208.25=55.1m^3

续表

序号	项目编码	项目名称	项目特征描述	计量单位	工程量	计 算 式
	A.3 砌筑工程					
6	010301001001	砖基础	红砖 MU7.5 条形基础，基础深 0.65m，混合砂浆为 M2.5	m^3	31.18	$V_{1-1}=0.49\times0.65\times(95.8+2.1)=31.18m^3$
7	010301001002	砖基础	红砖 MU7.5 条形基础，基础深 0.65m，混合砂浆为 M2.5	m^3	10.06	$V_{2-2}=0.24\times0.65\times(4.2-0.12\times2)+(3.9-0.12\times2)\times3+(6-0.12\times2)+(8.84-0.12\times2)+(3.6\times2)\times2+8.4\times2=10.06m^3$
8	010305001001	石基础	条形基础，基础深 1.3m，毛石为 MU20，水泥砂浆为 M5	m^3	113.56	$V_{1-1}=(1.2\times0.5+0.7\times0.8)\times(95.8+2.1)m^3=113.56m^3$
9	010305001002	石基础	条形基础，基础深 1.3m，毛石为 MU20，水泥砂浆为 M5	m^3	53.45	$V_{2-2}=(1\times0.5+0.5\times0.8)\times[(4.2-0.475-0.5)\times2+(3.9-0.475-0.5)\times3+(6-0.475-0.5)+(8.84-0.475\times2)+(3.6\times2-0.475+0.5)\times2+8.4\times2]=53.45m^3$
10	010302001001	实心砖墙	红砖墙 MU7.5，墙厚 370mm，墙高 7.8m	m^3	254.36	$V_{外}=[(3.6\times2\times2+3.9+2.1+4.2)\times(7.8-0.12)+(5.1\times2+4.2)\times(7.8-0.18)+8.4\times2\times(7.8-0.06)+(6\times2+8.1+8.4\times2+2.1)\times(7.8-0.18)+(2.1+5.1)\times(3.9-0.12)]\times0.49+0.37\times0.37\times(7.8-0.18)\times2=371.10m^3$ 门窗洞口面积： $4.62\times3.07\times2+1.5\times2.7\times2+2.7\times2.1\times5\times2+2.4\times2.1\times8\times2+2.1\times2.1\times2\times2+1.2\times0.8\times3+1.5\times2.1+1.8\times2.1=201.26m^2$ 门窗过梁： 预制 GLB21.4—5 $2.82\times0.47\times0.24\times2=0.64m^3$ 预制 GLB15.4—5 $2\times0.47\times0.2=0.19m^3$

续表

序号	项目编码	项目名称	项目特征描述	计量单位	工程量	计 算 式
						预制 GLB24.4－6 3.12×0.47×0.24×8＝2.82m^3 现浇 YPL_1： 0.4×0.49×(5.1＋0.12×2)＝1.05m^3 现浇 YPL_2： 0.4×0.49×2.1＝0.41m^3 现浇过梁： GL－1：(5.1＋0.24＋0.38)×0.4×0.49＝1.12m^3 GL－2：3.7×(0.37＋0.3＋0.1×0.06)×5＝2.16m^3 QL－2：0.37×0.18＋{[(12.3＋0.37×2－0.49)×2＋(35.1＋0.37×2－0.49)×2]－[3.7×5＋3.12×8＋(5.1＋0.24＋0.38)＋(2.82×2＋1.44)]}＝0.37×0.18×(95.8－56.26)＝2.63m^3 QL 代过梁： 3.7×(0.37×0.3＋0.1×0.06)×5＋3.12×0.47×0.24×8＋0.4×0.49×(5.1＋0.24＋0.38)＋2.82×0.47×0.24×2＋0.47×0.18×1.44＝6.86m^3 钢筋砖过梁： 0.47×0.18×1.44×2＝0.24m^3 V＝371.10－201.26×0.49－0.64－0.19－2.82－1.05－0.41－1.12－2.16－2.63－6.86－0.24＝254.36m^3
11	010302001002	实心砖墙	红砖墙 MU7.5 混合砂浆为 M2.5，墙厚 370mm	m^3	28.72	$V_{女儿墙}$＝[(12.3＋0.37)×2＋(35.1＋0.37)×2]×0.8×0.37＋0.37×0.37×0.8×2＝28.72m^3
12	010302001003	实心砖墙	红砖墙 MU7.5 混合砂浆为 M2.5，墙厚 240mm	m^3	105.97	$V_{内墙}$＝[(4.2－0.24)×2＋(3.9－0.24)×3＋(6－0.24)＋(8.1－0.24)＋3.6×2×2＋8.4×2]×0.24×7.8＝119.28m^3

续表

序号	项目编码	项目名称	项目特征描述	计量单位	工程量	计算式
						机械门窗洞口面积： 0.9×2.4×16＋1.5×2.7×2＋1.2×1.2×4＋1.5×1.6＝50.80m^2 机械门窗过梁体积： 预制GLA2－6： 1.42×0.24×0.12×16＝0.65m^3 预制GLA12－6： 1.7×0.24×0.12×4＝0.20m^3 预制GLA2－4： 2×0.24×0.18×3＝0.26m^3 V＝119.28－50.82×0.24－0.65－0.2－0.26＝105.97m^3
13	010302006001	零星砌砖	钢筋砖过梁	m^3	0.37	V＝0.47×0.18×1.44×3＝0.37m^3
	A.4　混凝土及钢筋混凝土工程					
14	010401002001	独立基础	C10混凝土	m^3	0.66	V＝0.64×0.64×0.8×2＝0.66m^3
15	010402001001	矩形柱	柱高1.5m，柱截面尺寸为240mm×240mm	m^3	0.09	V＝0.24×0.24×1.5＝0.09m^3
16	010402001002	矩形柱	柱高2.4m，柱截面尺寸为240mm×240mm	m^3	0.14	V＝0.24×0.24×2.4＝0.14m^3
17	010403002001	矩形梁	梁截面尺寸为400mm×490mm	m^3	1.46	V＝0.4×0.49×(5.1＋0.122×2)＋0.04×0.49×2.1＝1.05＋0.41＝1.46m^3
18	010403004001	圈梁	梁截面尺寸为370mm×180mm	m^3	2.63	V＝0.37×0.18×{[(12.3＋0.37×2－0.49)×2＋(35.1＋0.37×2－0.49)×2]－[3.7×5＋3.12×8＋(5.1＋0.24＋0.38)＋2.82×2＋1.44]}＝2.63m^3

续表

序号	项目编码	项目名称	项目特征描述	计量单位	工程量	计算式
19	010403005001	过梁	梁截面尺寸为400mm×490mm	m^3	10.14	$V=(5.1+0.24+0.38)\times 0.4\times 0.49+3.7\times(0.37\times 0.3+0.1\times 0.06)\times 5+3.7\times(0.37\times 0.3+0.1\times 0.06)\times 5+3.12\times 0.47\times 0.24\times 8+0.4\times 0.49\times(5.1+0.24+0.38)+2.82\times 0.47\times 0.24\times 2+0.47\times 0.18\times 1.44$ $=1.12+2.16+6.86$ $=10.14m^3$
20	010405001001	有梁板	板厚120mm	m^3	1.08	$V=(5.1-0.24)\times 0.12$ $=1.08m^3$
21	010405008001	雨篷板	C20混凝土	m^3	1.14	$V=\{(5.1+1+0.05)\times(1.5-0.37)\times 0.12+0.05\times 0.24\times[1+5.1+(1.5-0.37)-0.05]\times 2\}+[(1-0.37)\times(2.1+0.37)\times(0.1+0.12)\times\frac{1}{2}+0.05\times 0.24\times(2.1+0.37+1-0.37)]$ $=1.14m^3$
22	010406001001	直形楼梯	C20混凝土	m^2	16.44	$S=1.71\times 4.2\times 2+1.44\times 1.44$ $=16.44m^2$
23	010407002001	散水	素土夯实，碎砖三合土厚150mm，C10混凝土垫层厚80mm	m^2	70.87	$S=[(13.04\times 35.1+0.37\times 2)\times 2-1.5-(5.1+0.37+0.9+0.6)-2.4-1.5+4\times 0.8]\times 0.8$ $=70.87m^2$
24	010410001001	矩形梁	单件体积0.16m^3	m^3	0.65	$V=2.82\times 0.24\times 0.24\times 4$ $=0.65m^3$
25	010410003001	过梁	单件体积0.32m^3	m^3	0.64	$2.82\times 0.47\times 0.24\times 2=0.64m^3$
26	010410003002	过梁	单件体积0.19m^3	m^3	0.19	$2\times 0.47\times 0.2=0.19m^3$
27	010410003003	过梁	单件体积0.35m^3	m^3	2.82	$3.12\times 0.47\times 0.24\times 8=2.82m^3$
28	010410003004	过梁	单件体积0.04m^3	m^3	0.65	$1.42\times 0.24\times 0.12\times 16=0.65m^3$

续表

序号	项目编码	项目名称	项目特征描述	计量单位	工程量	计算式
29	010410003005	过梁	单件体积 0.05m^3	m^3	0.20	1.7×0.24×0.12×5=0.20m^3
30	010410003006	过梁	单件体积 0.09m^3	m^3	0.26	2×0.24×0.18×3=0.26m^3
31	010412001001	平板	构件尺寸为60mm×590mm×2080mm	m^3	5.74	0.06×0.59×2.08×78=5.74m^3
32	010412002001	空心板	单件体积 0.15m^3	m^3	7.78	0.06×0.59×2.08×78m^3=5.74m^3
33	010412002002	空心板	单件体积 0.292m^3	m^3	7.30	0.29×25=7.30m^3
34	010412002003	空心板	单件体积 0.344m^3	m^3	26.83	0.344×78=26.83m^3
35	010416001001	现浇混凝土钢筋	ϕ6	t	0.145	72.52+54.90+25.2+45.90+45.90+26.8+340.10+16.80+19.80+17.60+33.80=653.42m 653.42×0.222=0.145t
36	010416001002	现浇混凝土钢筋	ϕ8	t	0.124	(74.8+53.76+18.00+27.82+40.04+28.08+20.80+50.40)×0.395=0.124t
37	010416001003	现浇混凝土钢筋	ϕ12	t	0.478	0.888×(8.32+7.20+10.92+33.28+110.72+37.76+108.12+37.76+64.32+21.64+22.40+76.00)=0.478t
38	010416001004	现浇混凝土钢筋	ϕ16	t	0.144	(11.16+8.56+9.76+7.40+10.92+13.20+30.40)×1.58=0.144t
39	010416001005	现浇混凝土钢筋	ϕ20	t	0.059	(12.76+11.12)×2.47=0.059t
40	010416001006	现浇混凝土钢筋	ϕ22	t	0.589	(13.11+22.40+83.80+78.40)×2.98=0.589t
	A.6 金属结构工程					
41	010606008001	钢梯	直型钢梯刷银粉漆两遍	t	0.12	0.12t
42	010606009001	钢栏杆	刷银粉漆两遍	t	4.12	4.12t
	A.7 屋面及防水工程					
43	010702001001	屋面卷材防水	三毡四油防水层加绿豆砂	m^2	333.84	S=10.2×12.3+8.1×22.8+0.25×[(12.3+22.8)×2+(10.2+2.1)×2]=333.84m^2

续表

序号	项目编码	项目名称	项目特征描述	计量单位	工程量	计算式
	A.8 防腐、隔热、保温工程					
44	010803001001	保温隔热屋面	沥青珍珠岩块保温层厚120mm	m^2	310.14	$S=10.2\times12.3+8.1\times22.8=310.14m^2$
	B.1 楼地面工程					
45	020101001001	水泥砂浆楼地面	素土夯实，碎砖三合土厚150mm，C10混凝土垫层厚80mm，1∶2水泥砂浆面层厚20mm	m^2	552.21	$S=356.47-0.49\times(95.8+2.1+5.1-0.24)-0.24\times[(4.2-0.24)\times2+(3.9-0.24)\times3+(6-0.24)+(8.84-0.49\times2)+3.6\times2\times2+8.4\times2]+356.47-0.49\times(95.8+2.1+5.1-0.24)-0.24\times[(4.2-0.24)\times2+(3.9-0.24)\times3+(6-0.24)+(8.84-0.49\times2)+3.6\times2\times2+8.4\times2]-(2.1-0.24)\times(5.1-0.24)-4.2\times(5.1-0.24)=555.21m^2$
46	020106003001	水泥砂浆楼梯面	C10混凝土垫层厚80mm，1∶2水泥砂浆面层厚20mm	m^2	20.41	$S=4.2\times(5.1-0.24)=20.41m^2$
47	020107002001	硬木扶手带栏杆栏板	硬木扶手	m	11.15	$L=(2.76+1.44+2.76)\times1.15+1.44+1.71=11.15m$
	B.2 墙、柱面工程					
48	020201001001	墙面一般抹灰	外墙水泥砂浆抹面，刷803涂料，二层窗口上部局部贴玻璃锦砖	m^2	629.53	$S=8.6\times(35.84\times2+13.04+8.84+2.1+4.2)-(4.62\times3.07\times2+1.5\times2.7\times2+2.7\times2.1\times5\times2+2.4\times2.1\times8\times2+2.1\times2.1\times2\times2+1.2\times0.8\times3+1.5\times2.1+1.8\times2.1)+(0.37\times2\times8.6\times2)-1.4\times[(2.4+0.8)\times2+(1.8+0.8)\times2+(2.7+0.8)\times5]=629.53m^2$
49	020201001002	墙面一般抹灰	内墙混合砂浆抹灰厚20mm，刷白两遍	m^2	1402.88	一层：办公室、厕所 $\{(3.9-0.12)\times[(4.2-0.24)+(3.6-0.24)]\times2-2.1\times2.1-0.9\times2.4\}\times2=97.54m^2$ 办公室、收发室： $\{(3.9-0.12)\times[(3.9-0.24)+(3.6-0.24)]\times2-2.4\times2.1-0.9\times2.4\}\times2-1.5\times1.6=89.34m^2$

续表

序号	项目编码	项目名称	项目特征描述	计量单位	工程量	计 算 式
						教室： (3.9－0.18)×[(6.0－0.24)＋(8－0.24)]×2－2.7×2.1×2－1.2×1.2－0.9×2.4×2]×2＋(3.9－0.18)×[(8.84－0.49×2)＋(6－0.24)]×2－2.4×2.1×2－2.7×2.1－1.5×2.7＝254.46m² 走廊： (3.9－0.06)×[(3.6×2＋8.4×2)＋(2.1－0.24)]×2－1.5×2.7×2－0.9×2.4×8－2.4×2.1×4－1.2×1.2×2＝150.18m² 楼梯间： (7.8－0.18)×(4.2＋5.1＋0.14＋4.2)－1.5×2.7－1.2×0.8×3＝94.11m² 门厅： (3.9－0.18)×(3.9×2＋5.1－0.24)－1.5×1.6－4.62×3.07＋(3.9－0.12)×(2.1－0.12－0.37＋5.1－0.24)×2－4.62×3.07×2＝51.06m² 二层：办公室 (3.9－0.12)×{(4.2－0.24)＋(3.6－0.24)×2＋(3.9－0.24＋3.6－0.24)×2}×2－2.1×2.1×2－0.9×0.4×4－2.4×2.1×2＝189.28m² 教室：254.46m² 走廊： (3.9－0.06)×[(3.6×2＋8.4×2)＋(2.1－0.24)]×2－0.9×2.4×8－1.2×1.2×2－2.4×2.1×4－1.5×1.7－1.5×2.1＝151.08m² 正厅： (3.9－0.18)×[3.9×2＋(5.1－0.24)×3]－1.8×2.1×2－0.9×2.4×2＝71.37m² 合计： S＝97.54＋89.34＋254.46＋150.18＋94.11＋51.06＋189.28＋254.46＋151.08＋71.37＝1402.88m²

续表

序号	项目编码	项目名称	项目特征描述	计量单位	工程量	计算式
50	020202001001	柱面一般抹灰	混凝土柱抹混合砂浆，抹灰面刷白水泥浆二遍（毛面）	m^2	3.74	$S=0.24\times4\times(1.5+2.4)=3.74m^2$
51	020204003001	块料墙面	二层窗口上边局部贴玻璃锦砖	m^2	40.74	$1.4\times[(2.4+0.8)\times2+(1.8+0.8)\times2+(2.7+0.8)\times5]=40.74m^2$
	B.3 天棚工程					
52	020301001001	天棚抹灰	混合砂浆抹灰厚 20mm	m^2	568.37	$S=\{356.47-0.49\times(95.8+2.1+5.1-0.24)-0.24\times[(4.2-0.24)\times2+(3.9-0.24)\times3+(6-0.24)+(8.84-0.49\times2)+3.6\times2\times2+8.4\times2]\}\times2-(2.1-0.24)\times(5.1-0.24)-4.2\times(5.1-0.24)+(2.1-0.24)\times0.24\times2\times4+(1+5.1+0.05)\times(1.5-0.37)+(2.1+0.37)\times(1-0.37)+(0.24+0.12)\times(1.5-0.37)\times2+(1+5.1+0.05)+(0.24+0.1)\times(2.1+0.37+1-0.37)=568.37m^2$
	B.4 门窗工程					
53	020404007001	半玻门（带扇框）	单层木门刷调合漆二遍	樘	2	2樘
54	020404007002	半玻门（带扇框）	单层木门刷调合漆二遍	樘	4	4樘
55	020401001001	镶板木门	单层木门刷调合漆二遍	樘	17	17樘
56	020405001001	木质平开窗	C－1：单层木窗刷调合漆二遍	樘	10	10樘
57	020405001002	木质平开窗	C－2：单层木窗刷调合漆二遍	樘	16	16樘
58	020405001003	木质平开窗	C－3：单层木窗刷调合漆二遍	樘	4	4樘

续表

序号	项目编码	项目名称	项目特征描述	计量单位	工程量	计算式
59	020405001004	木质平开窗	C－4：单层木窗刷调合漆二遍	樘	3	3樘
60	020405001005	木质平开窗	C－5：单层木窗刷调合漆二遍	樘	1	1樘
61	020405001006	木质平开窗	C－6：单层木窗刷调合漆二遍	樘	4	4樘
62	020405001007	木质平开窗	C－7：单层木窗刷调合漆二遍	樘	1	1樘
63	020405001008	木质平开窗	C－8：单层木窗刷调合漆二遍	樘	2	2樘
	C.2 电气设备安装工程					
64	030204018001	配电箱	悬挂嵌入式，半周长1.5m	台	1	1台
65	030204018002	配电箱	悬挂嵌入式，半周长1.0m	台	1	1台
66	030204019001	控制开关	HK1－30/3，胶盖闸刀开关	个	3	3个
67	030204019002	控制开关	扳把开关明装	个	34	34个
68	030204002001	低压熔断器	6A	个	7	7个
69	030204002002	低压熔断器	15A	个	2	2个
70	030204002003	低压熔断器	20A	个	1	1个
71	030204031001	小电器	拉线开关	套	1	1套
72	030204031002	小电器	单相暗插座，15A，2孔	套	13	13套
73	030204031003	小电器	电铃 *DN*100	套	2	2套
74	030212001001	电气配管	G32，暗配	m	1.7	3.9－0.7－1.5＝1.7m
75	030212001002	电气配管	G25，暗配	m	2.2	3.9－1.5－1.7＋1.5＝2.2m
76	030212001003	电气配管	G15，暗配	m	463.63	N_{1-1}：4.2＋5.1＋2.1＋(3.9＋2.1)＋0.75＋2.5＋4×2＋3.6＋3.6－0.5＋$\frac{3.9}{2}$×2＋(3.9－0.7－1.5)＋(3.9－1.3)×5＋(3.9－1)×2＝59.75m N_{1-2}：8.4＋4.2＋(5.1＋3.6×2)＋0.7＋$\frac{2.1}{2}$×5＋$\frac{4.2}{2}$×2＋3.48＋(1.0＋0.9)＋(3.9－1.3)×7＋(3.9－1)×2＋(3.9－1.8)＋(3.9－1.5－0.7)＝68.23m

续表

序号	项目编码	项目名称	项目特征描述	计量单位	工程量	计 算 式
						N_{1-3}： 2.1+(8.4×2)+0.5+(5×2+4.5×4)+2.1+0.5+(4+4×3)+(3.9−1.3)×7+(3.9−1)×3+(3.9−1.5−0.7)=94.60m N_{1-4}：35m N_{2-1}： 4.2+5.1+2.1+3.9+(3.6×2−0.5)+2.5+$\frac{3.9}{2}$×3+(3.9−1.3)×3+(3.9−1)×2+(3.9−1.5−0.5)=45.85m N_{2-2}： (4.2−8.4+5.1+3.6)+(3.6×2−0.5)+$\frac{4.2}{2}$×2+(4.2+5.1+0.7)+(3.9−1.3)×5+(3.9−1)×2+(3.9−2.8)×2+(3.9−1.5−0.5)=65.40m N_{2-3}： 2.1+(8.4×2)+0.5+(5×2+4.5×4)+2.1+0.5+(4+4×3)+(3.9−1.3)×7+(3.9−1.0)×3+(3.9−1.5−0.5)=94.80m 总计：59.75+68.23+94.60+35+45.85+65.40+94.80=463.63m
77	030212003001	电气配线	2.5mm²	m	2.40	0.3×2×2×2=2.40m
78	030212003002	电气配线	4mm²	m	927.26	2×(N_{2-1}+N_{2-2}+N_{2-3}+N_{1-1}+N_{1-2}+N_{1-3}+N_{1-4})=2×(59.75+68.23+94.60+35+45.85+65.40+94.80)=927.26m
79	030212003003	电气配线	6mm²	m	8.80	3.9−1.5−1.7+1.5=2.2m 2.2×4=8.8m
80	030212003004	电气配线	10mm²	m	1.70	3.9−0.7−1.5=1.7m
81	030212003005	电气配线	16mm²	m	5.10	(3.9−0.7−1.5)×3=5.1m
82	030213001001	普通吸顶灯及其他灯具	灯罩直径 250mm	套	13	13套

续表

序号	项目编码	项目名称	项目特征描述	计量单位	工程量	计 算 式
83	030213001002	普通吸顶灯及其他灯具	吊链灯	套	16	16套
84	030213001003	普通吸顶灯及其他灯具	吊链灯	套	3	3套
85	030213001004	普通吸顶灯及其他灯具	一般弯脖灯	套	20	20套
86	030213001005	普通吸顶灯及其他灯具	一般壁灯	套	2	2套
	C.6 工业管道工程					
87	030617004001	集气罐制作安装	150mm以内	个	1	1个
	C.8 给排水、采暖、燃气工程					
88	030801001001	镀锌钢管	室内安装，输送热媒体，螺纹连接，刷红丹防锈漆一遍，刷银粉漆两遍	m	2.0	0.5×4=2.0m
89	030801001002	镀锌钢管	室内安装，输送热媒体，钢管，螺纹连接，刷红丹防锈漆一遍，刷银粉漆两遍	m	136.90	(0.5+7.6−0.8×2)×10+4.2+4.5+1.5×3.6+3.4+5.8=136.90m
90	030801001003	镀锌钢管	室内安装、输送热媒体，钢管，螺纹连接，刷红丹防锈漆一遍，刷银粉漆两遍	m	35.50	3.6+5.1+4+0.5+4.5+8.4+8.4=35.50m
91	030801001004	镀锌钢管	室内安装、输送热媒体，钢管，螺纹连接，刷红丹防锈漆一遍，刷银粉漆两遍	m	56.80	2.1+5.1+3.6+3.4+3.7+2.1+4.6+3+0.9×2+2.1+5.1+3.6+3.6+3.9+2.1+4+3=56.80m
92	030801002001	钢管	室内安装，输送给水，钢管，螺纹连接，刷红丹防锈漆一遍，刷银粉漆两遍	m	4.0	4.0m
93	030801002002	钢管	室内安装，输送给水，钢管，螺纹连接，刷红丹防锈漆一遍，刷银粉漆两遍	m	5.50	2.2+3.3=5.5m

续表

序号	项目编码	项目名称	项目特征描述	计量单位	工程量	计算式
94	030801002003	钢管	室内安装，输送给水，钢管，螺纹连接，刷红丹防锈漆一遍，刷银粉漆两遍	m	41.77	1.5+0.37+6+8.4×2+4.2+5.1+3.6+4.2=41.77m
95	030801002004	钢管	室内安装，输送热媒体，钢管，焊接，刷红丹防锈漆一遍，刷银粉漆两遍	m	50.50	2.1−6+8.4×2+3.8+5+4.2+8.4+4.2=50.50m
96	030801002005	钢管	室内安装，输送热媒体，钢管，焊接，刷红丹防锈漆一遍，刷银粉漆两遍	m	27.10	2.1+7.6+3.9+4.2+6.2+1.5+2.1−0.5=27.10m
97	030801003001	承插铸铁管	室内，输送排水，铸铁管，水泥接口，刷红丹防锈漆一遍，刷沥青漆两遍	m	3.0	3m
98	030801003002	承插铸铁管	室内，输送排水，铸铁管，水泥接口，刷红丹防锈漆一遍，刷沥青漆两遍	m	1.3	2.3−1=1.3m
99	030801003003	承插铸铁管	室内，输送排水，铸铁管，水泥接口，刷红丹防锈漆一遍，刷沥青漆两遍	m	7.7	4.2+3.5=7.7m
100	030802001001	管道支架制作安装	ϕ57mm以下	kg	16.52	0.8598×16+0.6903×4=16.52kg
101	030803001001	螺纹阀门	公称直径 *DN*20	个	20	20个
102	030803001002	螺纹阀门	公称直径 *DN*50以内	个	1	1个
103	030803005001	自动排气阀	*DN*15	个	1	1个
104	030804012001	大便器	蹲式大便器	套	4	4套
105	030804015001	排水栓	不带存水弯	组	2	2组
106	030804016001	水龙头	*DN*15	个	2	2个
107	030804017001	地漏	*DN*50	个	2	2个
108	030804018001	地面扫除口	*DN*100	个	1	1个
109	030805001001	铸铁散热器	长翼型	片	665	346+319=665片

三、工程量清单编制示例

工程量清单编制见表 4-1-6～表 4-1-15。

<u>某小学建筑安装　　　工程</u>

工 程 量 清 单

招　标　人：×××小学 单位公章
（单位盖章）

工程造价咨询人：×××工程造价咨询企业 资质专用章
（单位资质专用章）

法定代表人或其授权人：×××小学 法定代表人
（签字或盖章）

法定代表人或其授权人：×××工程造价咨询企业 法定代表人
（签字或盖章）

编　制　人：×××签字 盖造价工程师或造价员专用章
（造价人员签字盖专用章）

复　核　人：×××签字 盖造价工程师专用章
（造价工程师签字盖专用章）

编制时间：××××年××月××日

复核时间：××××年××月××日

总 说 明

工程名称：某小学建筑安装工程　　　　　　　　　　　　　　　　　　第　页　共　页

1. 工程概况：本工程为砖混结构，2层楼房，一层层高为3.9m，二层层高为3.72m，总高度为9.05m,建筑面积为701.71m²。计划工期为400日历天。

2. 工程招标范围：本次招标范围为施工图内的建筑工程和安装工程。

3. 工程量清单编制依据：

(1)某小学建筑安装施工图。

(2)《建设工程工程量清单计价规范》GB 50500—2008。

4. 其他需要说明的问题：

(1)按专业工程承包人的要求提供施工工作面并对施工现场进行统一管理，对竣工资料进行统一整理和汇总。

(2)垂直运输机械采用龙门架，水平运输采用人力手推车。

分部分项工程量清单与计价表　　　　**表 4-1-6**

工程名称：某小学建筑安装工程　　　　标段：　　　　　　第　页　共　页

序号	项目编码	项目名称	项目特征描述	计量单位	工程量	金额(元)		
						综合单价	合价	其中：暂估价
			A.1　土石方工程					
1	010101001001	平整场地	一、二类土，弃土运距1km	m²	356.47			
2	010101003001	挖基础土方	一、二类土，条形基础，垫层底宽1.2m，挖土深1.5m，弃土运距1km	m³	175.37			
3	010101003002	挖基础土方	一、二类土，条形基础，垫层底宽1.0m，挖土深1.5m，弃土运距1km	m³	87.98			
4	010101003003	挖基础土方	一、二类土，方形基础，垫层底宽0.64m，挖土深0.8m，弃土运距1km	m³	0.29			
5	010103001001	土方回填	一、二类土，夯填	m³	55.10			
			分部小计					

续表

序号	项目编码	项目名称	项目特征描述	计量单位	工程量	金额（元）		
						综合单价	合价	其中：暂估价
			A.3 砌筑工程					
6	010301001001	砖基础	红砖 MU7.5 条形基础，基础深 0.65m，混合砂浆为 M2.5	m^3	31.18			
7	010301001002	砖基础	红砖 MU7.5 条形基础，基础深 0.65m，混合砂浆为 M2.5	m^3	10.06			
8	010305001001	石基础	条形基础，基础深 1.3m，毛石为 MU20，水泥砂浆为 M5	m^3	113.56			
9	010302001001	石基础	条形基础，基础深 1.3m，毛石为 MU20，水泥砂浆为 M5	m^3	53.45			
10	010302001001	实心砖墙	红砖墙 MU7.5，混合砂浆为 M2.5，墙厚 370mm	m^3	254.36			
11	010302001002	实心砖墙	红砖墙 MU7.5，混合砂浆为 M2.5，墙厚 240mm	m^3	28.72			
12	010302001003	实心砖墙	红砖墙 MU7.5，混合砂浆为 M2.5，墙厚 240mm	m^3	105.97			
13	010302006001	零星砌砖	钢筋砖过梁	m^3	0.37			
			分部小计					
			A.4 混凝土及钢筋混凝土工程					
14	010401002001	独立基础	C10 混凝土	m^3	0.66			
15	010402001001	矩形柱	柱高 1.5m，柱截面尺寸为 240mm×240mm	m^3	0.09			
16	010402001002	矩形柱	柱高 2.4m，柱截面尺寸为 240mm×240mm	m^3	0.14			
17	010403002001	矩形梁	梁截面尺寸为 400mm×490mm	m^3	1.46			
18	010403004001	圈梁	梁截面尺寸为 370mm×180mm	m^3	2.63			

续表

序号	项目编码	项目名称	项目特征描述	计量单位	工程量	金额（元）		
						综合单价	合价	其中：暂估价
19	010403005001	过梁	梁截面尺寸为400mm×490mm	m^3	10.14			
20	010405001001	有梁板	板厚120mm	m^3	1.08			
21	010405008001	雨篷板	C20混凝土	m^3	1.14			
22	010406001001	直形楼梯	C20混凝土	m^2	16.44			
23	010407002001	散水	素土夯实，碎砖三合土厚150mm，C10混凝土垫层厚80mm	m^2	70.87			
24	010410001001	矩形梁	单件体积　$0.16m^3$	m^3	0.65			
25	010410003001	过梁	单件体积　$0.32m^3$	m^3	0.64			
26	010410003002	过梁	单件体积　$0.19m^3$	m^3	0.19			
27	010410003003	过梁	单件体积　$0.35m^3$	m^3	2.82			
28	010410003004	过梁	单件体积　$0.04m^3$	m^3	0.65			
29	010410003005	过梁	单件体积　$0.05m^3$	m^3	0.20			
30	010410003006	过梁	单件体积　$0.09m^3$	m^3	0.26			
31	010412001001	平板	构件尺寸　60mm×590mm×2080mm	m^3	5.74			
32	010412002001	空心板	单件体积　$0.15m^3$	m^3	7.80			
33	010412002002	空心板	单件体积　$0.292m^3$	m^3	7.30			
34	010412002003	空心板	单件体积　$0.344m^3$	m^3	26.83			
35	010416001001	现浇混凝土钢筋	$\phi 6$	t	0.145			
36	010416001002	现浇混凝土钢筋	$\phi 8$	t	0.124			
37	010416001003	现浇混凝土钢筋	$\phi 12$	t	0.478			
38	010416001004	现浇混凝土钢筋	$\phi 16$	t	0.144			
39	010416001005	现浇混凝土钢筋	$\phi 20$	t	0.059			
40	010416001006	现浇混凝土钢筋	$\phi 22$	t	0.589			
			分部小计					
			A.6　金属结构工程					
41	010606008001	钢梯	直形钢梯刷银粉漆两遍	t	0.12			
42	010606009001	钢栏杆	刷银粉漆两遍	t	4.12			
			分部小计					
			A.7　屋面及防水工程					
43	010702001001	屋面卷材防水	三毡四油防水层加绿豆砂	m^2	333.84			
44	010702004001	屋面排水管	镀锌钢板排水管	m	56			
			分部小计					

续表

序号	项目编码	项目名称	项目特征描述	计量单位	工程量	金额(元) 综合单价	合价	其中：暂估价
			A.8 防腐、隔热、保温工程					
45	010803001001	保温隔热屋面	沥青珍珠岩块保温层厚120mm	m²	310.14			
			分部小计					
			B.1 楼地面工程					
46	020101001001	水泥砂浆楼地面	素土夯实，碎砖三合土厚150mm，C10混凝土垫层厚80mm，1：2水泥砂浆面层厚20mm	m²	552.21			
47	020106003001	水泥砂浆楼梯面	C10混凝土垫层厚80mm，1：2水泥砂浆面层厚20mm	m²	20.41			
48	020107002001	硬木扶手带栏杆、栏板	硬木扶手	m	11.15			
			分部小计					
			B.2 墙、柱面工程					
49	020201001001	墙面一般抹灰	外墙水泥砂浆，刷803涂料，二层窗口上部局部贴玻璃锦砖	m²	629.53			
50	020201001002	墙面一般抹灰	内墙混合砂浆抹灰，厚20mm，刷白两遍	m²	1402.88			
51	020202001001	柱面一般抹灰	混凝土柱抹混合砂浆，抹灰面刷白水泥浆两遍(毛面)	m²	3.74			
52	020204003001	块料墙面	二层窗口上边局部贴玻璃锦砖	m²	40.74			
			分部小计					
			B.3 天棚工程					
53	020301001001	天棚抹灰	混合砂浆抹灰厚20mm	m²	568.37			
			分部小计					
			B.4 门窗工程					
54	020404007001	半玻门(带扇框)	单层木门刷调合漆两遍	樘	2			
55	020404007002	半玻门(带扇框)	单层木门刷调合漆两遍	樘	4			
56	020401001001	镶板木门	单层木门刷调合漆两遍	樘	17			

续表

序号	项目编码	项目名称	项目特征描述	计量单位	工程量	金额(元)		
						综合单价	合价	其中：暂估价
57	020405001001	木质平开窗	单层木窗刷调合漆两遍	樘	10			
58	020405001002	木质平开窗	单层木窗刷调合漆两遍	樘	16			
59	020405001003	木质平开窗	单层木窗刷调合漆两遍	樘	4			
60	020405001004	木质平开窗	单层木窗刷调合漆两遍	樘	3			
61	020405001005	木质平开窗	单层木窗刷调合漆两遍	樘	1			
62	020405001006	木质平开窗	单层木窗刷调合漆两遍	樘	4			
63	020405001007	木质平开窗	单层木窗刷调合漆两遍	樘	1			
64	020405001008	木质平开窗	单层木窗刷调合漆两遍	樘	2			
			分部小计					
			C.2 电气设备安装工程					
65	030204018001	配电箱	悬挂嵌入式，半周长 1.5m	台	1			
66	030204018002	配电箱	悬挂嵌入式，半周长 1.0m	台	1			
67	030204019001	控制开关	HK1－30/3 胶盖闸刀开关	个	3			
68	030204019002	控制开关	扳把开关，明装	个	34			
69	030204002001	低压熔断器	6A	个	7			
70	030204020002	低压熔断器	15A	个	2			
71	030204020003	低压熔断器	20A	个	1			
72	030204031001	小电器	拉线开关	套	1			
73	030204031002	小电器	单相暗插座 15A，2孔	套	13			
74	030204031003	小电器	电铃 D100	套	2			
75	030212001001	电气配管	G32，暗配	m	1.7			
76	030212001002	电气配管	G25，暗配	m	2.2			
77	030212001003	电气配管	G15，暗配	m	463.63			
78	030212003001	电气配线	2.5mm^2	m	2.40			

续表

序号	项目编码	项目名称	项目特征描述	计量单位	工程量	金额(元)		
						综合单价	合价	其中：暂估价
79	030212003002	电气配线	$4mm^2$	m	927.26			
80	030212003003	电气配线	$6mm^2$	m	8.80			
81	030212003004	电气配线	$10mm^2$	m	1.70			
82	030212003005	电气配线	$16mm^2$	m	5.10			
83	030213001001	普通吸顶灯及其他灯具	灯罩直径　250mm	套	13			
84	030213001002	普通吸顶灯及其他灯具	吊链灯	套	16			
85	030213001003	普通吸顶灯及其他灯具	吊链灯	套	3			
86	030213001004	普通吸顶灯及其他灯具	一般弯脖灯	套	20			
87	030213001005	普通吸顶灯及其他灯具	一般壁灯	套	2			
分部小计								
C.6　工业管道工程								
88	030617004001	集气罐制作安装	150mm 以内	个	1			
分部小计								
C.8　给排水、采暖、燃气工程								
89	030801001001	镀锌钢管	室内安装，输送热媒体，螺纹连接，刷红丹防锈漆一遍，刷银粉漆两遍	m	2.0			
90	030801001002	镀锌钢管	室内安装，输送热媒体，螺纹连接，刷红丹防锈漆一遍，刷银粉漆两遍	m	136.90			
91	030801001003	镀锌钢管	室内安装，输送热媒体，钢管，螺纹连接，刷红丹防锈漆一遍，刷银粉漆两遍	m	35.50			
92	030801001004	镀锌钢管	室内安装，输送热媒体，钢管，螺纹连接，刷红丹防锈漆一遍，刷银粉漆两遍	m	56.80			

续表

序号	项目编码	项目名称	项目特征描述	计量单位	工程量	金额（元）		
						综合单价	合价	其中：暂估价
93	030801002001	钢管	室内安装，输送热媒体，钢管，螺纹连接，刷红丹防锈漆一遍，刷银粉漆两遍	m	4.0			
94	030801002002	钢管	室内安装，输送给水，钢管，螺纹连接，刷红丹防锈漆一遍，刷银粉漆两遍	m	5.50			
95	030801002003	钢管	室内安装，输送给水，钢管，螺纹连接，刷红丹防锈漆一遍，刷银粉漆两遍	m	41.77			
96	030801002004	钢管	室内安装，输送热媒体，钢管，焊接，刷红丹防锈漆一遍，刷银粉漆两遍	m	50.50			
97	030801002005	钢管	室内安装，输送热媒体，钢管，焊接，刷红丹防锈漆一遍，刷银粉漆两遍	m	27.10			
98	030801003001	承插铸铁管	室内，输送排水，铸铁管，水泥接口，刷红丹防锈漆一遍，刷沥青漆两遍	m	3.0			
99	030801003002	承插铸铁管	室内，输送排水，铸铁管，水泥接口，刷红丹防锈漆一遍，刷沥青漆两遍	m	1.30			
100	030801003003	承插铸铁管	室内，输送排水，铸铁管，水泥接口，刷红丹防锈漆一遍，刷沥青漆两遍	m	7.70			
101	030802001001	管道支架制作安装	ϕ57mm 以下	kg	16.52			
102	030803001001	螺纹阀门	公称直径 *DN*20	个	20			
103	030803001002	螺纹阀门	公称直径 *DN*50 以内	个	1			
104	030803005001	自动排气阀	*DN*15	个	1			
105	030804012001	大便器	蹲式大便器	套	4			
106	030804015001	排水栓	不带存水弯	组	2			

续表

序号	项目编码	项目名称	项目特征描述	计量单位	工程量	金额(元)		
						综合单价	合价	其中：暂估价
107	030804016001	水龙头	*DN*15	个	2			
108	030804017001	地漏	*DN*50	个	2			
109	030804018001	地面扫除口	*DN*100	个	1			
110	030805001001	铸铁散热器	长翼型	片	665			
		分部小计						
		合　计						

措施项目清单与计价表(一)　　**表 4-1-7**

工程名称：某小学建筑安装工程　　标段：　　第　页　共　页

序号	项目名称	计算基础	费率(%)	金额(元)
1	安全文明施工费			
2	夜间施工费			
3	二次搬运费			
4	冬雨季施工			
5	大型机械设备进出场及安拆费			
6	施工排水			
7	施工降水			
8	地上、地下设施、建筑物的临时保护设施			
9	已完工程及设备保护			
10	各专业工程的措施项目			
11				
12				
	合　计			

注：1. 本表适用于以"项"计价的措施项目。

2. 根据建设部，财政部发布的《建筑安装工程费用组成》(建标[2003]206 号)的规定，"计算基础"可为"直接费"、"人工费"或"人工费＋机械费"。

措施项目清单与计价表(二)　　**表 4-1-8**

工程名称：某小学建筑安装工程　　标段：　　第　页　共　页

序号	项目编码	项目名称	项目特征描述	计算单位	工程量	金额(元)	
						综合单价	合价
		本页小计					
		合　计					

注：本表适用于以综合单价形式计价的措施项目。

其他项目清单与计价汇总表 **表 4-1-9**

工程名称：某小学建筑安装工程　　　　标段：　　　　第　页　共　页

序号	项目名称	计量单位	金额(元)	备注
1	暂列金属	项	60000	
2	暂估价			
2.1	材料暂估价			
2.2	专业工程暂估价			
3	计日工			
4	总承包服务费			
5				
合　计				

注：材料暂估单价进入清单项目综合单价，此处不汇总。

暂列金额明细表 **表 4-1-10**

工程名称：某小学建筑安装工程　　　　标段：　　　　第　页　共　页

序号	项目名称	计量单位	暂定金额(元)	备注
1	工程量清单中工程量变更和设计变更	项	20000	
2	政策性调整和材料价格风险	项	20000	
3	其他	项	20000	
4				
5				
6				
7				
8				
9				
10				
11				
合　计			60000	—

注：此表由招标人填写，如不能详列，也可只列暂定金额总额，投标人应将上述暂列金额计入投标总价中。

材料暂估单价表 **表 4-1-11**

工程名称：某小学建筑安装工程　　　　标段：　　　　第　页　共　页

序号	材料名称、规格、型号	计量单位	单价(元)	备注

注：1. 此表由招标人填写，并在备注栏说明暂估价的材料拟用在哪些清单项目上，投标人应将上述材料暂估单价计入工程量清单综合单价报价中。

2. 材料包括原材料、燃料、构配件以及按规定应计入建筑安装工程造价的设备。

专业工程暂估价表 表 4-1-12

工程名称：某小学建筑安装工程　　标段：　　第　页　共　页

序号	项目名称	工程内容	金额(元)	备注
	合　计			

注：此表由招标人填写，投标人应将上述专业工程暂估价计入投标总价中。

计　日　工　表 表 4-1-13

工程名称：某小学建筑安装工程　　标段：　　第　页　共　页

编号	项目名称	单位	暂定数量	综合单价(元)	合价(元)
一	人　工				
1					
2					
3					
	人工小计				
二	材　料				
1					
2					
3					
	材料小计				
三	施工机械				
1					
2					
3					
	施工机械小计				
	总　计				

注：此表项目名称、数量由招标人填写，编制招标控制价时，单价由招标人按有关计价规定确定；投标时，单价由投标人自主报价，计入投标总价中。

总承包服务费计价表　　　　表 4-1-14

工程名称：某小学建筑安装工程　　　　标段：　　　　第　页　共　页

序号	项目名称	项目价值(元)	服务内容	费率(%)	金额(元)
1	发包人发包专业工程	80000	按专业工程承包人的要求提供施工工作面并对施工现场进行统一管理，对竣工资料进行统一整理汇总		
2	发包人供应材料				
合　计					

规费、税金项目清单与计价表　　　　表 4-1-15

工程名称：某小学建筑安装工程　　　　标段：　　　　第　页　共　页

序号	项目名称	计算基础	费率(%)	金属(元)
1	规费			
1.1	工程排污费	按工程所在地环保部门规定按实计算		
1.2	社会保障费	(1)+(2)+(3)		
(1)	养老保险费	定额人工费		
(2)	失业保险费	定额人工费		
(3)	医疗保险费	定额人工费		
1.3	住房公积金	定额人工费		
1.4	危险作业意外伤害保险	定额人工费		
1.5	工程定额测定费	税前工程造价		
2	税金	分部分项工程费+措施项目费+其他项目费+规费		
合　计				

注：根据建设部、财政部发布的《建筑安装工程费用组成》(建标[2003]206号)的规定，“计算基础”可为“直接费”、“人工费”或“人工费+机械费”。

四、投标报价编制示例

投标报价编制见表 4-1-16～表 4-1-29。

投 标 总 价

招　　标　　人：　×××小学

工　程　名　称：　某小学建筑安装工程

投标总价(小写)：　420012 元

(大写)：　肆拾贰万零壹拾贰元

×××建筑公司

投　　标　　人：　单位公章

(单位盖章)

法定代表人　　　×××建筑公司

或其授权人：　法定代表人

(签字或盖章)

×××签字

编　　制　　人：　盖造价工程师或造价员专用章

(造价人员签字盖专用章)

编制时间：××××年××月××日

总 说 明

工程名称：某小学建筑安装工程　　　　　　　　　　　　　　　　　　第　页　共　页

1. 工程概况：本工程为砖混结构，2层楼房，一层层高为3.9m，二层层高为3.72m，总高度为9.05m，建筑面积为701.71m²。招标计划工程为400日历天，投标工期为380日历天。

2. 投标报价包括范围：为本次招标的住宅工程施工图范围内的建筑工程和安装工程。

3. 投标报价编制依据：

(1) 招标文件及其所提供的工程量清单和有关报价的要求，招标文件的补充通知和答疑纪要。

(2) 建筑施工图及投标施工组织设计。

(3) 有关的技术标准、规范和安全管理规定等。

(4) 省建设主管部门颁发的计价定额和计价管理办法及相关计价文件。

(5) 材料价格根据本公司掌握的价格情况并参照工程所在地工程造价管理机构××××年××月××日工程造价信息发布的价格。

工程项目投标报价汇总表

表 4-1-16

工程名称：某小学建筑安装工程　　　　标段：　　　　　　　　第　页　共　页

序号	单项工程名称	金额(元)	其中		
			暂估价(元)	安全文明施工费(元)	规费(元)
1	某小学建筑安装工程	420012	—	2415	3358
	合　计	420012	—	2415	3358

注：本表适用于工程项目招标控制价或投标报价的汇总。

单项工程投标报价汇总表 表 4-1-17

工程名称：某小学建筑安装工程　　　　标段：　　　　第　页　共　页

序号	单项工程名称	金额(元)	其中		
			暂估价(元)	安全文明施工费(元)	规费(元)
1	某小学建筑安装工程	420012	—	2415	3358
	合　计	420012	—	2415	3358

注：本表适用于单项工程招标控制价或投标报价的汇总。暂估价包括分部分项工程中的暂估价和专业工程暂估价。

单位工程投标报价汇总表 表 4-1-18

工程名称：某小学建筑安装工程　　　　标段：　　　　第　页　共　页

序号	汇总内容	金额(元)	其中：暂估价(元)
1	分部分项工程	254458.65	
1.1	A.1 土(石)方工程	8642.29	
1.2	A.3 砌筑工程	141936.91	
1.3	A.4 混凝土及钢筋混凝土工程	375137.72	
1.4	A.6 金属结构工程	28522.23	
1.5	A.7 屋面及防水工程	26204.32	
1.6	A.8 防腐、隔热、保温工程	20661.53	
1.7	B.1 楼地面工程	26913.34	
1.8	B.2 墙、柱面工程	25053.18	
1.9	B.3 天棚工程	808.33	
1.10	B.4 门窗工程	38090.18	
1.11	C.2 电气设备安装工程	203479.74	
1.12	C.6 工业管道工程	225.44	
1.13	C.8 给排水、采暖、燃气工程	48581.03	
2	措施项目	2745.02	
2.1	安全文明施工费	2414.97	
3	其他项目	145600	
3.1	暂列金属	60000	
3.2	专业工程暂估价	—	
3.3	计日工	—	
3.4	总承包服务费	85600	
4	规费	3358.15	
5	税金	13850.12	
	投标报价合计=1+2+3+4+5	420012	

注：本表适用于单位工程招标控制价或投标报价的汇总，如无单位工程划分，单项工程也使用本表汇总。

分部分项工程量清单与计价表

表 4-1-19

工程名称：某小学建筑安装工程　　　　标段：　　　　第　页　共　页

序号	项目编码	项目名称	项目特征描述	计量单位	工程量	金额（元）		
						综合单价	合价	其中：暂估价
			A.1　土石方工程					
1	010101001001	平整场地	一、二类土，弃土运距 1km	m²	356.47	3.68	1305.19	
2	010101003001	挖基础土方	一、二类土，条形基础，垫层底宽 1.2m，挖土深 1.5m，弃土运距 1km	m³	175.37	15.07	2642.83	
3	010101003002	挖基础土方	一、二类土，条形基础，垫层底宽 1.0m，挖土深 1.5m，弃土运距 1km	m³	87.98	15.07	1325.86	
4	010101003003	挖基础土方	一、二类土，方形基础，垫层底宽 0.64m，挖土深 0.8m，弃土运距 1km	m³	0.29	30.13	8.74	
5	010103001001	土方回填	一、二类土，夯填	m³	55.10	81.77	4505.53	
			分部小计				8642.29	
			A.3　砌筑工程					
6	010301001001	砖基础	红砖 MU7.5 条形基础，基础深 0.65m，混合砂浆为 M2.5	m³	31.18	261.65	8158.25	
7	010301001002	砖基础	红砖 MU7.5 条形基础，基础深 0.65m，混合砂浆为 M2.5	m³	10.06	244.28	2457.46	
8	010305001001	石基础	条形基础，基础深 1.3m，毛石为 MU20，水泥砂浆为 M5	m³	113.56	181.67	20630.45	
9	010302001001	石基础	条形基础，基础深 1.3m，毛石为 MU20，水泥砂浆为 M5	m³	53.45	181.67	971.26	
10	010302001001	实心砖墙	红砖墙 MU7.5，混合砂浆为 M2.5，墙厚 370mm	m³	254.36	259.31	65958.09	
11	010302001002	实心砖墙	红砖墙 MU7.5，混合砂浆为 M2.5，墙厚 240mm	m³	28.72	259.31	7447.38	

续表

序号	项目编码	项目名称	项目特征描述	计量单位	工程量	金额（元）		
						综合单价	合价	其中：暂估价
12	010302001003	实心砖墙	红砖墙 MU7.5，混合砂浆为 M2.5，墙厚 240mm	m^3	105.97	259.31	27479.08	
13	010302006001	零星砌砖	钢筋砖过梁	m^3	0.37	259.31	95.94	
			分部小计				141936.91	
			A.4 混凝土及钢筋混凝土工程					
14	010401002001	独立基础	C10 混凝土	m^3	0.66	280.32	185.01	
15	010402001001	矩形柱	柱高 1.5m，柱截面尺寸为 240mm×240mm	m^3	0.09	274.22	24.68	
16	010402001002	矩形柱	柱高 2.4m，柱截面尺寸为 240mm×240mm	m^3	0.14	313.72	43.92	
17	010403002001	矩形梁	梁截面尺寸为 400mm×490mm	m^3	1.46	313.72	458.03	
18	010403004001	圈梁	梁截面尺寸为 370mm×180mm	m^3	2.63	339.76	893.57	
19	010403005001	过梁	梁截面尺寸为 400mm×490mm	m^3	10.14	379.76	3850.77	
20	010405001001	有梁板	板厚 120mm	m^3	1.08	313.01	338.05	
21	010405008001	雨篷板	C20 混凝土	m^3	1.14	240.89	274.61	
22	010406001001	直形楼梯	C20 混凝土	m^2	16.44	80.08	1316.52	
23	010407002001	散水	素土夯实，碎砖三合土厚 150mm，C10 混凝土垫层厚 80mm	m^2	70.87	306.43	21716.69	
24	010410001001	矩形梁	单件体积 $0.16m^3$	m^3	0.65	566.45	368.19	
25	010410003001	过梁	单件体积 $0.32m^3$	m^3	0.64	607.64	388.89	
26	010410003002	过梁	单件体积 $0.19m^3$	m^3	0.19	607.64	115.45	
27	010410003003	过梁	单件体积 $0.35m^3$	m^3	2.82	607.64	1713.54	
28	010410003004	过梁	单件体积 $0.04m^3$	m^3	0.65	607.64	394.97	
29	010410003005	过梁	单件体积 $0.05m^3$	m^3	0.20	607.64	121.53	
30	010410003006	过梁	单件体积 $0.09m^3$	m^3	0.26	607.64	157.99	
31	010412001001	平板	构件尺寸 60mm×590mm×2080mm	m^3	5.74	693.15	3978.68	
32	010412002001	空心板	单件体积 $0.15m^3$	m^3	7.80	706.89	5513.74	
33	010412002002	空心板	单件体积 $0.292m^3$	m^3	7.30	711.43	5193.44	

续表

序号	项目编码	项目名称	项目特征描述	计量单位	工程量	金额(元)		
						综合单价	合价	其中：暂估价
34	010412002003	空心板	单件体积 0.344m^3	m^3	26.83	711.43	19087.67	
35	010416001001	现浇混凝土钢筋	ϕ6	t	0.145	3987.36	578.17	
36	010416001002	现浇混凝土钢筋	ϕ8	t	0.124	3987.36	494.43	
37	010416001003	现浇混凝土钢筋	ϕ12	t	0.478	3987.36	1905.96	
38	010416001004	现浇混凝土钢筋	ϕ16	t	0.144	3987.36	574.18	
39	010416001005	现浇混凝土钢筋	ϕ20	t	0.059	3987.36	235.25	
40	010416001006	现浇混凝土钢筋	ϕ22	t	0.589	3987.36	2348.56	
			分部小计				375137.72	
			A.6 金属结构工程					
41	010606008001	钢梯	直形钢梯刷银粉漆两遍	t	0.12	7420.87	890.50	
42	010606009001	钢栏杆	刷银粉漆两遍	t	4.12	6706.73	27631.73	
			分部小计				28522.23	
			A.7 屋面及防水工程					
43	010702001001	屋面卷材防水	三毡四油防水层加绿豆砂	m^2	333.84	73.00	24370.32	
44	010702004001	屋面排水管	镀锌钢板排水管	m	56	32.75	1834.00	
			分部小计				26204.32	
			A.8 防腐、隔热、保温工程					
45	010803001001	保温隔热屋面	沥青珍珠岩块保温层厚120mm	m^2	310.14	66.62	20661.53	
			分部小计				20661.53	
			B.1 楼地面工程					
46	020101001001	水泥砂浆楼地面	素土夯实，碎砖三合土厚150mm，C10混凝土垫层厚80mm，1：2水泥砂浆面层厚20mm	m^2	552.21	43.81	24192.32	
47	020106003001	水泥砂浆楼梯面	C10混凝土垫层厚80mm，1：2水泥砂浆面层厚20mm	m^2	20.41	39.54	807.01	
48	020107002001	硬木扶手带栏杆、栏板	硬木扶手	m	11.15	171.66	1914.01	
			分部小计				26913.34	
			B.2 墙、柱面工程					
49	020201001001	墙面一般抹灰	外墙水泥砂浆，刷803涂料，二层窗口上部局部贴玻璃锦砖	m^2	629.53	15.59	9814.37	

续表

序号	项目编码	项目名称	项目特征描述	计量单位	工程量	金额(元)		
						综合单价	合价	其中：暂估价
50	020201001002	墙面一般抹灰	内墙混合砂浆抹灰，厚 20mm，刷白两遍	m²	1402.88	10.31	14463.69	
51	020202001001	柱面一般抹灰	混凝土柱抹混合砂浆，抹灰面刷白水泥浆两遍(毛面)	m²	3.74	52.68	197.02	
52	020204003001	块料墙面	二层窗口上边局部贴玻璃锦砖	m²	40.74	14.19	578.10	
			分部小计				25053.18	
			B.3 天棚工程					
53	020301001001	天棚抹灰	混合砂浆抹灰厚20mm	m²	568.37	14.09	8008.33	
			分部小计				8008.33	
			B.4 门窗工程					
54	020404007001	半玻门(带扇框)	单层木门刷调合漆两遍	樘	2	1469.61	2939.22	
55	020404007002	半玻门(带扇框)	单层木门刷调合漆两遍	樘	4	1469.61	5878.44	
56	020401001001	镶板木门	单层木门刷调合漆两遍	樘	17	307.69	5230.73	
57	020405001001	木质平开窗	单层木窗刷调合漆两遍	樘	10	724.15	7241.50	
58	020405001002	木质平开窗	单层木窗刷调合漆两遍	樘	16	724.15	11586.40	
59	020405001003	木质平开窗	单层木窗刷调合漆两遍	樘	4	579.32	2317.28	
60	020405001004	木质平开窗	单层木窗刷调合漆两遍	樘	3	144.83	434.49	
61	020405001005	木质平开窗	单层木窗刷调合漆两遍	樘	1	289.68	289.68	
62	020405001006	木质平开窗	单层木窗刷调合漆两遍	樘	4	144.83	579.32	
63	020405001007	木质平开窗	单层木窗刷调合漆两遍	樘	1	434.48	434.48	
64	020405001008	木质平开窗	单层木窗刷调合漆两遍	樘	2	579.32	1158.64	
			分部小计				38090.18	

续表

序号	项目编码	项目名称	项目特征描述	计量单位	工程量	金额(元)		
						综合单价	合价	其中：暂估价
			C.2 电气设备安装工程					
65	030204018001	配电箱	悬挂嵌入式，半周长 1.5m	台	1	99.37	99.37	
66	030204018002	配电箱	悬挂嵌入式，半周长 1.0m	台	1	80.83	80.83	
67	030204019001	控制开关	$HK_1-30/3$ 胶盖闸刀开关	个	3	18.14	54.42	
68	030204019002	控制开关	扳把开关，明装	个	34	7.94	269.96	
69	030204002001	低压熔断器	6A	个	7	29.18	204.26	
70	030204020002	低压熔断器	15A	个	2	29.18	58.36	
71	030204020003	低压熔断器	20A	个	1	29.18	29.18	
72	030204031001	小电器	拉线开关	套	1	7.98	7.98	
73	030204031002	小电器	单相暗插座 15A，2孔	套	13	9.07	117.91	
74	030204031003	小电器	电铃 D100	套	2	26.66	53.32	
75	030212001001	电气配管	G32，暗配	m	1.7	214.40	364.48	
76	030212001002	电气配管	G25，暗配	m	2.2	5.14	11.31	
77	030212001003	电气配管	G15，暗配	m	463.63	2.45	1135.89	
78	030212003001	电气配线	2.5mm^2	m	2.40	15.31	36.74	
79	030212003002	电气配线	4mm^2	m	927.26	0.67	621.26	
80	030212003003	电气配线	6mm^2	m	8.80	1.37	12.06	
81	030212003004	电气配线	10mm^2	m	1.70	1.20	2.04	
82	030212003005	电气配线	16mm^2	m	5.10	5.93	30.24	
83	030213001001	普通吸顶灯及其他灯具	灯罩直径 250mm	套	13	26.47	344.11	
84	030213001002	普通吸顶灯及其他灯具	吊链灯	套	16	13.06	78.36	
85	030213001003	普通吸顶灯及其他灯具	吊链灯	套	3	13.06	39.18	
86	030213001004	普通吸顶灯及其他灯具	一般弯脖灯	套	20	70.34	1406.80	
87	030213001005	普通吸顶灯及其他灯具	一般壁灯	套	2	54.68	109.36	
			分部小计				203479.74	
			C.6 工业管道工程					
88	030617004001	集气罐制作安装	150mm 以内	个	1	225.44	225.44	
			分部小计				225.44	

续表

序号	项目编码	项目名称	项目特征描述	计量单位	工程量	金额(元)		
						综合单价	合价	其中：暂估价
			C.8 给排水、采暖、燃气工程					
89	030801001001	镀锌钢管	室内安装，输送热媒体，螺纹连接，刷红丹防锈漆一遍，刷银粉漆两遍	m	2.0	24.17	48.34	
90	030801001002	镀锌钢管	室内安装，输送热媒体，螺纹连接，刷红丹防锈漆一遍，刷银粉漆两遍	m	136.90	31.51	4313.72	
91	030801001003	镀锌钢管	室内安装，输送热媒体，钢管，螺纹连接，刷红丹防锈漆一遍，刷银粉漆两遍	m	35.50	42.00	1491.00	
92	030801001004	镀锌钢管	室内安装，输送热媒体，钢管，螺纹连接，刷红丹防锈漆一遍，刷银粉漆两遍	m	56.80	44.73	2540.66	
93	030801002001	钢管	室内安装，输送热媒体，钢管，螺纹连接，刷红丹防锈漆一遍，刷银粉漆两遍	m	4.0	45.30	181.20	
94	030801002002	钢管	室内安装，输送给水，钢管，螺纹连接，刷红丹防锈漆一遍，刷银粉漆两遍	m	5.50	50.59	578.25	
95	030801002003	钢管	室内安装，输送给水，钢管，螺纹连接，刷红丹防锈漆一遍，刷银粉漆两遍	m	41.77	50.59	2113.14	
96	030801002004	钢管	室内安装，输送热媒体，钢管，焊接，刷红丹防锈漆一遍，刷银粉漆两遍	m	50.50	30.81	1555.91	
97	030801002005	钢管	室内安装，输送热媒体，钢管，焊接，刷红丹防锈漆一遍，刷银粉漆两遍	m	27.10	42.55	1153.11	
98	030801003001	承插铸铁管	室内，输送排水，铸铁管，水泥接口，刷红丹防锈漆一遍，刷沥青漆两遍	m	3.0	98.87	296.61	

续表

序号	项目编码	项目名称	项目特征描述	计量单位	工程量	金额（元）		
						综合单价	合价	其中：暂估价
99	030801003002	承插铸铁管	室内，输送排水，铸铁管，水泥接口，刷红丹防锈漆一遍，刷沥青漆两遍	m	1.30	240.56	312.73	
100	030801003003	承插铸铁管	室内，输送排水，铸铁管，水泥接口，刷红丹防锈漆一遍，刷沥青漆两遍	m	7.70	240.56	1852.31	
101	030802001001	管道支架制作安装	ϕ57mm 以下	kg	16.52	76.55	1264.61	
102	030803001001	螺纹阀门	公称直径 *DN*20	个	20	107.05	2141.00	
103	030803001002	螺纹阀门	公称直径 *DN*50 以内	个	1	314.09	314.09	
104	030803005001	自动排气阀	*DN*15	个	1	24.84	24.84	
105	030804012001	大便器	蹲式大便器	套	4	395.27	1581.08	
106	030804015001	排水栓	不带存水弯	组	2	73.70	147.40	
107	030804016001	水龙头	*DN*15	个	2	7.10	14.20	
108	030804017001	地漏	*DN*50	个	2	23.58	47.16	
109	030804018001	地面扫除口	*DN*100	个	1	23.72	23.72	
110	030805001001	铸铁散热器	长翼型	片	665	40.43	26885.95	
			分部小计				48581.03	
			合　计				254458.65	

措施项目清单与计价表（一）　　**表 4-1-20**

工程名称：某小学建筑安装工程　　标段：　　第　页　共　页

序号	项目名称	计算基础	费率（%）	金额（元）
1	安全文明施工费	人工费	30	2414.97
2	夜间施工费	人工费	1.5	120.75
3	二次搬运费	人工费	1	80.50
4	冬雨季施工		0.6	48.30
5	大型机械设备进出场及安拆费			
6	施工排水	人工费	0.5	40.25
7	施工降水	人工费	0.5	40.25
8	地上、地下设施、建筑物的临时保护设施			
9	已完工程及设备保护			
10	各专业工程的措施项目			
	合　计			2745.02

注：1. 本表适用于以“项”计价的措施项目。

2. 根据建设部、财政部发布的《建筑安装工程费用组成》（建标［2003］206 号）的规定，“计算基础”可为“直接费”、“人工费”或“人工费+机械费”。

措施项目清单与计价表（二） 表 4-1-21

工程名称：某小学建筑安装工程 标段： 第 页 共 页

序号	项目编码	项目名称	项目特征描述	计算单位	工程量	金额（元）	
						综合单价	合价
本页小计							
合　计							

注：本表适用于以综合单价形式计价的措施项目。

其他项目清单与计价汇总表 表 4-1-22

工程名称：某小学建筑安装工程 标段： 第 页 共 页

序号	项目名称	计量单位	金额（元）	备注
1	暂列金属	项	60000	
2	暂估价			
2.1	材料暂估价			
2.2	专业工程暂估价			
3	计日工			
4	总承包服务费	项	85600	
5				
合　计				145600

注：材料暂估单价进入清单项目综合单价，此处不汇总。

暂列金额明细表 表 4-1-23

工程名称：某小学建筑安装工程 标段： 第 页 共 页

序号	项目名称	计量单位	暂定金额（元）	备注
1	工程量清单中工程量变更和设计变更	项	20000	
2	政策性调整和材料价格风险	项	20000	
3	其他	项	20000	
4				
5				
6				
7				
8				
9				
10				
11				
合　计			60000	—

注：此表由招标人填写，如不能详列，也可只列暂定金额总额，投标人应将上述暂列金额计入投标总价中。

材料暂估单价表 表 4-1-24

工程名称：某小学建筑安装工程 标段： 第 页 共 页

序号	材料名称、规格、型号	计量单位	单价（元）	备注

注：1. 此表由招标人填写，并在备注栏说明暂估价的材料拟用在哪些清单项目上，投标人应将上述材料暂估单价计入工程量清单综合单价报价中。

2. 材料包括原材料、燃料、构配件以及按规定应计入建筑安装工程造价的设备。

专业工程暂估价表 表 4-1-25

工程名称：某小学建筑安装工程 标段： 第 页 共 页

序号	项目名称	工程内容	金额（元）	备注
合　计				

注：此表由招标人填写，投标人应将上述专业工程暂估价计入投标总价中。

计　日　工　表 表 4-1-26

工程名称：某小学建筑安装工程 标段： 第 页 共 页

编号	项目名称	单位	暂定数量	综合单价（元）	合价（元）
一	人　工				
人工小计					
二	材　料				
材料小计					
三	施工机械				
施工机械小计					
总　计					

注：此表项目名称、数量由招标人填写，编制招标控制价时，单价由招标人按有关计价规定确定；投标时，单价由投标人自主报价，计入投标总价中。

总承包服务费计价表 **表 4-1-27**

工程名称：某小学建筑安装工程　　标段：　　第　页　共　页

序号	项目名称	项目价值（元）	服务内容	费率（%）	金额（元）
1	发包人发包专业工程	80000	按专业工程承包人的要求提供施工工作面并对施工现场进行统一管理，对竣工资料进行统一整理汇总	7	5600
2	发包人供应材料				
	合　计				85600

规费、税金项目清单与计价表 **表 4-1-28**

工程名称：某小学建筑安装工程　　标段：　　第　页　共　页

序号	项目名称	计算基础	费率（%）	金额（元）
1	规费			3358.15
1.1	工程排污费			500.00
1.2	社会保障费	（1）＋（2）＋（3）		1770.98
（1）	养老保险费	人工费	14	1126.99
（2）	失业保险费	人工费	2	161.00
（3）	医疗保险费	人工费	6	482.99
1.3	住房公积金	人工费	6	482.99
1.4	危险作业意外伤害保险	人工费	0.5	40.25
1.5	工程定额测定费	税前工程造价	0.14	563.93
2	税金	分部分项工程费＋措施项目费＋其他项目费＋规费	3.41	13850.12
	合　计			17208.27

注：根据建设部、财政部发布的《建筑安装工程费用组成》（建标［2003］206 号）的规定，“计算基础”可为“直接费”、“人工费”或“人工费＋机械费”。

工程量清单综合单价分析表

表 4-1-29

工程名称：某小学建筑安装工程　　　　标段：　　　　第 1 页　共 109 页

项目编码	010101001001	项目名称	平整场地	计量单位	m^2

清单综合单价组成明细											
定额编号	定额名称	定额单位	数量	单价（元）				合价（元）			
				人工费	材料费	机械费	管理费和利润	人工费	材料费	机械费	管理费和利润
1-21	平整场地	$100m^2$	0.02	129.60	—	—	54.43	2.59	—	—	1.09
人工单价		小　计						2.59	—	—	1.09
24.00 元/工日		未计价材料费									
清单项目综合单价								3.68			

材料费明细	主要材料名称、规格、型号	单位	数量	单价（元）	合价（元）	暂估单价（元）	暂估合价（元）
	其他材料费			—		—	
	材料费小计			—		—	

工程量清单综合单价分析表

续表

工程名称：某小学建筑安装工程　　　　标段：　　　　第 2 页　共 109 页

项目编码	010101003001	项目名称	挖基础土方	计量单位	m^3

清单综合单价组成明细											
定额编号	定额名称	定额单位	数量	单价（元）				合价（元）			
				人工费	材料费	机械费	管理费和利润	人工费	材料费	机械费	管理费和利润
1-10	挖地槽深 1.5m以内	$100m^3$	0.02	530.40	—	—	222.76	10.61	—	—	4.46
人工单价		小　计						10.61	—	—	4.46
24.00 元/工日		未计价材料费						—			
清单项目综合单价								15.07			

材料费明细	主要材料名称、规格、型号	单位	数量	单价（元）	合价（元）	暂估单价（元）	暂估合价（元）
	其他材料费			—		—	
	材料费小计			—		—	

工程量清单综合单价分析表

续表

工程名称：某小学建筑安装工程　　标段：　　第 3 页　共 109 页

项目编码	010101003002	项目名称	挖基础土方	计量单位	m^3

清单综合单价组成明细

定额编号	定额名称	定额单位	数量	单价（元）				合价（元）			
				人工费	材料费	机械费	管理费和利润	人工费	材料费	机械费	管理费和利润
1-10	挖地槽深1.5m以内	$100m^3$	0.02	530.40	—	—	222.76	10.61	—	—	4.46
人工单价		小计						10.61	—	—	4.46
24.00 元/工日		未计价材料费						—			
清单项目综合单价								15.07			

材料费明细	主要材料名称、规格、型号	单位	数量	单价（元）	合价（元）	暂估单价（元）	暂估合价（元）
	其他材料费			—		—	
	材料费小计			—		—	

工程量清单综合单价分析表

续表

工程名称：某小学建筑安装工程　　标段：　　第 4 页　共 109 页

项目编码	010101003003	项目名称	挖基础土方	计量单位	m^3

清单综合单价组成明细

定额编号	定额名称	定额单位	数量	单价（元）				合价（元）			
				人工费	材料费	机械费	管理费和利润	人工费	材料费	机械费	管理费和利润
1-10	挖地槽深1.5m以内	$100m^3$	0.04	530.40	—	—	222.76	21.22	—	—	8.91
人工单价		小计						21.22	—	—	8.91
24.00 元/工日		未计价材料费						—			
清单项目综合单价								30.13			

材料费明细	主要材料名称、规格、型号	单位	数量	单价（元）	合价（元）	暂估单价（元）	暂估合价（元）
	其他材料费			—		—	
	材料费小计			—		—	

工程量清单综合单价分析表　　　　续表

工程名称：某小学建筑安装工程　　　　标段：　　　　第 5 页　共 109 页

项目编码	010103001001	项目名称	土方回填	计量单位	m³

清单综合单价组成明细

定额编号	定额名称	定额单位	数量	单价（元）				合价（元）			
				人工费	材料费	机械费	管理费和利润	人工费	材料费	机械费	管理费和利润
1-22	原土打夯	100m²	0.05	21.60	—	9.25	13.02	1.08	—	0.46	0.65
1-24	就地回填（夯土）	100m³	0.07	400.80	—	46.24	187.74	28.06	—	3.24	13.14
1-67	人工装土	1000m³	0.003	3384.00	—	—	1421.28	10.15	—	—	4.26
1-69	自卸汽车运土 100m 以内	100m³	0.003	144.00	—	4724.25	2044.56	0.43	—	14.17	6.13
人工单价		小计						39.72	—	17.87	24.18
24.00 元/工日		未计价材料费						—			
清单项目综合单价								81.77			

材料费明细	主要材料名称、规格、型号	单位	数量	单价（元）	合价（元）	暂估单价（元）	暂估合价（元）
	其他材料费			—		—	
	材料费小计			—		—	

工程量清单综合单价分析表　　　　续表

工程名称：某小学建筑安装工程　　　　标段：　　　　第 6 页　共 109 页

项目编码	010301001001	项目名称	砖基础	计量单位	m³

清单综合单价组成明细

定额编号	定额名称	定额单位	数量	单价（元）				合价（元）			
				人工费	材料费	机械费	管理费和利润	人工费	材料费	机械费	管理费和利润
3-13	标准砖基础	10m³	0.10	286.00	1417.38	16.98	722.40	28.60	141.74	1.70	72.24
7-96	砖基础上防水砂浆防潮层	100m³	0.02	—	595.88	15.64	257.04	—	11.92	0.31	5.14
人工单价		小计						28.60	153.66	2.01	77.38
26.00 元/工日		未计价材料费						—			
清单项目综合单价								261.65			

材料费明细	主要材料名称、规格、型号	单位	数量	单价（元）	合价（元）	暂估单价（元）	暂估合价（元）
	标准砖 240×115×53	千块	0.528	211.00	111.41		
	混合砂浆　M5.0	m³	0.230	131.02	29.90		
	水泥砂浆　1：2	m³	0.042	207.70	8.76		
	防水剂	kg	1.160	2.59	3.00		
	水	m³	0.176	1.95	0.34		
	其他材料费			—	—		
	材料费小计				153.41		

工程量清单综合单价分析表

续表

工程名称：某小学建筑安装工程　　标段：　　第 7 页　共 109 页

项目编码	010301001002	项目名称	砖基础	计量单位	m^3

清单综合单价组成明细

定额编号	定额名称	定额单位	数量	单价（元）				合价（元）			
				人工费	材料费	机械费	管理费和利润	人工费	材料费	机械费	管理费和利润
3-13	标准砖基础	$10m^3$	0.1	286.00	1417.38	16.98	722.40	28.60	141.74	1.70	72.24
人工单价		小计						28.60	141.74	1.70	72.24
26.00 元/工日		未计价材料费						—			
清单项目综合单价								244.28			

材料费明细	主要材料名称、规格、型号	单位	数量	单价（元）	合价（元）	暂估单价（元）	暂估合价（元）
	标准砖 240×115×53	千块	0.528	211.00	111.41		
	混合砂浆　M5.0	m^3	0.230	131.02	30.13		
	水	m^3	0.100	1.95	0.20		
	其他材料费			—	—		
	材料费小计				141.74		

工程量清单综合单价分析表

续表

工程名称：某小学建筑安装工程　　标段：　　第 8 页　共 109 页

项目编码	010305001001	项目名称	石基础	计量单位	m^3

清单综合单价组成明细

定额编号	定额名称	定额单位	数量	单价（元）				合价（元）			
				人工费	材料费	机械费	管理费和利润	人工费	材料费	机械费	管理费和利润
3-18	浆砌块石基础	$10m^3$	0.1	299.00	953.65	26.81	537.18	29.90	95.37	2.68	53.72
人工单价		小计						29.90	95.37	2.68	53.72
26.00 元/工日		未计价材料费						—			
清单项目综合单价								181.67			

材料费明细	主要材料名称、规格、型号	单位	数量	单价（元）	合价（元）	暂估单价（元）	暂估合价（元）
	块石　毛石　200～500	t	1.730	27.77	48.04		
	混合砂浆　M5.0	m^3	0.360	131.02	47.17		
	水	m^3	0.080	1.95	0.16		
	其他材料费			—	—		
	材料费小计				95.37		

工程量清单综合单价分析表

续表

工程名称：某小学建筑安装工程　　　　标段：　　　　第 9 页　共 109 页

项目编码	010305001002	项目名称	石基础	计量单位	m^3

清单综合单价组成明细											
定额编号	定额名称	定额单位	数量	单价（元）				合价（元）			
				人工费	材料费	机械费	管理费和利润	人工费	材料费	机械费	管理费和利润
3-18	浆砌块石基础	$10m^3$	0.1	299.00	953.65	26.81	537.18	29.90	95.37	2.68	53.72
人工单价		小计						29.90	95.37	2.68	53.72
26.00元/工日		未计价材料费						—			
清单项目综合单价								181.67			

材料费明细	主要材料名称、规格、型号	单位	数量	单价（元）	合价（元）	暂估单价（元）	暂估合价（元）
	块石　毛石　200～500	t	1.730	27.77	48.04		
	混合砂浆　M5.0	m^3	0.360	131.02	47.17		
	水	m^3	0.080	1.95	0.16		
	其他材料费			—	—		
	材料费小计				95.37		

工程量清单综合单价分析表

续表

工程名称：某小学建筑安装工程　　　　标段：　　　　第 10 页　共 109 页

项目编码	010302001001	项目名称	实心砖墙	计量单位	m^3

清单综合单价组成明细											
定额编号	定额名称	定额单位	数量	单价（元）				合价（元）			
				人工费	材料费	机械费	管理费和利润	人工费	材料费	机械费	管理费和利润
2-21	1砖厚标准砖墙	$10m^3$	0.1	377.00	1431.84	17.43	766.92	37.70	143.18	1.74	76.69
人工单价		小计						37.70	143.18	1.74	76.69
26.00元/工日		未计价材料费						—			
清单项目综合单价								259.31			

材料费明细	主要材料名称、规格、型号	单位	数量	单价（元）	合价（元）	暂估单价（元）	暂估合价（元）
	标准砖　240×115×53	千块	0.529	211.00	111.62		
	混合砂浆　M5.0	m^3	0.236	131.02	30.92		
	水	m^3	0.110	1.95	0.21		
	其他材料费			—	0430		
	材料费小计				143.18		

工程量清单综合单价分析表

续表

工程名称：某小学建筑安装工程　　　　标段：　　　　第 11 页　共 109 页

项目编码	010302001002	项目名称	实心砖墙	计量单位	m^3

清单综合单价组成明细

定额编号	定额名称	定额单位	数量	单价（元）				合价（元）			
				人工费	材料费	机械费	管理费和利润	人工费	材料费	机械费	管理费和利润
3-21	1 砖厚标准砖墙	$10m^3$	0.1	377.00	1431.84	17.43	766.92	37.70	143.18	1.74	76.69
人工单价		小计						37.70	143.18	1.74	76.69
26.00 元/工日		未计价材料费						—			
清单项目综合单价								259.31			

材料费明细	主要材料名称、规格、型号	单位	数量	单价（元）	合价（元）	暂估单价（元）	暂估合价（元）
	标准砖 240×115×53	千块	0.529	211.00	111.62		
	混合砂浆 M5.0	m^3	0.236	131.02	30.92		
	水	m^3	0.110	1.95	0.21		
	其他材料费			—	0.43		
	材料费小计				143.18		

工程量清单综合单价分析表

续表

工程名称：某小学建筑安装工程　　　　标段：　　　　第 12 页　共 109 页

项目编码	010302001003	项目名称	实心砖墙	计量单位	m^3

清单综合单价组成明细

定额编号	定额名称	定额单位	数量	单价（元）				合价（元）			
				人工费	材料费	机械费	管理费和利润	人工费	材料费	机械费	管理费和利润
3-21	1 砖厚标准砖墙	$10m^3$	0.1	377.00	1431.84	17.43	766.92	37.70	143.18	1.74	76.69
人工单价		小计						37.70	143.18	1.74	76.69
26.00 元/工日		未计价材料费						—			
清单项目综合单价								259.31			

材料费明细	主要材料名称、规格、型号	单位	数量	单价（元）	合价（元）	暂估单价（元）	暂估合价（元）
	标准砖 240×115×53	千块	0.529	211.00	111.62		
	混合砂浆 M5.0	m^3	0.236	131.02	30.92		
	水	m^3	0.110	1.95	0.21		
	其他材料费			—	0.43		
	材料费小计				143.18		

工程量清单综合单价分析表

续表

工程名称：某小学建筑安装工程　　　　标段：　　　　第13页　共109页

项目编码	010302006001			项目名称		零星砌砖		计量单位		m^3	
清单综合单价组成明细											
定额编号	定额名称	定额单位	数量	单价（元）				合价（元）			
				人工费	材料费	机械费	管理费和利润	人工费	材料费	机械费	管理费和利润
3-30	零星砌体	$10m^3$	0.1	527.80	1430.66	15.64	829.08	52.78	143.07	1.56	82.91
人工单价		小计						52.78	143.07	1.56	82.91
26.00元/工日		未计价材料费						—			
清单项目综合单价								280.32			
材料费明细	主要材料名称、规格、型号				单位	数量		单价（元）	合价（元）	暂估单价（元）	暂估合价（元）
	标准砖　240×115×53				千块	0.546		211.00	115.21		
	混合砂浆　M5.0				m^3	0.211		131.02	27.65		
	水				m^3	0.110		1.95	0.21		
	其他材料费							—	—		
	材料费小计								143.07		

工程量清单综合单价分析表

续表

工程名称：某小学建筑安装工程　　　　标段：　　　　第14页　共109页

项目编码	010401002001			项目名称		独立基础		计量单位		m^3	
清单综合单价组成明细											
定额编号	定额名称	定额单位	数量	单价（元）				合价（元）			
				人工费	材料费	机械费	管理费和利润	人工费	材料费	机械费	管理费和利润
4-127	混凝土及钢筋混凝土基础	$10m^3$	0.1	239.20	1649.58	42.42	811.02	23.92	164.96	4.24	81.10
人工单价		小计						23.92	164.96	4.24	81.10
26.00元/工日		未计价材料费						—			
清单项目综合单价								274.22			
材料费明细	主要材料名称、规格、型号				单位	数量		单价（元）	合价（元）	暂估单价（元）	暂估合价（元）
	现浇现拌混凝土　C20（40）				m^3	1.015		158.96	161.34		
	草　袋				m^2	0.380		4.48	1.70		
	水				m^3	0.980		1.95	1.91		
	其他材料费							—	—		
	材料费小计								164.95		

工程量清单综合单价分析表

续表

工程名称：某小学建筑安装工程　　　　标段：　　　　第 15 页　共 109 页

项目编码	010402001001			项目名称		矩形柱		计量单位		m³	
清单综合单价组成明细											
定额编号	定额名称	定额单位	数量	单价（元）				合价（元）			
				人工费	材料费	机械费	管理费和利润	人工费	材料费	机械费	管理费和利润
4-131	矩形柱	10m³	0.1	494.00	1645.51	69.86	927.78	49.40	164.55	6.99	92.78
人工单价		小计						49.40	164.55	6.99	92.78
26.00 元/工日		未计价材料费						—			
清单项目综合单价								313.72			
材料费明细	主要材料名称、规格、型号				单位	数量		单价（元）	合价（元）	暂估单价（元）	暂估合价（元）
	现浇现拌混凝土　C20（40）				m³	1.015		158.96	161.34		
	草　袋				m²	0.150		4.48	0.67		
	水				m³	1.300		1.95	2.54		
	其他材料费							—	—		
	材料费小计								164.55		

工程量清单综合单价分析表

续表

工程名称：某小学建筑安装工程　　　　标段：　　　　第 16 页　共 109 页

项目编码	010402001002			项目名称		矩形柱		计量单位		m³	
清单综合单价组成明细											
定额编号	定额名称	定额单位	数量	单价（元）				合价（元）			
				人工费	材料费	机械费	管理费和利润	人工费	材料费	机械费	管理费和利润
4-131	矩形柱	10m³	0.1	494.00	1645.51	69.86	927.78	49.40	164.55	6.99	92.78
人工单价		小计						49.40	164.55	6.99	92.78
26.00 元/工日		未计价材料费						—			
清单项目综合单价								313.72			
材料费明细	主要材料名称、规格、型号				单位	数量		单价（元）	合价（元）	暂估单价（元）	暂估合价（元）
	现浇现拌混凝土　C20（40）				m³	1.015		158.96	161.34		
	草　袋				m²	0.150		4.48	0.67		
	水				m³	1.300		1.95	2.54		
	其他材料费							—	—		
	材料费小计								164.55		

工程量清单综合单价分析表

续表

工程名称：某小学建筑安装工程　　标段：　　第 17 页　共 109 页

项目编码	010403002001	项目名称	矩形梁	计量单位	m^3

清单综合单价组成明细

定额编号	定额名称	定额单位	数量	单价（元）				合价（元）			
				人工费	材料费	机械费	管理费和利润	人工费	材料费	机械费	管理费和利润
4-136	现浇混凝土圈梁	$10m^3$	0.1	579.80	1706.74	106.04	1005.06	57.98	170.67	10.60	100.51
人工单价		小计						57.98	170.67	10.50	100.51
26.00 元/工日		未计价材料费						—			
清单项目综合单价								339.76			

	主要材料名称、规格、型号	单位	数量	单价（元）	合价（元）	暂估单价（元）	暂估合价（元）
材料费明细	现浇现拌混凝土　C20（40）	m^3	1.015	158.96	161.34		
	草　袋	m^2	1.360	4.48	6.09		
	水	m^3	1.66	1.95	3.24		
	其他材料费			—	—		
	材料费小计				170.67		

工程量清单综合单价分析表

续表

工程名称：某小学建筑安装工程　　标段：　　第 18 页　共 109 页

项目编码	010403004001	项目名称	圈梁	计量单位	m^3

清单综合单价组成明细

定额编号	定额名称	定额单位	数量	单价（元）				合价（元）			
				人工费	材料费	机械费	管理费和利润	人工费	材料费	机械费	管理费和利润
4-136	现浇混凝土梁	$10m^3$	0.1	579.80	1706.74	106.04	1005.04	57.98	170.67	10.60	100.51
人工单价		小计						57.98	170.67	10.60	100.51
26.00 元/工日		未计价材料费						—			
清单项目综合单价								339.76			

	主要材料名称、规格、型号	单位	数量	单价（元）	合价（元）	暂估单价（元）	暂估合价（元）
材料费明细	现浇现拌混凝土　C20（40）	m^3	1.015	158.96	161.34		
	草　袋	m^2	1.360	4.48	6.09		
	水	m^3	1.66	1.95	3.24		
	其他材料费			—	—		
	材料费小计				170.67		

工程量清单综合单价分析表

续表

工程名称：某小学建筑安装工程　　　　标段：　　　　第 19 页　共 109 页

项目编码	010403005001	项目名称	过梁	计量单位	m^3

清单综合单价组成明细

定额编号	定额名称	定额单位	数量	单价（元）				合价（元）			
				人工费	材料费	机械费	管理费和利润	人工费	材料费	机械费	管理费和利润
4-136	现浇混凝土梁	$10m^3$	0.1	579.80	1706.74	106.04	1005.04	57.98	170.67	10.60	100.51
人工单价		小　计						57.98	170.67	10.60	100.51
26.00 元/工日		未计价材料费						—			
清单项目综合单价								379.76			

材料费明细	主要材料名称、规格、型号	单位	数量	单价（元）	合价（元）	暂估单价（元）	暂估合价（元）
	现浇现拌混凝土　C20（40）	m^3	1.015	158.96	161.34		
	草　袋	m^2	1.360	4.48	6.09		
	水	m^3	1.66	1.95	3.24		
	其他材料费			—	—		
	材料费小计				170.67		

工程量清单综合单价分析表

续表

工程名称：某小学建筑安装工程　　　　标段：　　　　第 20 页　共 109 页

项目编码	010405001001	项目名称	有梁板	计量单位	m^3

清单综合单价组成明细

定额编号	定额名称	定额单位	数量	单价（元）				合价（元）			
				人工费	材料费	机械费	管理费和利润	人工费	材料费	机械费	管理费和利润
4-138	现浇混凝土板	$10m^3$	0.1	293.80	1838.96	71.06	925.68	29.38	183.90	7.16	92.57
人工单价		小　计						29.38	183.90	7.16	92.57
26.00 元/工日		未计价材料费						—			
清单项目综合单价								313.01			

材料费明细	主要材料名称、规格、型号	单位	数量	单价（元）	合价（元）	暂估单价（元）	暂估合价（元）
	现浇现拌混凝土　C20（40）	m^3	1.015	167.24	169.75		
	草　袋	m^2	2.270	4.48	10.17		
	水	m^3	2.040	1.95	3.98		
	其他材料费			—	—		
	材料费小计				183.90		

工程量清单综合单价分析表 续表

工程名称：某小学建筑安装工程 标段： 第21页 共109页

项目编码	010405008001	项目名称	雨篷板	计量单位	m^3

清单综合单价组成明细

定额编号	定额名称	定额单位	数量	单价（元）				合价（元）			
				人工费	材料费	机械费	管理费和利润	人工费	材料费	机械费	管理费和利润
4-148	雨篷	$10m^2$	0.75	54.60	161.34	10.32	94.92	40.95	121.01	7.74	71.19
人工单价		小计						40.95	121.01	7.74	71.19
26.00元/工日		未计价材料费						—			
清单项目综合单价								240.89			

材料费明细	主要材料名称、规格、型号	单位	数量	单价（元）	合价（元）	暂估单价（元）	暂估合价（元）
	现浇现拌混凝土 C20（40）	m^3	0.690	158.96	109.68		
	草袋	m^2	1.880	4.48	8.42		
	水	m^3	1.500	1.95	2.92		
	其他材料费			—	—		
	材料费小计				121.02		

工程量清单综合单价分析表 续表

工程名称：某小学建筑安装工程 标段： 第22页 共109页

项目编码	010406001001	项目名称	直形楼梯	计量单位	m^2

清单综合单价组成明细

定额编号	定额名称	定额单位	数量	单价（元）				合价（元）			
				人工费	材料费	机械费	管理费和利润	人工费	材料费	机械费	管理费和利润
4-146	现浇直形楼梯	$10m^2$	0.1	122.20	408.86	36.18	233.52	12.22	40.89	3.62	23.35
人工单价		小计						12.22	40.89	3.62	23.35
26.00元/工日		未计价材料费						—			
清单项目综合单价								80.08			

材料费明细	主要材料名称、规格、型号	单位	数量	单价（元）	合价（元）	暂估单价（元）	暂估合价（元）
	现浇现拌混凝土 C20（40）	m^3	0.243	158.96	38.63		
	草袋	m^2	0.330	4.48	1.48		
	水	m^3	0.400	1.95	0.78		
	其他材料费			—	—		
	材料费小计				40.89		

工程量清单综合单价分析表

续表

工程名称：某小学建筑安装工程　　　　标段：　　　　第23页　共109页

项目编码	010407002001	项目名称	散水	计量单位	m^2

清单综合单价组成明细

定额编号	定额名称	定额单位	数量	单价（元）				合价（元）			
				人工费	材料费	机械费	管理费和利润	人工费	材料费	机械费	管理费和利润
1-22	原土打夯	$100m^2$	0.01	23.40	—	9.25	13.71	0.23	—	0.09	0.14
3-12	三合土垫层	$10m^3$	0.15	252.20	882.34	14.57	482.58	37.83	132.35	2.19	72.39
4-125	混凝土垫层	$10m^3$	0.008	270.40	1648.89	43.88	824.46	2.16	13.19	0.35	6.60
9-92	混凝土面墙角护坡	$100m^3$	0.11	738.40	1879.01	123.27	1151.22	7.38	18.79	1.23	11.51
人工单价		小计						47.60	164.33	3.86	90.64
26.00元/工日		未计价材料费						—			
清单项目综合单价								306.43			

材料费明细	主要材料名称、规格、型号	单位	数量	单价（元）	合价（元）	暂估单价（元）	暂估合价（元）
	三合土	m^3	1.515	87.36	132.35		
	现浇现拌混凝土　C20（40）	m^3	0.081	158.96	12.91		
	草袋	m^2	0.042	4.48	0.19		
	水	m^3	0.133	1.95	0.26		
	现浇现拌混凝土　C20（40）	m^3	0.081	129.11	10.46		
	木模	m^3	0.0003	915.00	0.27		
	碎石　13～25	t	0.028	32.90	0.92		
	碎石　38～70	t	0.168	32.90	5.53		
	水泥砂浆　1：1	m^3	0.006	246.13	1.48		
	镀锌铁钉 50mm	kg	0.004	3.69	0.01		
	其他材料费			—	—		
	材料费小计				164.53		

工程量清单综合单价分析表

续表

工程名称：某小学建筑安装工程　　　　标段：　　　　第24页　共109页

项目编码	010410001001	项目名称	矩形梁	计量单位	m^3

清单综合单价组成明细

定额编号	定额名称	定额单位	数量	单价（元）				合价（元）			
				人工费	材料费	机械费	管理费和利润	人工费	材料费	机械费	管理费和利润
4-413	Ⅰ类构件运输 5km	$10m^3$	0.1	65.00	37.50	829.36	391.44	6.50	3.75	82.94	39.14
4-414	Ⅰ类构件运距每增减 1km	$10m^3$	0.1	2.60	—	35.75	15.96	0.26	—	3.58	1.60
4-330	矩形梁	$10m^3$	0.1	304.20	1689.00	152.49	901.32	30.42	168.90	15.25	90.13

续表

定额编号	定额名称	定额单位	数量	单价（元）				合价（元）			
				人工费	材料费	机械费	管理费和利润	人工费	材料费	机械费	管理费和利润
4-432	预制混凝土过梁安装（无电焊）	10m³	0.1	236.60	85.18	551.32	366.66	23.66	8.52	55.13	36.67
人工单价		小　计						60.84	181.17	156.90	167.54
26.00元/工日		未计价材料费						—			
清单项目综合单价								566.45			

	主要材料名称、规格、型号	单位	数量	单价（元）	合价（元）	暂估单价（元）	暂估合价（元）
材料费明细	预制混凝土　C20（20）	m³	0.508	165.30	83.97		
	预制混凝土　C20（40）	m³	0.508	159.29	80.92		
	垫木	m³	0.006	915.00	5.49		
	草　袋	m²	0.350	4.48	1.57		
	水	m³	1.100	1.95	2.15		
	现浇现拌混凝土　C20（16）	m³	0.017	172.99	2.94		
	水泥砂浆　1∶3	m³	0.008	173.92	1.39		
	木　模	m³	0.0003	915.00	0.27		
	镀锌铁钉 50mm	kg	0.050	3.69	0.18		
	其他材料费			—	0.98		
	材料费小计				181.42		

工程量清单综合单价分析表

续表

工程名称：某小学建筑安装工程　　　　标段：　　　　第25页　共109页

项目编码	010410003001	项目名称	过梁	计量单位	m³

清单综合单价组成明细

定额编号	定额名称	定额单位	数量	单价（元）				合价（元）			
				人工费	材料费	机械费	管理费和利润	人工费	材料费	机械费	管理费和利润
4-335	预制浆混凝土浇捣	10m³	0.1	481.00	1761.76	192.98	1023.12	48.10	176.18	19.30	102.31
4-413	Ⅰ类构件运距5km	10m³	0.1	65.00	37.50	829.36	391.44	6.50	3.75	82.94	39.14
4-414	Ⅰ类构件运距每增减1km	10m³	0.1	2.60	—	35.75	15.96	0.26	—	3.58	1.60
4-432	预制混凝土过梁安装（无电焊）	10m³	0.1	236.60	85.18	551.32	366.66	23.66	8.52	55.13	36.67
人工单价		小　计						78.52	188.45	160.95	179.72
26.00元/工日		未计价材料费						—			
清单项目综合单价								607.64			

续表

	主要材料名称、规格、型号	单位	数量	单价（元）	合价（元）	暂估单价（元）	暂估合价（元）
材料费明细	预制混凝土 C20（20）	m^3	1.015	165.30	167.78		
	垫 木	m^3	0.006	915.00	5.86		
	草 袋	m^2	0.930	4.48	4.17		
	水	m^3	1.700	1.95	3.32		
	现浇现拌混凝土 C20（16）	m^3	0.017	172.99	2.94		
	水泥砂浆 1∶3	m^3	0.008	173.92	1.39		
	木 模	m^3	0.002	915.00	1.83		
	镀锌铁钉 50mm	kg	0.050	3.69	0.18		
	其他材料费			—	0.98		
	材料费小计				188.45		

工程量清单综合单价分析表

续表

工程名称：某小学建筑安装工程　　标段：　　第 26 页　共 109 页

项目编码	010410003002	项目名称	过梁	计量单位	m^3

清单综合单价组成明细

定额编号	定额名称	定额单位	数量	单价（元）人工费	单价（元）材料费	单价（元）机械费	单价（元）管理费和利润	合价（元）人工费	合价（元）材料费	合价（元）机械费	合价（元）管理费和利润
4-335	预制浆混凝土浇捣	$10m^3$	0.1	481.00	1761.76	192.98	1023.12	48.10	176.18	19.30	102.31
4-413	Ⅰ类构件运距 5km	$10m^3$	0.1	65.00	37.50	829.36	391.44	6.50	3.75	82.94	39.14
4-414	Ⅰ类构件运距每增减 1km	$10m^3$	0.1	2.60	—	35.75	15.96	0.26	—	3.58	1.60
4-432	预制混凝土过梁安装（无电焊）	$10m^3$	0.1	236.60	85.18	551.32	366.66	23.66	8.52	55.13	36.67
人工单价		小　计						78.52	188.45	160.95	179.72
26.00 元/工日		未计价材料费						—			
清单项目综合单价								607.64			

	主要材料名称、规格、型号	单位	数量	单价（元）	合价（元）	暂估单价（元）	暂估合价（元）
材料费明细	预制混凝土 C20（20）	m^3	1.015	165.30	167.78		
	垫 木	m^3	0.006	915.00	5.86		
	草 袋	m^2	0.930	4.48	4.17		
	水	m^3	1.700	1.95	3.32		
	现浇现拌混凝土 C20（16）	m^3	0.017	172.99	2.94		
	水泥砂浆 1∶3	m^3	0.008	173.92	1.39		
	木 模	m^3	0.002	915.00	1.83		
	镀锌铁钉 50mm	kg	0.050	3.69	0.18		
	其他材料费			—	0.98		
	材料费小计				188.45		

工程量清单综合单价分析表

续表

工程名称：某小学建筑安装工程　　标段：　　第 27 页　共 109 页

项目编码	010410003003	项目名称	过梁	计量单位	m³

清单综合单价组成明细											
定额编号	定额名称	定额单位	数量	单价（元）				合价（元）			
				人工费	材料费	机械费	管理费和利润	人工费	材料费	机械费	管理费和利润
4-335	预制浆混凝土浇捣	10m³	0.1	481.00	1761.76	192.98	1023.12	48.10	176.18	19.30	102.31
4-413	Ⅰ类构件运距 5km	10m³	0.1	65.00	37.50	829.36	391.44	6.50	3.75	82.94	39.14
4-414	Ⅰ类构件运距每增减 1km	10m³	0.1	2.60	—	35.75	15.96	0.26	—	3.58	1.60
4-432	预制混凝土过梁安装（无电焊）	10m³	0.1	236.60	85.18	551.32	366.66	23.66	8.52	55.13	36.67
人工单价		小　计						78.52	188.45	160.95	179.72
26.00 元/工日		未计价材料费						—			
清单项目综合单价								607.64			

材料费明细	主要材料名称、规格、型号	单位	数量	单价（元）	合价（元）	暂估单价（元）	暂估合价（元）
	预制混凝土　C20（20）	m³	1.015	165.30	167.78		
	垫　木	m³	0.006	915.00	5.86		
	草　袋	m²	0.930	4.48	4.17		
	水	m³	1.700	1.95	3.32		
	现浇现拌混凝土　C20（16）	m³	0.017	172.99	2.94		
	水泥砂浆　1∶3	m³	0.008	173.92	1.39		
	木　模	m³	0.002	915.00	1.83		
	镀锌铁钉　50mm	kg	0.050	3.69	0.18		
	其他材料费			—	0.98		
	材料费小计				188.45		

工程量清单综合单价分析表

续表

工程名称：某小学建筑安装工程　　标段：　　第 28 页　共 109 页

项目编码	010410003004	项目名称	过梁	计量单位	m³

清单综合单价组成明细											
定额编号	定额名称	定额单位	数量	单价（元）				合价（元）			
				人工费	材料费	机械费	管理费和利润	人工费	材料费	机械费	管理费和利润
4-335	预制浆混凝土浇捣	10m³	0.1	481.00	1761.76	192.98	1023.12	48.10	176.18	19.30	102.31
4-413	Ⅰ类构件运距 5km	10m³	0.1	65.00	37.50	829.36	391.44	6.50	3.75	82.94	39.14
4-414	Ⅰ类构件运距每增减 1km	10m³	0.1	2.60	—	35.75	15.96	0.26	—	3.58	1.60

续表

定额编号	定额名称	定额单位	数量	单价（元）				合价（元）			
				人工费	材料费	机械费	管理费和利润	人工费	材料费	机械费	管理费和利润
4-432	预制混凝土过梁安装（无电焊）	10m³	0.1	236.60	85.18	551.32	366.66	23.66	8.52	55.13	36.67
人工单价		小计						78.52	188.45	160.95	179.72
26.00元/工日		未计价材料费						—			
清单项目综合单价								607.64			

	主要材料名称、规格、型号	单位	数量	单价（元）	合价（元）	暂估单价（元）	暂估合价（元）
材料费明细	预制混凝土 C20（20）	m³	1.015	165.30	167.78		
	垫木	m³	0.006	915.00	5.86		
	草袋	m²	0.930	4.48	4.17		
	水	m³	1.700	1.95	3.32		
	现浇现拌混凝土 C20（16）	m³	0.017	172.99	2.94		
	水泥砂浆 1∶3	m³	0.008	173.92	1.39		
	木模	m³	0.002	915.00	1.83		
	镀锌铁钉 50mm	kg	0.050	3.69	0.18		
	其他材料费			—	0.98		
	材料费小计				188.45		

工程量清单综合单价分析表

续表

工程名称：某小学建筑安装工程　　标段：　　第29页　共109页

项目编码	010410003005	项目名称	过梁	计量单位	m³

清单综合单价组成明细

定额编号	定额名称	定额单位	数量	单价（元）				合价（元）			
				人工费	材料费	机械费	管理费和利润	人工费	材料费	机械费	管理费和利润
4-335	预制浆混凝土浇捣	10m³	0.1	481.00	1761.76	192.98	1023.12	48.10	176.18	19.30	102.31
4-413	Ⅰ类构件运距5km	10m³	0.1	65.00	37.50	829.36	391.44	6.50	3.75	82.94	39.14
4-414	Ⅰ类构件运距每增减1km	10m³	0.1	2.60	—	35.75	15.96	0.26	—	3.58	1.60
4-432	预制混凝土过梁安装（无电焊）	10m³	0.1	236.60	85.18	551.32	366.66	23.66	8.52	55.13	36.67
人工单价		小计						78.52	188.45	160.95	179.72
26.00元/工日		未计价材料费						—			
清单项目综合单价								607.64			

续表

	主要材料名称、规格、型号	单位	数量	单价（元）	合价（元）	暂估单价（元）	暂估合价（元）
材料费明细	预制混凝土 C20（20）	m^3	1.015	165.30	167.78		
	垫 木	m^3	0.006	915.00	5.86		
	草 袋	m^2	0.930	4.48	4.17		
	水	m^3	1.700	1.95	3.32		
	现浇现拌混凝土 C20（16）	m^3	0.017	172.99	2.94		
	水泥砂浆 1∶3	m^3	0.008	173.92	1.39		
	木 模	m^3	0.002	915.00	1.83		
	镀锌铁钉 50mm	kg	0.050	3.69	0.18		
	其他材料费			—	0.98		
	材料费小计				188.45		

工程量清单综合单价分析表

续表

工程名称：某小学建筑安装工程　　标段：　　第 30 页　共 109 页

项目编码	010412001001	项目名称	平板	计量单位	m^3

定额编号	定额名称	定额单位	数量	单价（元）				合价（元）			
				人工费	材料费	机械费	管理费和利润	人工费	材料费	机械费	管理费和利润
4-337	预制平板	$10m^3$	0.10	546.00	1811.91	195.38	1072.26	54.60	181.19	19.54	107.23
4-413	Ⅰ类构件运距 5km	$10m^3$	0.10	65.00	37.50	829.36	391.44	6.50	3.75	82.94	39.14
4-414	Ⅰ类构件运距每增减 1km	$10m^3$	0.10	2.60	—	35.75	15.96	0.26	—	3.58	1.60
4-419	预制砖过梁安装（无电焊）	$10m^3$	0.10	470.60	371.01	516.19	570.36	47.06	37.10	51.62	57.04
人工单价		小 计						108.42	122.04	157.68	205.01
26.00 元/工日		未计价材料费						—			
清单项目综合单价								693.15			

	主要材料名称、规格、型号	单位	数量	单价（元）	合价（元）	暂估单价（元）	暂估合价（元）
材料费明细	预制混凝土 C20（20）	m^3	1.015	165.30	167.78		
	垫 木	m^3	0.007	915.00	6.41		
	草 袋	m^2	1.410	4.48	6.32		
	水	m^3	2.700	1.95	5.27		
	现浇现拌混凝土 C20（16）	m^3	0.116	172.90	20.06		
	水泥砂浆 1∶2	m^3	0.013	207.70	2.70		
	镀锌钢丝 12 号	kg	0.180	4.80	0.86		
	纯水砂浆	m^3	0.004	407.63	1.63		
	木 模	m^3	0.010	915.00	9.15		
	其他材料费			—	2.23		
	材料费小计				222.41		

工程量清单综合单价分析表

续表

工程名称：某小学建筑安装工程　　标段：　　第 31 页　共 109 页

项目编码	010412002001	项目名称	空心板	计量单位	m^3

定额编号	定额名称	定额单位	数量	单价（元）				合价（元）			
				人工费	材料费	机械费	管理费和利润	人工费	材料费	机械费	管理费和利润
4-367	空心板制作（板高 12cm 以内）	$10m^3$	0.1	478.40	2220.65	195.38	1215.48	222.07	222.07	19.54	121.55
4-417	预制空心板运距 5km	$10m^3$	0.1	75.40	28.02	592.62	292.32	7.54	2.80	59.26	29.23
4-418	预制空心板运距每增减 1km	$10m^3$	0.1	5.20	—	24.63	12.60	0.52	—	2.46	1.26
4-449	预制空心板安装（无电焊）	$10m^3$	0.1	470.60	371.01	516.19	570.36	47.06	37.10	51.62	57.04
人工单价		小计						102.96	261.97	132.88	209.08
26.00 元/工日		未计价材料费						—			
清单项目综合单价								706.89			

	主要材料名称、规格、型号	单位	数量	单价（元）	合价（元）	暂估单价（元）	暂估合价（元）
材料费明细	预制空心板　C30（16）	m^3	1.030	202.43	208.50		
	垫　木	m^3	0.005	915.00	4.58		
	草　袋	m^2	1.400	4.48	6.27		
	水	m^3	2.800	1.95	5.46		
	型钢　综合	kg	0.053	2.546	0.13		
	现浇现拌混凝土　C20（16）	m^3	0.116	172.99	20.07		
	水泥砂浆　1：2	m^3	0.013	207.70	2.70		
	镀锌钢丝 12 号	kg	0.180	4.80	0.86		
	纯水泥浆	m^3	0.004	407.63	1.63		
	木　模	m^3	0.010	915.00	9.15		
	其他材料费			—	2.43		
	材料费小计				261.78		

工程量清单综合单价分析表

续表

工程名称：某小学建筑安装工程　　　　标段：　　　　第 32 页　共 109 页

项目编码	010412002002	项目名称	空心板	计量单位	m^3

清单综合单价组成明细											
定额编号	定额名称	定额单位	数量	单价（元）				合价（元）			
				人工费	材料费	机械费	管理费和利润	人工费	材料费	机械费	管理费和利润
4-368	空心板制作（板高 18cm 以内）	$10m^3$	0.1	478.40	2204.47	195.38	1208.76	47.84	220.45	19.54	120.88
4-417	预制空心板运输运距 5km	$10m^3$	0.1	75.40	28.02	592.62	292.32	7.54	2.80	59.26	29.23
4-418	预制空心板运距每增减 1km	$10m^3$	0.1	5.20	—	24.63	12.60	0.52	—	2.46	1.26
4-451	预制空心板安装（无电焊）	$10m^3$	0.1	460.20	371.01	574.84	590.52	46.02	37.10	57.48	59.05
人工单价		小　计						101.92	260.35	138.74	210.42
26.00 元/工日		未计价材料费						—			
清单项目综合单价								711.43			

材料费明细	主要材料名称、规格、型号	单位	数量	单价（元）	合价（元）	暂估单价（元）	暂估合价（元）
	预制混凝土　C30（16）	m^3	1.030	202.43	208.50		
	垫　木	m^3	0.005	915.00	4.76		
	草　袋	m^2	1.300	4.48	5.82		
	水	m^3	2.200	1.95	4.29		
	型钢　综合	kg	0.053	2.546	0.13		
	现浇现拌混凝土　C20（16）	m^3	0.116	172.99	20.07		
	水泥砂浆　1：2	m^3	0.013	207.70	2.70		
	镀锌钢丝 12 号	kg	0.180	4.80	0.86		
	纯水泥浆	m^3	0.004	407.63	1.63		
	木　模	m^3	0.010	915.00	9.15		
	其他材料费			—	2.43		
	材料费小计				260.18		

工程量清单综合单价分析表

续表

工程名称：某小学建筑安装工程　　标段：　　

项目编码	010412002003	项目名称	空心板	计量单位	m^3

清单综合单价组成明细

定额编号	定额名称	定额单位	数量	单价（元）				合价（元）			
				人工费	材料费	机械费	管理费和利润	人工费	材料费	机械费	管理费和利润
4-368	空心板制作（板高 18cm 以内）	$10m^3$	0.10	478.40	2204.47	195.38	1208.76	47.84	220.45	19.54	120.88
4-417	预制空心板运输运距 5km	$10m^3$	0.10	75.40	28.02	592.62	292.32	7.52	2.80	59.26	29.23
4-418	预制空心板运距每增减 1km	$10m^3$	0.10	5.20	—	24.63	12.60	0.52	—	2.46	1.26
4-451	预制空心板安装（无电焊）	$10m^3$	0.10	460.20	371.01	574.84	590.52	46.02	37.10	57.48	59.05
人工单价		小计						101.92	260.35	138.74	210.42
26.00 元/工日		未计价材料费						—			
清单项目综合单价								711.43			

	主要材料名称、规格、型号	单位	数量	单价（元）	合价（元）	暂估单价（元）	暂估合价（元）
材料费明细	预制混凝土　C30（16）	m^3	1.030	202.43	208.50		
	垫　木	m^3	0.005	915.00	4.76		
	草　袋	m^2	1.300	4.48	5.82		
	水	m^3	2.200	1.95	4.29		
	型钢　综合	kg	0.053	2.546	0.13		
	现浇现拌混凝土　C20（16）	m^3	0.116	172.99	20.07		
	水泥砂浆　1∶2	m^3	0.013	207.70	2.70		
	镀锌钢丝 12 号	kg	0.180	4.80	0.86		
	纯水泥浆	m^3	0.004	407.63	1.63		
	木　模	m^3	0.010	915.00	9.15		
	其他材料费			—	2.43		
	材料费小计				260.18		

工程量清单综合单价分析表

续表

工程名称：某小学建筑安装工程　　　　标段：　　　　第 34 页　共 109 页

项目编码	010416001001	项目名称	现浇混凝土钢筋	计量单位	t

清单综合单价组成明细

定额编号	定额名称	定额单位	数量	单价（元）				合价（元）			
				人工费	材料费	机械费	管理费和利润	人工费	材料费	机械费	管理费和利润
4-393	现浇构件圆钢制作安装	t	1	335.40	2429.08	43.24	1179.36	335.40	2429.08	43.24	1179.36
人工单价		小计						335.40	2929.08	43.24	1179.36
26.00 元/工日		未计价材料费						—			
清单项目综合单价								3987.36			

材料费明细	主要材料名称、规格、型号	单位	数量	单价（元）	合价（元）	暂估单价（元）	暂估合价（元）
	圆钢　综合	t	1.020	2326.00	2372.52		
	电焊条　STJ422	kg	0.950	3.35	3.18		
	镀锌钢丝　22 号	kg	8.572	5.36	45.95		
	水	m^3	0.018	1.95	0.04		
	其他材料费			—	7.40		
	材料费小计				2429.09		

工程量清单综合单价分析表

续表

工程名称：某小学建筑安装工程　　　　标段：　　　　第 35 页　共 109 页

项目编码	010416001002	项目名称	现浇混凝土钢筋	计量单位	t

清单综合单价组成明细

定额编号	定额名称	定额单位	数量	单价（元）				合价（元）			
				人工费	材料费	机械费	管理费和利润	人工费	材料费	机械费	管理费和利润
4-393	现浇构件圆钢制作安装	t	1	335.40	2429.08	43.24	1179.36	335.40	2429.08	43.24	1179.36
人工单价		小计						335.40	2929.08	43.24	1179.36
26.00 元/工日		未计价材料费						—			
清单项目综合单价								3987.36			

材料费明细	主要材料名称、规格、型号	单位	数量	单价（元）	合价（元）	暂估单价（元）	暂估合价（元）
	圆钢　综合	t	1.020	2326.00	2372.52		
	电焊条　STJ422	kg	0.950	3.35	3.18		
	镀锌钢丝　22 号	kg	8.572	5.36	45.95		
	水	m^3	0.018	1.95	0.04		
	其他材料费			—	7.40		
	材料费小计				2429.09		

工程量清单综合单价分析表

续表

工程名称：某小学建筑安装工程　　　　标段：　　　　第 36 页　共 109 页

项目编码	010416001003	项目名称	现浇混凝土钢筋	计量单位	t

清单综合单价组成明细

定额编号	定额名称	定额单位	数量	单价（元）				合价（元）			
				人工费	材料费	机械费	管理费和利润	人工费	材料费	机械费	管理费和利润
4-393	现浇构件圆钢制作安装	t	1	335.40	2429.08	43.24	1179.36	335.40	2429.08	43.24	1179.36
人工单价		小计						335.40	2929.08	43.24	1179.36
26.00元/工日		未计价材料费						—			
清单项目综合单价								3987.36			

材料费明细	主要材料名称、规格、型号	单位	数量	单价（元）	合价（元）	暂估单价（元）	暂估合价（元）
	圆钢　综合	t	1.020	2326.00	2372.52		
	电焊条　STJ422	kg	0.950	3.35	3.18		
	镀锌钢丝　22号	kg	8.572	5.36	45.95		
	水	m^3	0.018	1.95	0.04		
	其他材料费			—	7.40		
	材料费小计				2429.09		

工程量清单综合单价分析表

续表

工程名称：某小学建筑安装工程　　　　标段：　　　　第 37 页　共 109 页

项目编码	010416001004	项目名称	现浇混凝土钢筋	计量单位	t

清单综合单价组成明细

定额编号	定额名称	定额单位	数量	单价（元）				合价（元）			
				人工费	材料费	机械费	管理费和利润	人工费	材料费	机械费	管理费和利润
4-393	现浇构件圆钢制作安装	t	1	335.40	2429.08	43.24	1179.36	335.40	2429.08	43.24	1179.36
人工单价		小计						335.40	2929.08	43.24	1179.36
26.00元/工日		未计价材料费						—			
清单项目综合单价								3987.36			

材料费明细	主要材料名称、规格、型号	单位	数量	单价（元）	合价（元）	暂估单价（元）	暂估合价（元）
	圆钢　综合	t	1.020	2326.00	2372.52		
	电焊条　STJ422	kg	0.950	3.35	3.18		
	镀锌钢丝　22号	kg	8.572	5.36	45.95		
	水	m^3	0.018	1.95	0.04		
	其他材料费			—	7.40		
	材料费小计				2429.09		

工程量清单综合单价分析表

续表

工程名称：某小学建筑安装工程　　标段：　　第 38 页　共 109 页

项目编码	010416001005		项目名称		现浇混凝土钢筋			计量单位		t	
清单综合单价组成明细											
定额编号	定额名称	定额单位	数量	单价（元）				合价（元）			
				人工费	材料费	机械费	管理费和利润	人工费	材料费	机械费	管理费和利润
4-393	现浇构件圆钢制作安装	t	1	335.40	2429.08	43.24	1179.36	335.40	2429.08	43.24	1179.36
人工单价		小计						335.40	2929.08	43.24	1179.36
26.00 元/工日		未计价材料费						—			
清单项目综合单价								3987.36			
材料费明细	主要材料名称、规格、型号				单位	数量		单价（元）	合价（元）	暂估单价（元）	暂估合价（元）
	圆钢　综合				t	1.020		2326.00	2372.52		
	电焊条　STJ422				kg	0.950		3.35	3.18		
	镀锌钢丝　22 号				kg	8.572		5.36	45.95		
	水				m^3	0.018		1.95	0.04		
	其他材料费							—	7.40		
	材料费小计								2429.09		

工程量清单综合单价分析表

续表

工程名称：某小学建筑安装工程　　标段：　　第 39 页　共 109 页

项目编码	010416001006		项目名称		现浇混凝土钢筋			计量单位		t	
清单综合单价组成明细											
定额编号	定额名称	定额单位	数量	单价（元）				合价（元）			
				人工费	材料费	机械费	管理费和利润	人工费	材料费	机械费	管理费和利润
4-393	现浇构件圆钢制作安装	t	1	335.40	2429.08	43.24	1179.36	335.40	2429.08	43.24	1179.36
人工单价		小计						335.40	2929.08	43.24	1179.36
26.00 元/工日		未计价材料费						—			
清单项目综合单价								3987.36			
材料费明细	主要材料名称、规格、型号				单位	数量		单价（元）	合价（元）	暂估单价（元）	暂估合价（元）
	圆钢　综合				t	1.020		2326.00	2372.52		
	电焊条　STJ422				kg	0.950		3.35	3.18		
	镀锌钢丝　22 号				kg	8.572		5.36	45.95		
	水				m^3	0.018		1.95	0.04		
	其他材料费							—	7.40		
	材料费小计								2429.09		

工程量清单综合单价分析表

续表

工程名称：某小学建筑安装工程　　　　标段：　　　　第40页　共109页

项目编码	010606008001	项目名称	钢梯	计量单位	t

清单综合单价组成明细

定额编号	定额名称	定额单位	数量	单价（元）				合价（元）			
				人工费	材料费	机械费	管理费和利润	人工费	材料费	机械费	管理费和利润
6-54	钢爬梯制作	t	1.00	675.00	3112.10	714.43	1890.84	675.00	3112.10	714.43	1890.84
6-56	钢梯安装	t	1.00	408.00	51.49	16.67	199.92	408.00	51.49	16.67	199.92
6-97	Ⅱ类金属构件运距5km	10t	0.10	30.00	47.85	222.78	126.42	3.00	4.79	22.28	12.64
14-143	银粉漆两遍	t	1.18	73.20	111.56	—	77.70	86.38	131.64	—	91.69
人工单价		小计						1172.38	3300.02	753.38	2195.09
26.00元/工日		未计价材料费						—			
清单项目综合单价								7420.87			

	主要材料名称、规格、型号	单位	数量	单价（元）	合价（元）	暂估单价（元）	暂估合价（元）
材料费明细	型钢　综合	t	0.493	2546.00	1255.18		
	钢板　综合	t	0.567	2889.00	1638.06		
	螺栓　综合	kg	1.740	6.19	10.77		
	电焊条　STJ422	kg	26.500	3.35	88.78		
	氧气	m³	3.080	3.27	10.07		
	乙炔气	m³	1.340	17.90	23.99		
	红丹防锈漆	kg	6.780	10.64	72.14		
	油漆溶剂油	kg	0.700	3.96	2.77		
	松杉	m²	0.024	915.00	21.96		
	镀锌钢丝　8号	kg	6.300	4.62	29.11		
	钢丝绳	kg	0.020	7.75	0.16		
	银粉漆	kg	8.52	10.32	87.93		
	油漆溶剂油	kg	0.850	3.96	3.37		
	清油	kg	3.434	10.80	37.09		
	其他材料费			—	18.67		
	材料费小计				3300.41		

工程量清单综合单价分析表

续表

工程名称：某小学建筑安装工程　　　　标段：　　　　

项目编码	010606009001	项目名称	钢栏杆	计量单位	t

清单综合单价组成明细											
定额编号	定额名称	定额单位	数量	单价（元）				合价（元）			
				人工费	材料费	机械费	管理费和利润	人工费	材料费	机械费	管理费和利润
6-57	钢栏杆型钢制作	t	1.00	837.00	2943.04	180.07	1663.20	837.00	2943.04	180.07	1663.20
6-60	钢栏杆安装	t	1.00	270.00	27.72	119.04	175.14	270.00	27.72	119.04	175.14
6-97	Ⅱ类金属构件运距5km	10t	0.10	30.00	47.85	222.78	126.42	3.00	4.79	22.28	12.64
14-143	银粉漆两遍	t	1.71	73.20	111.56	—	77.70	125.17	190.77	—	132.87
人工单价		小计						1235.17	3166.32	321.39	1983.95
26.00元/工日		未计价材料费						—			
清单项目综合单价								6706.73			

材料费明细	主要材料名称、规格、型号	单位	数量	单价（元）	合价（元）	暂估单价（元）	暂估合价（元）
	银粉漆	kg	12.346	10.32	127.41		
	油漆溶剂油	kg	1.931	3.96	7.65		
	清油	kg	4.976	10.80	53.74		
	型钢　综合	t	0.940	2546.00	2393.24		
	钢板　综合	t	0.120	2889.00	346.68		
	电焊条　STJ422	kg	26.900	3.35	901.15		
	氧气	m^3	4.000	3.27	13.08		
	乙炔气	m^3	1.7000	17.90	30.43		
	红丹防锈漆	kg	6.780	10.64	72.14		
	松杉	m^3	0.004	915.00	3.66		
	钢丝绳	kg	0.020	7.75	0.16		
	镀锌钢丝　8号	kg	0.210	4.62	0.97		
	其他材料费			—	26.34		
	材料费小计				3166.32		

工程量清单综合单价分析表

续表

工程名称：某小学建筑安装工程　　标段：　　第 42 页　共 109 页

项目编码	010702001001	项目名称	屋面卷材防水	计量单位	m²

清单综合单价组成明细

定额编号	定额名称	定额单位	数量	单价（元）				合价（元）			
				人工费	材料费	机械费	管理费和利润	人工费	材料费	机械费	管理费和利润
7-39	石油沥青玛琋脂卷材二毡三油带砂	100m²	0.01	163.80	2105.88	0.23	953.40	1.64	21.06	0.002	9.53
7-40	每增减一毡油	100m²	0.01	49.40	594.55	—	270.48	0.49	5.95	—	2.70
10-1	20mm 厚水泥砂浆找平层	100m²	0.09	195.00	352.49	13.41	235.62	1.76	3.17	0.12	2.12
10-1	20mm 厚水泥砂浆找平层	100m²	0.01	195.00	352.49	13.41	235.62	1.95	3.52	0.13	2.36
人工单价		小　计						5.84	33.70	0.25	16.71
26.00 元/工日		未计价材料费						16.50			
清单项目综合单价								73.00			

材料费明细	主要材料名称、规格、型号	单位	数量	单价（元）	合价（元）	暂估单价（元）	暂估合价（元）
	石油沥青	kg	8.46	1.95	16.50		
	其他材料费						
	材料费小计				16.50		

工程量清单综合单价分析表

续表

工程名称：某小学建筑安装工程　　标段：　　第 43 页　共 109 页

项目编码	010702004001	项目名称	屋面排水管	计量单位	m

清单综合单价组成明细

定额编号	定额名称	定额单位	数量	单价（元）				合价（元）			
				人工费	材料费	机械费	管理费和利润	人工费	材料费	机械费	管理费和利润
7-32	镀锌钢板浮水	100m²	0.003	265.20	2424.98	—	1129.80	0.80	7.27	—	3.39
7-33	镀锌钢板水管	100m²	0.003	733.20	2606.68	—	1402.80	2.20	7.82	—	7.82
7-34	镀锌钢板水斗	10 只	0.013	70.20	117.09	—	78.54	0.91	1.52	—	1.02
人工单价		小　计						3.91	16.61	—	12.23
26.00 元/工日		未计价材料费						—			
清单项目综合单价								32.75			

续表

材料费明细	主要材料名称、规格、型号	单位	数量	单价（元）	合价（元）	暂估单价（元）	暂估合价（元）
	镀锌薄钢板 0.5mm	m^2	0.686	21.92	15.03		
	钢钉（水泥钉） 50mm	kg	0.011	7.92	0.09		
	预埋铁件	kg	0.147	4.20	0.62		
	焊 锡	kg	0.021	35.17	0.73		
	其他材料费			—	0.15		
	材料费小计				16.62		

工程量清单综合单价分析表

续表

工程名称：某小学建筑安装工程　　标段：　　第 44 页　共 109 页

项目编码	010803001001	项目名称	保温隔热屋面	计量单位	m^2						
清单综合单价组成明细											
定额编号	定额名称	定额单位	数量	单价（元）				合价（元）			
				人工费	材料费	机械费	管理费和利润	人工费	材料费	机械费	管理费和利润
8-98	沥青珍珠岩屋面	$10m^3$	0.012	145.60	3763.80	—	1641.78	1.75	45.17	—	19.70
人工单价	小　计							1.75	45.17	—	19.70
26.00 元/工日	未计价材料费							—			
清单项目综合单价								66.62			

材料费明细	主要材料名称、规格、型号	单位	数量	单价（元）	合价（元）	暂估单价（元）	暂估合价（元）
	沥青珍珠岩板	m^3	0.12	369.00	45.17		
	其他材料费			—	—		
	材料费小计				45.17		

工程量清单综合单价分析表

续表

工程名称：某小学建筑安装工程　　标段：　　第 45 页　共 109 页

项目编码	020101001001	项目名称	水泥砂浆楼地面	计量单位	m^2						
清单综合单价组成明细											
定额编号	定额名称	定额单位	数量	单价（元）				合价（元）			
				人工费	材料费	机械费	管理费和利润	人工费	材料费	机械费	管理费和利润
3-12	三合土垫层	$10m^3$	0.08	252.20	882.34	14.57	482.18	2.02	7.06	0.12	3.86
4-125	混凝土垫层	$10m^3$	0.04	270.40	1648.89	43.88	824.46	1.08	6.60	0.18	3.30
10-1	水泥砂浆找平层，20mm厚	m^2	0.01	195.00	352.49	13.41	235.62	1.95	3.52	0.13	2.36

续表

定额编号	定额名称	定额单位	数量	单价（元）				合价（元）			
				人工费	材料费	机械费	管理费和利润	人工费	材料费	机械费	管理费和利润
10-3	水泥砂浆楼地面 20cm 厚	100m²	0.01	258.00	547.91	13.41	343.98	2.58	5.48	0.13	3.44
人工单价		小计						7.63	22.66	0.56	12.96
30.00 元/工日		未计价材料费						—			
清单项目综合单价								43.81			

	主要材料名称、规格、型号	单位	数量	单价（元）	合价（元）	暂估单价（元）	暂估合价（元）
材料费明细	三合土	m³	0.081	87.36	7.06		
	现浇现拌混凝土 C20（40）	m³	0.041	158.96	6.52		
	草 袋	m²	0.021	4.48	0.09		
	水	m³	0.070	1.95	0.14		
	水泥砂浆 1∶2	m³	0.022	207.70	4.57		
	水泥砂浆 1∶3	m³	0.020	173.92	3.48		
	纯水泥浆	m³	0.0001	407.63	0.04		
	塑料薄膜	m²	1.05	0.40	0.42		
	其他材料费			—	—		
	材料费小计				22.32		

工程量清单综合单价分析表

续表

工程名称：某小学建筑安装工程　　标段：　　第 46 页　共 109 页

项目编码	020106003001	项目名称	水泥砂浆楼梯面	计量单位	m²

清单综合单价组成明细

定额编号	定额名称	定额单位	数量	单价（元）				合价（元）			
				人工费	材料费	机械费	管理费和利润	人工费	材料费	机械费	管理费和利润
10-100	水泥砂浆楼梯面	100m²	0.009	1941.00	1114.88	37.99	1299.48	17.47	10.03	0.34	11.70
人工单价		小计						17.47	10.03	0.34	11.70
30.00 元/工日		未计价材料费						—			
清单项目综合单价								39.54			

	主要材料名称、规格、型号	单位	数量	单价（元）	合价（元）	暂估单价（元）	暂估合价（元）
材料费明细	水泥砂浆 1∶2.5	m³	0.029	189.20	5.54		
	混合砂浆 1∶3∶9	m³	0.006	126.27	0.76		
	纯水泥浆	m³	0.003	407.63	1.19		
	水	m³	0.059	1.95	0.11		
	纸筋灰浆	m³	0.002	122.56	0.25		
	混合砂浆 1∶0.5∶1	m²	0.010	209.48	2.19		
	其他材料费			—	—		
	材料费小计				10.04		

工程量清单综合单价分析表

续表

工程名称：某小学建筑安装工程　　　　标段：　　　　第 47 页　共 109 页

项目编码	020107002001	项目名称	硬木扶手栏杆、栏板	计量单位	m

清单综合单价组成明细

定额编号	定额名称	定额单位	数量	单价（元）				合价（元）			
				人工费	材料费	机械费	管理费和利润	人工费	材料费	机械费	管理费和利润
10-136	硬木扶手直形 5 型钢栏杆	10m	0.10	205.80	725.23	153.86	455.70	20.58	72.52	15.39	45.57
10-155	硬木扶手弯头	10 只	0.021	103.80	248.07	—	147.84	2.80	6.70	—	3.99
14-49	木扶手刷调合漆	100m	0.01	239.10	45.90	—	119.70	2.39	0.46	—	1.20
人工单价		小　计						25.71	79.68	15.39	50.76
30.00 元/工日		未计价材料费						—			
清单项目综合单价								171.66			

材料费明细	主要材料名称、规格、型号	单位	数量	单价（元）	合价（元）	暂估单价（元）	暂估合价（元）
	硬木扶手成品	m	1.060	45.00	47.70		
	圆钢　综合	kg	5.182	2.326	12.05		
	扁铁 40×2	kg	1.273	2.42	3.08		
	扁钢 4×30	kg	3.281	2.42	7.94		
	镀锌铁钉　25mm	kg	0.020	5.17	0.10		
	电焊条　STJ422	kg	0.408	3.35	1.37		
	木螺钉　4×40	百只	0.103	2.86	0.29		
	硬木弯头　6×120	只	0.273	24.50	6.68		
	无光调合漆	kg	0.0239	6.52	0.16		
	调合漆	kg	0.0211	8.62	0.18		
	清油	kg	0.0017	10.80	0.02		
	熟酮油	kg	0.0041	9.74	0.04		
	油漆溶剂油	kg	0.0071	3.96	0.03		
	建筑石膏粉	kg	0.0048	0.77	0.004		
	其他材料费			—	0.03		
	材料费小计				79.67		

工程量清单综合单价分析表

续表

工程名称：某小学建筑安装工程　　标段：　　第 48 页　共 109 页

项目编码	020201001001	项目名称	墙面一般抹灰	计量单位	m^2

清单综合单价组成明细

定额编号	定额名称	定额单位	数量	单价（元）				合价（元）			
				人工费	材料费	机械费	管理费和利润	人工费	材料费	机械费	管理费和利润
11-6	砖墙水泥砂浆抹面	$100m^2$	0.01	427.80	427.43	17.21	366.24	4.28	4.27	0.17	3.66
14-167	外墙刷 803 涂料二遍	$100m^2$	0.01	157.80	67.82	—	94.92	1.58	0.68	—	0.95
人工单价		小计						5.86	4.95	0.17	4.61
30.00 元/工日		未计价材料费						—			
清单项目综合单价								15.59			

	主要材料名称、规格、型号	单位	数量	单价（元）	合价（元）	暂估单价（元）	暂估合价（元）
材料费明细	普通内墙涂料（803 涂料）	kg	0.357	0.92	0.33		
	熟桐油	kg	0.006	9.74	0.06		
	大白粉	kg	0.240	0.23	0.06		
	建筑石膏粉	kg	0.060	0.77	0.05		
	108 胶	kg	0.006	2.27	0.01		
	羧甲基纤维素	kg	0.015	7.94	0.12		
	砂纸	张	0.080	0.43	0.03		
	水泥砂浆 1∶3	m^3	0.016	173.92	2.78		
	水泥砂浆 1∶2.5	m^3	0.007	189.20	1.32		
	水	m^3	0.063	1.195	0.08		
	其他材料费			—	0.05		
	材料费小计			—	4.95		

工程量清单综合单价分析表

续表

工程名称：某小学建筑安装工程　　标段：　　第 49 页　共 109 页

项目编码	020201001002	项目名称	墙面一般抹灰	计量单位	m^2

清单综合单价组成明细

定额编号	定额名称	定额单位	数量	单价（元）				合价（元）			
				人工费	材料费	机械费	管理费和利润	人工费	材料费	机械费	管理费和利润
11-11	砖墙调合砂浆抹灰 20mm 厚	$100m^2$	0.01	454.50	334.17	17.21	338.52	4.55	3.34	0.17	3.39
14-177	抹灰面刷白水泥浆二遍	$100m^2$	0.01	78.00	53.47	—	55.02	0.78	0.53	—	0.55
人工单价		小计						5.33	3.87	0.17	3.94
30.00 元/工日		未计价材料费						—			
清单项目综合单价								10.31			

续表

材料费明细	主要材料名称、规格、型号	单位	数量	单价（元）	合价（元）	暂估单价（元）	暂估合价（元）
	混合砂浆 1∶1∶6	m^3	0.016	134.99	2.16		
	混合砂浆 1∶1∶4	m^3	0.007	153.25	1.07		
	水粉	m^3	0.038	1.95	0.07		
	白水泥	kg	0.420	0.55	0.23		
	108胶	kg	0.089	2.27	0.20		
	色粉	kg	0.015	6.13	0.09		
	其他材料费			—	0.004		
	材料费小计			—	3.82		

工程量清单综合单价分析表

续表

工程名称：某小学建筑安装工程　　标段：　　第50页　共109页

项目编码	020204003001	项目名称	块料墙面	计量单位	m^2

清单综合单价组成明细

定额编号	定额名称	定额单位	数量	单价（元）				合价（元）			
				人工费	材料费	机械费	管理费和利润	人工费	材料费	机械费	管理费和利润
11-101	玻璃锦砖块料墙面	$100m^2$	0.01	1903.80	1797.41	8.94	1558.20	19.04	17.97	0.09	15.58
人工单价		小计						19.04	17.97	0.09	15.58
30.00元/工日		未计价材料费						—			
清单项目综合单价								52.68			

材料费明细	主要材料名称、规格、型号	单位	数量	单价（元）	合价（元）	暂估单价（元）	暂估合价（元）
	水泥砂浆 1∶2	m^3	0.005	207.70	1.04		
	纯水泥浆	m^3	0.001	407.63	0.41		
	玻璃锦砖	m^2	1.02	15.90	16.22		
	棉纱头	kg	0.001	9.23	0.01		
	白水泥	kg	0.26	0.55	0.14		
	水	m^3	0.008	1.95	0.02		
	其他材料费			—	0.04		
	材料费小计			—	17.88		

工程量清单综合单价分析表

续表

工程名称：某小学建筑安装工程　　标段：　　第 51 页　共 109 页

项目编码	020301001001	项目名称	天棚抹灰	计量单位	m^2

清单综合单价组成明细

定额编号	定额名称	定额单位	数量	单价（元）				合价（元）			
				人工费	材料费	机械费	管理费和利润	人工费	材料费	机械费	管理费和利润
11-54	现浇混凝土雨篷抹水泥砂浆	$100m^2$	0.001	2109.60	814.06	42.90	1246.14	0.21	0.08	0.004	0.12
12-3	现浇混凝土面天棚混合砂浆抹灰	$100m^2$	483.60	252.15	9.83	313.32	0.05	0.03	0.001	0.03	
12-4	预制混凝土面天棚混合砂浆抹灰	$100m^2$	0.0099	533.40	294.11	11.62	352.38	5.28	2.91	0.12	3.49
14-177	抹灰面刷白水泥浆二遍	$100m^2$	0.01	78.00	53.47	—	55.02	0.78	0.53	—	0.55
人工单价		小　计						6.32	3.55	0.13	4.19
30.00 元/工日		未计价材料费						—			
清单项目综合单价								14.19			

	主要材料名称、规格、型号	单位	数量	单价（元）	合价（元）	暂估单价（元）	暂估合价（元）
材料费明细	纸筋混合灰浆	m^3	0.00002	144.24	0.003		
	水泥砂浆　1∶2.5	m^3	0.00022	189.20	0.042		
	水泥砂浆　1∶2	m^3	0.00013	207.70	0.027		
	纸筋灰砂浆　1∶2	m^3	0.000062	112.28	0.007		
	水	m^3	0.004322	1.95	0.008		
	纸筋灰	m^3	0.00005	122.56	0.006		
	白水泥	kg	0.420	0.55	0.231		
	108 胶	kg	0.089	2.27	0.202		
	色　粉	kg	0.016	6.13	0.098		
	混合砂浆　1∶1∶4	m^3	0.016	6.13	0.098		
	混合砂浆　1∶1∶4	m^3	0.0086	153.25	1.320		
	混合砂浆　1∶1∶6	m^3	0.013	134.99	1.780		
	其他材料费			—	0.053		
	材料费小计			—	3.55		

工程量清单综合单价分析表

续表

工程名称：某小学建筑安装工程　　　　标段：　　　　第 52 页　共 109 页

项目编码	020202001001	项目名称	柱面一般抹灰	计量单位	m^2

清单综合单价组成明细

定额编号	定额名称	定额单位	数量	单价（元）				合价（元）			
				人工费	材料费	机械费	管理费和利润	人工费	材料费	机械费	管理费和利润
11-32	混凝土抹混合砂浆	$100m^2$	0.01	468.30	375.66	16.54	361.62	4.68	3.76	0.17	3.62
14-177	抹灰面刷白水泥浆二遍	$100m^2$	0.01	78.00	53.47	—	55.02	0.78	0.53	—	0.55
人工单价		小　计						5.46	4.29	0.17	4.17
30.00 元/工日		未计价材料费						—			
清单项目综合单价								14.19			

材料费明细	主要材料名称、规格、型号	单位	数量	单价（元）	合价（元）	暂估单价（元）	暂估合价（元）
	混合砂浆　1∶1∶6	m^3	0.013	134.99	1.75		
	108 胶件水泥浆	m^3	0.001	487.08	0.49		
	混合砂浆　1∶1∶4	m^3	0.009	153.25	1.38		
	水	m^3	0.007	1.95	0.01		
	白水泥	kg	0.420	0.55	0.23		
	108 胶	kg	0.089	2.27	0.20		
	色　粉	m^3	0.016	6.13	0.10		
	其他材料费			—	0.04		
	材料费小计			—	4.20		

工程量清单综合单价分析表

续表

工程名称：某小学建筑安装工程　　　　标段：　　　　第 53 页　共 109 页

项目编码	020404007001	项目名称	半玻门（带扇框）	计量单位	樘

清单综合单价组成明细

定额编号	定额名称	定额单位	数量	单价（元）				合价（元）			
				人工费	材料费	机械费	管理费和利润	人工费	材料费	机械费	管理费和利润
13-8	四扇有亮带玻胶合板门制作安装	$100m^2$	0.07	3350.40	9931.92	131.47	5633.88	234.53	695.23	9.20	394.37
14-13	单层木门刷调合漆二遍	$100m^2$	0.07	900.00	470.98	—	575.82	63.00	32.97	—	40.31
人工单价		小　计						297.53	728.20	9.20	434.68
30.00 元/工日		未计价材料费						—			
清单项目综合单价								1469.61			

续表

	主要材料名称、规格、型号	单位	数量	单价（元）	合价（元）	暂估单价（元）	暂估合价（元）
材料费明细	无光调合漆	kg	1.750	6.52	11.39		
	调合漆	kg	1.541	8.62	13.28		
	清油	kg	0.123	10.80	1.32		
	熟桐油	kg	0.300	9.74	2.90		
	油漆溶剂油	kg	0.575	3.96	2.28		
	建筑石膏粉	kg	0.353	0.77	0.27		
	门窗框杉枋	m³	0.134	1302.00	173.90		
	门窗扇杉枋	m³	0.115	1302.00	149.11		
	杉枋　亮子	0.032	1302.00	41.66			
	硬木扇料	0.038	4091.00	156.64			
	杉木砖	0.017	630.00	10.76			
	杉搭木	0.008	681.00	5.72			
	三夹板	12.45	8.00	99.58			
	镀锌铁钉　50mm	0.686	3.69	2.53			
	聚酯酸乙烯乳液	2.478	5.34	13.23			
	防腐油	1.204	0.98	1.18			
	玻璃　3mm	2.800	12.37	34.64			
	油灰	0.770	1.03	0.79			
	其他材料费			—	6.66		
	材料费小计			—	728.20		

工程量清单综合单价分析表

续表

工程名称：某小学建筑安装工程　　　标段：　　　　第 54 页　共 109 页

项目编码	020404007002	项目名称	半玻门（带扇框）	计量单位	樘

清单综合单价组成明细

定额编号	定额名称	定额单位	数量	单价（元）				合价（元）			
				人工费	材料费	机械费	管理费和利润	人工费	材料费	机械费	管理费和利润
13-8	双扇有亮带玻胶合板门制作安装	100m²	0.07	3350.40	9931.92	131.47	5633.88	234.53	695.23	9.20	394.37
14-13	单层木门刷调合漆二遍	100m²	0.07	900.00	470.98	—	575.82	63.00	32.97	—	40.31
人工单价		小计						297.53	728.20	9.20	434.68
30.00 元/工日		未计价材料费						—			
清单项目综合单价								1469.61			

续表

	主要材料名称、规格、型号	单位	数量	单价（元）	合价（元）	暂估单价（元）	暂估合价（元）
材料费明细	无光调合漆	kg	1.750	6.52	11.39		
	调合漆	kg	1.541	8.62	13.28		
	清　油	kg	0.123	10.80	1.32		
	熟桐油	kg	0.300	9.74	2.90		
	油漆溶剂油	kg	0.575	3.96	2.28		
	建筑石膏粉	kg	0.353	0.77	0.27		
	门窗框杉枋	m^3	0.134	1302.00	173.90		
	门窗扇杉枋	m^3	0.115	1302.00	149.11		
	杉枋　亮子	0.032	1302.00	41.66			
	硬木扇料	0.038	4091.00	156.64			
	杉木砖	0.017	630.00	10.76			
	杉搭木	0.008	681.00	5.72			
	三夹板	12.45	8.00	99.58			
	镀锌铁钉　50mm	0.686	3.69	2.53			
	聚酯酸乙烯乳液	2.478	5.34	13.23			
	防腐油	1.204	0.98	1.18			
	玻璃　3mm	2.800	12.37	34.64			
	油　灰	0.770	1.03	0.79			
	其他材料费			—	6.66		
	材料费小计			—	723.20		

工程量清单综合单价分析表

续表

工程名称：某小学建筑安装工程　　　　标段：　　　　第55页　共109页

项目编码	020401001001	项目名称	镶板木门	计量单位	樘

定额编号	定额名称	定额单位	数量	单价（元）				合价（元）			
				人工费	材料费	机械费	管理费和利润	人工费	材料费	机械费	管理费和利润
13-1	单扇有亮平开镶板门制作安装	$100m^2$	0.02	2095.50	7262.87	104.14	3974.46	41.91	145.26	2.08	79.50
14-13	单层木门刷调合漆二遍	$100m^2$	0.02	900.00	470.98	—	575.82	18.00	9.42	—	11.52
人工单价		小　计						59.91	154.68	2.08	91.02
30.00元/工日		未计价材料费						—			
清单项目综合单价								307.69			

续表

	主要材料名称、规格、型号	单位	数量	单价（元）	合价（元）	暂估单价（元）	暂估合价（元）
材料费明细	门窗框杉枋	m^3	0.038	1302.00	49.68		
	门窗扇杉枋	m^3	0.033	1302.00	42.50		
	门窗扇杉板	m^3	0.020	1302.00	26.46		
	杉枋壳子	m^3	0.009	1302.00	12.00		
	杉木砖	m^3	0.005	630.00	3.07		
	杉搭木	m^3	0.002	681.00	1.63		
	镀锌铁钉 50mm	kg	0.112	3.69	0.41		
	骨 胶	kg	0.064	8.59	0.550		
	聚酯酸乙烯乳液	kg	0.050	5.34	0.27		
	防腐油	kg	0.344	0.98	0.34		
	玻璃 3mm	m^2	0.280	12.37	3.46		
	油 灰	kg	0.240	1.03	0.25		
	无光调合漆	kg	0.499	6.52	3.25		
	调合漆	kg	0.440	8.62	3.79		
	清 油	kg	0.035	10.80	0.38		
	熟桐油	kg	0.085	9.74	0.83		
	油漆溶剂油	kg	0.164	3.96	0.65		
	建筑石膏粉	kg	0.101	0.77	0.08		
	其他材料费			—	5.06		
	材料费小计			—	154.66		

工程量清单综合单价分析表

续表

工程名称：某小学建筑安装工程　　　标段：　　　　第 56 页　共 109 页

项目编码	020405001001	项目名称	木质平开窗	计量单位	樘

清单综合单价组成明细

定额编号	定额名称	定额单位	数量	单价（元）				合价（元）			
				人工费	材料费	机械费	管理费和利润	人工费	材料费	机械费	管理费和利润
13-71	三扇带亮平开窗制作安装	$100m^2$	0.05	2018.40	6713.26	96.77	3707.76	100.92	335.66	4.84	185.39
14-13	单层木窗刷调合漆二遍	$100m^2$	0.05	900.00	470.98	—	575.82	45.00	23.55	—	28.79
人工单价		小　计						145.92	359.21	4.84	214.18
30.00 元/工日		未计价材料费						—			
清单项目综合单价								724.15			

续表

	主要材料名称、规格、型号	单位	数量	单价（元）	合价（元）	暂估单价（元）	暂估合价（元）
材料费明细	门窗框杉枋	m^3	0.101	1302.00	131.18		
	门窗扇杉枋	m^3	0.094	1302.00	122.84		
	杉木砖	m^3	0.012	630.00	7.31		
	镀锌铁钉　50mm	kg	0.185	3.69	0.68		
	聚酯酸乙烯乳液	kg	0.195	5.34	1.04		
	防腐油	kg	0.820	0.98	0.80		
	玻璃　3mm	m^2	3.700	12.37	45.77		
	塑料纱	kg	3.100	1.20	3.72		
	油　灰	kg	3.100	1.03	3.19		
	无光调合漆	kg	1.248	6.52	8.14		
	调合漆	kg	1.101	8.62	9.48		
	清　油	kg	0.088	10.80	0.95		
	熟桐油	kg	0.213	9.74	2.07		
	油漆溶剂油	kg	0.411	3.96	1.63		
	建筑石膏粉	kg	0.252	0.77	0.19		
	其他材料费			—	17.66		
	材料费小计			—	359.21		

工程量清单综合单价分析表

续表

工程名称：某小学建筑安装工程　　　　标段：　　　　第 57 页　共 109 页

项目编码	020405001002	项目名称	木质平开窗	计量单位	樘

定额编号	定额名称	定额单位	数量	单价（元）				合价（元）			
清单综合单价组成明细											
				人工费	材料费	机械费	管理费和利润	人工费	材料费	机械费	管理费和利润
13-71	三扇带亮平开窗制作安装	$100m^2$	0.05	2018.40	6713.26	96.77	3707.76	100.92	335.66	4.84	185.39
14-13	单层木窗刷调合漆二遍	$100m^2$	0.05	900.00	470.98	—	575.82	45.00	23.55	—	28.79
人工单价	小　计							145.92	359.21	4.84	214.18
30.00元/工日	未计价材料费							—			
清单项目综合单价								724.15			

续表

	主要材料名称、规格、型号	单位	数量	单价（元）	合价（元）	暂估单价（元）	暂估合价（元）
材料费明细	门窗框杉枋	m^3	0.101	1302.00	131.18		
	门窗扇杉枋	m^3	0.094	1302.00	122.84		
	杉木砖	m^3	0.012	630.00	7.31		
	镀锌铁钉 50mm	kg	0.185	3.69	0.68		
	聚酯酸乙烯乳液	kg	0.195	5.34	1.04		
	防腐油	kg	0.820	0.98	0.80		
	玻璃 3mm	m^2	3.700	12.37	45.77		
	塑料纱	kg	3.100	1.20	3.72		
	油 灰	kg	3.100	1.03	3.19		
	无光调合漆	kg	1.248	6.52	8.14		
	调合漆	kg	1.101	8.62	9.48		
	清 油	kg	0.088	10.80	0.95		
	熟桐油	kg	0.213	9.74	2.07		
	油漆溶剂油	kg	0.411	3.96	1.63		
	建筑石膏粉	kg	0.252	0.77	0.19		
	其他材料费			—	17.66		
	材料费小计			—	359.21		

工程量清单综合单价分析表

续表

工程名称：某小学建筑安装工程　　　　标段：　　　　第 58 页　共 109 页

项目编码	020405001003	项目名称	木质平开窗	计量单位	樘

清单综合单价组成明细

定额编号	定额名称	定额单位	数量	单价（元）				合价（元）			
				人工费	材料费	机械费	管理费和利润	人工费	材料费	机械费	管理费和利润
13-71	三扇带亮平开窗制作安装	$100m^2$	0.04	2018.40	6713.26	96.77	3707.76	80.74	268.53	3.87	148.31
14-13	单层木窗刷调合漆二遍	$100m^2$	0.04	900.00	470.98	—	575.82	36.00	18.84	—	23.03
人工单价		小　计						116.74	287.37	3.87	171.34
30.00 元/工日		未计价材料费						—			
清单项目综合单价								579.32			

续表

	主要材料名称、规格、型号	单位	数量	单价（元）	合价（元）	暂估单价（元）	暂估合价（元）
材料费明细	门窗框杉枋	m^3	0.081	1302.00	104.94		
	门窗扇杉枋	m^3	0.075	1302.00	98.27		
	杉木砖	m^3	0.009	630.00	5.85		
	镀锌铁钉　50mm	kg	0.148	3.69	0.55		
	聚酯酸乙烯乳液	kg	0.156	5.34	0.83		
	防腐油	kg	0.656	0.98	0.64		
	玻璃　3mm	m^2	2.960	1.20	2.98		
	塑料纱	kg	2.480	1.20	2.98		
	油　灰	kg	2.480	1.03	2.55		
	无光调合漆	kg	1.000	6.52	6.52		
	调合漆	kg	0.880	8.62	7.59		
	清　油	kg	0.070	10.80	0.76		
	熟桐油	kg	0.170	9.74	1.66		
	油漆溶剂油	kg	0.328	3.96	1.30		
	建筑石膏粉	kg	0.202	0.77	0.16		
	其他材料费			—	14.13		
	材料费小计			—	287.37		

工程量清单综合单价分析表

续表

工程名称：某小学建筑安装工程　　　　标段：　　　　第 59 页　共 109 页

项目编码	020405001004	项目名称	木质平开窗	计量单位	樘					
清单综合单价组成明细										
定额编号	定额名称	定额单位	数量	单价（元）				合价（元）		
				人工费	材料费	机械费	管理费和利润	人工费	材料费	机械费	管理费和利润
13-71	三扇带亮平开窗制作安装	$100m^2$	0.01	2018.40	6713.26	96.77	3707.76	20.18	67.13	0.97	37.08
14-13	单层木窗刷调合漆二遍	$100m^2$	0.01	900.00	470.98	—	575.82	9.00	4.71	—	5.76
人工单价		小计						29.18	71.84	0.97	42.84
30.00 元/工日		未计价材料费						—			
清单项目综合单价								144.83			

续表

	主要材料名称、规格、型号	单位	数量	单价（元）	合价（元）	暂估单价（元）	暂估合价（元）
材料费明细	门窗框杉枋	m^3	0.020	1302.00	26.04		
	门窗扇杉枋	m^3	0.019	1302.00	24.74		
	杉木砖	m^3	0.002	630.00	12.60		
	镀锌铁钉　50mm	kg	0.037	3.69	0.14		
	聚酯酸乙烯乳液	kg	0.039	5.34	0.21		
	防腐油	kg	0.164	0.98	0.16		
	玻璃　3mm	m^2	0.740	12.37	9.15		
	塑料纱	kg	0.620	1.20	0.74		
	油灰	kg	0.620	1.03	0.64		
	无光调合漆	kg	0.250	6.52	1.63		
	调合漆	kg	0.220	8.62	1.90		
	清油	kg	0.018	10.80	0.19		
	熟桐油	kg	0.043	9.74	0.42		
	油漆溶剂油	kg	0.082	3.96	0.32		
	建筑石膏粉	kg	0.050	0.77	0.04		
	其他材料费			—	3.53		
	材料费小计			—	71.84		

工程量清单综合单价分析表

续表

工程名称：某小学建筑安装工程　　标段：　　第 60 页　共 109 页

项目编码	020405001004	项目名称	木质平开窗	计量单位	樘

清单综合单价组成明细											
定额编号	定额名称	定额单位	数量	单价（元）				合价（元）			
				人工费	材料费	机械费	管理费和利润	人工费	材料费	机械费	管理费和利润
13-71	三扇带亮平开窗制作安装	$100m^2$	0.02	2018.40	6713.26	96.77	3707.76	40.37	134.27	1.94	74.16
14-13	单层木窗刷调合漆二遍	$100m^2$	0.02	900.00	470.98	—	575.82	18.00	9.42	—	11.52
人工单价		小　计						58.37	142.69	1.94	85.68
30.00 元/工日		未计价材料费						—			
清单项目综合单价								289.68			

续表

	主要材料名称、规格、型号	单位	数量	单价（元）	合价（元）	暂估单价（元）	暂估合价（元）
材料费明细	门窗框杉枋	m^3	0.040	1302.00	52.47		
	门窗扇杉枋	m^3	0.038	1302.00	49.14		
	杉木砖	m^3	0.005	630.00	2.92		
	镀锌铁钉 50mm	kg	0.074	3.69	0.27		
	聚酯酸乙烯乳液	kg	0.078	5.34	0.42		
	防腐油	kg	0.328	0.98	0.32		
	玻璃 3mm	m^2	1.480	12.37	18.31		
	塑料纱	kg	1.24	1.20	1.49		
	油灰	kg	1.24	1.03	1.28		
	无光调合漆	kg	0.499	6.52	3.25		
	调合漆	kg	0.440	8.62	3.79		
	清油	kg	0.035	10.80	0.38		
	熟桐油	kg	0.085	9.74	0.83		
	油漆溶剂油	kg	0.164	3.96	0.65		
	建筑石膏粉	kg	0.101	0.77	0.08		
	其他材料费			—	7.07		
	材料费小计			—	143.69		

工程量清单综合单价分析表

续表

工程名称：某小学建筑安装工程　　　　标段：　　　　第 61 页　共 109 页

项目编码	020405001005	项目名称	木质平开窗	计量单位	樘

定额编号	定额名称	定额单位	数量	单价（元）				合价（元）			
清单综合单价组成明细											
				人工费	材料费	机械费	管理费和利润	人工费	材料费	机械费	管理费和利润
13-71	三扇带亮平开窗制作安装	$100m^2$	0.01	2018.40	6713.26	96.77	3707.76	20.18	67.13	0.97	37.08
14-13	单层木窗刷调合漆二遍	$100m^2$	0.01	900.00	470.98	—	575.82	9.00	4.71	—	5.76
人工单价		小计						29.18	71.84	0.97	42.84
30.00 元/工日		未计价材料费						—			
清单项目综合单价								144.83			

续表

	主要材料名称、规格、型号	单位	数量	单价（元）	合价（元）	暂估单价（元）	暂估合价（元）
材料费明细	门窗框杉枋	m^3	0.020	1302.00	26.04		
	门窗扇杉枋	m^3	0.019	1302.00	24.74		
	杉木砖	m^3	0.002	630.00	12.60		
	镀锌铁钉 50mm	kg	0.037	3.69	0.14		
	聚酯酸乙烯乳液	kg	0.039	5.34	0.21		
	防腐油	kg	0.164	0.98	0.16		
	玻璃 3mm	m^2	0.740	12.37	9.15		
	塑料纱	kg	0.620	1.20	0.74		
	油灰	kg	0.620	1.03	0.64		
	无光调合漆	kg	0.250	6.52	1.63		
	调合漆	kg	0.220	8.62	1.90		
	清油	kg	0.018	10.80	0.19		
	熟桐油	kg	0.043	9.74	0.42		
	油漆溶剂油	kg	0.082	3.96	0.32		
	建筑石膏粉	kg	0.050	0.77	0.04		
	其他材料费			—	3.53		
	材料费小计			—	71.84		

工程量清单综合单价分析表

续表

工程名称：某小学建筑安装工程　　　　标段：　　　　第 62 页　共 109 页

项目编码	020405001006	项目名称	木质平开窗	计量单位	樘

清单综合单价组成明细											
定额编号	定额名称	定额单位	数量	单价（元）				合价（元）			
				人工费	材料费	机械费	管理费和利润	人工费	材料费	机械费	管理费和利润
13-71	三扇带亮平开窗制作安装	$100m^2$	0.03	2018.40	6713.26	96.77	3707.76	60.55	201.40	2.90	111.23
14-13	单层木窗刷调合漆二遍	$100m^2$	0.03	900.00	470.98	—	575.82	27.00	14.13	—	17.27
人工单价		小计						87.55	215.53	2.90	128.50
30.00 元/工日		未计价材料费						—			
清单项目综合单价								434.48			

续表

	主要材料名称、规格、型号	单位	数量	单价（元）	合价（元）	暂估单价（元）	暂估合价（元）
材料费明细	门窗框杉枋	m^3	0.060	1302.00	78.71		
	门窗扇杉枋	m^3	0.057	1302.00	73.71		
	杉木砖	m^3	0.007	630.00	4.38		
	镀锌铁钉 50mm	kg	0.111	3.69	0.41		
	聚酯酸乙烯乳液	kg	0.117	5.34	0.62		
	防腐油	kg	0.492	0.98	0.48		
	玻璃 3mm	m^2	2.220	12.37	27.46		
	塑料纱	kg	1.860	1.20	2.23		
	油灰	kg	1.860	1.03	1.92		
	无光调合漆	kg	0.749	6.52	4.88		
	调合漆	kg	0.660	8.62	5.60		
	清油	kg	0.053	10.80	0.57		
	熟桐油	kg	0.128	9.74	1.24		
	油漆溶剂油	kg	0.246	3.96	0.98		
	建筑石膏粉	kg	0.151	0.77	0.12		
	其他材料费			—	10.60		
	材料费小计			—	215.53		

工程量清单综合单价分析表

续表

工程名称：某小学建筑安装工程　　　　标段：　　　　第 63 页　共 109 页

项目编码	020405001006	项目名称	木质平开窗	计量单位	樘						
清单综合单价组成明细											
定额编号	定额名称	定额单位	数量	单价（元）				合价（元）			
				人工费	材料费	机械费	管理费和利润	人工费	材料费	机械费	管理费和利润
13-71	三扇带亮平开窗制作安装	$100m^2$	0.04	2018.40	6713.26	96.77	3707.76	80.74	268.53	3.87	148.31
14-13	单层木窗刷调合漆二遍	$100m^2$	0.04	900.00	470.98	—	575.82	36.00	18.84	—	23.03
人工单价		小计						116.74	287.37	3.87	171.34
30.00 元/工日		未计价材料费						—			
清单项目综合单价								579.32			

续表

	主要材料名称、规格、型号	单位	数量	单价（元）	合价（元）	暂估单价（元）	暂估合价（元）
材料费明细	门窗框杉枋	m^3	0.081	1302.00	104.94		
	门窗扇杉枋	m^3	0.075	1302.00	98.27		
	杉木砖	m^3	0.009	630.00	5.85		
	镀锌铁钉 50mm	kg	0.148	3.69	0.55		
	聚酯酸乙烯乳液	kg	0.156	5.34	0.83		
	防腐油	kg	0.656	0.98	0.64		
	玻璃 3mm	m^2	2.960	12.37	36.62		
	塑料纱	kg	2.480	1.20	2.98		
	油灰	kg	2.480	1.03	2.55		
	无光调合漆	kg	1.000	6.52	6.52		
	调合漆	kg	0.880	8.62	7.59		
	清油	kg	0.070	10.80	0.76		
	熟桐油	kg	0.170	9.74	1.66		
	油漆溶剂油	kg	0.328	3.96	1.30		
	建筑石膏粉	kg	0.202	0.77	0.16		
	其他材料费			—	14.13		
	材料费小计			—	287.37		

工程量清单综合单价分析表

续表

工程名称：某小学建筑安装工程　　　　标段：　　　　第 64 页　共 109 页

项目编码	030204018001	项目名称	配电箱	计量单位	台

清单综合单价组成明细

定额编号	定额名称	定额单位	数量	单价（元）				合价（元）			
				人工费	材料费	机械费	管理费和利润	人工费	材料费	机械费	管理费和利润
2-265	成套配电箱安装（悬挂嵌入式半周长 1.5m）	台	1	53.82	16.15	—	29.40	53.82	16.15	—	29.40
人工单价		小计						53.82	16.15	—	29.40
26.00 元/工日		未计价材料费						—			
清单项目综合单价								99.37			

	主要材料名称、规格、型号	单位	数量	单价（元）	合价（元）	暂估单价（元）	暂估合价（元）
材料费明细							
	其他材料费						
	材料费小计						

工程量清单综合单价分析表

续表

工程名称：某小学建筑安装工程　　　标段：　　　第 65 页　共 109 页

项目编码	030204018002			项目名称	配电箱			计量单位	台		
清单综合单价组成明细											
定额编号	定额名称	定额单位	数量	单价（元）				合价（元）			
				人工费	材料费	机械费	管理费和利润	人工费	材料费	机械费	管理费和利润
2-264	成套配电箱安装（悬挂嵌入式半周长 1.5m）	台	1	42.12	14.77	—	23.94	42.12	14.77	—	23.94
人工单价		小　计						42.12	14.77	—	23.94
26.00 元/工日		未计价材料费						—			
清单项目综合单价								80.83			
材料费明细	主要材料名称、规格、型号					单位	数量	单价（元）	合价（元）	暂估单价（元）	暂估合价（元）
	其他材料费										
	材料费小计										

工程量清单综合单价分析表

续表

工程名称：某小学建筑安装工程　　　标段：　　　第 66 页　共 109 页

项目编码	030204019001			项目名称	控制开关			计量单位	个		
清单综合单价组成明细											
定额编号	定额名称	定额单位	数量	单价（元）				合价（元）			
				人工费	材料费	机械费	管理费和利润	人工费	材料费	机械费	管理费和利润
2-274	三相胶盖闸刀开关	个	1	5.15	7.53	—	5.46	5.15	7.53	—	5.46
人工单价		小　计						5.15	7.53	—	5.46
26.00 元/工日		未计价材料费						—			
清单项目综合单价								18.14			
材料费明细	主要材料名称、规格、型号					单位	数量	单价（元）	合价（元）	暂估单价（元）	暂估合价（元）
	其他材料费										
	材料费小计										

工程量清单综合单价分析表　　　　续表

工程名称：某小学建筑安装工程　　　标段：　　　第 67 页　共 109 页

项目编码	030204019002	项目名称	控制开关	计量单位	个

清单综合单价组成明细

定额编号	定额名称	定额单位	数量	单价（元）				合价（元）			
				人工费	材料费	机械费	管理费和利润	人工费	材料费	机械费	管理费和利润
2-1636	扳把开关明装	10 套	0.1	19.42	8.94	—	11.76	1.94	0.89	—	1.18
人工单价		小　计						1.94	0.89	—	1.18
26.00 元/工日		未计价材料费						3.93			
清单项目综合单价								7.94			

材料费明细	主要材料名称、规格、型号	单位	数量	单价（元）	合价（元）	暂估单价（元）	暂估合价（元）
	照明开头	只	1.020	3.85	3.93		
	其他材料费						
	材料费小计				3.93		

工程量清单综合单价分析表　　　　续表

工程名称：某小学建筑安装工程　　　标段：　　　第 68 页　共 109 页

项目编码	030204020001	项目名称	低压熔断器	计量单位	个

清单综合单价组成明细

定额编号	定额名称	定额单位	数量	单价（元）				合价（元）			
				人工费	材料费	机械费	管理费和利润	人工费	材料费	机械费	管理费和利润
2-284	低压熔断器安装	个	1	16.38	4.17	—	8.63	16.38	4.17	—	8.63
人工单价		小　计						16.38	4.17	—	8.63
26.00 元/工日		未计价材料费						—			
清单项目综合单价								29.18			

材料费明细	主要材料名称、规格、型号	单位	数量	单价（元）	合价（元）	暂估单价（元）	暂估合价（元）
	照明开头	只	1.020	3.85	3.93		
	其他材料费						
	材料费小计				3.93		

工程量清单综合单价分析表

续表

工程名称：某小学建筑安装工程　　　　标段：　　　　第69页　共109页

项目编码		030204020002		项目名称		低压熔断器		计量单位		个	
清单综合单价组成明细											
定额编号	定额名称	定额单位	数量	单价（元）				合价（元）			
				人工费	材料费	机械费	管理费和利润	人工费	材料费	机械费	管理费和利润
2-284	低压熔断器安装	个	1	16.38	4.17	—	8.63	16.38	4.17	—	8.63
人工单价		小计						16.38	4.17	—	8.63
26.00元/工日		未计价材料费						—			
清单项目综合单价								29.18			
材料费明细	主要材料名称、规格、型号					单位	数量	单价（元）	合价（元）	暂估单价（元）	暂估合价（元）
	其他材料费										
	材料费小计										

工程量清单综合单价分析表

续表

工程名称：某小学建筑安装工程　　　　标段：　　　　第70页　共109页

项目编码		030204020003		项目名称		低压熔断器		计量单位		个	
清单综合单价组成明细											
定额编号	定额名称	定额单位	数量	单价（元）				合价（元）			
				人工费	材料费	机械费	管理费和利润	人工费	材料费	机械费	管理费和利润
2-284	低压熔断器安装	个	1	16.38	4.17	—	8.63	16.38	4.17	—	8.63
人工单价		小计						16.38	4.17	—	8.63
26.00元/工日		未计价材料费						—			
清单项目综合单价								29.18			
材料费明细	主要材料名称、规格、型号					单位	数量	单价（元）	合价（元）	暂估单价（元）	暂估合价（元）
	其他材料费										
	材料费小计										

工程量清单综合单价分析表

续表

工程名称：某小学建筑安装工程　　　　标段：　　　　第71页　共109页

项目编码	030204031001	项目名称	小电器	计量单位	套

清单综合单价组成明细

定额编号	定额名称	定额单位	数量	单价（元）				合价（元）			
				人工费	材料费	机械费	管理费和利润	人工费	材料费	机械费	管理费和利润
2-1635	拉线开关	10套	0.1	19.42	8.94	—	11.76	1.94	0.89	—	1.18
人工单价		小计						1.94	0.89	—	1.18
26.00元/工日		未计价材料费						3.93			
清单项目综合单价								7.94			

材料费明细	主要材料名称、规格、型号	单位	数量	单价（元）	合价（元）	暂估单价（元）	暂估合价（元）
	照明开关	只	1.020	3.85	3.93		
	其他材料费						
	材料费小计				3.93		

工程量清单综合单价分析表

续表

工程名称：某小学建筑安装工程　　　　标段：　　　　第72页　共109页

项目编码	030204031002	项目名称	小电器	计量单位	套

清单综合单价组成明细

定额编号	定额名称	定额单位	数量	单价（元）				合价（元）			
				人工费	材料费	机械费	管理费和利润	人工费	材料费	机械费	管理费和利润
2-1667	单相暗插座15A 2孔	10套	0.1	25.74	4.81	—	13.02	2.57	0.48	—	1.30
人工单价		小计						2.57	0.48	—	1.30
26.00元/工日		未计价材料费						4.72			
清单项目综合单价								9.07			

材料费明细	主要材料名称、规格、型号	单位	数量	单价（元）	合价（元）	暂估单价（元）	暂估合价（元）
	成套插座	套	1.020	4.63	4.72		
	其他材料费			—	—		
	材料费小计				4.72		

工程量清单综合单价分析表

续表

工程名称：某小学建筑安装工程　　标段：　　第 73 页　共 109 页

<table>
<tr><td colspan="2">项目编码</td><td colspan="2">030204031003</td><td colspan="2">项目名称</td><td colspan="2">小电器</td><td colspan="2">计量单位</td><td colspan="2">套</td></tr>
<tr><td colspan="12">清单综合单价组成明细</td></tr>
<tr><td rowspan="2">定额编号</td><td rowspan="2">定额名称</td><td rowspan="2">定额单位</td><td rowspan="2">数量</td><td colspan="4">单　价（元）</td><td colspan="4">合　价（元）</td></tr>
<tr><td>人工费</td><td>材料费</td><td>机械费</td><td>管理费和利润</td><td>人工费</td><td>材料费</td><td>机械费</td><td>管理费和利润</td></tr>
<tr><td>2-1694</td><td>电铃　D100</td><td>套</td><td>1</td><td>6.55</td><td>6.55</td><td>—</td><td>5.46</td><td>6.55</td><td>6.15</td><td>—</td><td>5.46</td></tr>
<tr><td></td><td></td><td></td><td></td><td></td><td></td><td></td><td></td><td></td><td></td><td></td><td></td></tr>
<tr><td colspan="2">人工单价</td><td colspan="6">小　计</td><td>6.55</td><td>6.15</td><td>—</td><td>5.46</td></tr>
<tr><td colspan="2">26.00 元/工日</td><td colspan="6">未计价材料费</td><td colspan="4">8.50</td></tr>
<tr><td colspan="8">清单项目综合单价</td><td colspan="4">26.66</td></tr>
<tr><td rowspan="7">材料费明细</td><td colspan="5">主要材料名称、规格、型号</td><td>单位</td><td>数量</td><td>单价（元）</td><td>合价（元）</td><td>暂估单价（元）</td><td>暂估合价（元）</td></tr>
<tr><td colspan="5">电　铃</td><td>个</td><td>1.000</td><td>8.50</td><td>8.50</td><td></td><td></td></tr>
<tr><td colspan="5"></td><td></td><td></td><td></td><td></td><td></td><td></td></tr>
<tr><td colspan="5"></td><td></td><td></td><td></td><td></td><td></td><td></td></tr>
<tr><td colspan="5"></td><td></td><td></td><td></td><td></td><td></td><td></td></tr>
<tr><td colspan="7">其他材料费</td><td>—</td><td>—</td><td></td><td></td></tr>
<tr><td colspan="7">材料费小计</td><td></td><td>8.50</td><td></td><td></td></tr>
</table>

工程量清单综合单价分析表

续表

工程名称：某小学建筑安装工程　　标段：　　第 74 页　共 109 页

<table>
<tr><td colspan="2">项目编码</td><td colspan="2">030212001001</td><td colspan="2">项目名称</td><td colspan="2">电气配管</td><td colspan="2">计量单位</td><td colspan="2">m</td></tr>
<tr><td colspan="12">清单综合单价组成明细</td></tr>
<tr><td rowspan="2">定额编号</td><td rowspan="2">定额名称</td><td rowspan="2">定额单位</td><td rowspan="2">数量</td><td colspan="4">单　价（元）</td><td colspan="4">合　价（元）</td></tr>
<tr><td>人工费</td><td>材料费</td><td>机械费</td><td>管理费和利润</td><td>人工费</td><td>材料费</td><td>机械费</td><td>管理费和利润</td></tr>
<tr><td>2-1011</td><td>电气配管 ϕ32</td><td>100m</td><td>0.02</td><td>217.39</td><td>72.23</td><td>28.91</td><td>133.98</td><td>4.35</td><td>1.44</td><td>0.58</td><td>2.68</td></tr>
<tr><td>2-1377</td><td>拉线盒暗装</td><td>10 个</td><td>3.00</td><td>10.53</td><td>11.18</td><td>—</td><td>9.24</td><td>31.59</td><td>33.54</td><td>—</td><td>27.72</td></tr>
<tr><td>2-1378</td><td>开关盒暗装</td><td>10 个</td><td>3.00</td><td>11.23</td><td>5.18</td><td>—</td><td>6.72</td><td>33.69</td><td>15.54</td><td>—</td><td>20.16</td></tr>
<tr><td colspan="2">人工单价</td><td colspan="6">小　计</td><td>69.63</td><td>50.52</td><td>0.58</td><td>50.56</td></tr>
<tr><td colspan="2">26.00 元/工日</td><td colspan="6">未计价材料费</td><td colspan="4">43.11</td></tr>
<tr><td colspan="8">清单项目综合单价</td><td colspan="4">214.40</td></tr>
<tr><td rowspan="5">材料费明细</td><td colspan="5">主要材料名称、规格、型号</td><td>单位</td><td>数量</td><td>单价（元）</td><td>合价（元）</td><td>暂估单价（元）</td><td>暂估合价（元）</td></tr>
<tr><td colspan="5">钢管（按实际规格）</td><td>m</td><td>1.030</td><td>0.86</td><td>0.89</td><td></td><td></td></tr>
<tr><td colspan="5">接线盒</td><td>个</td><td>61.2</td><td>0.69</td><td>42.23</td><td></td><td></td></tr>
<tr><td colspan="7">其他材料费</td><td></td><td></td><td></td><td></td></tr>
<tr><td colspan="7">材料费小计</td><td></td><td>43.11</td><td></td><td></td></tr>
</table>

工程量清单综合单价分析表

续表

工程名称：某小学建筑安装工程　　　　标段：　　　　　　　　　　第 75 页　共 109 页

项目编码	030212001002	项目名称	电气配管	计量单位	m

清单综合单价组成明细

定额编号	定额名称	定额单位	数量	单价（元）				合价（元）			
				人工费	材料费	机械费	管理费和利润	人工费	材料费	机械费	管理费和利润
2-1010	配管　ϕ25	100m	0.01	204.28	50.95	28.91	119.28	2.04	0.51	0.29	1.19
人工单价		小　计						2.04	0.51	0.29	1.19
26.00 元/工日		未计价材料费						1.11			
清单项目综合单价								5.14			

材料费明细	主要材料名称、规格、型号	单位	数量	单价（元）	合价（元）	暂估单价（元）	暂估合价（元）
	钢管	m	1.030	1.08	1.11		
	其他材料费			—	—		
	材料费小计				1.11		

工程量清单综合单价分析表

续表

工程名称：某小学建筑安装工程　　　　标段：　　　　　　　　　　第 76 页　共 109 页

项目编码	030212001003	项目名称	电气配管	计量单位	m

清单综合单价组成明细

定额编号	定额名称	定额单位	数量	单价（元）				合价（元）			
				人工费	材料费	机械费	管理费和利润	人工费	材料费	机械费	管理费和利润
2-1008	配管　ϕ15	100m	0.006	157.95	26.20	18.56	85.26	0.95	0.16	0.11	0.51
人工单价		小　计						0.95	0.16	0.11	0.51
26.00 元/工日		未计价材料费						0.72			
清单项目综合单价								2.45			

材料费明细	主要材料名称、规格、型号	单位	数量	单价（元）	合价（元）	暂估单价（元）	暂估合价（元）
	钢管	m	0.618	1.16	0.72		
	其他材料费			—	—		
	材料费小计				0.72		

工程量清单综合单价分析表

续表

工程名称：某小学建筑安装工程　　标段：　　第 77 页　共 109 页

项目编码	030212003001		项目名称		电气配线			计量单位			m
清单综合单价组成明细											
定额编号	定额名称	定额单位	数量	单价（元）				合价（元）			
				人工费	材料费	机械费	管理费和利润	人工费	材料费	机械费	管理费和利润
2-1169	管内穿线 2.5mm²	100m	0.18	23.40	2.13	—	10.92	4.21	0.38	—	1.97
人工单价		小计						4.21	0.38	—	1.97
26.00 元/工日		未计价材料费						8.75			
清单项目综合单价								15.31			
材料费明细	主要材料名称、规格、型号				单位	数量		单价（元）	合价（元）	暂估单价（元）	暂估合价（元）
	绝缘导线				m	19.44		0.45	8.75		
	其他材料费							—	—		
	材料费小计								8.75		

工程量清单综合单价分析表

续表

工程名称：某小学建筑安装工程　　标段：　　第 78 页　共 109 页

项目编码	030212003002		项目名称		电气配线			计量单位			m
清单综合单价组成明细											
定额编号	定额名称	定额单位	数量	单价（元）				合价（元）			
				人工费	材料费	机械费	管理费和利润	人工费	材料费	机械费	管理费和利润
2-1170	管内穿线 4mm²	100m	0.08	16.38	2.10	—	7.56	0.13	0.02	—	0.06
人工单价		小计						0.13	0.02	—	0.06
26.00 元/工日		未计价材料费						0.46			
清单项目综合单价								0.67			
材料费明细	主要材料名称、规格、型号				单位	数量		单价（元）	合价（元）	暂估单价（元）	暂估合价（元）
	绝缘导线				m	0.864		0.53	0.46		
	其他材料费							—	—		
	材料费小计								0.46		

工程量清单综合单价分析表 续表

工程名称：某小学建筑安装工程　　标段：　　第 79 页　共 109 页

项目编码	030212003003			项目名称		电气配线		计量单位			m
清单综合单价组成明细											
定额编号	定额名称	定额单位	数量	单价（元）				合价（元）			
				人工费	材料费	机械费	管理费和利润	人工费	材料费	机械费	管理费和利润
2-1176	管内穿线 6mm²	100m	0.015	18.72	2.95	—	9.24	0.28	0.04	—	0.14
人工单价		小计						0.28	0.04	—	0.14
26.00 元/工日		未计价材料费						0.91			
清单项目综合单价								1.37			

材料费明细	主要材料名称、规格、型号	单位	数量	单价（元）	合价（元）	暂估单价（元）	暂估合价（元）
	绝缘导线	m	1.575	0.58	0.91		
	其他材料费			—	—		
	材料费小计				0.91		

工程量清单综合单价分析表 续表

工程名称：某小学建筑安装工程　　标段：　　第 80 页　共 109 页

项目编码	030212003004			项目名称		电气配线		计量单位			m
清单综合单价组成明细											
定额编号	定额名称	定额单位	数量	单价（元）				合价（元）			
				人工费	材料费	机械费	管理费和利润	人工费	材料费	机械费	管理费和利润
2-1177	管内穿线 10mm²	100m	0.01	23.17	3.98	—	11.34	0.23	0.04	—	0.11
人工单价		小计						0.23	0.04	—	0.11
26.00 元/工日		未计价材料费						0.82			
清单项目综合单价								1.20			

材料费明细	主要材料名称、规格、型号	单位	数量	单价（元）	合价（元）	暂估单价（元）	暂估合价（元）
	绝缘导线	m	1.05	0.78	0.82		
	其他材料费			—	—		
	材料费小计				0.82		

工程量清单综合单价分析表　　续表

工程名称：某小学建筑安装工程　　标段：　　第81页　共109页

项目编码	030212003005			项目名称		电气配线		计量单位			m
清单综合单价组成明细											
定额编号	定额名称	定额单位	数量	单价（元）				合价（元）			
				人工费	材料费	机械费	管理费和利润	人工费	材料费	机械费	管理费和利润
2-1178	管内穿线 $16mm^2$	100m	0.045	25.74	3.98	—	12.60	1.16	0.18	—	0.57
人工单价		小计						1.16	0.18	—	0.57
26.00元/工日		未计价材料费						4.02			
清单项目综合单价								5.93			
材料费明细	主要材料名称、规格、型号				单位	数量		单价（元）	合价（元）	暂估单价（元）	暂估合价（元）
	绝缘导线				m	4.725		0.85	4.02		
	其他材料费							—	—		
	材料费小计								4.02		

工程量清单综合单价分析表　　续表

工程名称：某小学建筑安装工程　　标段：　　第82页　共109页

项目编码	030213001001			项目名称		普通吸顶灯及其他灯具		计量单位			套
清单综合单价组成明细											
定额编号	定额名称	定额单位	数量	单价（元）				合价（元）			
				人工费	材料费	机械费	管理费和利润	人工费	材料费	机械费	管理费和利润
2-1382	圆球吸顶灯灯罩直径250mm	10套	0.10	50.54	16.38	—	28.14	5.05	1.64	—	2.81
人工单价		小计						5.05	1.64	—	2.81
26.00元/工日		未计价材料费						16.97			
清单项目综合单价								26.47			
材料费明细	主要材料名称、规格、型号				单位	数量		单价（元）	合价（元）	暂估单价（元）	暂估合价（元）
	成套灯具				套	1.010		16.80	16.97		
	其他材料费							—	—		
	材料费小计								16.97		

工程量清单综合单价分析表

续表

工程名称：某小学建筑安装工程　　　标段：　　　第83页　共109页

项目编码	030213001002		项目名称		普通吸顶灯及其他灯具		计量单位		套
清单综合单价组成明细									
定额编号	定额名称	定额单位	数量	单价（元）				合价（元）			
				人工费	材料费	机械费	管理费和利润	人工费	材料费	机械费	管理费和利润
2-1390	吊链灯	10套	0.10	47.27	25.17	—	30.24	4.73	2.52	—	3.02
人工单价		小计						4.73	2.52	—	3.02
26.00元/工日		未计价材料费						2.79			
清单项目综合单价								13.06			

材料费明细	主要材料名称、规格、型号	单位	数量	单价（元）	合价（元）	暂估单价（元）	暂估合价（元）
	成套灯具	套	1.010	2.76	2.79		
	其他材料费			—	—		
	材料费小计				2.79		

工程量清单综合单价分析表

续表

工程名称：某小学建筑安装工程　　　标段：　　　第84页　共109页

项目编码	030213001003		项目名称		普通吸顶灯及其他灯具		计量单位		套
清单综合单价组成明细									
定额编号	定额名称	定额单位	数量	单价（元）				合价（元）			
				人工费	材料费	机械费	管理费和利润	人工费	材料费	机械费	管理费和利润
2-1390	吊链灯	10套	0.10	47.27	25.17	—	30.24	4.73	2.52	—	3.02
人工单价		小计						4.73	2.52	—	3.02
26.00元/工日		未计价材料费						2.79			
清单项目综合单价								13.06			

材料费明细	主要材料名称、规格、型号	单位	数量	单价（元）	合价（元）	暂估单价（元）	暂估合价（元）
	成套灯具	套	1.010	2.76	2.79		
	其他材料费			—	—		
	材料费小计				2.79		

工程量清单综合单价分析表

续表

工程名称：某小学建筑安装工程　　标段：　　第 85 页　共 109 页

项目编码	030213001004	项目名称	普通吸顶灯及其他灯具	计量单位	套

清单综合单价组成明细											
定额编号	定额名称	定额单位	数量	单价（元）				合价（元）			
				人工费	材料费	机械费	管理费和利润	人工费	材料费	机械费	管理费和利润
2-1392	一般弯脖灯	10 套	0.10	47.27	83.99	—	55.02	4.73	8.40	—	5.50
人工单价		小计						4.73	8.40	—	5.50
26.00 元/工日		未计价材料费						51.71			
清单项目综合单价								70.34			

材料费明细	主要材料名称、规格、型号	单位	数量	单价（元）	合价（元）	暂估单价（元）	暂估合价（元）
	成套灯具	套	1.01	51.20	51.71		
	其他材料费			—	—		
	材料费小计				51.71		

工程量清单综合单价分析表

续表

工程名称：某小学建筑安装工程　　标段：　　第 86 页　共 109 页

项目编码	030213001005	项目名称	普通吸顶灯及其他灯具	计量单位	套

清单综合单价组成明细											
定额编号	定额名称	定额单位	数量	单价（元）				合价（元）			
				人工费	材料费	机械费	管理费和利润	人工费	材料费	机械费	管理费和利润
2-1393	一般壁灯	10 套	0.10	47.27	8.40	—	23.52	4.73	0.84	—	2.35
人工单价		小计						4.73	0.84	—	2.35
26.00 元/工日		未计价材料费						46.76			
清单项目综合单价								54.68			

材料费明细	主要材料名称、规格、型号	单位	数量	单价（元）	合价（元）	暂估单价（元）	暂估合价（元）
	成套灯具	套	1.01	46.30	46.76		
	其他材料费			—	—		
	材料费小计				46.76		

工程量清单综合单价分析表

续表

工程名称：某小学建筑安装工程　　标段：　　第 87 页　共 109 页

项目编码	030617004001	项目名称	集气罐制作安装	计量单位	个

清单综合单价组成明细

定额编号	定额名称	定额单位	数量	单价（元）				合价（元）			
				人工费	材料费	机械费	管理费和利润	人工费	材料费	机械费	管理费和利润
6-2896	集气罐制作 150mm 以内	个	1	13.94	10.19	4.97	12.18	13.94	10.19	4.97	12.18
6-2901	集气罐安装 150mm 以内	个	1	5.62	—	—	2.36	5.62	—	—	2.36
人工单价		小计						19.56	10.19	4.97	14.54
26.00 元/工日		未计价材料费						176.18			
清单项目综合单价								225.44			

材料费明细	主要材料名称、规格、型号	单位	数量	单价（元）	合价（元）	暂估单价（元）	暂估合价（元）
	无缝钢管	m	0.300	38.60	11.58		
	熟铁管箍	个	2.000	9.80	19.60		
	集气罐	个	1.000	145.00	145.00		
	其他材料费			—	—		
	材料费小计				176.18		

工程量清单综合单价分析表

续表

工程名称：某小学建筑安装工程　　标段：　　第 88 页　共 109 页

项目编码	030801001001	项目名称	镀锌钢管	计量单位	m

清单综合单价组成明细

定额编号	定额名称	定额单位	数量	单价（元）				合价（元）			
				人工费	材料费	机械费	管理费和利润	人工费	材料费	机械费	管理费和利润
8-98	镀锌钢管（螺纹连接）	10m	0.10	38.06	9.61	—	20.16	3.81	0.96	—	2.02
11-51	红丹防锈漆第一遍	$10m^2$	0.007	5.41	1.67	—	2.94	0.04	0.01	—	0.02
11-82	银粉漆第一遍	$10m^2$	0.007	5.41	1.67	—	2.94	0.04	0.01	—	0.02
11-83	银粉漆第二遍	$10m^2$	0.007	5.20	1.12	—	2.52	0.04	0.01	—	0.02
人工单价		小计						3.97	0.99	—	0.08
26.00 元/工日		未计价材料费						19.13			
清单项目综合单价								24.17			

材料费明细	主要材料名称、规格、型号	单位	数量	单价（元）	合价（元）	暂估单价（元）	暂估合价（元）
	焊接钢管 *DN*15	m	1.02	17.83	18.19		
	醇酸防锈漆 G53-1	kg	0.010	8.73	0.87		
	银粉漆	kg	0.009	7.35	0.07		
	其他材料费			—	—		
	材料费小计				19.13		

工程量清单综合单价分析表

续表

工程名称：某小学建筑安装工程　　标段：　　第89页　共109页

项目编码	030801001002	项目名称	镀锌钢管	计量单位	m

清单综合单价组成明细

定额编号	定额名称	定额单位	数量	单价（元）				合价（元）			
				人工费	材料费	机械费	管理费和利润	人工费	材料费	机械费	管理费和利润
8-99	镀锌钢管 DN20	10m	0.10	38.06	16.17	—	22.68	3.81	1.62	—	2.27
11-51	红丹防锈漆第一遍	10m²	0.02	5.62	1.15	—	2.94	0.11	0.02	—	0.06
11-82	银粉漆第一遍	10m²	0.02	5.41	1.67	—	2.94	0.11	0.03	—	0.06
11-83	银粉漆第二遍	10m²	0.02	5.20	1.12	—	2.52	0.10	0.02	—	0.05
人工单价		小计						4.13	1.69	—	2.44
26.00元/工日		未计价材料费						23.25			
清单项目综合单价								31.51			

材料费明细	主要材料名称、规格、型号	单位	数量	单价（元）	合价（元）	暂估单价（元）	暂估合价（元）
	焊接钢管 DN20	m	1.02	22.35	22.80		
	醇酸防锈漆 G53-1	kg	0.029	8.73	0.26		
	银粉漆	kg	0.026	7.35	0.19		
	其他材料费			—	—		
	材料费小计				23.25		

工程量清单综合单价分析表

续表

工程名称：某小学建筑安装工程　　标段：　　第90页　共109页

项目编码	030801001003	项目名称	镀锌钢管	计量单位	m

清单综合单价组成明细

定额编号	定额名称	定额单位	数量	单价（元）				合价（元）			
				人工费	材料费	机械费	管理费和利润	人工费	材料费	机械费	管理费和利润
8-100	镀锌钢管	10m	0.10	45.76	24.53	0.97	29.82	4.58	2.45	0.10	2.98
11-51	红丹防锈漆第一遍	10m²	0.08	5.62	1.15	—	2.94	0.45	0.09	—	0.24
11-82	银粉漆第一遍	10m²	0.08	5.41	1.67	—	2.94	0.43	0.13	—	0.24
11-83	银粉漆第二遍	10m²	0.08	5.20	1.12	—	2.52	0.42	0.09	—	0.20
人工单价		小计						5.88	2.76	—	3.66
26.00元/工日		未计价材料费						29.70			
清单项目综合单价								42.00			

续表

材料费明细	主要材料名称、规格、型号	单位	数量	单价（元）	合价（元）	暂估单价（元）	暂估合价（元）
	焊接钢管 *DN*20	m	1.02	27.36	27.91		
	醇酸防锈漆 G53-1	kg	0.118	8.73	1.03		
	银粉漆	kg	0.104	7.35	0.76		
	其他材料费			—	—		
	材料费小计				29.70		

工程量清单综合单价分析表

续表

工程名称：某小学建筑安装工程　　标段：　　第 91 页　共 109 页

项目编码	030801001004	项目名称	镀锌钢管	计量单位	m

清单综合单价组成明细

定额编号	定额名称	定额单位	数量	单价（元）				合价（元）			
				人工费	材料费	机械费	管理费和利润	人工费	材料费	机械费	管理费和利润
8-101	镀锌钢管 *DN*32	10m	0.10	45.76	30.48	0.97	32.34	4.58	3.05	0.10	3.23
11-51	红丹防锈漆第一遍	10m²	0.05	5.62	1.15	—	2.94	0.28	0.06	—	0.15
11-82	银粉漆第一遍	10m²	0.05	5.41	1.67	—	2.92	0.27	0.08	—	0.15
11-83	银粉漆第二遍	10m²	0.05	5.20	1.12	—	2.52	0.26	0.06	—	0.13
人工单价		小　计						5.39	3.25	0.10	3.66
26.00 元/工日		未计价材料费						32.33			
清单项目综合单价								44.73			

材料费明细	主要材料名称、规格、型号	单位	数量	单价（元）	合价（元）	暂估单价（元）	暂估合价（元）
	焊接钢管 *DN*32	m	1.020	30.60	31.21		
	醇酸防锈漆 G53-1	kg	0.074	8.73	0.64		
	银粉漆	kg	0.065	7.35	0.48		
	其他材料费			—	—		
	材料费小计				32.33		

工程量清单综合单价分析表

续表

工程名称：某小学建筑安装工程　　标段：　　第 92 页　共 109 页

项目编码	030801002001	项目名称	钢　管	计量单位	m

清单综合单价组成明细

定额编号	定额名称	定额单位	数量	单价（元）				合价（元）			
				人工费	材料费	机械费	管理费和利润	人工费	材料费	机械费	管理费和利润
8-99	焊接钢管	10m	0.10	38.06	16.17	—	22.68	3.81	1.62	—	2.27
11-51	红丹防锈漆第一遍	10m²	0.08	5.62	1.15	—	2.94	0.45	0.09	—	0.24

续表

定额编号	定额名称	定额单位	数量	单价（元）				合价（元）			
				人工费	材料费	机械费	管理费和利润	人工费	材料费	机械费	管理费和利润
11-82	银粉漆第一遍	10m²	0.08	5.41	1.67	—	2.92	0.43	0.13	—	0.24
11-83	银粉漆第二遍	10m²	0.08	5.20	1.12	—	2.52	0.42	0.09	—	0.20
人工单价		小计						5.88	2.76	—	3.66
26.00元/工日		未计价材料费						33.00			
清单项目综合单价								45.30			

材料费明细	主要材料名称、规格、型号	单位	数量	单价（元）	合价（元）	暂估单价（元）	暂估合价（元）
	焊接钢管	m	1.02	30.60	31.21		
	醇酸防锈漆 G53-1	kg	0.118	8.73	1.03		
	银粉漆	kg	0.104	7.35	0.76		
	其他材料费			—	—		
	材料费小计				33.00		

工程量清单综合单价分析表

续表

工程名称：某小学建筑安装工程　　标段：　　第93页　共109页

项目编码	030801002002	项目名称	钢管	计量单位	m

清单综合单价组成明细

定额编号	定额名称	定额单位	数量	单价（元）				合价（元）			
				人工费	材料费	机械费	管理费和利润	人工费	材料费	机械费	管理费和利润
8-101	焊接钢管	10m	0.10	45.76	24.53	0.97	32.34	4.58	3.05	0.10	3.23
11-51	红丹防锈漆第一遍	10m²	0.10	5.62	1.15	—	2.94	0.56	0.12	—	0.29
11-82	银粉漆第一遍	10m²	0.10	5.41	1.67	—	2.92	0.54	0.17	—	0.29
11-83	银粉漆第二遍	10m²	0.10	5.20	1.12	—	2.52	0.52	0.11	—	0.25
人工单价		小计						6.20	3.45	0.10	4.06
26.00元/工日		未计价材料费						36.78			
清单项目综合单价								50.59			

材料费明细	主要材料名称、规格、型号	单位	数量	单价（元）	合价（元）	暂估单价（元）	暂估合价（元）
	焊接钢管	m	1.020	33.86	34.54		
	醇酸防锈漆 G53-1	kg	0.147	8.73	1.28		
	银粉漆	kg	0.130	7.35	0.96		
	其他材料费			—	—		
	材料费小计				36.78		

工程量清单综合单价分析表 续表

工程名称：某小学建筑安装工程 标段： 第94页 共109页

项目编码	030801002003	项目名称	钢 管	计量单位	m

清单综合单价组成明细											
定额编号	定额名称	定额单位	数量	单价（元）				合价（元）			
				人工费	材料费	机械费	管理费和利润	人工费	材料费	机械费	管理费和利润
8-101	焊接钢管	10m	0.10	45.76	24.53	0.97	32.34	4.58	3.05	0.10	3.23
11-51	红丹防锈漆第一遍	10m²	0.10	5.62	1.15	—	2.94	0.56	0.12	—	0.29
11-82	银粉漆第一遍	10m²	0.10	5.41	1.67	—	2.92	0.54	0.17	—	0.29
11-83	银粉漆第二遍	10m²	0.10	5.20	1.12	—	2.52	0.52	0.11	—	0.25
人工单价		小 计						6.20	3.45	0.10	4.06
26.00元/工日		未计价材料费						36.78			
清单项目综合单价								50.59			

材料费明细	主要材料名称、规格、型号	单位	数量	单价（元）	合价（元）	暂估单价（元）	暂估合价（元）
	焊接钢管	m	1.020	33.86	34.54		
	醇酸防锈漆	kg	0.147	8.73	1.28		
	银粉漆	kg	0.130	7.35	0.96		
	其他材料费			—	—		
	材料费小计				36.78		

工程量清单综合单价分析表 续表

工程名称：某小学建筑安装工程 标段： 第95页 共109页

项目编码	030801002004	项目名称	钢 管	计量单位	m

清单综合单价组成明细											
定额编号	定额名称	定额单位	数量	单价（元）				合价（元）			
				人工费	材料费	机械费	管理费和利润	人工费	材料费	机械费	管理费和利润
8-110	焊接钢管	10m	0.10	37.65	5.50	6.24	20.58	3.77	0.55	0.62	2.06
11-51	红丹防锈漆第一遍	10m²	0.02	5.62	1.15	—	2.94	0.11	0.02	—	0.06
11-82	银粉漆第一遍	10m²	0.02	5.41	1.67	—	2.94	0.11	0.03	—	0.06
11-83	银粉漆第二遍	10m²	0.02	5.20	1.12	—	2.52	0.10	0.02	—	0.05
人工单价		小 计						4.09	0.62	0.62	2.23
26.00元/工日		未计价材料费						23.25			
清单项目综合单价								30.81			

材料费明细	主要材料名称、规格、型号	单位	数量	单价（元）	合价（元）	暂估单价（元）	暂估合价（元）
	焊接钢管	m	1.020	22.35	22.80		
	醇酸防锈漆 G53-1	kg	0.029	8.73	0.26		
	银粉漆	kg	0.029	7.35	0.19		
	其他材料费			—	—		
	材料费小计				23.25		

工程量清单综合单价分析表

续表

工程名称：某小学建筑安装工程　　　　标段：　　　　第 96 页　共 109 页

项目编码	030801002005	项目名称	钢　管	计量单位	m

清单综合单价组成明细

定额编号	定额名称	定额单位	数量	单价（元）				合价（元）			
				人工费	材料费	机械费	管理费和利润	人工费	材料费	机械费	管理费和利润
8-111	焊接钢管	10m	0.10	41.39	11.14	6.87	24.78	4.14	1.11	0.69	2.48
11-51	红丹防锈漆第一遍	$10m^2$	0.02	5.62	1.15	—	2.94	0.11	0.02	—	0.06
11-82	银粉漆第一遍	$10m^2$	0.02	5.41	1.67	—	2.94	0.11	0.03	—	0.06
11-83	银粉漆第二遍	$10m^2$	0.02	5.20	1.12	—	2.52	0.10	0.02	—	0.05
人工单价		小　计						4.09	0.62	0.62	2.23
26.00 元/工日		未计价材料费						34.99			
清单项目综合单价								42.55			

材料费明细	主要材料名称、规格、型号	单位	数量	单价（元）	合价（元）	暂估单价（元）	暂估合价（元）
	焊接钢管	m	1.020	33.86	34.54		
	醇酸防锈漆	kg	0.029	8.73	0.26		
	银粉漆	kg	0.029	7.35	0.19		
	其他材料费			—	—		
	材料费小计				34.99		

工程量清单综合单价分析表

续表

工程名称：某小学建筑安装工程　　　　标段：　　　　第 97 页　共 109 页

项目编码	030801003001	项目名称	承插铸铁管	计量单位	m

清单综合单价组成明细

定额编号	定额名称	定额单位	数量	单价（元）				合价（元）			
				人工费	材料费	机械费	管理费和利润	人工费	材料费	机械费	管理费和利润
8-144	承插铸铁管	10m	0.10	46.59	60.43	—	44.94	4.66	6.04	—	4.49
11-51	红丹防锈漆第一遍	$10m^2$	0.02	5.62	1.15	—	2.94	0.11	0.02	—	0.06
11-66	沥青漆第一遍	$10m^2$	0.02	5.82	1.38	—	3.02	0.12	0.03	—	0.06
11-67	沥青漆第二遍	$10m^2$	0.02	5.62	1.23	—	2.94	0.11	0.02	—	0.06
人工单价		小　计						5.00	6.11	—	4.67
26.00 元/工日		未计价材料费						83.00			
清单项目综合单价								98.87			

材料费明细	主要材料名称、规格、型号	单位	数量	单价（元）	合价（元）	暂估单价（元）	暂估合价（元）
	承插铸铁排水管	m	0.880	93.20	82.02		
	醇酸防锈漆　G53-1	kg	0.029	8.73	0.26		
	煤焦油沥青漆　L01-17	kg	0.107	7.56	0.81		
	其他材料费			—	—		
	材料费小计				83.09		

工程量清单综合单价分析表

续表

工程名称：某小学建筑安装工程　　标段：　　第98页　共109页

项目编码	030801003002				项目名称		承插铸铁管		计量单位		m
清单综合单价组成明细											
定额编号	定额名称	定额单位	数量	单价（元）				合价（元）			
				人工费	材料费	机械费	管理费和利润	人工费	材料费	机械费	管理费和利润
8-146	承插铸铁管	10m	0.10	71.97	218.42	—	121.80	7.20	21.84	—	12.18
11-51	红丹防锈漆第一遍	$10m^2$	0.04	5.62	1.15	—	2.94	0.22	0.05	—	0.12
11-66	沥青漆第一遍	$10m^2$	0.04	5.82	1.38	—	3.02	0.23	0.06	—	0.12
11-67	沥青漆第二遍	$10m^2$	0.04	5.62	1.23	—	2.94	0.22	0.05	—	0.12
人工单价		小计						7.87	22.00	—	12.54
26.00元/工日		未计价材料费						198.15			
清单项目综合单价								240.56			

材料费明细	主要材料名称、规格、型号	单位	数量	单价（元）	合价（元）	暂估单价（元）	暂估合价（元）
	承插铸铁排水管	m	0.890	220.25	196.02		
	醇酸防锈漆　G53-1	kg	0.060	8.73	0.51		
	煤焦油沥青漆　L01-17	kg	0.214	7.56	1.62		
	其他材料费			—	—		
	材料费小计				198.15		

工程量清单综合单价分析表

续表

工程名称：某小学建筑安装工程　　标段：　　第99页　共109页

项目编码	030801003003				项目名称		承插铸铁管		计量单位		m
清单综合单价组成明细											
定额编号	定额名称	定额单位	数量	单价（元）				合价（元）			
				人工费	材料费	机械费	管理费和利润	人工费	材料费	机械费	管理费和利润
8-146	承插铸铁管	10m	0.10	71.97	218.42	—	121.80	7.20	21.84	—	12.18
11-51	红丹防锈漆第一遍	$10m^2$	0.04	5.62	1.15	—	2.94	0.22	0.05	—	0.12
11-66	沥青漆第一遍	$10m^2$	0.04	5.82	1.38	—	3.02	0.23	0.06	—	0.12
11-67	沥青漆第二遍	$10m^2$	0.04	5.62	1.23	—	2.94	0.22	0.05	—	0.12
人工单价		小计						7.87	22.00	—	12.54
26.00元/工日		未计价材料费						198.15			
清单项目综合单价								240.56			

材料费明细	主要材料名称、规格、型号	单位	数量	单价（元）	合价（元）	暂估单价（元）	暂估合价（元）
	承插铸铁排水管	m	0.890	220.25	196.02		
	醇酸防锈漆	kg	0.060	8.73	0.51		
	煤焦油沥青漆　L01-17	kg	0.214	7.56	1.62		
	其他材料费			—	—		
	材料费小计				198.15		

工程量清单综合单价分析表 续表

工程名称：某小学建筑安装工程 标段： 第100页 共109页

项目编码	030802001001	项目名称	管道支架制作安装	计量单位	kg

清单综合单价组成明细											
定额编号	定额名称	定额单位	数量	单价（元）				合价（元）			
				人工费	材料费	机械费	管理费和利润	人工费	材料费	机械费	管理费和利润
8-178	管道支架制作安装	100kg	0.01	201.34	123.65	87.87	173.46	2.01	1.24	0.88	1.73
人工单价		小计						2.01	1.24	0.88	1.73
26.00元/工日		未计价材料费						70.69			
清单项目综合单价								76.55			

材料费明细	主要材料名称、规格、型号	单位	数量	单价（元）	合价（元）	暂估单价（元）	暂估合价（元）
	型钢	kg	1.05	67.32	70.69		
	其他材料费			—	—		
	材料费小计				70.69		

工程量清单综合单价分析表 续表

工程名称：某小学建筑安装工程 标段： 第101页 共109页

项目编码	030803001001	项目名称	螺纹阀门	计量单位	个

清单综合单价组成明细											
定额编号	定额名称	定额单位	数量	单价（元）				合价（元）			
				人工费	材料费	机械费	管理费和利润	人工费	材料费	机械费	管理费和利润
8-242	螺纹阀门公称直径*DN*20以内	个	1	2.08	3.26	—	2.10	2.08	3.26	—	2.10
人工单价		小计						2.08	3.26	—	2.10
26.00元/工日		未计价材料费						99.61			
清单项目综合单价								107.05			

材料费明细	主要材料名称、规格、型号	单位	数量	单价（元）	合价（元）	暂估单价（元）	暂估合价（元）
	螺纹阀门	个	1.01	98.62	99.61		
	其他材料费			—	—		
	材料费小计				99.61		

工程量清单综合单价分析表 续表

工程名称：某小学建筑安装工程　　标段：　　第 102 页　共 109 页

项目编码	030803001002	项目名称	螺纹阀门	计量单位	个

清单综合单价组成明细											
定额编号	定额名称	定额单位	数量	单价（元）				合价（元）			
				人工费	材料费	机械费	管理费和利润	人工费	材料费	机械费	管理费和利润
8-246	螺纹阀门公称直径 *DN*50 以内	个	1	5.20	12.15	—	7.14	5.20	12.15	—	7.14
人工单价		小计						2.20	12.15	—	7.14
26.00 元/工日		未计价材料费						289.60			
清单项目综合单价								314.09			

材料费明细	主要材料名称、规格、型号	单位	数量	单价（元）	合价（元）	暂估单价（元）	暂估合价（元）
	螺纹阀门 *DN*50	个	1.01	286.73	289.60		
	其他材料费			—	—		
	材料费小计				289.60		

工程量清单综合单价分析表 续表

工程名称：某小学建筑安装工程　　标段：　　第 103 页　共 109 页

项目编码	030803005001	项目名称	自动排气阀	计量单位	个

清单综合单价组成明细											
定额编号	定额名称	定额单位	数量	单价（元）				合价（元）			
				人工费	材料费	机械费	管理费和利润	人工费	材料费	机械费	管理费和利润
8-299	自动排气阀	个	1	3.54	4.74	—	3.36	3.54	4.74	—	3.36
人工单价		小计						3.54	4.74	—	3.36
26.00 元/工日		未计价材料费						13.20			
清单项目综合单价								24.84			

材料费明细	主要材料名称、规格、型号	单位	数量	单价（元）	合价（元）	暂估单价（元）	暂估合价（元）
	自动排气阀 *DN*15	个	1.000	13.20	13.20		
	其他材料费			—	—		
	材料费小计				13.20		

工程量清单综合单价分析表

续表

工程名称：某小学建筑安装工程　　　　标段：　　　　第104页　共109页

项目编码	030804012001	项目名称	大便器	计量单位	套

清单综合单价组成明细											
定额编号	定额名称	定额单位	数量	单价（元）				合价（元）			
				人工费	材料费	机械费	管理费和利润	人工费	材料费	机械费	管理费和利润
8-407	蹲式瓷高水箱大便器	10套	0.10	200.93	313.04	—	215.88	20.09	31.30	—	21.59
人工单价		小计						20.09	31.30	—	21.59
26.00元/工日		未计价材料费						322.29			
清单项目综合单价								395.27			

材料费明细	主要材料名称、规格、型号	单位	数量	单价（元）	合价（元）	暂估单价（元）	暂估合价（元）
	瓷蹲式大便器	个	1.010	94.00	94.94		
	瓷蹲式大便器高水箱	个	1.010	54.14	54.68		
	瓷蹲式大便器高水箱配件	套	1.010	92.60	93.53		
	角型阀（带铜铃）　*DN*15	个	1.010	32.32	32.64		
	塑料给水管（综合）　*DN*25	m	2.500	18.60	46.50		
	其他材料费			—	—		
	材料费小计				322.29		

工程量清单综合单价分析表

续表

工程名称：某小学建筑安装工程　　　　标段：　　　　第105页　共109页

项目编码	030804015001	项目名称	排水栓	计量单位	组

清单综合单价组成明细											
定额编号	定额名称	定额单位	数量	单价（元）				合价（元）			
				人工费	材料费	机械费	管理费和利润	人工费	材料费	机械费	管理费和利润
8-443	排水栓安装	10组	0.10	39.52	68.46	—	45.36	3.95	6.85	—	4.54
人工单价		小计						3.95	6.85	—	4.54
26.00元/工日		未计价材料费						58.36			
清单项目综合单价								73.70			

材料费明细	主要材料名称、规格、型号	单位	数量	单价（元）	合价（元）	暂估单价（元）	暂估合价（元）
	排水栓带连堵	套	1.0	58.36	58.36		
	其他材料费			—	—		
	材料费小计				58.36		

工程量清单综合单价分析表

续表

工程名称：某小学建筑安装工程　　标段：　　第106页　共109页

项目编码	030804016001	项目名称	水龙头	计量单位	个

清单综合单价组成明细

定额编号	定额名称	定额单位	数量	单价（元）				合价（元）			
				人工费	材料费	机械费	管理费和利润	人工费	材料费	机械费	管理费和利润
8-438	水龙头安装	10个	0.10	5.82	0.55	—	2.52	0.58	0.06	—	0.25
人工单价		小　计						0.58	0.06	—	0.25
26.00元/工日		未计价材料费						6.21			
清单项目综合单价								7.10			

材料费明细	主要材料名称、规格、型号	单位	数量	单价（元）	合价（元）	暂估单价（元）	暂估合价（元）
	水　嘴	个	1.01	6.15	6.21		
	其他材料费			—	—		
	材料费小计				6.21		

工程量清单综合单价分析表

续表

工程名称：某小学建筑安装工程　　标段：　　第107页　共109页

项目编码	030804017001	项目名称	地漏	计量单位	个

清单综合单价组成明细

定额编号	定额名称	定额单位	数量	单价（元）				合价（元）			
				人工费	材料费	机械费	管理费和利润	人工费	材料费	机械费	管理费和利润
8-447	地漏安装 *DN*50	10个	0.10	33.28	1.84	—	14.70	3.33	0.18	—	1.47
人工单价		小　计						3.33	0.18	—	1.47
26.00元/工日		未计价材料费						18.60			
清单项目综合单价								23.58			

材料费明细	主要材料名称、规格、型号	单位	数量	单价（元）	合价（元）	暂估单价（元）	暂估合价（元）
	地漏 *DN*50	个	1.0	18.60	18.60		
	其他材料费			—	—		
	材料费小计				18.60		

工程量清单综合单价分析表

续表

工程名称：某小学建筑安装工程　　标段：　　

项目编码	030804018001	项目名称	地面扫除口	计量单位	个

清单综合单价组成明细

定额编号	定额名称	定额单位	数量	单价（元）				合价（元）			
				人工费	材料费	机械费	管理费和利润	人工费	材料费	机械费	管理费和利润
8-453	地面扫除安装 *DN*100	10个	0.1	20.18	1.15	—	8.82	2.02	0.12	—	0.88
人工单价		小计						2.02	0.12	—	0.88
26.00元/工日		未计价材料费						20.70			
清单项目综合单价								23.72			

材料费明细	主要材料名称、规格、型号	单位	数量	单价（元）	合价（元）	暂估单价（元）	暂估合价（元）
	地面扫除口 *DN*100	个	1.000	20.70	20.70		
	其他材料费			—	—		
	材料费小计				20.70		

工程量清单综合单价分析表

续表

工程名称：某小学建筑安装工程　　标段：　　

项目编码	030805001001	项目名称	铸铁散热器	计量单位	片

清单综合单价组成明细

定额编号	定额名称	定额单位	数量	单价（元）				合价（元）			
				人工费	材料费	机械费	管理费和利润	人工费	材料费	机械费	管理费和利润
8-488	铸铁散热器组成安装（长翼型）	10片	0.10	40.56	104.21	—	60.90	4.06	10.42	—	6.09
11-84	散热器刷红丹漆一遍	$10m^2$	0.03	5.20	1.15	—	2.67	0.15	0.03	—	0.08
11-82	散热器刷银粉漆一遍	$10m^2$	0.03	4.99	1.67	—	2.80	0.14	0.05	—	0.08
11-83	散热器刷银粉漆二遍	$10m^2$	0.03	9.56	2.24	—	4.96	0.27	0.06	—	0.15
人工单价		小计						4.62	10.56	—	6.40
26.00元/工日		未计价材料费						18.85			
清单项目综合单价								40.43			

材料费明细	主要材料名称、规格、型号	单位	数量	单价（元）	合价（元）	暂估单价（元）	暂估合价（元）
	铸铁散热器	片	1.01	18.00	18.18		
	醇酸防锈漆 G53-1	kg	0.044	8.73	0.38		
	银粉漆	kg	0.039	7.35	0.29		
	其他材料费			—	—		
	材料费小计				18.85		